建筑施工企业关键岗位技能图解系列丛书

监理员（建筑工程）

本书编委会 编

哈尔滨工程大学出版社
Harbin Engineering University Press

内容简介

本书归纳、总结了建设工程监理的关键点，以技能图解的形式阐述了建设工程施工监理的相关知识点。全书共分为十五个章节，内容包括：工程监理工作概述，工程建设监理组织，监理规划与监理实施细则，建设工程监理投资控制，建设工程监理合同管理，建设工程监理进度控制，建筑地基基础工程现场监理，地下防水工程现场监理，混凝土结构工程现场监理，砌体工程现场监理，木结构工程现场监理，钢结构工程现场监理，屋面工程现场监理，建筑装饰装修工程现场监理和建筑地面工程现场监理等。

本书可供建设工程监理员参考使用，也可作为大、中专院校相关专业师生的参考书。

图书在版编目（CIP）数据

监理员．建筑工程/《建筑施工企业关键岗位技能图解系列丛书》编委会编．—哈尔滨：哈尔滨工程大学出版社，2008.2

（建筑施工企业关键岗位技能图解系列丛书）

ISBN 978-7-81133-179-0

Ⅰ．监… Ⅱ．建… Ⅲ．建筑工程—监督管理—图解 Ⅳ．TU712-64

中国版本图书馆 CIP 数据核字（2008）第 022375 号

出版发行：哈尔滨工程大学出版社
社　　址：哈尔滨市南岗区东大直街 124 号
邮　　编：150001
发行电话：0451－82519328
传　　真：0451－82519699
经　　销：新华书店
印　　刷：北京通州京华印刷制版厂
开　　本：787mm×1092mm　1/16
印　　张：27
字　　数：780 千字
版　　次：2008 年 5 月第 1 版
印　　次：2009 年 1 月第 2 次印刷
定　　价：58.00 元
http：//press. hrbeu. edu. cn
E-mail：heupress@hrbeu. edu. cn
网上书店：www. kejibook. com
对本书内容有任何疑问及建议，请与本书责编联系。邮箱：dayi88@sina. com

出版说明

近些年来，为了适应建筑业的发展需要，国家对建筑设计、建筑结构、施工质量验收等一系列标准规范进行了大规模的修订。同时，各种建筑施工新技术、新材料、新设备、新工艺已得到广泛的应用。作为建筑施工企业关键岗位的管理人员（如施工员、质检员、安全员、预算员、材料员等），他们既是工程项目经理进行工程项目管理命令的执行者，同时也是广大建筑施工工人的领导者。他们的管理能力、技术水平的高低，直接关系到建设项目能否有序、高效率、高质量完成，同时也关系到工程建设单位的信誉、前途和发展，甚至于整个建筑业的发展。

如何提高这些关键岗位管理人员的管理能力和技术水平，已经成为建筑施工企业继续发展的一个重要课题。同时，这些管理人员自己也十分渴望参加培训、学习，迫切需要一些可供工作时参考并具有较高实用价值的知识性、资料性读物。为满足建筑施工企业关键岗位管理人员对技术和管理知识的需求，提高他们的管理能力和技术水平，我们组织了一批长期工作在工程施工一线的专家学者，并在走访了大量的施工现场，征询施工现场管理人员的意见和要求的基础上，精心编写了《建筑施工企业关键岗位技能图解系列丛书》。

本套丛书共包括以下分册：

1《施工员》（建筑工程）

2《施工员》（安装工程）

3《预算员》（建筑工程）

4《预算员》（安装工程）

5《监理员》（建筑工程）

6《监理员》（安装工程）

7《质检员》

8《安全员》

9《材料员》

10《测量员》

11《资料员》

12《现场电工》

与市面上已经出版的同类书籍相比，本套丛书具有如下特点。

（1）本套丛书将建筑施工企业关键岗位的管理工作拆分为若干个技能要点来进行阐述，每一个技能要点都用框线图对其主要内容进行归纳总结，随后对关键岗位管理人员必备的业务知识和操作技能进行具体的描述。从面到线，从线到点，所有内容一目了然，便于读者随时查找，解决工作中遇到的问题。

（2）本套丛书将建筑施工企业关键岗位的管理人员工作时涉及的工作职责、专业技术知识、业务管理和质量管理实施细则以及有关的专业法规、标准和规范等知识全部融为一体，内容翔实，解决了管理人员工作时需要到处查阅资料的问题。

（3）丛书从建筑施工企业关键岗位管理人员的需求出发，既重视对施工管理理论知识的阐述，又在收集整理工程施工现场管理经验的基础上，注重对工程施工管理人员实际工作能力的培养，做到深入浅出，通俗易懂。

（4）本套丛书资料翔实、内容丰富、图文并茂、编撰体例新颖，注重对建筑施工企业关键岗位管理人员管理水平和专业技术知识的培养，力求做到文字通俗易懂、叙述的内容一目了然。

本套丛书的编写人员均是多年从事建筑施工企业管理的技术人员，丛书是他们长期从事建筑工程施工管理工作的经验积累与总结。丛书主要编写人员有：皮振毅、郭智多、瞿义勇、卜永军、张学贤。另外，刘超、梁贺、胡丽光、彭顺、卢晓雪、杜翠霞、吴丽娜、王景文、陈海霞、韩国栋等也参加了丛书的部分编写工作。

本套丛书在编写过程中得到了许多工程施工单位和工程施工人员的支持与帮助，参考并引用了有关部门、单位和个人的资料，在此一并表示深切的感谢。由于编者的水平有限，书中错误及疏漏之处在所难免，恳请广大读者和专家批评。

丛书编委会

目　录

第一章　工程监理工作概述

技能图解 1　建设工程监理

技能结构框线图

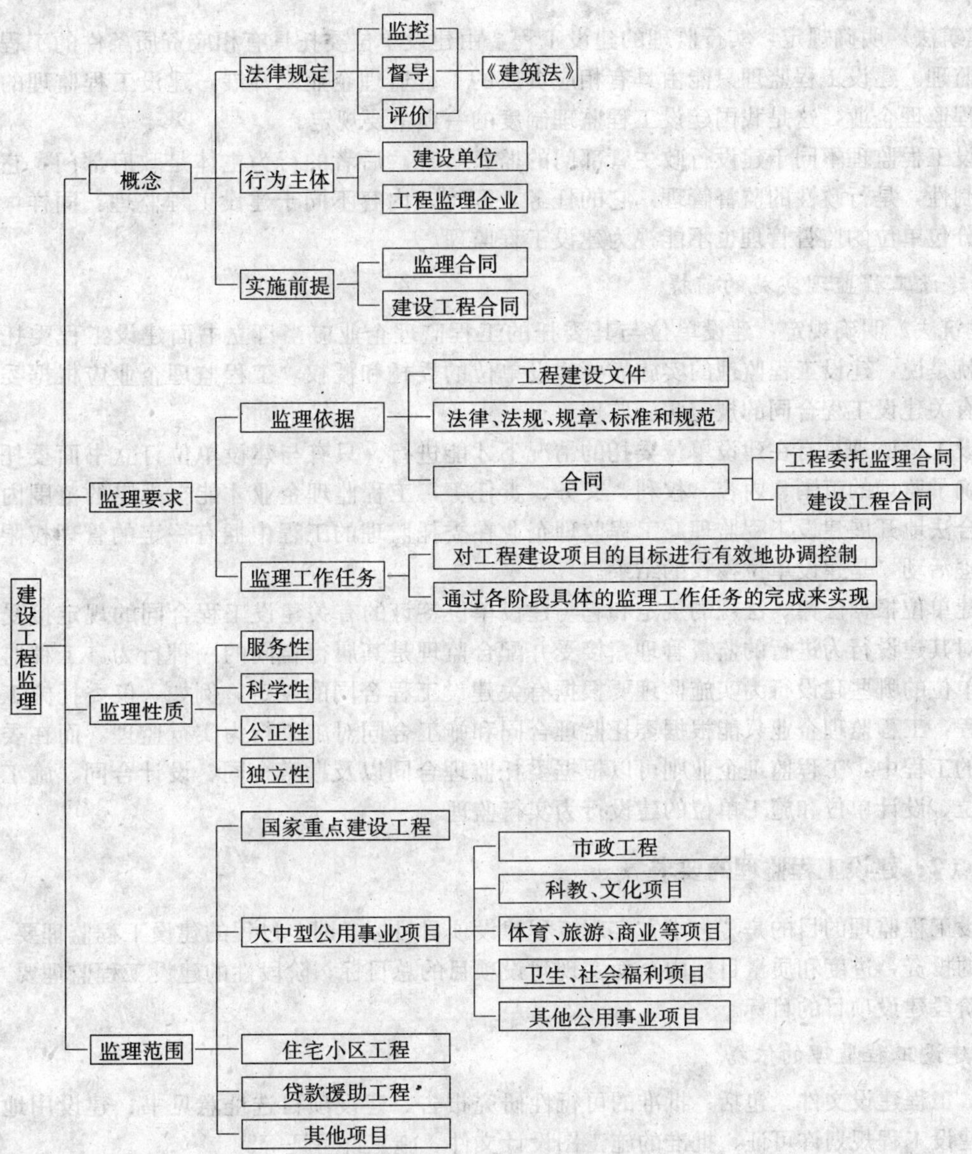

图 1-1　建设工程监理基本概念

技能要点 1：建设工程监理的概念

建设工程监理，是指具有相应资质的监理单位受工程项目建设单位的委托，依据国家有关工程建设的法律、法规，经建设主管部门批准的工程项目建设文件、建设工程委托监理合同及其他建设工程合同，对工程建设实施的专业化监督管理。实行建设工程监理制，目的在于提高工程建设的投资效益和社会效益。这项制度已经纳入《中华人民共和国建筑法》（以下简称《建筑法》）的规定范畴。

监理单位对建设工程监理的活动是针对一个具体的工程项目展开的，是微观性质的建设工程监督管理；对建设工程参与者的行为进行监控、督导和评价，使建设行为符合国家法律、法规，制止建设行为的随意性和盲目性，使建设进度、造价、工程质量按计划实现，确保建设行为的合法性、科学性、合理性和经济性。

从事建设工程监理活动，应当遵循“守法、诚信、公正、科学”的准则。

1. 建设工程监理的行为主体

《建筑法》明确规定，实行监理的建设工程，由建设单位委托具有相应资质条件的工程监理企业实施监理。建设工程监理只能由具有相应资质的工程监理企业来开展，建设工程监理的行为主体是工程监理企业，这是我国建设工程监理制度的一项重要规定。

建设工程监理不同于建设行政主管部门的监督管理。后者的行为主体是政府部门，它具有明显的强制性，是行政性的监督管理，它的任务、职责、内容不同于建设工程监理。同样，总承包单位对分包单位的监督管理也不能视为建设工程监理。

2. 建设工程监理实施的前提

《建筑法》明确规定，建设单位与其委托的工程监理企业应当订立书面建设工程委托监理合同。也就是说，建设工程监理的实施需要建设单位的委托和授权。工程监理企业应根据委托监理合同和有关建设工程合同的规定实施监理。

建设工程监理只有在建设单位委托的情况下才能进行。只有与建设单位订立书面委托监理合同，明确了监理的范围、内容、权利、义务、责任等，工程监理企业才能在规定的范围内行使管理权，合法地开展建设工程监理。工程监理企业在委托监理的工程中拥有一定的管理权限，能够开展管理活动，是建设单位授权的结果。

承建单位根据法律、法规的规定和它与建设单位签订的有关建设工程合同的规定接受工程监理企业对其建设行为进行的监督管理，接受并配合监理是其履行合同的一种行为。工程监理企业对哪些单位的哪些建设行为实施监理要根据有关建设工程合同的规定。例如，仅委托施工阶段监理的工程，工程监理企业只能根据委托监理合同和施工合同对施工行为实行监理。而在委托全过程监理的工程中，工程监理企业则可以根据委托监理合同以及勘察合同、设计合同、施工合同对勘察单位、设计单位和施工单位的建设行为实行监理。

技能要点 2：建设工程监理的要求

建设工程监理的目的是“力求”实现工程建设项目目标。即全过程的建设工程监理要“力求”在计划的投资，进度和质量目标内全面实现建设项目的总目标；阶段性的建设工程监理要“力求”实现本阶段建设项目的目标。

1. 建设工程监理的依据

（1）工程建设文件　包括：批准的可行性研究报告、建设项目选址意见书、建设用地规划许可证、建设工程规划许可证、批准的施工图设计文件、施工许可证等。

（2）有关的法律、法规、规章、标准和规范　包括：《中华人民共和国建筑法》、《中华人民共和国合同法》、《中华人民共和国招标投标法》、《建设工程质量管理条例》等法律法规，《工程建设监理规定》等部门规章，以及地方性法规等，也包括《工程建设标准强制性条文》、《建设工程监理规范》以及有关的工程技术标准、规范、规程。

（3）建设工程委托监理合同和有关的建设工程合同　工程监理企业应当根据两类合同，即工程监理企业与建设单位签订的建设工程委托监理合同等。

2. 建设工程监理工作任务

建设工程监理的中心任务就是对工程建设项目的目标进行有效地协调控制，即对投资目标、进度目标和质量目标进行有效地协调控制。中心任务的完成是通过各阶段具体的监理工作任务的完成来实现的。监理工作任务的划分如图 1-2 所示。

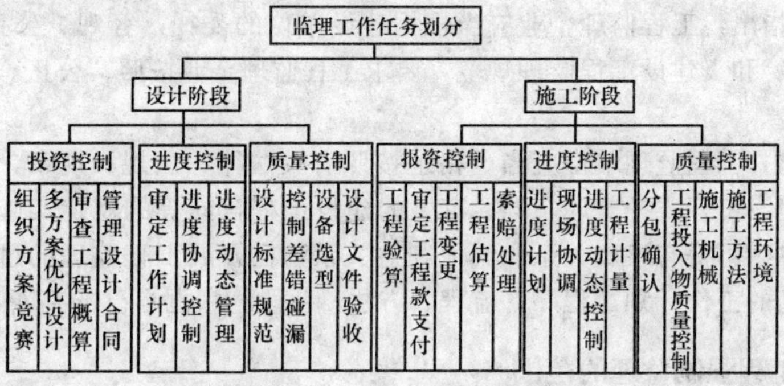

图 1-2　监理工作任务划分

技能要点 3：建设工程监理的性质

建设工程监理是一种特殊的工程建设活动，《建筑法》第三十二条规定："建筑工程监理应当依据法律、行政法规及有关的技术标准、设计文件和建筑工程承包合同，对承包单位在施工质量、建设工期和建设资金使用等方面代表建设单位实施监督。"因此要充分理解我国建设工程监理制度，必须深刻认识建设监理的性质。

1. 服务性

工程建设监理是一种高智能、有偿技术服务活动。它是监理人员利用自己的工程建设知识、技能和经验为建设单位提供的管理服务。它既不同于承建商的直接生产活动，也不同于建设单位的直接投资活动，它不向建设单位承包工程造价，不参与承包单位的利益分成，它获得的是技术服务性的报酬。

工程建设监理的服务客体是建设单位的工程项目，服务对象是建设单位。这种服务性的活动是严格按照监理合同和其他有关工程建设合同来实施的，是受法律约束和保护的。

2. 科学性

工程建设监理应当遵循科学性准则。监理的科学性体现为其工作的内涵是为工程管理与工程技术提供知识的服务。监理的任务决定了它应当采用科学的思想、理论、方法和手段；监理的社会化、专业化特点要求监理单位按照高智能原则组建；监理的服务性质决定了它应当提供科技含量高的管理服务；工程建设监理维护社会公众利益和国家利益的使命决定了它必须提供科学性服务。

监理的科学性主要表现在：工程监理企业应当由组织管理能力强、工程建设经验丰富的人员担任领导；应当有足够数量的有丰富的管理经验和应变能力的监理工程师组成的骨干队伍；要有一套健全的管理制度；要有现代化的管理手段；要掌握先进的管理理论、方法和手段；要积累足够的技术、经济资料和数据；要有科学的工作态度和严谨的工作作风；要实事求是、创造性地开展工作。

3. 公正性

监理单位不仅是为建设单位提供技术服务的一方，还应当成为建设单位与承建商之间的公正的第三方。在任何时候，监理方都应依据国家法律、法规、技术标准、规范、规程和合同文件站在公正的立场上进行判断、证明和行使自己的处理权，要维护建设单位和不损害被监理单位双方的合法权益。

4. 独立性

从事工程建设监理活动的监理单位是直接参与工程项目建设的“三方当事人”之一，它与项目建设单位、承建商之间的关系是一种平等主体关系。

《建筑法》明确指出，工程监理企业应当根据建设单位的委托，客观、公正地执行监理任务。《工程建设监理规定》和《建设工程监理规范》要求工程监理企业按照“公正、独立、自主”的原则开展监理工作。

按照独立性要求，工程监理单位应当严格地按照有关法律、法规、规章、工程建设文件、工程建设技术标准、建设工程委托监理合同、有关的建设工程合同等的规定实施监理；在委托监理的工程中，与承建单位不得有隶属关系和其他利益关系；在开展工程监理的过程中，必须建立自己的组织，按照自己的工作计划、程序、流程、方法、手段，根据自己的判断，独立地开展工作。

技能要点4：建设工程强制监理的范围

《建筑法》在明确规定国家推行建设工程监理制度时，还授权国务院可以规定实行强制监理的建设工程的范围。2001年1月7日建设部第86号令《建设工程监理范围和规模标准规定》中做了规定，必须实行监理的建设工程范围包括：

(1) 国家重点建设工程　依据《国家重点建设项目管理办法》所确定的对国民经济和社会发展有重大影响的骨干项目。

(2) 大中型公用事业项目　指项目总投资在3000万元以上的下列工程项目。

①供水供电、供气、供热等市政工程项目。

②科技、教育、文化等项目。

③体育、旅游、商业等项目。

④卫生、社会福利等项目。

⑤其他公用事业项目。

(3) 成片开发建设的住宅小区工程　建设面积在5万平方米以上的住宅建设工程必须实行监理；5万平方米以下的住宅建设工程可以实行监理，具体范围和规模标准由省、自治区、直辖市人民政府建设行政主管部门规定。

(4) 利用外国政府或者国际组织贷款、援助资金的工程。

①使用世界银行、亚洲开发银行等国际组织贷款资金的项目。

②使用国外政府及其机构贷款资金的项目。

③使用国际组织或者国外政府援助资金的项目。

(5) 国家规定的必须实行监理的其他项目。

①总投资在3000万元以上的关系公共利益和安全的基础设施项目。

a. 煤炭、石油、化工、电力、新能源项目。

b. 铁路、公路等交通运输业项目。

c. 邮政电信信息网等项目。

d. 防洪等水利项目。

e. 道路、轻轨、污水、垃圾、公共停车场等城市基础设施项目。

f. 生态保护项目。

g. 其他基础设施项目。

②学校、影剧院、体育场项目。

技能图解 2　建设监理工作步骤

技能结构框线图

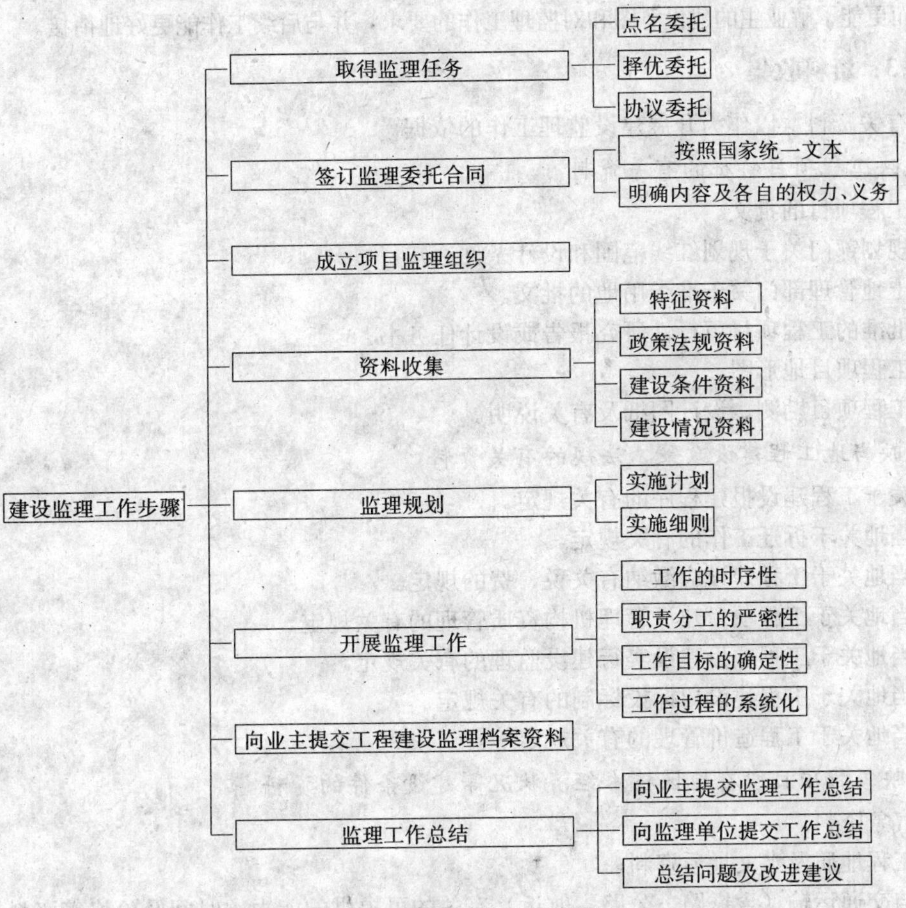

图 1-3　建设监理工作步骤

技能要点 1：取得监理任务并签订监理委托合同

1. 建设监理单位获得监理任务的途径

（1）业主点名委托。

（2）通过协商、议标委托。

（3）通过招标、投标，择优委托。

此时，监理单位应编写监理大纲等有关文件，参加投标。

2. 签订监理委托合同

按照国家统一文本签订监理委托合同，明确委托内容及各自的权力、义务。

技能要点 2：成立项目监理组织

建设监理单位在与业主签订监理委托合同后，根据工程项目的规模、性质及业主对监理的要求，委派称职的人员担任项目的总监理工程师，代表监理单位全面负责该项目的监理工作。总监理工程师对内向监理单位负责，对外向业主负责。

在总监理工程师的具体领导下，组建项目的监理班子，并根据签订的监理委托合同，制定监理规划和具体的实施计划（监理实施细则），开展监理工作。

一般情况下，监理单位在承接项目监理任务时，在参与项目监理的投标、拟订监理方案（大纲），以及与业主商签监理委托合同时，即应选派称职的人员主持该项工作。在监理任务确定并签订监理委托合同后，该主持人即可作为项目总监理工程师。这样，项目的总监理工程师在承接任务阶段即早已介入，从而更能了解业主的建设意图和对监理工作的要求，并与后续工作能更好地衔接。

技能要点3：资料收集

收集有关资料，以作为开展建设监理工作的依据。

1. 反映工程项目特征的有关资料

(1) 工程项目的批文。

(2) 规划部门关于规划红线范围和设计条件通知。

(3) 土地管理部门关于准予用地的批文。

(4) 批准的工程项目可行性研究报告或设计任务书。

(5) 工程项目地形图。

(6) 工程项目勘测、设计图纸及有关说明。

2. 反映当地工程建设政策、法规的有关资料

(1) 关于工程建设报建程序的有关规定。

(2) 当地关于拆迁工作的有关规定。

(3) 当地关于工程建设应缴纳有关税、费的规定。

(4) 当地关于工程项目建设管理机构资质管理的有关规定。

(5) 当地关于工程项目建设实行建设监理的有关规定。

(6) 当地关于工程建设招标投标制的有关规定。

(7) 当地关于工程造价管理的有关规定等。

3. 反映工程项目所在地区技术经济状况等建设条件的资料

(1) 气象资料。

(2) 工程地质及水文地质资料。

(3) 与交通运输（含铁路、公路、航运）有关的可提供的能力、时间及价格等资料。

(4) 供水、供热、供电、供燃气、电信、有线电视等的有关情况：可提供的容量、价格等资料。

(5) 勘察设计单位状况。

(6) 土建、安装（含特殊行业安装，如电梯、消防、智能化等）施工单位情况。

(7) 建筑材料、构配件及半成品的生产供应情况。

(8) 进口设备及材料的有关到货口岸、运输方式的情况。

4. 类似工程项目建设情况的有关资料

(1) 类似工程项目投资方面的有关资料。

(2) 类似工程项目建设工期方面的有关资料。

(3) 类似工程项目采用新结构、新材料、新技术、新工艺的有关资料。

(4) 类似工程项目出现质量问题的具体情况。

(5) 类似工程项目的其他技术经济指标等。

技能要点4：制定监理规划、工作计划或实施细则

工程项目的监理规划是开展项目监理活动的纲领性文件，由项目总监理工程师主持，专业监理工程师参加编制，建设监理单位技术负责人审核批准。

在监理规划的指导下，为了具体指导投资控制、进度控制、质量控制的进行，还需要结合工程项目的实际情况，制定相应的实施计划或细则（或方案）。

技能要点 5：根据监理实施纲要开展监理工作

作为一种科学的工程项目管理制度，监理工作的规范化体现在：

(1) 工作的时序性　即监理的各项工作都是按一定的逻辑顺序先后展开的，从而使监理工作能有效地达到目标而不致造成工作状态的无序和混乱。

(2) 职责分工的严密性　工程建设监理工作是由不同专业、不同层次的专家群体共同来完成的，他们之间严密的职责分工，是协调进行监理工作的前提和实现监理目标的重要保证。

(3) 工作目标的确定性　在职责分工的基础上，每一项监理工作应达到的具体目标都应是确定的，完成的时间也应有时限规定，从而能通过报表资料对监理工作及其效果进行检查和考核。

(4) 工作过程系统化　施工阶段的监理工作主要包括三控制（投资控制、进度控制、质量控制）、二管理（合同管理、信息管理）、一协调，共六个方面的工作，施工阶段的监理工作又可以分为三个阶段：事前控制、事中控制、事后控制。形成了矩阵形的系统，因此，监理工作的开展必须实现工作过程系统化，如图 1-4 所示。

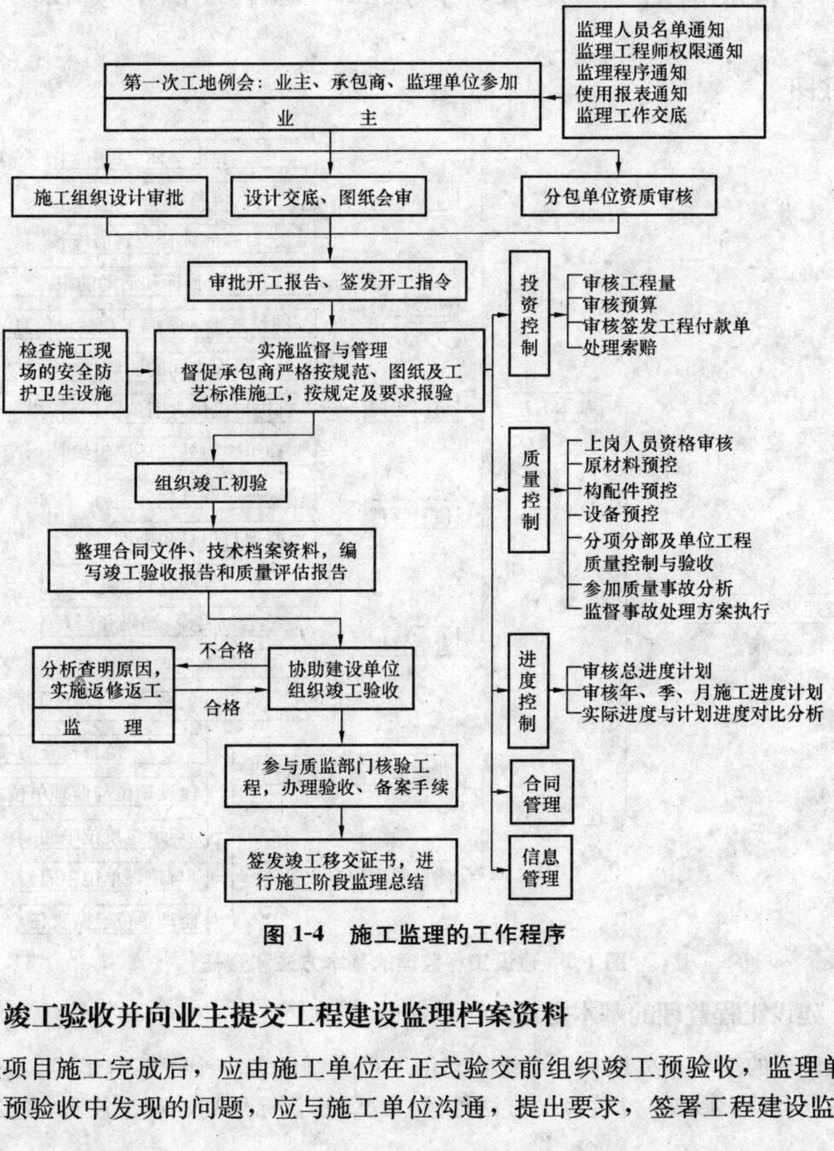

图 1-4　施工监理的工作程序

技能要点 6：竣工验收并向业主提交工程建设监理档案资料

(1) 工程项目施工完成后，应由施工单位在正式验交前组织竣工预验收，监理单位应参与预验收工作，在预验收中发现的问题，应与施工单位沟通，提出要求，签署工程建设监理意见。

(2) 工程项目建设监理业务完成后，向业主提交的监理档案资料应包括：监理设计变更、工程变更资料；监理指令性文件；各种签证资料；其他档案资料。

技能要点 7：监理工作总结

监理工作总结应包括以下主要内容：

第一部分，是向业主提交的监理工作总结。其内容主要包括：监理委托合同履行情况概述；监理任务或监理目标完成情况的评价；由业主提供的供监理活动使用的办公用房、车辆、试验设施等的清单；表明监理工作终结的说明等。

第二部分，是向监理单位提交的监理工作总结。其内容主要包括：监理工作的经验，可以是采用某种监理技术、方法的经验，也可以是采用某种经济措施、组织措施的经验，以及签订监理委托合同方面的经验，如何处理好与业主、承包单位关系的经验等。

第三部分，监理工作中存在的问题及改进的建议，也应及时加以总结，以指导今后的监理工作，并向政府有关部门提出政策建议，不断提高我国工程建设监理的水平。

技能图解 3　建设工程监理的基本方法和责任

技能结构框线图

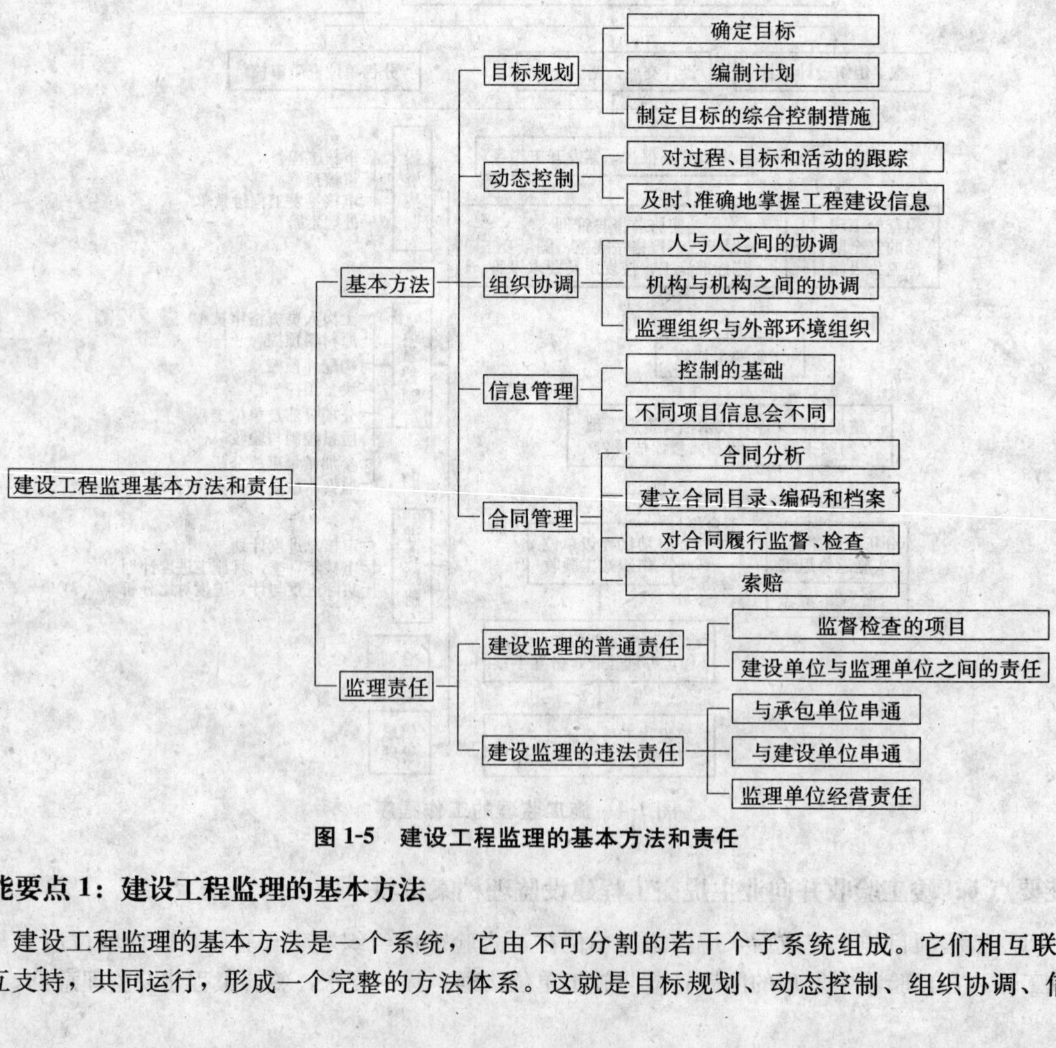

图 1-5　建设工程监理的基本方法和责任

技能要点 1：建设工程监理的基本方法

建设工程监理的基本方法是一个系统，它由不可分割的若干个子系统组成。它们相互联系，相互支持，共同运行，形成一个完整的方法体系。这就是目标规划、动态控制、组织协调、信息管理和合同管理。

1. 目标规划

这里所说的目标规划是以实现目标控制为目的的规划和计划，它是围绕工程项目投资、进度和质量目标进行研究确定、分解综合、安排计划、风险管理、制定措施等各项工作的集合。目标规划是目标控制的基础和前提，只有做好目标规划的各项工作才能有效实施目标控制。目标规划得越好，目标控制的基础就越牢，目标控制的前提条件也就越充分。

目标规划工作包括：正确地确定投资、进度、质量目标或对已经初步确定的目标进行论证；按照目标控制的需要将各目标进行分解，使每个目标都形成一个既能分解又能综合地满足控制要求的目标划分系统，以便实施控制；把工程项目实施的过程、目标和活动编制成计划，用动态的计划系统来协调和规范工程项目的实施，为实现预期目标构筑一座桥梁，使项目协调有序地达到预期目标；对计划目标的实现进行风险分析和管理，以便采取针对性的有效措施，实施主动控制；制定各项目标的综合控制措施，力保项目目标的实现。

2. 动态控制

动态控制是开展工程建设监理活动时采用的基本方法。动态控制工作贯穿于工程项目的整个监理过程中。

所谓动态控制，就是在完成工程项目的过程当中，通过对过程、目标和活动的跟踪，全面、及时、准确地掌握工程建设信息，将实际目标值和工程建设状况与计划目标和状况进行对比，如果偏离了计划和标准的要求，就采取措施加以纠正，以便达到计划总目标的实现。这是一个不断循环的过程，直至项目建成交付使用。

这种控制是一个动态的过程。过程在不同的空间展开，控制就要针对不同的空间来实施。工程项目的实施分不同的阶段，控制也就分成不同阶段的控制。工程项目的实现总要受到外部环境和内部因素的各种干扰，因此，必须采取应变性的控制措施。计划的不变是相对的，计划总是在调整中运行，控制就要不断地适应计划的变化，从而达到有效的控制。监理工程师只有把握住工程项目运动的脉搏才能做好目标控制工作。动态控制是在目标规划的基础上针对各级分目标实施的控制。整个动态控制过程都是按事先安排的计划来进行的。

3. 组织协调

组织协调与目标控制是密不可分的。协调的目的就是为了实现项目目标。在监理过程中，当设计概算超过投资估算时，监理工程师要与设计单位进行协调，使设计与投资限额之间达成一致，既要满足建设单位对项目的功能和使用要求，又要力求使费用不超过限定的投资额度；当施工进度影响到项目动用时间时，监理工程师就要与施工单位进行协调，或改变投人，或修改计划，或调整目标，直到制定出一个较理想解决问题的方案为止；当发现承包单位的管理人员不称职，给工程质量造成影响时，监理工程师要与承包单位进行协调，以便更换人员，确保工程质量。

组织协调包括项目监理组织内部人与人、机构与机构之间的协调。例如，项目总监理工程师与各专业监理工程师之间、各专业监理工程师之间的人际关系，以及纵向监理部门与横向监理部门之间关系的协调。组织协调还存在于项目监理组织与外部环境组织之间，其中主要是与项目建设单位、设计单位、施工单位、材料和设备供应单位，以及与政府有关部门、社会团体、咨询单位、科学研究、工程毗邻单位之间的协调。

为了开展好工程建设监理工作，要求项目监理组织内的所有监理人员都能主动地在自己负责的范围内进行协调，并采用科学有效的方法。为了搞好组织协调工作，需要对经常性事项的协调加以程序化，事先确定协调内容、协调方式和具体的协调流程；需要经常通过监理组织系统和项目组织系统，利用权责体系，采取指令等方式进行协调，需要设置专门机构或专人进行协调，需要召开各种类型的会议进行协调。只有这样，项目系统内各子系统、各专业、各工种、各项资源以及时间、空间等方面才能实现有机的配合，使工程项目成为一体化运行的整体。

4. 信息管理

工程建设监理离不开工程信息。在实施监理过程中，监理工程师要对所需要的信息进行收集、整理、处理、存储、传递、应用等一系列工作，这些工作总称为信息管理。

信息管理对工程建设监理是十分重要的。监理工程师在开展监理工作当中要不断预测或发现问题，要不断地进行规划、决策、执行和检查，而做好这每项工作都离不开相应的信息。规划需要规划信息，决策需要决策信息，执行需要执行信息，检查需要检查信息。监理工程师在监理过程中主要的任务是进行目标控制，而控制的基础就是信息。任何控制只有在信息的支持下才能有效地进行。

项目监理组织的各部门为完成各项监理任务需要哪些信息，完全取决于这些部门实际工作的需要。因此，对信息的要求是与各部门监理任务和工作直接相联系的。不同的项目，由于情况不同，所需要的信息也就有所不同。

5. 合同管理

监理单位在工程建设监理过程中的合同管理主要是根据监理合同的要求对工程承包合同的签订、履行、变更和解除进行监督、检查，对合同双方的争议进行调解和处理，以保证合同的依法签订和全面履行。

合同管理对于监理单位完成监理任务是非常重要的。根据国外经验，合同管理产生的经济效益往往大于技术优化所产生的经济效益。一项工程合同，应当对参与建设项目的各方建设行为起到控制作用，同时具体指导这项工程如何操作完成。所以，从这个意义上讲，合同管理起着控制整个项目实施的作用。例如，按照 FIDIC《土木工程施工合同条件》实施的工程，根据第 72 条、194 项条款，详细地列出了在项目实施过程中所遇到的各方面的问题，并规定了合同各方在遇到这些问题时的权利和义务，同时还规定了监理工程师在处理各种问题时的权限和职责。在工程实施过程中经常发生的有关设备、材料、开工、停工、延误、变更、风险、索赔、支付、争议、违约等问题，以及财务管理、工程进度管理、工程质量管理诸方面工作，这个合同条件都涉及了。

监理工程师在合同管理中应当着重于以下几个方面的工作：

(1) 合同分析　它是对合同各类条款进行分门别类的认真研究和解释，并找出合同的缺陷和弱点，以发现和提出需要解决的问题。同时，更为重要的是，对引起合同变化的事件进行分析研究，以便采取相应措施。合同分析对于促进合同各方履行义务和正确行使合同赋予的权力，对于监督工程的实施，对于解决合同争议，对于预防索赔和处理索赔等项工作都是必要的。

(2) 建立合同目录、编码和档案　合同目录和编码是采用图表方式进行合同管理的很好工具，它为合同管理自动化提供了方便条件，使计算机辅助合同管理成为可能。合同档案的建立可以把合同条款分门别类地加以存放，对于查询、检索合同条款，也为分解和综合合同条款提供了方便。合同资料的管理应当起到为合同管理提供整体性服务的作用。它不仅要起到存放和查找的简单作用，还应当进行高层次的服务。例如，采用科学的方式将有关的合同程序和数据指示出来。

(3) 对合同履行的监督、检查　通过检查发现合同执行中存在的问题，并根据法律、法规和合同的规定加以解决，以提高合同的履约率，使工程项目能够顺利地建成。合同监督还包括经常性地对合同条款进行解释，常念“合同经”，以促使承包方能够严格地按照合同要求实现工程进度、工程质量和费用要求。按合同的有关条款做出工作流程图、质量检查和协调关系图等，可以帮助有效地进行合同监督。合同监督需要经常检查合同双方往来的文件、信函、记录、业主指示等，以确认它们是否符合合同的要求和对合同的影响，以便采取相应对策。根据合同监督、检查所获得的信息进行统计分析，以发现费用金额、履约率、违约原因、纠纷数量、变更情况等问题，向有关监理部门提供情况，为目标控制和信息管理服务。

（4）索赔　索赔是合同管理中的重要工作，又是关系合同双方切身利益的问题，同时牵扯监理单位的目标控制工作，是参与项目建设的各方都关注的事情。监理单位应当首先协助业主制定并采取防止索赔的措施，以便最大限度地减少无理索赔的数量和索赔影响量。其次，要处理好索赔事件。对于索赔，监理工程师应当以公正的态度对待，同时按照事先规定的索赔程序做好处理索赔的工作。

合同管理直接关系着投资、进度、质量控制，是工程建设监理方法系统中不可分割的组成部分。

技能要点2：建设工程监理单位的责任

监理单位或监理人员在接受监理任务后应努力向项目业主或法人提供与之水平相适应的服务。相反，如果不能够按照监理委托合同及相应法律开展监理工作，按照有关法律和委托监理合同，委托单位可对监理单位进行违约金处罚，或对监理单位起诉。如果违反法律政府主管部门或检察机关可对监理单位及负有责任的监理人员进行提起诉讼。法律法规规定监理单位和监理人员的责任有：

1. 建设监理的普通责任

对于工程项目监理，不按照委托监理合同的约定履行义务，对应当监督检查的项目不检查或不按规定检查，给建设单位造成损失的，应承担相应的赔偿责任。这里所说的普通责任只是在建设单位与监理单位之间责任。当建设单位不追究监理单位的责任时，这种责任也就不存在了。

2. 建设监理的违法责任

（1）与承包单位串通，为承包单位谋取非法利益，给建设单位造成损失的，应当与承包单位承担连带赔偿责任。

（2）与建设单位或建筑施工企业串通，弄虚作假，降低工程质量的，责令改正、处以罚款、降低资质等级、吊销资质证书；有违法所得的予以没收；造成损失的，承担连带赔偿责任。

（3）监理单位经营责任——转让监理业务等（擅自开业、超越范围、故意损害甲、乙方利益、造成重大事故），责令改正，没收违法所得；停止整顿，降低资质等级；吊销资质证书。

建设监理的违法责任在于违反了现行的法律，法律要运用其强制力对违法者进行处理。

技能图解4　建设工程监理工作的原则与作用

技能结构框线图

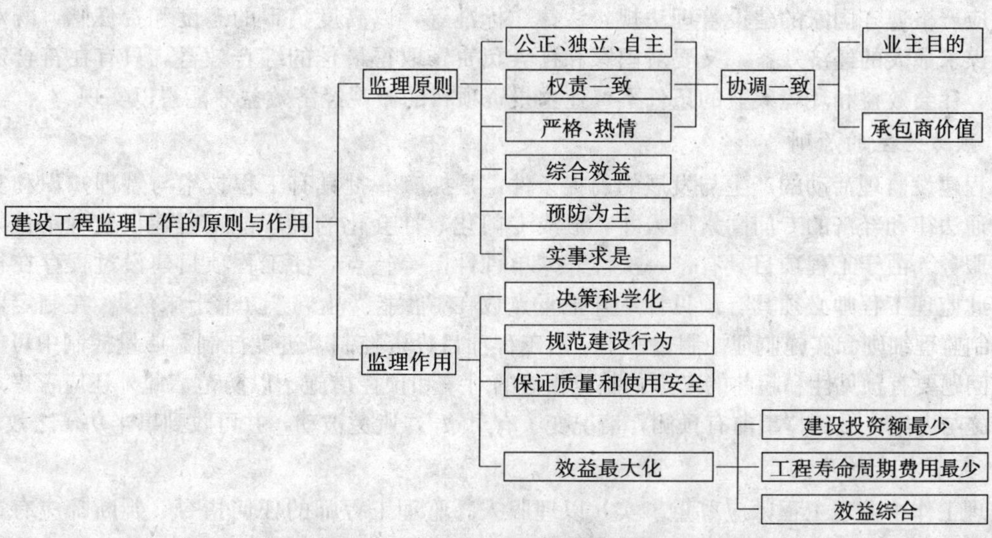

图1-6　建设工程监理工作的原则与作用

技能要点1：建设工程监理工作的原则

监理单位受业主委托对工程项目实施监理时，应遵守以下基本原则。

1. 公正、独立、自主的原则

在工程建设监理中，监理工程师必须尊重科学，尊重事实，组织各方协同配合，维护有关各方的合法权益，为使这一职能顺利实施，必须坚持公正、独立、自主的原则。业主与承包商虽然都是独立运行的经济主体，但他们追求的经济目标有差异，各自的行为也有差别，监理工程师应在按合同约定的权、责、利关系基础上，协调双方的一致性，即只有按合同的约定建成项目，业主才能实现投资的目的，承包商也才能实现自己生产的产品的价值，取得工程款和实现盈利。

2. 权责一致的原则

监理工程师为履行其职责而从事的监理活动，是根据建设监理法规和受业主的委托与授权而进行的。监理工程师承担的职责应与业主授予的权限相一致。也就是说，业主向监理工程师的授权，应以能保证其正常履行监理的职责为原则。

监理活动的客体是承包商的活动，但监理工程师与承包商之间并无经济合同关系。监理工程师之所以能行使监理职权，是依赖业主的授权。这种权力的授予，除体现在业主与监理单位之间签订的工程建设监理委托合同中外，还应作为业主与承包商之间工程承包合同的条件。因此，监理工程师在明确业主提出的监理目标和监理工作内容要求后，应与业主协商，明确相应的授权，达成共识后，反映在监理委托合同及承包合同中。据此，监理工程师才能开展监理活动。

总监理工程师代表监理单位全面履行工程建设监理委托合同，承担合同中确定的监理方向业主方所承担的义务和责任。因此，在监理合同实施过程中，监理单位应给予总监理工程师充分的授权，体现权责一致的原则。

3. 严格监理、热情服务的原则

监理工程师与承建商的关系，以及处理业主与承建商之间的利益关系，一方面应坚持严格按合同办事，严格监理的要求；另一方面又应立场公正，为业主提供热情服务。

4. 综合效益的原则

社会建设监理活动既要考虑业主的经济效益，也必须考虑与社会效益和环境效益的有机统一，符合“公众”的利益，个别业主为谋求自身狭隘的经济利益，不惜损害国家、社会的整体利益。如有些项目存在严重的环境污染问题。工程建设监理虽经业主的委托和授权才得以进行，但监理工程师应严格遵守国家的建设管理法规、法律、标准等，以高度负责的态度和责任感，既对业主负责，谋求最大的经济效益，又要对国家和社会负责，取得最佳的综合效益。只有在符合宏观经济效益、社会效益和环境效益的条件下，业主投资项目的微观经济效益才能得以实现。

5. 预防为主的原则

工程建设监理活动的产生与发展的前提条件，是拥有一批具有工程技术与管理知识和实践经验，精通法律和经济的专门高素质人才，形成专门化、社会化的高职能工程建设监理单位，为业主提供服务。由于工程项目具有“一次性”、“单件性”等特点，使工程项目建设过程存在很多风险，因此监理工程师必须具有预见性，并把重点放在“预控”上，“防患于未然”。在制定监理规划、编制监理细则和实施监理控制过程中，对工程项目投资控制、进度控制和质量控制中可能发生的失控问题要有预见性和超前的考虑，制定相应的对策和预控措施予以防范。此外还应考虑多个不同的措施与方案，做到“事前有预测，情况变了有对策”，避免被动，并可收到事半功倍之效。

6. 实事求是的原则

监理工作中监理工程师应尊重事实，以理服人。监理工程师的任何指令、判断都应有事实依据，有证明、检验、试验资料，这是最具有说服力的，由于经济利益或认识上的关系，监理工程师不应以权压人，而应晓之以理，所谓“理”，即具有说服力的事实依据，做到以“理”服人。

技能要点 2：建设工程监理工作的作用

1. 有利于提高建设工程投资决策科学化水平

在建设单位委托工程监理企业实施全方位全过程监理的条件下，在建设单位有了初步的项目投资意向之后，工程监理企业可协助建设单位选择适当的工程咨询机构，管理工程咨询合同的实施，并对咨询结果（如项目建议书、可行性研究报告）进行评估，提出有价值的修改意见和建议；或者直接从事工程咨询工作，为建设单位提供建设方案。这样，不仅可使项目投资符合国家经济发展规划、产业政策、投资方向，而且可使项目投资更加符合市场需求。工程监理企业参与或承担项目决策阶段的监理工作，有利于提高项目投资决策的科学化水平，避免项目投资决策失误，也为实现建设工程投资综合效益最大化打下了良好的基础。

2. 有利于规范工程建设参与各方的建设行为

工程建设参与各方的建设行为都应当符合法律、法规、规章和市场准则。要做到这一点，仅仅依靠自律机制是远远不够的，还需要建立有效的约束机制。

在建设工程实施过程中，工程监理企业可依据委托监理合同和有关的建设工程合同对承建单位的建设行为进行监督管理。由于这种约束机制贯穿于工程建设的全过程，采用事前、事中和事后控制相结合的方式，因此可以有效地规范各承建单位的建设行为，最大限度地避免不当建设行为的发生。即使出现不当建设行为，也可以及时加以制止，最大限度地减少其不良后果。应当说，这是约束机制的根本目的。另一方面，由于建设单位不了解建设工程有关的法律、法规、规章、管理程序和市场行为准则，也可能发生不当建设行为。在这种情况下，工程监理单位可以向建设单位提出适当的建议，从而避免发生建设单位的不当建设行为，这对规范建设单位的建设行为也可起到一定的约束作用。

当然，要发挥上述约束作用，工程监理企业首先必须规范自身的行为，并接受政府的监督管理。

3. 有利于保证建设工程的质量和使用安全

工程监理企业对承建单位建设行为的监督管理，实际上是从产品需求者的角度对建设工程生产过程的管理，这与产品生产者自身的管理有很大的不同。而工程监理企业又不同于建设工程的实际需求者，其监理人员都是既懂工程技术又懂经济管理的专业人士，他们有能力及时发现建设工程实施过程中出现的问题，发现工程材料、设备以及阶段产品存在的问题，从而避免留下工程质量隐患。因此，实行建设工程监理制之后，在加强承建单位自身对工程质量管理的基础上，由工程监理企业介入建设工程生产过程的管理，对保证建设工程质量和使用安全有着重要作用。

4. 有利于实现建设工程投资效益最大化

建设工程投资效益最大化有以下三种不同表现：

（1）在满足建设工程预定功能和质量标准的前提下，建设投资额最少。

（2）在满足建设工程预定功能和质量标准的前提下，建设工程寿命周期费用（或全寿命费用）最少。

（3）建设工程本身的投资效益与环境、社会效益的综合效益最大化。

第二章　工程建设监理组织

技能图解 5　组织的基本原理

技能结构框线图

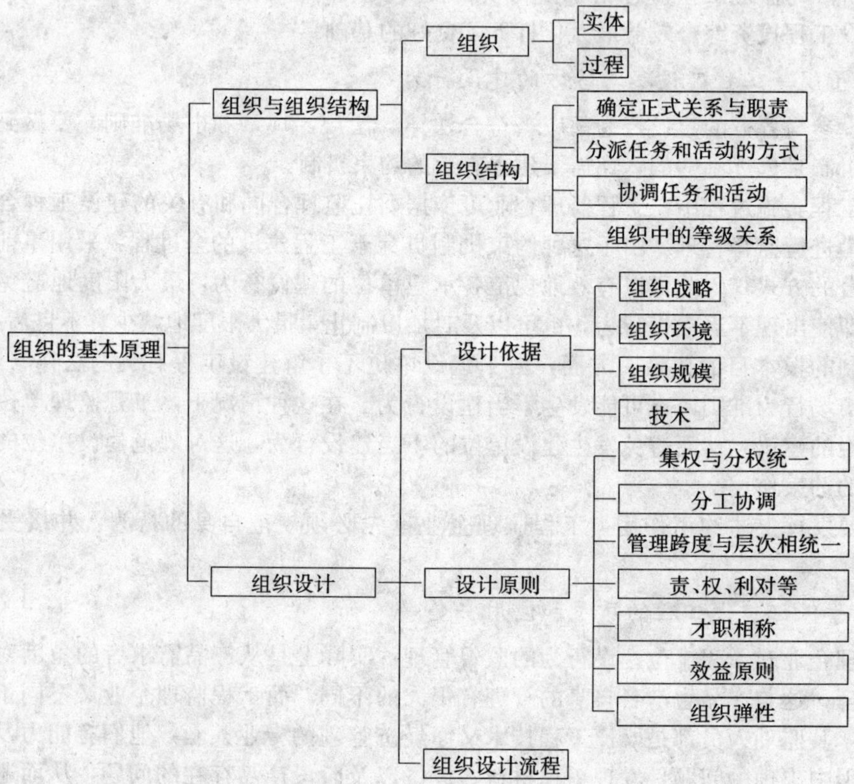

图 2-1　组织的基本原理

技能要点 1：组织与组织结构

1. 组织

所谓组织，就是为了使系统达到它特定的目标，使全体参加者经分工与协作以及设置不同层次的权力和责任制度而构成的一种人的组合体。

"组织"一词从不同的侧面包含两种不同的含义。其一，作为一个实体，组织是为了达到自身的目标而结合在一起的具有正式关系的一群人。对于正式组织，这种关系是反映人们正式的、有意形成的职务和职位结构。组织必须具有目标且为了达到自身的目标而产生和存在。在组织中工作的人们必须承担某种职务且承担的职务需要进行刻意的设计，规定所需各项活动有人去完成，并且确保各项活动协调一致，使人们在集体中工作得顺利、有效率，而且效率高。其二，组织是一个过程，主要指人们为了达到目标而创造组织结构，为适应环境的变化而维持和调整组织结构，并使组织发挥作用的过程。管理者要根据工作的需要，对组织结构进行精心设计，明确每个岗位的任务、权力、责任和相互关系以及信息沟通的渠道，使人们在实现目标的过程中，能够发挥比合作个人总和更大的能量。管理者还要根据环境变化对组织结构进行改革和创新或再构造。合理的组织结构只是为了达到某种目标提出了一个前提，要有效地完成组织的任务，还需要各层管理者能动地、合理地协调人力、物力、财力和信息，使组织结构得以高效地运行。

组织作为生产要素之一，与其他要素相比有明显特点：其他要素可以互相替代，如增加机器设备等劳动手段可以替代劳动力，而组织不能替代其他要素，也不能被其他要素所替代，它只是使其他要素合理配合而增值的要素，也就是说组织可以提高其他要素的使用效益。

2. 组织结构

组织内部构成和各部分间所确立的较为稳定的相互关系和联系方式，称为组织结构。以下几种提法反映了组织结构的基本内涵：

(1) 确定正式关系与职责的形式。

(2) 向组织各个部门或个人分派任务和各种活动的方式。

(3) 协调各个分离活动和任务的方式。

(4) 组织中权力、地位和等级关系。

技能要点 2：组织设计

组织设计就是对组织活动和组织结构的设计过程，有效的组织设计在提高组织活动效能方面起着重大的作用。组织设计有以下要点：

(1) 组织设计是管理者在系统中建立最有效相互关系的一种合理化的、有意识的过程。

(2) 该过程既要考虑系统的外部要素，又要考虑系统的内部要素。

(3) 组织设计的结果是形成组织结构。

1. 组织设计的依据

(1) 组织战略　在影响组织结构的各种因素中，组织战略是一个重要的因素。组织要选择一个与自己条件相适应的战略，与此同时，需在组织结构上有所配合，才能令组织战略更有效的执行。

(2) 组织环境　一切人所在的社会组织都是开放系统，它的生存和发展都直接受到其所处环境的影响。对于组织来说，环境中存在不确定因素是必然的，组织对于环境的变化只能去设法适应。因此，组织结构要随环境的变化来进行设计和调整。

(3) 组织规模　组织规模对于组织结构复杂性程度产生影响。组织规模增长导致水平差异的增加，还可以使地区差异扩大；组织规模的扩大导致组织结构规范化程度的提高，而且使高层管理者难于直接控制其下属的一切活动，这样就造成分权。

(4) 技术　企业的组织结构必须与采用的生产技术与方式相适应，才能令组织更有效率。常规技术易变性小，组织结构通常规范化程度高；工程型技术易变性较大，组织结构通常规范化程度较低，但集权化程度较高；工艺性技术适合组织结构具有适中的规范化程度和分权化管理；非常规技术应采取具有强制性的有机式组织结构，减低规范化程度。

2. 组织设计的原则

项目监理机构组织设计一般应考虑以下基本原则。

(1) 集权与分权统一的原则　在任何组织中都不存在绝对的集权和分权。在项目监理机构设计中，所谓集权，就是总监理工程师掌握所有监理大权，各专业监理工程师只是其命令的执行者；所谓分权，是指在总监理工程师的授权下，各专业监理工程师在各自管理的范围内有足够的决策权，总监理工程师主要起协调作用。

项目监理机构是采取集权形式还是分权形式，要根据建设工程的特点、监理工作的重要性、总监理工程师的能力、精力及各专业监理工程师的工作经验、工作能力、工作态度等因素进行综合考虑。

(2) 组织分工协调原则　组织分工协调原则是促进组织高效率运行的基本保证。组织分工协调原则是在进行建设监理组织机构设置时，应正确地处理好组织内部人与人、领导与被领导、部门之间的各种错综复杂的关系，减少或避免组织内部产生的行为矛盾与冲突，使组织内部各种组织要素能充分地协调统一。因此，在对建设监理组织机构设置时，首先应理顺组织内部存在的各种关系，包括领导与被领导关系，部门的隶属、从属、相互作用等关系；二是应正确规范组织的工作任务体系；三是要完善组织的工作制度，包括请示、汇报制度、工作会议制度、业务考核制度、职责及奖惩制度等；四是要建立各种协调机制，各级组织都必须建立协调功能团，而且组织的协调功能团应从组织任务执行功能团中分离出来，真正起到对内部纵向、横向协调作用。

(3) 管理跨度和管理层次相统一的原则　管理跨度与管理层次是相互制约的。管理跨度扩大可以使管理层次减少，加快信息传递，减少信息失真，使信息反馈及时，减少管理人员，降低管理费用。但由于上级主管需要协调的工作量增大，容易导致组织失控。

管理跨度与管理层次统一，就要根据组织的内部条件和外部环境的不同来综合权衡，适当确定。

(4) 责、权、利对等的原则　责、权、利对等的原则就是在监理组织中明确划分职责、权力、利益，且职责、权力、利益是对等的关系。承担某一岗位职务的管理者在承担该岗位规定的工作任务和责任时还必须规定相应的权力和利益。组织的责、权、利是相对于一定的岗位职务来说的，不同的岗位职务应有不同的责、权、利，但始终应该是对等的。责、权、利不对等就可能损伤组织的效能，权大于责容易导致滥用职权，危及整个组织系统的运行；责大于利容易影响管理人员的积极性、主动性、创造性，使组织缺乏活力。

(5) 才职相称的原则　每项工作都应该确定为完成该工作所需要的知识和技能。可以通过考察一个人的学历与经历，进行测验及面谈等，了解其知识、经验、才能、兴趣等，并进行评审比较。职务设计和人员评审都可以采用科学的方法，使这个人现有的和可能有的才能与其职务上的要求相适应，做到才职相称，人尽其才，才得其用，用得其所。

(6) 效益原则　任何组织的设计都是为了获得更高效益，现场监理组织设计必须坚持效益原则。组织结构中部门、人员都要围绕组织目标充分协调，组成最适宜的组织结构，用较少的人员、较少的层次、较少的时间达到管理的效果，做到精干高效，使人有事干、事有人管、保质保量、负荷饱满、效益更高。

(7) 组织弹性原则　组织机构设置的弹性原则，简称组织弹性原则，是指组织部门设置、人员编制、任务体系及权力分配等方面，应充分考虑到建设监理市场的近期和长期发展变化，对机构设置和人员编制等都应留有一定的余地。

3. 组织设计的流程

组织设计的流程如图 2-2 所示。

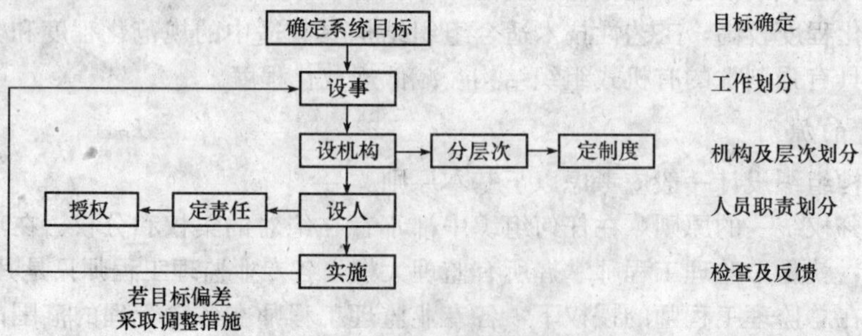

图 2-2　组织设计流程图

技能图解 6　建设工程监理实施程序与原则

技能结构框线图

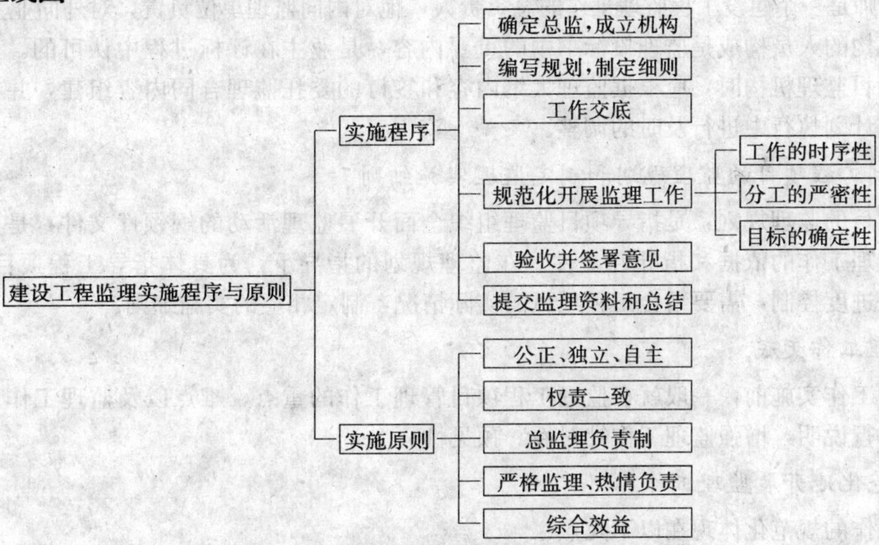

图 2-3　建设工程监理实施程序与原则

技能要点 1：建设工程监理实施程序

建设监理单位接受业主委托，选派拟任总监理工程师提前介入工程项目，一旦签订监理合同，就意味着监理业务正式成立，进入工程项目建设监理实施阶段。工程项目建设监理一般按图 2-4 所示的程序实施。

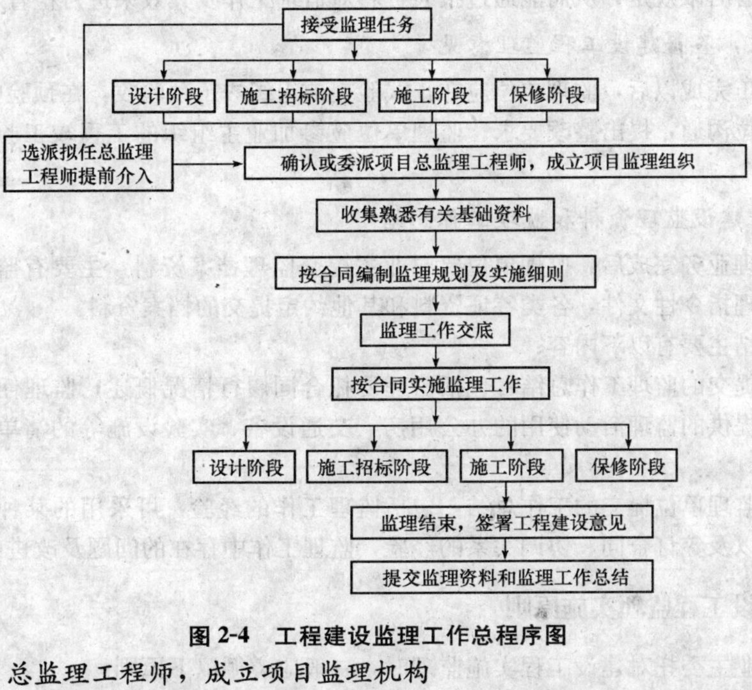

图 2-4　工程建设监理工作总程序图

1. 确定项目总监理工程师，成立项目监理机构

监理单位应根据建设工程的规模、性质、业主对监理的要求，委派称职的人员担任项目总监理工程师，代表监理单位全面负责该工程的监理工作。

一般情况下，监理单位在承接工程监理任务时，在参与工程监理的投标、拟定监理方案（大纲）以及与业主商签委托监理合同时，即应选派称职的人员主持该项工作。在监理任务确定并签订委托监理合同后，该主持人即可作为项目总监理工程师。这样，项目的总监理工程师在承接任务阶段即早已介入，从而更能了解业主的建设意图和对监理工作的要求，并与后续工作能更好地衔接。总监理工程师是一个建设工程监理工作的总负责人，他对内向监理单位负责，对外向业主负责。

监理机构的人员构成是监理投标书中的重要内容，是业主在评标过程中认可的。总监理工程师在组建项目监理机构时，应根据监理大纲内容和签订的委托监理合同内容组建，并在监理规划和具体实施计划执行中进行及时的调整。

2. 编制工程项目的监理规划和制定监理实施细则

工程项目的监理规划，是指导项目监理组织全面开展监理活动的纲领性文件，是监理人员有效地进行监理工作的依据和指导性文件。在监理规划的指导下，为具体指导工程项目投资控制、质量控制、进度控制，需要结合工程项目的实际情况，制定相应的实施细则。

3. 监理工作交底

在监理工作实施前，一般就在监理工程项目管理工作的重点、难点以及监理工作应注意的问题，事先进行说明，增强监理工作针对性、预见性。

4. 规范化地开展监理工作

监理工作的规范化体现在以下几点：

(1) 工作的时序性　监理的各项工作都应按一定的逻辑顺序先后展开，从而使监理工作能有效地达到目标而不致造成工作状态的无序和混乱。

(2) 职责分工的严密性　建设工程监理工作是由不同专业、不同层次的专家群体共同来完成的，他们之间严密的职责分工是协调进行监理工作的前提和实现监理目标的重要保证。

(3) 工作目标的确定性　在职责分工的基础上，每一项监理工作的具体目标都应是确定的，完成的时间也应有时限规定，从而能通过报表资料对监理工作及其效果进行检查和考核。

5. 参与验收，签署建设工程监理意见

建设工程施工完成以后，监理单位应在正式验交前组织竣工预验收。在预验收中发现的问题，应及时与施工单位沟通，提出整改要求。监理单位应参加业主组织的工程竣工验收，签署监理单位意见。

6. 提交工程建设监理资料和监理工作总结

项目建设监理业务完成后，监理单位要向业主提交监理档案资料，主要有监理设计变更、工程变更资料，监理指令性文件，各类签证资料和其他约定提交的档案资料。

监理工作总结主要有以下内容：

(1) 向业主提交的监理工作总结，包括监理委托合同履行情况概述；监理任务或目标完成情况的评价；业主提供的监理活动使用的办公用房、交通设备、实验设施等的清单；表明监理工作终结的说明。

(2) 向社会监理单位提交的工作总结，包括监理工作的经验，可采用的某种技术方法或经济组织措施的经验以及签订合同、协调关系的经验，监理工作中存在的问题及改进的建议等。

技能要点 2：建设工程监理实施原则

监理单位受业主委托对建设工程实施监理时，一般应遵循以下原则。

(1) 公正、独立、自主的原则　监理工程师应在按合同约定的权、责、利的基础上，坚持公正、独立、自主的原则，维护各方的合法权益，协调双方的一致性。

（2）权责一致的原则　总监理工程师代表监理单位全面履行建设工程委托监理合同，承担合同中确定的监理单位向业主所承担的义务和责任。因此，在委托监理合同实施中，监理单位应给总监理工程师充分授权，他才能开展监理活动。

（3）总监理工程师负责制的原则　总监理工程师是工程监理的责任主体，是向业主和监理单位负责任的承担者。总监理工程师是工程监理的权力主体，全面领导建设工程的监理工作。总监理工程师是工程监理的利益主体，在监理活动中对国家的利益负责；对业主投资项目的效益负责；对监理单位的监理效益负责；对项目监理机构内所有监理人员的利益负责。

（4）严格监理、热情负责的原则　监理人员应严格按国家政策、规范、标准和合同控制建设工程的目标，依照既定的程序和制度运用合理的技能，谨慎而勤奋地工作，对承包单位进行严格监理，为业主提供热情服务。

（5）综合效益的原则　建设工程监理活动既要考虑业主的经济效益，也必须考虑与社会效益和环境效益的有机统一。建设工程监理活动虽经业主的委托和授权才得以进行，但监理工程师应首先严格遵守国家的建设管理法律、法规、标准等，以高度负责的态度和责任感，既对业主负责，谋求最大的经济效益，又要对国家和社会负责，取得最佳的综合效益。只有在符合宏观经济效益、社会效益和环境效益的条件下，业主投资项目的微观经济效益才能得以实现。

技能图解 7　项目监理机构人员配置

技能结构框线图

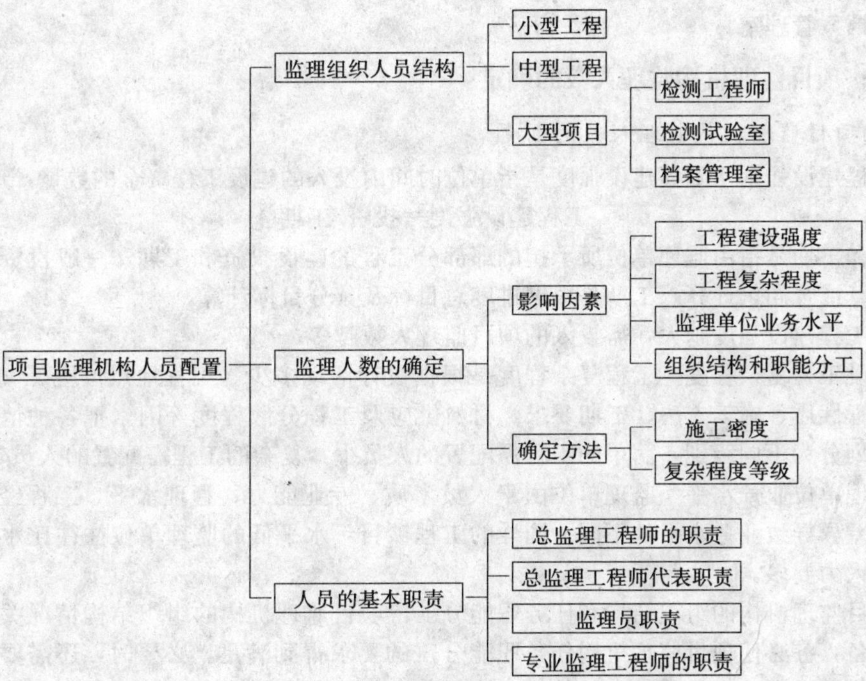

图 2-5　项目监理机构人员配置

技能要点 1：监理组织人员结构

项目监理机构中配备监理人员的数量和专业应根据监理的任务范围、内容、期限以及工程的类别、规模、技术复杂程度、工程环境等因素综合考虑，并应符合委托监理合同中对监理深度和密度的要求，能体现项目监理机构的整体素质，满足监理目标控制的要求。

（1）小型工程项目，在总监理工程师领导下可以设立投资控制监理员、进度控制监理员、质量控制监理员，如图 2-6 所示。

（2）中型项目施工阶段的监理组织，可以随施工阶段（如基础阶段、结构阶段、设备安装阶段、装修阶段）进行充实调整，但基本框架不应变更，如图 2-7 所示。

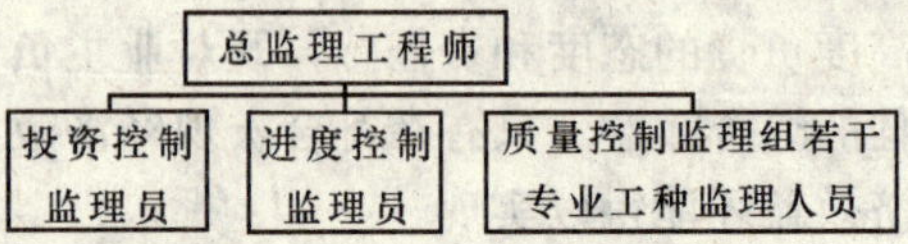

图 2-6　小型项目监理组织

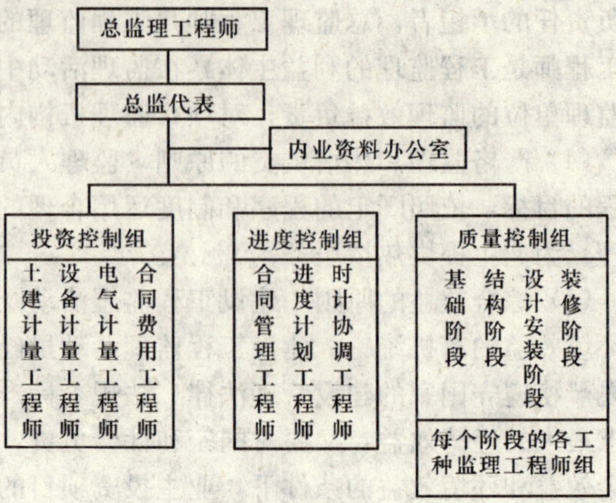

图 2-7　中型项目监理组织

（3）大型项目监理机构在上述组织机构基础上还应进一步充实，主要有：

①测量检测工程师。

②材料、设备及施工半成品检测试验室。

③文书档案管理室。

技能要点 2：项目监理机构监理人数的确定

1. 影响项目监理机构监理人数的因素

（1）工程建设强度　工程建设强度是指单位时间内投入的建设工程资金的数量，用公式表示：

$$工程建设强度=投资/工期$$

其中，投资和工期是指由监理单位所承担的那部分工程的建设投资和工期。一般投资费用可按工程估算、概算或合同价计算，工期是根据进度总目标及其分目标计算。

显然，工程建设强度越大，需投入的项目监理人数越多。

（2）建设工程复杂程度　工程复杂程度是根据设计活动多少、工程地点位置、气候条件、地形条件、工程性质、施工方法、工期要求、材料供应及工程分散程度等因素把各种情况的工程从简单到复杂划分为不同级别，简单的工程需配置的人员少，复杂的工程需配置的人员较多。

（3）监理单位业务水平　监理单位由于人员素质、专业能力、管理水平、工程经验、设备手段等方面的差异导致业务水平的不同。同样的工程项目，水平低的监理单位往往比水平高的监理单位投入的人力要多。

（4）项目监理机构的组织结构和任务职能分工　项目监理机构的组织结构情况关系到具体的监理人员配备，务必使项目监理机构任务职能分工的要求得到满足。必要时，还需要根据项目监理机构的职能分工对监理人员的配备作进一步的调整。

有时监理工作需要委托专业咨询机构或专业监测、检验机构进行。这时，项目监理机构的监理人员数量可适当减少。

2. 项目监理机构监理人数的确定方法

监理一个工程项目需要多少监理人员，主要由施工密度和工程复杂程度来决定。

施工密度用单位时间完成的工程量来表示。

(1) 施工密度（工程密度）　国际上以每年完成 100 万美元的工程量为一个单位来确定所需的各类监理人员的数目。

表 2-1 所列数据是根据东南亚地区及附近国家的大型工程监理经验而确定的，每年完成 100 万美元的工程量所需的各类人员数目。

表 2-1　大型工程施工密度表

工程复杂程度	工　程　师	监　理　员	行政及文秘人员
简　　单	0.20	0.75	0.10
一　　般	0.25	1.00	0.20
一般/复杂	0.35	1.10	0.25
复　　杂	0.50	1.50	0.35
很 复 杂	0.50^+	1.50^+	0.35^+

根据国内许多工程的监理实践经验得出一个中等复杂程度的中型项目工程，每年完成 100 万元人民币的工程量所需的监理人员为 0.6～1 人，各类监理人员的比例为：

监理工程师：监理员：行政文秘＝0.2：0.6：0.2

(2) 工程复杂程度　工程复杂程度是一种等级尺度，由 0（很简单）到 10（很复杂）分五个等级来评定，见表 2-2。

表 2-2　工程复杂程度等级表

分　　值	工程复杂程度及等级	分　　值	工程复杂程度及等级
0～3	简单工程	7～9	复杂工程
3～5	一般工程	9～10	很复杂工程
5～7	一般/复杂工程		

每一项工程又可列出 9 种工程特征（表 2-3），对这 9 种工程特征中的每一种，都可以用 0—9 的尺度来打分，求出 9 种工程特征的平均数，即为工程复杂程度的等级。例如，平均分数为 8，则可按表 2-2 确定为复杂工程。

表 2-3　工程复杂程度评定表

序号	工程特征名称	程　　度	序号	工程特征名称	程　　度
1	设计业务	简单到复杂	6	施工方法	简单到复杂
2	工地位置	方便到偏僻	7	工地后勤支援	有限或广泛
3	工地气候	温和或恶劣	8	施工工期	紧迫至从容
4	工地地形	平坦至崎岖	9	工程性质	一般到特殊（专业性）
5	工地地质	简单到复杂			

技能要点 3：项目监理机构各类人员的基本职责

监理人员应包括总监理工程师、专业监理工程师和监理员，必要时，项目监理机构可配备总监理工程师代表。总监理工程师、专业监理工程师应是取得注册的监理工程师，监理员应具备监理员上岗证书。根据《建设工程监理规范》(GB 50319—2000)，总监理工程师应由具有 3 年以上同类工程监理工作经验的人员担任，总监理工程师代表应由具有 2 年以上同类工程监理工作经验的人员担任，专业监理工程师应由具有 1 年以上同类工程监理工作经验的人员担任。

(1) 总监理工程师及总监理工程师代表岗位职责　一名总监理工程师只宜担任一项委托监理

合同的项目总监理工程师工作。当需要同时担任多项委托监理合同的项目总监理工程师工作时，需经建设单位同意，且最多不得超过三项。

①总监理工程师应履行的职责：

a. 确定项目监理机构人员的分工和岗位职责。

b. 主持编写项目监理规划、审批项目监理实施细则，并负责管理项目监理机构的日常工作。

c. 审查分包单位的资质，并提出审查意见。

d. 检查和监督监理人员的工作，根据工程项目的进展情况可进行监理人员调配，对不称职的监理人员应调换其工作。

e. 主持监理工作会议，签发项目监理机构的文件和指令。

f. 审定承包单位提交的开工报告、施工组织设计、技术方案、进度计划。

g. 审核签署承包单位的申请、支付证书和竣工结算。

h. 审查和处理工程变更。

i. 主持或参与工程质量事故的调查。

j. 调解建设单位与承包单位的合同争议、处理索赔、审批工程延期。

k. 组织编写并签发监理日报、监理工作阶段报告、专题报告和项目监理工作总结。

l. 审核签认分部工程和单位工程的质量检验评定资料，审查承包单位的竣工申请，组织监理人员对待验收的工程项目进行质量检查，参与工程项目的竣工验收。

m. 主持整理工程项目的监理资料。

②总监理工程师代表应履行的职责：

a. 负责总监理工程师指定或交办的监理工作。

b. 按总监理工程师的授权，行使总监理工程师的部分职责和权力。

此外，总监理工程师不得将下列工作委托总监理工程师代表：

a. 主持编写项目监理规划、审批项目监理实施细则。

b. 签发工程开工/复工报审表、工程暂停令、工程款支付证书、工程竣工报验单。

c. 审核签认竣工结算。

d. 调解建设单位与承包单位的合同争议、处理索赔、审批工程延期。

e. 根据工程项目的进展情况进行监理人员的调配，调换不称职的监理人员。

（2）专业监理工程师应履行以下职责。

①负责编制本专业的监理实施细则。

②负责本专业监理工作的具体实施。

③组织、指导、检查和监督本专业监理员的工作，当人员需要调整时，向总监理工程师提出建议。

④审查承包单位提交的涉及本专业的计划、方案、申请、变更，并向总监理工程师提出报告。

⑤负责本专业分项工程验收及隐蔽工程验收。

⑥定期向总监理工程师提交本专业监理工作实施情况报告，对重大问题及时向总监理工程师汇报和请示。

⑦根据本专业监理工作实施情况做好监理日记。

⑧负责本专业监理资料的收集、汇总及整理，参与编写监理月报。

⑨核查进场材料、设备、构配件的原始凭证、检测报告等质量证明文件及其质量情况，根据实际情况认为有必要时对进场材料、设备、构配件进行平行检验，合格时予以签认。

⑩负责本专业的工程计量工作，审核工程计量的数据和原始凭证。

（3）监理员应履行以下职责。

①在专业监理工程师的指导下开展现场监理工作。

②检查承包单位投入工程项目的人力、材料、主要设备及其使用、运行状况，并做好检查记录。

③复核或从施工现场直接获取工程计量的有关数据并签署原始凭证。

④按设计图及有关标准，对承包单位的工艺过程或施工工序进行检查和记录，对加工制作及工序施工质量检查结果进行记录。

⑤担任旁站工作，发现问题及时指出并向专业监理工程师报告。

⑥做好监理日记和有关的监理记录。

技能图解8　项目监理机构及其设施

技能结构框线图

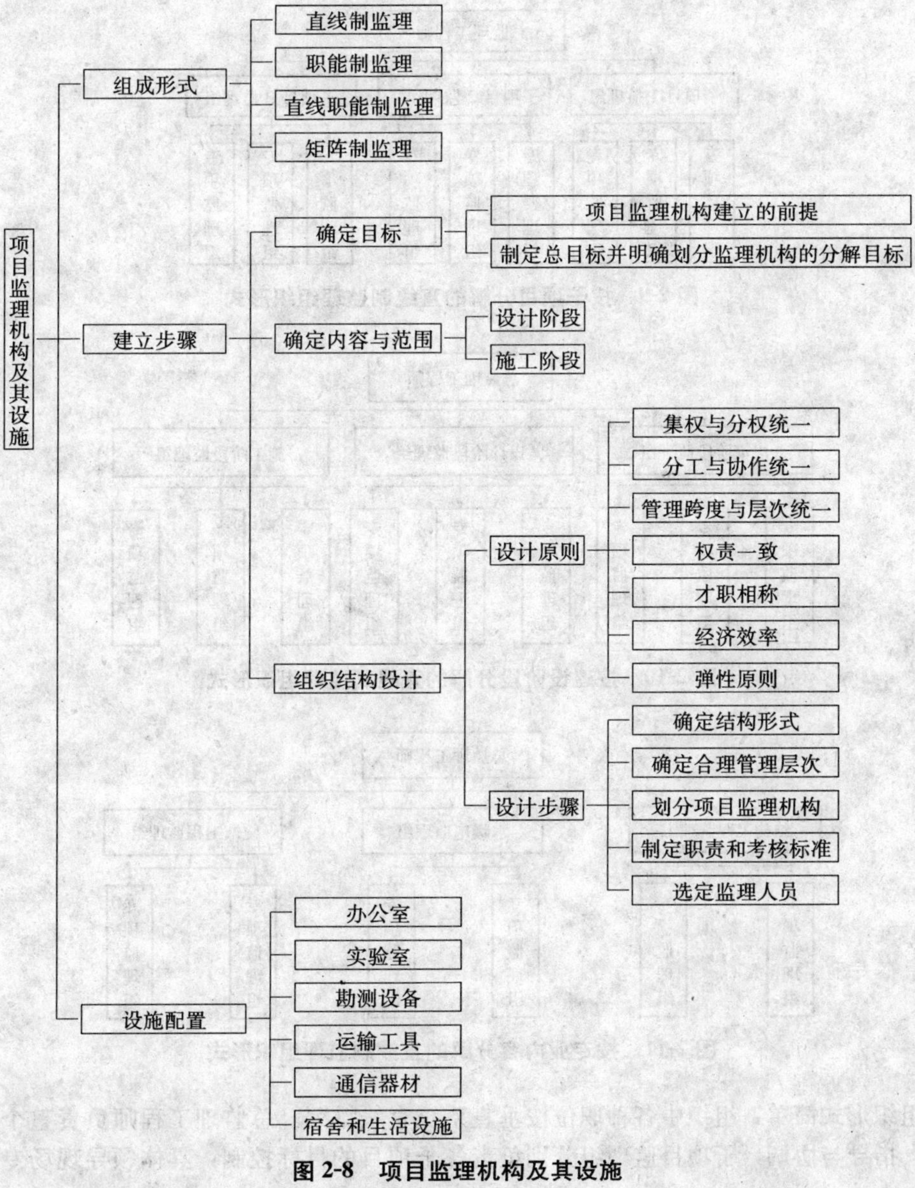

图 2-8　项目监理机构及其设施

项目监理机构是监理单位派驻工程项目负责履行委托监理合同的组织机构。监理单位履行施工阶段的委托监理合同时，必须在施工现场建立项目监理机构。它是为实施工程项目的监理工作而按合同设立的临时组织机构，在完成委托监理合同约定的监理工作后可撤离施工现场，随着工程项目监理工作的结束而撤销。

技能要点 1：项目监理机构组织形式

工程项目监理组织形式要根据工程项目的特点、承发包模式、业主委托的任务，依据建设监理行业特点和监理单位自身状况，科学、合理地进行确定。现行的建设监理组织形式主要有直线制监理组织、职能制监理组织、直线职能制监理组织和矩阵制监理组织等形式。

1. 直线制监理组织

直线制监理组织形式又可分为按子项分解的直线制监理组织形式（图 2-9）和按建设阶段分解的直线制监理组织形式（图 2-10）。对于小型建设工程，也可以采用按专业内容分解的直线制监理组织形式（图 2-11）。

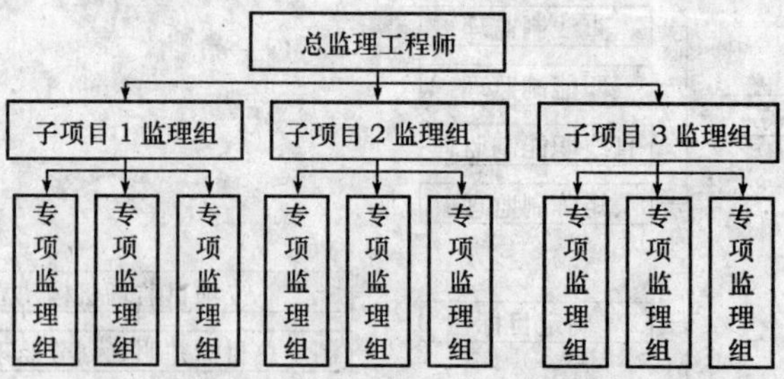

图 2-9　按子项目分解的直线制监理组织形式

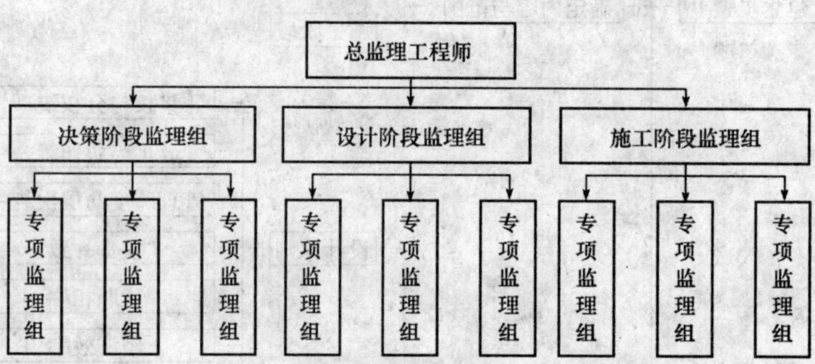

图 2-10　按建设阶段分解的直线制监理组织形式

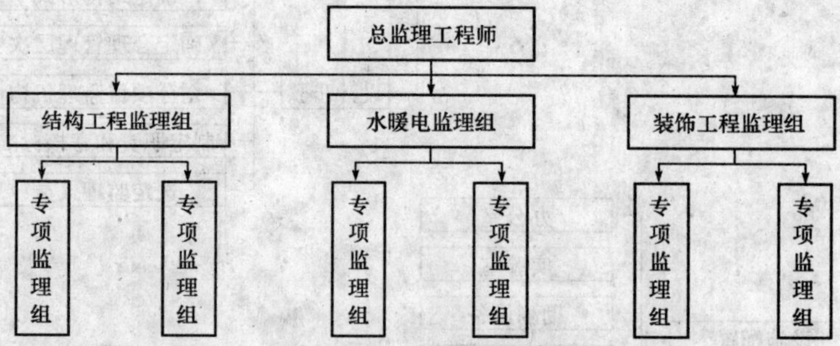

图 2-11　按专业内容分解的直线制监理组织形式

这种组织形式简单，组织中各种职位按垂直系统直线排列。总监理工程师负责整个项目的规划、组织、指导与协调，子项目监理组分别负责各子项目的目标控制，具体领导现场专业或专项组的工作。

直线制监理组织机构简单、权力集中、命令统一、职责分明、决策迅速、专属关系明确，但要求总监理工程师在业务和技能上是全能式人物，适用于监理项目可划分为若干个相对独立子项的大、中型建设项目。

2. 职能制监理组织

职能制监理组织是在总监理工程师下设置一些职能机构，分别从职能的角度对高层监理组进行业务管理。职能机构通过总监理工程师的授权，在授权范围内对主管的业务下达指令。其组织形式如图 2-12 所示。

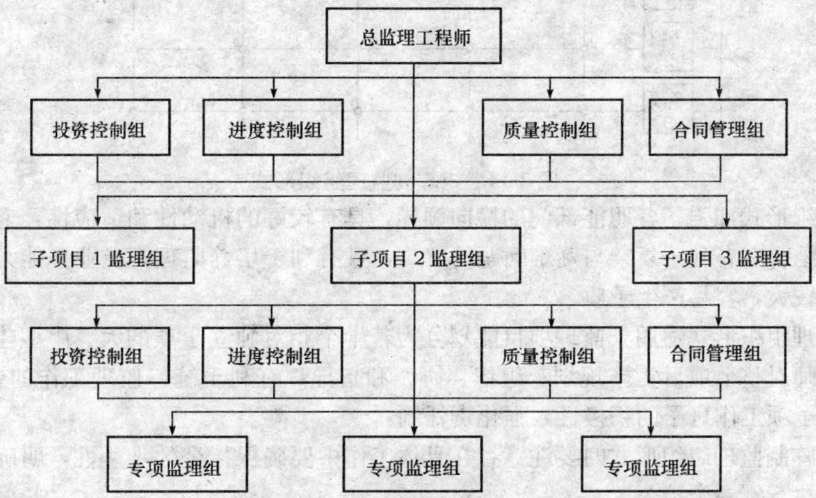

图 2-12 职能制监理组织形式

职能制监理组织的目标控制分工明确，各职能机构通过发挥专业管理提高管理效率。总监理工程师负担减少，但容易出现多头领导，职能协调麻烦，主要适用于工程项目地理位置相对集中的工程项目。

3. 直线职能制监理组织

直线职能制监理组织形式是吸收了直线制监理组织形式和职能制监理组织形式的优点而形成的一种组织形式。指挥部门拥有对下级实行指挥和发布命令的权力，并对该部门的工作全面负责；职能部门是直线指挥人员的参谋，他们只能对指挥部门进行业务指导，而不能对指挥部门直接进行指挥和发布命令。如图 2-13 所示。

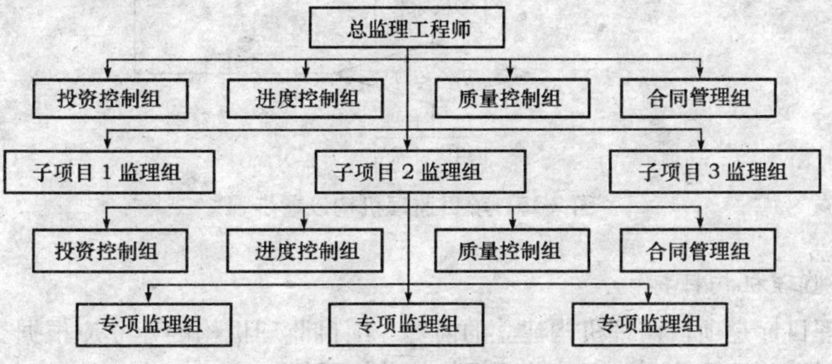

图 2-13 直线职能制监理组织形式

直线职能制组织集中领导、职责分明、管理效率高、适用较广泛，但职能部门与指挥部门易产生矛盾，不利于信息情报传递。

4. 矩阵制监理组织

矩阵制监理组织由纵向的职能系统与横向的子项目系统组成矩阵组织结构，各专业监理组同时受职能机构和子项目组直接领导，如图 2-14 所示。

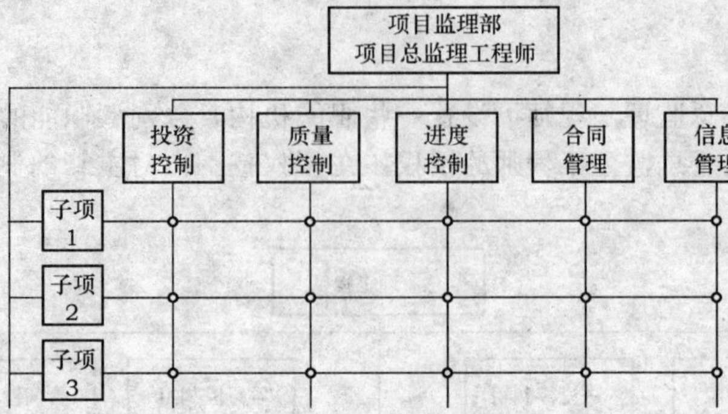

图 2-14 矩阵制监理组织形式

矩阵制组织形式加强了各职能部门的横向领导，具有较好的机动性和适应性，上下左右集权与分权达到最优结合，有利于复杂与疑难问题的解决，且有利于培养监理人员业务能力。但由于纵横向协调工作量较大，容易产生矛盾。

矩阵制监理组织形式适用于监理项目能划分为若干个相对独立子项的大、中型建设项目，有利于总监理工程师对整个项目实施规划、组织、协调和指导，有利于统一监理工作的要求和规范化，同时又能发挥子项工作班子的积极性，强化责任制。

但采用矩阵制监理组织形式时要注意，在具体工作中要确保指令的唯一性，明确规定当指令发生矛盾时，应执行哪一个指令。

技能要点 2：建立项目监理机构的步骤

项目监理机构一般按图 2-15 所示的步骤组建。

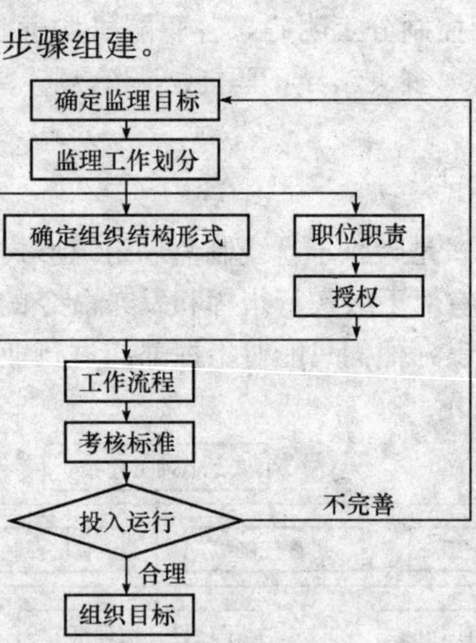

图 2-15 项目监理机构设置步骤

1. 确定项目监理机构目标

建设工程监理目标是项目监理机构建立的前提，项目监理机构的建立应根据委托监理合同中确定的监理目标，制定总目标并明确划分监理机构的分解目标。

2. 确定监理工作内容与范围

根据监理目标和委托监理合同中规定的监理任务，明确列出监理工作内容，并进行分类归并及组合。监理工作的归并及组合应便于监理目标控制，并综合考虑监理工程的组织管理模式、工程结构特点、合同工期要求、工程复杂程度、工程管理及技术特点，还应考虑监理单位自身组织管理水平、监理人员数量、技术业务特点等。

如果建设工程进行实施阶段全过程监理，监理工作划分可按设计阶段和施工阶段分别归并和组合，如图 2-16 所示。

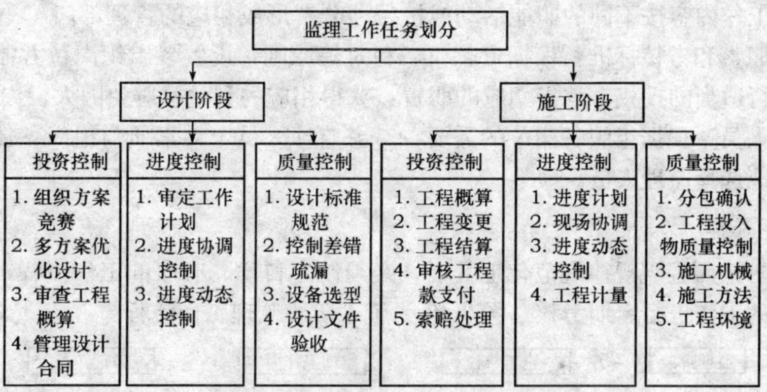

图 2-16　实施阶段监理工作划分

3. 组织结构设计

(1) 组织结构设计原则　项目监理组织结构设计应当遵循以下原则。

①集权与分权统一的原则　在项目监理机构中，集权是指总监理工程师掌握所有监理大权，各专业监理工程师只是其命令的执行者。分权是指专业工程师在各自管理的范围内，有足够的决策权，总监理工程师主要起协调作用。

②专业分工与协作统一的原则　对项目监理机构来说，分工就是主要将三大控制监理目标分成各部门、各监理人员的目标、任务，明确干什么、怎么干。协作就是指明确组织机构内部各部门之间和各部门内部的协调关系与配合方法。

③管理跨度与管理层次统一的原则　管理层次是指从组织的最高管理者到最基层的实际工作人员之间的层次等级的数量。管理层次分为：决策层、协调层、执行层、操作层。管理跨度是指一名上级管理人员所直接管理的下级人数。项目监理机构的设计过程中，应通盘考虑决定管理跨度的各种因素后，在实际运用中根据具体情况确定管理层次。

项目监理机构中：决策层由总监理工程师和其他助手组成；协调层和执行层由各专业监理工程师组成；操作层主要由监理员，检查员等组成。

④权责一致的原则　在项目监理机构中明确划分职责、权力范围，不同的岗位职务应有不同的权责，同等的岗位职务赋予同等的权利，做到责任和权利相一致。

⑤才职相称的原则　每项工作都应该确定为完成该工作所需要的知识和技能，根据每个人的经历、知识、能力，做到才职相称、人尽其才、才得其用、用得其所。

⑥经济效率原则　项目监理机构设计，应组合成最适宜的结构形式，实行最有效的内部协调，使事情办得简洁而正确，减少重复和扯皮。

⑦弹性原则　项目监理机构既要相对稳定，又要随组织内、外的变化做出相应调整，使其具有一定的适应性。

(2) 组织结构设计的步骤　项目监理组织结构设计的步骤为：

①确定组织结构形式　监理组织结构形式必须根据工程项目规模、性质、建设阶段等监理工作的需要，从有利于项目合同管理、目标控制、决策指挥、信息沟通等方面综合考虑。

②确定合理的管理层次　监理组织结构一般由决策层、中间控制层、作业层三个层次组成。决策层由总监理工程师和其助理组成，负责项目监理活动的决策；中间控制层即协调层与执行层，由

专业监理工程师和子项目监理工程师组成，具体负责监理规划落实、目标控制和合同管理；作业层即操作层，由监理员、检查员组成，负责现场监理工作的具体操作。

③划分项目监理机构部门　项目监理机构中合理划分各职能部门，应依据监理机构目标、监理机构可利用的人力和物力资源以及合同结构情况，将投资控制、进度控制、质量控制、合同管理、组织协调等监理工作内容按不同的职能活动或按子项分解形成相应的管理部门。

④制定岗位职责和考核标准　根据责、权、利对等原则，设置各组织岗位并制定岗位职责。岗位因事而设，进行适当的授权，承担相应的职责，获得相应的利益，避免因人设岗。

⑤选派监理人员　根据组织各岗位的需要，考虑监理人员个人素质与组织整体合理配置、相互协调，有针对性地选择监理人员。

4. 制定工作流程

监理工作要求按照客观规律规范化地开展，必须制定科学、有序的工作流程，并且要根据工作流程对监理人员的工作进行定期考核。图 2-17 为施工阶段监理工作流程。

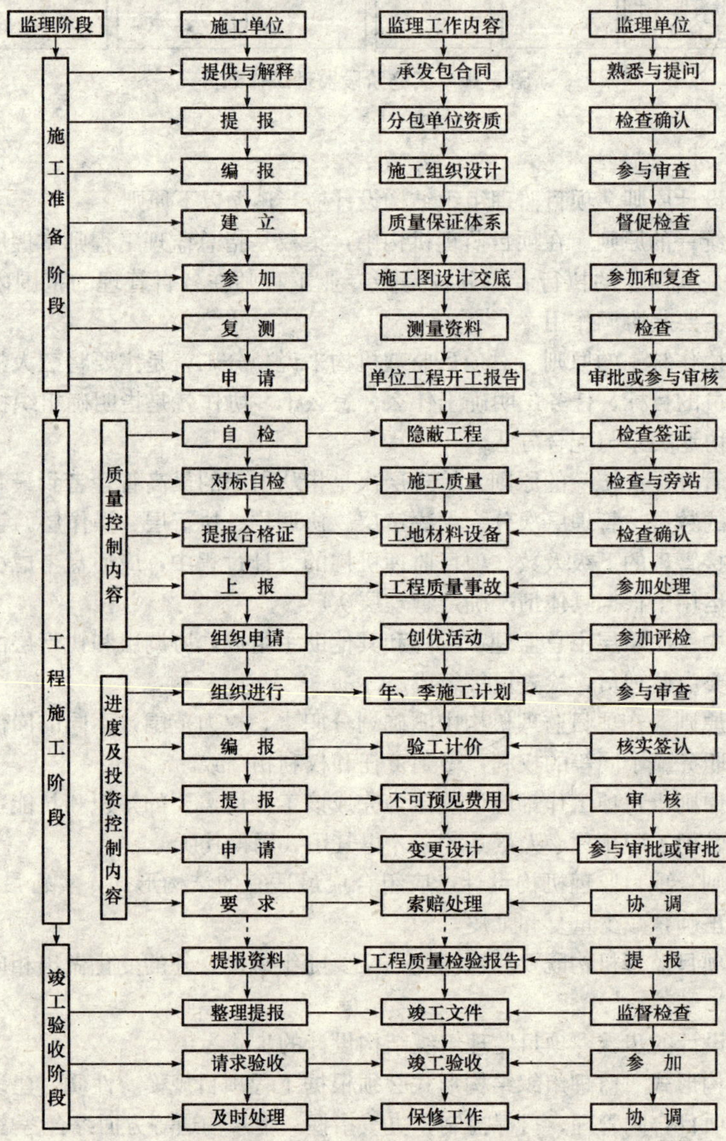

图 2-17　施工阶段监理工作流程

技能要点 3：项目监理机构所需设施配置

驻地监理人员要有效地实施工程项目的监理，需要借助于各种试验、检验技术设备和手段，以及必要的办公、生活设施。

驻地监理工程师所需的监理设施，可分以下六个方面。

1. 办公室

如果监理办公设施由建设单位提供，应在招标文件中注明下述各项：空间大小、办公室在现场的位置、办公室所使用的建筑材料、办公室设施（如公用设施、暖/冷气设备、门窗面积、照明设备、家具、办公设备、照相机、安全设备、急救箱、茶几、厨房设备、通道、停车棚等）、维修与保安措施以及付款办法。

2. 实验室

注明下列各项：一般试验设备、材料试验设备、土壤和集料试验设备、实验室在工地所处的位置、面积、地面和装饰要求、实验室的冷/暖系统、通风条件、供水、供电和电话等。

承包商也可以按合同建立自己的实验设施，其测试、试验由驻地监理工程师派员监控。

在城市地区的工程项目，许多试验可以在工地以外的专业实验室进行。

3. 勘测设备

勘测设备主要包括计量、放线、检查等所需要的设备，如经纬仪、测距器、自动水准仪、直角转光器等。

如果勘测设备由建设单位提供，应注明设备的类别、数量、维护措施、付款办法等事项（勘测设备较适合于租用）。

4. 运输工具

如果运输工具由建设单位提供，通常要说明：运输工具的类别与数量、燃料与备件的供应、保险、司机的提供、维护、付款办法等。

5. 通信器材

通信器材是监理人员不可缺少的工具，主要有电话、传呼机、流动无线电话等。通信器材的供应，取决于工地所需的技术复杂程度与后勤服务。

如果由建设单位提供通信器材，应注明其类别、数量、性能和付款方式等事项。

6. 宿舍和生活设施

监理人员的宿舍是兴建还是租用，应视工程的具体情况和地理位置而定。同时，还应考虑烹调设施、洗衣设施、社交设施、水电供应、营地保安措施、访客的住宿设施等。

监理人员的宿舍和生活设施必须在工程动工之前准备就绪。

第三章 监理规划与监理实施细则

技能图解 9 工程监理规划

技能结构框线图

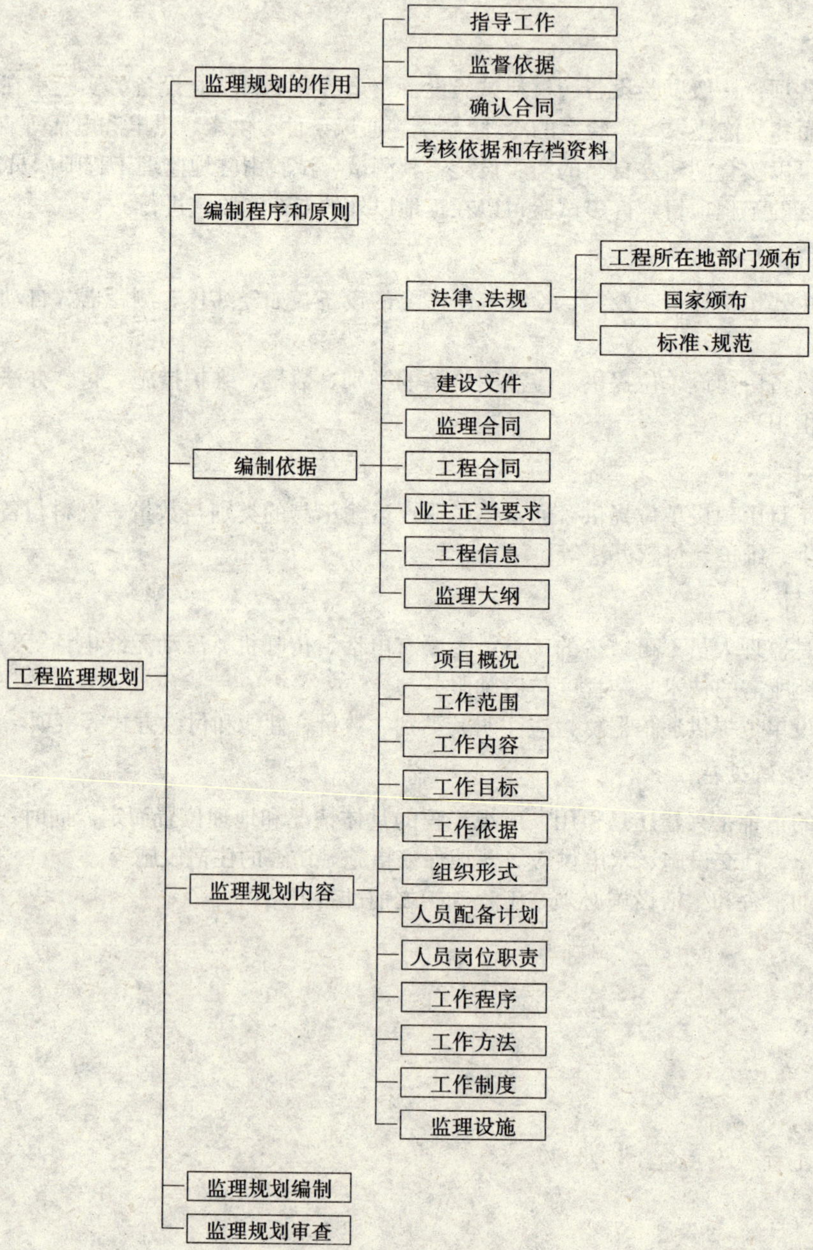

图 3-1 工程监理规划

技能要点 1：监理规划的作用

(1) 指导项目监理机构全面开展监理工作。

监理规划需要对项目监理机构开展的各项监理工作做出全面的系统的组织和安排。它包括确定监理工作目标，制定监理工作程序，确定目标控制，合同管理，信息管理，组织协调等各项措施和确定各项工作的方法和手段。

(2) 监理规划是建设监理主管机构对监理单位进行监督的依据。

监理规划是建设监理主管机构监督、管理和指导监理单位开展监理活动的主要依据。

(3) 监理规划是业主确认监理单位履行合同的主要依据。

监理规划正是业主了解和确认监理单位是否履行监理合同的主要说明文件。监理规划应当能够全面详细地为业主监督监理合同的履行提供依据。

(4) 监理规划是监理单位内部考核依据和主要存档资料。

监理规划的内容随着工程的进展应逐步调整、补充和完善，它在一定程度上真实地反映了一个工程项目监理的全貌，是最好的监理过程记录，是监理单位的重要的存档资料。

技能要点 2：工程监理规划编制程序和原则

(1) 监理规划应在签订委托监理合同及收到设计文件后开始编制，完成后必须经监理单位技术负责人审核批准，并应在召开第一次工地会议前报送建设单位。

(2) 监理规划应由总监理工程师主持、专业监理工程师参加编制。

(3) 监理规划的内容应有针对性，做到控制目标明确、控制措施有效、工作程序合理、工作制度健全、职责分工清楚，对监理实施工作有指导作用。

(4) 监理规划应有时效性，在项目实施过程中，视情况变化宜做必要的调整。在调整时应由总监理工程师组织监理工程师研究修改，按原报审程序经过批准后报建设单位。

技能要点 3：工程监理规划编制的依据

编制监理规划时，必须详细了解有关项目的下列资料。

1. 工程建设方面的法律、法规

工程建设方面的法律、法规具体包括以下三个方面：

(1) 国家颁布的有关工程建设的法律、法规　这是工程建设相关法律、法规的最高层次。在任何地区或任何部门进行工程建设，都必须遵守国家颁布的工程建设方面的法律、法规。

(2) 工程所在地或所属部门颁布的工程建设相关的法规、规定和政策　一项建设工程必然是在某一地区实施的，也必然是归属于某一部门的，这就要求工程建设必须遵守建设工程所在地颁布的工程建设相关的法规、规定和政策，同时也必须遵守工程所属部门颁布的工程建设相关规定和政策。

(3) 工程建设的各种标准、规范　工程建设的各种标准、规范也具有法律地位，也必须遵守和执行。

2. 政府批准的工程建设文件

政府批准的工程建设文件包括以下两个方面：

(1) 政府工程建设主管部门批准的可行性研究报告、立项批文。

(2) 政府规划部门确定的规划条件、土地使用条件、环境保护要求、市政管理规定。

3. 建设工程监理合同

在编写监理规划时，必须依据建设工程监理合同以下内容：

(1) 监理单位和监理工程师的权利和义务。

(2) 监理工作范围和内容。

(3) 有关监理规划方面的要求。

4. 其他建设工程合同

在编写监理规划时，也要考虑其他建设工程合同关于业主和承建单位权利和义务的内容。

5. 项目业主的正当要求

根据监理单位应竭诚为客户服务的宗旨，在不超出合同职责范围的前提下，监理单位应最大限度地满足业主的正当要求。

6. 工程实施过程输出的有关工程信息

(1) 方案设计、初步设计、施工图设计。

(2) 工程实施状况。

(3) 工程招标投标情况。

(4) 重大工程变更。

(5) 外部环境变化等。

7. 监理大纲

监理大纲中的监理组织计划，拟投入的主要监理人员，投资、进度、质量控制方案，合同管理方案，信息管理方案，定期提交给业主的监理工作阶段性成果等内容都是监理规划编写的依据。

技能要点4：监理规划的内容

监理规划应包括以下主要内容：

(1) 工程项目概况。

(2) 监理工作范围。

(3) 监理工作内容。

(4) 监理工作目标。

(5) 监理工作依据。

(6) 项目监理机构的组织形式。

(7) 项目监理机构的人员配备计划。

(8) 项目监理机构的人员岗位职责。

(9) 监理工作程序。

(10) 监理工作方法及措施。

(11) 监理工作制度。

(12) 监理设施。在监理工作实施过程中，如实际情况或条件发生重大变化而需要调整监理规划时，应由总监理工程师组织专业监理工程师研究修改，按原报审程序经过批准后报建设单位。

技能要点5：监理规划的编制

(1) 监理规划的编制应针对项目的实际情况，明确项目监理机构的工作目标，确定具体的监理工作制度、程序、方法和措施，并应具有可操作性。

(2) 监理规划编制的程序与依据应符合下列规定：

①监理规划应在签订委托监理合同及收到设计文件后开始编制，完成后必须经监理单位技术负责人审核批准，并应在召开第一次工地会议前报送建设单位。

②监理规划应由总监理工程师主持、专业监理工程师参加编制。

③编制监理规划应依据 建设工程的相关法律、法规及项目审批文件；与建设工程项目有关

的标准、设计文件、技术资料；监理大纲、委托监理合同文件以及与建设工程项目相关的合同文件。

技能要点6：监理规划的审查

建设工程监理规划在编写完成后需要进行审核并经批准。监理单位的技术主管部门是内部审核单位，其负责人应当签认。监理规划审核的内容主要包括以下几个方面：

（1）监理范围、工作内容及监理目标的审核。

（2）项目监理机构结构审核。

（3）工作计划审核。

（4）投资、进度、质量控制方法与措施的审核。

（5）监理工作制度审核。

技能图解10 工程监理实施细则

技能结构框线图

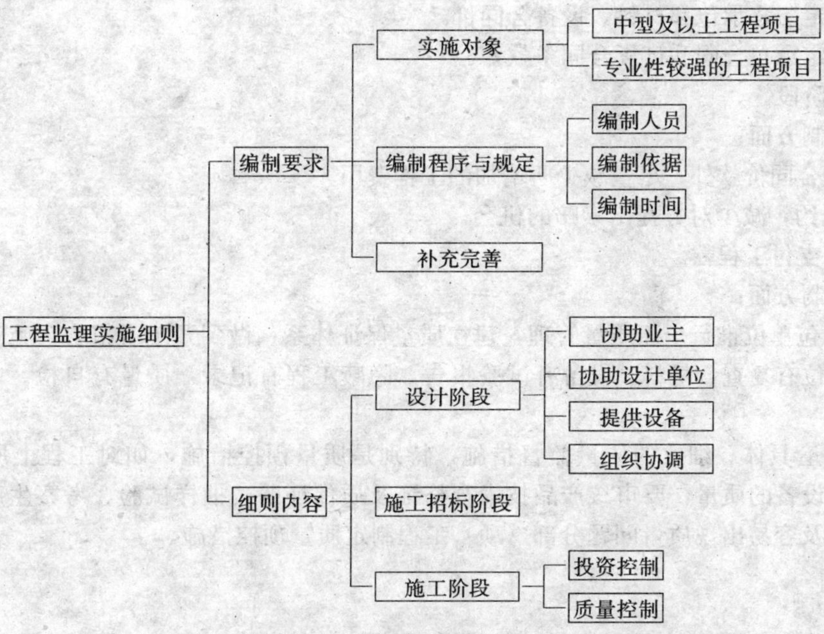

图3-2 工程监理实施细则

技能要点1：工程实施细则编制要求

（1）对中型及以上或专业性较强的工程项目，项目监理机构应编制监理实施细则。监理实施细则应符合监理规划的要求，并应结合工程项目的专业特点，做到详细具体、具有可操作性。

（2）监理实施细则的编制程序与依据应符合下列规定。

①监理实施细则应在相应工程施工开始前编制完成，并必须经总监理工程师批准。

②监理实施细则应由专业监理工程师编制。

③编制监理实施细则的依据有已批准的监理规划；与专业工程相关的标准、设计文件和技术资料；施工组织设计。

（3）监理实施细则应根据实际情况进行补充、修改和完善。在监理工作实施过程中，当发生工程变更、计划变更或原监理实施细则所确定的方法、措施、流程不能有效地发挥管理和控制作用等情况时，总监理工程师应及时根据实际情况安排专业监理工程师对监理实施细则进行补充、修改和完善。

技能要点2：监理实施细则的内容

监理实施细则是在监理规划的基础上，对各种监理工作如何具体实施和操作进一步细化和具体化。监理实施细则应包括的主要内容有：专业工程的特点；监理工作的流程；监理工作的控制要点及目标值；监理工作的方法及措施。下面是分阶段详细阐述的监理实施细则内容。

（1）设计阶段　监理实施细则主要内容：

①协助业主组织设计竞赛或设计招标，优选设计方案和设计单位。

②协助设计单位开展限额设计和设计方案的技术经济比较，优化设计，保证项目使用功能安全可靠合理。

③向设计单位提供满足功能和质量要求的设备、主要材料的有关价格、生产厂家的资料。

④组织好各设计单位的协调。

（2）施工招标阶段　监理实施细则主要内容：

①引进竞争机制，通过招投标，正确选择施工承包单位和材料设备的供应单位。

②合理确定工程承包和材料、设备合同价。

③正确拟定承包合同和订货合同条款等。

（3）施工阶段。

①投资控制方面：

a. 在承包合同价款外，尽量减少所增加的工程费用。

b. 全面履约，减少对方提出索赔的机会。

c. 按合同支付工程款。

②质量控制方面：

a. 要求承包单位推行全面质量管理，建立质量保证体系，做到开工有报告，施工有措施，技术有交底，定位有复查，材料、设备有试验报告，隐蔽工程有记录，质量有自检、专检，交工有资料。

b. 制定一套具体、细致的质量监督措施，特别是质量预控措施，如对工程上所用的主要材料、半成品、设备的质量，要审核产品技术合格证及质保证明，抽样试验、考察生产厂家等；对重要工程部位及容易出现质量问题分部（项）工程制定质量预控措施。

第四章 建设工程监理投资控制

技能图解 11 建设工程监理投资控制概述

技能结构框线图

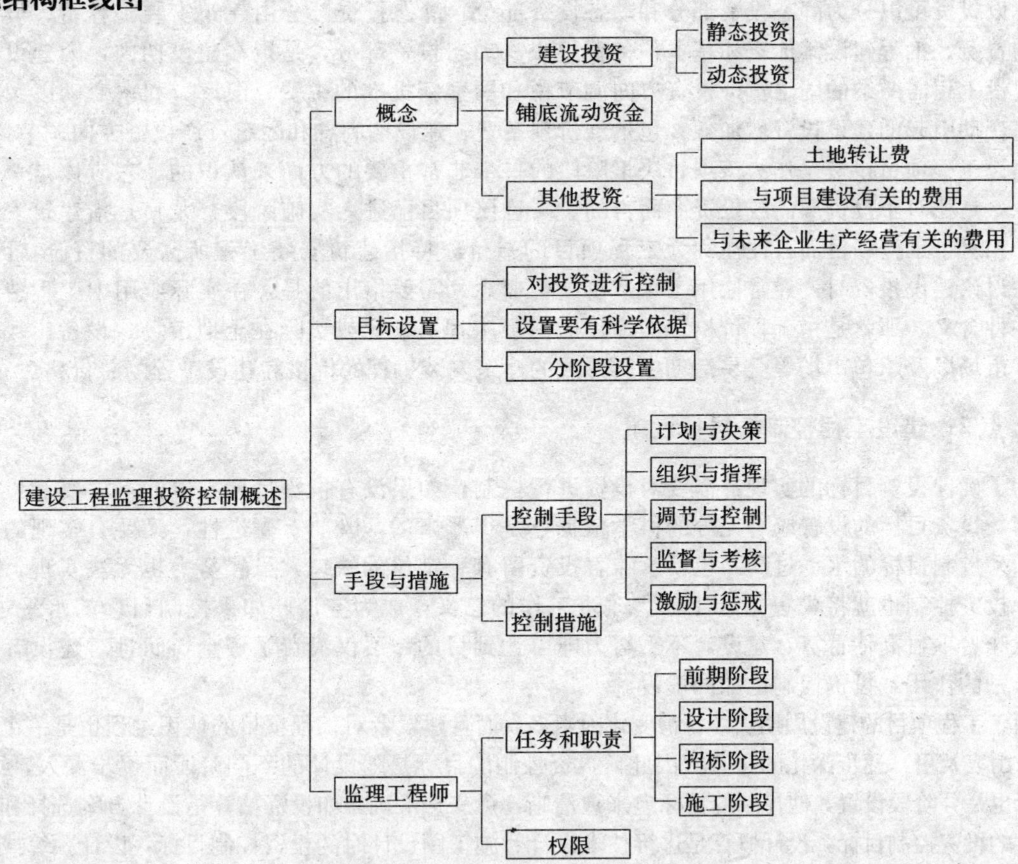

图 4-1 建设工程监理投资控制概述

技能要点 1：建设工程投资的概念

建设工程总投资，一般是指进行某项工程建设花费的全部费用。生产性建设工程总投资包括建设投资和铺底流动资金两部分；非生产性建设工程总投资则只包括建设投资。

建设投资，由设备工器具购置费、建筑安装工程费、工程建设其他费用、预备费（包括基本预备费和涨价预备费）、建设期利息和固定资产投资方向调节税（目前暂不征）组成。

设备工器具购置投资是指按照建设项目设计文件要求，建设单位（或其委托单位）购置或自制达到固定资产标准的设备和新、扩建项目配置的首套工器具及生产家具所需的投资。它由设备工器具原价和包括设备成套公司服务费在内的运杂费组成。在生产性建设项目中，设备工器具投资可称为“积极投资”，它占项目投资费用比重的提高，标志着技术的进步和生产部门有机构成的提高。

建筑安装工程投资是指建设单位用于建筑和安装工程方面的投资，包括用于建筑物的建造及有关准备、清理等工程的投资，用于需要安装设备的安置、装配工程的投资，是以货币表现的建筑安装工程的价值，其特点是必须通过兴工动料、追加活劳动才能实现。在工程项目决策以后的施工阶段，设计施工图确定，此时的工程投资称为工程项目造价更符合实际情况。

工程建设其他投资是指未纳入以上两项的、由项目投资支付的、为保证工程建设顺利完成和交付使用后能够正常发挥效用而发生的各项费用总和。它可分为以下几类：

第一类为土地转让费，包括土地征用及迁移补偿费，土地使用权出让金。

第二类是与项目建设有关的费用，包括建设单位管理费、勘察设计费、研究试验费、财务费用（如建设期贷款利息）等费用。

第三类是与未来企业生产经营有关的费用，包括联合试运转费、生产准备费等费用。

建设投资可以分为静态投资部分和动态投资部分。静态投资部分由建筑安装工程费、设备工器具购置费、工程建设其他费和基本预备费组成。动态投资部分，是指在建设期内，因建设期利息、建设工程需缴纳的固定资产投资方向调节税和国家新批准的税费、汇率、利率变动以及建筑期价格变动引起的建设投资增加额，包括涨价预备费、建设期利息和固定资产投资方向调节税。

建设工程项目投资是作为该项目决策阶段的一个非常重要的方面来认识的。它应该是一个总的概念，是相对于投资部门或投资商而言的。一旦该项目已进入实施阶段，尤其是指建筑安装工程时，相对于工程项目而言往往称为工程项目的造价，特指建筑安装工程所需要的资金。因此，我们在讨论建设投资时，经常使用工程造价这个概念。需要指出的是，在实际应用中工程造价还有另一种含义，那就是指工程价格，即为建成一项工程，预计或实际在土地市场、设备市场、技术劳务市场以及承包市场等交易活动中所形成的建筑安装工程的价格和建设工程的总价格。

技能要点 2：建设工程控制的目标设置

为了确保投资目标的实现，需要对投资进行控制；如果没有投资目标，也就不需要对投资进行控制。投资目标的设置应有充分的科学依据，是很严肃的，既要有先进性，又要有实现的可能性。如果控制目标的水平过高，也就意味着投资留有一定量的缺口，虽经努力也无法实现，无法达到，投资控制也就将失去指导工作、改进工作的意义，成为空谈。如果控制目标的水平过低，也就意味着项目高估冒算，建设者不需努力即可达到目的，不仅浪费了资金，而且对建设者也失去了激励的作用，投资控制也如同虚设。

由于工程项目的建设周期长，各种变化因素多，而且建设者对工程项目的认识过程也是一个由粗到细，由表及里，逐步深化的过程。因此，投资控制的目标是随设计的不同阶段而逐步深入、细化，其目标也是分阶段设置，使控制的目标愈来愈清晰，愈来愈准确。如投资估算是设计方案选择和初步设计时的投资控制目标，设计概算是进行技术设计和施工图设计时的投资控制目标，设计预算或建设工程施工合同的合同价是施工阶段投资控制的目标，它们共同组成项目投资控制的目标系统。

技能要点 3：建设工程投资控制的手段与措施

1. 投资控制的手段

进行工程项目投资控制，还必须有明确的控制手段。常用的手段有如下几点：

(1) 计划与决策　计划作为投资控制的手段，是指在充分掌握信息资料的基础上，把握未来的投资前景，正确决定投资活动目标，提出实施目标的最佳方案，合理安排投资资金，以争取最大的投资效益。决策这一管理手段与计划密不可分。决策是在调查研究基础上，对某方案的可行与否作出判断，或在多方案中作出某项选择。

(2) 组织与指挥　组织可从两个方面来理解，一是控制的组织机构设置；二是控制的组织活动。组织手段包括如下内容：控制制度的确立；控制机构的设置；控制人员的选配；控制环节的确定；责权利的合理划分及管理活动的组织等。充分发挥投资控制的组织手段，能够使整个投资活动形成一个具有内在联系的有机整体。指挥与组织紧密相连。有组织就必须有相应的指挥，没有指挥的组织，其活动是不可想象的。指挥就是上级组织或领导对下属的活动所进行的布置安排、检查调度、指示引导，以使下属的活动沿着一定的轨道通向预定的目标。指挥是保证投资活动取得成效的重要条件。

（3）调节与控制　调节是指投资控制机构和控制人员对投资过程中所出现的新情况作出的适应性反应。控制是指控制机构和控制人员为了实现预期的目标，对投资过程进行的疏导和约束。调节和控制是控制过程的重要手段。

（4）监督与考核　监督是指投资控制人员对投资过程进行的监察和督促。考核是指投资控制人员对投资过程和投资结果的分析比较。通过投资过程的监督与考核，可以进一步提高投资的经济效益。

（5）激励与惩戒　激励是指用物质利益和精神鼓励去调动人的积极性和主动性的手段。惩戒则是对失职者或有不良行为的人进行的惩罚教育，其目的在于加强人们的责任心，从另一个侧面来确保计划目标的实际。激励和惩戒二者结合起来用于投资控制，对投资效益的提高有极大的促进作用。

上述各种控制手段是相互联系、相互制约的。在工程项目投资控制活动中，只有各种手段协调一致发挥作用，才能有效地管理投资活动。

2. 投资控制的措施

在工程项目的建设过程中，将投资控制目标值与实际值进行比较，以及当实际值偏离目标值时，分析偏离产生的原因，并采取纠偏的措施和对策。这仅仅是投资控制的一部分工作。要更有效地控制项目的投资，还必须从项目组织、技术、经济、合同与信息管理等多方面采取措施。从组织上采取措施，包括明确项目组织结构，明确项目投资控制者及其任务，以使项目投资控制有专人负责，明确管理职能分工；从技术上采取措施，包括重视设计多方案选择，严格审查监督初步设计、技术设计、施工图设计、施工组织设计，深入技术领域研究节约投资的可能性；从经济上采取措施，包括动态地比较项目投资的实际值和计划值，严格审核各项费用支出，采取节约投资的奖励措施等。

应该看到，技术与经济相结合是控制项目投资最有效的手段。在工程建设过程中要使技术与经济有机结合，通过技术比较、经济分析和效果评价，正确处理技术先进与经济合理两者之间的对立统一关系，力求做到技术先进条件下的经济合理，在经济合理基础上的技术先进，把控制工程项目投资观念渗透到工程建设的各阶段。

技能要点 4：监理工程师在投资控制中的任务、职责和权限

1. 监理工程师的任务和职责

项目投资控制包括建设前期阶段的监理、工程设计阶段的监理、工程施工阶段的监理等。监理工程师在投资控制中的任务和职责包括以下几方面：

（1）在建设前期阶段进行工程项目的机会研究、初步可行性研究、编制项目建议书，进行可行性研究，对拟建项目进行市场调查和预测，编制投资估算，进行环境影响评价、财务评价、国民经济评价和社会评价。

（2）在设计阶段，协助业主提出设计要求，组织设计方案竞赛或设计招标，用技术经济方法组织评选设计方案。协助设计单位开展限额设计工作，编制本阶段资金使用计划，并进行付款控制。进行设计挖潜，用价值工程等方法对设计进行技术经济分析、比较、论证，在保证功能的前提下进一步寻找节约投资的可能性。审查设计概预算，尽量使概算不超估算，预算不超概算。

（3）在施工招标阶段，准备与发送招标文件，编制工程量清单和招标工程标底，协助评审投标书，提出评标建议，协助业主与承包单位签订承包合同。

（4）在施工阶段，审查承建单位提出的施工组织设计、施工技术方案和施工进度计划，提出改进

意见，督促检查承建单位严格执行工程承包合同，调解建设单位与承建单位之间的争议，检查工程进度和施工质量，验收分部分项工程，签署工程付款凭证，审查工程结算，提出竣工验收报告等。

2. 监理工程师的权限

为保证监理工程师有效地控制项目投资，必须对监理工程师授予相应的权限，并且在建设工程施工合同中作出明确规定，正式通知施工企业。

监理工程师在施工阶段进行投资控制的权限包括：

(1) 审定批准施工企业制定的工程进度计划，并督促按批准的进度计划执行。

(2) 检验施工企业报送的材料样品，并按规定进行抽查、复试，根据检验、复试的情况批准或拒绝在本工程中使用。

(3) 对隐蔽工程进行验收、签证，并且必须在验收、签证后才能进行下一道工序的施工。

(4) 对已完工程（包括检验批、分项工程、子分部和分部工程）按有关规范标准进行施工质量检查、验收和评定；并在此基础上审核施工企业完成的检验批、分项工程、子分部和分部工程数量，审定施工企业的进度付款申请表，签发付款证明。

(5) 审查施工企业的技术措施及其费用。

(6) 审查施工企业的技术核定单及其费用。

(7) 控制设计变更，并及时分析设计变更对项目投资的影响。

(8) 做好工程施工和监理记录，注意收集各种施工原始技术经济资料、设计或施工变更图纸和资料，为处理可能发生的索赔提供依据。

(9) 协助施工企业搞好成本管理和控制，尽量避免工程返工造成的损失和成本上升。

(10) 定期向建设单位提供施工过程中的投资分析与预测、投资控制与存在问题的报告。

技能图解 12　建设工程投资构成

技能结构框线图

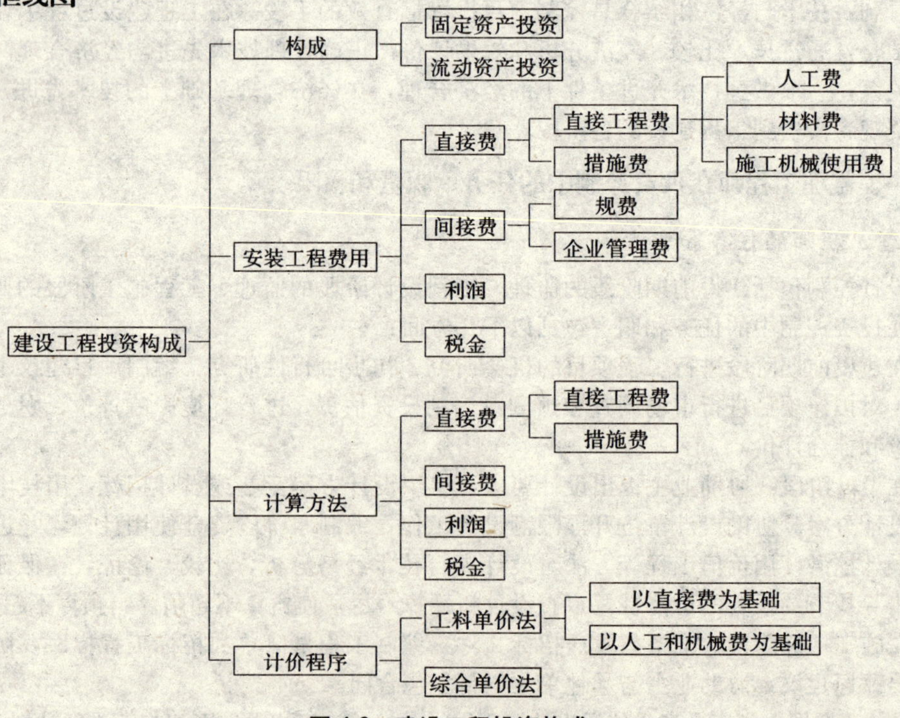

图 4-2　建设工程投资构成

技能要点 1：建筑安装工程费用项目组成及其内容

2004 年 1 月 1 日起施行的《建筑安装工程费用项目组成》如图 4-3 所示。

- 建筑安装工程费
  - 直接费
    - 直接工程费
      - 1. 人工费
      - 2. 材料费
      - 3. 施工机械使用费
    - 措施费
      - 1. 环境保护
      - 2. 文明施工
      - 3. 安全施工
      - 4. 临时设施
      - 5. 夜间施工
      - 6. 二次搬运
      - 7. 大型机械设备进出场及安拆
      - 8. 混凝土、钢筋混凝土模板及支架
      - 9. 脚手架
      - 10. 已完工程及设备保护
      - 11. 施工排水、降水
  - 间接费
    - 规费
      - 1. 工程排污费
      - 2. 工程定额测定费
      - 3. 社会保障费
        - （1）养老保险费
        - （2）失业保险费
        - （3）医疗保险费
      - 4. 住房公积金
      - 5. 危险作业意外伤害保险
    - 企业管理费
      - 1. 管理人员工资
      - 2. 办公费
      - 3. 差旅交通费
      - 4. 固定资产使用费
      - 5. 工具用具使用费
      - 6. 劳动保险费
      - 7. 工会经费
      - 8. 职工教育经费
      - 9. 财产保险费
      - 10. 财务费
      - 11. 税金
      - 12. 其他
  - 利润
  - 税金

图 4-3　建筑安装工程费用项目组成

1. 直接费

由直接工程费和措施费组成。

（1）直接工程费　是指施工过程中耗费的构成工程实体的各项费用，包括人工费、材料费、施工机械使用费。

①人工费是指直接从事建筑安装工程施工的生产工人开支的各项费用，内容包括如下几项：

a. 基本工资：是指发放给生产工人的基本工资。

b. 工资性补贴：是指按规定标准发放的物价补贴，煤、燃气补贴，交通补贴，住房补贴，流动施工津贴等。

c. 生产工人辅助工资：是指生产工人年有效施工天数以外非作业天数的工资，包括职工学习、培训期间的工资，调动工作、探亲、休假期间的工资，因气候影响的停工工资，女工哺乳时间的工资，病假在六个月以内的工资及产、婚、丧假期的工资。

d. 职工福利费：是指按规定标准计提的职工福利费。

e. 生产工人劳动保护费：是指按规定标准发放的劳动保护用品的购置费及修理费，徒工服装补贴，防暑降温费，在有碍身体健康环境中施工的保健费用等。

②材料费是指施工过程中耗费的构成工程实体的原材料、辅助材料、构配件、零件、半成品的费用。内容包括：

a. 材料原价（或供应价格）。

b. 材料运杂费是指材料自来源地运至工地仓库或指定堆放地点所发生的全部费用。

c. 运输损耗费是指材料在运输装卸过程中不可避免的损耗。

d. 采购及保管费是指为组织采购、供应和保管材料过程中所需要的各项费用，包括采购费、仓储费、工地保管费、仓储损耗。

e. 检验试验费是指对建筑材料、构件和建筑安装物进行一般鉴定、检查所发生的费用，包括自设试验室进行试验所耗用的材料和化学药品等费用。不包括新结构、新材料的试验费和建设单位对具有出厂合格证明的材料进行检验，对构件做破坏性试验及其他特殊要求检验试验的费用。

③施工机械使用费是指施工机械作业所发生的机械使用费以及机械安拆费和场外运费。

施工机械台班单价应由下列七项费用组成：

a. 折旧费指施工机械在规定的使用年限内，陆续收回其原值及购置资金的时间价值。

b. 大修理费指施工机械按规定的大修理间隔台班进行必要的大修理，以恢复其正常功能所需的费用。

c. 经常修复费指施工机械除大修理以外的各级保养和临时故障排除所需的费用。包括为保障机械正常运转所需替换设备与随机配备工具附具的摊销和维护费用，机械运转中日常保养所需润滑与擦拭的材料费用及机械停滞期间的维护和保养费用等。

d. 安拆费及场外运费安拆费指施工机械在现场进行安装与拆卸所需的人工、材料、机械和试运转费用以及机械辅助设施的折旧、搭设、拆除等费用；场外运费指施工机械整体或分体自停放地点运至施工现场或由一施工地点运至另一施工地点的运输、装卸、辅助材料及架线等费用。

e. 人工费指机上司机（司炉）和其他操作人员的工作日人工费及上述人员在施工机械规定的年工作台班以外的人工费。

f. 燃料动力费指施工机械在运转作业中所消耗的固体燃料（煤、木柴）、液体燃料（汽油、柴油）及水、电等。

g. 养路费及车船使用税指施工机械按照国家规定和有关部门规定应缴纳的养路费、车船使用税、保险费及年检费等。

（2）措施费　是指为完成工程项目施工，发生于该工程施工前和施工过程中非工程实体项目的费用。内容包括：

①环境保护费是指施工现场为达到环保部门要求所需要的各项费用。

②文明施工费是指施工现场文明施工所需要的各项费用。

③安全施工费是指施工现场安全施工所需要的各项费用。

④临时设施费是指施工企业为进行建筑工程施工所必须搭设的生活和生产用的临时建筑物、构筑物和其他临时设施费用等。

临时设施包括临时宿舍、文化福利及公用事业房屋与构筑物，仓库、办公室、加工厂以及规定范围内道路、水、电、管线等临时设施和小型临时设施。

临时设施费用包括临时设施的搭设、维修、拆除费或摊销费。

⑤夜间施工费是指因夜间施工所发生的夜班补助费、夜间施工降效、夜间施工照明设备摊销及照明用电等费用。

⑥二次搬运费是指因施工场地狭小等特殊情况而发生的二次搬运费用。

⑦大型机械设备进出场及安拆费是指机械整体或分体自停放场地运至施工现场或由一个施工地点运至另一个施工地点，所发生的机械进出场运输转移费用及机械在施工现场进行安装、拆卸所需的人工费、材料费、机械费、试运转费和安装所需的辅助设施的费用。

⑧混凝土、钢筋混凝土模板及支架费是指混凝土施工过程中需要的各种钢模板、木模板、支架等的支、拆、运输费用及模板、支架的摊销（或租赁）费用。

⑨脚手架费是指施工需要的各种脚手架搭、拆、运输费用及脚手架的摊销（或租赁）费用。

⑩已完工程及设备保护费是指竣工验收前，对已完工程及设备进行保护所需费用。

⑪施工排水、降水费是指为确保工程在正常条件下施工，采取各种排水、降水措施所发生的各种费用。

2. 间接费

由规费、企业管理费组成。

（1）规费　是指政府和有关权力部门规定必须缴纳的费用（简称规费）。包括如下内容：

①工程排污费：是指施工现场按规定缴纳的工程排污费。

②工程定额测定费：是指按规定支付工程造价（定额）管理部门的定额测定费。

③社会保障费：

a. 养老保险费是指企业按规定标准为职工缴纳的基本养老保险费。

b. 失业保险费是指企业按照国家规定标准为职工缴纳的失业保险费。

c. 医疗保险费是指企业按照规定标准为职工缴纳的基本医疗保险费。

d. 住房公积金是指企业按规定标准为职工缴纳的住房公积金。

e. 危险作业意外伤害保险是指按照建筑法规定，企业为从事危险作业的建筑安装施工人员支付的意外伤害保险费。

（2）企业管理费　是指建筑安装企业组织施工生产和经营管理所需费用。内容包括如下：

①管理人员工资是指管理人员的基本工资、工资性补贴、职工福利费、劳动保护费等。

②办公费是指企业管理办公用的文具、纸张、账表、印刷、邮电、书报、会议、水电、烧水和集体取暖（包括现场临时宿舍取暖）用煤等费用。

③差旅交通费是指职工因公出差、调动工作的差旅费、住勤补助费，市内交通费和误餐补助费，职工探亲路费，劳动力招募费，职工离退休、退职一次性路费，工伤人员就医路费，工地转移费以及管理部门使用的交通工具的油料、燃料、养路费及牌照费。

④固定资产使用费是指管理和试验部门及附属生产单位使用的属于固定资产的房屋、设备仪器等的折旧、大修、维修或租赁费。

⑤工具用具使用费是指管理使用的不属于固定资产的生产工具、器具、家具、交通工具和检验、试验、测绘、消防用具等的购置、维修和摊销费。

⑥劳动保险费是指由企业支付离退休职工的易地安家补助费、职工退职金、六个月以上的病假人员工资、职工死亡丧葬补助费、抚恤费、按规定支付给离休干部的各项经费。

⑦工会经费是指企业按职工工资总额计提的工会经费。

⑧职工教育经费是指企业为职工学习先进技术和提高文化水平，按职工工资总额计提的费用。

⑨财产保险费是指施工管理用财产、车辆保险。

⑩财务费是指企业为筹集资金而发生的各种费用。

⑪税金是指企业按规定缴纳的房产税、车船使用税、土地使用税、印花税等。

⑫其他包括技术转让费、技术开发费、业务招待费、绿化费、广告费、公证费、法律顾问费、审计费、咨询费等。

3. 利润

是指施工企业完成所承包工程获得的盈利。

4. 税金

是指国家税法规定的应计入建筑安装工程造价内的营业税、城市维护建设税及教育费附加等。

技能要点 2：我国现行投资的构成

建设项目投资含固定资产投资和流动资产投资两部分，建设项目总投资中的固定资产投资与建设项目的工程造价在量上相等。工程造价的构成按工程项目建设过程中各类费用支出或花费的性质、途径等来确定，是通过费用划分和汇集所形成的工程造价的费用分解结构。工程造价基本构成中，包括用于购买工程项目所含各种设备的费用，用于建筑施工和安装施工所需支出的费用，用于委托工程勘察设计应支付的费用，用于购置土地所需的费用，也包括用于建设单位自身进行项目筹建和项目管理所花费费用等。总之，工程造价是工程项目按照确定的建设内容、建设规模、建设标准、功能要求和使用要求等全部建成并验收合格交付使用所需的全部费用。

我国现行工程造价的构成主要划分为设备及工、器具购置费用、建筑安装工程费用、工程建设其他费用、预备费、建设期贷款利息、固定资产投资方向调节税等几项。具体构成内容见图 4-4 所示。

- 建设项目总投资
  - 固定资产投资——工程造价
    - 设备及工、器具购置费用
      - 设备购置费
        - 设备原价
        - 设备运杂费
      - 工、器具及生产家具购置费
    - 建筑安装工程费用
      - 直接费
      - 间接费
      - 利润
      - 税金
    - 工程建设其他费用
      - 土地使用费
      - 与项目建设有关的其他费用
      - 与未来企业生产经营有关的其他费用
    - 预备费
      - 基本预备费
      - 涨价预备费
    - 建设期贷款利息
    - 固定资产投资方向调节税
  - 流动资产投资——流动资金

图 4-4　我国现行工程造价的构成

技能要点 3：建筑安装工程费用参考计算方法

1. 直接费的参考计算方法

(1) 直接工程费。

$$\text{直接工程费}=\text{人工费}+\text{材料费}+\text{施工机械使用费}$$

①人工费：

$$\text{人工费}=\sum(\text{工日消耗量}\times\text{日工资单价})$$

$$日工资单价（G）=\sum_1^5 G$$

a. 基本工资（G_1）：

$$G_1=\frac{生产工人平均月工资}{年平均每月法定工作日}$$

b. 工资性补贴（G_2）：

$$G_2=\frac{\sum 年发放标准}{全年日历日-法定假日}+每工作日发放标准+\frac{\sum 月发放标准}{年平均每月法定工作日}$$

c. 生产工人辅助工资（G_3）：

$$G_3=\frac{全年无效工作日\times（G_1+G_2）}{全年日历日-法定假日}$$

d. 职工福利费（G_4）：

$$G_4=（G_1+G_2+G_3）\times 福利费计提比例（\%）$$

e. 生产工人劳动保护费（G_5）：

$$G_5=\frac{生产工人年平均支出劳动保护费}{全年日历日-法定假日}$$

②材料费：

材料费＝∑（材料消耗量×材料基价）＋检验试验费

材料基价＝［（供应价格＋运杂费）×（1＋运输损耗率）］×（1＋采购保管费率）

检验试验费＝∑（单位材料量检验试验费×材料消耗量）

③施工机械使用费：

施工机械使用费＝∑（施工机械台班消耗量×机械台班单价）

机械台班单价＝台班折旧费＋台班大修费＋台班经常修理费
＋台班安拆费及场外运费＋台班人工费＋台班燃料动力费
＋台班养路费及车船使用税

（2）措施费　关于措施费的计算本处只列出通用措施费项目的计算方法。各专业工程的专用措施费项目的计算方法由各地区或国务院有关专业主管部门的工程造价管理机构自行制定。

①环境保护：

环境保护费＝直接工程费×环境保护费费率（%）

$$环境保护费费率（\%）=\frac{本项费用年度平均支出}{全年建安产值\times 直接工程费占总造价比例（\%）}$$

②文明施工：

文明施工费＝直接工程费×文明施工费费率（%）

$$文明施工费费率（\%）=\frac{本项费用年度平均支出}{全年建安产值\times 直接工程费占总造价比例（\%）}$$

③安全施工：

安全施工费＝直接工程费×安全施工费费率（%）

$$安全施工费费率（\%）=\frac{本项费用年度平均支出}{全年建安产值\times 直接工程费占总造价比例（\%）}$$

④临时设施费：

临时设施费有以下三部分组成：

a. 周转使用临建（如，活动房屋）。

b. 一次性使用临建（如，简易建筑）。

c. 其他临时设施（如，临时管线）。

临时设施费＝（周转使用临建费＋一次性使用临建费）
×［1＋其他临时设施所占比例（%）］

其中：

(a) 周转使用临时费 $=\sum\left[\dfrac{\text{临时面积}\times\text{每平方米造价}}{\text{使用年限}\times 365\times\text{利用率（\%）}}\times\text{工期（天）}\right]+\text{一次性拆除费}$

(b) 一次性使用临建费 $=\sum$ 临建面积×每平方米造价×［1－残值率（%）］＋一次性拆除费

(c) 其他临时设施在临时设施费中所占比例，可由各地区造价管理部门依据典型施工企业的成本资料经分析后综合测定。

⑤夜间施工增加费：

$$\text{夜间施工增加费}=\left(1-\frac{\text{合同工期}}{\text{定额工期}}\right)\times\frac{\text{直接工程费中的人工费合计}}{\text{平均日工资单价}}\times\text{每工日夜间施工费开支}$$

⑥二次搬运费＝直接工程费×二次搬运费费率（%）

$$\text{二次搬运费费率（\%）}=\frac{\text{年平均二次搬运费开支额}}{\text{全年建安产值}\times\text{直接工程费占总造价的比例（\%）}}$$

⑦ $\text{大型机械进出场及安拆费}=\dfrac{\text{一次进出场及安拆费}\times\text{年平均安拆次数}}{\text{年工作台班}}$

⑧混凝土、钢筋混凝土模板及支架：

a. 模板及支架费＝模板摊销量×模板价格＋支、拆、运输费摊销量

＝一次使用量×（1＋施工损耗）×［1＋（周转次数－1）×补损率/周转次数－（1－补损率）×50%/周转次数］

b. 租赁费＝模板使用量×使用日期×租赁价格＋支、拆、运输费

⑨脚手架搭拆费：

a. 脚手架搭拆费＝脚手架摊销量×脚手架价格＋搭、拆、运输费

$$\text{脚手架摊销量}=\frac{\text{单位一次使用量}\times(1-\text{残值率})}{\text{耐用期}\div\text{一次使用期}}$$

b. 租赁费＝脚手架每日租金×搭设周期＋搭、拆、运输费

⑩已完工程及设备保护费：

已完工程及设备保护费＝成品保护所需机械费＋材料费＋人工费

⑪施工排水、降水费：

排水降水费 $=\sum$ 排水降水机械台班费×排水降水周期＋排水降水使用材料费、人工费

2. 间接费的参考计算方法

间接费的计算方法按取费基数的不同分为以下三种。

(1) 以直接费为计算基础。

间接费＝直接费合计×间接费费率（%）

(2) 以人工费和机械费合计为计算基础。

间接费＝人工费和机械费合计×间接费费率（%）

间接费费率（%）＝规费费率（%）＋企业管理费费率（%）

(3) 以人工费为计算基础。

间接费＝人工费合计×间接费费率（%）

①根据本地区典型工程发承包价的分析资料综合取定规费计算中所需数据：

a. 每万元发承包价中人工费含量和机械费含量。

b. 人工费占直接费的比例。

c. 每万元发承包价中所含规费缴纳标准的各项基数。

规费费率的计算公式。

(a) 以直接费为计算基础：

$$规费费率(\%)=\frac{\sum 规费缴纳标准\times 每万元发承包价计算基数}{每万元发承包价中的人工费含量}\times 人工费占直接费的比例(\%)$$

(b) 以人工费和机械费合计为计算基础：

$$规费费率(\%)=\frac{\sum 规费缴纳标准\times 每万元发承包价计算基数}{每万元发承包价中的人工费含量和机械费含量}\times 100\%$$

(c) 以人工费为计算基础：

$$规费费率(\%)=\frac{\sum 规费缴纳标准\times 每万元发承包价计算基数}{每万元发承包价中的人工费含量}\times 100\%$$

②企业管理费费率：

企业管理费费率计算公式：

a. 以直接费为计算基础：

$$企业管理费费率(\%)=\frac{生产工人年平均管理费}{年有效施工天数\times 人工单价}\times 人工费占直接费比例(\%)$$

b. 以人工费和机械费合计为计算基础：

$$企业管理费费率(\%)=\frac{生产工人年平均管理费}{年有效施工天数\times(人工单价+每一日机械使用费)}\times 100\%$$

c. 以人工费为计算基础：

$$企业管理费费率(\%)=\frac{生产工人年平均管理费}{年有效施工天数\times 人工单价}\times 100\%$$

3. 利润的参考计算方法

利润计算公式见“技能要点 4 建筑安装工程计价程序”。

4. 税金的参考计算方法

(1) 税金计算公式：

$$税金=(税前造价+利润)\times 税率(\%)$$

(2) 税率的计算公式：

①纳税地点在市区的企业：

$$税率(\%)=\frac{1}{1-3\%-(3\%\times 7\%)-(3\%\times 3\%)}-1$$

②纳税地点在县城、镇的企业：

$$税率(\%)=\frac{1}{1-3\%-(3\%\times 5\%)-(3\%\times 3\%)}-1$$

③纳税地点不在市区、县城、镇的企业：

$$税率(\%)=\frac{1}{1-3\%-(3\%\times 1\%)-(3\%\times 3\%)}-1$$

技能要点 4：建筑安装工程计价程序

根据建设部第 107 号部令《建筑工程施工发包与承包计价管理办法》的规定，发包与承包价的计算方法分为工料单价法和综合单价法，计价程序如下所述。

1. 工料单价法计价程序

工料单价法是以分部分项工程量乘以单价后的合计为直接工程费，直接工程费以人工、材料、机械的消耗量及其相应价格确定。直接工程费汇总后另加间接费、利润、税金生成工程发承包价，其计算程序分为三种。

(1) 以直接费为计算基础（表 4-1）。

表 4-1　以直接费为基础的工料单价法计价程序

序　号	费　用　项　目	计　算　方　法	备　注
1	直接工程费	按预算表	
2	措施费	按规定标准计算	
3	小计	(1) + (2)	
4	间接费	(3) ×相应费率	
5	利润	[(3) + (4)] ×相应利润率	
6	合计	(3) + (4) + (5)	
7	含税造价	(6) × (1+相应税率)	

(2) 以人工费和机械费为计算基础（表 4-2)。

表 4-2　以人工费和机械费为基础的工料单价法计价程序

序　号	费　用　项　目	计　算　方　法	备　注
1	直接工程费	按预算表	
2	其中人工费和机械费	按预算表	
3	措施费	按规定标准计算	
4	其中人工费和机械费	按规定标准计算	
5	小计	(1) + (3)	
6	人工费和机械费小计	(2) + (4)	
7	间接费	(6) ×相应费率	
8	利润	(6) ×相应利润率	
9	合计	(5) + (7) + (8)	
10	含税造价	(9) × (1+相应税率)	

(3) 以人工费为计算基础（表 4-3)。

表 4-3　以人工费为基础的工料单价法计价程序

序　号	费　用　项　目	计　算　方　法	备　注
1	直接工程费	按预算表	
2	直接工程费中人工费	按预算表	
3	措施费	按规定标准计算	
4	措施费中人工费	按规定标准计算	
5	小计	(1) + (3)	
6	人工费小计	(2) + (4)	
7	间接费	(6) ×相应费率	
8	利润	(6) ×相应利润率	
9	合计	(5) + (7) + (8)	
10	含税造价	(9) × (1+相应税率)	

2. 综合单价法计价程序

综合单价法是分部分项工程单价为全费用单价，全费用单价经综合计算后生成，其内容包括直接工程费、间接费、利润和税金（措施费也可按此方法生成全费用价格）。

各分项工程量乘以综合单价的合价汇总后，生成工程发承包价。

由于各分部分项工程中的人工、材料、机械含量的比例不同，各分项工程可根据其材料费占人工费、材料费、机械费合计的比例（以字母“C”代表该项比值）在以下三种计算程序中选择一种计算其综合单价。

（1）当 $C>C_0$（C_0 为本地区原费用定额测算所选典型工程材料费占人工费、材料费、和机械费合计的比例）时，可采用以人工费、材料费、机械费合计为基数计算该分项的间接费和利润（表 4-4）。

表 4-4　以直接费为基础的综合单价法计价程序

序　号	费　用　项　目	计　算　方　法	备　注
1	分项直接工程费	人工费＋材料费＋机械费	
2	间接费	（1）×相应费率	
3	利润	［（1）＋（2）］×相应利润率	
4	合计	（1）＋（2）＋（3）	
5	含税造价	（4）×（1＋相应税率）	

（2）当 $C<C_0$ 值的下限时，可采用以人工费和机械费合计为基数计算该分项的间接费和利润（表 4-5）。

表 4-5　以人工费和机械费为基础的综合单价计价程序

序　号	费　用　项　目	计　算　方　法	备　注
1	分项直接工程费	人工费＋材料费＋机械费	
2	其中人工费和机械费	人工费＋机械费	
3	间接费	（2）×相应费率	
4	利润	（2）×相应利润率	
5	合计	（1）＋（3）＋（4）	
6	含税造价	（5）×（1＋相应税率）	

（3）如该分项的直接费仅为人工费，无材料费和机械费时，可采用以人工费为基数计算该分项的间接费和利润（表 4-6）。

表 4-6　以人工费为基础的综合单价计价程序

序　号	费　用　项　目	计　算　方　法	备　注
1	分项直接工程费	人工费＋材料费＋机械费	
2	直接工程费中人工费	人工费	
3	间接费	（2）×相应费率	
4	利润	（2）×相应利润率	
5	合计	（1）＋（3）＋（4）	
6	含税造价	（5）×（1＋相应税率）	

技能图解 13　建设工程施工阶段投资控制

技能结构框线图

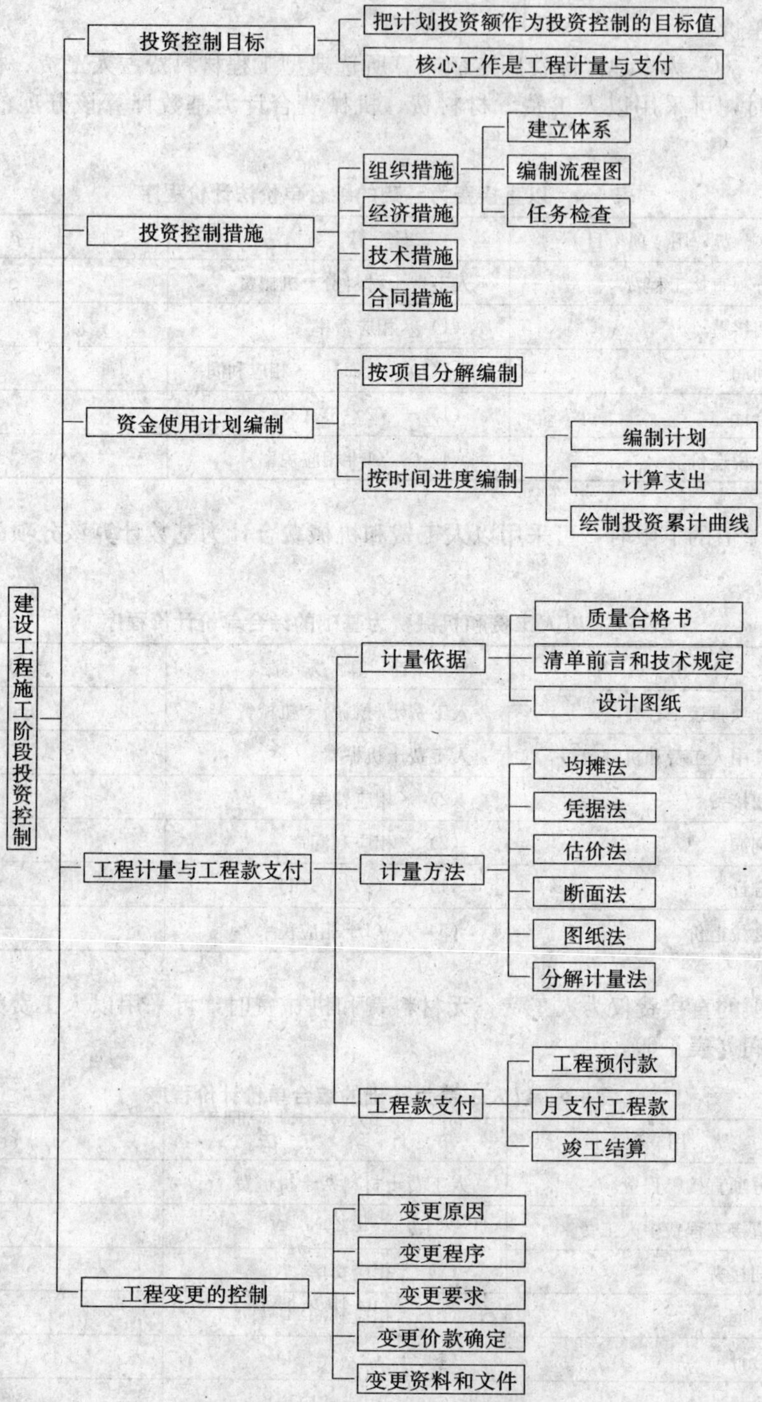

图 4-5　建设工程施工阶段投资控制

技能要点1：施工阶段投资控制的目标

决策阶段、设计阶段和招标阶段的投资控制工作，使工程建设规划在达到预先功能要求的前提下，其投资预算数也达到最优程度，这个最优程度的预算数的实现，取决于工程建设施工阶段投资控制工作。监理工程师在施工阶段进行投资控制的基本原理是把计划投资额作为投资控制的目标值，在工程施工过程中定期地进行投资实际值与目标值的比较，找出偏差及其产生的原因，采取有效措施加以控制，以保证投资控制目标的实现（图4-6）。其间日常的核心工作是工程计量与支付，同时工程变更和索赔对工程支付的影响较大，也需引起足够的重视。

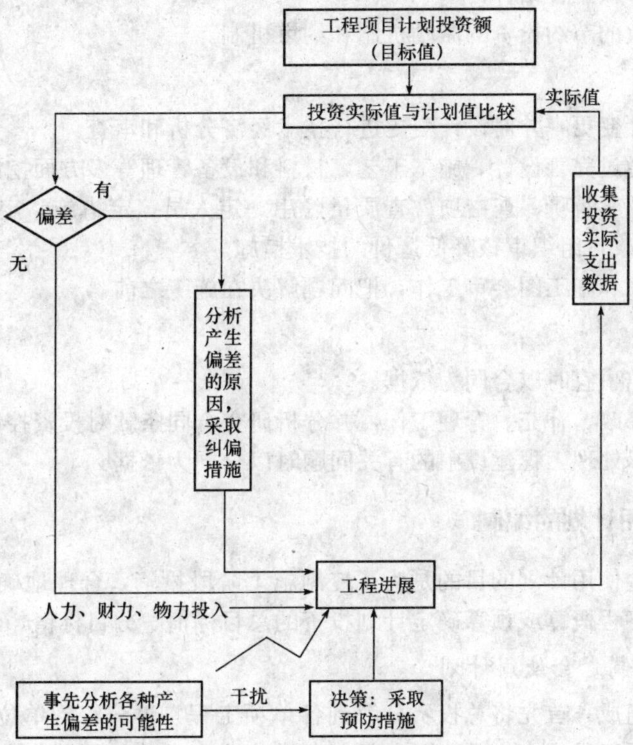

图4-6　动态控制原理图

技能要点2：施工阶段投资控制的措施

施工阶段的投资控制工作周期长、内容多、潜力大，需要采取多方面的控制措施，确保投资实际支出值小于计划目标值。项目监理在本阶段采取的投资控制措施如下。

1. 组织措施

（1）建立项目监理的组织保证体系，在项目监理班子中落实从投资控制方面进行投资跟踪、现场监督和控制的人员，明确任务及职责，如发布工程变更指令、对已完工程的计量、支付款复核、设计挖潜复查、处理索赔事宜，进行投资计划值和实际值比较，投资控制的分析与预测，报表的数据处理，资金筹措和编制资金使用计划等。

（2）编制本阶段投资控制详细工作流程图。

（3）每项任务需有人检查，规定确切完成日期和提出质量上的要求。

2. 经济措施

(1) 进行已完成的实物工程量的计量或复核，对未完工程量的预测。

(2) 预付工程款、工程进度款、工程结算、备料款和预付款的合理回扣时间的审核、签证。

(3) 在施工实施全过程中进行投资跟踪、动态控制和分析预测，对投资目标计划值按费用构成、工程构成、实施阶段、计划进度进行分解。

(4) 定期向监理负责人、建设单位提供投资控制报表、投资支出计划与实际分析对比。

(5) 编制施工阶段详细的费用支出计划，依据投资计划的进度要求编制，并控制其执行和复核付款账单，编制资金筹措计划和分阶段到位计划。

(6) 及时办理和审核工程结算。

(7) 制订行之有效的节约投资的激励机制和约束机制。

3. 技术措施

(1) 严格控制设计变更，并对设计变更进行技术经济分析和审查。

(2) 进一步寻找通过完善设计、施工工艺、材料和设备管理等多方面挖潜以节约投资的途径，组织“三查四定”（即查漏项、查错项、查质量隐患、定人员、定措施、定完成时间、定质量验收），对查出的问题整改，组织审核降低造价的技术措施。

(3) 加强设计交底和施工图会审工作，把问题解决在施工之前。

4. 合同措施

(1) 参与处理索赔事宜时以合同为依据。

(2) 参与合同的修改、补充、管理工作，并分析研究合同条款对投资控制的影响。

(3) 监督、控制、处理工程建设中的有关问题时以合同为依据。

技能要点3：资金使用计划的编制

施工阶段编制资金使用计划的目的是为了控制施工阶段投资，合理地确定工程项目投资控制目标值，也就是根据工程概算或预算确定计划投资的总目标值、分目标值、细目标值。

1. 按项目分解编制资金使用计划

根据建设项目的组成，首先将总投资分解到各单项工程，再分解到单位工程，最后分解到分部分项工程。分部分项工程的支出预算既包括材料费、人工费、机械费，也包括承包企业的间接费、利润等，是分部分项工程的综合单价与工程量的乘积。按单价合同签订的招标项目，可根据签订合同时提供的工程量清单所定的单价确定。其他形式的承包合同，可利用招标编制标底时所计算的材料费、人工费、机械费及考虑分摊的间接费、利润等确定综合单价，同时核实工程量，准确确定支出预算。

编制资金使用计划时，既要在项目总的方面考虑总预备费，也要在主要的工程分项中安排适当的不可预见费。所核实的工程量与招标时的工程量估算值有较大出入时，应予以调整并作“预计超出子项”注明。

2. 按时间进度编制资金使用计划

建设项目的投资总是分阶段、分期支出的，资金应用是否合理与资金时间安排有密切关系。为了合理地制订资金筹措计划，尽可能减少资金占用和利息支付，编制按时间进度分解的资金使用计划是很有必要的。

通过对施工对象的分析和对施工现场的考察，结合当代施工技术特点，制定出科学合理的施工进度计划，在此基础上编制按时间进度划分的投资支出预算。其步骤如下：

(1) 编制施工进度计划。

(2) 根据单位时间内完成的工程量计算出这一时间内的预算支出、在时标网络图上按时间编制投资支出计划。

(3) 计算工期内各时点的预算支出累计额，绘制时间-投资累计曲线（S形曲线），时间投资累计曲线如图 4-7 所示。

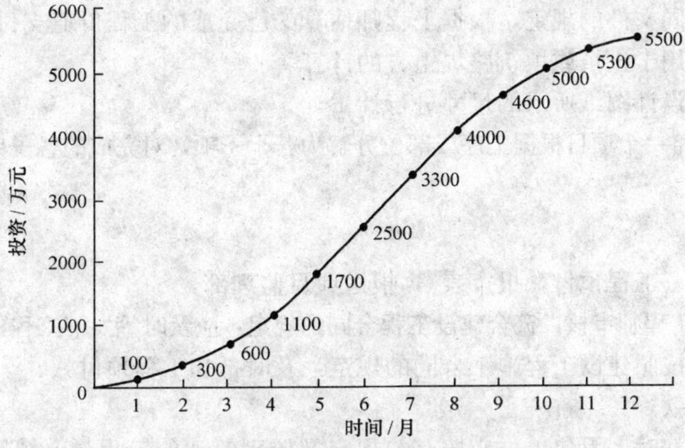

图 4-7　时间-投资累计曲线（S形曲线）

对时间投资-累计曲线，根据施工进度计划的最早可能开始时间和最迟必须开始时间来绘制则可得两条时间投资累计曲线，俗称“香蕉”形曲线（图 4-8）。一般而言，按最迟必须开始时间安排施工，对建设资金贷款利息节约有利，但同时也降低了项目按期竣工的保证率，故监理工程师必须合理地确定投资支出预算，达到既节约投资支出，又能控制项目工期的目的。

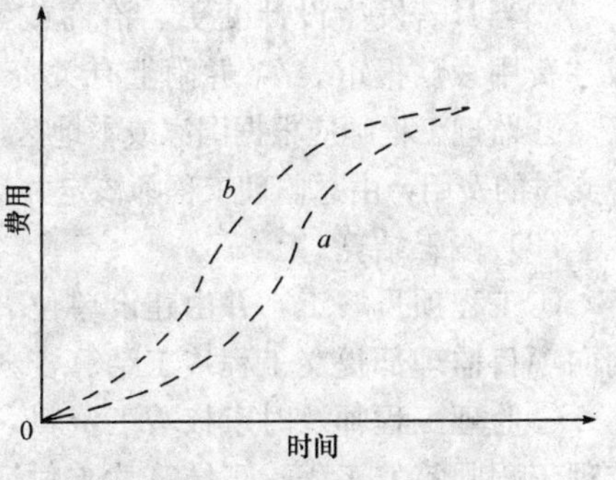

图 4-8　投资计划值的香蕉图

a—所有工作按最迟开始时间开始的曲线；

b—所有工作按最早开始时间开始的曲线

技能要点 4：工程计量与工程款支付

工程计量是根据设计文件及承包合同中关于工程量计算的规定，项目监理机构对承包单位申报的已完成工程的工程量进行的核验。工程计量的范围仅限于承包单位完成的质量验收合格的工程量，未经监理人员质量验收合格的工程量，或不符合施工合同规定的工程量，监理人员应拒绝计量和该部分的工程款支付申请。

1. 工程计量

(1) 工程计量的依据。

①质量合格书　对于承包商已完工程，经过专业工程师检验，工程质量达到合同规定的标准后，有专业工程师签署报验申请表（质量合格证书），只有质量合格的工程才予以计量。

未经监理人员质量验收合格的工程量，或不符合施工合同规定的工程量，监理人员应拒绝该部分的工程款支付申请。

②工程量清单前言和技术规定　工程量清单前言和技术规范的“计量支付”条款规定了清单中每一项工程的计量方法，同时还规定了按规定的计量方法确定的单价所包括的工作内容和范围。

③设计图纸　工程师计量的工程数量，并不一定是承包商实际施工的数量，计量的几何尺寸要以设计图纸为依据，工程师对承包商超出设计图纸要求增加的工程量和自身原因造成返工的工程量，应不予计量。

(2) 工程计量的方法　工程师一般只对以下三个方面的工程项目进行计量：工程量清单中的

全部项目；合同文件中规定的项目；工程变更项目。

常用的几种计量方法是：

①均摊法　对清单中某些项目的合同价款，按合同工期平均计量。

②凭据法　按照承包商提供的凭据进行计量支付。

③估价法　按合同文件的规定，根据工程师估算的已完成的工程价值支付。

④断面法　主要用于土坑或填筑路堤土方的计算。

⑤图纸法　按照设计图纸所示的尺寸进行计量。

⑥分解计量法　将一个项目根据工序或部位分解为若干子项，对完成的各子项进行计量支付。

2. 工程款支付

(1) 工程预付款。

①承包单位填写"工程预付款报审表"，报送项目监理部。

②经项目总监理工程师审核，符合建设工程合同的规定，应及时签发"工程预付款支付证书"。

③监理工程师应按照建设工程施工合同的规定，及时抵扣工程预付款。

(2) 月支付工程款。

①按月支付工程款时，承包单位应按有关规定及监理签认的工程量，填写"(　　)月付款报审表"、"(　　)月支付汇总表"报送项目监理。

②当月若发生设计变更、洽商或索赔时，承包单位还应填写"设计变更、洽商费用报审表"或"费用索赔报审表"，并附上有关资料报送项目监理部。

③监理工程师应根据国家或本地区（部）的有关规定及建设工程施工合同的规定进行审核，确认应支付的费用，由总监理工程师核定并签发工程款支付证书，报建设单位签认并支付工程进度款。

(3) 竣工结算。

①工程项目竣工，并由建设单位、监理单位签发竣工移交证书后，承包单位应在规定的时间内向项目监理部提交工程竣工结算资料。

②监理工程师及时审核竣工资料，并与建设单位，承包单位协商和协调，提出审核意见，总监理工程师签发工程竣工结算款支付证书，报建设单位审核。

③建设单位收到总监理工程师签发的支付证书后，应及时按合同约定，与承包单位办理竣工结算的有关事项。

技能要点5：工程变更的控制

工程变更是在工程项目实施过程中，按照合同约定的程序对部分或全部工程在材料、工艺、功能、构造、尺寸、技术指标、工程数量及施工方法等方面做出的改变。

1. 工程变更的原因

工程变更的主要原因包括以下几个方面：

(1) 设计变更　在施工前或施工过程中，由于遇到不能预见的情况、环境，或为了降低成本，或原设计的各种原因引起的设计图纸、设计文件的修改、补充，而造成的工程修改、返工、报废等。

(2) 工程量的变更　由于各种原因引起的工程量的变化，或建设单位指令要求增加或减少附加工程项目、部分工程，或提高工程质量标准、提高装饰标准等。监理工程师必须对这些变化进行认证。

(3) 有关技术标准、规范、技术文件的变更　由于情况变化，或有关方面的要求，对合同文件中规定的有关技术标准、规范、技术文件需增加或减少，以及建设单位或监理工程师的特殊要求，指令施工单位进行合同规定以外的检查、试验而引起的变更。

（4）施工时间的变更　施工单位的进度计划，在监理工程师审核批准以后，由于建设单位的原因，包括没有按期交付设计图纸、资料，没有按期交付施工场地和水源、电源，以及建设单位供应的材料、设备、资金筹集等未能按工程进度及时交付，或提供的材料设备因规格不符、或有缺陷不宜使用，影响了原进度计划的实施，特别是这种影响使关键线路上的关键节点受到影响，而要求施工单位重新安排施工时间时引起的变更。

（5）施工工艺或施工次序的变更　施工组织设计经监理工程师确认以后，因为各种原因需要修改时，改变了原施工合同规定的工程活动的顺序及时间，打乱了施工部署而引起的变更。

（6）合同条件的变更　建设工程施工合同签订以后，甲乙双方根据工程实际情况，需要对合同条件的某些方面进行修改、补充，待双方对修改部分达成一致意见以后，引起的变更。

2. 项目监理机构处理工程变更的程序

（1）设计单位对原设计存在的缺陷提出的工程变更，应编制设计变更文件；建设单位或承包单位提出的工程变更，应提交总监理工程师，由总监理工程师组织专业监理工程师审查。审查同意后，应由建设单位转交原设计单位编制设计变更文件。当工程变更涉及安全、环保等内容时，应按规定经有关部门审定。

（2）项目监理机构应了解实际情况和收集与工程变更有关的资料。

（3）总监理工程师必须根据实际情况、设计变更文件和其他有关资料，按照施工合同的有关条款，在指定专业监理工程师完成下列工作后，对工程变更的费用和工期作出评估：

①确定工程变更项目与原工程项目之间的类似程度和难易程度。

②确定工程变更项目的工程量。

③确定工程变更的单价或总价。

（4）总监理工程师应就工程变更费用及工期的评估情况及承包单位和建设单位进行协调。

（5）总监理工程师签发工程变更单。

（6）项目监理机构应根据工程变更单监督承包单位实施。

3. 项目监理机构处理工程变更的要求

（1）项目监理机构在工程变更的质量、费用和工期方面取得建设单位授权后，总监理工程师应按施工合同规定与承包单位进行协商，经协商达成一致后，总监理工程师应将协商结果向建设单位通报，并由建设单位与承包单位在变更文件上签字。

（2）在项目监理机构未能就工程变更的质量、费用和工期方面取得建设单位授权时，总监理工程师应协助建设单位和承包单位进行协商，并达成一致。

（3）在建设单位和承包单位未能就工程变更的费用等方面达成协议时，项目监理机构应提出一个暂定的价格，作为临时支付工程进度款的依据。该项工程款最终结算时，应以建设单位和承包单位达成的协议为依据。

此外，在总监理工程师签发工程变更单之前，承包单位不得实施工程变更；未经总监理工程师审查同意而实施的工程变更，项目监理机构不得予以计量。

4. 工程变更价款的确定

（1）《建设工程施工合同（示范文本）》约定的工程变更价款的确定方法。

①合同中已有适用于变更工程的价格，按合同已有的价格变更合同价款。

②合同中只有类似于变更工程的价格，可以参照类似价格变更合同价款。

③合同中没有适用或类似于变更工程的价格，由承包人提出适当的变更价格，经工程师确认后执行。

（2）工程变更价款确定的方法。

①采用合同中工程量清单的单价和价格，具体有几种情况：

一是直接套用，即从工程量清单上直接拿来使用。

二是间接套用，即依据工程清单，通过换算后采用。

三是部分套用，即依据工程量清单，取其价格中的某一部分使用。

②协商单价和价格。协商单价和价格是基于合同中没有，或者有些不合适的情况下采取的一种方法。

5. 工程变更的资料和文件

由于工程变更处理除涉及到合同管理和执行外，还影响到工程的投资、进度计划和工程质量，因此对其处理过程应有书面签证，主要包括：

(1) 提出工程变更要求的文件　提出工程变更要求的文件应包括工程变更的原因和依据，变更的内容和范围，对工程量变化和由此引起的价格变化、合同价款变化的估算，对有关单位或有关工作的要求和影响，以及对工程价格、进度计划、工程质量的要求或影响等。

(2) 审核工程变更的文件　监理单位、建设单位、设计单位和施工单位对“提出工程变更要求”的文件的各项内容提出复核、计算、审查意见；对于设计变更还需要送原设计单位审查，取得相应的设计图纸和说明。

(3) 同意工程变更的文件　一般由有关的施工单位、设计单位会签，建设单位批准，监理工程师签发。

技能图解 14　建设工程竣工结算与决算

技能结构框线图

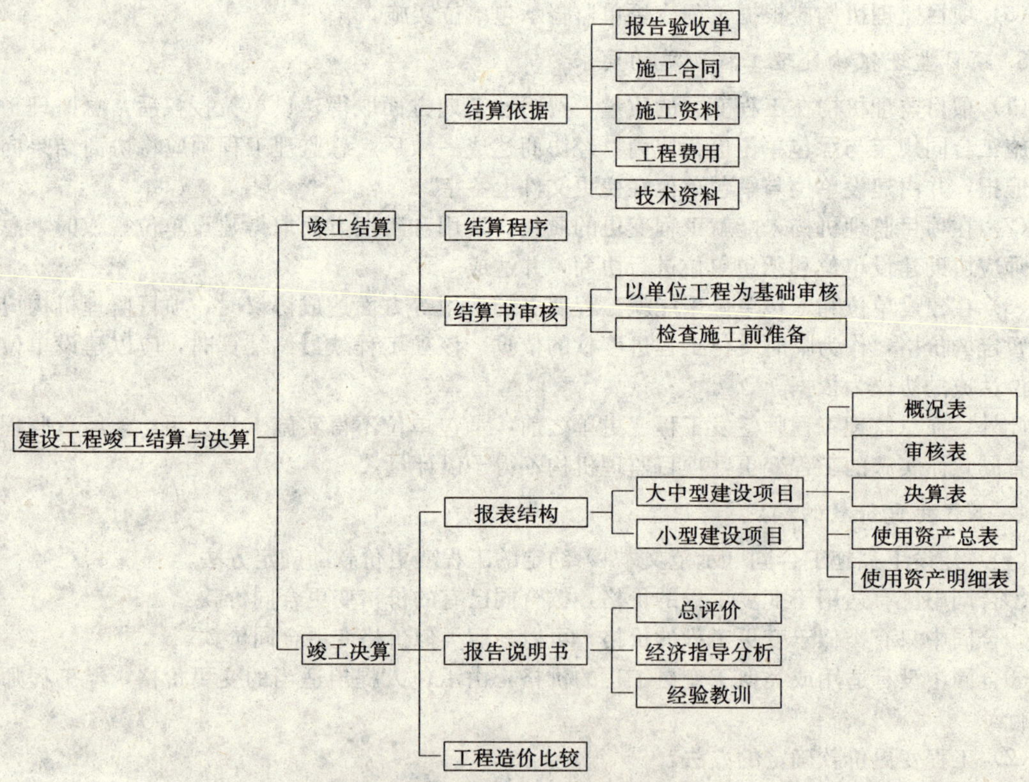

图 4-9　建设工程竣工结算与决算

技能要点 1：竣工结算

1. 竣工结算的依据

(1) 工程竣工报告和工程竣工验收单。

(2) 建设工程施工合同。

(3) 施工图预算、施工图纸、设计变更和施工变更资料、索赔资料和文件等。

(4) 现行建筑安装工程预算定额、基本建设预算价格、建筑安装工程管理费定额、其他取费标准及调价规定等。

(5) 有关施工技术的资料等。

2. 竣工结算的程序

竣工结算基本程序，见图 4-10 所示。

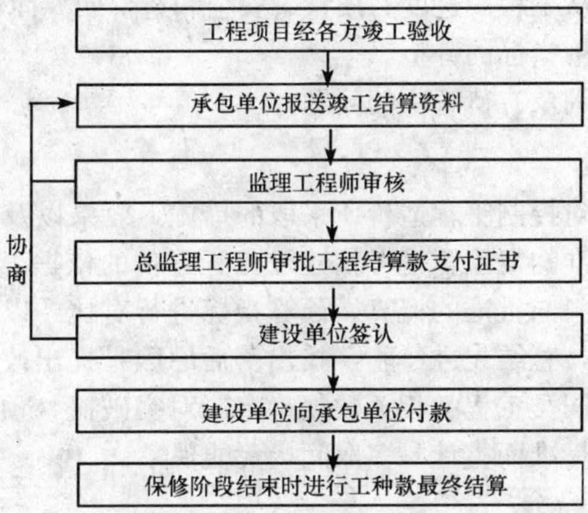

图 4-10　竣工结算基本程序

3. 工程结算书的审核

监理方收到经施工单位主管部门和领导审定的竣工结算书后，应及时与审计（或审价）部门审查确定，主要包括：

(1) 以单位工程为基础，对施工图预算的主要内容，如定额编号、工程项目、工程量、单价及计算结果等进行检查与核对。

(2) 核查工程开工前的施工准备及临时用水、电、道路和平整场地、清除障碍物的费用是否准确；土石方工程与地基基础处理有无漏项或多算；钢筋混凝土工程中的含钢量是否按规定进行了调整；加工订货的项目、规格、数量、单价与施工图预算及实际安装的规格数量、单价是否相符；特殊工程中使用的特殊材料的单价有无变化；工程施工变更记录与预算调整是否符合；索赔处理是否符合要求；分包工程费用支出与预算收入是否相符；施工图要求及实际施工有无不相符合的项目等。若发现不符合有关规定，有多算、漏算或计算误差等情况时，均应及时调整。

技能要点 2：竣工决算

竣工决算由竣工决算报表、竣工决算报告说明书、竣工工程平面示意图、工程造价比较分析四部分组成。

1. 竣工决算报表结构

(1) 大中型建设项目竣工财务决算报表一般包括：

①建设项目竣工财务决算审核表。

②大、中型建设项目概况表。

③大、中型建设项目竣工财务决算表。

④大、中型建设项目支付使用资产总表。

⑤建设项目支付使用资产明细表。

(2) 小型建设项目竣工财务决算报表一般包括:

①建设项目竣工财务决算审核表。

②小型建设项目竣工财务决算总表。

③建设项目支付使用资产明细表。

2. 竣工决算报告情况说明书

综合反映竣工建设项目的成果和经验,是全面考核分析工程投资与造价的书面总结,是竣工决算报告的重要组成部分,其主要内容包括:

(1) 对工程总的评价。从工程的进度、质量、安全和造价四方面进行分析说明。

(2) 各项财务和技术经济指标的分析。

(3) 工程建设的经验教训及有待解决的问题。

3. 工程造价比较分析

在竣工决算报告中必须对控制工程造价所采取的措施、效果以及其动态的变化进行认真的比较分析,总结经验教训。批准的概预算是考核建设工程造价的依据,在分析时,可将决算报表中所提供的实际数据和相关资料与批准的概算、预算指标进行对比,以确定竣工项目总造价是节约还是超支。在对比的基础上,总结先进经验,找出落后原因,提出改进措施。对于建安工程间接费的费率标准,根据各地区同类工程的相关数据确定。对突破概(预)算投资的各单位工程,必须要查清是否有超过规定的标准而重计、多取间接费的现象。

第五章　建设工程合同监理管理

技能图解 15　建设工程合同监理管理概述

技能结构框线图

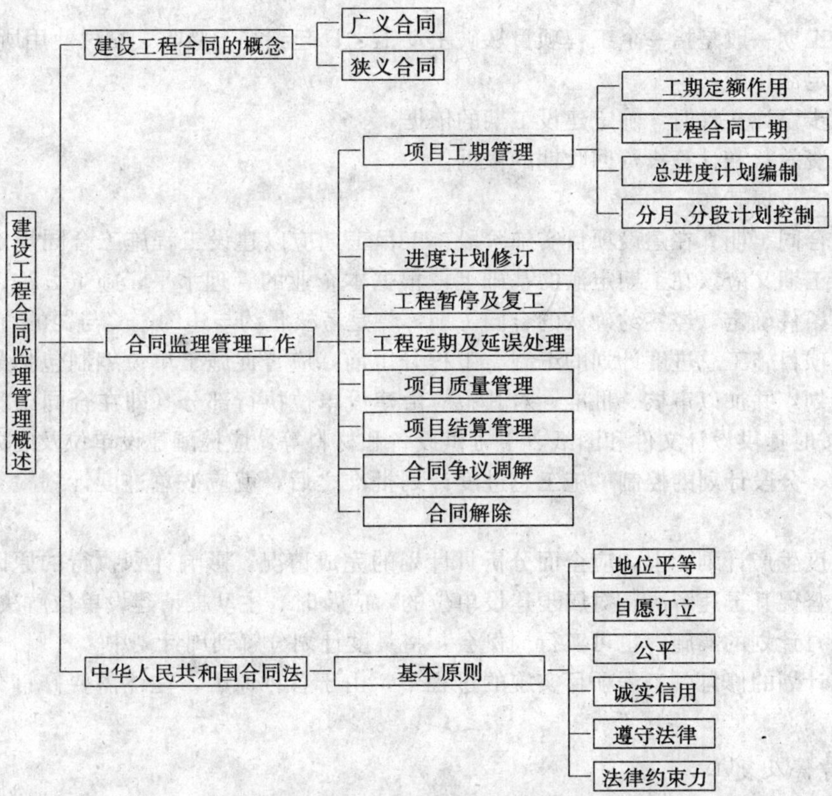

图 5-1　建设工程合同监理管理概述

技能要点 1：建设工程合同的概念

合同是平等主体的自然人、法人、其他组织之间设立、变更、终止民事权利义务关系的协议。民法中的合同有广义和狭义之分。广义合同是指两个以上的民事主体之间，设立、变更、终止民事权利义务关系的协议；狭义的合同是指债权合同，即两个以上的民事主体之间设立、变更、终止债权债务关系的协议。

所谓建设工程合同，是指承包人进行工程的勘察、设计、施工等建设，由发包人支付相应价款的合同。

建设工程合同的双方当事人分别称为承包人和发包人。“承包人”，是指在建设工程合同中负责工程的勘察、设计、施工任务的一方当事人；“发包人”，是指在建设工程合同中委托承包人进行工程的勘察、设计、施工任务的建设单位。在合同中，承包人最主要的义务是进行工程建设，即进行工程的勘察、设计、施工等工作；发包人最主要的义务是向承包人支付相应的价款。这里的价款除了包括发包人对承包人因进行工程建设而支付的报酬外，还包括对承包人提供的建筑材料、设备支付的相应价款。

建设工程合同应当采用书面形式。合同条款、合同的内容和形式等不仅必须依据国家和地方的有关法律、法规；而且应把当事人的责任、权利、义务都纳入合同条款。合同条款应尽量细致严密，应考虑到各种可能发生的情况和一切可能引起纠纷的因素。

技能要点2：建设工程合同监理管理工作

监理工程师在合同管理方面的具体工作包括：项目工期管理、工程暂停及复工、工程延期及工程延误处理、项目质量管理、项目结算管理、合同争议的调解和合同的解除等。

1. 项目工期管理

建设工程工期一般是指一个工程项目从破土动工之日起到竣工验收、交付使用所需的时间。

(1) 工期定额作用。

①编制初步设计文件时，确定建设工期的依据。

②确定投资效益和计算投资回收期的依据。

③指导招标投标工作。

(2) 工程合同工期　在建设项目实施阶段，工程工期应以建设工程施工合同规定的合同工期为准；而合同工期又应该在工期定额的基础上，根据本企业的管理水平、施工方法、机械设备和物资供应具体条件确定；经签约确认的合同工期，将是考核履约与违约、奖与罚的重要指标之一。

(3) 工程项目施工总进度计划的编制　工程开工前，应督促施工单位编制包括分月、分段的施工总进度计划，并加以审核、批准；对其中应由建设单位执行部分（即在合同条款中已有明确规定的），如按时提供设计文件和图纸、甲方供设备和材料等，应提醒建设单位及时办理。

(4) 分月、分段计划的控制　施工总进度计划批准之后，就应按总进度计划检查月、段计划的落实情况。

一般在月度生产计划会上，应全面分析月计划的完成情况，影响计划执行的原因；对属于施工单位的，应督促其迅速解决；对属于建设单位的，应及时、主动提请建设单位解决。

为了确保月计划的实施，也可实行周例会，将月度计划分解到周计划中。

(5) 进度计划的修订　工程项目实施的过程中，由于各种原因，往往需要修订分月、分段或总进度计划。

2. 工程暂停及复工

(1) 总监理工程师在签发工程暂停令时，应根据暂停工程的影响范围和影响程度，按照施工合同和委托监理合同的约定签发。在签发工程暂停令前，应就有关工期和费用等事宜与承包单位进行协商。

(2) 在发生下列情况之一时，总监理工程师可签发工程暂停令。

①建设单位要求暂停施工、且工程需要暂停施工。

②为了保证工程质量而需要进行停工处理。

③施工出现了安全隐患，总监理工程师认为有必要停工以消除隐患。

④发生了必须暂时停止施工的紧急事件。

⑤承包单位未经许可擅自施工，或拒绝项目监理机构管理。

(3) 总监理工程师在签发工程暂停令时，应根据停工原因的影响范围和影响程度，确定工程项目停工范围。

(4) 由于建设单位原因，或其他非承包单位原因导致工程暂停时，项目监理机构应如实记录所发生的实际情况。总监理工程师应在施工暂停原因消失，具备复工条件时，及时签署工程复工报审表，指令承包单位继续施工。

（5）由于承包单位原因导致工程暂停，在具备恢复施工条件时，项目监理机构应审查承包单位报送的复工申请及有关材料，同意后由总监理工程师签署工程复工报审表，指令承包单位继续施工。

（6）总监理工程师在签发工程暂停令到签发工程复工报审表之间的时间内，宜会同有关各方按照施工合同的约定，处理因工程暂停引起的与工期、费用等有关的问题。

3. 工程延期及工程延误的处理

（1）当承包单位提出工程延期要求符合施工合同文件的规定条件时，项目监理机构应予以受理。

（2）当影响工期事件具有持续性时，项目监理机构可在收到承包单位提交的阶段性工程延期申请表并经过审查后，先由总监理工程师签署工程临时延期审批表并通报建设单位。当承包单位提交最终的工程延期申请表后，项目监理机构应复查工程延期及临时延期情况，并由总监理工程师签署工程最终延期审批表。

（3）项目监理机构在作出临时工程延期批准或最终的工程延期批准之前，均应与建设单位和承包单位进行协商。

（4）项目监理机构在审查工程延期时，应依下列情况确定批准工程延期的时间。

①施工合同中有关工程延期的约定。

②工期拖延和影响工期事件的事实和程度。

③影响工期事件对工期影响的量化程度。

（5）工程延期造成承包单位提出费用索赔时，项目监理机构应按规定处理。

（6）当承包单位未能按照施工合同要求的工期竣工交付造成工期延误时，项目监理机构应按施工合同规定从承包单位应得款项中扣除误期损害赔偿费。

4. 项目质量管理

为了使建设工程项目的质量达到合同规定的质量要求，监理工程师应行使工程质量检验权。

（1）审查主要建筑材料和主要设备订货，并核定其性能是否满足规范和设计要求。

（2）检验工程使用的材料、设备质量。

（3）检验工程使用的半成品及构件质量。

（4）按合同规定的规范、规程，监督、检验工程施工质量和设备安装质量。

（5）按合同或规范规定的程序，检查和验收隐蔽工程和需要中间验收工程的质量。

（6）当设备安装工程具备单机无负荷试车条件时，参加安装单位组织的试车，并在试车记录上签署意见；当设备安装工程具备联动无负荷试车条件时，参加由建设单位组织的试车。

（7）对单位工程竣工质量和全部工程竣工质量进行初验和评价，参加工程验收和质量评定。

（8）组织工程质量事故分析及处理等。

5. 项目结算管理

对项目结算进行管理是监理工程师的职责，应严格结算管理。项目结算管理包括：

（1）工程计量与工程款支付。

（2）索赔管理。

（3）工程变更管理。

（4）工程竣工结算。

其中，工程竣工结算是施工合同履行的重要步骤，又是施工合同管理的最后阶段。在工程办理完竣工结算手续后，建设单位应按有关部门规定的工程价款结算办法和施工合同内规定的程序，办理工程价款结算拨付手续。

6. 合同争议调解

(1) 项目监理机构接到合同争议的调解要求后应进行以下工作。

①及时了解合同争议的全部情况，包括进行调查和取证。

②及时与合同争议的双方进行磋商。

③在项目监理机构提出调解方案后，由总监理工程师进行争议调解。

④当调解未能达到一致时，总监理工程师应在施工合同规定的期限内提出处理该合同争议的意见。

⑤在争议调解过程中，除已达到了施工合同规定的暂停履行合同的条件之外，项目监理机构应要求施工合同的双方继续履行施工合同。

(2) 在总监理工程师签发合同争议处理意见后，建设单位或承包单位在施工合同规定的期限内未对合同争议处理决定提出异议，在符合施工合同的前提下，此意见应成为最后的决定，双方必须执行。

(3) 在合同争议的仲裁或诉讼过程中，项目监理机构接到仲裁机关或法院要求提供有关证据的通知后，应公正地向仲裁机关或法院提供与争议有关的证据。

7. 合同解除

(1) 施工合同的解除必须符合法律程序。

(2) 当建设单位违约导致施工合同最终解除时，项目监理机构应就承包单位按施工合同规定应得到的款项与建设单位和承包单位进行协商，并应按施工合同的规定从下列应得的款项中确定承包单位应得到的全部款项，并书面通知建设单位和承包单位。

①承包单位已完成的工程量表中所列的各项工作所应得的款项。

②按批准的采购计划订购工程材料、设备、构配件的款项。

③承包单位撤离施工设备至原基地或其他目的地的合理费用。

④承包单位所有人员的合理遣返费用。

⑤合理的利润补偿。

⑥施工合同规定的建设单位应支付的违约金。

(3) 由于承包单位违约导致施工合同终止后，项目监理机构应按下列程序清理承包单位的应得款项，或偿还建设单位的相关款项，并书面通知建设单位和承包单位。

①施工合同终止时，清理承包单位已按施工合同规定实际完成的工作所应得的款项和已经得到支付的款项。

②施工现场余留的材料、设备及临时工程的价值。

③对已完工程进行检查和验收、移交工程资料、该部分工程的清理、质量缺陷修复等所需的费用。

④施工合同规定的承包单位应支付的违约金。

⑤总监理工程师按照施工合同的规定，在与建设单位和承包单位协商后，书面提交承包单位应得款项或偿还建设单位款项的证明。

(4) 由于不可抗力或非建设单位、承包单位原因导致施工合同终止时，项目监理机构应按施工合同规定处理合同解除后的有关事宜。

技能要点3:《中华人民共和国合同法》

《中华人民共和国合同法》(1999年10月1日起执行) 是规范我国社会主义市场交易的基本法律，是民商法的重要组成部分。合同法是调整平等主体的自然人、法人、其他组织之间设立、变更、终止民事权利义务关系的法律规范的总称。

《中华人民共和国合同法》规定合同的订立应符合以下基本原则：

（1）地位平等原则　合同当事人的法律地位平等，一方不得将自己的意志强加给另一方。

（2）自愿订立原则　当事人依法享有自愿订立合同的权利，任何单位和个人不得非法干预。

（3）公平原则　当事人应当遵循公平原则确定各方的权利和义务。

（4）诚实信用原则　当事人行使权利、履行义务应当遵循诚实信用原则。

（5）遵守法律、维护社会公共利益原则　当事人订立、履行合同，应当遵守法律、行政法规，尊重社会公德，不得扰乱社会经济秩序，损害社会公共利益。

（6）法律约束力原则　依法成立的合同，对当事人具有法律约束力。当事人应当按照约定履行自己的义务，不得擅自变更或者解除合同。依法成立的合同，受法律保护。

技能图解 16　建设工程施工合同管理

技能结构框线图

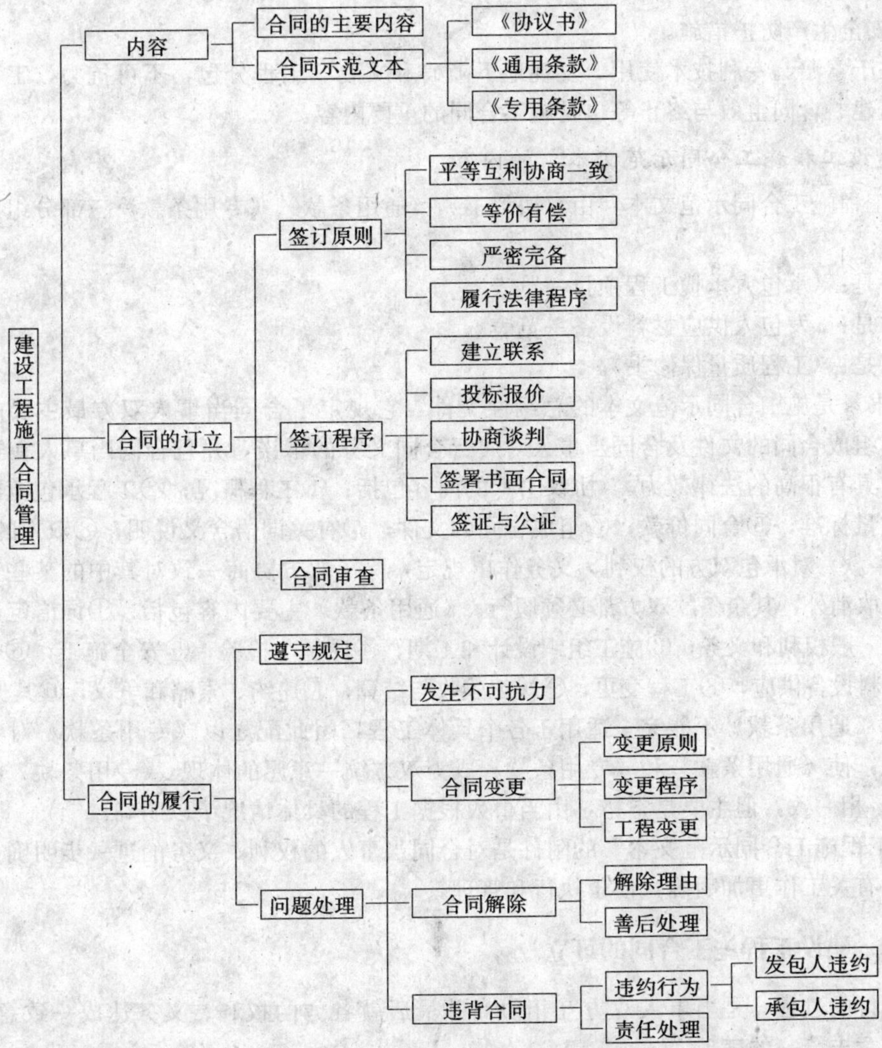

图 5-2　建设工程施工合同管理

技能要点1：建筑工程施工合同的内容

1. 施工合同的主要内容

由于建设工程本身的特殊性和施工生产的复杂性，决定了施工合同必须有很多条款。根据《建设工程施工合同管理办法》，施工合同主要应具备以下主要内容：

(1) 工程名称、地点、范围、内容，工程价款及开竣工日期。

(2) 双方的权利、义务和一般责任。

(3) 施工组织设计的编制要求和工期调整的处置办法。

(4) 工程质量要求、检验与验收方法。

(5) 合同价款调整与支付方式。

(6) 材料、设备的供应方式与质量标准。

(7) 设计变更。

(8) 竣工条件与结算方式。

(9) 违约责任与处置办法。

(10) 争议解决方式。

(11) 安全生产防护措施。

此外关于索赔、专利技术使用、发现地下障碍和文物、工程分包、不可抗力、工程保险、工程停建或缓建、合同生效与终止等也是施工合同的重要内容。

2. “建设工程施工合同示范文本”的内容

“建设工程施工合同示范文本”由《协议书》、《通用条款》、《专用条款》三部分组成，并附有三个附件：

附件一是：《承包人承揽工程项目一览表》。

附件二是：《发包人供应材料设备一览表》。

附件三是：《工程质量保修书》。

《协议书》是施工合同示范文本的总纲性文件，它规定了合同当事人双方最主要的权利、义务，规定了组成合同的文件及合同当事人对履行合同义务的承诺，并且合同当事人在这份文件上签字盖章，具有很高的法律效力。《协议书》的内容包括：①工程概况；②工程承包范围；③合同工期；④质量标准；⑤合同价款；⑥组成合同的文件；⑦有关词语含义说明；⑧双方的承诺。

《通用条款》对承包双方的权利、义务作出规定，除了双方协商一致对其中的某些条款作了修改、补充或取消外，其余条款双方都必须履行。《通用条款》主要内容包括：①词语定义及合同文件；②双方一般权利和义务；③施工组织设计和工期；④质量与检验；⑤安全施工；⑥合同价款与支付；⑦材料设备供应；⑧工程变更；⑨竣工验收与结算；⑩违约、索赔和争议；⑪其他。

考虑到《通用条款》不能完全适用于各个具体工程，因此配之以《专用条款》对其作必要的修改和补充，使《通用条款》和《专用条款》成为双方统一意愿的体现。《专用条款》的条款号与《通用条款》相一致，但主要是空格，由当事人根据工程的具体情况予以明确。

“建设工程施工合同示范文本”的附件是对合同当事人的权利、义务的进一步明确，使施工合同当事人的有关工作更加明确，便于执行和管理。

技能要点2：建设工程施工合同的订立

合同签订的过程，是当事人双方互相协商并最后就各方的权利、义务达成一致意见的过程。签约是双方意志统一的表现。

签订工程施工合同的时间很长，实际上它是从准备招标文件开始，继而招标、投标、评标、中标，直至合同谈判结束为止的一整段时间。

1. 施工合同签订的原则

施工合同签订的原则是指贯穿于订立施工合同的整个过程，对承发包双方签订合同起指导和规范作用、双方均应遵守的准则。主要有：依法签订原则、平等互利协商一致原则、等价有偿原则、严密完备原则和履行法律程序原则等。具体内容如表 5-1 所示。

表 5-1　施工合同签订的原则

原　　则	说　　　　明
依法签订的原则	（1）必须依据《中华人民共和国经济合同法》、《建筑安装工程承包合同条例》、《建设工程合同管理办法》等有关法律、法规。 （2）合同的内容、形式、签订的程序均不得违法。 （3）当事人应当遵守法律、行政法规和社会公德，不得扰乱社会经济秩序，不得损害社会公共利益。 （4）根据招标文件的要求，结合合同实施中可能发生的各种情况进行周密、充分的准备，按照“缔约过失责任原则”保护企业的合法权益
平等互利协商一致的原则	（1）发包方、承包方作为合同的当事人，双方均平等地享有经济权利平等地承担经济义务，其经济法律地位是平等的，没有主从关系。 （2）合同的主要内容，须经双方经过协商、达成一致，不允许一方将自己的意志强加于对方、一方以行政手段干预对方、压服对方等现象发生
等价有偿的原则	（1）签约双方的经济关系要合理，当事人的权利义务是对等的。 （2）合同条款中亦应充分体现等价有偿原则，即： ①一方给付，另一方必须按价值相等原则作相应给付。 ②不允许发生无偿占有、使用另一方财产现象。 ③对工期提前、质量全优要予以奖励。 ④延误工期、质量低劣应罚款。 ⑤提前竣工的收益由双方分享
严密完备的原则	（1）充分考虑施工期内各个阶段，施工合同主体间可能发生的各种情况和一切容易引起争端的焦点问题，并预先约定解决问题的原则和方法。 （2）条款内容力求完备，避免疏漏，措辞力求严谨、准确、规范。 （3）对合同变更、纠纷协调、索赔处理等方面应有严格的合同条款作保证，以减少双方矛盾
履行法律程序的原则	（1）签约双方都必须具备签约资格，手续健全齐备。 （2）代理人超越代理人权限签订的工程合同无效。 （3）签约的程序符合法律规定。 （4）签订的合同必须经过合同管理的授权机关鉴证、公证和登记等手续，对合同的真实性、可靠性、合法性进行审查，并给予确认，方能生效

2. 施工合同签订的程序

作为承包商的建筑施工企业在签订施工合同时，应按照一定的工作程序进行。

（1）市场调查建立联系。

①施工企业对建筑市场进行调查研究。

②追踪获取拟建项目的情况和信息，以及发包人情况。

③当对某项工程有承包意向时，可进一步详细调查，并与发包人取得联系。

（2）表明合作意愿投标报价。

①接到招标单位邀请或公开招标通告后，企业领导做出投标决策。

②向招标单位提出投标申请书、表明投标意向。

③研究招标文件，着手具体投标报价工作。

(3) 协商谈判。

①接受中标通知书后，组成包括项目经理的谈判小组，依据招标文件和中标书草拟合同专用条款。

②与发包人就工程项目具体问题进行实质性谈判。

③通过协商、达成一致，确立双方具体权利与义务，形成合同条款。

④参照施工合同示范文本和发包人拟定的合同条件与发包人订立施工合同。

(4) 签署书面合同。

①施工合同应采用书面形式的合同文本。

②合同使用的文字要经双方确定，用两种以上语言的合同文本，须注明几种文本是否具有同等法律效力。

③合同内容要详尽具体，责任义务要明确，条款应严密完整，文字表达应准确规范。

④确认甲方，即发包人或委托代理人的法人资格或代理权限。

⑤施工企业经理或委托代理人代表承包方与甲方共同签署施工合同。

(5) 签证与公证。

①合同签署后，必须在合同规定的时限内完成履约保函、预付款保函、有关保险等保证手续。

②送交工商行政管理部门对合同进行鉴证并缴纳印花税。

③送交公证处对合同进行公证。

④经过鉴证、公证，确认了合同真实性、可靠性、合法性后，合同发生法律效力，并受法律保护。

3. 合同的审查

在工程实施过程中，常会出现如下合同问题：

(1) 合同签订后才发现，合同中缺少某些重要的、必不可少的条款，但双方已签字盖章，难以或不可能再作修改或补充。

(2) 在合同实施中发现，合同规定含混，难以分清双方的责任和权益；合同条款之间，不同的合同文件之间规定和要求不一致，甚至互相矛盾。

(3) 合同条款本身缺陷和漏洞太多，对许多可能发生的情况未作估计和具体规定。有些合同条款都是原则性规定，可操作性不强。

(4) 合同双方对同一合同条款的理解大相径庭，在合同实施过程中出现激烈的争执。双方在签约前未就合同条款的理解进行沟通。

(5) 合同一方在合同实施中才发现，合同的某些条款对自己极为不利，隐藏着极大的风险，甚至中了对方有意设下的圈套。

(6) 有些施工合同甚至合法性不足。例如合同签订不符合法定程序，合同中的有些条款与国家或地方的法律、法规相抵触，结果导致整个施工合同或合同中的部分条款无效。

为了有效地避免上述情况的发生，合同双方当事人在合同签订前要进行合同审查。所谓合同审查，是指在合同签订以前，将合同文本“解剖”开来，检查合同结构和内容的完整性以及条款之间的一致性，分析评价每一合同条款执行的法律后果及其中的隐含风险，为合同的谈判和签订提供决策依据。

通过合同审查，可以发现合同中存在的内容含糊、概念不清之处或自己未能完全理解的条款，并加以仔细研究，认真分析，采取相应的措施，以减少合同中的风险，减少合同谈判和签订中的失误，有利于合同双方合作愉快，促进工程项目施工的顺利进行。

对于一些重大的工程项目或合同关系和内容很复杂的工程，合同审查的结果应经律师或合同法律专家核对评价，或在他们的直接指导下进行审查后，才能正式签订双方间的施工合同。

技能要点 3：建设工程施工合同的履行

1. 履行施工合同应遵守的规定

施工项目合同履行的主体是项目经理和项目经理部。项目经理部必须从施工项目的施工准备、施工、竣工至维修期结束的全过程中，认真履行施工合同，实行动态管理，跟踪收集、整理、分析合同履行中的信息，合理、及时地进行调整。还应对合同履行进行预测，及早提出和解决影响合同履行的问题，以避免或减少风险。

（1）项目经理部履行施工合同应遵守下列规定。

①必须遵守《合同法》、《建筑法》规定的各项合同履行原则和规则。

②在行使权力、履行义务时应当遵循诚实信用原则和坚持全面履行的原则。全面履行包括实际履行（标的的履行）和适当履行（按照合同约定的品种、数量、质量、价款或报酬等的履行）。

③项目经理由企业授权负责组织施工合同的履行，并依据《合同法》规定，与发包人或监理工程师打交道，进行合同的变更、索赔、转让和终止等工作。

④如果发生不可抗力致使合同不能履行或不能完全履行时，应及时向企业报告，并在委托权限内依法及时进行处置。

⑤遵守合同对约定不明条款、价格发生变化的履行规则，以及合同履行担保规则和抗辩权、代位权、撤销权的规则。

⑥承包人按专用条款的约定分包所承担的部分工程，并与分包单位签订分包合同。非经发包人同意，承包人不得将承包工程的任何部分分包。

⑦承包人不得将其承包的全部工程倒手转给他人承包，也不得将全部工程肢解后以分包的名义分别转包给他人，这是违法行为。工程转包是指：承包人不行使承包人的管理职能，不承担技术经济责任，将其承包的全部工程、或将其肢解以后以分包的名义分别转包给他人；或将工程的主要部分、或群体工程的半数以上的单位工程倒手转给其他施工单位；以及分包人将承包的工程再次分包给其他施工单位，从中提取回扣的行为。

（2）项目经理部履行施工合同应做的工作。

①应在施工合同履行前，针对工程的承包范围、质量标准和工期要求，承包人的义务和权力，工程款的结算、支付方式与条件，合同变更、不可抗力影响、物价上涨、工程中止、第三方损害等问题产生时的处理原则和责任承担，争议的解决方法等重要问题进行合同分析，对合同内容、风险、重点或关键性问题做出特别说明和提示，向各职能部门人员交底，落实根据施工合同确定的目标，依据施工合同指导工程实施和项目管理工作。

②组织施工力量；签订分包合同；研究熟悉设计图纸及有关文件资料；多方筹集足够的流动资金；编制施工组织设计，进度计划，工程结算付款计划等，作好施工准备，按时进入现场，按期开工。

③制订科学的周密的材料、设备采购计划，采购符合质量标准的价格低廉的材料、设备，按施工进度计划，及时进入现场，搞好供应和管理工作，保证顺利施工。

④按设计图纸、技术规范和规程组织施工；作好施工记录，按时报送各类报表；进行各种有关的现场或试验室抽检测试，保存好原始资料；制订各种有效措施，采取先进的管理方法，全面保证施工质量达到合同要求。

⑤按期竣工，试运行，通过质量检验，交付发包人，收回工程价款。

⑥按合同规定，作好责任期内的维修、保修和质量回访工作。对属于承包方责任的工程质量问题，应负责无偿修理。

⑦履行合同中关于接受监理工程师监督的规定，如有关计划、建议须经监理工程师审核批准后方可实施；有些工序须监理工程师监督执行，所做记录或报表要得到其签字确认；根据监理工程师要求报送各类报表、办理各类手续；执行监理工程师的指令，接受一定范围内的工程变更要求等。承包商在履行合同中还要自觉地接受公证机关、银行的监督。

⑧项目经理部在履行合同期间，应注意收集、记录对方当事人违约事实的证据，即对发包方或发包人履行合同进行监督，作为索赔的依据。

2. 施工合同履行中问题的处理

施工项目合同履行过程中经常遇到不可抗力问题、施工合同的变更、违约、索赔、争议、终止与评价等问题。

(1) 发生不可抗力　在订立合同时，应明确不可抗力的范围，双方应承担的责任。在合同履行中加强管理和防范措施。当事人一方因不可抗力不能履行合同时，有义务及时通知对方，以减轻可能给对方造成的损失，并应当在合理期限内提供证明。

不可抗力发生后，承包人应在力所能及的条件下迅速采取措施，尽量减少损失，并在不可抗力事件发生过程中，每隔 7 天向工程师报告一次受害情况；不可抗力事件结束后 48 小时内向工程师通报受害情况和损失情况，及预计清理和修复的费用；14 天内向工程师提交清理和修复费用的正式报告。

因不可抗力事件导致的费用及延误的工期由合同双方承担责任：

①工程本身的损害、因工程损害导致第三方人员伤亡和财产损失以及运至施工现场用于施工的材料和待安装的设备的损害，由发包人承担。

②发包方、承包方人员伤亡由其所在单位负责，并承担相应费用。

③承包人机械设备损坏及停工损失，由承包人承担。

④停工期间，承包人应工程师要求留在施工场地的必要的管理人员及保卫人员的费用由发包人承担。

⑤工程所需清理、修复费用，由发包人承担。

⑥延误的工期相应顺延。

因合同一方迟延履行合同后发生不可抗力的，不能免除迟延履行方的相应责任。

(2) 合同变更　合同变更是指依法对原来合同进行的修改和补充，即在履行合同项目的过程中，由于实施条件或相关因素的变化，而不得不对原合同的某些条款做出修改、订正、删除或补充。合同变更一经成立，原合同中的相应条款就应解除。

①合同变更的原则。

a. 合同双方都必须遵守合同变更程序，依法进行，任何一方都不得单方面擅自更改合同条款。

b. 合同变更要经过有关专家（监理工程师、设计工程师、现场工程师等）的科学论证和合同双方的协商。在合同变更具有合理性、可行性，而且由此而引起的进度和费用变化得到确认和落实的情况下方可实行。

c. 合同变更的次数应尽量减少，变更的时间亦应尽量提前；并在事件发生后的一定时限内提出，以避免或减少给工程项目建设带来的影响和损失。

d. 合同变更应以监理工程师、发包人和承包商共同签署的合同变更书面指令为准，并以此作为结算工程价款的凭据。紧急情况下，监理工程师的口头通知也可接受，但必须在 48 小时内，追补合同变更书。承包人对合同变更若有不同意见可在 7～10 天内书面提出，但发包人决定继续执行的指令，承包商应继续执行。

e. 合同变更所造成的损失，除依法可以免除的责任外，如由于设计错误，设计所依据的条件与实际不符，图与说明不一致，施工图有遗漏或错误等，应由责任方负责赔偿。

②合同变更程序。

a. 合同变更的提出。

(a) 承包商提出合同变更。承包商在提出合同变更时，一般情况是工程遇到不能预见的地质条件或地下障碍。如原设计的某大厦基础为钻孔灌注桩，承包商根据开工后钻探的地质条件和施工经验，认为改成沉井基础较好。另一种情况是承包商为了节约工程成本或加快工程施工进度，提出合同变更。

(b) 发包人提出变更。发包人一般可通过工程师提出合同变更。但如发包人提出的合同变更内容超出合同限定的范围，则属于新增工程，只能另签合同处理，除非承包方同意作为变更。

(c) 工程师提出合同变更。工程师往往根据工地现场的工程进展的具体情况，认为确有必要时，可提出合同变更。工程承包合同施工中，因设计考虑不周，或施工时环境发生变化，工程师本着节约工程成本和加快工程与保证工程质量的原则，提出合同变更。只要提出的合同变更在原合同规定的范围内，一般是切实可行的。若超出原合同，新增了很多工程内容和项目，则属于不合理的合同变更请求，工程师应和承包商协商后酌情处理。

b. 合同变更的批准。由承包商提出的合同变更，应交与工程师审查并批准。由发包人提出的合同变更，为便于工程的统一管理，一般由工程师代为发出。

而工程师发出合同变更通知的权力，一般由工程施工合同明确约定。当然该权力也可约定为发包人所有，然后，发包人通过书面授权的方式使工程师拥有该权力。如果合同对工程师提出合同变更的权力作了具体限制，而约定其余均应由发包人批准，则工程师就超出其权限范围的合同变更发出指令时，应附上发包人的书面批准文件，否则承包商可拒绝执行。但在紧急情况下，不应限制工程师向承包商发布其认为必要的变更指示。

合同变更审批的一般原则应为：首先考虑合同变更对工程进展是否有利；第二要考虑合同变更可以节约工程成本；第三应考虑合同变更是兼顾发包人、承包商或工程项目之外其他第三方的利益，不能因合同变更而损害任何一方的正当权益；第四必须保证变更项目符合本工程的技术标准；最后一种情况为工程受阻，如遇到特殊风险、人为阻碍、合同一方当事人违约等不得不变更工程。

c. 合同变更指令的发出及执行。为了避免耽误工作，工程师在和承包商就变更价格达成一致意见之前，有必要先行发布变更指示，即分两个阶段发布变更指示：第一阶段是在没有规定价格和费率的情况下直接指示承包商继续工作；第二阶段是在通过进一步的协商之后，发布确定变更工程费率和价格的指示。

所有合同变更必须用书面或一定规格写明。对于要取消的任何一项分部工程，合同变更应在该部分工程还未施工之前进行，以免造成人力、物力、财力的浪费，避免造成发包人多支付工程款项。

根据通常的工程惯例，除非工程师明显超越合同赋予其的权限，承包商应该无条件的执行其合同变更的指示。如果工程师根据合同约定发布了进行合同变更的书面指令，则不论承包商对此是否有异议，不论合同变更的价款是否已经确定，也不论监理方或发包人答应给予付款的金额是否令承包商满意，承包商都必须无条件地执行此种指令。即使承包商有意见，也只能是一边进行变更工作，一边根据合同规定寻求索赔或仲裁解决。在争议处理期间，承包商有义务继续进行正常的工程施工和有争议的变更工程施工，否则可能会构成承包商违约。

③工程变更。在合同变更中，量最大、最频繁的是工程变更。它在工程索赔中所占的份额也最大。工程变更的责任分析是工程变更起因与工程变更问题处理，即确定赔偿问题的桥梁。工程变更中有两大类变更。

a. 设计变更。设计变更会引起工程量的增加、减少，新增或删除工程分项，工程质量和进度的变化，实施方案的变化。一般工程施工合同赋予发包人（工程师）这方面的变更权力，可以直接通过下达指令，重新发布图纸或规范实现变更。

b. 施工方案变更。施工方案变更的责任分析有时比较复杂。

(a) 在投标文件中，承包商就在施工组织设计中提出比较完备的施工方案，但施工组织设计不作为合同文件的一部分。

(b) 重大的设计变更常常会导致施工方案的变更。如果设计变更由发包人承担责任，则相应的施工方案的变更也由发包人负责；反之，则由承包商负责。

(c) 对不利的异常的地质条件所引起的施工方案的变更，一般作为发包人的责任。一方面这是一个有经验的承包商无法预料现场气候条件除外的障碍或条件，另一方面发包人负责地质勘察和提供地质报告，则其应对报告的正确性和完备性承担责任。

(d) 施工进度的变更。施工进度的变更是十分频繁的：在招标文件中，发包人给出工程的总工期目标；承包商在投标书中有一个总进度计划（一般以横道图形式表示）；中标后承包商还要提出详细的进度计划，由工程师批准（或同意）；在工程开工后，每月都可能有进度的调整。通常只要工程师（或发包人）批准（或同意）承包商的进度计划（或调整后的进度计划），则新进度计划就是有约束力的。如果发包人不能按照新进度计划完成按合同应由发包人完成的责任，如及时提供图纸、施工场地、水电等，则属发包人违约，应承担责任。

(3) 合同的解除　合同解除是在合同依法成立之后的合同规定的有效期内，合同当事人的一方有充足的理由，提出终止合同的要求，并同时出具包括终止合同理由和具体内容的申请，合同双方经过协商，就提前终止合同达成书面协议，宣布解除双方由合同确定的经济承包关系。

合同解除的理由主要有以下三种：

①施工合同当事双方协商，一致同意解除合同关系。

②因为不可抗力或者是非合同当事人的原因，造成工程停建或缓建，致使合同无法履行。

③由于当事人一方违约致使合同无法履行。

当合同当事一方主张解除合同时，应向对方发出解除合同的书面通知，并在发出通知前7天告知对方。通知到达对方时合同解除。对解除合同有异议时，按照解决合同争议程序处理。

合同解除后的善后处理：

①合同解除后，当事人双方约定的结算和清理条款仍然有效。

②承包人应当按照发包人要求妥善做好已完工程和已购材料、设备的保护和移交工作，按照发包人要求将自有机械设备和人员撤出施工现场。发包人应为承包人撤出提供必要条件，支付以上所发生的费用，并按合同约定支付已完工程款。

③已订货的材料、设备由订货方负责退货或解除订货合同，不能退还的货款和退货、解除订货合同发生的费用，由发包人承担。

(4) 违背合同　违背合同又称违约，是指当事人在执行合同的过程中，没有履行合同所规定的义务的行为。项目经理在违约责任的管理方面，首先要管好己方的履约行为，避免承担违约责任。如果发包人违约，应当督促发包人按照约定履行合同，并与之协商违约责任的承担。特别应当注意收集和整理对方违约的证据，以在必要时以此作为依据、证据来维护自己的合法权益。

①违约行为和责任。在履行施工合同过程中，主要的违约行为和责任是：

a. 发包人违约。

(a) 发包人不按合同约定支付各项价款，或工程师不能及时给出必要的指令、确认，致使合同无法履行，发包人承担违约责任，赔偿因其违约给承包人造成的直接损失，延误的工期相应顺延。

(b) 未按合同规定的时间和要求提供材料、场地、设备、资金、技术资料等，除竣工日期得以顺延外，还应赔偿承包方因此而发生的实际损失。

(c) 工程中途停建、缓建或由于设计变更或设计错误造成的返工，应采取措施弥补或减少损失。同时应赔偿承包方因停工、窝工、返工和倒运、人员、机械设备调迁、材料和构件积压等实际损失。

(d) 工程未经竣工验收，发包单位提前使用或擅自动用，由此发生的质量问题或其他问题，由发包方自己负责。

(e) 超过承包合同规定的日期验收，按合同的违约责任条款的规定，应偿付逾期违约金。

b. 承包人违约。

(a) 承包工程质量不符合合同规定，负责无偿修理和返工。由于修理和返工造成逾期交付的，应偿付逾期违约金。

(b) 承包工程的交工时间不符合合同规定的期限，应按合同中违约责任条款，偿付逾期违约金。

(c) 由于承包方的责任，造成发包方提供的材料、设备等丢失或损坏，应承担赔偿责任。

②违约责任处理原则。

a. 承担违约责任应按“严格责任原则”处理，无论合同当事人主观上是否有过错，只要合同当事人有违约事实，特别是有违约行为并造成损失的，就要承担违约责任。

b. 在订立合同时，双方应当在专用条款内约定发（承）包人赔偿承（发）包人损失的计算方法或者发（承）包人应当支付违约金的数额和计算方法。

c. 当事人一方违约后，另一方可按双方约定的担保条款，要求提供担保的第三方承担相应责任。

d. 当事人一方违约后，另一方要求违约方继续履行合同时，违约方承担继续履行合同、采取补救措施或者赔偿损失等责任。

e. 当事人一方违约后，对方应当采取适当措施防止损失的扩大，否则不得就扩大的损失要求赔偿。

f. 当事人一方因不可抗力不能履行合同时，应对不可抗力的影响部分（或者全部）免除责任，但法律另有规定的除外。当事人延迟履行后发生不可抗力的，不能免除责任。

技能图解 17　建设工程委托监理合同管理

技能结构框线图

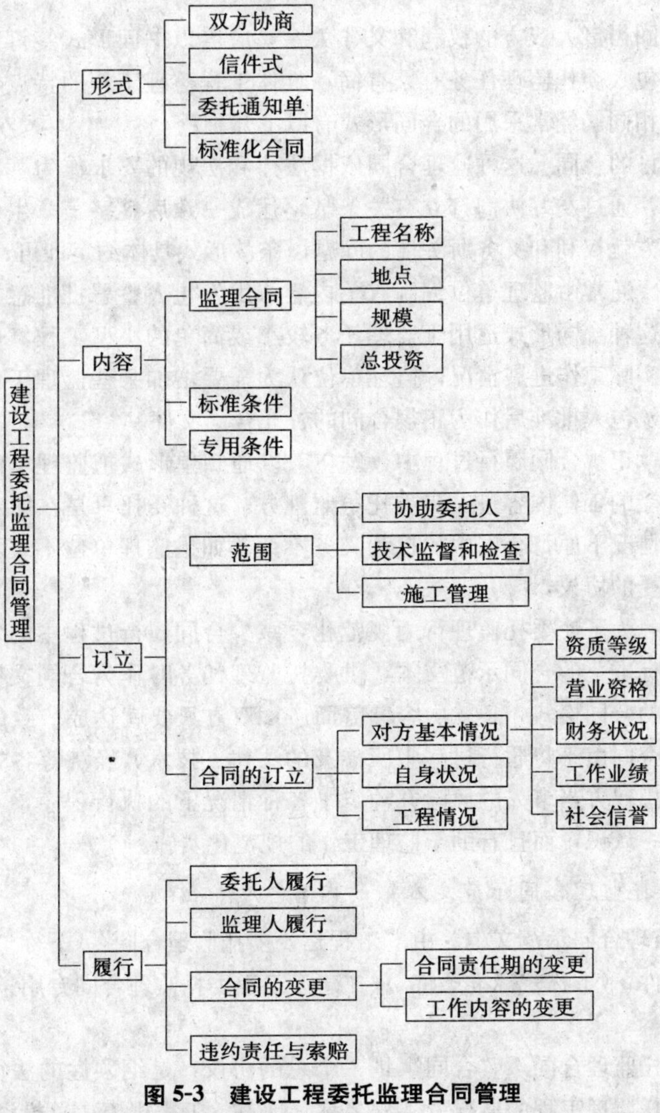

图 5-3　建设工程委托监理合同管理

技能要点1：建设工程委托监理合同的形式与内容

工程建设监理制是我国建筑业在市场经济条件下保证工程质量、规范市场主体行为、提高管理水平的一项重要措施。建设监理与发包人和承包商一起共同构成了建筑市场的主体，为了使建筑市场的管理规范化、法制化，大型工程建设项目不仅要实行建设监理制，而且要求发包人必须以合同形式委托监理任务。监理工作的委托与被委托实质上是一种商业行为，所以必须以书面合同形式来明确工程服务的内容，以便为发包人和监理单位的共同利益服务。监理合同不仅明确了双方的责任和合同履行期间应遵守的各项约定，成为当事人的行为准则，而且可以作为保护任何一方合法权益的依据。

作为合同当事人一方的工程建设监理公司应具备相应的资格，不仅要求其是依法成立并已注册的法人组织，而且要求它所承担的监理任务应与其资质等级和营业执照中批准的业务范围相一致，既不允许低资质的监理公司承接高等级工程的监理业务，也不允许承接虽与资质级别相适应、但工作内容超越其监理能力范围的工作，以保证所监理工程的目标顺利圆满实现。

1. 委托监理合同的形式

为了明确监理合同当事人双方的权利和义务关系，应当以书面形式签订监理合同，而不能采用口头形式。由于发包人委托监理任务有繁有简，具体工程监理工作的特点各异，因此监理合同的内容和形式也不尽相同。经常采用的合同形式有以下几种：

(1) 双方协商签订的合同　这种监理合同依据法律和法规的要求作为基础，双方根据委托监理工作的内容和特点，通过友好协商订立有关条款，达成一致后签字盖章生效。合同的格式和内容不受任何限制，双方就权利和义务所关注的问题以条款形式具体约定即可。

(2) 信件式合同　通常由监理单位编制有关内容，由发包人签署批准意见，并留一份备案后退给监理单位执行。这种合同形式适用于监理任务较小或简单的小型工程。也可能是在正规合同的履行过程中，依据实际工作进展情况，监理单位认为需要增加某些监理工作任务时，以信件的形式请示发包人，经发包人批准后作为正规合同的补充合同文件。

(3) 委托通知单　正规合同履行过程中，发包人以通知单形式把监理单位在订立委托合同时建议增加而当时未接受的工作内容进一步委托给监理方。这种委托只是在原定工作范围之外增加少量工作任务，一般情况下原订合同中的权利义务不变。如果监理单位不表示异议，委托通知单就成为监理单位所接受的协议。

(4) 标准化合同　为了使委托监理行为规范化，减少合同履行过程中的争议或纠纷，政府部门或行业组织制订出标准化的合同示范文本，供委托监理任务时作为合同文件采用。标准化合同通用性强，采用规范的合同格式，条款内容覆盖面广，双方只要就达成一致的内容写入相应的具体条款中即可。标准合同由于将履行过程中所涉及的法律、技术、经济等各方面问题都作出了相应的规定，合理地分担双方当事人的风险并约定了各种情况下的执行程序，不仅有利于双方在签约时讨论、交流和统一认识，而且有助于监理工作的规范化实施。

2.《建设工程委托监理合同示范文本》的内容

《建设工程委托监理合同示范文本》由“工程建设委托监理合同”（下称“合同”）、“建设工程委托监理合同标准条件”（下称“标准条件”）、“建设工程委托监理合同专用条件”（下称“专用条件”）组成。

(1) 工程建设委托监理合同　“合同”是一个总的协议，是纲领性的法律文件。其中明确了当事人双方确定的委托监理工程的概况（工程名称、地点、工程规模、总投资）；委托人向监理人支付报酬的期限和方式；合同签订、生效、完成时间；双方愿意履行约定的各项义务的表示。“合同”是一份标准的格式文件，经当事人双方在有限的空格内填写具体规定的内容并签字盖章后，即发生法律效力。

对委托人和监理人有约束力的合同，除双方签署的“合同”协议外，还包括以下文件：

①监理委托函或中标函。

②建设工程委托监理合同标准条件。

③建设工程委托监理合同专用条件。

④在实施过程中双方共同签署的补充与修正文件。

(2) 建设工程委托监理合同标准条件　建设工程委托监理合同标准条件，其内容涵盖了合同中所用词语定义，适用范围和法规，签约双方的责任，权利和义务，合同生效变更与终止，监理报酬，争议的解决以及其他一些情况。它是委托监理合同的通用文件，适用于各类建设工程项目监理。各个委托人、监理人都应遵守。标准条件共有 11 节 49 条，包括：

①词语定义、适用范围和法规。

②监理人义务。

③委托人义务。

④监理人权利。

⑤委托人权利。

⑥监理人责任。

⑦委托人责任。

⑧合同生效、变更与终止。

⑨监理报酬。

⑩其他。

⑪争议的解决。

(3) 建设工程委托监理合同专用条件　由于标准条件适用于所有的建设工程监理，因此其中的某些条款规定得比较笼统，需要在签订具体工程项目的监理合同时，就地域特点、专业特点和委托监理项目的工程特点，对标准条件中的某些条款进行补充、修正。如对委托监理的工作内容而言，认为标准条件中的条款还不够全面，允许在专用条件中增加合同双方议定的条款内容。

所谓“补充”是指标准条件中的某些条款明确规定，在该条款确定的原则下在专用条件的条款中进一步明确具体内容，使两个条件中相同序号的条款共同组成一条内容完备的条款。如标准条件中规定：“建设工程委托监理合同适用的法规是指国家的法律、行政法规，以及专用条件中议定的部门规章或工程所在地的地方法规、地方规章。”这就要求在专用条件的相同序号条款内写入应遵循的部门规章和地方法规的名称，作为双方都必须遵守的条件。

所谓“修正”，是指标准条件中规定的程序方面的内容，如果双方认为不合适，可以协议修改。如标准条件中规定“如果委托人对监理人提交的支付通知书中报酬或部分报酬项目提出异议，应当在收到支付通知书 24 小时内向监理人发出表示异议的通知”，如果委托人认为这个时间太短，在与监理人协商达成一致意见后，可在专用条件的相同序号条款内修改延长时间。

技能要点 2：建设工程委托监理合同的订立

1. 委托监理业务的范围

监理合同的范围包括监理工程师为委托人提供服务的范围和工作量。委托人委托监理业务的范围可以非常广泛。从工程建设各阶段来说，可以包括项目前期立项咨询、设计阶段、实施阶段、保修阶段的全部监理工作或某一阶段的监理工作。在每一阶段内，又可以进行投资、质量、工期的三大控制，及信息、合同两项管理。但就具体项目而言，要根据工程的特点，监理人的能力，建设不同阶段的监理任务等诸方面因素，将委托的监理任务详细地写入合同的专用条件之中。如进行工程技术咨询服务，工作范围可确定为进行可行性研究，各种方案的成本效益分析，建筑设计标准、技术规范准备，提出质量保证措施等。施工阶段监理可包括以下几种。

(1) 协助委托人选择承包人，组织设计、施工、设备采购等招标。

(2) 技术监督和检查：检查工程设计，材料和设备质量；对操作或施工质量的监理和检查等。

(3) 施工管理：包括质量控制、成本控制、计划和进度控制等。通常施工监理合同中“监理工作范围”条款，一般应与工程项目总概算、单位工程概算所涵盖的工程范围相一致，或与工程总承包合同、单项工程承包所涵盖的范围相一致。

2. 委托监理合同的订立

首先，签约双方应对对方的基本情况有所了解，包括：资质等级、营业资格、财务状况、工作业绩、社会信誉等。作为监理人还应根据自身状况和工程情况，考虑竞争该项目的可行性。其次，监理人在获得委托人的招标文件或与委托人草签协议之后，应立即对工程所需费用进行预算，提出报价，同时对招标文件中的合同文本进行分析、审查，为合同谈判和签约提供决策依据。无论何种方式招标中标，委托人和监理人都要就监理合同的主要条款进行谈判。谈判内容要具体，责任要明确，要有准确的文字记载。作为委托人，切忌以手中有工程的委托权，而不以平等的原则对待监理人。应当看到，监理工程师的良好服务，将为委托人带来巨大的利益。作为监理人，应利用法律赋予的平等权利进行对等谈判，对重大问题不能迁就和无原则让步。经过谈判，双方就监理合同的各项条款达成一致，即可正式签订合同文件。

技能要点3：建设工程委托监理合同的履行

1. 委托人的履行

(1) 严格按照监理合同的规定履行应尽义务　监理合同内规定的应由委托人负责的工作，是使合同最终实现的基础，如外部关系的协调，为监理工作提供外部条件，为监理人提供获取本工程使用的原材料、构配件、机械设备等生产厂家名录等，都是为监理人做好工作的先决条件。委托人必须严格按照监理合同的规定，履行应尽的义务，才有权要求监理人履行合同。

(2) 按照监理合同的规定行使权力　监理合同中规定的委托人的权利，主要是如下三个方面：对设计、施工单位的发包权；对工程规模、设计标准的认定权及设计变更的审批权；对监理人的监督管理权。

(3) 委托人的档案管理　在全部工程项目竣工后，委托人应将全部合同文件，包括完整的工程竣工资料加以系统整理，按照国家《档案法》及有关规定，建档保管。为了保证监理合同档案的完整性，委托人对合同文件及履行中与监理人之间进行的签证、记录协议、补充合同备忘录、函件、电报、电传等都应系统地认真整理，妥善保管。

2. 监理人的履行

监理合同一经生效，监理人就要按合同规定，行使权力，履行应尽义务。

(1) 确定项目总监理工程师，成立项目监理机构　每一个拟监理的工程项目，监理人都应根据工程项目规模、性质、委托人对监理的要求，委派称职的人员担任项目的总监理工程师，代表监理人全面负责该项目的监理工作。总监理工程师对内对监理人负责，对外向委托人负责。

在总监理工程师的具体领导下，组建项目的监理机构，并根据签订的监理委托合同，制订监理规划和具体的实施计划，开展监理工作。

一般情况下，监理人在承接项目监理业务时，在参与项目监理的投标、拟订监理方案（大纲），以及与委托人商签监理委托合同时，即应选派人员主持该项工作。在监理任务确定并签订监理委托合同后，该主持人即可作为项目总监理工程师。这样，项目的总监理工程师在承接任务阶段就早期介入，从而更能了解委托人的建设意图和对监理工作的要求，并与后续工作能更好地衔接。

（2）制订工程项目监理规划　工程项目的监理规划，是开展项目监理活动的纲领性文件，根据委托人委托监理的要求，在详细占有监理项目有关资料的基础上，结合监理的具体条件编制的开展监理工作的指导性文件。其内容包括：工程概况；监理范围和目标；监理主要措施；监理组织；项目监理工作制度等。

（3）制订各专业监理工作计划或实施细则　在监理规划的指导下，为具体指导投资控制、质量控制、进度控制的进行，还需结合工程项目实际情况，制订相应的实施性计划或细则。

（4）根据制订的监理工作计划和运行制度，规范化地开展监理工作。

（5）监理工作总结归档。监理工作总结包括三部分内容。

第一部分是向委托人提交监理工作总结。其内容主要包括：监理委托合同履行情况概述；监理任务或监理目标完成情况评价；由委托人提供的供监理活动使用的办公用房、车辆、试验设施等清单；表明监理工作终结的说明等。

第二部分是监理单位内部的监理工作总结。其内容主要包括：监理工作的经验，可以是采用某种监理技术、方法的经验；也可以是采用某种经济措施、组织措施的经验；以及签订监理委托合同方面的经验；如何处理好与委托人、承包单位关系的经验等。

第三部分是监理工作中存在的问题及改进的建议，以指导今后的监理工作，并向政府有关部门提出政策建议，不断提高我国工程建设监理的水平。

在全部监理工作完成后，监理人应注意做好监理合同的归档工作。监理合同归档资料应包括：监理合同（含与合同有关的在履行中与委托人之间进行的签证、补充合同备忘录、函件、电报等）、监理大纲、监理规划、在监理工作中的程序性文件（包括监理会议纪要、监理日记等）。

3. 合同的变更

监理合同内涉及合同变更的条款主要指合同责任期的变更和委托监理工作内容的变更两方面。

（1）合同责任期的变更　签约时注明的合同有效期并不一定就是监理人的全部合同责任期，如果在监理过程中因工程建设进度推迟或延误而超过约定的日期，监理合同并不能到期终止。当由于委托人和承包人的原因使监理工作受到阻碍或延误，则监理人应当将此情况与可能产生的影响及时通知委托人，完成监理业务的时间相应延长。

（2）委托监理工作内容的变更　监理合同内约定的正常监理服务工作，监理人应尽职尽责地完成。合同履行期间由于发生某些客观或人为事件而导致一方或双方不能正常履行其应尽职责时，委托人和监理人都有权提出变更合同的要求。合同变更的后果一般都会导致合同有效期的延长或提前终止，以及增加监理方的附加工作或额外工作。

4. 监理合同的违约责任与索赔

（1）违约责任　合同履行过程中，由于当事人一方的过错，造成合同不能履行或者不能完全履行，由有过错的一方承担违约责任；如属双方的过错，根据实际情况，由双方分别承担各自的违约责任。为保证监理合同规定的各项权利义务的顺利实现，在《委托监理合同示范文本》

中，制定了约束双方行为的条款："委托人责任"，"监理人责任"。这些规定归纳起来有如下几点：

①在合同责任期内，如果监理人未按合同中要求的职责勤恳认真地服务，或委托人违背了其对监理人的责任时，均应向对方承担赔偿责任。

②任何一方对另一方负有责任时的赔偿原则是：

a. 委托人违约应承担违约责任，赔偿监理人的经济损失。

b. 因监理人过失造成经济损失，应向委托人进行赔偿，累计赔偿额不应超出监理酬金总额(除去税金)。

c. 当一方向另一方的索赔要求不成立时，提出索赔的一方应补偿由此所导致的对方各种费用支出。

(2) 监理人的责任限度　由于建设工程监理，是以监理人向委托人提供技术服务为特性，在服务过程中，监理人主要凭借自身知识、技术和管理经验，向委托人提供咨询、服务，替委托人管理工程。同时，在工程项目的建设过程中，会受到多方面因素限制，鉴于上述情况，在责任方面作了如下规定：监理人在责任期内，如果因过失而造成经济损失，要负监理失职的责任；监理人不对责任期以外发生的任何事情所引起的损失或损害负责，也不对第三方违反合同规定的质量要求和完工（交图、交货）时限承担责任。

(3) 对监理人违约处理的规定　当委托人发现从事监理工作的某个人员不能胜任工作或有严重失职行为时，有权要求监理人将该人员调离监理岗位。监理人接到通知后，应在合理的时间内调换该工作人员，而且不应让其在该项目上再承担任何监理工作。如果发现监理人或某些工作人员从被监理方获取任何贿赂或好处，将构成监理人严重违约。对于监理人的严重失职行为或有失职业道德的行为而使委托人受到损害的，委托人有权终止合同关系。

监理人在责任期内因其过失行为而造成委托人损失的，委托人有权要求给予赔偿。赔偿的计算方法是扣除与该部分监理酬金相适应的赔偿金，但赔偿总额不应超出扣除税金后的监理酬金总额。如果监理人员不按合同履行监理职责，或与承包人串通给委托人或工程造成损失的，委托人有权要求监理人更换监理人员，直到终止合同，并要求监理人承担相应的赔偿责任或连带赔偿责任。

(4) 因违约终止合同。

①委托人因自身应承担责任原因要求终止合同。合同履行过程中，由于发生严重的不可抗力事件、国家政策的调整或委托人无法筹措到后续工程的建设资金等情况，需要暂停或终止合同时，应至少提前56天向监理人发出通知，此后监理人应立即安排停止服务，并将开支减至最少。双方通过协商对监理人受到的实际损失给予合理补偿后，协议终止合同。

②委托人因监理人的违约行为要求终止合同。当委托人认为监理人无正当理由而又未履行监理义务时，可向监理人发出指明其未履行义务的通知。若委托人在发出通知后21天内没有收到监理人的满意答复，可在第一个通知发出后35天内，进一步发出终止合同的通知。委托人的终止合同通知发出后，监理合同即行终止，但不影响合同内约定各方享有的权利和应承担的责任。

③监理人因委托人的违约行为要求终止合同。如果委托人不履行监理合同中约定的义务，则应承担违约责任，赔偿监理人由此造成的经济损失。

(5) 争议的解决　因违反或终止合同而引起的对损失或损害的赔偿，委托人与监理人应协商解决。如协商未能达成一致，可提交主管部门协调。如仍不能达成一致时，根据双方约定提交仲裁机构仲裁或向人民法院起诉。

技能图解 18　建设工程施工索赔

技能结构框线图

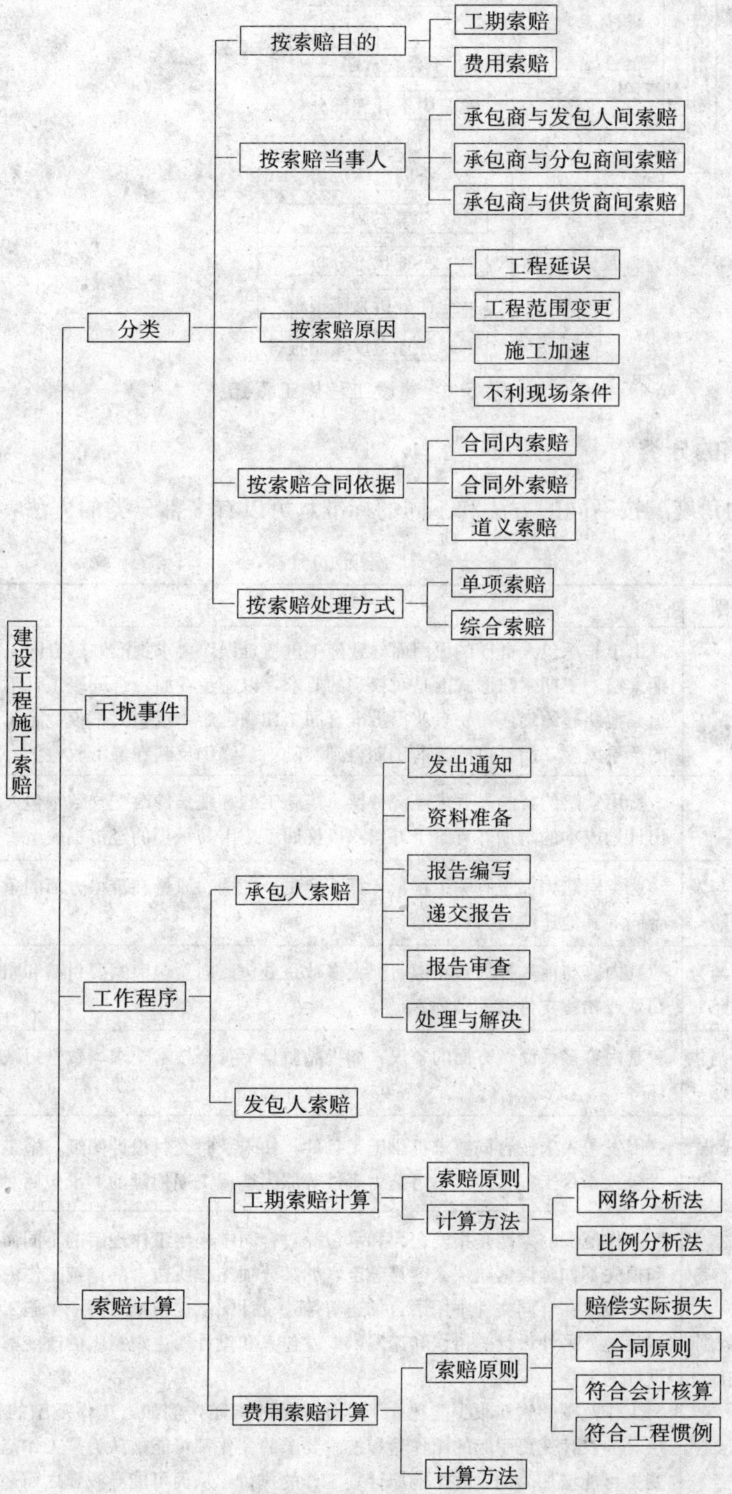

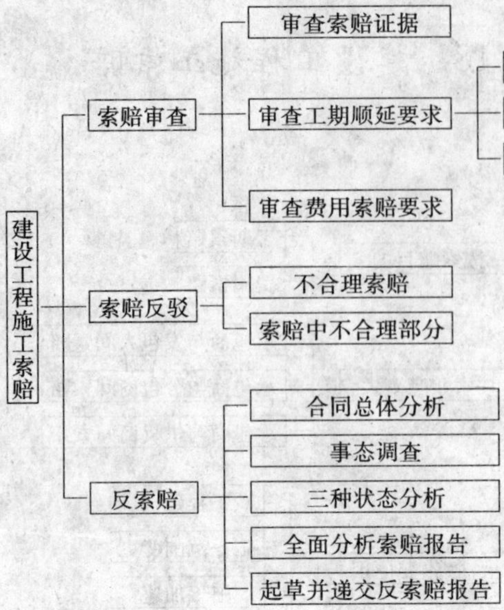

图 5-4　建设工程施工索赔

技能要点 1：索赔的分类

索赔从不同的角度、按不同的方法和不同的标准，可以有多种分类的方法，见表 5-2 表示。

表 5-2　索赔的分类

分类标准	索赔类别	说　明
按索赔的目的分类	工期索赔	由于非承包人责任的原因而导致施工进程延误，要求批准顺延合同工期的索赔，称之为工期索赔。工期索赔形式上是对权利的要求，以避免在原定合同竣工日不能完工时，被发包人追究拖期违约责任。一旦获得批准合同工期顺延后，承包人不仅免除了承担拖期违约赔偿费的严重风险，而且可能提前工期得到奖励，最终仍反映在经济收益上
	费用索赔	费用索赔的目的是要求经济补偿。当施工的客观条件改变导致承包人增加开支，要求对超出计划成本的附加开支给予补偿，以挽回不应由其承担的经济损失
按索赔当事人分类	承包商与发包人间索赔	这类索赔大都是有关工程量计算、变更、工期、质量和价格方面的争议，也有中断或终止合同等其他违约行为的索赔
	承包商与分包商间索赔	其内容与前一种大致相似，但大多数是分包商向总包商索要付款和赔偿及承包商向分包商罚款或扣留支付款等
	承包商与供货商间索赔	其内容多系商贸方面的争议，如货品质量不符合技术要求、数量短缺、交货拖延、运输损坏等
按索赔的原因分类	工程延误索赔	因发包人未按合同要求提供施工条件，如未及时交付设计图纸、施工现场、道路等，或因发包人指令工程暂停或不可抗力事件等原因造成工期拖延的，承包商对此提出索赔
	工程范围变更索赔	工作范围的索赔是指发包人和承包商对合同中规定工作理解的不同而引起的索赔。其责任和损失不如延误索赔那么容易确定，如某分项工程所包含的详细工作内容和技术要求，施工要求很难在合同文件中用语言描述清楚，设计图纸也很难对每一个施工细节的要求都说得清清楚楚。另外设计的错误和遗漏，或发包人和设计者主观意志的改变都会向承包商发布变更设计的命令。 工作范围的索赔很少能独立于其他类型的索赔，例如，工作范围的索赔通常导致延期索赔。如设计变更引起的工作量和技术要求的变化都可能被认为是工作范围的变化，为完成此变更可能增加时间，并影响原计划工作的执行，从而可能导致随之而来的延期索赔

表 5-2（续）

分类标准	索赔类别	说　明
按索赔的原因分类	施工加速索赔	施工加速索赔经常是延期或工作范围索赔的结果，有时也被称为“赶工索赔”。而加速施工索赔与劳动生产率的降低关系极大，因此又可称为劳动生产率损失索赔。 如果发包人要求承包商比合同规定的工期提前，或者因工程前段的承包商的工程拖期，要后一阶段工程的另一位承包商弥补已经损失的工期，使整个工程按期完工。这样，承包商可以因施工加速成本超过原计划的成本而提出索赔，其索赔的费用一般应考虑加班工资，雇用额外劳动力，采用额外设备，改变施工方法，提供额外监督管理人员和由于拥挤、干扰加班引起的疲劳造成的劳动生产率损失等所引起的费用的增加。在国外的许多索赔案例中对劳动生产率损失通常数量很大，但一般不易被发包人接受。这就要求承包商在提交施工加速索赔报告中提供施工加速对劳动生产率的消极影响的证据
	不利现场条件索赔	不利的现场条件是指合同的图纸和技术规范中所描述的条件与实际情况有实质性的不同或虽合同中未作描述，是一个有经验的承包商无法预料的。一般是地下的水文地质条件，但也包括某些隐藏着的不可知的地面条件。 不利现场条件索赔近似于工作范围索赔，然而又不大像大多数工作范围索赔。不利现场条件索赔应归咎于确实不易预知的某个事实。如现场的水文、地质条件在设计时全部弄得一清二楚几乎是不可能的，只能根据某些地质钻孔和土样试验资料来分析和判断。要对现场进行彻底全面的调查将会耗费大量的成本和时间，一般发包人不会这样做，承包商在很短的投标报价时间内更不可能做这种现场调查工作。这种不利现场条件的风险由发包人来承担是合理的
按索赔的合同依据分类	合同内索赔	此种索赔是以合同条款为依据，在合同中有明文规定的索赔，如工期延误、工程变更、工程师提供的放线数据有误、发包人不按合同规定支付进度款等。这种索赔由于在合同中有明文规定，往往容易成功
	合同外索赔	此种索赔在合同文件中没有明确的叙述，但可以根据合同文件的某些内容合理推断出可以进行此类索赔，而且此索赔并不违反合同文件的其他任何内容。例如在国际工程承包中，当地货币贬值可能给承包商造成损失，对于合同工期较短的，合同条件中可能没有规定如何处理。当由于发包人原因使工期拖延，而又出现汇率大幅度下跌时，承包商可以提出这方面的补偿要求
	道义索赔（又称额外支付）	道义索赔是指承包商在合同内或合同外都找不到可以索赔的合同依据或法律根据，因而没有提出索赔的条件和理由，但承包商认为自己有要求补偿的道义基础，而对其遭受的损失提出具有优惠性质的补偿要求，即道义索赔。道义索赔的主动权在发包人手中，发包人在下面四种情况下，可能会同意并接受这种索赔：第一，若另找其他承包商，费用会更大；第二，为了树立自己的形象；第三，出于对承包商的同情和信任；第四，谋求与承包商更理解或更长久的合作
按索赔处理方式分类	单项索赔	单项索赔是针对某一干扰事件提出的，在影响原合同正常运行的干扰事件发生时或发生后，由合同管理人员立即处理，并在合同规定的索赔有效期内向发包人或监理工程师提交索赔要求和报告。单项索赔通常原因单一，责任单一，分析起来相对容易，由于涉及的金额一般较小，双方容易达成协议，处理起来也比较简单。因此合同双方应尽可能地用此种方式来处理索赔
	综合索赔	综合索赔又称一揽子索赔，一般在工程竣工前和工程移交前，承包商将工程实施过程中因各种原因未能及时解决的单项索赔集中起来进行综合考虑，提出一份综合索赔报告，由合同双方在工程交付前后进行最终谈判，以一揽子方案解决索赔问题。在合同实施过程中，有些单项索赔问题比较复杂，不能立即解决，为了不影响工程进度，经双方协商同意后留待以后解决。有的是发包人或监理工程师对索赔采用拖延办法，迟迟不作答复，使索赔谈判旷日持久。还有的是承包商因自身原因，未能及时采用单项索赔方式等，都有可能出现一揽子索赔。由于在一揽子索赔中许多干扰事件交织在一起，影响因素比较复杂而且相互交叉，责任分析和索赔值计算都很困难，索赔涉及的金额往往又很大，双方都不愿或不容易作出让步，使索赔的谈判和处理都很困难。因此综合索赔的成功率比单项索赔要低得多

技能要点 2：通常可能提出索赔的干扰事件

在施工过程中，通常可能提出索赔的干扰事件主要有：

(1) 发包人没有按合同规定的时间交付设计图纸数量和资料，未按时交付合格的施工现场等，造成工程拖延和损失。

(2) 工程地质条件与合同规定、设计文件不一致。

(3) 发包人或监理工程师变更原合同规定的施工顺序，扰乱了施工计划及施工方案，使工程数量有较大增加。

(4) 发包人指令提高设计、施工、材料的质量标准。

(5) 由于设计错误或发包人、工程师错误指令，造成工程修改、返工、窝工等损失。

(6) 发包人和监理工程师指令增加额外工程，或指令工程加速。

(7) 发包人未能及时支付工程款。

(8) 物价上涨，汇率浮动，造成材料价格、工人工资上涨，承包商蒙受较大损失。

(9) 国家政策、法令修改。

(10) 不可抗力因素等。

技能要点 3：索赔工作程序

索赔工作程序是指从索赔事件产生到最终处理全过程所包括的工作内容和工作步骤。由于索赔工作实质上是承包商和业主在分担工程风险方面的重新分配过程，涉及到双方的众多经济利益，因而是一项烦琐、细致、耗费精力和时间的过程。因此，合同双方必须严格按照合同规定办事，按合同规定的索赔程序工作，才能获得成功的索赔。

1. 承包人的索赔

承包人的索赔程序通常可分为以下几个步骤：

(1) 发出索赔意向通知　索赔事件发生后，承包商应在合同规定的时间内，及时向发包人或工程师书面提出索赔意向通知，亦即向发包人或工程师就某一个或若干个索赔事件表示索赔愿望、要求或声明保留索赔的权利。索赔意向的提出是索赔工作程序中的第一步，其关键是抓住索赔机会，及时提出索赔意向。

(2) 资料准备　监理工程师和发包人一般都会对承包商的索赔提出一些质疑，要求承包商作出解释或出具有力的证明材料。因此，承包商在提交正式的索赔报告之前，必须尽力准备好与索赔有关的一切详细资料，以便在索赔报告中使用，或在监理工程师和发包人要求时出示。根据工程项目的性质和内容不同，索赔时应准备的证据资料也是多种多样，复杂万变的。

(3) 索赔报告的编写　索赔报告是承包商在合同规定的时间内向监理工程师提交的要求发包人给予一定经济补偿和延长工期的正式书面报告。索赔报告的水平与质量如何，直接关系到索赔的成败与否。大型土木工程项目的重大索赔报告，承包商都是非常慎重、认真而全面地进行论证和阐述，充分提供证据资料，甚至专门聘请合同及索赔管理方面的专家，帮助编写索赔报告，以尽力争取索赔成功。承包商的索赔报告必须有力地证明：自己正当合理的索赔报告资格，受损失的时间和金钱，以及有关事项与损失之间的因果关系。

(4) 递交索赔报告　索赔意向通知提交后的28天内，或工程师可能同意的其他合理时间，承包人应递送正式的索赔报告。

如果索赔事件的影响持续存在，28天内还不能算出索赔额和工期展延天数时，承包人应按工程师合理要求的时间间隔（一般为28天），定期陆续报出每一个时间段内的索赔证据资料和索赔要求。在该项索赔事件的影响结束后的28天内，报出最终详细报告，提出索赔论证资料和累计索赔额。

承包人发出索赔意向通知后，可以在工程师指示的其他合理时间内再报送正式索赔报告，也就是说，工程师在索赔事件发生后有权不马上处理该项索赔。如果事件发生时，现场施工非常紧张，工程师不希望立即处理索赔而分散各方抓施工管理的精力，可通知承包人将索赔的处理留待施工不太紧张时再去解决。但承包人的索赔意向通知必须在事件发生后的28天内提出，包括因对变更估价双方不能取得一致意见，而先按工程师单方面决定的单价或价格执行时，承包人提出的保留索赔权利的意向通知。如果承包人未能按时间规定提出索赔意向和索赔报告，则其就失去了就该项事件请求补偿的索赔权力。此时其所受到损害的补偿，将不超过工程师认为应主动给予的补偿额。

(5) 索赔报告的审查　施工索赔的提出与审查过程，是当事双方在承包合同基础上，逐步分清在某些索赔事件中的权利和责任以使其数量化的过程。作为发包人或工程师，应明确审查的目的和作用，掌握审查的内容和方法，处理好索赔审查中的特殊问题，促进工程的顺利进行。

当承包商将索赔报告呈交工程师后，工程师首先应予以审查和评价，然后与发包人和承包商一起协商处理。

在具体索赔审查操作中，应首先进行索赔资格条件的审查，然后进行索赔具体数据的审查。

(6) 索赔的处理与解决　从递交索赔文件到索赔结束是索赔的处理与解决过程。经过工程师对索赔文件的评审，与承包商进行了较充分的讨论后，工程师应提出对索赔处理决定的初步意见，并参加发包人和承包商之间的索赔谈判，根据谈判达成索赔最后处理的一致意见。

如果索赔在发包人和承包商之间未能通过谈判得以解决，可将有争议的问题进一步提交工程师决定，如果一方对工程师的决定不满意，双方可寻求其他友好解决方式，如中间人调解、争议评审团评议等，友好解决无效，一方可将争端提交仲裁或诉讼。

2. 发包人的索赔

《示范文本》规定，承包人未能按合同约定履行自己的各项义务或发生错误而给发包人造成损失时，发包人也应按合同约定向承包人提出索赔。

技能要点4：索赔计算

1. 工期索赔计算

(1) 工期索赔的原则。

①工期索赔的一般原则　工期延误的影响因素，可以归纳为两大类：第一类是合同双方均无过错的原因或因素而引起的延误，主要指不可抗力事件和恶劣气候条件等；第二类是由于发包人或工程师原因造成的延误。

一般地说，根据工程惯例对于第一类原因造成的工程延误，承包商只能要求延长工期，很难或不能要求发包人赔偿损失；而对于第二类原因，假如发包人的延误已影响了关键线路上的工作，承包商既可要求延长工期，又可要求相应的费用赔偿；如果发包人的延误仅影响非关键线路上的工作，且延误后的工作仍属非关键线路，而承包商能证明因此，如劳动窝工、机械停滞费用等引起的损失或额外开支，则承包商不能要求延长工期，但完全有可能要求费用赔偿。

②交叉延误的处理原则　交叉延误的处理可能会出现以下几种情况：

a. 在初始延误是由承包商原因造成的情况下，随之产生的任何非承包商原因的延误都不会对最初的延误性质产生任何影响，直到承包商的延误缘由和影响已不复存在。因而在该延误时间内，发包人原因引起的延误和双方不可控制因素引起的延误均为不可索赔延误。

b. 如果在承包商的初始延误已解除后，发包人原因的延误或双方不可控制因素造成的延误依然在起作用，那么承包商可以对超出部分的时间进行索赔。

c. 反之，如果初始延误是由于发包人或工程师原因引起的，那么其后由承包商造成的延误将不会使发包人摆脱（尽管有时或许可以减轻）其责任。此时承包商将有权获得从发包人的延误开始到延误结束期间的工期延长及相应的合理费用补偿。

d. 如果初始延误是由双方不会控制因素引起的，那么在该延误时间内，承包商只可索赔工期，而不能索赔费用。

(2) 工期索赔的计算方法。

①网络分析法　网络分析方法通过分析延误发生前后网络计划，对比两种工期计算结果，计算索赔值。

分析的基本思路为：假设工程施工一直按原网络计划确定的施工顺序和工期进行。现发生了一个或多个延误，使网络中的某个或某些活动受到影响，如延长持续时间，或活动之间逻辑关系变化，或增加新的活动。将这些活动受影响后的持续时间代入网络中，重新进行网络分析，得到一新工期。则新工期与原工期之差即为延误对总工期的影响，即为工期索赔值。通常，如果延误在关键线路上，则该延误引起的持续时间的延长即为总工期的延长值。如果该延误在非关键线路上，受影响后仍在非关键线路上，则该延误对工期无影响，故不能提出工期索赔。

这种考虑延误影响后的网络计划又作为新的实施计划，如果有新的延误发生，则在此基础上可进行新一轮分析，提出新的工期索赔。

这样，工程实施过程中的进度计划是动态的，会不断地被调整。而延误引起的工期索赔也可以随之同步进行。

网络分析方法是一种科学的、合理的分析方法，适用于各种延误的索赔，但其以采用计算机网络分析技术进行工期计划和控制作为前提条件，因为稍微复杂的工程，网络活动可能有几百个，甚至几千个，个人分析和计算几乎是不可能的。

②比例分析法　网络分析法虽然最科学，也是最合理的，但在实际工程中，干扰事件常常仅影响某些单项工程、单位工程或分部分项工程的工期，分析其对总工期的影响，可以采用更为简单的比例分析法，即以某个技术经济指标作为比较基础，计算出工期索赔值。

a. 合同价比例法。对于已知部分工程的延期的时间：

$$\text{工期索赔值}=\frac{\text{受干扰部分工程的合同价}}{\text{原整个工程合同总价}}\times\begin{matrix}\text{该部分工程受干扰}\\\text{工期拖延时间}\end{matrix}$$

对于已知增加工程量或额外工程的价格：

$$\text{工期索赔值}=\frac{\text{增加的工程量或额外工程的价格}}{\text{原合同总价}}\times\text{原合同总工期}$$

b. 按单项工程拖期的平均值计算。如有若干单项工程 A_1、A_2、…、A_m，分别拖期 d_1、d_2、…、d_m 天，求出平均每个单项工程拖期天数 $\overline{D}=\sum_{i=1}^{m} d_i/m$，则工期索赔值为 $T=\overline{D}+\Delta d$，Δd 为考虑各单项工程拖期对总工期的不均匀影响而增加的调整量（$\Delta d>0$）。

比例计算法简单方便，但有时不符合实际情况。比例计算法不适用于变更施工顺序、加速施工、删减工程量等事件的索赔。

2. 费用索赔的计算

(1) 费用索赔的原则　费用索赔是整个施工阶段索赔的重点和最终目标，工期索赔在很大程度上也是为了费用索赔。因而费用索赔的计算就显得十分重要，必须按照如下原则进行：

①赔偿实际损失的原则，实际损失包括直接损失（成本的增加和实际费用的超支等）和间接损失（可能获得的利益的减少，比如发包人拖欠工程款，使得承包商失去了利息收入等）。

②合同原则，通常是指要符合合同规定的索赔条件和范围、符合合同规定的计算方法、以合同报价为计算基础等。

③符合通常的会计核算原则，通过计划成本或报价与实际工程成本或花费的对比得到索赔费用值。

④符合工程惯例，费用索赔的计算必须采用符合人们习惯的、合理、科学的计算方法，能够让发包人、监理工程师、调解人、仲裁人接受。

（2）费用索赔的计算方法。

①总费用法。

a. 基本思路。总费用法的基本思路是把固定总价合同转化为成本加酬金合同，以承包商的额外成本为基点加上管理费和利润等附加费作为索赔值。

b. 使用条件。这是一种最简单的计算方法，但通常用得较少，且不容易被对方、调解人和仲裁人认可，因其使用有几个条件：

（a）合同实施过程中的总费用核算是准确的；工程成本核算符合普遍认可的会计原则；成本分摊方法，分摊基础选择合理；实际总成本与报价总成本所包括的内容一致。

（b）承包商的报价是合理的，反映实际情况。如果报价计算不合理，则按这种方法计算的索赔值也不合理。

（c）费用损失的责任，或干扰事件的责任完全在于发包人或其他人，承包商在工程中无任何过失，而且没有发生承包商风险范围内的损失。

（d）合同争执的性质不适用其他计算方法。例如由于发包人原因造成工程性质发生根本变化，原合同报价已完全不适用。这种计算方法常用于对索赔值的估算。有时，发包人和承包商签订协议，或在合同中规定，对于一些特殊的干扰事件，例如特殊的附加工程、发包人要求加速施工、承包商向发包人提供特殊服务等，可采用成本加酬金的方法计算赔（补）偿值。

c. 注意事项。在计算过程中要注意以下几个问题：

（a）索赔值计算中的管理费率一般采用承包商实际的管理费分摊率。这符合赔偿实际损失的原则。但实际管理费率的计算和核实是很困难的，所以通常都用合同报价中的管理费率，或双方商定的费率，这全在于双方商讨。

（b）在费用索赔的计算中，利润是一个复杂的问题，故一般不计利润，以保本为原则。

（c）由于工程成本增加使承包商支出增加，这会引起工程的负现金流量的增加。为此，在索赔中可以计算利息支出（作为资金成本）。利息支出可按实际索赔数额、拖延时间和承包商向银行贷款的利率（或合同中规定的利率）计算。

②分项法　分项法是按每个（或每类）干扰事件，以及该事件所影响的各个费用项目分别计算索赔值的方法，其特点有：

a. 比总费用法复杂，处理起来困难。

b. 反映实际情况，比较合理、科学。

c. 为索赔报告的进一步分析评价、审核，双方责任的划分，双方谈判和最终解决提供方便。

d. 应用面广，人们在逻辑上容易接受。

所以，通常在实际工程中费用索赔计算都采用分项法。但对具体的干扰事件和具体费用项目，分项法的计算方法又是千差万别。分项法计算索赔值，通常分三步：

（a）分析每个或每类干扰事件所影响的费用项目。这些费用项目通常应与合同报价中的费用项目一致。

（b）确定各费用项目索赔值的计算基础和计算方法，计算每个费用项目受干扰事件影响后的实际成本或费用值，并与合同报价中的费用值对比，即可得到该项费用的索赔值。

（c）将各费用项目的计算值列表汇总，得到总费用索赔值。

用分项法计算，重要的是不能遗漏。在实际工程中，许多现场管理者提交索赔报告时常常仅考虑直接成本，即现场材料、人员、设备的损耗（这是由其直接负责的），而忽略计算一些附加的成本，例如工地管理费分摊；由于完成工程量不足而没有获得企业管理费；人员在现场延长停滞时间所产生的附加费，如假期、差旅费、工地住宿补贴、平均工资的上涨；由于推迟支付而造成的财务损失；保险费和保函费用增加等。

技能要点5：监理工程师对索赔的审查与反驳

1. 对索赔的审查

（1）审查索赔证据　工程师对索赔报告审查时，首先判断承包人的索赔要求是否有理、有据。所谓有理，是指索赔要求与合同条款或有关法规是否一致，受到的损失应属于非承包人责任原因所造成。有据，是指提供的证据证明索赔要求成立。

（2）审查工期顺延要求　对索赔报告中要求顺延的工期，在审核中应注意以下几点：

①划清施工进度拖延的责任　因承包人的原因造成施工进度滞后，属于不可原谅的延期；只有承包人不应承担任何责任的延误，才是可原谅的延期。有时工期延期的原因中可能包含有双方责任，此时工程师应进行详细分析，分清责任比例，只有可原谅的延期部分才能批准顺延合同工期。可原谅延期，又可细分为可原谅并给予补偿费用的延期和可原谅但不给予补偿费用的延期；后者是指非承包人责任的影响并未导致施工成本的额外支出，大多属于发包人应承担风险责任事件的影响，如异常恶劣的气候条件造成的停工等。

②被延误的工作应是处于施工进度计划关键线路上的施工内容　只有位于关键线路上工作的滞后，才会影响到竣工日期。但有时也应注意，既要看被延误的工作是否在批准进度计划的关键路线上，又要详细分析这一延误对后续工作的可能影响。因为若对非关键线路工作的影响时间较长，超过了该工作可用于自由支配的时间，也会导致进度计划中非关键线路转化为关键线路，其滞后将导致总工期的拖延。此时，应充分考虑该工作的自由时间，给予相应的工期顺延，并要求承包人修改施工进度计划。

③无权要求承包人缩短合同工期　工程师有审核、批准承包人顺延工期的权利，但不可以扣减合同工期。也就是说，工程师有权指示承包人删减掉某些合同内规定的工作内容，但不能要求其相应缩短合同工期。如果要求提前竣工的话，这项工作属于合同的变更。

（3）审查费用索赔要求　费用索赔的原因，可能是与工期索赔相同的内容，即属于可原谅并应予以费用补偿的索赔，也可能是与工期索赔无关的理由。工程师在审核索赔的过程中，除了划清合同责任以外，还应注意索赔计算的取费合理性和计算的正确性。

①审核索赔取费的合理性　费用索赔涉及的款项较多、内容庞杂。承包人都是从维护自身利益的角度解释合同条款，进而申请索赔额。工程师应公平地审核索赔报告申请，挑出不合理的取费项目或费率。

②审核索赔计算的正确性。

a. 所采用的费率是否合理、适度。主要注意的问题包括以下几点：

（a）工程量表中的单价是综合单价，不仅含有直接费，还包括间接费、风险费、辅助施工机械费、公司管理费和利润等项目的摊销成本。在索赔计算中不应有重复取费。

（b）停工损失中，不应以计日工费计算。不应计算闲置人员在此期间的奖金、福利等报酬，通常采取人工单价乘以折算系数计算，停驶的机械费补偿，应按机械折旧费或设备租赁费计算，不应包括运转操作费用。

b. 正确区分停工损失与因工程师临时改变工作内容或作业方法的功效降低损失的区别。凡可改作其他工作的，不应按停工损失计算，但可以适当补偿降效损失。

2. 对索赔的反驳

首先要说明的是，这里所讲的反驳索赔仅仅指的是反驳承包人不合理索赔或者索赔中的不合理部分，而绝对不是把承包人当作对立面，偏袒发包人，设法不给予或尽量少给予承包人补偿。反驳索赔的措施是指工程师针对一些可能发生索赔的领域，为了今后有充分证据反驳承包人的不合理要求而采取的监督管理措施。反驳索赔措施实际上是包括在工程师的日常监理工作中的。能否有力地反驳索赔，是衡量工程师工作成效的重要尺度。

对承包人的施工活动进行日常现场检查是工程师执行监理工作的基础，监督现场施工按合同要求进行。检查人员应具有一定的实践经验、认真的工作态度和良好的合作精神。人员素质的高低很大程度上将决定工程师监理工作的成效。检查人员应该善于发现问题，随时独立保持有关情况记录，绝对不能简单照抄承包人的记录。必要时应对某些施工情况摄取工程照片；每天下班前还必须把一天的施工情况和自己的观察结果简明扼要地写成“工程监理日志”，其中特别要指出承包人在哪些方面没有达到合同或计划要求。这种日志应该逐级加以汇总分析，最后由工程师或其他授权代表把承包人施工中存在的问题连同处理建议书面通知承包人，为今后反驳索赔提供依据。

合同中通常都会规定承包人应该在多长时间内或什么时间以前向工程师提交什么资料供工程师批准、同意或参考。工程师最好是事先就编制一份“承包人应提交的资料清单”，其内容包括资料名称、合同依据、时间要求、格式要求及工程师处理时间要求等，以便随时核对。如果到时承包人没有提交或提交资料的格式等不符合要求，则应该及时记录在案，并通知承包人。承包人的这种问题，可能是今后用来说明某项索赔或索赔中的某部分应由承包人自己负责的重要依据。

工程师要了解承包人施工材料和设备到货情况，包括材料质量、数量和存储方式以及设备种类、型号和数量。如果承包人的到货情况不符合合同要求或双方同意的计划要求，工程师应该及时记录在案，并通知承包人，这些也可能是今后反驳索赔的重要依据。

与承包人一样，对工程师来说，做好资料档案管理工作也非常重要。如果自己的资料档案不全，索赔处理终究会处于被动，只能是人云亦云。即便是明知某些要求不合理，也无法予以反驳。工程师必须保存好与工程有关的全部文件资料，特别是应该有自己独立采集的工程监理资料。

技能要点 6：反索赔

按《合同法》和《通用条款》的规定，索赔应是双方面的。在工程项目过程中，发包人与承包商之间，总承包商和分包商之间，合伙人之间，承包商与材料和设备供应商之间都可能有双向的索赔与反索赔。例如承包商向发包人提出索赔，则发包人反索赔；同时发包人又可能向承包商提出索赔；则承包商必须反索赔；而工程师一方面通过圆满的工作防止索赔事件的发生，另一方面又必须妥善地解决合同双方的各种索赔与反索赔问题。按照通常的习惯，把追回己方损失的手段称为索赔，把防止和减少向己方提出索赔的手段称为反索赔。

索赔和反索赔是进攻和防守的关系。在合同实施过程中，合同双方都在进行合同管理，都在寻找索赔机会，一经干扰事件发生，都在企图推卸自己的合同责任，都在企图进行索赔。不能进行有效的反索赔，同样要蒙受损失，所以反索赔和索赔具有同等重要的地位。

反索赔一般应按以下步骤进行。

1. 合同总体分析

反索赔同样是以合同作为法律，作为反驳的理由和根据。合同分析的目的是分析、评价对方索赔要求的理由和依据。在合同中找出对对方不利，对自方有利的合同条文，以构成对对方索赔要求否定的理由。合同总体分析的重点是，与对方索赔报告中提出的问题有关的合同条款，通常有：合同的法律基础；合同的组成及其合同变更情况；合同规定的工程范围和承包商责任；工程变更的补偿条件、范围和方法；合同价格；工期的调整条件、范围和方法，以及对方应承担的风险；违约责任；争执的解决方法等。

2. 事态调查

反索赔仍然基于事实基础之上，以事实为根据。这个事实必须有己方对合同实施过程跟踪和监督的结果，即各种实际工程资料作为证据，用以对照索赔报告所描述的事情经过和所附证据。

通过调查可以确定干扰事件的起因，事件经过，持续时间，影响范围等真实的详细的情况。

在此应收集整理所有与反索赔相关的工程资料。

3. 三种状态分析

在事态调查和收集、整理工程资料的基础上进行合同状态、可能状态、实际状态分析。通过三种状态的分析可以达到：

(1) 全面地评价合同、合同实际状况，评价双方合同责任的完成情况。

(2) 对对方有理由提出索赔的部分进行总概括，分析出对方有理由提出索赔的干扰事件有哪些，索赔的大约值或最高值。

(3) 对对方的失误和风险范围进行具体指认，这样在谈判中有攻击点。

(4) 针对对方的失误作进一步分析，以准备向对方提出索赔。这样在反索赔中同时使用索赔手段。国外的承包商和发包人在进行反索赔时，特别注意寻找向对方索赔的机会。

4. 对索赔报告进行全面分析，对索赔要求、索赔理由进行逐条分析评价

分析评价索赔报告，可以通过索赔分析评价表进行。其中，分别列出对方索赔报告中的干扰事件、索赔理由、索赔要求、提出己方的反驳理由、证据、处理意见或对策等。

5. 起草并向对方递交反索赔报告

反索赔报告也是正规的法律文件。在调解或仲裁中，对方的索赔报告和己方的反索赔报告应一起递交调解人或仲裁人。反索赔报告的基本要求与索赔报告相似。

第六章　建设工程监理进度控制

技能图解 19　建设工程监理进度控制概述

技能结构框线图

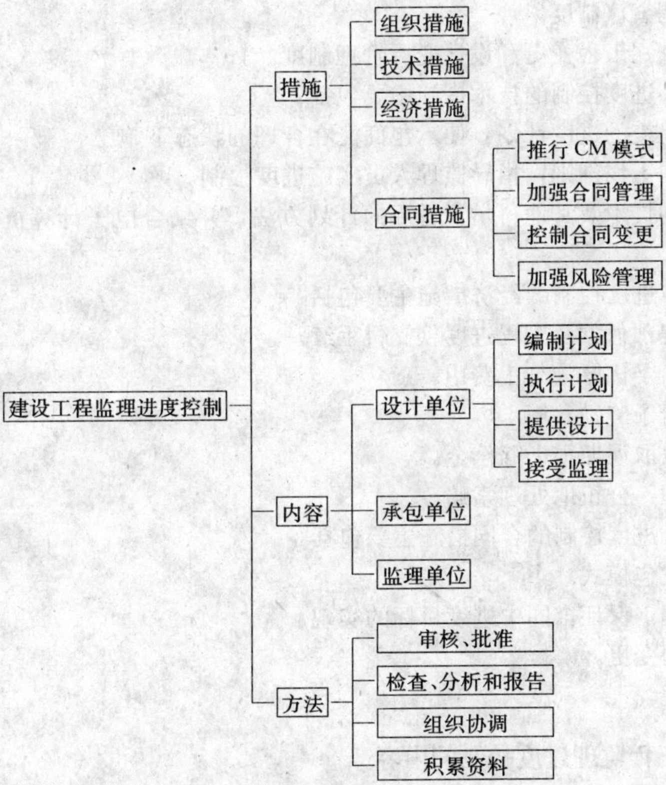

图 6-1　建设工程监理进度控制概述

技能要点 1：建设工程监理进度控制的措施

工程建设的进度控制是指在工程项目各建设阶段编制进度计划，并将该计划付诸实施，在实施的过程中经常检查实际进度是否按计划要求进行，如有偏差，则分析产生偏差的原因，采取补救措施或调整、修改原计划，直至工程竣工，交付使用。进度控制的最终目的是确保项目进度目标的实现，建设项目进度控制的总目标是建设工期。

工程项目的进度，受诸多因素的影响。这些因素包括人的因素、技术的因素、物质供应的因素、机具设备的因素、资金的因素、工程地质的因素、社会政治的因素、气候的因素以及其他潜在的、难以预料的因素等。建设者需事先对影响进度的各种因素进行调查，预测它们对进度可能产生的影响，在编制进度计划时予以充分反映，使建设项目按计划进行。然而计划毕竟是主观的东西，在执行过程中，必然会遇到各种客观情况，使计划难以执行。这就要求人们在执行计划的过程中，掌握动态控制原理，不断进行检查，将工作的实际执行情况与计划安排进行对比，判断是否偏离，并找出偏离计划的原因，特别是找出主要原因，然后采取相应的措施。

为了实施进度控制，监理工程师必须根据建设工程的具体情况，认真制定进度控制措施，以确保建设工程进度控制目标的实现。进度控制的措施应包括组织措施、技术措施、经济措施及合同措施。

（1）组织措施　进度控制的组织措施主要包括：

①建立进度控制目标体系，明确建设工程现场监理组织机构中进度控制人员及其职责分工。

②建立工程进度报告制度及进度信息沟通网络。

③建立进度计划审核制度。

④建立进度控制检查制度和分析制度。

⑤建立进度协调会议制度。

⑥建立图纸审查、工程变更和设计变更管理制度。

（2）技术措施　进度控制的技术措施主要包括：

①审查承包商提交的进度计划，使承包商能在合理的状态下施工。

②编制进度控制工作细则，指导监理人员实施进度控制。

③采用网络计划技术及其他科学、适用的计划方法，并结合电子计算机，对建设工程进度实施动态控制。

（3）经济措施　进度控制的经济措施主要包括：

①及时办理工程预付款及工程进度款支付手续。

②对应急赶工给予优厚的赶工费用。

③对工期提前给予奖励。

④对工程延误收取误期损失赔偿金。

⑤加强索赔管理，公正地处理索赔。

（4）合同措施　进度控制的合同措施主要包括：

①推行 CM 承发包模式。

②加强合同管理，保证合同中进度目标的实现。

③严格控制合同变更。

④加强风险管理。

技能要点 2：建设工程监理进度控制的内容

进度控制的内容随参与建设的各主体单位不同而变化，这是因为设计、承包、监理等各自都有自己的进度控制目标。

1. 设计单位的进度控制内容

设计单位的进度控制内容根据设计合同的设计工期目标而确定。其主要内容如下所述：

（1）编制设计准备工作计划、设计总进度计划和各专业设计的出图计划，确定设计工作进度目标及其实施步骤。

（2）执行各类计划，在执行中进行检查，采取相应措施保证计划落实，包括必要时对计划进行调整或修改，保证计划的实现。

（3）为承包单位的进度控制提供设计保证，并协助承包单位实现进度控制目标。

（4）接受监理单位的设计进度监理。

2. 承包单位的进度控制内容

承包单位的进度控制内容根据施工合同的施工工期目标而确定，其主要内容见如下所述：

（1）根据合同的工期目标，编制施工准备工作计划、施工组织设计、施工方案、施工总进度计划和单位工程施工进度计划，以确定工作内容、工作顺序、起止时间和衔接关系，为实施进度控制提供依据。

(2) 编制月（旬）作业计划和施工任务书，落实施工需要的资源，作好施工进度的跟踪以掌握施工实际情况，加强调度工作，达到进度的动态平衡，从而使进度计划的实施取得成效。

(3) 对比实际进度与计划进度的偏差，采取措施纠正偏差，如调整资源投入方向等，保证实现总的工期目标。

(4) 监督并协助分包单位实施其承包范围内的进度控制。

(5) 总结分析项目及阶段进度控制目标的完成情况、进度控制中的经验和问题，积累进度控制信息，不断提高进度控制水平。

(6) 接受监理单位的施工进度控制监理。

3. 监理单位的进度控制内容

监理单位的进度控制内容根据监理合同的工期控制目标而确定，其主要内容见如下所述：

(1) 在准备阶段，向建设单位提供有关工期的信息和咨询，协助其进行工期目标和进度控制决策。

(2) 进行环境和施工现场调查和分析，编制项目进度规划和总进度计划，编制准备工作详细计划，并控制其执行。

(3) 签发开工通知书。

(4) 审核总承包单位、设计单位、分承包单位及供应单位的进度控制计划，并在其实施过程中，通过履行监理职责，监督、检查、控制、协调各项进度计划的实施。

(5) 通过审批设计单位和承包单位的进度付款，对其进度施行动态控制。妥善处理承包单位的进度索赔。

技能要点3：建设工程监理进度控制的内容

1. 审核、批准

监理工程师应及时审核有关的技术文件、报表、报告。根据监理的权限，其审核的具体内容有以下几个方面：

(1) 下达开工令、审批“工程动工报审表”。

(2) 审批施工总进度计划、年、季、月进度计划，进度修改调整计划。

(3) 批准工程延期。审批复工报审表、工程延期申请表、工程延期审批表。

(4) 审批承包单位报送的有关工程进度的报告。审批“(　　)月完成工程量报审表”、审阅“(　　)月工、料、机动态表”等。

2. 检查、分析和报告

监理工程师应及时检查承包单位报送的进度报表和分析资料；跟踪检查实际形象进度；应经常分析进度偏差的程度、影响面及产生原因，并提出纠偏措施。应定期或不定期地向建设单位报告进度情况并提出防止因建设单位因素而导致工程延误和费用索赔的建议。

3. 组织协调

项目监理应定期或不定期地组织不同层次的协调会。在建设单位、承包单位及其他相关参建单位之间的不同层面解决相应的进度协调问题。

4. 积累资料

监理工程师应及时收集、整理有关工程进度方面的资料，为公正、合理地处理进度拖延、费用索赔及工期奖、罚问题，提供证据。

技能图解20　建设工程进度控制计划体系

技能结构框线图

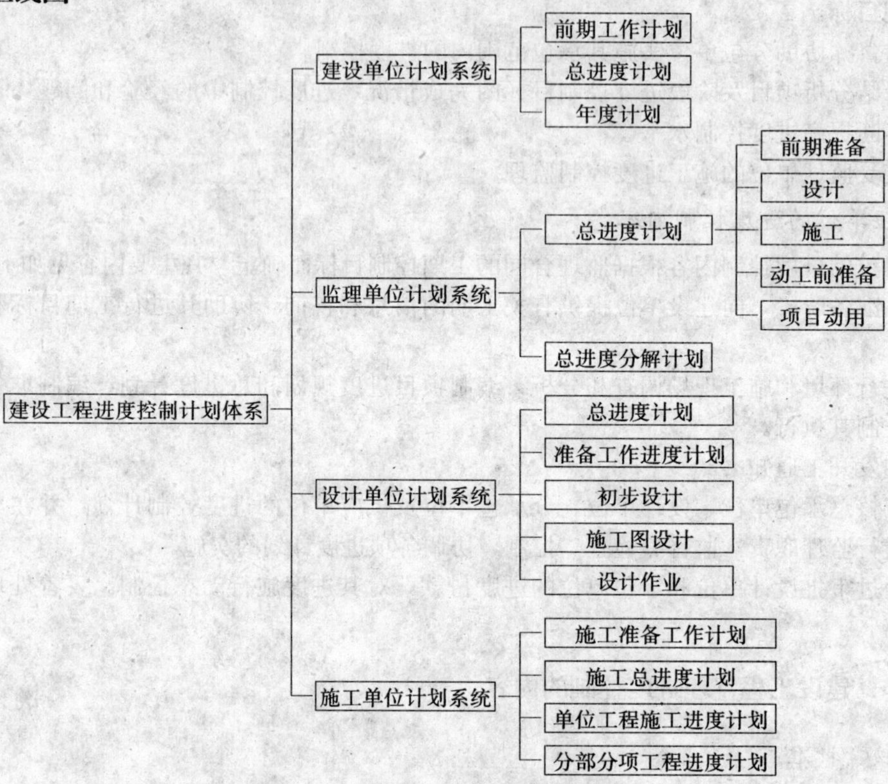

图6-2　建设工程进度控制计划体系

技能要点1：建设单位计划系统

建设单位编制（也可委托监理单位编制）的进度计划包括工程项目前期工作计划、工程项目建设总进度计划和工程项目年度计划。

1. 工程项目前期工作计划

工程项目前期工作计划是指对可行性研究、设计任务书及初步设计的工作进度进行安排，通过这个计划，把建设前期的各项工作相互衔接，使时间得到控制。前期工作计划由项目监理机构协助建设单位在预测的基础上进行编制，计划表格如表6-1所示。

表6-1　前期工作形象进度计划表

项目名称	建设性质	建设规模	可行性研究		设计任务书		初步设计	
			进度要求	负责单位 负责人	进度要求	负责单位 负责人	进度要求	负责单位 负责人

注：1. “建设性质”栏填写改建、扩建或新建。

2. “建设规模”栏填写生产能力、使用规模或建筑面积等。

在项目的前期工作中，可行性研究无论在时间上，还是对工程后期的影响作用上，都有极其重要的意义，所以首先对可行性研究的计划要合理安排。

2. 工程项目建设总进度计划

工程项目建设总进度计划，是指初步设计被批准后，编制上报年度计划以前，根据初步设计，对建设项目从开始建设（设计、施工准备）至竣工投产（动用）全过程的统一部署，以安排各单项工程和单位工程的建设进度，合理分配年度投资，组织各方面的协作，保证初步设计确定的各项建设任务的完成。它对于保证项目建设的连续性，增强建设工作的预见性，确保项目按期动用，具有重要作用。它也是编制上报年度计划的依据。

3. 工程项目年度计划

工程项目年度计划是依据工程建设项目总计划、国家年度计划和批准的设计文件，由建设单位进行编制。该计划既要满足工程建设项目总进度计划的要求，又要与当年国家分配和可能从银行或市场获得的资金、设备、材料、施工力量相适应，根据分批配套投产或交付使用的要求，合理安排年度建设的工程项目。

技能要点2：监理单位计划系统

监理单位除对被监理单位的进度计划进行监控外，自已也应编制有关进度计划，以便更有效地控制建设工程实施进度。

1. 监理总进度计划

建设监理编制的总进度计划阐明工程项目前期准备、设计、施工、动工前准备及项目动用第几个阶段的控制进度。详见表6-2。

表6-2 总进度计划

阶段名称	阶段进度															
	20××年				20××年				20××年				20××年			
	1	2	3	4	1	2	3	4	1	2	3	4	1	2	3	4
前期准备																
设计																
施工																
动用前准备																
项目动用																

2. 总进度分解计划

总进度分解计划包括：①年度进度计划；②季度进度计划；③月度进度计划；④设计准备阶段进度计划；⑤设计阶段进度计划；⑥施工阶段进度计划；⑦动用前准备阶段进度计划。

技能要点3：设计单位计划系统

设计单位的计划系统主要包括：设计总进度计划、设计准备工作进度计划、初步设计（技术设计）工作进度计划、施工图设计工作进度计划、设计作业进度计划等。

1. 设计总进度计划

设计总进度计划主要用来安排自设计准备开始至施工图设计完成的总设计时间内所包含的各阶段工作的开始时间和完成时间，从而确保设计进度控制总目标的实现。该计划的表式见表6-3。

表 6-3 设计总进度计划

阶段名称	进度（月）																	
	1	2	3	4	5	6	7	8	9	10	11	12	13	14	15	16	17	18
设计准备																		
方案设计																		
初步设计																		
技术设计																		
施工图设计																		

2. 设计准备工作进度计划

设计准备工作进度计划中一般要考虑规划设计条件的确定、设计基础资料的提供及委托设计等工作的时间安排，计划表式见表 6-4。

表 6-4 设计准备工作进度计划

工作内容	进度（周）														
	2	4	6	8	10	12	14	16	18	20	22	24	26	28	30
确定规划设计条件															
提供设计基础资料															
委托设计															

3. 初步设计（技术设计）工作进度计划

初步设计（技术设计）工作进度计划要考虑方案设计、初步设计、技术设计、设计的分析评审、概算的编制、修正概算的编制以及设计文件审批等工作的时间安排，一般按单位工程编制，其表式见表 6-5。

表 6-5 ××单位工程初步设计（技术设计）工作进度计划

工作内容	进度（周）																	
	1	2	3	4	5	6	7	8	9	10	11	12	13	14	15	16	17	18
方案设计																		
初步设计																		
编制概算																		
技术设计																		
编制修正概算																		
分析评审																		
审批设计																		

4. 施工图设计工作进度计划

施工图设计工作进度计划主要考虑各单位工程的设计进度及其搭接关系，其表式见表 6-6。

表 6-6　××工程施工图设计工作进度计划

工程名称	建筑规模	设计工日定额（工日）	设计人数	进度（天）									
				1	2	3	4	5	6	7	8	9	10
××工程													
××工程													
××工程													
××工程													
××工程													

5. 设计作业进度计划

为了控制各专业的设计进度，并作为设计人员承包设计任务的依据，应编制设计作业进度计划。其表式见表 6-7。

表 6-7　××工程设计作业进度计划

工作内容	工日定额	设计人数	进度（天）													
			2	4	6	8	10	12	14	16	18	20	22	24	26	28
工艺设计																
建筑设计																
结构设计																
给排水设计																
通风设计																
电气设计																
审查设计																

技能要点 4：施工单位计划系统

施工单位的进度计划包括：施工准备工作计划、施工总进度计划、单位工程施工进度计划及分部分项工程进度计划。

1. 施工准备工作计划

施工准备工作的内容通常包括：建立工程管理组织、施工技术准备、劳动组织准备、施工物资准备、施工现场准备等。为落实各项施工准备工作，加强对施工准备工作的监督和检查，应编制施工准备工作计划。

2. 施工总进度计划

施工总进度计划是根据施工部署中施工方案和工程项目的开展程序，对全工地所有单位工程作出时间上的安排。其目的在于确定各单位工程及全工地性工程的施工期限及开竣工日期，进而确定施工现场劳动力、材料、成品、半成品、施工机械的需要数量和调配情况，以及现场临时设施的数量、水电供应量和能源、交通需求量。因此，科学、合理地编制施工总进度计划，是保证整个建设工程按期交付使用，充分发挥投资效益，降低建设工程成本的重要条件。

3. 单位工程施工进度计划

单位工程施工进度计划是在既定施工方案的基础上，根据规定的工期和各种资源供应条件，遵循各施工过程的合理施工顺序，对单位工程中的各施工过程作出时间和空间上的安排，并以此为依据，确定施工作业所必需的劳动力、施工机具和材料供应计划。因此，合理安排单位工程施工进度，是保证在规定工期内完成符合质量要求的工程任务的重要前提。同时，为编制各种资源需要量计划和施工准备工作计划提供依据。

4. 分部分项工程进度计划

分部分项工程进度计划是针对工程量较大或施工技术比较复杂的分部分项工程，在依据工程具体情况所制定的施工方案基础上，对其各施工过程所作出的时间安排。如：大型基础土方工程、复杂的基础加固工程、大体积混凝土工程、大型桩基工程、大面积预制构件吊装工程等，均应编制详细的进度计划，以保证单位工程施工进度计划的顺利实施。

技能图解21　建设工程进度计划实施中的检查与调整

技能结构框线图

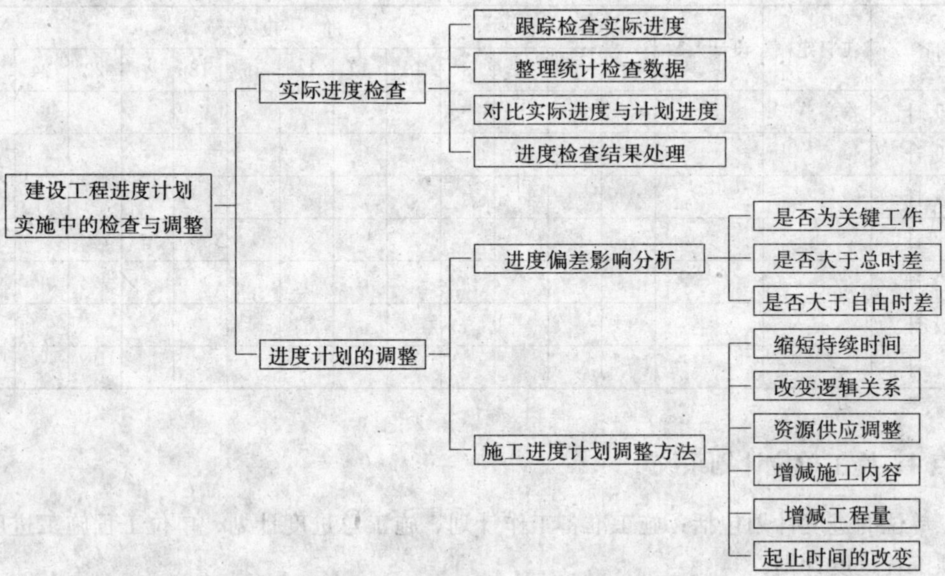

图6-3　建设工程进度计划实施中的检查与调整

技能要点1：实际进度的检查

为了能够经常掌握项目的进度情况，在进度计划执行一定时间后就要检查、监督实际进度是否按照计划进度顺利进行，收集有关信息，掌握进展的动向。对进度进行监督检查的目的，在于尽早预测影响后续工程作业的因素，控制进度能够如期完成。为此，及时根据出现的情况，协调各生产要素的有效组合。

在项目的实施过程中，为了进行进度控制，进度控制人员应经常地、定期地跟踪、检查实际进度情况，主要是收集项目进度材料，进行统计整理和对比分析，确定实际进度与计划进度之间的关系。主要有以下几方面工作。

1. 跟踪检查实际进度

跟踪检查的主要工作是定期收集反映实际工程进度的有关数据。收集的方式：一是以报表的方式；二是进行现场实地检查。收集的数据质量要高，不完整或不正确的进度数据将导致不全面或不正确的决策。

究竟多长时间进行一次进度检查，这是项目管理者常常关心的问题。一般地，进度控制的效果与收集信息资料的时间间隔有关，不经常地、定期地收集进度报表资料，就很难达到进度控制的效果。此外，进度检查的时间间隔还与工程项目的类型、规模、监理对象的范围大小、现场条件等多方面因素有关，可视工程进度的实际情况，每月、每半月或每周进行一次。在某些特殊情况下，甚至可能进行每日进度检查。

2. 整理统计检查数据

收集到的施工项目实际进度数据，要进行必要的整理、按计划控制的工作项目进行统计，形成与计划进度具有可比性的数据、相同的量纲和形象进度。一般可以按实物工程量、工作量和劳动消耗量以及累计百分比整理和统计实际检查的数据，以便与相应的计划完成量相对比。

3. 对比实际进度与计划进度

主要是将实际的数据与计划的数据进行比较，如将实际的完成量、实际完成的百分比与计划的完成量、计划完成的百分比进行比较。通常可利用表格形成各种进度比较报表或直接绘制比较图形来直观地反映实际与计划的差距。通过比较了解实际进度比计划进度拖后、超前还是与计划进度一致。

4. 进度检查结果处理

施工项目进度检查的结果，按照检查报告制度的规定，形成进度控制报告向有关主管人员和部门汇报。进度控制报告是把检查比较的结果，有关施工进度现状和发展趋势，提供给项目经理及各级业务职能负责人的最简单的书面形式报告。

技能要点 2：进度计划的调整

1. 进度偏差影响分析

在工程实施阶段，应经常对进度的实际情况与原进度计划进行比较和分析。当进度出现偏差时，需要对此偏差的大小、产生的原因、所处的位置是否处于关键线路上，是否会对下一步工作造成影响，是否会影响总工期等进行判断和分析。对于处在关键线路上的各项工作，不论偏差大小，都将会对下一步工作和项目的总工期造成影响，应采取赶上措施，以减少对进度计划的影响，或对进度计划进行调整。进度计划偏差分析的过程见图 6-4 所示。

（1）分析进度偏差的工作是否为关键工作　若出现偏差的工作为关键工作，则无论偏差大小，都对后续工作及总工期产生影响，必须采取相应的调整措施；若出现偏差的工作不为关键工作，需要根据偏差值与总时差和自由时差的大小关系，确定对后续工作和总工期的影响程度。

（2）分析进度偏差是否大于总时差　若工作的进度偏差大于该工作的总时差，说明此偏差必将影响后续工作和总工期，必须采取相应的调整措施；若工作的进度偏差小于或等于该工作的总时差，说明此偏差对总工期无影响，但它对后续工作的影响程度，需要根据比较偏差与自由时差的情况来确定。

（3）分析进度偏差是否大于自由时差　若工作的进度偏差大于该工作的自由时差，说明此偏差对后续工作会产生影响，应该如何调整，应根据后续工作允许影响的程度而定；若工作的进度偏差小于或等于该工作的自由时差，则说明此偏差对后续工作无影响，因此，原进度计划可以不做调整。

经过如此分析，进度控制人员可以确认应该调整产生进度偏差的工作和调整偏差值的大小，以便确定采取调整新措施，获得新的符合实际进度情况和计划目标的新进度计划。

2. 施工进度计划调整方法

（1）缩短某些工作的持续时间　这种方法不改变工作之间的逻辑关系，而是缩短某些工作的持续时间，使施工进度加快，并保证实现计划工期的方法。这些被压缩持续时间的工作是位于由

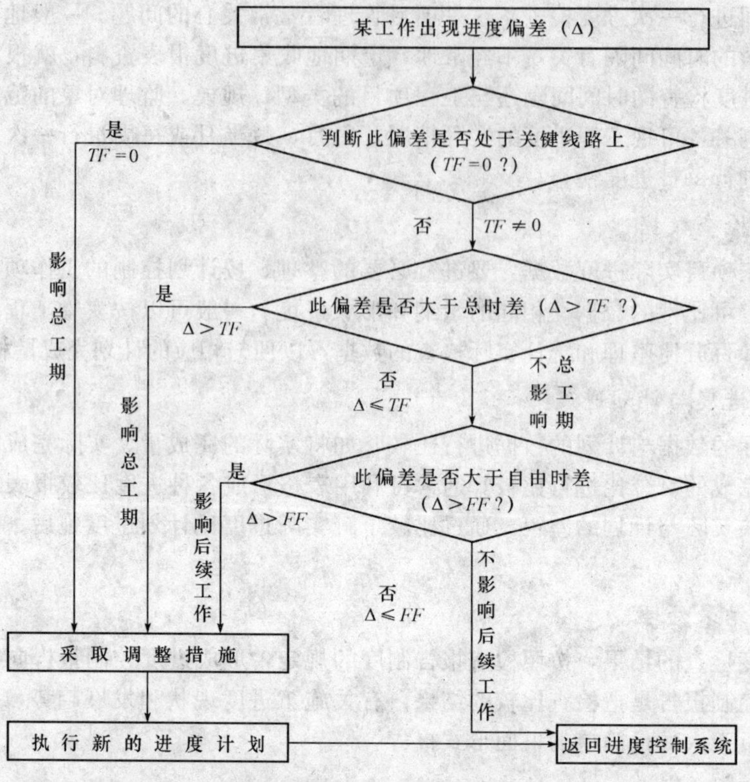

图 6-4　对后续工作和总工期影响分析过程图

于实际施工进度的拖延而引起总工期增长的关键线路和某些非关键线路上的工作。同时，这些工作又是可压缩持续时间的工作。这种方法实际上就是网络计划优化中的工期优化方法和工期与费用优化的方法。具体做法见如下所述。

①研究后续各工作持续时间压缩的可能性，及其极限工作持续时间。

②确定由于计划调整，采取必要措施，而引起的各工作的费用变化率。

③选择直接引起拖期的工作及紧后工作优先压缩，以免拖期影响扩大。

④选择费用变化率最小的工作优先压缩，以求花费最小代价，满足既定工期要求。

⑤综合考虑③、④，确定新的调整计划。

(2) 改变某些工作间的逻辑关系　当工程项目实施中产生的进度偏差影响到总工期，且有关工作的逻辑关系允许改变时，可以改变关键线路和超过计划工期的非关键线路上的有关工作之间的逻辑关系，达到缩短工期的目的。例如，将顺序进行的工作改为平行作业、搭接作业以及分段组织流水作业等，都可以有效地缩短工期。对于大型群体工程项目，单位工程间的相互制约相对较小，可调幅度较大；对于单位工程内部，由于施工顺序和逻辑关系约束较大，可调幅度较小。

(3) 资源供应的调整　对于因资源供应发生异常而引起进度计划执行问题，应采用资源优化方法对计划进行调整，或采取应急措施，使其对工期影响最小。

(4) 增减施工内容　增减施工内容应做到不打乱原计划的逻辑关系，只对局部逻辑关系进行调整。在增减施工内容以后，应重新计算时间参数，分析对原网络计划的影响。当对工期有影响时，应采取调整措施，保证计划工期不变。

(5) 增减工程量　增减工程量主要是指改变施工方案、施工方法，从而导致工程量的增加或减少。

(6) 起止时间的改变　起止时间的改变应在相应的工作时差范围内进行，如延长或缩短工作的持续时间，或将工作在最早开始时间和最迟完成时间范围内移动。每次调整必须重新计算时间参数，观察该项调整对整个施工计划的影响。

技能图解 22　建设工程施工阶段进度控制

技能结构框线图

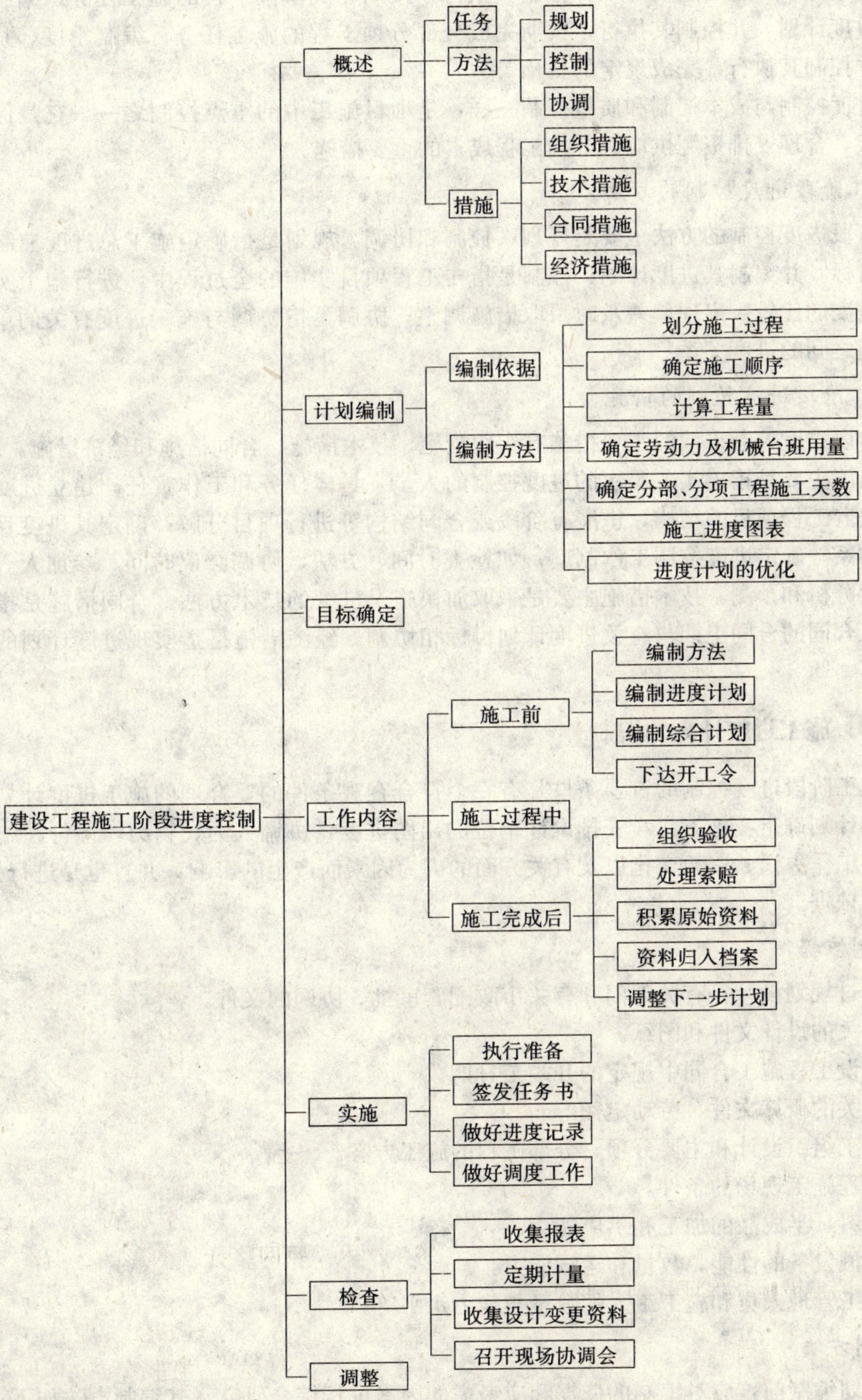

图 6-5　建设工程施工阶段进度控制

技能要点1：施工阶段进度控制概述

1. 施工阶段进度控制的任务

施工阶段进度控制的主要任务是编制施工总进度计划并控制其执行，按期完成整个施工项目任务；编制单位工程施工进度计划并控制其执行，按期完成单位工程的施工任务；编制分部分项工程施工进度计划，并控制其执行，按期完成分部分项工程的施工任务；编制季度、月（旬）作业计划，并控制其执行，完成规定的目标等。

施工进度控制与成本控制和质量控制一样，是项目施工中的重点控制之一。它是保证施工项目按期完成，合理安排资源供应、节约工程成本的重要措施。

2. 施工阶段进度控制的方法

施工阶段进度控制的方法主要是规划、控制和协调。规划是指确定施工总进度控制目标和分进度控制目标，并编制其进度计划；控制是指在工程项目实施的全过程中，进行施工实际进度与施工计划进度的比较，出现偏差及时采取措施调整；协调是指协调与施工进度有关的单位、部门和工作队组之间的进度关系。

3. 施工阶段进度控制的措施

施工阶段进度控制采取的主要措施有组织措施、技术措施、合同措施和经济措施。

组织措施主要是指落实各层次的进度控制的人员，具体任务和工作责任；建立进度控制的组织系统；按着工程项目的结构、进展有阶段或合同结构等进行项目分解，确定其进度目标，建立控制目标体系；确定进度控制工作制度，如检查时间、方法、协调会议时间、参加人等；对影响进度的因素分析和预测。技术措施主要是采取加快施工进度的技术方法。合同措施是指对分包单位签订施工合同的合同工期与有关进度计划目标相协调。经济措施是指实现进度计划的资金保证措施。

技能要点2：施工进度计划的编制

实现施工阶段进度控制的首要条件是有一个符合客观条件的、合理的施工进度计划，以便根据这个进度计划确定实施方案，安排设计单位的出图进度，协调人力、物力，评价在施工过程中气候变化、工作失误、资源变化以及有关方面的人为因素而产生的影响，并且也是进行投资控制、成本分析的依据。

1. 编制依据

(1) 经过规划设计等有关部门和有关市政配套审批、协调的文件。

(2) 有关的设计文件和图纸。

(3) 建设工程施工合同中规定的开竣工日期。

(4) 有关的概算文件、劳动定额等。

(5) 施工组织设计和主要分项、分部工程的施工方案。

(6) 工程施工现场的条件。

(7) 材料、半成品的加工和供应能力。

(8) 机械设备的性能、数量和运输能力。

(9) 施工管理人员和施工工人的数量与能力水平等。

2. 编制方法

进度计划编制前，应对编制的依据和应考虑的因素进行综合研究。其编制方法如下：

(1) 划分施工过程　编制进度计划时，应按照设计图纸、文件和施工顺序把拟建工程的各个施工过程列出，并结合具体的施工方法、施工条件、劳动组织等因素，加以适当整理。

(2) 确定施工顺序　在确定施工顺序时，要考虑：

①各种施工工艺的要求。

②各种施工方法和施工机械的要求。

③施工组织合理的要求。

④确保工程质量的要求。

⑤工程所在地区的气候特点和条件。

⑥确保安全生产的要求。

(3) 计算工程量　工程量计算应根据施工图纸和工程量计算规则进行。

(4) 确定劳动力用量和机械台班数量　应根据各分项工程、分部工程的工程量、施工方法和相应的定额，并参考施工单位的实际情况和水平，计算各分项工程、分部工程所需的劳动力用量和机械台班数量。

(5) 确定各分项工程、分部工程的施工天数，并安排进度　当有特殊要求时，可根据工期要求，倒排进度；同时在施工技术和施工组织上采取相应的措施，如在可能的情况下，组织立体交叉施工、水平流水施工，增加工作班次，提高混凝土早期强度等。

(6) 施工进度图表　施工进度图表是施工项目在时间和空间上的组织形式。目前表达施工进度计划的常用方法有网络图和流水施工水平图（又称横道图）。

(7) 进度计划的优化　进度计划初稿编制以后，需再次检查各分部（子分部）工程、分项工程的施工时间和施工顺序安排是否合理，总工期是否满足合同规定的要求，劳动力、材料、施工机械设备需用量是否出现不均衡的现象，主要施工机械设备是否充分利用。经过检查，对不符要求的部分予以改正和优化。

技能要点3：施工进度控制目标确定

为了提高进度计划的预见性和进度控制的主动性，在确定施工进度控制目标时，必须全面细致地分析与建设工程进度有关的各种有利因素和不利因素。只有这样，才能订出一个科学、合理的进度控制目标。确定施工进度控制目标的主要依据有：建设工程总进度目标对施工工期的要求；工期定额、类似工程项目的实际进度；工程难易程度和工程条件的落实情况等。

在确定施工进度分解目标时，还要考虑以下各个方面：

(1) 对于大型建设工程项目，应根据尽早提供可动用单元的原则　集中力量分期分批建设，以便尽早投入使用，尽快发挥投资效益。这时，为保证每一动用单元能形成完整的生产能力，就要考虑这些动用单元交付使用时所必需的全部配套项目。因此，要处理好前期动用和后期建设的关系、每期工程中主体工程与辅助及附属工程之间的关系等。

(2) 合理安排土建与设备的综合施工　要按照它们各自的特点，合理安排土建施工与设备基础、设备安装的先后顺序及搭接、交叉或平行作业，明确设备工程对土建工程的要求和土建工程为设备工程提供施工条件的内容及时间。

(3) 结合本工程的特点　参考同类建设工程的经验来确定施工进度目标。避免只按主观愿望盲目确定进度目标，从而在实施过程中造成进度失控。

(4) 做好资金供应能力、施工力量配备、物资（材料、构配件、设备）供应能力与施工进度的平衡工作，确保工程进度目标的要求而不使其落空。

(5) 考虑外部协作条件的配合情况　包括施工过程中及项目竣工动用所需的水、电、气、通讯、道路及其他社会服务项目的满足程序和满足时间。它们必须与有关项目的进度目标相协调。

(6) 考虑工程项目所在地区地形、地质、水文、气象等方面的限制条件。

技能要点4：施工阶段进度控制的工作内容

监理工程师对工程项目的施工进度控制从审核承包单位提交的施工进度计划开始，直至工程项目保修期满为止。施工阶段进度控制的主要内容包括施工前、施工过程中和施工完成后的进度控制。

1. 施工前进度控制的内容

(1) 编制施工阶段进度控制方案。

施工阶段进度控制方案是监理工作计划在内容上的进一步深化和补充，它是针对具体的施工项目编制的，是施工阶段监理人员实施进度控制的更详细的指导性技术文件，是以监理工作计划中有关进度控制的总部署为基础而编制的，应包括：

①施工阶段进度控制目标分解图。

②施工阶段进度控制的主要工作内容和深度。

③监理人员对进度控制的职责分工。

④进度控制工作流程。

⑤有关各项工作的时间安排。

⑥进度控制的方法（包括进度检查周期、数据收集方式、进度报表格式、统计分析方法等)。

⑦实现施工进度控制目标的风险分析。

⑧进度控制的具体措施（包括组织措施、技术措施、经济措施及合同措施等)。

⑨尚待解决的有关问题等。

(2) 编制或审核施工进度计划　对于大型工程项目，由于单项工程较多、施工工期长，且采取分期分批发包又没有一个负责全部工程的总承包单位时，监理工程师就要负责编制施工总进度计划；或者当工程项目由若干个承包单位平行承包时，监理工程师也有必要编制施工总进度计划。施工总进度计划应确定分期分批的项目组成；各批工程项目的开工、竣工顺序及时间安排；全场性准备工程，特别是首批准备工程的内容与进度安排等。

当工程项目有总承包单位时，监理工程师只需对总承包单位提交的施工总进度计划进行审核即可。而对于单位工程施工进度计划，监理工程师只负责审核而不管编制。

施工进度计划审核的内容主要有：

①进度安排是否满足合同工期的要求和规定的开竣工日期。

②项目的划分是否合理，有无重项或漏项。

③项目总进度计划是否与施工进度分目标的要求一致，该进度计划是否与其他施工进度计划协调。

④施工顺序的安排是否符合逻辑，是否满足分期投产使用的要求，是否符合施工程序的要求。

⑤是否考虑了气候对进度计划的影响。

⑥材料物资供应是否满足均衡性和连续性的要求。

⑦劳动力、机具设备的计划是否能确保施工进度分目标和总进度计划的实现。

⑧施工组织设计的合理性、全面性和可行性如何；应防止施工单位利用进度计划的安排造成建设单位的违约、索赔事件的发生。

⑨建设单位提供资金的能力是否与进度安排一致。

⑩施工工艺是否符合施工规范和质量标准的要求。

⑪进度计划应留有适量的余地，如应留有质量检查、整改、验收的时间；应当在工序与工序之间留有适量空隙、机械设备试运转和检修的时间等。

监理工程师在审查过程中发现问题，应及时向施工单位提出，并协助施工单位修改进度计划；对一些不影响合同规定的关键控制工作的进度目标，允许有较灵活的安排。

需进一步说明的是，施工进度计划的编制和实施，是施工单位的基本义务。将进度计划提交监理工程师审核、批准，并不解除施工单位对进度计划在合同中所承担的任何责任和义务。同样，监理工程师审查进度计划时，也不应过多地干预施工单位的安排，或支配施工中所需的材料、机械设备和劳动力等。

(3) 按年、季、月编制工程综合计划　在按计划期编制的进度计划中，监理工程师应着重解决各承包单位施工进度计划之间、施工进度计划与资源保障计划之间及外部协作条件的延伸性计划之间的综合平衡与相互衔接问题。并根据上期计划的完成情况对本期计划作必要的调整，以作为承包单位近期执行的指令性计划。

(4) 下达工程开工令　在FIDIC合同条件下，监理工程师应根据承包单位和业主双方关于工程开工的准备情况，选择合适的时机发布工程开工令。工程开工令的发布，要尽可能及时，因为从发布工程开工令之日算起，加上合同工期后即为工程竣工日期。如果开工令发布拖延就等于推迟了竣工时间，甚至可能引起承包单位的索赔。

为了检查双方的准备情况，在一般情况下应由监理工程师组织召开有业主和承包单位参加的第一次工地会议。业主应按照合同规定，做好征地拆迁工作，及时提供施工用地；同时还应当完成法律及财务方面的手续，以便能及时向承包单位支付工程预付款。承包单位应当将开工所需要的人力、材料及设备准备好，同时还要按合同规定为监理工程师提供各种条件。

2. 施工过程中进度控制的内容

监理工程师监督进度计划的实施，是一项经常性的工作。他以被确认的进度计划为依据，在项目施工过程中进行进度控制，是施工进度计划能否付诸实现的关键过程。一旦发现实际进度与目标偏离，即应采取措施，纠正这种偏差。

施工过程中进度控制的具体内容包括以下方面：

(1) 经常深入现场、了解情况、协调有关方面的关系、解决工程中的各种冲突和矛盾，以保证进度计划的顺利实施。

(2) 协助施工单位实施进度计划，随时注意进度计划的关键控制点，了解进度计划实施的动态，监理工程师要随时了解施工进度计划执行过程中所存在的问题，并帮助承包单位予以解决，特别是承包单位无力解决的内外关系协调问题。

(3) 及时检查和审核施工单位提交的月度进度统计分析资料和报表。

(4) 严格进行进度检查。要了解施工进度的实际状况，避免施工单位谎报工作量的情况，为进度分析提供可靠的数据资料。这是工程项目施工阶段进度控制的经常性工作。监理工程师不仅要及时检查承包单位报送的施工进度报表和分析资料，同时还要进行必要的现场实地检查，核实所报送的已完项目时间及工程量，杜绝虚报现象。

(5) 做好监理进度记录。

(6) 对收集的有关进度数据进行整理和统计，并将计划与实际进行比较，跟踪监理，从中发现进度是否出现或可能出现偏差。

(7) 分析进度偏差给总进度带来的影响，并进行工程进度的预测，从而提出可行的修正措施。

(8) 当计划严重拖后时，应要求施工单位及时修改原计划，并重新提交监理工程师确认。计划的重新确认，并不意味着工程延期的批准，而仅仅是要求施工单位在合理的状态下安排施工。监理工程师应监督按调整的计划实施。

(9) 通过周报或月报，向建设单位汇报工程实际进展情况，并提供进度报告。

(10) 定期开会。监理工程师应每月、每周定期组织召开不同层级的现场协调会议，以解决工程施工过程中的相互协调配合问题。在平行、交叉施工单位多，工序交接频繁且工期紧迫的情况下，现场协调会甚至需要每日召开。在会上通报和检查当天的工程进度，确定薄弱环节，部署当天的赶工任务，以便为次日正常施工创造条件。

(11) 监理工程师应对承包单位申报的已完分项工程量进行核实，在其质量通过检查验收后签发工程进度款支付凭证。

3. 施工完成后进度控制的内容

(1) 及时组织工程的初验和验收工作。

(2) 按时处理工程索赔。

(3) 及时整理工程进度资料，为建设单位提供信息，处理合同纠纷，积累原始资料。

(4) 工程进度资料应归类、编目、存档，以便在工程竣工后，归入竣工档案备查。

(5) 根据实际施工进度，及时修改和调整验收阶段进度计划和监理工作计划，以保证下一阶段工作的顺利开展。

技能要点5：施工进度计划的实施、检查与调整

1. 施工进度计划实施

施工进度计划的实施就是施工活动的进展，也就是用施工进度计划指导施工活动、落实和完成计划。施工进度计划逐步实施的进程就是项目建造的逐步完成过程。为了保证施工进度计划的实施、并且尽量按编制的计划时间逐步进行，保证各进度目标的实现，应做好如下工作。

(1) 施工进度计划执行准备　要保证施工进度计划的落实，必须首先做好进度计划执行的准备工作，要对执行中可能出现的问题做出正确的估计和预测，要保证进度计划的准确性和可行性。因此，做好进度计划执行的准备工作是施工进度计划顺利执行的保证。

(2) 签发施工任务书　编制好月（旬）作业计划以后，将每项具体任务通过签发施工“任务书”的方式使其进一步落实。“施工任务书”是向班组下达任务实行责任承包、全面管理和原始记录的综合性文件。施工班组必须保证指令任务的完成。它是计划和实施的纽带。“施工任务书”包括施工任务单、限额领料单、考勤表等。其中施工任务单包括分项工程施工任务、工程量、劳动量、开工及完工日期、工艺、质量和安全要求等内容。限额领料单根据施工任务单编制，是控制班组领用料的依据，其中列明材料名称、规格、型号、单位和数量、退领料记录等。

(3) 做好施工进度记录，填好施工进度统计表　在计划任务完成的过程中，各级施工进度计划的执行者都要跟踪做好施工记录，记载计划中的每项工作开始日期、工作进度和完成日期。为施工项目进度检查分析提供信息，因此要求实事求是记载，并填好有关图表。

(4) 做好施工中的调度工作　施工调度是指在施工过程中不断组织新的平衡，建立和维护正常的施工条件及施工程序所做的工作。他的主要任务是督促、检查工程项目计划和工程合同执行情况，调度物资、设备、劳力，解决施工现场出现的矛盾，协调内、外部的配合关系，促进和确保各项计划指标的落实。

施工项目经理部和各施工队应设有专职或兼职调度员，在项目经理或施工队长的直接领导下工作。

为保证完成作业计划和实现进度目标，有关施工调度应涉及到多方面的工作，包括以下具体内容。

①执行施工合同中对进度、开工及延期开工、暂停施工、工期延误、工程竣工的承诺。

②落实控制进度措施应具体到执行人、目标、任务、检查方法和考核办法。

③监督检查施工准备工作、作业计划的实施、协调各方面的进度关系。

④督促资源供应单位按计划供应劳动力、施工机具、材料构配件、运输车辆等，并对临时出现问题采取解决的调配措施。

⑤由于工程变更引起资源需求的数量变更和品种变化时，应及时调整供应计划。

⑥按施工平面图管理施工现场，遇到问题做必要地调整，保证文明施工。

⑦及时了解气候和水、电供应情况，采取相应的防范和调整保证措施。

⑧及时发现和处理施工中各种事故和意外事件。

⑨协助分包人解决项目进度控制中的相关问题。

⑩定期、及时召开现场调度会议，贯彻项目主管人的决策，发布调度令。

⑪当发包人提供的资源供应进度发生变化不能满足施工进度要求时，应敦促发包人执行原计划，并对造成的工期延误及经济损失进行索赔。

2. 施工进度计划的检查

施工阶段进度计划不可能一成不变。实际上的管理是动态管理，控制也是动态控制。因此监理工程师应经常收集工程进度信息，不断将实际进度与计划进度进行比较，分析原因，并对下一阶段工作将会产生的影响作出判断，以便采取对策。

检查的方法如下：

(1) 定期收集施工单位的报表（包括进度计划、资金、材料、劳动力、机械设备等）。

(2) 定期计量或对分项工程、分部（子分部）工程的工程量进行复核。

(3) 随时收集设计变更资料。

(4) 定期召开现场协调会；监理工程师可以通过召集周例会或月度生产会，详细了解工程进展情况、存在的和潜在的各种问题，寻求解决的办法和措施。

3. 施工进度计划的调整

通过检查分析，如果发现原有进度计划已不能适应实际情况时，为了确保进度控制目标的实现或需要确定新的计划目标，就必须对原有进度计划进行调整，以形成新的进度计划，作为进度控制的新依据。

施工进度计划的调整方法如本篇第二章所述，主要有两种：一是通过压缩关键工作的持续时间来缩短工期；二是通过组织搭接作业或平行作业来缩短工期。在实际工作中应根据具体情况选用上述方法进行进度计划的调整。

第七章　建筑地基基础工程现场监理

技能图解 23　灰土地基处理

技能结构框线图

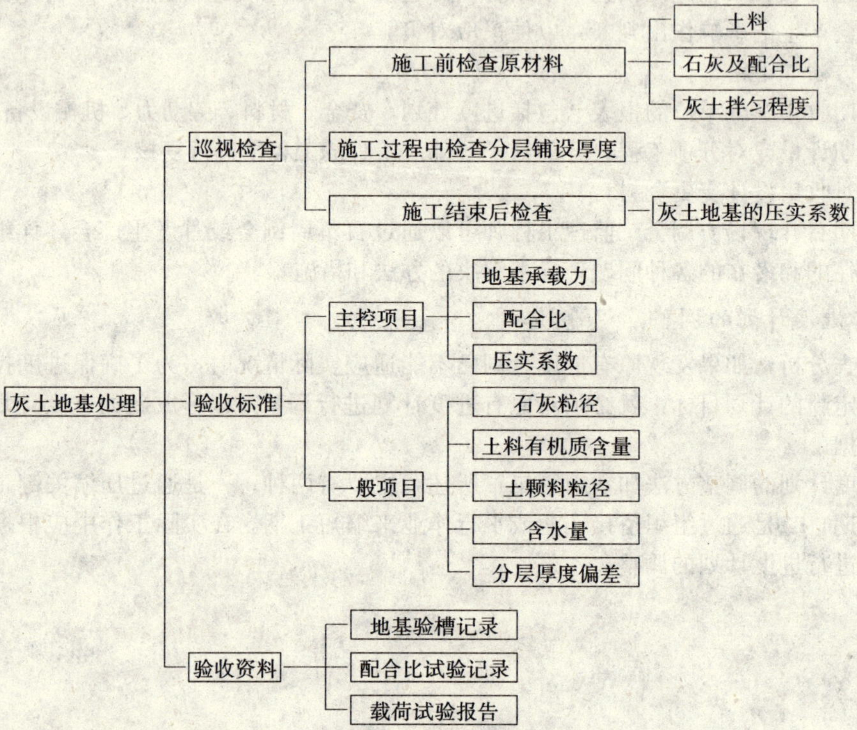

图 7-1　灰土地基处理

技能要点 1：巡视检查

（1）施工前应检查原材料，如灰土的土料、石灰以及配合比、灰土拌匀程度。

（2）施工过程中应检查分层铺设厚度，分段施工时上下两层的搭接长度，夯实时加水量、夯压遍数等。

（3）每层施工结束后检查灰土地基的压实系数。压实系数 λ_c 为土在施工时实际达到的干密度 ρ_d 与室内采用击实试验得到的最大干密度 ρ_{dmax}之比，即：

$$\lambda_c = \frac{\rho_d}{\rho_{dmax}} \tag{7-1}$$

灰土应逐层用贯入仪检验，以达到控制（设计要求）压实系数所对应的贯入度为合格，或用环刀取样检测灰土的干密度，除以试验的最大干密度求得。施工结束后，应检验灰土地基的承载力。

技能要点 2：验收标准

灰土地基的质量验收标准应符合表 7-1 的规定。

表 7-1　灰土地基质量检验标准

项	序	检查项目	允许偏差或允许值		检查方法	检查数量
			单　位	数　值		
主控项目	1	地基承载力	设计要求		按规定方法	每单位工程应不少于 3 点，$1000m^2$ 以上工程，每 $100m^2$ 至少应有 1 点，$3000m^2$ 以上工程，每 $300m^2$ 至少应有 1 点。每一独立基础下至少应有 1 点，基槽每 20 延米应有 1 点
	2	配合比	设计要求		按拌和时的体积比	柱坑按总数抽查 10%；但不少于 5 个；基坑、沟槽每 $10m^2$ 抽查 1 处，但不少于 5 处
	3	压实系数	设计要求		现场实测	应分层抽样检验土的干密度，当采用贯入仪或钢筋检验垫层的质量时，检验点的间距应小于 4m。当取土样检验垫层的质量时，对大基坑每 50～$100m^2$ 应不少于 1 个检验点；对基槽每 10～20m 应不少于 1 个点；每个单独柱基应不少于 1 个点
一般项目	1	石灰粒径	mm	≤5	筛分法	柱坑按总数抽查 10%；但不少于 5 个；基坑、沟槽每 $10m^2$ 抽查 1 处，但不少于 5 处
	2	土料有机质含量	%	≤5	试验室焙烧法	随机抽查，但土料产地变化时须重新检测
	3	土颗粒粒径	mm	≤15	筛分法	柱坑按总数抽查 10%；但不少于 5 个；基坑、沟槽每 $10m^2$ 抽查 1 处，但不少于 5 处
	4	含水量（与要求的最优含水量比较）	%	±2	烘干法	应分层抽样检验土的干密度，当采用贯入仪或钢筋检验垫层的质量时，检验点的间距应小于 4m。当取土样检验垫层的质量时，对大基坑每 50～$100m^2$ 应不少于 1 个检验点；对基槽每 10～20m 应不少于 1 个点；每个单独柱基应不少于 1 个点
	5	分层厚度偏差（与设计要求比较）	mm	±50	水准仪	柱坑按总数抽查 10%；但不少于 5 个；基坑、沟槽每 $10m^2$ 抽查 1 处，但不少于 5 处

技能要点 3：验收资料

（1）地基验槽记录。

（2）配合比试验记录。

（3）环刀法与贯入度法检测报告。

（4）最优含水量检测记录和施工含水量实测记录。

（5）载荷试验报告。

（6）每层现场实测压密系数的施工竣工图。

（7）分段施工时上下两层搭接部位和搭接长度记录。

（8）灰土地基分项质量检验记录（每一个验收批提供一份记录）。

技能图解 24 砂和砂石地基

技能结构框线图

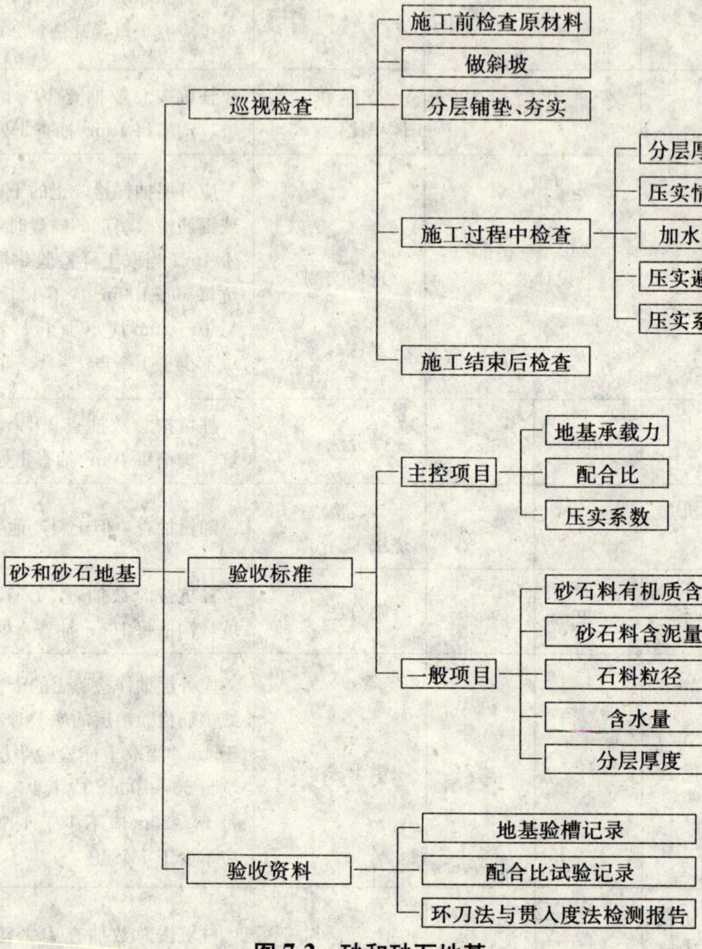

图 7-2 砂和砂石地基

技能要点 1：巡视检查

(1) 施工前应检查砂、石等原材料质量及砂、石拌合均匀程度。

(2) 分段施工时，接头处应做成斜坡，每层错开 0.5～1m，并应充分捣实。在铺砂及砂石时，如地基底面深度不同，应预先挖成阶梯形式或斜坡形式。以先深后浅的顺序进行施工。

(3) 砂石地基应分层铺垫、分层夯实。

每铺好一层垫层，经干密度检验合格后方可进行上一层施工。

(4) 施工过程中必须检查分层厚度、分段施工时搭接部分的压实情况、加水量、压实遍数、压实系数。

(5) 施工结束后，应检验砂石地基的承载力。

技能要点 2：验收标准

砂和砂石地基的质量验收标准应符合表 7-2 的规定。

表 7-2　砂及砂石地基质量检验标准

项	序	检查项目	允许偏差或允许值		检查方法	检查数量
			单　位	数　值		
主控项目	1	地基承载力	设计要求		按规定方法	每单位工程应不少于 3 点，1000m^2 以上工程，每 100m^2 至少应有 1 点，3000m^2 以上工程，每 300m^2 至少应有 1 点。每一独立基础下至少应有 1 点，基槽每 20 延米应有 1 点
	2	配合比	设计要求		检查拌和时的体积比或质量比	柱坑按总数抽查 10%；但不少于 5 个；基坑、沟槽每 10m^2 抽查 1 处，但不少于 5 处
	3	压实系数	设计要求		现场实测	应分层抽样检验土的干密度，当采用贯入仪或钢筋检验垫层的质量时，检验点的间距应小于 4m。当取土样检验垫层的质量时，对大基坑每 50～100m^2 应不少于 1 个检验点；对基槽每 10～20m 应不少于 1 个点；每个单独柱基应不少于 1 个点
一般项目	1	砂石料有机质含量	%	≤5	焙烧法	随机抽查，但砂石料产地变化时须重新检测
	2	砂石料含泥量	%	≤5	水洗法	（1）石子的取样、检测。用大型工具（如火车、货船或汽车）运输至现场的，以 400m^3 或 600t 为一验收批；用小型工具（如马车等）运输的，以 200m^3 或 300t 为一验收批。不足上述数量者以一验收批取样
	3	石料粒径	mm	≤100	筛分法	（2）砂的取样、检测。用大型的工具（如火车、货船或汽车）运输至现场的，以 400m^3 或 600t 为一验收批；用小型工具（如马车等）运输的，以 200m^3 或 300t 为一验收批。不足上述数量者以一验收批取样
	4	含水量（与最优含水量比较）	%	±2	烘干法	每 50～100m^2 不少于 1 个检验点
	5	分层厚度（与设计要求比较）	mm	±50	水准仪	柱坑按总数抽查 10%；但不少于 5 个；基坑、沟槽每 10m^2 抽查 1 处，但不少于 5 处

技能要点 3：验收资料

（1）地基验槽记录。

（2）配合比试验记录。

（3）环刀法与贯入度法检测报告。

（4）最优含水量检测记录和施工含水量实测记录。

（5）载荷试验报告。

（6）每层现场实测压密系数的施工竣工图。

（7）分段施工时上下两层搭接部位和搭接长度记录。

（8）砂和砂石地基分项质量检验记录（每一个验收批提供一份记录）。

技能图解 25　土工合成材料地基

技能结构框线图

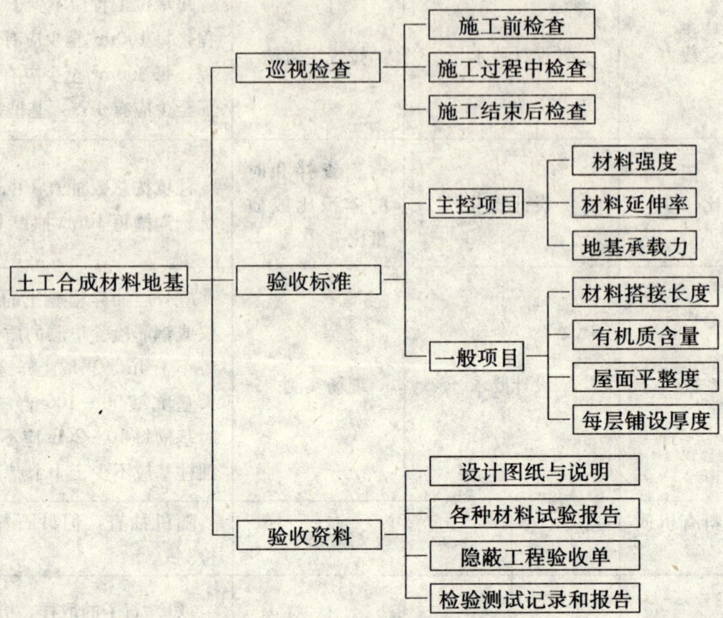

图 7-3　土工合成材料地基

技能要点 1：巡视检查

（1）施工前应对土工合成材料的物理性能（单位面积的质量、厚度、比重）、强度、延伸率以及土、砂石料等做检验。土工合成材料以 $100m^2$ 为一批，每批应抽查 5%。

（2）施工过程中应检查清基、回填料铺设厚度及平整度、土工合成材料的铺设方向、接缝搭接长度或缝接状况、土工合成材料与结构的连接状况等。

（3）施工结束后，应进行承载力检验。

技能要点 2：验收标准

土工合成材料地基质量检验标准应符合表 7-3 的规定。

表 7-3　土工合成材料地基质量检验标准

项	序	检查项目	允许偏差或允许值		检查方法	检查数量
			单　位	数　值		
主控项目	1	土工合成材料强度	%	≤5	置于夹具上做拉伸试验（结果与设计标准相比）	以 $100m^2$ 为一批，每批抽查 5%
	2	土工合成材料延伸率	%	≤3	置于夹具上做拉伸试验（结果与设计标准相比）	
	3	地基承载力	设计要求		按规定方法	每单位工程应不少于 3 点，$1000m^2$ 以上工程，每 $100m^2$ 至少应有 1 点，$3000m^2$ 以上工程，每 $300m^2$ 至少应有 1 点。每一独立基础下至少应有 1 点，基槽每 20 延米应有 1 点

表 7-3（续）

项	序	检查项目	允许偏差或允许值		检查方法	检查数量
			单　位	数　值		
一般项目	1	土工合成材料搭接长度	mm	≥300	用钢尺量	抽搭接数量的 10%且不少于 3 处
	2	土石料有机质含量	%	≤5	焙烧法	根据土石料供货质量及稳定情况随机抽查
	3	层面平整度	mm	≤20	用 2m 靠尺	柱坑按点数检查 10%，但不少于 5 处；基坑、沟槽每 $10m^2$ 检查 1 处，但不少于 5 处
	4	每层铺设厚度	mm	±25	水准仪	

技能要点 3：验收资料

（1）设计图纸与说明。
（2）各种材料试验报告。
（3）关键工序施工方案确认手续。
（4）隐蔽工程验收单。
（5）铺设压实过程的施工记录。
（6）载荷试验报告。
（7）检验测试记录和报告。

技能图解 26　粉煤灰地基

技能结构框线图

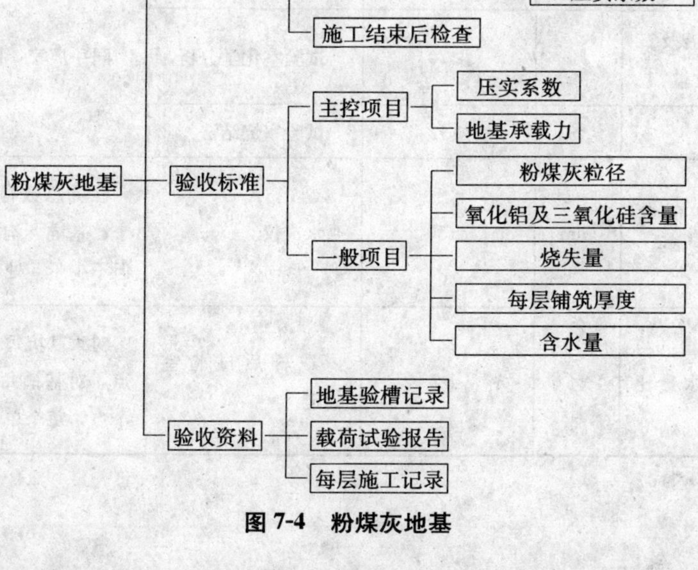

图 7-4　粉煤灰地基

技能要点 1：巡视检查

(1) 施工前应检查粉煤灰材料，并对基槽清底状况、地质条件予以检验。

(2) 施工过程中应检查铺筑厚度、碾压遍数、施工含水量控制、搭接区碾压程度、压实系数等。

(3) 施工结束后，应对地基的压实系数进行检查，并做载荷试验。载荷试验（平板载荷试验或十字板剪切试验）数量，每单位工程不少于 3 点，3000m^2 以上工程，每 300m^2 至少一点。

技能要点 2：验收检查

粉煤灰地基质量检验标准应符合表 7-4 的规定。

表 7-4 粉煤灰地基质量检验标准

<table>
<tr><th rowspan="2">项</th><th rowspan="2">序</th><th rowspan="2">检查项目</th><th colspan="2">允许偏差或允许值</th><th rowspan="2">检查方法</th><th rowspan="2">检查数量</th></tr>
<tr><th>单位</th><th>数值</th></tr>
<tr><td rowspan="2">主控项目</td><td>1</td><td>压实系数</td><td colspan="2">设计要求</td><td>现场实测</td><td>每柱坑不少于 2 点；基坑每 20m^2 查 1 点；但不少于 2 点；基槽、管沟、路面基层每 20m 查 1 点，但不少于 5 点；地面基层每 30～50m^2 查 1 点，但不少于 5 点；场地铺垫每 100～400m^2 查 1 点；但不得小于 10 点</td></tr>
<tr><td>2</td><td>地基承载力</td><td colspan="2">设计要求</td><td>按规定方法</td><td>每单位工程应不少于 3 点；1000m^2 以上工程，每 100m^2 至少应有 1 点；3000m^2 以上工程，每 300m^2 至少应有 1 点。每一独立基础下至少应有 1 点，基槽每 20 延米应有 1 点</td></tr>
<tr><td rowspan="5">一般项目</td><td>1</td><td>粉煤灰粒径</td><td>mm</td><td>0.001～2.000</td><td>过筛</td><td rowspan="3">同一厂家，同一批次为一批</td></tr>
<tr><td>2</td><td>氧化铝及三氧化硅含量</td><td>%</td><td>≥70</td><td>试验室化学分析</td></tr>
<tr><td>3</td><td>烧失量</td><td>%</td><td>≤12</td><td>试验室烧结法</td></tr>
<tr><td>4</td><td>每层铺筑厚度</td><td>mm</td><td>±50</td><td>水准仪</td><td>柱坑总数检查 10%，但不少于 5 个；基坑、沟槽每 10m^2 检查 1 处，但不少于 5 处</td></tr>
<tr><td>5</td><td>含水量（与最优含水量比较）</td><td>%</td><td>±2</td><td>取样后试验室确定</td><td>对大基坑每 50～100m^2 应不少于 1 点，对基槽每 10～20m 应不少于 1 个点，每个单独柱基应不少于 1 点</td></tr>
</table>

技能要点3：验收资料

（1）地基验槽记录。

（2）最优含水量试验报告和施工含水量实测记录。

（3）载荷试验报告。

（4）每层现场实测压实系数的施工竣工图。

（5）每层施工记录（包括分层厚度和碾压遍数，搭接区碾压程度）。

（6）粉煤灰地基工程分项质量验收记录。

技能图解27　强夯地基

技能结构框线图

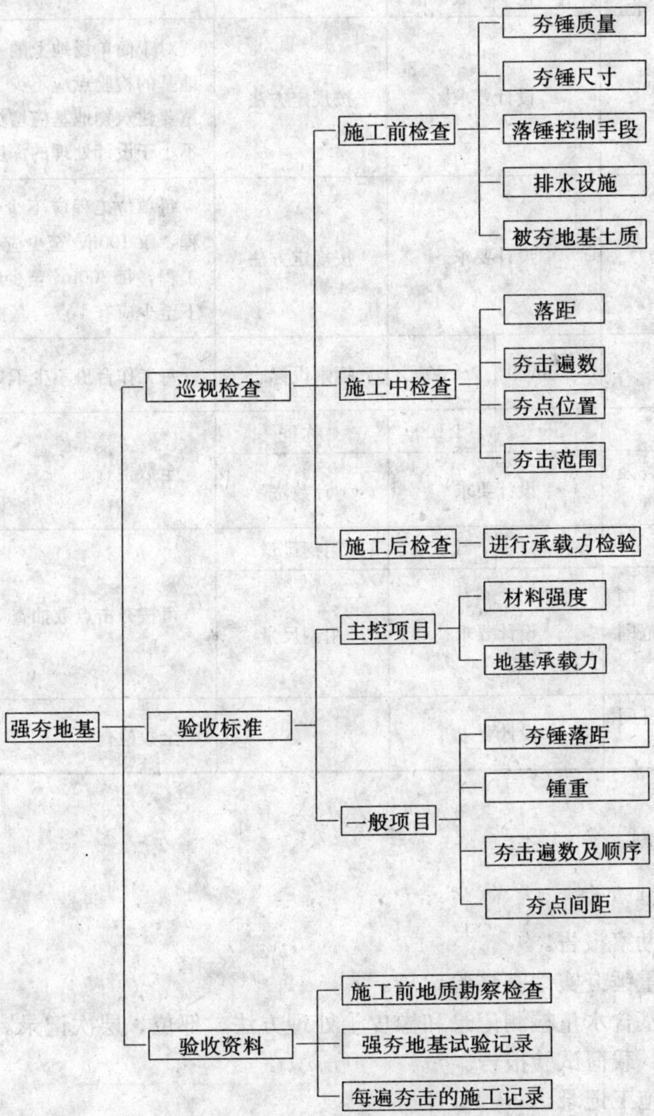

图7-5　强夯地基

技能要点 1：巡视检查

（1）施工前应检查夯锤质量、尺寸、落锤控制手段、排水设施及被夯地基的土质。

（2）施工中应检查落距、夯击遍数、夯点位置、夯击范围。

（3）施工结束后，检查被夯地基的强度并进行承载力检验。检查点数，每一独立基础至少有一点，基槽每 20 延米有一点，整片地基 50～100m^2 取一点。强夯后的土体强度随间歇时间的增加而增加，检验强夯效果的测试工作，宜在强夯之后 1～4 周进行，而不宜在强夯结束后立即进行测试工作，否则测得的强度偏低。

技能要点 2：验收标准

强夯地基质量检验标准应符合表 7-5 的规定。

表 7-5　强夯地基质量检验标准

项	序	检查项目	允许偏差或允许值		检查方法	检查数量
			单　位	数　值		
主控项目	1	地基强度	设计要求		按规定方法	对于简单场地上的一般建筑物，每个建筑物地基的检验点应不少于 3 处；对于复杂场地或重要建筑物地基应增加检验点数。检验深度应不小于设计处理的深度
	2	地基承载力	设计要求		按规定方法	每单位工程应不少于 3 点，1000m^2 以上工程，每 100m^2 至少应有 1 点，每 3000m^2 以上工程，每 300m^2 至少应有 1 点。每一独立基础下至少应有 1 点，基槽每 20 延米应有 1 点
一般项目	1	夯锤落距	mm	±300	钢索设标志	每工作台班不少于 3 次
	2	锤重	kg	±100	称重	全数检查
	3	夯击遍数及顺序	设计要求		计数法	
	4	夯点间距	mm	±500	用钢尺量	可按夯击点数抽查 5%
	5	夯击范围（超出基础范围距离）	设计要求		用钢尺量	
	6	前后两遍间歇时间	设计要求			全数检查

技能要点 3：验收资料

（1）地基验槽记录。

（2）施工前地质勘察报告。

（3）强夯地基或重锤夯实地基试验记录。

（4）重锤夯实地基含水量检测记录和橡皮土处理方法、部位、层次记录。

（5）标贯、触探、载荷试验报告。

（6）每遍夯击的施工记录。

（7）强夯地基分项质量检验记录。

技能图解 28　注浆地基

技能结构框线图

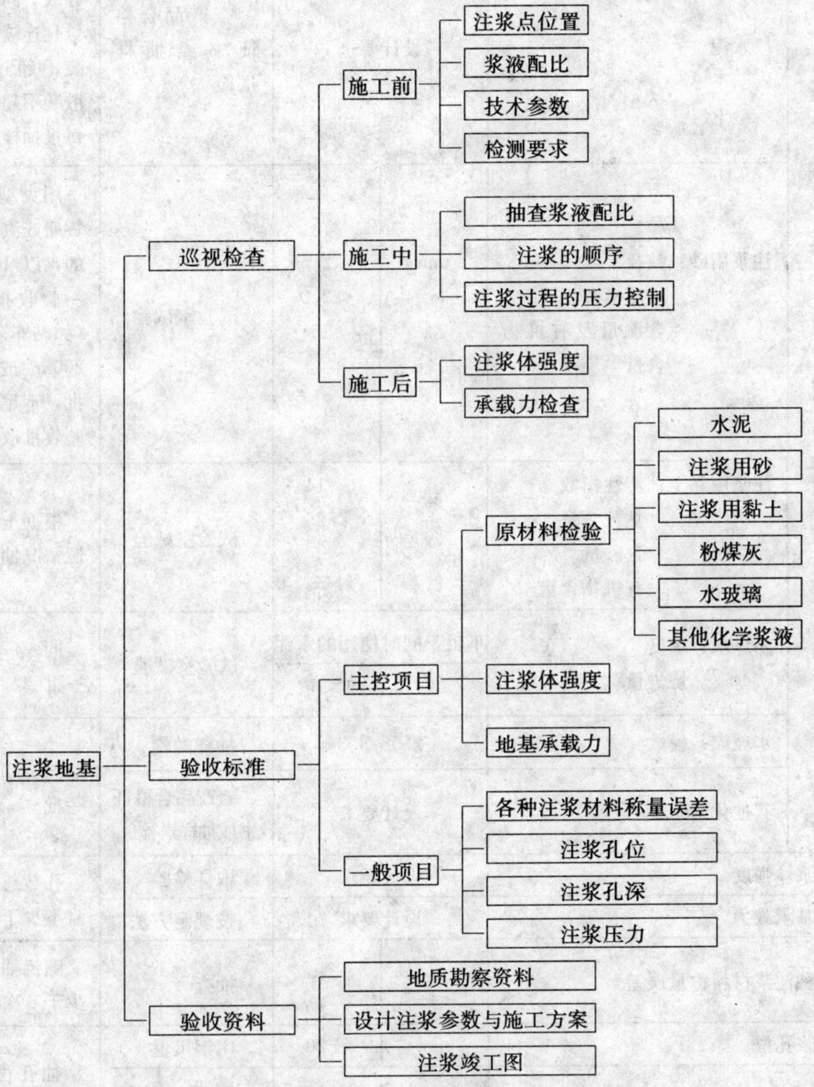

图 7-6　注浆地基

技能要点 1：巡视检查

(1) 施工前应掌握有关技术文件（注浆点位置、浆液配比、注浆施工技术参数、检测要求等）。浆液组成材料的性能应符合设计要求，注浆设备应确保正常运转。

(2) 施工中应经常抽查浆液的配比及主要性能指标，注浆的顺序、注浆过程中的压力控制等。

(3) 施工结束后，应检查注浆体强度、承载力等。检查孔数为总量的 2%～5%，不合格率大于或等于 20%时应进行二次注浆。检验应在注浆后 15 天（砂土、黄土）或 60 天（黏性土）进行。

技能要点 2：验收标准

注浆地基的质量检验标准应符合表 7-6 的规定。

表 7-6　注浆地基质量检验标准

项	序	检查项目		允许偏差或允许值		检查方法	检查数量
				单　位	数　值		
主控项目	1	原材料检验	水泥	设计要求		查产品合格证书或抽样送检	按同一生产厂家、同一等级、同一品种、同一批号且连续进场的水泥，袋装不超过 200t 为一批，散装不超过 500t 为一批，每批抽样不少于一次
			注浆用砂：粒径 细度模数 含泥量及有机物含量	mm %	＜2.5 ＜2.0 ＜3	试验室试验	用大型工具（如火车、货船或汽车）运输至现场的，以 $400m^3$ 或 600t 为一验收批；用小型工具（如马车等）运输的，以 $200m^3$ 或 300t 为一验收批，不足上述数量者以一验收批取样
			注浆用黏土：塑性指数 黏粒含量 含砂量 有机物含量	 % % %	＞14 ＞25 ＜5 ＜3	试验室试验	根据土料供货质量和货源情况抽查
			粉煤灰：细度 烧失量	不粗于同时使用的水泥 %	 ＜3	试验室试验	同一厂家，同一批次为一批
			水玻璃：模数	2.5～3.3		抽样送检	同一厂家，同一品种为一批
			其他化学浆液	设计要求		查产品合格证书或抽样送检	
	2	注浆体强度		设计要求		取样检验	孔数总量的 2%～5%，且不少于 3 个
	3	地基承载力		设计要求		按规定方法	
一般项目	1	各种注浆材料称量误差		%	＜3	抽查	随机抽查，每一台班不少于 3 次
	2	注浆孔位		mm	±20	用钢尺量	抽孔位的 10%，且不少于 3 个
	3	注浆孔深		mm	±100	量测注浆管长度	
	4	注浆压力（与设计参数比）		%	±10	检查压力表读数	随机抽查，每一台班不少于 3 次

技能要点 3：验收资料

（1）地质勘察资料。

（2）设计注浆参数与施工方案。

（3）原材料出厂质保书或抽样送验试验报告。

（4）计量装置检查记录。

（5）拌浆记录，每孔位注浆记录。

（6）注浆体强度取样检验试验报告。

（7）承载力检测报告。

（8）注浆竣工图。

（9）特殊情况处理记录与设计确认签证。

（10）注浆地基每一验收批检验记录。

技能图解 29　预压地基

技能结构框线图

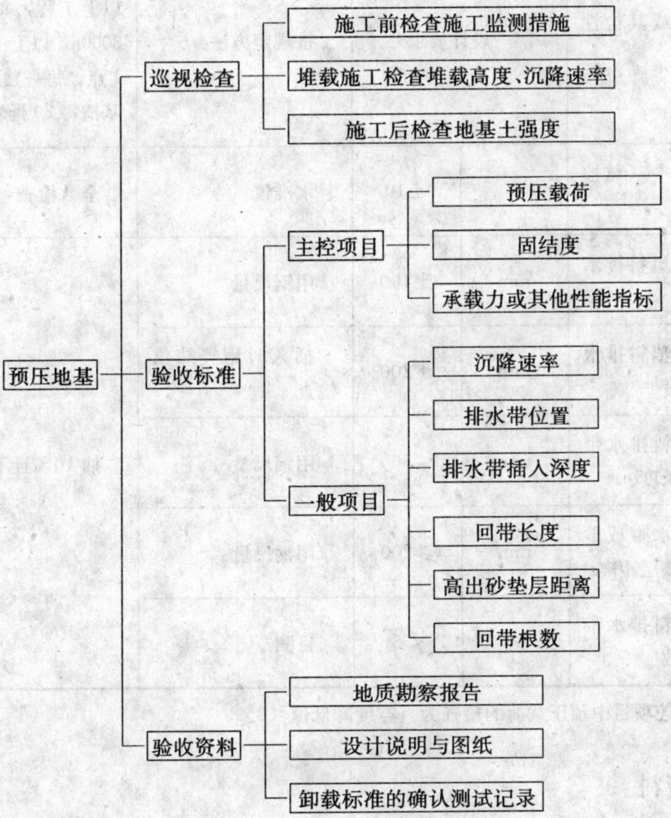

图 7-7　预压地基

技能要点 1：巡视检查

（1）施工前应检查施工监测措施，沉降、孔隙水压力等原始数据，排水设施，砂井（包括袋装砂井）、塑料排水带等位置。塑料排水带的质量标准应符合《建筑地基基础工程施工质量验收规范》（GB 50202—2002）附录 B 的规定。

（2）堆载施工应检查堆载高度、沉降速率。真空预压施工应检查密封膜的密封性能、真空表读数等。

（3）施工结束后，应检查地基土的强度及要求达到的其他物理力学指标，重要建筑物地基应做承载力检验。

技能要点 2：验收标准

预压地基和塑料排水带质量检验标准应符合表 7-7 的规定。

表 7-7　预压地基和塑料排水带质量检验标准

<table>
<tr><th rowspan="2">项</th><th rowspan="2">序</th><th rowspan="2">检查项目</th><th colspan="2">允许偏差或允许值</th><th rowspan="2">检查方法</th><th rowspan="2">检查数量</th></tr>
<tr><th>单　位</th><th>数　值</th></tr>
<tr><td rowspan="3">主控项目</td><td>1</td><td>预压载荷</td><td>%</td><td>≤2</td><td>水准仪</td><td>全数检查</td></tr>
<tr><td>2</td><td>固结度（与设计要求比）</td><td>%</td><td>≤2</td><td>根据设计要求采用不同的方法</td><td>根据设计要求</td></tr>
<tr><td>3</td><td>承载力或其他性能指标</td><td colspan="2">设计要求</td><td>按规定方法</td><td>每单位工程应不少于 3 点，1000m² 以上工程，每 100m² 至少应有 1 点，3000m² 以上工程，每 300m² 至少应有 1 点。每一独立基础下至少应有 1 点，基槽每 20 延米应有 1 点</td></tr>
<tr><td rowspan="6">一般项目</td><td>1</td><td>沉降速率（与控制值比）</td><td>%</td><td>±10</td><td>水准仪</td><td>全数检查，每天进行</td></tr>
<tr><td>2</td><td>砂井或塑料排水带位置</td><td>mm</td><td>±100</td><td>用钢尺量</td><td rowspan="5">抽 10%且不少于 3 个</td></tr>
<tr><td>3</td><td>砂井或塑料排水带插入深度</td><td>mm</td><td>±200</td><td>插入时用经纬仪检查</td></tr>
<tr><td>4</td><td>插入塑料排水带时的回带长度</td><td>mm</td><td>≤500</td><td>用钢尺量</td></tr>
<tr><td>5</td><td>塑料排水带或砂井高出砂垫层距离</td><td>mm</td><td>≥200</td><td>用钢尺量</td></tr>
<tr><td>6</td><td>插入塑料排水带的回带根数</td><td>%</td><td>＜5</td><td>目测</td></tr>
</table>

注：如真空预压，主控项目中预压载荷的检查为真空度降低值＜2%。

技能要点 3：验收资料

（1）地质勘察报告。

（2）设计说明与图纸，现场预压试验的数据，经确认或经修正确认的预压设计要求和施工方案。

（3）每级加载的记录和加载后每天沉降、侧向位移、孔隙水压力和十字板抗剪强度等测试数据。

（4）卸载标准的确认测试记录。

（5）固结度、承载力或其他性能指标试验报告。

（6）塑料排水带质量检验记录或合格证。

（7）隔离补给水施工记录和隔离墙内外水位观察记录。

（8）预压地基和塑料排水带施工验收批质量检验记录。

技能图解 30　高压喷射注浆地基

技能结构框线图

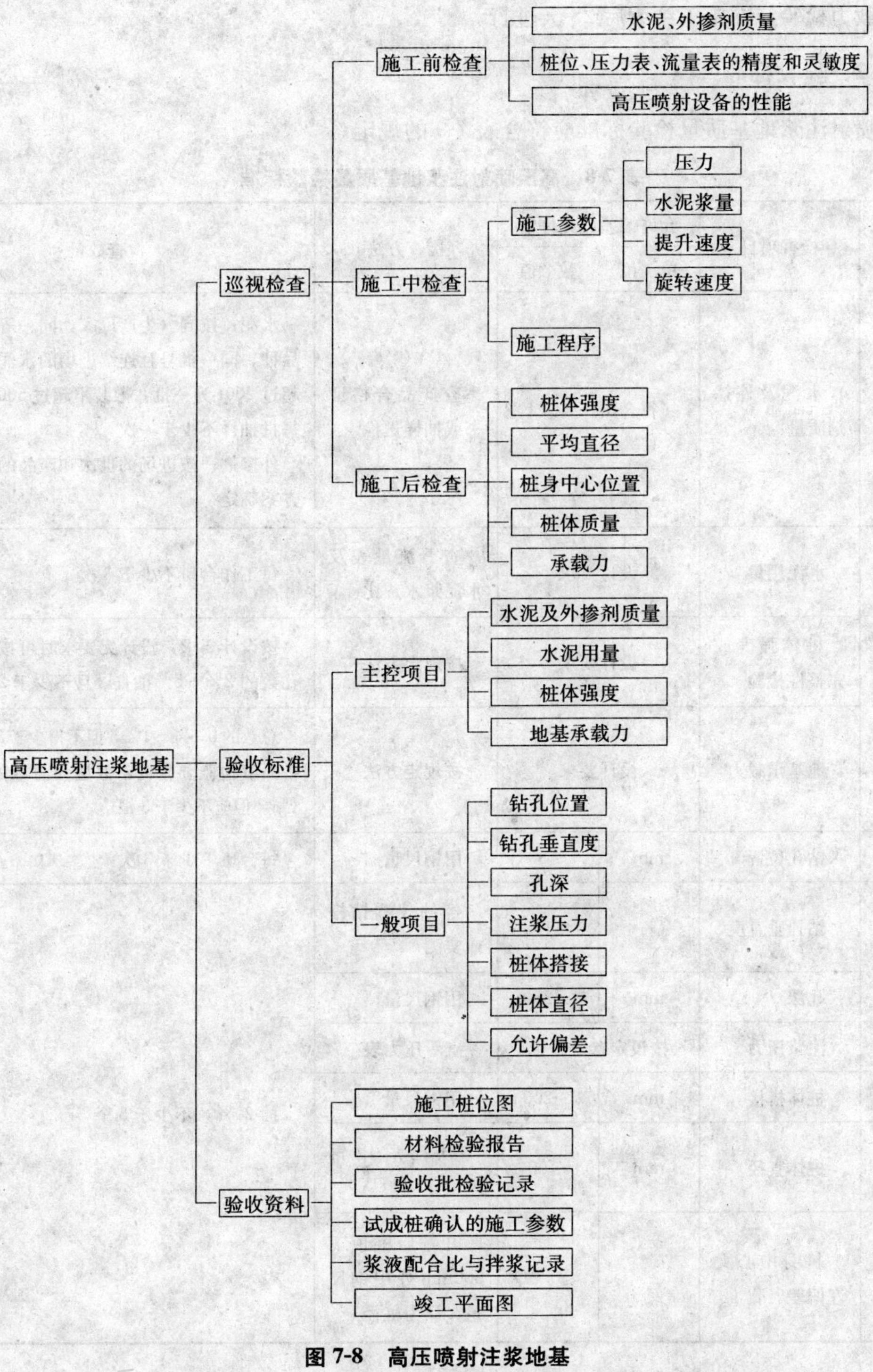

图 7-8　高压喷射注浆地基

技能要点1：巡视检查

(1) 施工前应检查水泥、外掺剂等的质量，桩位，压力表，流量表的精度和灵敏度，高压喷射设备的性能等。

(2) 施工中应检查施工参数（压力、水泥浆量、提升速度、旋转速度等）及施工程序。

(3) 施工结束后，应检验桩体强度、平均直径、桩身中心位置、桩体质量及承载力等。桩体质量及承载力检验应在施工结束后28天进行。

技能要点2：验收标准

高压喷射注浆地基质量检验标准应符合表7-9的规定。

表7-8 高压喷射注浆地基质量检验标准

项	序	检查项目	允许偏差或允许值		检查方法	检查数量
			单 位	数 值		
主控项目	1	水泥及外掺剂质量	符合出厂要求		查产品合格证书或抽样送检	水泥：按同一生产厂家、同一等级、同一品种、同一批号且连续进场的水泥，袋装不超过200t为一批，散装不超过500t为一批，每批抽样不少于一次。 外掺剂：按进场的批次和产品的抽样检验方案确定
	2	水泥用量	设计要求		查看流量表及水泥浆水灰比	每工作台班不少于3次
	3	桩体强度或完整性检验	设计要求		按规定方法	按设计要求，设计无要求时可按施工注浆孔数的2%～5%抽查，且不少于2个
	4	地基承载力	设计要求		按规定方法	总数的0.5%～1%，但不得少于3处，有单桩强度检验要求时，数量为总数的0.5%～1%，但应不少于3根
一般项目	1	钻孔位置	mm	≤50	用钢尺量	每台班不少于3次
	2	钻孔垂直度	%	≤1.5	经纬仪测钻杆或实测	抽20%，不少于5个
	3	孔深	mm	±200	用钢尺量	
	4	注浆压力	按设定参数指标		查看压力表	
	5	桩体搭接	mm	>200	用钢尺量	
	6	桩体直径	mm	≤50	开挖后用钢尺量	
	7	桩身中心允许偏差		≤0.2D	开挖后桩顶下500mm处用钢尺量，D为桩径	

技能要点 3：验收资料

（1）高压喷射注浆施工桩位图。
（2）材料检验报告或复试试验报告。
（3）试成桩确认的施工参数。
（4）浆液配合比与拌浆记录。
（5）施工竣工平面图（包括孔深、桩体直径、桩身中心偏差等）。
（6）高压喷射注浆施工记录。
（7）高压喷射注浆地基的测试报告。
（8）高压喷射注浆验收批检验记录。

技能图解 31　振冲地基

技能结构框线图

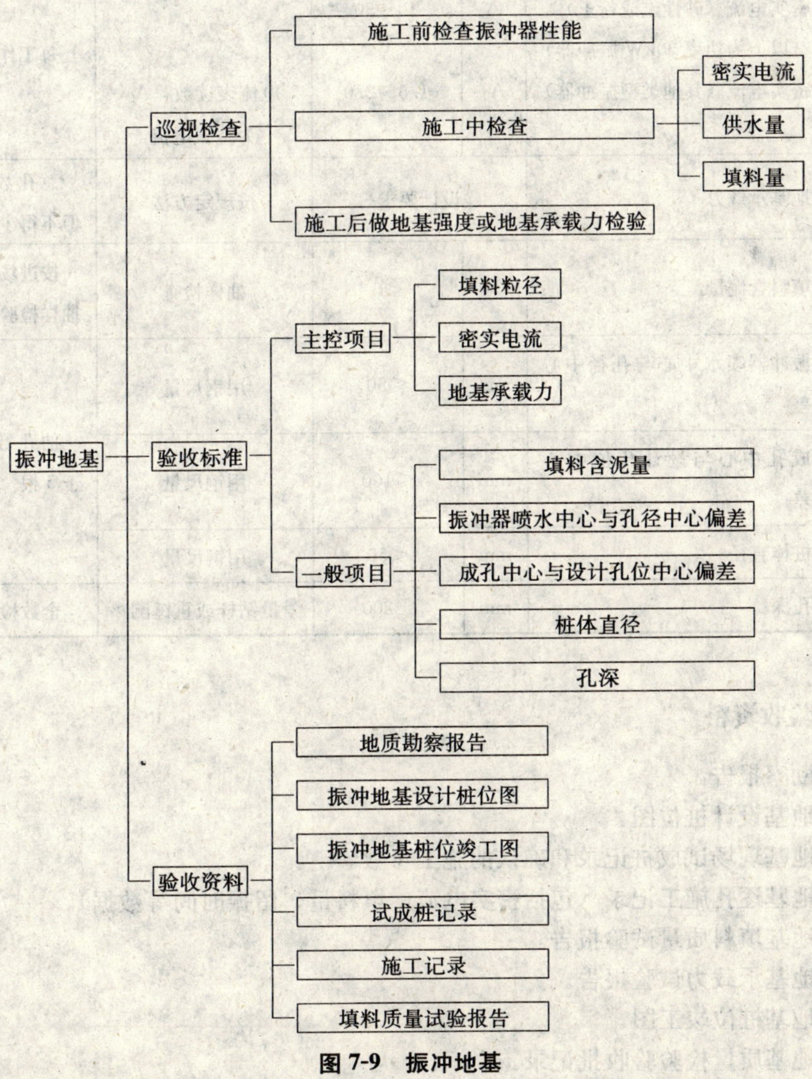

图 7-9　振冲地基

技能要点 1：巡视检查

（1）施工前应检查振冲器的性能，电流表、电压表的准确度及填料的性能。

（2）施工中应检查密实电流、供水压力、供水量、填料量、孔底留振时间、振冲点位置、振冲器施工参数等（施工参数由振冲试验或设计确定）。

（3）施工结束后，应在有代表性的地段做地基强度或地基承载力检验。

技能要点 2：验收标准

振冲地基质量检验标准应符合表 7-9 的规定。

表 7-9　振冲地基质量检验标准

<table>
<tr><th rowspan="2">项</th><th rowspan="2">序</th><th rowspan="2">检查项目</th><th colspan="2">允许偏差或允许值</th><th rowspan="2">检查方法</th><th rowspan="2">检查数量</th></tr>
<tr><th>单位</th><th>数　值</th></tr>
<tr><td rowspan="3">主控项目</td><td>1</td><td>填料粒径</td><td colspan="2">设计要求</td><td>抽样检查</td><td>同一产地每 600t 一批</td></tr>
<tr><td>2</td><td>密实电流（黏性土）
密实电流（砂性土或粉土）
（以上为功率 30kW 振冲器）
密实电流（其他类型振冲器）</td><td>A
A

A_0</td><td>50～55
40～50

1.5～2.0</td><td>电流表读数

电流表读数，A_0为空振电流</td><td>每工作台班不少于 3 次</td></tr>
<tr><td>3</td><td>地基承载力</td><td colspan="2">设计要求</td><td>按规定方法</td><td>总孔数的 0.5%～1%，但不得少于 3 处</td></tr>
<tr><td rowspan="5">一般项目</td><td>1</td><td>填料含泥量</td><td>%</td><td><5</td><td>抽样检查</td><td>按进场的批次和产品的抽样检验方案确定</td></tr>
<tr><td>2</td><td>振冲器喷水中心与孔径中心偏差</td><td>mm</td><td>≤50</td><td>用钢尺量</td><td rowspan="3">抽孔数的 20%且不少于 5 根</td></tr>
<tr><td>3</td><td>成孔中心与设计孔位中心偏差</td><td>mm</td><td>≤100</td><td>用钢尺量</td></tr>
<tr><td>4</td><td>桩体直径</td><td>mm</td><td><50</td><td>用钢尺量</td></tr>
<tr><td>5</td><td>孔深</td><td>mm</td><td>±200</td><td>量钻杆或重锤测</td><td>全数检查</td></tr>
</table>

技能要点 3：验收资料

（1）地质勘察报告。

（2）振冲地基设计桩位图。

（3）振冲地基现场试成桩记录和确认的施工参数。

（4）振冲地基逐孔施工记录（包括密实电流、填料量、留振时间等数据）。

（5）振冲地基填料质量试验报告。

（6）振冲地基承载力试验报告。

（7）振冲地基桩位竣工图。

（8）振冲地基质量检验验收批记录。

技能图解 32　水泥土搅拌桩地基

技能结构框线图

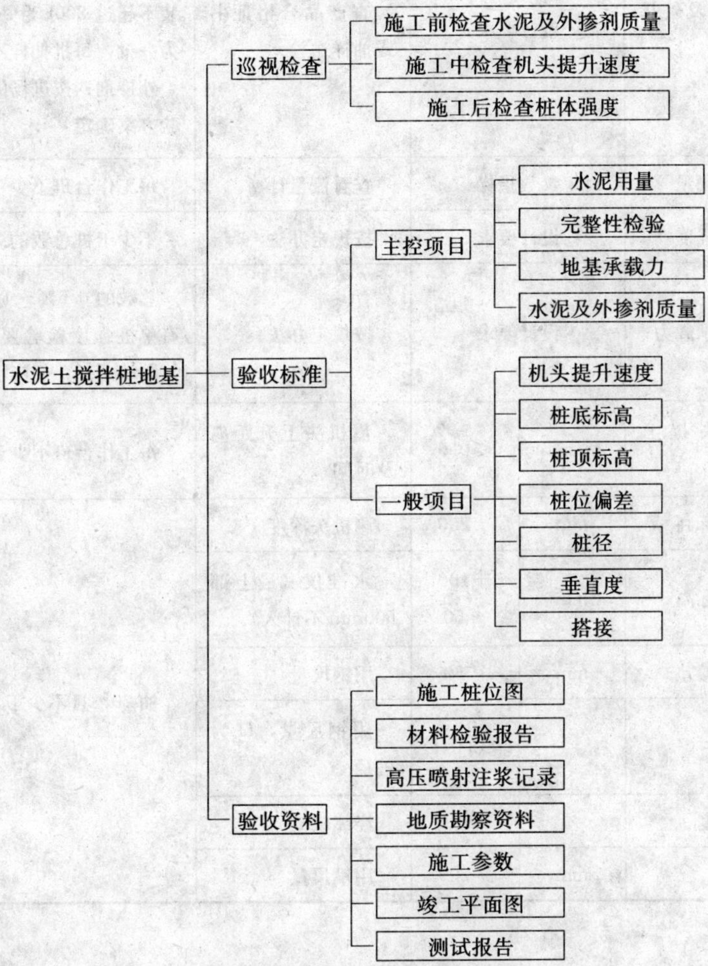

图 7-10　水泥土搅拌桩地基

技能要点 1：巡视检查

（1）施工前应检查水泥及外掺剂的质量，桩位、搅拌机工作性能、各种计量设备（主要是水泥流量计及其他计量装置）完好程度。

（2）施工中应检查机头提升速度，水泥浆或水泥注入量，搅拌桩的长度及标高。

（3）施工结束后应检查桩体强度、桩体直径及地基承载力。

（4）进行强度检验时，对承重水泥土搅拌桩应取 90 天后的试件；对支护水泥土搅拌桩应取 28 天后的试件，试件可钻孔取芯，或其他规定方法取样。

（5）对不合格的桩应根据其位置和数量等具体情况，分别采取补桩或加强邻桩等措施。

技能要点 2：验收标准

水泥土搅拌桩地基质量检验标准应符合表 7-10 的规定。

表 7-10 水泥土搅拌桩地基质量检验标准

项	序	检查项目	允许偏差或允许值		检查方法	检查数量
			单位	数值		
主控项目	1	水泥及外掺剂质量	设计要求		查产品合格证书或抽样送检	水泥：按同一生产厂家、同一等级、同一品种、同一批号且连续进场的水泥，袋装不超过 200t 为一批，散装不超过 500t 为一批，每批抽样不少于一次。 外掺剂：按进场的批次和产品的抽样检验方案确定
	2	水泥用量	参数指标		查看流量计	每工作台班不少于 3 次
	3	桩体强度	设计要求		按规定办法	不少于桩总数的 20%
	4	地基承载力	设计要求		按规定办法	总数的 0.5%～1%，但应不少于 3 处。有单桩强度检验要求时，数量为总数的 0.5%～1%，但应不少于 3 根
一般项目	1	机头提升速度	m/min	≤0.5	量机头上升距离及时间	每工作台班不少于 3 次
	2	桩底标高	mm	±200	测机头深度	抽 20%且不少于 3 个
	3	桩顶标高	mm	+100 −50	水准仪（最上部 500mm 不计入）	
	4	桩位偏差	mm	<50	用钢尺量	
	5	桩径		<0.04*D*	用钢尺量，*D* 为桩径	
	6	垂直度	%	≤1.5	经纬仪	
	7	搭接	mm	>200	用钢尺量	

技能要点 3：验收资料

（1）水泥土搅拌桩施工桩位图与设计说明。

（2）建筑物范围内的地质勘察资料。

（3）材料出厂质量证书或复试试验报告。

（4）试成桩确认的施工参数。

（5）施工竣工平面图（包括桩底标高、桩体直径、桩位偏差、桩顶标高等）。

（6）水泥土搅拌桩施工记录（包括拌浆、输浆量、提升速度（喷浆和复搅）、桩底坐浆、桩端搅拌、桩顶搅拌、停浆处理情况等）。

（7）水泥土搅拌桩桩体强度测试报告。

（8）水泥土搅拌桩地基承载力测试报告。

（9）开挖检验记录。

（10）水泥土搅拌桩地基验收批检验记录。

技能图解 33　土和灰土挤密桩地基

技能结构框线图

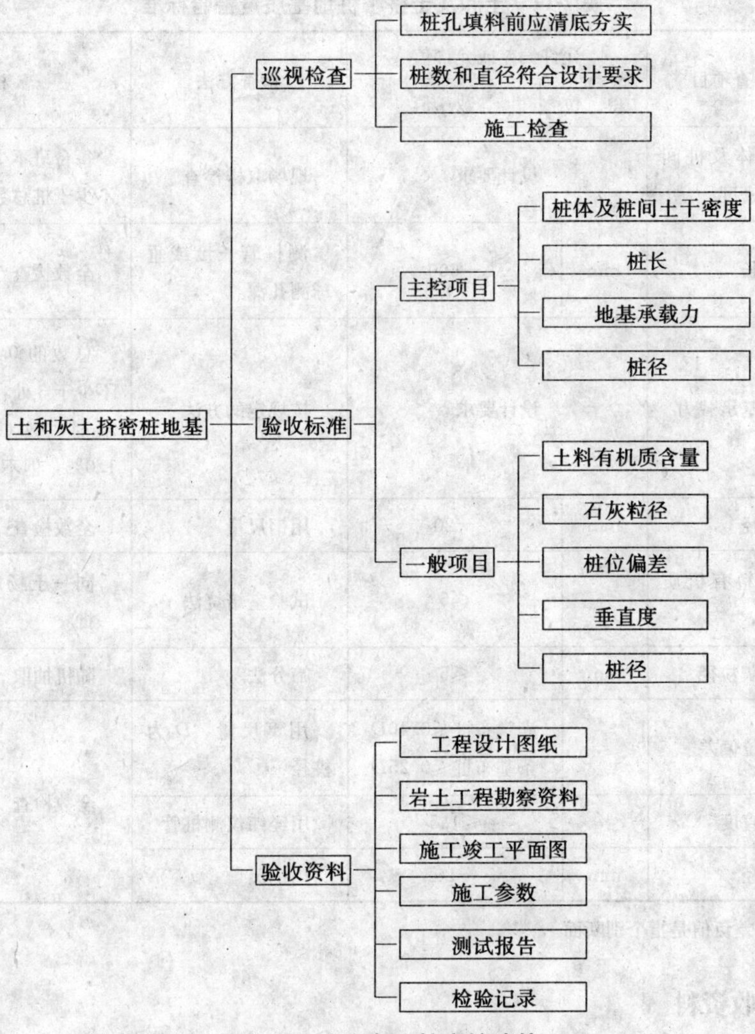

图 7-11　土和灰土挤密桩地基

技能要点 1：巡视检查

（1）桩孔填料前应清底夯实，夯击次数一般不少于 8 次。

（2）土和灰土桩的桩数、直径、深度必须符合设计要求。

（3）施工前，应在现场进行试成孔、夯填工艺和挤密效果试验。并确定分层填料的厚度、最优含水量、夯击次数和夯实后的干密度等施工参数及质量标准。

（4）施工中应对桩孔直径、桩孔深度、夯击次数、填料的含水量等做检查。

（5）桩孔应按确定的分层回填厚度和夯击次数逐次填料夯实，填料的含水量如超出最佳值的±3%时，宜晾干或洒水润湿，每次回填厚度为 350～400mm。填料按实际用量做好记录，并按施工图逐根对照检查，以免漏填。桩顶须高出设计标高约 15cm，待挖土时将高出部分铲除，以保证桩顶的密实度。

（6）施工结束后应对成桩的质量及地基承载力进行检验。

技能要点2：验收标准

土和灰土挤密桩地基质量检验标准应符合表7-11的规定。

表7-11 土和灰土挤密桩地基质量检验标准

<table>
<tr><th rowspan="2">项</th><th rowspan="2">序</th><th rowspan="2">检查项目</th><th colspan="2">允许偏差或允许值</th><th rowspan="2">检查方法</th><th rowspan="2">检查数量</th></tr>
<tr><th>单 位</th><th>数 值</th></tr>
<tr><td rowspan="4">主控项目</td><td>1</td><td>桩体及桩间土干密度</td><td colspan="2">设计要求</td><td>现场取样检查</td><td>每台班不少于1根或随机抽取不少于桩总数的2%</td></tr>
<tr><td>2</td><td>桩长</td><td>mm</td><td>+500</td><td>测桩管长度或垂球测孔深</td><td>全数检查</td></tr>
<tr><td>3</td><td>地基承载力</td><td colspan="2">设计要求</td><td>按规定的方法</td><td>总数的0.5%～1.0%，但应不少于3处，有单桩强度检验要求时，数量为总数0.5%～1.0%，但不少于3根</td></tr>
<tr><td>4</td><td>桩径</td><td>mm</td><td>−20</td><td>用钢尺量</td><td>全数检查</td></tr>
<tr><td rowspan="5">一般项目</td><td>1</td><td>土料有机质含量</td><td>%</td><td>≤5</td><td>试验室焙烧法</td><td>同一土场质量稳定的土料为一批</td></tr>
<tr><td>2</td><td>石灰粒径</td><td>mm</td><td>≤5</td><td>筛分法</td><td>随机抽取</td></tr>
<tr><td>3</td><td>桩位偏差</td><td></td><td>满堂布桩≤0.40D
条基布桩≤0.25D</td><td>用钢尺量，D为桩径</td><td rowspan="3">全数检查</td></tr>
<tr><td>4</td><td>垂直度</td><td>%</td><td>≤1.5</td><td>用经纬仪测桩管</td></tr>
<tr><td>5</td><td>桩径</td><td>mm</td><td>−20</td><td>用钢尺量</td></tr>
</table>

注：桩径允许偏差负值是指个别断面。

技能要点3：验收资料

（1）岩土工程勘察资料。

（2）临近建筑物和地下设施类型、分布及结构质量情况。

（3）工程设计图纸，设计要求及需达到的标准、检验手段。

（4）试成桩、夯填工艺和挤密效果试验确认的施工参数。

（5）施工竣工平面图（包括桩长、桩径、垂直度、桩位偏差等数据）。

（6）地基承载力测试报告。

（7）干密度测试报告。

（8）制桩记录。

（9）土和灰土挤密桩地基验收批质量检验记录。

技能图解 34　水泥粉煤灰碎石桩复合地基

技能结构框线图

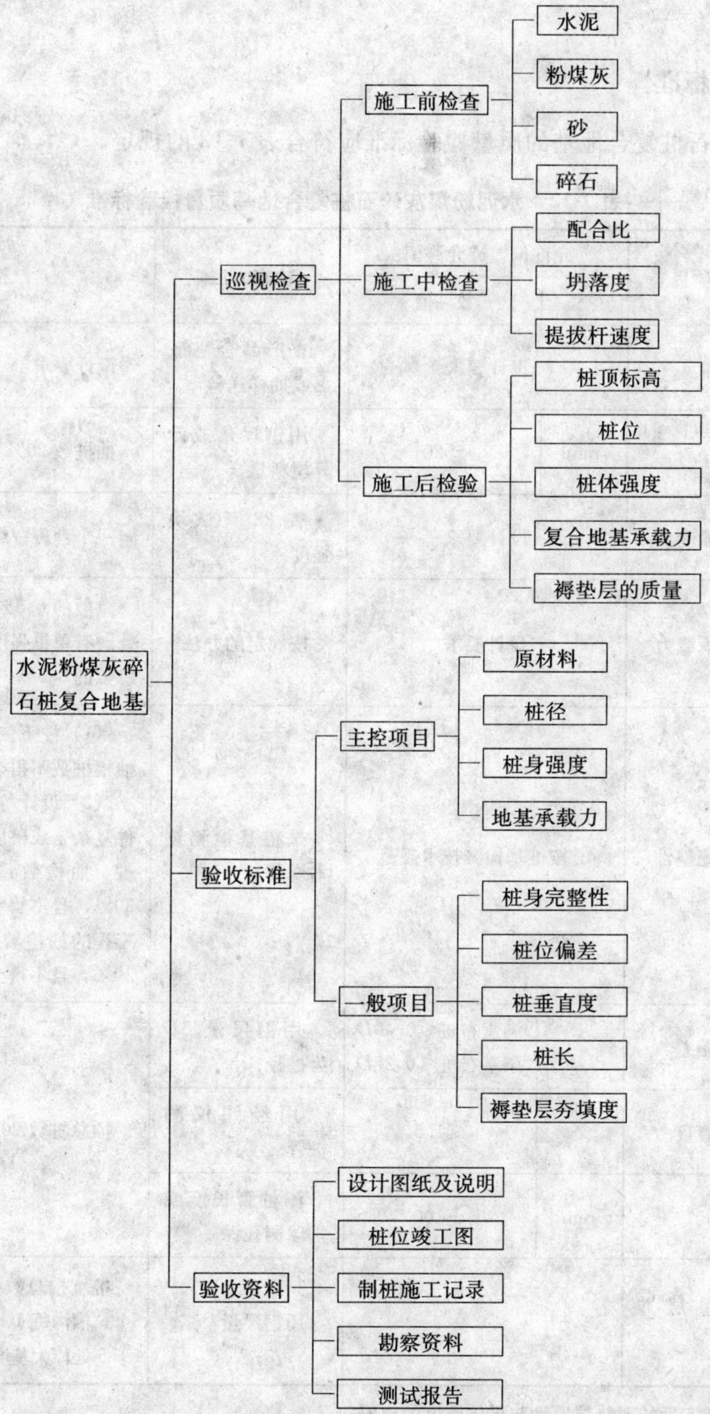

图 7-12　水泥粉煤灰碎石桩复合地基

技能要点 1：巡视检查

（1）施工前应对水泥、粉煤灰、砂及碎石等原材料进行检验。

（2）施工中应检查桩身混合料的配合比、坍落度、提拔杆速度（或提套管速度）、成孔深度、混合料灌入量等。

（3）施工结束后应对桩顶标高、桩位、桩体强度及完整性、复合地基承载力以及褥垫层的质量进行检查。

技能要点 2：验收标准

水泥粉煤灰碎石桩复合地基的质量检验标准应符合表 7-12 的规定。

表 7-12　水泥粉煤灰碎石桩复合地基质量检验标准

<table>
<tr><th rowspan="2">项</th><th rowspan="2">序</th><th rowspan="2">检查项目</th><th colspan="2">允许偏差或允许值</th><th rowspan="2">检查方法</th><th rowspan="2">检查数量</th></tr>
<tr><th>单位</th><th>数值</th></tr>
<tr><td rowspan="4">主控项目</td><td>1</td><td>原材料</td><td colspan="2">设计要求</td><td>查产品合格证书或抽样送检</td><td>设计要求</td></tr>
<tr><td>2</td><td>桩径</td><td>mm</td><td>−20</td><td>用钢尺量或计算填料量</td><td>抽桩数 20%</td></tr>
<tr><td>3</td><td>桩身强度</td><td colspan="2">设计要求</td><td>查 28 天试块强度</td><td>一个台班一组试块</td></tr>
<tr><td>4</td><td>地基承载力</td><td colspan="2">设计要求</td><td>按规定的办法</td><td>总数的 0.5%～1%，但应不少于 3 处。有单桩强度检验要求时，数量为总数的 0.5%～1%，但应不少于 3 根</td></tr>
<tr><td rowspan="5">一般项目</td><td>1</td><td>桩身完整性</td><td colspan="2">按桩基检测技术规范</td><td>按桩基检测技术规范</td><td>（1）柱下三桩或三桩以下的承台抽检桩数不得少于 1 根。
（2）设计等级为甲级，或地质条件复杂、成桩质量可靠性较低的灌注桩，抽检数量应不少于总桩数的 30%，且不得少于 20 根；其他桩基工程的抽检数量应不少于总桩数的 20%，且不得少于 10 根</td></tr>
<tr><td>2</td><td>桩位偏差</td><td></td><td>满堂布桩≤0.40D
条基布桩≤0.25D</td><td>用钢尺量，D 为桩径</td><td rowspan="3">抽总桩数 20%</td></tr>
<tr><td>3</td><td>桩垂直度</td><td>%</td><td>≤1.5</td><td>用经纬仪测桩管</td></tr>
<tr><td>4</td><td>桩长</td><td>mm</td><td>+100</td><td>测桩管长度或垂球测孔深</td></tr>
<tr><td>5</td><td>褥垫层夯填度</td><td colspan="2">≤0.9</td><td>用钢尺量</td><td>桩坑按总数抽查 10%，但不少于 5 个；槽沟每 10m 长抽查 1 处，且不少于 5 处；大基坑按 50～100m² 抽查 1 处</td></tr>
</table>

注：1. 夯填度指夯实后的褥垫层厚度与虚体厚度的比值。

2. 桩径允许偏差负值是指个别断面。

技能要点3：验收资料

(1) 岩土工程勘察资料。
(2) 临近建筑物和地下设施类型、分布及结构质量情况。
(3) 设计图纸及有关说明。
(4) 成桩工艺和成桩质量检验记录和工艺参数确认签证。
(5) 桩位竣工图（包括桩长、桩径、垂直度、桩位偏差等）。
(6) 地基承载力测试报告。
(7) 桩身完整性测试报告。
(8) 桩身强度测试报告。
(9) 制桩施工记录。
(10) 水泥粉煤灰碎石桩复合地基验收批质量检验记录。

技能图解35 夯实水泥土复合地基

技能结构框线图

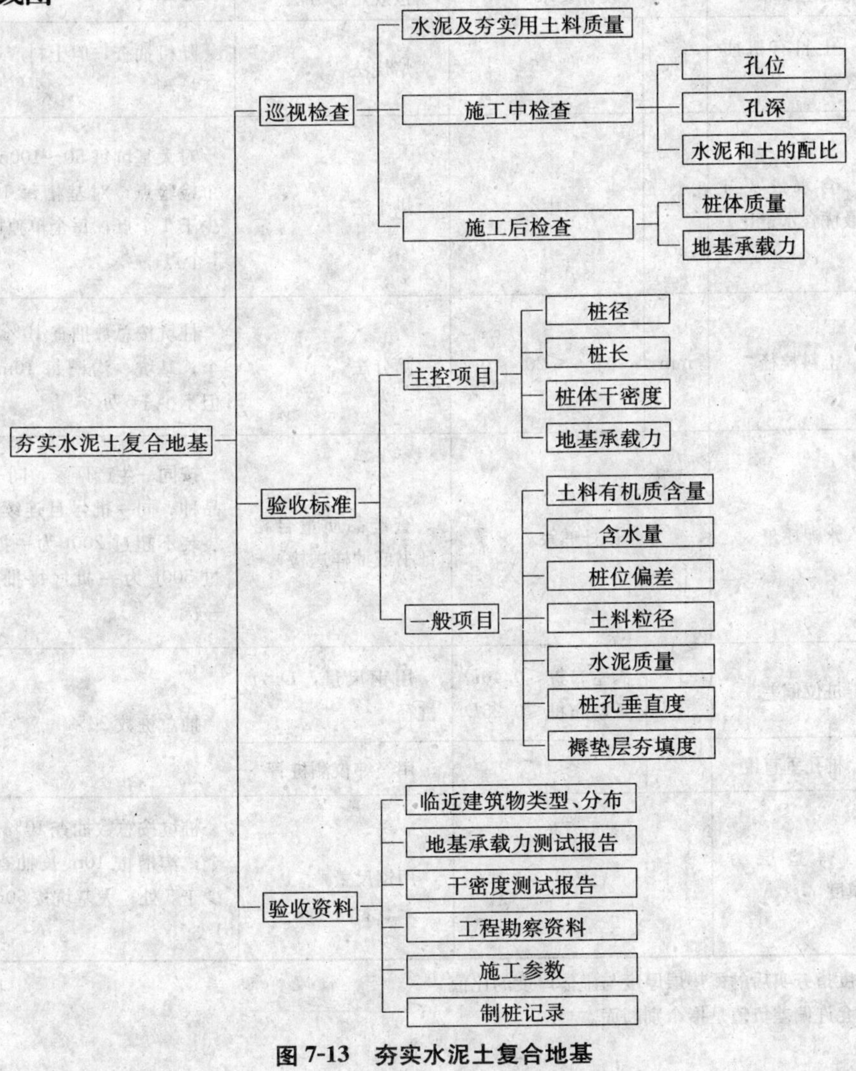

图7-13 夯实水泥土复合地基

技能要点 1：巡视检查

(1) 水泥及夯实用土料的质量应符合设计要求。

(2) 施工中应检查孔位、孔深、孔径、水泥和土的配比、混合料含水量等。

(3) 施工结束后，应对桩体质量及复合地基承载力做检验，褥垫层应检查其夯填度。

技能要点 2：验收标准

夯实水泥土桩的质量检验标准应符合表 7-13 的规定。

表 7-13　夯实水泥土桩复合地基质量检验标准

项	序	检查项目	允许偏差或允许值		检查方法	检查数量
			单位	数　值		
主控项目	1	桩径	mm	−20	用钢尺量	抽总桩数 20%
	2	桩长	mm	+500	测桩孔深度	
	3	桩体干密度	设计要求		现场取样检查	随机抽取不少于桩孔总数的 2%，桩总数的0.5%~1%，且不少于 3 处
	4	地基承载力	设计要求		按规定的方法	
一般项目	1	土料有机质含量	%	≤5	焙烧法	随机抽查，但土料产地变化时须重新检测
	2	含水量（与最优含水量比）	%	±2	烘干法	对大基坑每 50～100m^2 应不少于 1 个检验点；对基槽每 10～20m 应不少于 1 个点；每个单独柱基应不少于 1 个点
	3	土料粒径	mm	≤20	筛分法	柱坑按总数抽查 10%，但不少于 5 个；基坑、沟槽每 10m^2 抽查 1 处，但不少于5 处
	4	水泥质量	设计要求		查产品质量合格证书或抽样送检	按同一生产厂家、同一等级、同一品种、同一批号且连续进场的水泥，袋装不超过 200t 为一批，散装不超过 500t 为一批，每批抽样不少于一次
	5	桩位偏差		满堂布桩≤0.40D 条基布桩≤0.25D	用钢尺量，D 为桩径	抽总桩数 20%
	6	桩孔垂直度	%	≤1.5	用经纬仪测桩管	
	7	褥垫层夯填度	≤0.9		用钢尺量	桩坑按总数抽查 10%。但不少于 5 个；沟槽按 10m 长抽查 1 处，且不少于 5 处；大基坑按 50～100m^2 抽查 1 处

注：1. 夯填度指夯实后的褥垫层厚度与虚体厚度的比值。

2. 桩经允许偏差负值是指个别断面。

技能要点3：验收资料

（1）岩土工程勘察资料。

（2）临近建筑物和地下设施类型、分布及结构质量情况。

（3）工程设计图纸，设计要求及需达到的标准、检验手段。

（4）试成桩、夯填工艺和挤密效果试验确认的施工参数。

（5）施工竣工平面图（包括桩长、桩径、垂直度、桩位偏差等数据）。

（6）地基承载力测试报告。

（7）干密度测试报告。

（8）制桩记录。

（9）土和灰土挤密桩地基验收批质量检验记录。

技能图解36　砂桩地基

技能结构框线图

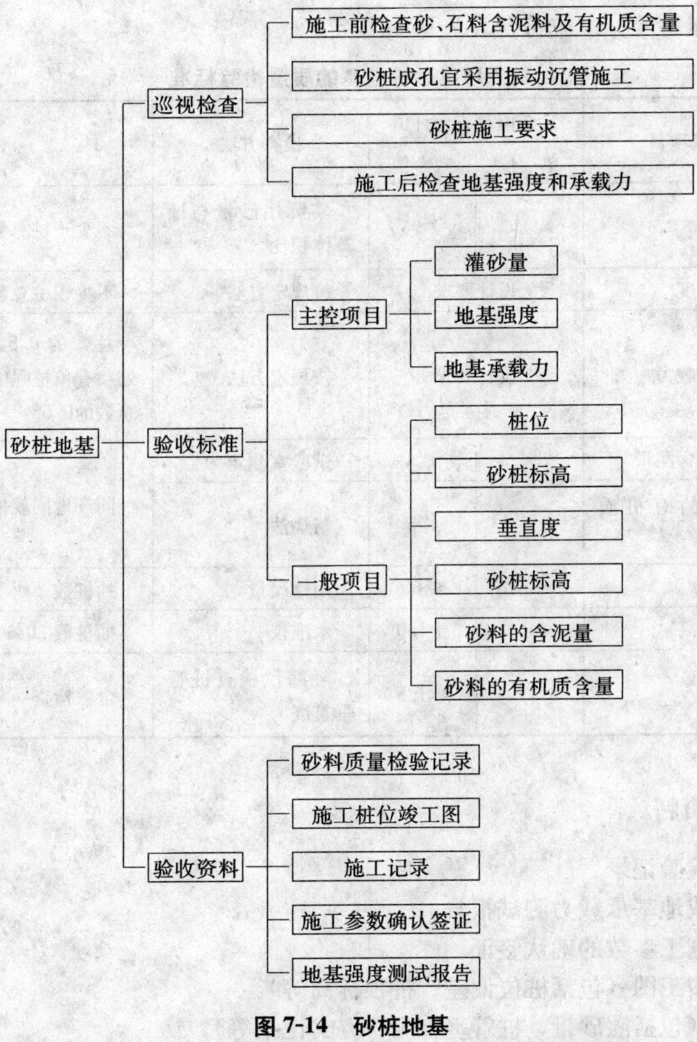

图7-14　砂桩地基

技能要点 1：巡视检查

(1) 施工前应检查砂、砂石料的含泥量及有机质含量、样桩的位置等。

(2) 砂桩成孔宜采用振动沉管施工，其振动力以 30～70kV 为宜，不要太大，以免过分扰动软土。拔管速度应控制在 1～1.5m/min 范围内。拔管过程中要不断以振动棒捣实管中砂子，使其密实。

(3) 砂桩施工应从外围或两侧向中间进行。灌砂量应按桩孔的体积和砂在中密状态时的干密度计算（一般取 2 倍桩管入土体积），其实际灌砂量（不包括水重）不得少于计算的 95%。如发现砂量不足或砂桩中断等情况，可在原位进行复打灌砂。

(4) 施工中检查每根砂桩、砂石桩的桩位、灌砂、砂石量、标高、垂直度等。

(5) 施工结束后检查被加固地基的强度（挤密效果）和承载力。桩身及桩与桩之间土的挤密质量、可用标准贯入、静力触探或动力触探等方法检测，以不小于设计要求的数值为合格。桩间土质量的检测位置应在等边三角形或正方形的中心。

(6) 施工后应间隔一定时间方可进行质量检验。对饱和黏性土应待超孔隙水压基本消散后进行，间隔时间宜为 1～2 周；对其他土可在施工后 2～3 天进行。

技能要点 2：验收标准

砂桩地基的质量检验标准应符合表 7-14 的规定。

表 7-14 砂桩地基的质量检验标准

项	序	检查项目	允许偏差或允许值		检查方法	检查数量
			单 位	数 值		
主控项目	1	灌砂量	%	≥95	实际用砂量与计算体积比	不少于桩总数的 20%
	2	地基强度	设计要求		按规定方法	不少于桩总数的 2%
	3	地基承载力	设计要求		按规定方法	总数的 0.5%～1%，且不少于 3 处，有单桩强度检验要求时，数量为总数的0.5%～1%，但应不少于 3 根
一般项目	1	砂料的含泥量	%	≤3	试验室测定	同产地同规格 600t 为一批
	2	砂料的有机质含量	%	≤5	焙烧法	
	3	桩位	mm	≤50	用钢尺量	抽桩数 20%
	4	砂桩标高	mm	±150	水准仪	抽桩数 20%
	5	垂直度	%	≤1.5	经纬仪检查桩管垂直度	全数检查

技能要点 3：验收资料

(1) 砂料质量检验记录。

(2) 地基强度或地基承载力测试报告。

(3) 工艺试桩施工参数的确认签证。

(4) 施工桩位竣工图（包括桩位偏差、桩顶标高等）。

(5) 施工记录（包括灌砂量、桩管垂直度、夯实记录等）。

技能图解 37 静力压桩

技能结构框线图

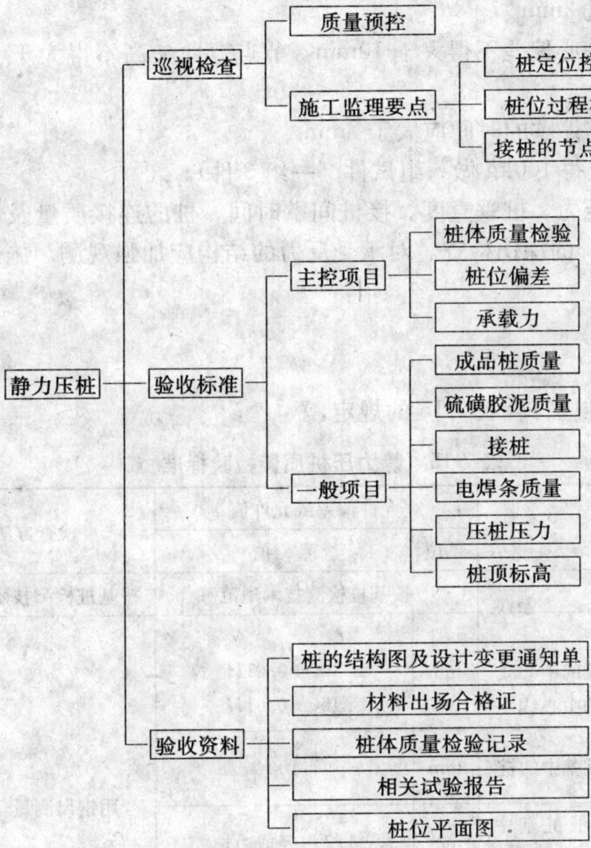

图 7-15 静力压桩

技能要点 1：巡视检查

(1) 质量预控 施工前应对成品桩（锚杆静压成品桩一般均由工厂制造，运至现场堆放）做外观及强度检验，接桩用焊条或半成品硫磺胶泥应有产品合格证书，或送有关部门检验，压桩用压力表、锚杆规格及质量也应进行检查。

(2) 施工监理要点。

①桩定位控制 压桩前对已放线定位的桩位按施工图进行系统的轴线复核，并检查定位桩一旦受外力影响时，第二套控制桩是否安全可靠，并可立即投入使用。桩位的放样群桩控制在20mm偏差之内；单排桩控制在10mm偏差内。做好定位放线复核记录，压桩过程应对每根桩位复核，防止因压桩后引起桩位的位移。

②桩位过程检验 当桩顶设计标高低于施工场地标高，送桩后无法对桩位进行检查时，对压入桩可在每根桩桩顶沉至场地标高时，在送桩前对每根桩顶的轴线位置进行中间验收，符合允许偏差范围，方可送桩到位。待全部桩压入后，承台或底板开控制设计标同时，再做桩的轴线位置最终验收。

③接桩的节点要求。

a. 焊接接桩。钢材宜用低碳钢。接桩处如有间歇应用铁片填实焊牢，对称焊接，焊缝连续饱满，并注意焊接变形。焊温冷却>1min 后方可施压。

b. 硫磺胶泥接桩：

(a) 选用半成品硫磺胶泥。

(b) 浇注硫磺胶泥的温度，控制在 140～150℃范围内。

(c) 浇注时间不得超过 2min。

(d) 上下节桩连接的中心偏差不得大于 10mm，节点弯曲矢高不得大于 $1/1000l$（l 为二节桩长）。

(e) 硫磺胶泥灌注后需停歇的时间应大于 7min。

(f) 硫磺胶泥半成品应每 100kg 做一组试件（一组 3 件）。

④压桩过程中应检查压力、桩垂直度、接桩间歇时间、桩的连接质量及压入深度。重要工程应对电焊接桩的接头做 10%的探伤检查。对承受反力的结构应加强观测。施工结束后，应做桩的承载力及桩体质量检验。

技能要点 2：验收标准

静力压桩质量检验标准应符合表 7-15 的规定。

表 7-15 静力压桩质量检验标准

<table>
<tr><th rowspan="2">项</th><th rowspan="2">序</th><th rowspan="2" colspan="2">检查项目</th><th colspan="2">允许偏差或允许值</th><th rowspan="2">检查方法</th><th rowspan="2">检查数量</th></tr>
<tr><th>单位</th><th>数 值</th></tr>
<tr><td rowspan="6">主控项目</td><td>1</td><td colspan="2">桩体质量检验</td><td colspan="2">按基桩检测技术规范</td><td>按基桩检测技术规范</td><td>按设计要求</td></tr>
<tr><td rowspan="4">2</td><td rowspan="4">桩位偏差</td><td>盖有基础梁的桩：
(1) 垂直基础梁的中心线
(2) 沿基础梁的中心线</td><td>mm</td><td>100+0.01H
150+0.01H</td><td rowspan="4">用钢尺测量</td><td rowspan="4">全数检查</td></tr>
<tr><td>桩数为 1～3 根桩基中的桩</td><td>mm</td><td>100</td></tr>
<tr><td>桩数为 4～16 根桩基中的桩</td><td>mm</td><td>1/2 桩径或边长</td></tr>
<tr><td>桩数大于 16 根桩基中的桩
(1) 最外边的桩
(2) 中间桩</td><td>mm</td><td>1/3 桩径或边长
1/2 桩径或边长</td></tr>
<tr><td>3</td><td colspan="2">承载力</td><td colspan="2">按基桩检测技术规范</td><td>按基桩检测技术规范</td><td>按设计要求</td></tr>
<tr><td rowspan="3">一般项目</td><td rowspan="3">1</td><td rowspan="3">成品桩质量</td><td>外观</td><td colspan="2">表面平整，颜色均匀，掉角深度<10mm，蜂窝面积小于总面积 0.5%</td><td>直观</td><td rowspan="2">抽 20%</td></tr>
<tr><td>外形尺寸：
横截面边长
桩顶对角线差
桩尖中心线
桩身弯曲矢高
桩顶平整度</td><td>
mm
mm
mm

mm</td><td>
±5
<10
<10
<$1/1000l$
<2</td><td>
用钢尺量
用钢尺量
用钢尺量
用钢尺量，l 为桩长
用水平尺量</td></tr>
<tr><td>强度</td><td colspan="2">满足设计要求</td><td>查产品合格证书或钻芯试压</td><td>按设计要求</td></tr>
</table>

表 7-15（续）

项	序	检查项目	允许偏差或允许值 单位	允许偏差或允许值 数值	检查方法	检查数量
一般项目	2	硫磺胶泥质量（半成品）	设计要求		查产品合格证书或抽样送检	每 100kg 做一组试件（3件）。且一台班不少于 1 组
	3	接桩 电焊接桩 电焊接桩焊缝：（1）上下节端部错口：（外径≥700mm）	mm	≤3	用钢尺量	抽 20%接头
		（外径<700mm）	mm	≤2	用钢尺量	
		（2）焊缝咬边深度	mm	≤0.5	焊缝检查仪	
		（3）焊缝加强层高度	mm	2	焊缝检查仪	
		（4）焊缝加强层宽度	mm	2	焊缝检查仪	
		（5）焊缝电焊质量外观	无气孔，无焊瘤，无裂缝		直观	
		（6）焊缝探伤检验	满足设计要求		按设计要求	抽 10%接头
		电焊结束后停歇时间	min	>1.0	秒表测定	抽 20%接头
		硫磺胶泥接桩 胶泥浇筑时间	min	<2	秒表测定	全数检查
		浇筑后停歇时间	min	>7	秒表测定	
	4	电焊条质量	设计要求		查产品合格证书	全数检查
	5	压桩压力（设计有要求时）	%	±5	查压力表读数	一台班不少于 3 次
	6	接桩时上下节平面偏差		<10	用钢尺量	抽桩总数 20%
		接桩时节点弯曲矢高	mm	$<1/1000l$	用钢尺量，l 为两节桩长	
	7	桩顶标高	mm	±50	水准仪	

技能要点 3：验收资料

（1）桩的结构图及设计变更通知单。

（2）材料的出场合格证和试、化验报告。

（3）焊件和焊接记录及焊件试验报告。

（4）桩体质量检验记录。

（5）混凝土试件强度试验报告。

（6）压桩施工记录。

（7）桩位平面图。

技能图解 38　先张法预应力管桩

技能结构框线图

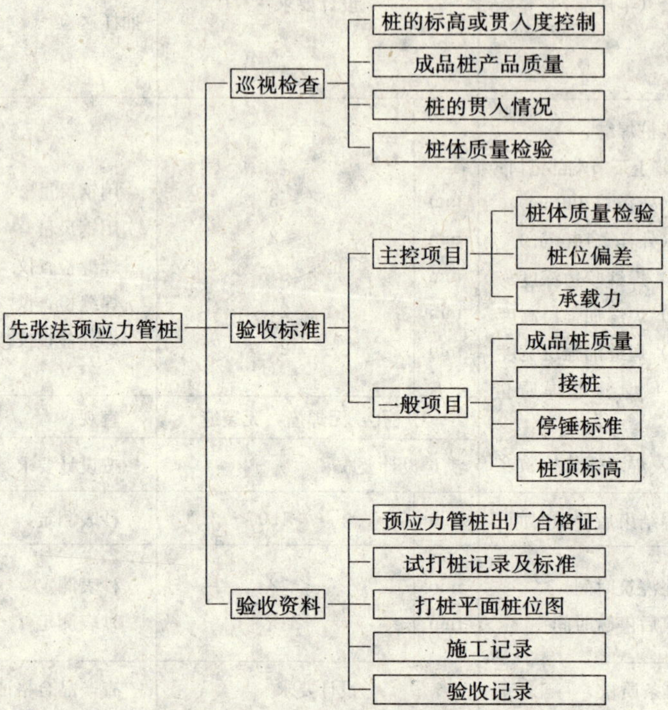

图 7-16　先张法预应力管桩

技能要点 1：巡视检查

（1）桩的标高或贯入度控制。

①桩尖位于软土层时，以桩尖达到设计标高即为符合要求。且桩顶的允许偏差必须符合±50mm的要求。

②贯入度已达到设计要求，而桩尖标高未达到设计标高，应继续击 3 阵。其每阵 10 击的平均贯入度不大于规定的数值即可。

③打桩时，如主要控制指标已符合要求，而其他的指标与要求相应较大时，如贯入度已满足设计规定，标高还差较多时，应合同建设、设计、勘察、监理、施工总包方等有关部门研究处理。

④遇到下列情况时，应暂停打桩：

a. 贯入度突变。

b. 桩身突然发生倾斜、移位、下沉或严重回弹。

c. 桩顶和桩身出现严重裂缝或破碎。

（2）施工巡视检查。

①施工前应检查进入现场的成品桩，接桩用电焊条等产品质量。

②施工过程中应检查桩的贯入情况、桩顶完整状况、电焊接桩质量、桩体垂直度、电焊后的停歇时间。重要工程应对电焊接头做 10%的焊缝探伤检查。

③施工结束后，应做承载力检验及桩体质量检验。

技能要点 2：验收标准

先张法预应力管桩的质量检验应符合表 7-16 的规定。

表 7-16　先张法预应力管桩质量检验标准

项	序	检查项目		允许偏差或允许值 单位	数值	检查方法	检查数量
主控项目	1	桩体质量检验		按基桩检测技术规范		按基桩检测技术规范	按设计要求
主控项目	2	桩位偏差	盖有基础梁的桩： (1) 垂直基础梁的中心线 (2) 沿基础梁的中心线	mm	 $100+0.01H$ $150+0.01H$	用钢尺量	全数检查
主控项目	2	桩位偏差	桩数为 1～3 根桩基中的桩	mm	100	用钢尺量	全数检查
主控项目	2	桩位偏差	桩数为 4～16 根桩基中的桩	mm	1/2 桩径或边长	用钢尺量	全数检查
主控项目	2	桩位偏差	桩数大于 16 根桩基中的桩 (1) 最外边的桩 (2) 中间桩	mm	 1/3 桩径或边长 1/2 桩径或边长	用钢尺量	全数检查
主控项目	3	承载力		按基桩检测技术规范		按基桩检测技术规范	按设计要求
一般项目	1	成品桩质量	外观	无蜂窝、露筋、裂缝、色感均匀、桩顶处无孔隙		直观	抽桩数 20%
一般项目	1	成品桩质量	桩径 管壁厚度 桩尖中心线 顶面平整度 桩体弯曲	mm mm mm mm 	±5 ±5 <2 10 $<l/1000$	用钢尺量 用钢尺量 用钢尺量 用水平尺量 用钢尺量，l 为桩长	抽桩数 20%
一般项目	2	接桩	电焊接桩焊缝： (1) 上下节端部错口： (外径≥700mm) (外径<700mm) (2) 焊缝咬边深度 (3) 焊缝加强层高度 (4) 焊缝加强层宽度	 mm mm mm mm mm	 <3 <2 <0.5 2 2	 用钢尺量 用钢尺量 焊缝检查仪 焊缝检查仪 焊缝检查仪	抽 20% 桩接头
一般项目	2	接桩	(5) 焊缝电焊质量外观	无气孔，无焊瘤，无裂缝		直观	抽 20% 桩接头
一般项目	2	接桩	(6) 焊缝探伤检验	满足设计要求		按设计要求	抽 10%接头
一般项目	2	接桩	电焊结束后停歇时间	mm	>1.0	秒表测定	抽 20% 桩接头
一般项目	2	接桩	上下节平面偏差	mm	<10	用钢尺量	抽 20% 桩接头
一般项目	2	接桩	节点弯曲矢高		$<l/1000$	用钢尺量，l 为两节桩长	抽 20% 桩接头
一般项目	3	停锤标准		设计要求		现场实测或查沉桩记录	抽检 20%
一般项目	4	桩顶标高		mm	±50	水准仪	抽桩总线 20%

技能要点 3：验收资料

(1) 预应力管桩的出厂合格证。
(2) 电焊条的出厂合格证。
(3) 试打桩记录及标准。
(4) 预应力管桩的施工记录及汇总表。
(5) 预应力管桩接头隐蔽验收记录。
(6) 桩位测量放线图，标高引测记录。
(7) 桩基设计图纸，图纸会审记录及设计变更通知书。
(8) 打桩平面桩位图，桩基竣工图。

技能图解 39　混凝土预制桩

技能结构框线图

图 7-17　混凝土预制桩

技能要点1：巡视检查

（1）质量预控 桩在现场预制时，应对原材料、钢筋骨架、混凝土强度进行检查；采用工厂生产的成品桩时，桩进场后应进行外观及尺寸检查。

（2）吊桩定位。

打桩前，按设计要求进行桩定位放线，确定桩位，每根桩中心钉一小桩，并设置油漆标志；桩的吊立定位，一般利用桩架附设的起重钩借桩机上卷扬机吊桩就位，或配一台履带式起重机送桩就位，并用桩架上夹具或落下桩锤借桩帽固定位置。

（3）打（沉）桩监理要点。

①桩端（指桩的全截面）位于一般土层时，以控制桩端设计标高为主，贯入度可作参考。

②桩端达到坚硬、硬塑的黏性土，中密以上粉土、砂土、碎石类土、风化岩时，以贯入度控制为主，桩端标高可作参考。

③当贯入度已达到，而桩端标高未达到时，应继续锤击3阵，按每阵10击的贯入度不大于设计规定的数值加以确认。

④振动法沉桩是以振动箱代替桩锤，其质量控制是以最后3次振动（加压），每次10min或5min，测出每分钟的平均贯入度，以不大于设计规定的数值为合格，而摩擦桩则以沉到设计要求的深度为合格。

技能要点2：验收标准

（1）预制桩钢筋骨架质量检验标准应符合表7-17的规定。

表7-17 预制桩钢筋骨架质量检验标准 (mm)

项	序	检查项目	允许偏差或允许值	检查方法	检查数量
主控项目	1	主筋距桩顶距离	±5	用钢尺量	抽查20%
	2	多节桩锚固钢筋位置	5	用钢尺量	
	3	多节桩预埋铁件	±3	用钢尺量	
	4	主筋保护层厚度	±5	用钢尺量	
一般项目	1	主筋间距	±5	用钢尺量	
	2	桩尖中心线	10	用钢尺量	
	3	箍筋间距	±20	用钢尺量	
	4	桩顶钢筋网片	±10	用钢尺量	
	5	多节桩锚固钢筋长度	±10	用钢尺量	

（2）钢筋混凝土预制桩的质量检验标准应符合表7-18的规定。

表7-18 钢筋混凝土预制桩的质量检验标准

项	序	检查项目	允许偏差或允许值		检查方法	检查数量
			单 位	数 值		
主控项目	1	桩体质量检验	按基桩检测技术规范		按基桩检测技术规范	按设计要求
	2	桩位偏差	《建筑地基基础工程施工质量验收规范》（GB 50202—2002）表5.1.3		用钢尺量	全数检查
	3	承载力	按基桩检测技术规范		按基桩检测技术规范	按设计要求

表 7-18（续）

项	序	检查项目	允许偏差或允许值 单位	允许偏差或允许值 数值	检查方法	检查数量
一般项目	1	砂、石、水泥、钢材等原材料（现场预制时）	符合设计要求		查出厂质保文件或抽样送检	按设计要求
	2	混凝土配合比及强度（现场预制时）	符合设计要求		检查称量及查试块记录	按设计要求
	3	成品桩外形	表面平整，颜色均匀，掉角深度＜10mm，蜂窝面积小于总面积 0.5%		直观	抽总桩数 20%
	4	成品桩裂缝（收缩裂缝或起吊、装运、堆放引起的裂缝）	深度＜20mm 宽度＜0.25mm，横向裂缝不超过边长的一半		裂缝测定仪，该项在地下水有侵蚀地区及锤击数超过 500 击的长桩不适用	全数检查
	5	成品桩尺寸：横截面边长	mm	±5	用钢尺量	抽总桩数 20%
		桩顶对角线差	mm	＜10	用钢尺量	
		桩尖中心线	mm	＜10	用钢尺量	
		桩身弯曲矢高		＜1/1000l	用钢尺量，l 为桩长	
		桩顶平整度	mm	＜2	用水平尺量	
	6	电焊接桩焊缝：				
		（1）上下节端部错口：				
		（外径≥700mm）	mm	≤3	用钢尺量	抽 20%接头
		（外径＜700mm）	mm	≤2	用钢尺量	
		（2）焊缝咬边深度	mm	≤0.5	焊缝检查仪	
		（3）焊缝加强层高度	mm	2	焊缝检查仪	
		（4）焊缝加强层宽度	mm	2	焊缝检查仪	
		（5）焊缝电焊质量外观	无气孔，无焊瘤，无裂缝		直观	抽 10%接头
		（6）焊缝探伤检验	满足设计要求		按设计要求	抽 20%接头
		电焊结束后停歇时间	min	＞1.0	秒表测定	全数检查
		上下节平面偏差	mm	＜10	用钢尺量	
		节点弯曲矢高		＜1/1000l	用钢尺量，l 为两节桩长	
	7	硫磺胶泥接桩：胶泥浇筑时间	min	＜2	秒表测定	全数检查
		浇筑后停歇时间	min	＞7	秒表测定	
	8	桩顶标高	mm	±50	水准仪	抽 20%
	9	停锤标准	设计要求		现场实测或查沉桩记录	

技能要点 3：验收资料

（1）钢筋混凝土预制桩的出厂合格证。

（2）现场预制桩的检验记录（包括材料合格证、材料试验报告、混凝土配合比、现场混凝土计量和坍落度检验记录、钢筋骨架隐蔽工程验收、每批浇捣混凝土强度试验报告、每批浇筑验收批检验记录等）。

（3）布桩平面示意图。

(4) 试桩或试验记录。

(5) 打（压）桩施工记录。

(6) 桩位竣工平面图（包括桩位偏差、桩顶标高、桩身垂直度）。

(7) 周围环境监测的记录。

(8) 打（压）桩每一验收批记录。

技能图解 40　钢桩

技能结构框线图

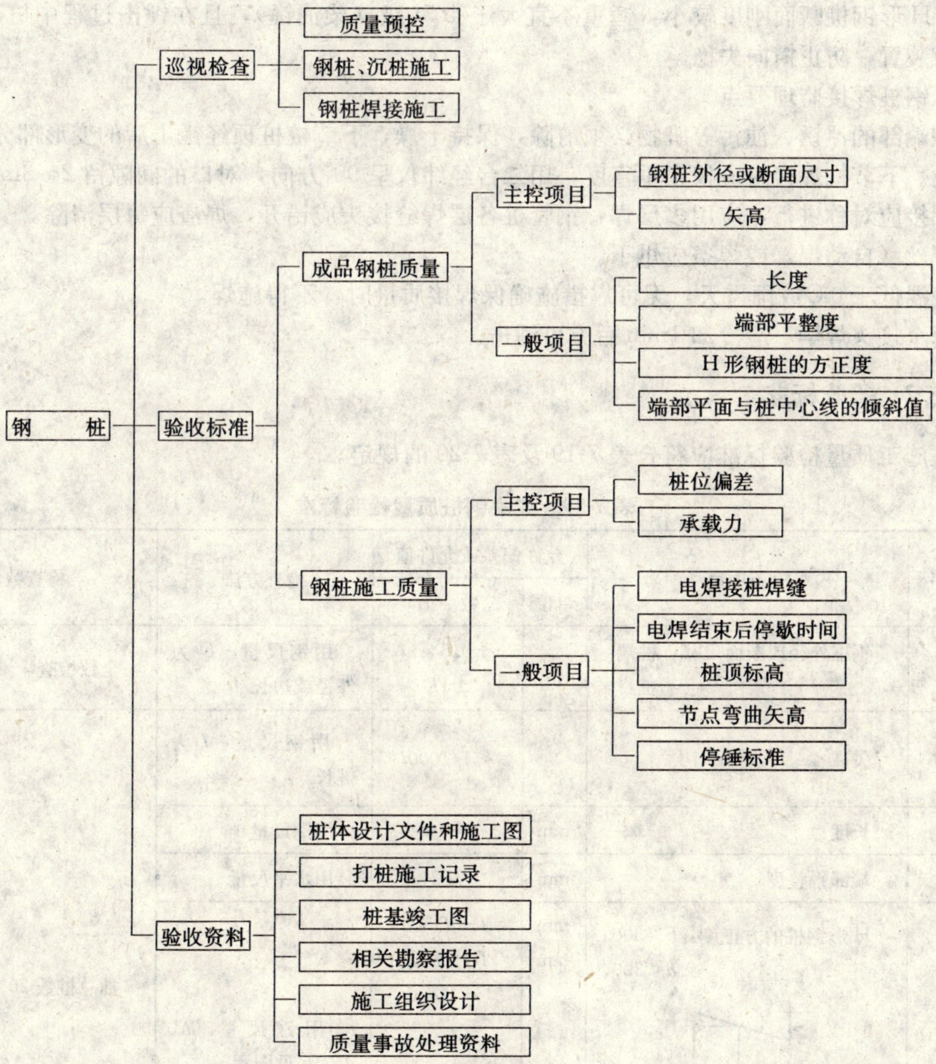

图 7-18　钢桩

技能要点 1：巡视检查

(1) 质量预控。

①施工前应检查进入现场的成品钢桩，成品桩的质量标准应符合表 7-19 的规定。

②钢桩要按规格、材质分别堆放。对于钢管桩，$\phi900$ 直径堆置三层；$\phi600$ 放置四层；$\phi400$ 放置五层；钢管桩的两侧要用木楔塞住，防止滚动。对于 H 形钢桩最多堆六层。桩的支点设置要合理，防止支点不妥而使钢管桩变形。

(2) 钢桩、沉桩监理要点。

①混凝土预制桩的沉桩过程各条质量要求均适用于钢桩施工。

②锤击沉桩时，应控制：

a. 钢管桩沉桩有困难，可采用管内取土法沉桩。

b. 沉 H 形钢桩时：

(a) 持力层较硬时，H 形钢桩不宜送桩。

(b) 在施工现场地表如有大块石、混凝土块等回填物，在插桩前用触探法了解桩位上的障碍物，清除障碍物后再插入 H 形钢桩，能保证沉桩顺利和桩垂直度正确。

(c) H 形钢桩断面刚度较小，锤重不宜大于 4.5t 级（柴油锤），且在锤击过程中桩架前应有横向约束装置，防止横向失稳。

(3) 钢桩焊接监理要点。

①桩端部的浮锈、油污等脏物必须清除，保持干燥；下节桩桩顶经锤击后的变形部分应割除。

②上、下节桩焊接时应校正垂直度，用二台经纬仪呈 90°方向，对口的间隙留 2～3mm。

③焊接应对称进行，应用多层焊，钢管桩各层焊缝接头应错开，焊渣应每层清除。

④焊丝（自动焊）或焊条应烘干。

⑤气温低于 0℃或雨雪天，无可靠措施确保焊接质量时，不得施焊。

⑥每个接头焊毕，应冷却 1min 后方可锤击。

技能要点 2：验收标准

钢桩施工质量检验标准应符合表 7-19 及表 7-20 的规定。

表 7-19 成品钢桩质量检验标准

项	序	检查项目	允许偏差或允许值		检查方法	检查数量
			单位	数值		
主控项目	1	钢桩外径或断面尺寸：桩端 桩身		$\pm0.5\%D$ $\pm1D$	用钢尺量，D 为外径或边长	全数检查
	2	矢高		$<1/1000l$	用钢尺量，l 为桩长	
一般项目	1	长度	mm	$+10$	用钢尺量	抽总桩数 20%
	2	端部平整度	mm	$\leqslant2$	用水平尺量	
	3	H 形钢桩的方正度：$h>300$ $h<300$ 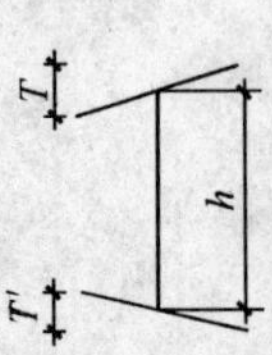	mm mm	$T+T'\leqslant8$ $T+T'\leqslant6$	用钢尺量，h、T、T' 见图示	
	4	端部平面与桩中心线的倾斜值	mm	$\leqslant2$	用水平尺量	

表 7-20　钢桩施工质量检验标准

项	序	检查项目	允许偏差或允许值		检查方法	检查数量
			单　位	数　值		
主控项目	1	桩位偏差	见《建筑地基基础工程施工质量验收规范》（GB 50202—2002）表 5.1.3		用钢尺量	按设计要求
	2	承载力	按基桩检测技术规范		按基桩检测技术规范	
一般项目	1	电焊接桩焊缝：				抽 20%接头
		（1）上下节端部错口				
		（外径≥700mm）	mm	≤3	用钢尺量	
		（外径＜700mm）	mm	≤2	用钢尺量	
		（2）焊缝咬边深度	mm	≤0.5	焊缝检查仪	
		（3）焊缝加强层高度	mm	2	焊缝检查仪	
		（4）焊缝加强层宽度	mm	2	焊缝检查仪	
		（5）焊缝电焊质量外观	无气孔，无焊瘤，无裂缝		直观	
		（6）焊缝探伤检验	满足设计要求		按设计要求	
	2	电焊结束后停歇时间	min	＞1.0	秒表测定	
	3	节点弯曲矢高		＜1/1000l	用钢尺量，l 为两节桩长	抽 20%总桩数
	4	桩顶标高	mm	±50	水准仪	
	5	停锤标准	设计要求		用钢尺量或沉桩记录	抽检 20%

技能要点 3：验收资料

（1）桩基设计文件和施工图，包括图纸会审纪要、设计变更等。

（2）桩位测量放线成果和验线表。

（3）工程地质和水文地质勘察报告。

（4）经审定的施工组织设计或施工方案，包括实施中的变更文件和资料。

（5）钢桩出厂合格证及钢桩技术性能资料。

（6）打桩施工记录，包括桩位编号图。

（7）桩基竣工图。

（8）成桩质量检验报告和承载力检验报告。

（9）质量事故处理资料。

技能图解 41　混凝土灌注桩

技能结构框线图

图 7-19　混凝土灌注桩

技能要点1：巡视检查

（1）施工前应对水泥、砂、石子（如现场搅拌）、钢材等原材料进行检查，对施工组织设计中制定的施工顺序、监测手段（包括仪器、方法）也应检查。

（2）施工中应对成孔、清渣、放置钢筋笼、灌注混凝土等进行全过程检查，人工挖孔桩尚应复验孔底持力层土（岩）性。嵌岩桩必须有桩端持力层的岩性报告。

（3）施工结束后，应检查混凝土强度，并应做桩体质量及承载力的检验。

技能要点2：验收标准

灌注桩的桩位偏差必须符合《建筑地基基础工程施工质量验收规范》（GB 50202—2002）表5.1.4的规定，桩顶标高至少要比设计标高高出0.5m桩底清孔质量按不同的成桩工艺有不同的要求，应按相关要求执行。每浇注50m³必须有1组试件，小于50m³的桩，每根桩必须有1组试件。

表7-21 混凝土灌注桩钢筋笼质量检验标准 (mm)

<table>
<tr><th>项</th><th>序</th><th>检查项目</th><th>允许偏差或允许值</th><th>检查方法</th><th>检查数量</th></tr>
<tr><td rowspan="2">主控项目</td><td>1</td><td>主筋间距</td><td>±10</td><td>用钢尺量</td><td>全数检查</td></tr>
<tr><td>2</td><td>长度</td><td>±100</td><td>用钢尺量</td><td>全数检查</td></tr>
<tr><td rowspan="3">一般项目</td><td>1</td><td>钢筋材质检验</td><td>设计要求</td><td>抽样送检</td><td>按进场的批次和产品的抽样检验方案确定</td></tr>
<tr><td>2</td><td>箍筋间距</td><td>±20</td><td>用钢尺量</td><td rowspan="2">抽20%桩数</td></tr>
<tr><td>3</td><td>直径</td><td>±10</td><td>用钢尺量</td></tr>
</table>

表7-22 混凝土灌注桩质量检验标准

<table>
<tr><th rowspan="2">项</th><th rowspan="2">序</th><th rowspan="2">检查项目</th><th colspan="2">允许偏差或允许值</th><th rowspan="2">检查方法</th><th rowspan="2">检查数量</th></tr>
<tr><th>单位</th><th>数值</th></tr>
<tr><td rowspan="3">主控项目</td><td>1</td><td>桩位</td><td colspan="2">见《建筑地基基础工程施工质量验收规范》（GB 50202—2002）表5.1.4</td><td>基坑开挖前量护筒，开挖后量桩中心</td><td rowspan="2">全数检查</td></tr>
<tr><td>2</td><td>孔深</td><td>mm</td><td>+300</td><td>只深不浅，用重锤测，或测钻杆、套管长度，嵌岩桩应确保进入设计要求的嵌岩深度</td></tr>
<tr><td>3</td><td>桩体质量检验</td><td colspan="2">按基桩检测技术规范。如钻芯取样，大直径嵌岩桩应钻至桩尖下50cm</td><td>按基桩检测技术规范</td><td>按设计要求</td></tr>
<tr><td rowspan="2">主控项目</td><td>4</td><td>混凝土强度</td><td colspan="2">设计要求</td><td>试件报告或钻芯取样送检</td><td>每浇筑50m²必须有1组试件，小于50m³的桩，每根或每台班必须有1组试件</td></tr>
<tr><td>5</td><td>承载力</td><td colspan="2">按基桩检测技术规范</td><td>按基桩检测技术规范</td><td>按设计要求</td></tr>
</table>

表 7-22（续）

项	序	检查项目	允许偏差或允许值		检查方法	检查数量
			单位	数值		
一般项目	1	垂直度	见《建筑地基基础工程施工质量验收规范》（GB 50202—2002）表 5.1.4		测套管或钻杆，或用超声波探测，干施工时吊垂球	全数检查
	2	桩径	见《建筑地基基础工程施工质量验收规范》（GB 50202—2002）表 5.1.4		井径仪或超声波检测，干施工时用钢尺量，人工挖孔桩不包括内衬厚度	
	3	泥浆比重（黏土或砂性土中）	1.15～1.20		用比重计测，清孔后在距孔底 50cm 处取样	
	4	泥浆面标高（高于地下水位）	m	0.5～1.0	目测	
	5	沉渣厚度：端承桩 摩擦桩	mm mm	≤50 ≤150	用沉渣仪或重锤测量	
	6	混凝土坍落度：水下灌注 干施工	mm mm	160～220 70～100	坍落度仪	每 $50m^3$ 或一根桩或一台班不少于 1 次
	7	钢筋笼安装深度	mm	±100	用钢尺量	全数检查
	8	混凝土充盈系数	>1		检查每根桩的实际灌注量	
	9	桩顶标高	mm	+30 −50	水准仪，需扣除桩顶浮浆层及劣质桩体	

技能要点 3：验收记录

（1）桩设计图纸、施工说明和地质资料。

（2）当地无成熟经验时必须提供试成孔资料。

（3）材料合格证和到施工现场后复试试验报告。

（4）灌注桩从开孔至混凝土灌注的各工序施工记录。

（5）隐蔽工程验收记录。

（6）单桩混凝土试件试压报告。

（7）桩体完整性测试报告。

（8）桩承载力测试报告。

（9）混凝土灌注桩钢筋笼质量检验记录。

（10）灌注桩平面位置和垂直度检验记录。

（11）混凝土灌注桩质量检验记录。

（12）混凝灌注桩竣工桩位平面图。

技能图解 42　土方开挖工程

技能结构框线图

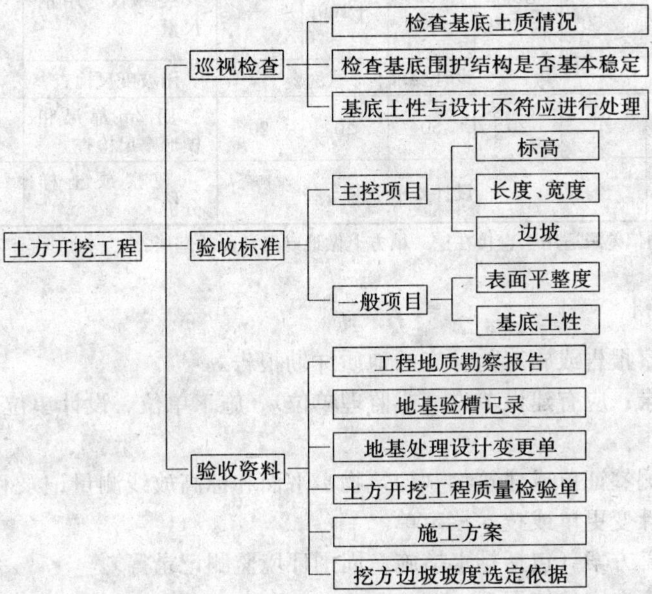

图 7-20　土方开挖工程

技能要点 1：巡视检查

（1）检查基底的土质情况，特别是土质与承载力是否与设计相符。

（2）通过施工变形监测，检查基底围护结构是否基本稳定。

（3）当基底为砂或软黏土时，应督促施工单位按设计要求，及时铺碎石、卵石，其厚度不小于 20cm，对下沉尚未稳定的沉井，其刃脚下还应密垫块石。

（4）如遇有局部超挖时，不能允许施工单位用素土回填，一般应用封底的混凝土加厚填平。

（5）如发现基底土体仍有松土或有水井、古河、古湖、橡皮土或局部硬土（硬物）等，应与施工单位、设计单位共同协商，根据具体情况，采用相应的处理措施。

技能要点 2：验收标准

土方开挖工程的质量检验标准应符合表 7-23 的规定。

表 7-23　土方开挖工程质量检验标准　(mm)

项	序	项　目	允许偏差或允许值					检验方法	检查数量
			柱基基坑基槽	挖方场地平整		管沟	地（路）面基层		
				人工	机械				
主控项目	1	标高	－50	±30	±50	－50	－50	水准仪	柱基按总数抽查 10%，但不少于 5 个，每个不少于 2 点；基坑每 20m² 取 1 点，每坑不少于 2 点；基槽、管沟、排水沟、路面基层每 20m 取 1 点，但不少于 5 点；挖方每 30～50m² 取 1 点，但不少于 5 点

表 7-23（续）

项	序	项　目	允许偏差或允许值					检验方法	检查数量
			柱基基坑基槽	挖方场地平整		管沟	地（路）面基层		
				人工	机械				
主控项目	2	长度、宽度（由设计中心线向两边量）	+200 −50	+300 −100	+500 −150	+100	—	经纬仪，用钢尺量	每 20m 取 1 点，每边不少于 1 点
	3	边坡	设计要求					用坡度尺检查	
一般项目	1	表面平整度	20	20	50	20	20	用 2m 靠尺和楔形塞尺检查	每 30～50m^2 取 1 点
	2	基底土性	设计要求					观察或土样分析	全数观察检查

注：地（路）面基层的偏差只适用于直接在挖、填方上做地（路）面的基层。

技能要点 3：验收资料

（1）工程地质勘察报告或施工前补充的地质详勘报告。

（2）地基验槽记录：应有建设单位（或监理单位）、施工单位、设计单位、勘察单位签署的检验意见。

（3）规划红线放测签证单或建筑物（构筑物）平面和标高放线测量记录和复核单。

（4）地基处理设计变更单或技术核定单。

（5）土方工程施工方案（包括排水措施、周围环境监测记录等）。

（6）挖方边坡坡度选定的依据。

（7）施工过程排水监测记录。

（8）土方开挖工程质量检验单。

技能图解 43　土方回填工程

技能结构框线图

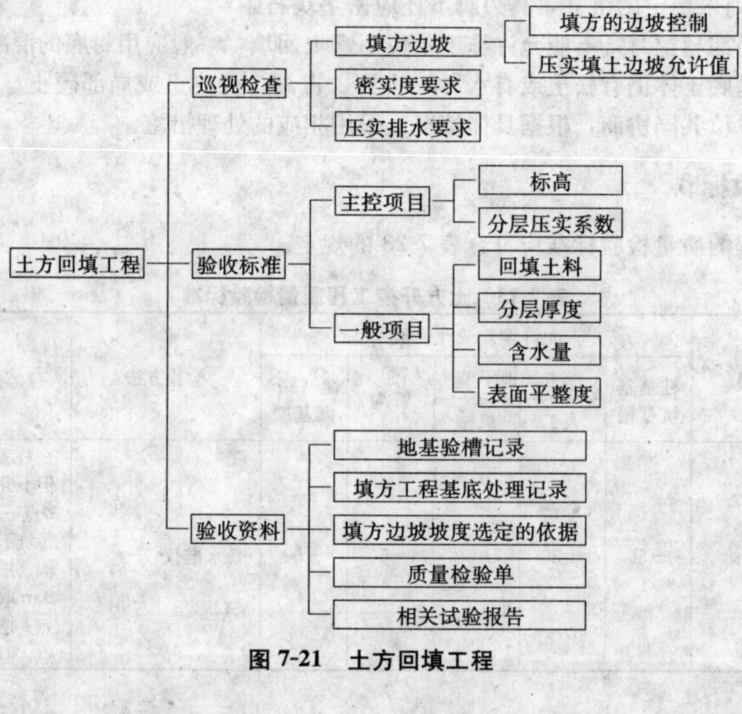

图 7-21　土方回填工程

技能要点1：巡视检查

(1) 填方边坡。

①填方的边坡坡度应根据填方高度、土的种类和其重要性在设计中加以规定，当设计无规定时，可按表7-24和表7-25采用。

②对使用时间较长的临时性填方边坡坡度，当填方高度小于10m时，可采用1∶1.5；超过10m，可做成折线形，上部采用1∶1.5，下部采用1∶1.75。

表7-24　填方的边坡控制

项次	土的种类	填方高度（m）	边坡坡度
1	黏土类土、黄土、类黄土	6	1∶1.50
2	粉质黏土、泥灰岩土	6～7	1∶1.50
3	中砂和粗砂	10	1∶1.50
4	砾石和碎石土	10～12	1∶1.50
5	易风化的岩土	12	1∶1.50
6	轻微风化、尺寸在25cm内的石料	6以内 6～12	1∶1.33 1∶1.50
7	轻微风化、尺寸大于25cm的石料，边坡用最大石块、分排整齐铺砌	12以内	1∶1.50～1∶0.75
8	轻微风化、尺寸大于40cm的石料，其边坡分排整齐	5以内 5～10 >10	1∶0.50 1∶0.65 1∶1.00

注：1. 当填方高度超过本表规定限值时，其边坡可做成折线形，填方下部的边坡坡度应为1∶1.75～1∶2.00。

2. 凡永久性填方，土的种类未列入本表者，其边坡坡度不得大于$\phi+45°/2$，ϕ为土的自然倾斜角。

表7-25　压实填土的边坡允许值

填料类别	压实系数 λ_c	边坡允许值（高宽比）			
		填料厚度 H/m			
		$H\leqslant5$	$5<H\leqslant10$	$10<H\leqslant15$	$15<H\leqslant20$
碎石、卵石	0.94～0.97	1∶1.25	1∶1.50	1∶1.75	1∶2.00
砂夹石（其中碎石、卵石占全重30%～50%）	0.94～0.97	1∶1.25	1∶1.50	1∶1.75	1∶2.00
土夹石（其中碎石、卵石占全重30%～50%）	0.94～0.97	1∶1.25	1∶1.50	1∶1.75	1∶2.00
粉质黏土、粘粒含量$\rho_c\geqslant10\%$的粉土	0.94～0.97	1∶1.50	1∶1.75	1∶2.00	1∶2.25

注：当压实填土厚度大于20m时，可设计成台阶进行压实填土的施工。

(2) 密实度要求　填方的密实度要求和质量指标通常以压实系数λ_c表示。压实系数为土的控制（实际）干土密度ρ_d与最大干土密度ρ_{dmax}的比值。最大干土密度ρ_{dmax}是当最优含水量时，通过标准的击实方法确定的。密实度要求一般由设计根据工程结构性质、使用要求以及土的性质确定，如未作规定，可参考表7-26数值。

表 7-26 压实填土的质量控制

<table>
<tr><th>结构类型</th><th>填土部位</th><th>压实系数 λ_c</th><th>控制含水量（%）</th></tr>
<tr><td rowspan="2">砌体承重结构和框架结构</td><td>在地基主要受力层范围内</td><td>≥0.97</td><td rowspan="2">$w_{op}\pm2$</td></tr>
<tr><td>在地基主要受力层范围以下</td><td>≥0.95</td></tr>
<tr><td rowspan="2">排架结构</td><td>在地基主要受力层范围内</td><td>≥0.96</td><td rowspan="2">$w_{op}\pm2$</td></tr>
<tr><td>在地基主要受力层范围以下</td><td>≥0.94</td></tr>
</table>

注：1. 压实系数 λ_c 为压实填土的控制干密度 ρ_d 与最大干密度 ρ_{dmax}的比值，w_{op}为最优含水量。

2. 地坪垫层以下及基础底面标高以上的压实填土，压实系数不应小于 0.94。

(3) 压实排水要求。

①填土层如有地下水或滞水时，应在四周设置排水沟和集水井，将水位降低。

②已填好的土如遭水浸，应把稀泥铲除后，方能进行下一道工序。

③填土区应保持一定横坡，或中间稍高两边稍低，以利排水。当天填土，应在当天压实。

技能要点 2：验收标准

填土工程质量检验标准应符合表 7-27 的规定。

表 7-27 填土工程质量检验标准 (mm)

<table>
<tr><th rowspan="3">项</th><th rowspan="3">序</th><th rowspan="3">项　目</th><th colspan="5">允许偏差或允许值</th><th rowspan="3">检验方法</th><th rowspan="3">检验数量</th></tr>
<tr><th rowspan="2">柱基基坑基槽</th><th colspan="2">场地平整</th><th rowspan="2">管沟</th><th rowspan="2">地（路）面基层</th></tr>
<tr><th>人工</th><th>机械</th></tr>
<tr><td rowspan="2">主控项目</td><td>1</td><td>标高</td><td>−50</td><td>±30</td><td>±50</td><td>−50</td><td>−50</td><td>水准仪</td><td>柱基按总数抽查 10%，但不少于 5 个，每个不少于 2 点；基坑每 20m² 取 1 点，每坑不少于 2 点；基槽、管沟、排水沟、路面基层每 20m 取 1 点，但不少于 5 点；场地平整每 100～400m² 取 1 点，但不少于 10 点。用水准仪检查</td></tr>
<tr><td>2</td><td>分层压实系数</td><td colspan="5">设计要求</td><td>按规定方法</td><td>密实度控制基坑和室内填土，每层按 100～500m² 取样一组；场地平整填方，每层按 400～900m² 取样一组；基坑和管沟回填每 20～50m² 取样一组，但每层均不得少于一组，取样部位在每层压实后的下半部</td></tr>
<tr><td rowspan="3">一般项目</td><td>1</td><td>回填土料</td><td colspan="5">设计要求</td><td>取样检查或直观鉴别</td><td>同一土场不少于 1 组</td></tr>
<tr><td>2</td><td>分层厚度及含水量</td><td colspan="5">设计要求</td><td>水准仪及抽样检查</td><td>分层铺土厚度检查每10～20mm 或 100～200m² 设置一处。回填料实测含水量与最佳含水量之差，黏性土控制在−4%～+2%范围内，每层填料均应抽样检查一次，由于气候因素使含水量发生较大变化时应再抽样检查</td></tr>
<tr><td>3</td><td>表面平整度</td><td>20</td><td>20</td><td>30</td><td>20</td><td>20</td><td>用靠尺或水准仪</td><td>每 30～50m² 取 1 点</td></tr>
</table>

技能要点 3：验收资料

（1）地基验槽记录：应有建设单位（或监理单位）、施工单位、设计单位、勘察单位签署的检验意见。

（2）填方工程基底处理记录。

（3）规划红线放测签证单或建筑物（构筑物）平面和标高放线测量记录和复核单。

（4）地基处理设计变更单或技术核定单。

（5）隐蔽工程验收记录。

（6）回填土料取样检查或工地直观鉴别记录。

（7）填筑厚度及压实遍数取值的根据或试验报告。

（8）最优含水量选定根据或试验报告。

（9）填土边坡坡度选定的依据。

（10）每层填土分层压实系数测试报告和取样分布图。

（11）土方回填工程质量检验单。

技能图解 44 基坑排桩墙支护工程

技能结构框线图

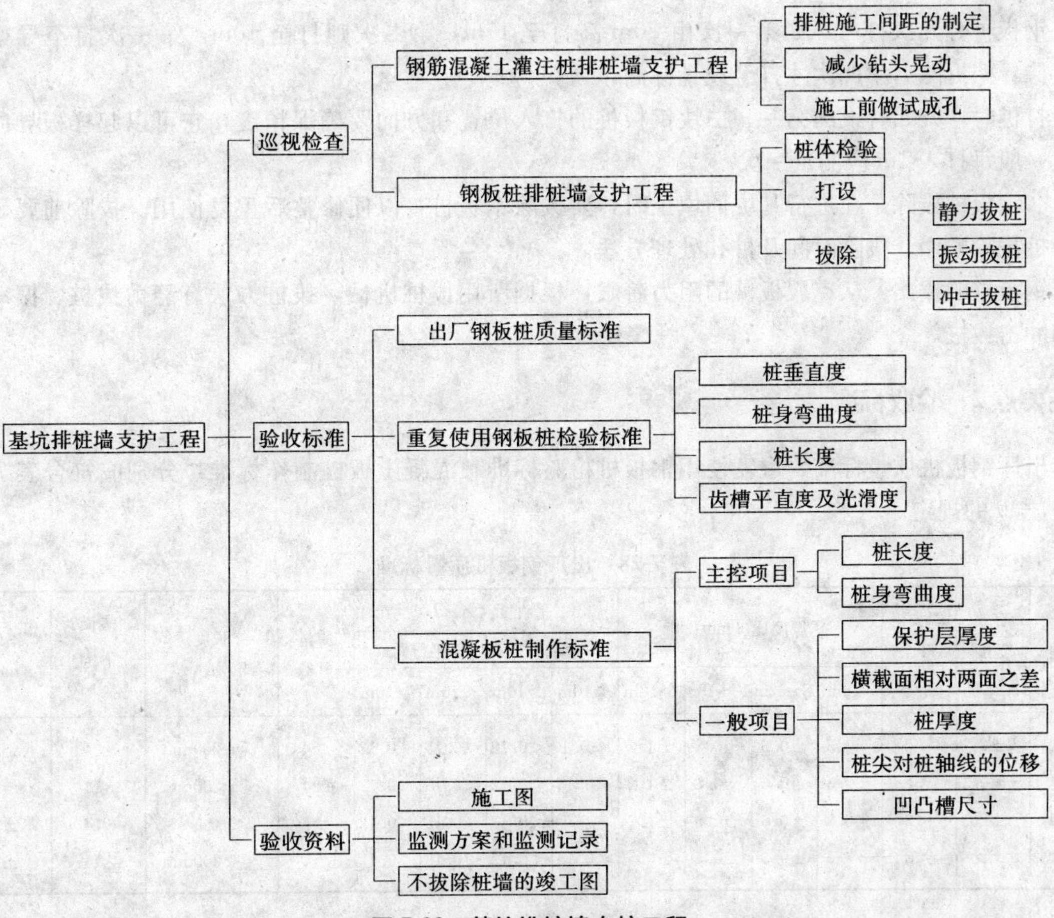

图 7-22 基坑排桩墙支护工程

技能要点 1：巡视检查

(1) 钢筋混凝土灌注桩排桩墙支护工程。

①用于排桩墙的灌注桩，成排施工顺序应根据土质情况制订排桩施工间隔距离，防止后续施工桩机具破坏已完成桩的桩身混凝土。

②在成孔机械的选择上，尽量选用有导向装置的机具，减少钻头晃动造成的扩径而影响邻桩钻进施工。

③施工前做试成孔，决定不同土层孔径和转速的关系参数，按试成孔获得的参数钻进，防止扩孔（以上测试打桩单位自检完成，不需另外检测）。

④当用水泥土搅拌桩作隔水帷幕时，应先施工水泥土搅拌桩。

(2) 钢板桩排桩墙支护工程。

①钢板桩检验。钢板桩材质检验和外观检验，对焊接钢板桩，尚需进行焊接部位的检验。对用于基坑临时支护结构的钢板桩，主要进行外观检验，并对不符合形状要求的钢板桩进行矫正，以减少打桩过程中的困难。

②钢板桩的打设。先用吊车将钢板桩吊至插桩点处进行插桩，插桩时锁口要对准，每插入一块即套上桩帽轻轻加以锤击。在打桩过程中，为保证钢板桩的垂直度，用两台经纬仪在两个方向加以控制。为防止锁口中心线平面位移，可在打桩进行方向的钢板桩锁口处设卡板，阻止板桩位移。同时在围檩上预先算出每块板块的位置，以便随时检查校正。

钢板桩分几次打入，如第一次由 20m 高打至 15m，第二次则打至 10m，第三次打至导梁高度，待导架拆除后第四次才打至设计标高。

打桩时，开始打设的第一、二块钢板桩的打入位置和方向要确保精度，它可以起样板导向作用，一般每打入 1m 应测量一次。

③钢板桩拔除。在进行基坑回填土时，要拔除钢板桩，以便修整后重复使用。拔除前要研究钢板桩拔除顺序、拔除时间及桩孔处理方法。

钢板桩的拔出，从克服板桩的阻力着眼，根据所用拔桩机械，拔桩方法有静力拔桩、振动拔桩和冲击拔桩。

技能要点 2：验收标准

出厂钢板桩质量标准、重复使用钢板桩检验标准、混凝土板桩制作标准，分别应符合表 7-28 至表 7-30 的规定。

表 7-28 出厂钢板桩质量标准

桩型	有效宽度 b（%）	端头矩形比（mm）	厚度比（mm）				平直度（%·L）				质量（%）	长度 L	表面欠陷（%·δ）	锁口（mm）
							垂直向		平行向					
			<8m	8～12m	12～18m	>18m	<10m	>10m	<10m	>10m				
U型	±2	<2	±0.5	±0.6	±0.8	±1.2	<0.1	<0.12	<0.15	<0.12	±4	≤±200mm	<4	±2
Z型	-1～+3	<2	±0.5	±0.6	±0.8	±1.2	<0.15	<0.12	<0.15	<0.12	±4	≤±200mm	<4	±2
箱型	±2	<2	±0.5	±0.6	±0.8	±1.2	<0.1	<0.12	<0.15	<0.12	±4	≤±4%	<4	±2
直线型	±2	<2	±0.5	±0.5	±0.5	±0.5	<0.15	<0.12	<0.15	<0.12	±4	≤±200mm	<4	±2

表 7-29　重复使用的钢板桩检验标准

序	检查项目	允许偏差或允许值		检查方法	检验数量
		单　位	数　值		
1	桩垂直度	%	<1	用钢尺量	全数检查
2	桩身弯曲度	<2%L		用钢尺量，L 为桩长	全数检查
3	齿槽平直度及光滑度	无电焊渣或毛刺		用 1m 长的桩段做通过试验	全数检查
4	桩　长　度	不小于设计长度		用钢尺量	全数检查

表 7-30　混凝土板桩制作标准

项	序	检查项目	允许偏差或允许值		检查方法	检查数量
			单　位	数　值		
主控项目	1	桩长度	mm	+10 0	用钢尺量	全数检查
	2	桩身弯曲度		<0.1%L	用钢尺量，L 为桩长	全数检查
一般项目	1	保护层厚度	mm	±5	用钢尺量	抽 10%桩
	2	模截面相对两面之差	mm	5	用钢尺量	抽 10%桩
	3	桩尖对桩轴线的位移	mm	10	用钢尺量	抽 10%桩
	4	桩厚度	mm	+10 0	用钢尺量	抽 10%桩
	5	凹凸槽尺寸	mm	±3	用钢尺量	抽 10%桩

技能要点 3：验收资料

（1）经审批支护结构方案，施工图。

（2）有资质单位出具的监测方案和监测记录。

（3）不拔除桩墙的竣工图。

（4）施工过程突发事故处理措施和实施记录。

技能图解 45　基坑水泥土桩墙支护工程

技能结构框线图

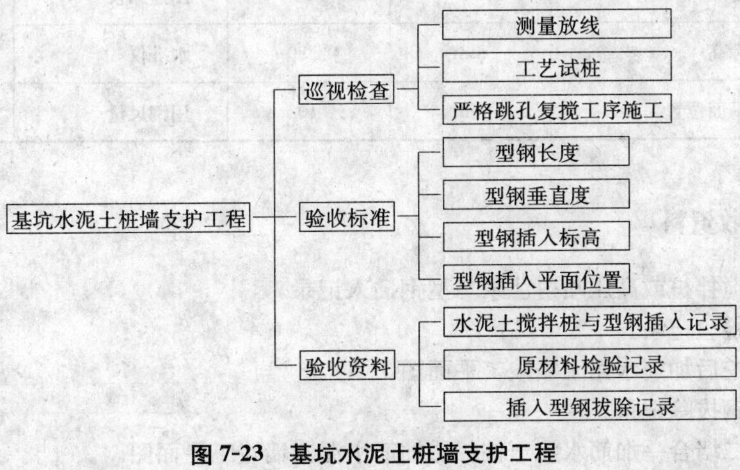

图 7-23　基坑水泥土桩墙支护工程

技能要点1：巡视检查

加筋水泥土搅拌桩的检查：

(1) 测量放线分三个层次做，先放出工程轴线；根据工程轴线放出加筋水泥土搅拌桩墙的轴线，请有关方确认工程轴线与加筋水泥土轴线的间隔距离；根据已确认的加筋水泥土搅拌桩墙轴线，放出加筋水泥土搅拌桩墙施工沟槽的位置，应考虑施工垂直度偏差值和确保内衬结构施工达到规范标准。

(2) 对加筋水泥搅拌桩墙位置要求严格的工程，施工沟槽开挖后应放好定位型钢，施工每一根插入型钢时予以对比调整。

(3) 水泥土搅拌事先做工艺试桩，确定搅拌机钻孔下沉、提升速度，严格控制喷浆速度与下沉、提升速度匹配，并做到原状土充分破碎、水泥浆与原状土拌合均匀。

(4) 当发生输浆管堵塞时，在恢复喷浆时立即把搅拌钻具上提或下沉1.0m后再继续注浆，重新注浆时应停止下沉或提升10～20s喷浆，以保证接桩强度和均匀性。

(5) 严格跳孔复搅工序施工。

(6) 插入型钢应均匀地涂刷减摩剂。

(7) 水泥土搅拌结束后，型钢起吊，用经纬仪调整型钢的垂直度，达到垂直度要求后下插型钢，利用水准仪控制型钢的顶标高，保证型钢的插入深度，型钢的对接接头应放在土方开挖标高以下。

技能要点2：验收标准

加筋水泥土桩应符合表7-31的规定。

表7-31　加筋水泥土桩质量检验标准

序号	检查项目	允许偏差或允许值		检查方法	检验数量
		单位	数值		
1	型钢长度	mm	±10	用钢尺量	全数检查
2	型钢垂直度	%	<1	用经纬仪	
3	型钢插入标高	mm	±30	水准仪	
4	型钢插入平面位置	mm	10	用钢尺量	

技能要点3：验收资料

(1) 水泥土搅拌桩或高压喷射注浆与型钢插入记录。

(2) 原材料检验记录。

(3) 土方开挖后加筋水泥土墙竣工平面图。

(4) 插入型钢拔除记录。

(5) 对于非二墙合一加筋水泥土桩仅需加筋水泥土墙竣工平面图。

技能图解 46　基坑锚杆及土钉墙支护工程

技能结构框线图

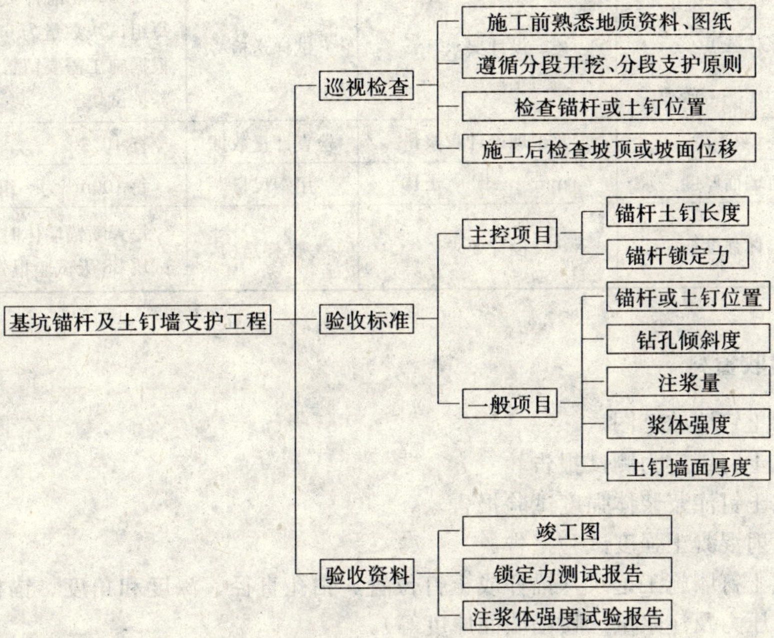

图 7-24　基坑锚杆及土钉墙支护工程

技能要点 1：巡视检查

（1）锚杆及土钉墙支护工程施工前应熟悉地质资料、设计图纸及周围环境，降水系统应确保正常工作，必需的施工设备如挖掘机、钻机、压浆泵、搅拌机等应能正常运转。

（2）一般情况下，应遵循分段开挖、分段支护的原则，不宜按一次挖就再行支护的方式施工。

（3）施工中应对锚杆或土钉位置，钻孔直径、深度及角度，锚杆或土钉插入长度，注浆配比、压力及注浆量，喷锚墙面厚度及强度、锚杆或土钉应力等进行检查。

（4）每段支护体施工完后，应检查坡顶或坡面位移，坡顶沉降及周围环境变化，如有异常情况应采取措施，恢复正常后方可继续施工。

技能要点 2：验收标准

锚杆及土钉墙支护工程质量检验标准见表 7-32。

表 7-32　锚杆及土钉墙支护工程质量检验标准

项	序	检查项目	允许偏差或允许值		检查方法	检验数量
			单位	数值		
主控项目	1	锚杆土钉长度	mm	±30	用钢尺量	全数检查
	2	锚杆锁定力	设计要求		现场实测	全数检查

表 7-32（续）

项	序	检查项目	允许偏差或允许值		检查方法	检验数量
			单 位	数 值		
一般项目	1	锚杆或土钉位置	mm	±100	用钢尺量	抽 10%
	2	钻孔倾斜度	°	±1	测钻机倾角	抽 10%孔位
	3	浆体强度	设计要求		试样送检	每 30 根锚杆或土钉不少于一组，每组试块数量为 6 块。同时锚杆尚应根据施工需要留置一定数量的同条件养护试块
	4	注 浆 量	大于理论计算浆量		检查计量数据	查 10%
	5	土钉墙面厚度	mm	±10	用钢尺量	每 $100m^2$ 为一组，每组不少于 3 点
	6	墙体强度	设计要求		试样送检	每天喷锚墙体时，留一组试块检查试块 28 天试验报告

技能要点 3：验收资料

（1）锚杆和土钉墙竣工图。

（2）锚杆或土钉锁定力测试报告。

（3）锚杆或土钉注浆浆体强度试验报告。

（4）墙面喷射混凝土强度试验报告。

（5）锚杆或土钉墙施工记录（锚杆或土钉位置、钻孔直径、深度和角度、锚杆或土钉插入长度、注浆配比、压力及注浆量、喷锚墙面厚度等）。

技能图解 47　钢或混凝土支撑系统

技能结构框线图

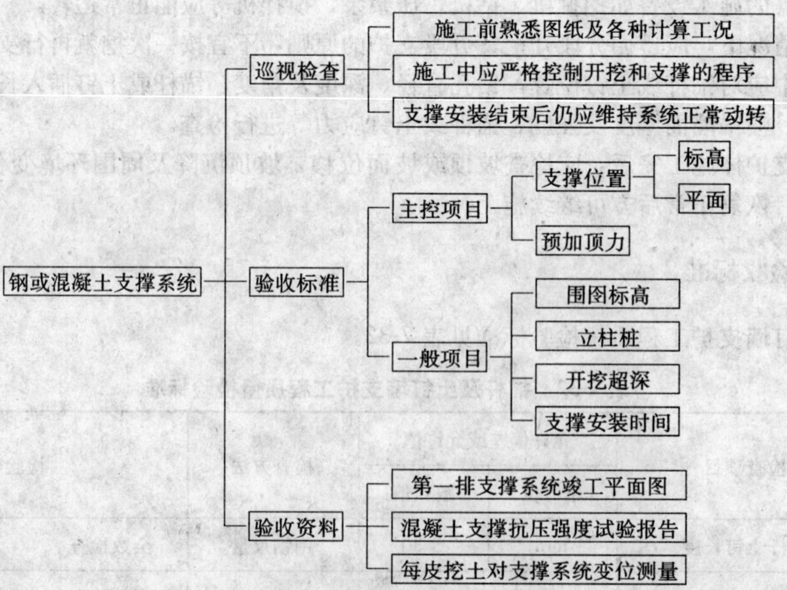

图 7-25　钢或混凝土支撑系统

技能要点 1：巡视检查

（1）施工前应熟悉支撑系统的图纸及各种计算工况，掌握开挖及支撑设置的方式、预顶力及周围环境保护的要求。

（2）施工过程中应严格控制开挖和支撑的程序及时间，对支撑的位置（包括立柱及立柱桩的位置）、每层开挖深度、预加顶力（如需要时）、钢围囹与围护体或支撑与围囹的密贴度应做周密检查。

（3）全部支撑安装结束后，仍应维持整个系统的正常运转直至支撑全部拆除。

（4）作为永久性结构的支撑系统尚应符合现行国家标准《混凝土结构工程施工质量验收规范》（GB 50204）的要求。

技能要点 2：验收标准

钢及混凝土支撑系统工程质量检验标准应符合表 7-33 的规定。

表 7-33　钢及混凝土支撑系统工程质量检验标准

项	序	检查项目	允许偏差或允许值		检查方法	检查数量
			单　位	数　量		
主控项目	1	支撑位置：标高 平面	mm mm	30 100	水准仪 用钢尺量	全数检查（每道支撑不少于 3 点）
	2	预加顶力	kN	±50	油泵读数或传感器	全数检查
一般项目	1	围囹标高	mm	30	水准仪	直线段每 10m 测 1 点，每边不少于 2 点；曲线段拐点全部测，圆弧至少测 4 点，一圈围囹至少测 4 点
	2	立柱桩	设计要求		设计要求	设计要求
	3	立柱位置：标高 平面	mm mm	30 50	水准仪 用钢尺量	全数检查
	4	开挖超深（开槽放支撑不在此范围）	mm	<200	水准仪	每 30～50m^3 不少于 1 点，开槽放支撑可不遵守此规定
	5	支撑安装时间	设计要求		用钟表估测	全数检查

技能要点 3：验收资料

（1）第一排支撑系统（包括围囹、支撑、立柱、立柱桩平面中钢格构柱位置）竣工平面图。

（2）混凝土支撑抗压强度试验报告。

（3）每皮挖土对支撑系统变位的测量。

（4）每排支撑系统完成后按钢及混凝土支撑系统质量检验标准的检验记录。

技能图解 48 基坑地下连续墙工程

技能结构框线图

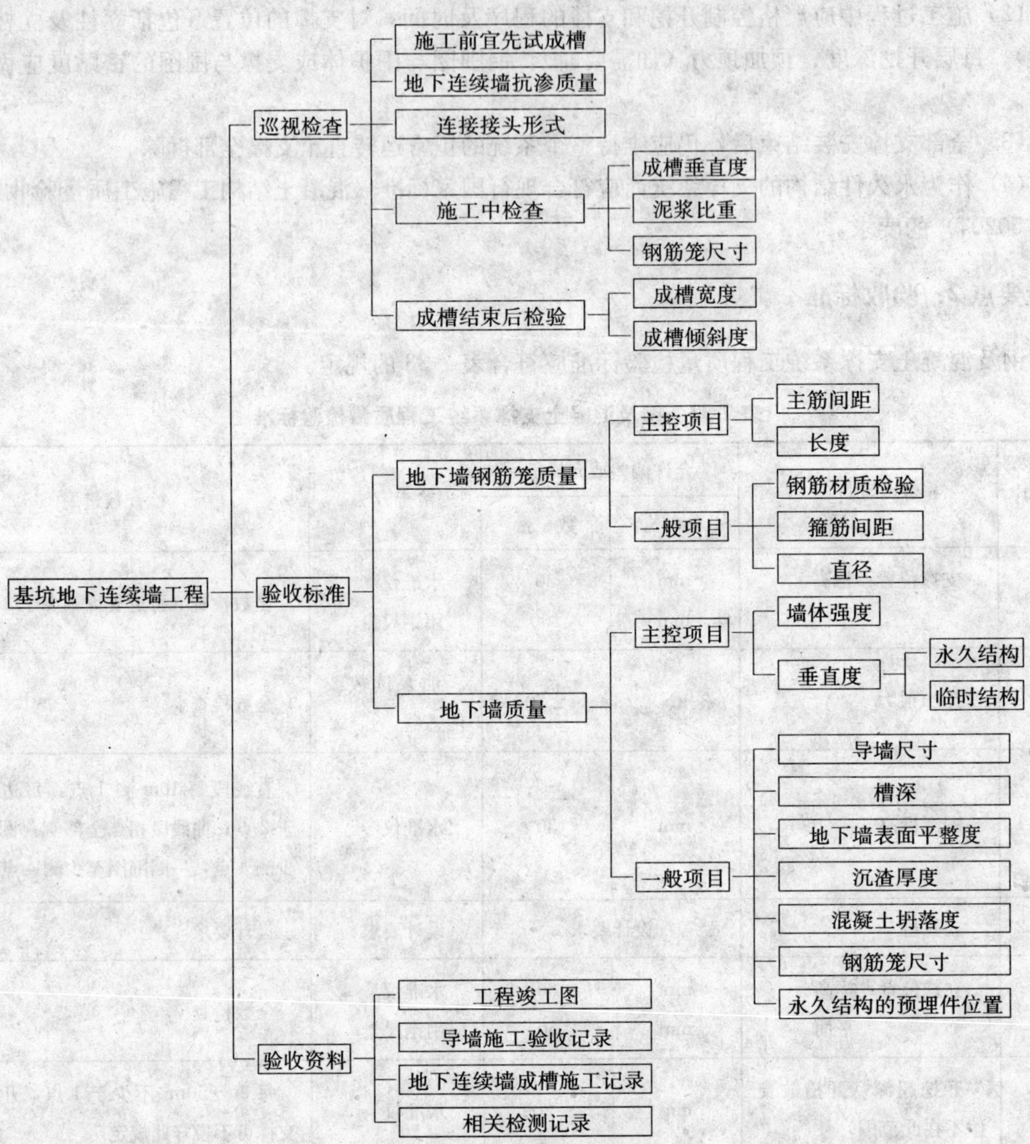

图 7-26 基坑地下连续墙工程

技能要点 1：巡视检查

(1) 地下墙施工前宜先试成槽，以检验泥浆的配比、成槽机的选型并可复核地质资料。

(2) 作为永久结构的地下连续墙，其抗渗质量标准可按现行国家标准《地下防水工程施工质量验收规范》(GB 50208) 执行。

(3) 地下墙槽段间的连接接头形式，应根据地下墙的使用要求选用，且应考虑施工单位的经验，无论选用何种接头，在浇注混凝土前，接头处必须刷洗干净，不留任何泥砂或污物。

(4) 地下墙与地下室结构顶板、楼板、底板及梁之间连接可预埋钢筋或接驳器（锥螺纹或直螺纹），对接驳器也应按原材料检验要求，抽样复验。数量每 500 套为一个检验批，每批应抽查 3

件，复验内容为外观、尺寸、抗拉试验等。

(5) 施工前应检验进场的钢材、电焊条。已完工的导墙应检查其净空尺寸，墙面平整度与垂直度。检查泥浆用的仪器、泥浆循环系统应完好。地下连续墙应用商品混凝土。

(6) 施工中应检查成槽的垂直度、槽底的淤积物厚度、泥浆比重、钢筋笼尺寸、浇注导管位置、混凝土上升速度、浇注面标高、地下墙连接面的清洗程度、商品混凝土的坍落度、锁口管或接头箱的拔出时间及速度等。

(7) 成槽结束后应对成槽的宽度、深度及倾斜度进行检验，重要结构每段槽段都应检查，一般结构可抽查总槽段数的 20%，每槽段应抽查 1 个段面。

(8) 永久性结构的地下墙，在钢筋笼沉放后，应做二次清孔，沉渣厚度应符合要求。

(9) 每 $50m^3$ 地下墙应做 1 组试件，每幅槽段不得少于 1 组，在强度满足设计要求后方可开挖土方。

(10) 作为永久性结构的地下连续墙，土方开挖后应进行逐段检查，钢筋混凝土底板也应符合现行国家标准《混凝土结构工程施工质量验收规范》(GB 50204) 的规定。

技能要点 2：验收标准

地下墙的钢筋笼检验标准、地下墙质量检验标准应符合表 7-34 及表 7-35 的规定。

表 7-34　地下墙钢筋笼质量检验标准　(mm)

项	序	检查项目	允许偏差或允许值	检查方法	检查数量
主控项目	1	主筋间距	±10	用钢尺量	每桩必检
	2	长度	±100	用钢尺量	每桩必检
一般项目	1	钢筋材质检验	设计要求	抽样送检	按进场的批次和产品的抽样检验方案确定
	2	箍筋间距	±20	用钢尺量	抽 20%桩数
	3	直径	±10	用钢尺量	抽 20%桩数

表 7-35　地下墙质量检验标准

<table>
<tr><th rowspan="2">项</th><th rowspan="2">序</th><th rowspan="2" colspan="2">检查项目</th><th colspan="2">允许偏差或允许值</th><th rowspan="2">检查方法</th><th rowspan="2">检查数量</th></tr>
<tr><th>单 位</th><th>数 值</th></tr>
<tr><td rowspan="2">主控项目</td><td>1</td><td colspan="2">墙体强度</td><td colspan="2">设计要求</td><td>查试件记录或取芯试压</td><td>50m³ 或每幅槽段不少于 1 组试块</td></tr>
<tr><td>2</td><td colspan="2">垂直度：永久结构
临时结构</td><td></td><td>1/300
1/150</td><td>测声波测槽仪或成槽机上的监测系统</td><td>抽查总槽段数的 20%以上；重要结构（永久性）应全数检查，每个槽段抽查一个段面</td></tr>
<tr><td rowspan="5">一般项目</td><td rowspan="3">1</td><td rowspan="3">导墙尺寸</td><td>宽　度</td><td>mm</td><td>W+40</td><td>用钢尺量，W 为地下墙设计厚度</td><td rowspan="3">全数检查，且每段不少于 5 点</td></tr>
<tr><td>墙面平整度</td><td>mm</td><td><5</td><td>用钢尺量</td></tr>
<tr><td>导墙平面位置</td><td>mm</td><td>±10</td><td>用钢尺量</td></tr>
<tr><td>2</td><td colspan="2">沉渣厚度：永久结构
临时结构</td><td>mm
mm</td><td>≤100
≤200</td><td>重锤测或沉积物测定仪侧</td><td>抽查总槽段数的 20%以上；重要结构（永久性）应全数，检查每个槽段抽查一个段面</td></tr>
<tr><td>3</td><td colspan="2">槽深</td><td>mm</td><td>+100</td><td>重锤测</td><td>抽查总槽段数的 20%以上；重要结构（永久性）应全数检查每个槽段抽查一个段面</td></tr>
</table>

表 7-35（续）

项	序	检查项目		允许偏差或允许值		检查方法	检查数量
				单位	数值		
一般项目	4	混凝土坍落度		mm	180～220	坍落度测定器	$50m^3$ 或每幅槽段不少于1组试块
	5	钢筋笼尺寸		见表 7-34		见表 7-34	见表 7-34
	6	地下墙表面平整度	永久结构 临时结构 插入式结构	mm mm mm	＜100 ＜150 ＜20	此为均匀黏土层，松散及易塌土层由设计决定	抽查总槽段数的20%以上；重要结构（永久性）应全数检查，每个槽段抽查一个段面
	7	永久结构的预埋件位置	水平向 垂直向	mm mm	≤10 ≤20	用钢尺量 水准仪	全数检查

技能要点 3：验收资料

（1）工程竣工图（包括开挖后墙面实际位置和形状图）。

（2）导墙施工验收记录。

（3）钢筋、钢材合格证和复试报告。

（4）地下墙与地下室结构顶板、楼板、底板及梁之间连接预埋钢筋或接驳器（锥螺纹或直螺纹）抽样复验，每500套为一个检验批，每批抽查3件，复验内容为外观、尺寸和抗拉试验报告和记录。

（5）电焊条合格证和电焊条使用前烘焙记录。

（6）钢筋焊接接头试验报告（抽检数量按钢筋混凝土规范执行）。

（7）地下连续墙成槽施工记录。

（8）泥浆组合比及测试资料。

技能图解 49　基坑深井与沉箱工程

技能结构框线图

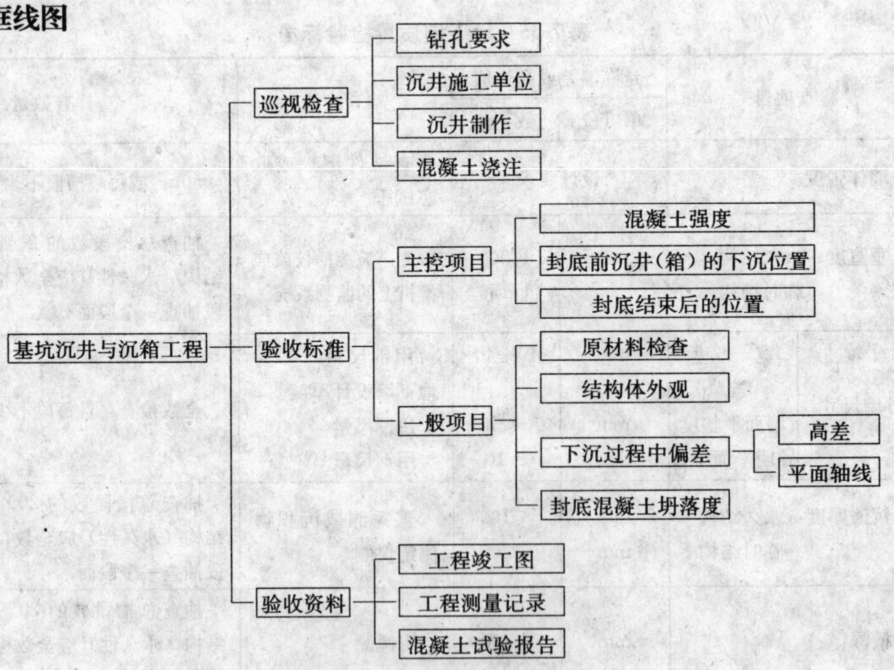

图 7-27　基坑沉井与沉箱工程

技能要点 1：巡视检查

(1) 沉井是下沉结构，必须掌握确凿的地质资料，钻孔可按下述要求进行：

①面积在 $200m^2$ 以下（包括 $200m^2$）的沉井（箱），应有一个钻孔（可布置在中心位置）。

②面积在 $200m^2$ 以上的沉井（箱），在四角（圆形为相互垂直的两直径端点）应各布置一个钻孔。

③特大沉井（箱）可根据具体情况增加钻孔。

④钻孔底标高应深于沉井的终沉标高。

⑤每座沉井（箱）应有一个钻孔提供土的各项物理力学指标、地下水位和地下水含量资料。

(2) 沉井（箱）的施工应由具有专业施工经验的单位承担。

(3) 沉井制作时，承垫木或砂垫层的采用，与沉井的结构情况、地质条件、制作高度等有关。无论采用何种型式，均应有沉井制作时的稳定计算及措施。

(4) 多次制作和下沉的沉井（箱），在每次制作接高时，应对下卧层作稳定复核计算，并确定确保沉井接高的稳定措施。

(5) 沉井采用排水封底，应确保终沉时，井内不发生管涌、涌土及沉井止沉稳定。如不能保证时，应采用水下封底。

(6) 沉井施工除应符合《建筑地基基础工程施工质量验收规范》(GB 50202) 规定外，尚应符合现行国家标准《混凝土结构工程施工质量验收规范》(GB 50204) 及《地下防水工程施工质量验收规范》(GB 50208) 的规定。

(7) 沉井（箱）在施工前应对钢筋、电焊条及焊接成形的钢筋半成品进行检验。如不用商品混凝土，则应对现场的水泥、骨料做检验。

(8) 混凝土浇注前，应对模板尺寸、预埋件位置、模板的密封性进行检验。拆模后应检查浇注质量（外观及强度），符合要求后方可下沉。浮运沉井尚需做起浮可能性检查。下沉过程中应对下沉偏差做过程控制检查。下沉后的接高应对地基强度、沉井的稳定做检查。封底结束后，应对底板的结构（有无裂缝）及渗漏做检查。有关渗漏验收标准应符合现行国家标准《地下防水工程施工质量验收规范》(GB 50208) 的规定。

(9) 沉井（箱）竣工后的验收应包括沉井（箱）的平面位置、终端标高、结构完整性、渗水等进行综合检查。

技能要点 2：验收标准

(1) 验收标准。沉井（箱）的质量检验标准应符合表 7-36 的要求。

表 7-36　沉井（箱）的质量检验标准

项	序	检查项目	允许偏差或允许值		检查方法	检查数量
			单位	数值		
主控项目	1	混凝土强度	满足设计要求（下沉前必须达到70%设计强度）		查试件记录或抽样送检	每 $50m^3$ 或每节沉井（箱）不少于一组试块。与沉井（箱）同条件养护
	2	封底前，沉井（箱）的下沉稳定	mm/8h	<10	水准仪	全数检查
	3	封底结束后的位置： 刃脚平均标高（与设计标高比） 刃脚平面中心线位移 四角中任何两角的底面高差	mm	<100 $<1\%H$ $<1\%l$	水准仪 经纬仪，H 为下沉总深度，$H<10m$ 时，控制在 100mm 之内 水准仪，l 为两角的距离，但不超过 300mm，$l<10m$ 时，控制在 100mm 之内	全数检查

表 7-36（续）

项	序	检查项目	允许偏差或允许值		检查方法	检查数量
			单位	数值		
一般项目	1	钢材、对接钢筋、水泥、骨料等原材料检查	符合设计要求		查出厂质保书或抽样送检	按 GB 50204—2002 的规定。 钢材、对接钢筋检查数量：按进场批次和产品的抽样检验方案确定。 水泥检查数量：按同一生产厂家、同一等级、同一品种、同一批号且连续进场的水泥，袋装不超过 200t 为一批，散装不超过 500t 为一批，每批抽样不少于一次。 骨料、外加剂检查数量：按进场批次和产品的抽样检验方案确定
	2	结构体外观	无裂缝、无蜂窝、空洞、不露筋		直观	内外壁全数检查
	3	平面尺寸				全数检查
		长与宽	%	±0.5	用钢尺量，最大控制在 100mm 之内	
		曲线部分半径	%	±0.5	用钢尺量，最大控制在 50mm 之内	
		两对角线差	%	1.0	用钢尺量	
		预埋件	mm	20	用钢尺量	
	4	下沉过程中的偏差：高差	%	1.5～2.0	水准仪，但最大不超过 1m	全数检查
		下沉过程中的偏差：平面轴线		<1.5%H	经纬仪，H 为下沉深度，最大应控制在 300mm 之内，此数值不包括高差引起的中线位移	
	5	封底混凝土坍落度	cm	18～22	坍落度测定器	每 $50m^3$ 或每节沉井（箱）不少于一组试块，与沉井（箱）同条件养护

注：主控项目 3 的三项偏差可同时存在，下沉总深度，系指下沉前后刃脚之高差。

技能要点 3：验收资料

(1) 工程竣工图。

(2) 工程测量记录；中间验收报告；沉井下沉记录；沉箱工程施工记录与下沉记录。

(3) 各种原材料检验记录。

(4) 混凝土试验报告。

(5) 钢筋焊接接头试验报告。

(6) 沉井制作、封底施工记录。

(7) 沉井（箱）的质量检验记录。

技能图解 50　基坑降水与排水工程

技能结构框线图

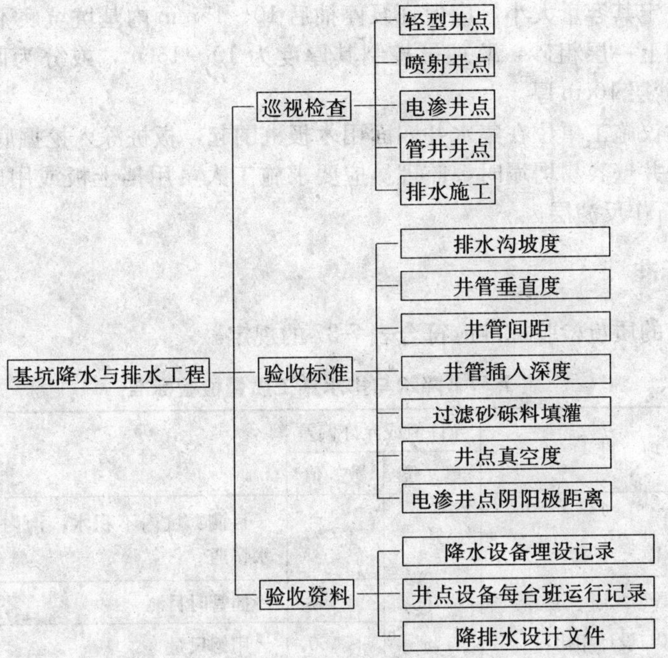

图 7-28　基坑降水与排水工程

技能要点 1：巡视检查

(1) 轻型井点。

①井管布置应考虑挖土机和运土车辆出入方便。

②井管距离基坑壁一般可取 0.7～1m，以防局部发生漏气。

③集水总管标高宜尽量接近地下水位线，并沿抽水水流方向有 0.25%～0.5%的上仰坡度。

④井点管在转角部位宜适当加密。

(2) 喷射井点。

①打设前应对喷射井管逐根冲洗，开泵时压力要小一些，正常后逐步开足，防止喷射器损坏。

②井点全面抽水二天后，应更换清水，以后要视水质浑浊程度定期更换清水。

③工作水压力以能满足降水要求即可，以减轻喷嘴的磨耗程度。

(3) 电渗井点。

①电渗井点的阳极外露地面为 20～40cm，入土深度应比井点管深 50cm，以保证水位能降到所要求的深度。

②为避免大量电流从土表面通过，降低电渗效果，通电前应清除阴阳极之间地面上无关的金属和其他导电物，并使地面保持干燥，有条件可涂一层沥青，绝缘效果会更好。

(4) 管井井点。

①滤水管井埋设宜采用泥浆护壁套管钻孔法。

②管井下沉前应进行清孔，并保持滤网畅通，然后将滤水管井居中插入，用圆木堵住管口，

地面以下 0.5m 以内用黏土填充夯实。

③管井井点埋设孔应比管井的外径大 200mm 以上，以便在管井外侧与土壁之间用 3～15mm 砾石填充作过滤层。

(5) 排水施工。

①监理员控制排水沟的位置，应在基础轮廓线以外，不小于 0.3m 处（沟边缘离坡脚）的位置。

②集水井深一般低于排水沟 1m 左右，监理人员与施工单位有关人员根据排水沟的来水量和水泵的排水量共同决定其容量大小。应保证泵停抽后 10～15min 内基坑坑底不被地下水淹没。

③集水井底应铺上一层粗砂，监理员控制其厚度为 10～15cm，或分为两层：上层为砾石层 10cm 厚，下层为粗砂层 10cm 厚。

④监理人员可建议施工单位在集水井四面用木板桩围起，板桩深入挖掘底部 0.5～0.75m。

⑤当发现集水井井壁容易坍塌时，监理员应要求施工人员用挡土板或用砖干砌围护，井底铺 30cm 厚的碎石、卵石作反滤层。

技能要点 2：验收标准

降水与排水施工的质量检验标准应符合表 7-37 的规定。

表 7-37　降水与排水施工质量检验标准

序号	检查项目	允许值或允许偏差		检查方法	检查数量
		单位	数值		
1	排水沟坡度	‰	1～2	目测：坑内不积水，沟内排水畅通	全数检查
2	井管（点）垂直度	%	1	插管时目测	
3	井管（点）间距（与设计相比）	%	≤150	用钢尺量	
4	井管（点）插入深度（与设计相比）	mm	≤200	水准仪	
5	过滤砂砾料填灌（与计算值相比）	mm	≤5	检查回填料用量	
6	井点真空度：轻型井点 喷射井点	kPa kPa	＞60 ＞93	真空度表 真空度表	
7	电渗井点阴阳极距离：轻型井点 喷射井点	mm mm	80～100 120～150	用钢尺量 用钢尺量	

技能要点 3：验收资料

(1) 降水设备埋设记录（井管、点埋设深度、标高、间距、填砂砾石量、抽水设备设置位置与标高）。

(2) 降水系统完成后试运转记录；如发现井管（点）失效，采取措施恢复正常再试运转记录。

(3) 每台井点设备每台班运行记录。

(4) 降水系统运转过程中每天检查井内外观测孔水位记录，当坑外环境受到影响的处理记录。

(5) 降排水设计文件。

(6) 如坑外采用井点回灌技术处理时，回灌前后水位升降记录等。

(7) 降排水停止与拆除及地下建（物）筑物标高变化的测量记录。

第八章　地下防水工程现场监理

技能图解 51　地下建筑防水混凝土

技能结构框线图

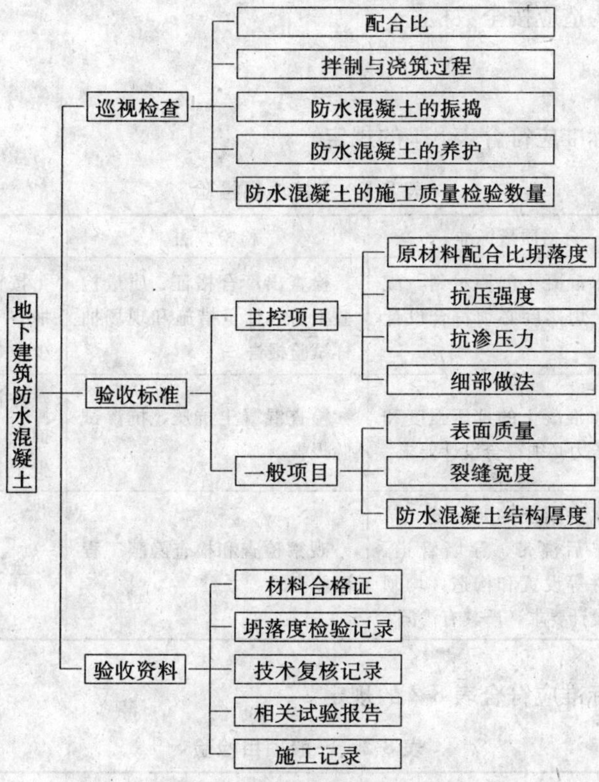

图 8-1　地下建筑防水混凝土

技能要点 1：巡视检查

（1）防水混凝土的配合比应符合下列规定。

①试配要求的抗渗水压值应比设计值提高 0.2MPa。

②水泥用量不得少于 300kg/m³；掺有活性掺合料时，水泥用量不得少于 280kg/m³。

③砂率宜为 35％～45％，灰砂比宜为 1：2～1：2.5。

④水灰比不得大于 0.55。

⑤普通防水混凝土坍落度不宜大于 50mm，泵送时入泵坍落度宜为 100～140mm。

（2）混凝土拌制和浇筑过程控制应符合下列规定。

①拌制混凝土所用材料的品种、规格和用量，每工作班检查不应少于两次。每盘混凝土各组成材料计量结果的偏差应符合规定。

②混凝土在浇筑地点的坍落度，每工作班至少检查两次。混凝土的坍落度试验应符合现行《普通混凝土拌和物性能试验方法》（GBJ 80）的有关规定。

(3) 防水混凝土的振捣　防水混凝土必须采用机械振捣，振捣时间宜为10～30s，以开始泛浆、不冒泡为准，应避免漏振、欠振和超振。

(4) 防水混凝土的养护。

①防水混凝土终凝后立即进行养护，养护时间不少于14天，始终保持混凝土表面湿润，顶板、底板尽可能蓄水养护，侧墙应淋水养护，并应遮盖湿土工布，夏冬谨防太阳直晒。

②冬季施工时混凝土入模温度不低于5℃；如达不到要求应采用外加剂或用蓄热法、暖棚法等保温。

③大体积混凝土应采取措施，防止干缩、温差等产生裂缝。

(5) 防水混凝土的施工质量检验数量，应按混凝土外露面积每100m^{2}抽查1处，每处10m^2，且不得少于3处；细部构造应按全数检查。

技能要点2：验收标准

(1) 主控项目检验标准应符合表8-1的规定。

表8-1　主控项目检验

序号	项　目	合格质量标准	检验方法	检验数量
1	原材料配合比坍落度	防水混凝土的原材料、配合比及坍落度必须符合设计要求	检查出厂合格证、质量检验报告、计量措施和现场抽样试验报告	按混凝土外露面积每100m^{2}抽查1处，每处10m^2，且不得少于3处
2	抗压强度、抗渗压力	防水混凝土的抗压强度和抗渗压力必须符合设计要求	检查混凝土抗压、抗渗试验报告	按混凝土外露面积每100m^{2}抽查1处，每处10m^2，且不得少于3处
3	细部做法	防水混凝土的变形缝、施工缝、后浇带、穿墙管道、埋设件等设置和构造，均须符合设计要求，严禁有渗漏	观察检查和检查隐蔽工程验收记录	全数检查

(2) 一般项目检验标准应符合表8-2的规定。

表8-2　一般项目检验

序号	项　目	合格质量标准	检验方法	检验数量
1	表面质量	防水混凝土结构表面应坚实、平整，不得有露筋、蜂窝等缺陷；埋设件位置应正确	观察和尺量检查	按混凝土外露面积每100m^{2}抽查1处，每处10m^2，且不得少于3处
2	裂缝宽度	防水混凝土结构表面的裂缝宽度应不大于0.2mm，并不得贯通	用刻度放大镜检查	全数检查
3	防水混凝土结构厚度及迎水面钢筋保护层厚度	防水混凝土结构厚度应不小于250mm，其允许偏差为+15mm、−10mm；迎水面钢筋保护层厚度应不小于50mm，其允许偏差为±10mm	尺量检查和检查隐蔽工程验收记录	按混凝土外露面积每100m^{2}抽查1处，每处10m^2，且不得少于3处

技能要点3：验收资料

(1) 水泥、砂、石、外加剂、掺合料合格证及抽样试验报告。

(2) 预拌混凝土的出厂合格证。

（3）防水混凝土的配合比单及因原材料情况变化的调整配合比单。

（4）材料计量检验记录及计量器具合格检定证明。

（5）坍落度检验记录。

（6）隐蔽工程验收记录。

（7）技术复核记录。

（8）抗压强度和抗渗压力试验报告。

（9）施工记录（包括技术交底记录及“三检”记录）。

技能图解 52　地下建筑水泥砂浆防水层

技能结构框线图

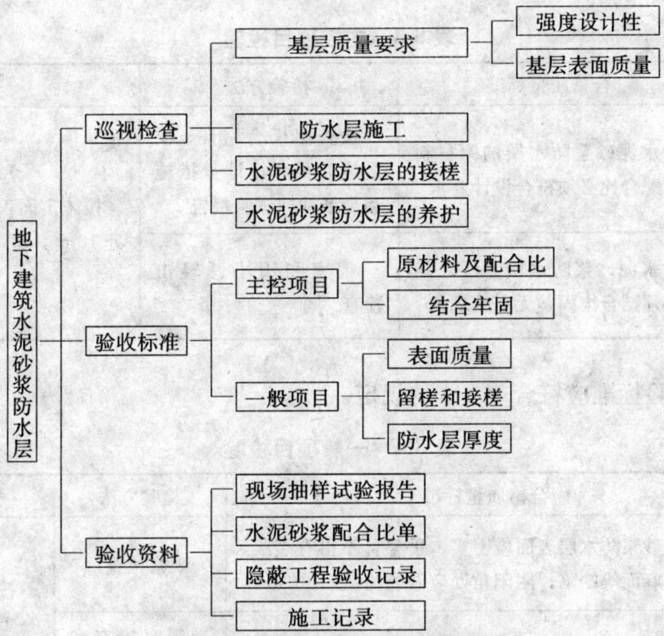

图 8-2　地下建筑水泥砂浆防水层

技能要点 1：巡视检查

（1）水泥砂浆防水层的基层质量应符合下列要求。

①水泥砂浆铺抹前，基层的混凝土和砌筑砂浆强度应不低于设计值的 80%。

②基层表面应坚实、平整、粗糙、洁净，并充分湿润，无积水。

③基层表面的孔洞、缝隙应用与防水层相同的砂浆填塞抹平。

（2）水泥砂浆防水层施工应符合下列要求。

①分层铺抹或喷涂，铺抹时应压实、抹平和表面压光。

②防水层各层应紧密贴合，每层宜连续施工，必须留施工缝时应采用阶梯坡形槎，但离开阴阳角处不得小于 200mm。

③防水层的阴阳角处应做成圆弧形。

④水泥砂浆终凝后应及时进行养护，养护温度不宜低于 5℃并保持湿润，养护时间不得少于 14 天。

(3) 水泥砂浆防水层的接槎应符合下列要求。

①水泥砂浆防水层宜连续施工，如必须留槎时，应采用阶梯坡形槎，依照层次顺序层层搭接紧密。留槎位置须离开阴阳角处200mm以上。

②水泥砂浆防水层的阴阳角均应做成弧形或钝角，圆弧半径一般为阳角10mm；阴角50mm。

(4) 水泥砂浆防水层的养护应符合下列要求。

①水泥砂浆防水层施工时气温不应低于5℃，终凝后应及时养护，养护温度也不宜低于5℃，并保持温润，养护时间不得少于14天。

②聚合物水泥砂浆未达硬化状态时，不得浇水养护或直接受雨水冲刷，硬化后应采用干湿交替的养护方法。在潮湿环境中，可自然养护。

③使用特种水泥、外加剂、掺合料的防水砂浆，养护应按产品有关规定执行。

技能要点2：验收标准

(1) 主控项目检验标准应符合表8-3的规定。

表8-3 主控项目检验

序号	项目	合格质量标准	检验方法	检验数量
1	原材料及配合比	水泥砂浆防水层的原材料及配合比必须符合设计要求	检查出厂合格证、质量检验报告、计量措施和现场抽样试验报告	按施工面积每100m^{2}抽查1处，每处10m^2，且不得少于3处
2	结合牢固	水泥砂浆防水层各层之间必须结合牢固，无空鼓现象	观察和用小锤轻击检查	

(2) 一般项目检验标准应符合表8-4的规定。

表8-4 一般项目检验

序号	项目	合格质量标准	检验方法	检验数量
1	表面质量	水泥砂浆防水层表面应密实、平整，不得有裂纹、起砂、麻面等缺陷；阴阳角处应做成圆弧形	观察检查	按施工面积每100m^{2}抽查1处，每处10m^2，且不得少于3处
2	留槎和接槎	水泥砂浆防水层施工缝留槎位置应正确，接槎应按层次顺序操作，层层搭接紧密	观察检查和检查隐蔽工程验收记录	
3	厚度	水泥砂浆防水层的平均厚度应符合设计要求，最小厚度不得小于设计值的85%	观察和尺量检查	按施工面积每100m^{2}抽查1处，每处10m^2，且不得少于3处

技能要点3：验收资料

(1) 水泥、砂、外加剂（包括聚合物）、掺加料的合格证及现场抽样试验报告。

(2) 水泥砂浆的配合比单。

(3) 材料的计量检验记录及计量器具合格检定证明。

(4) 隐蔽工程验收记录。

(5) 施工记录（包括技术交底及“三检”记录）。

技能图解53　地下建筑卷材防水层

技能结构框线图

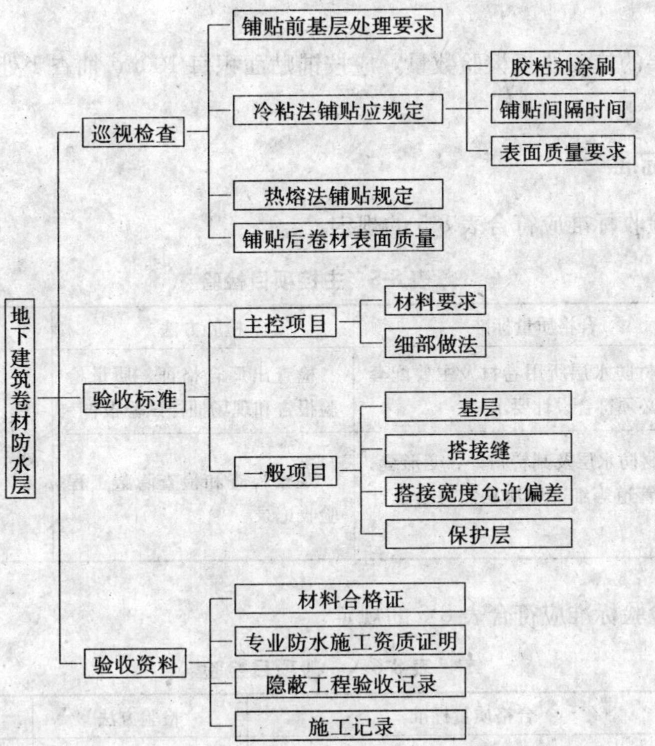

图 8-3　地下建筑卷材防水层

技能要点 1：巡视检查

（1）铺贴防水卷材前，应将找平层清扫干净，在基面上涂刷基层处理剂；当基面较潮湿时，应涂刷湿固化型胶粘剂或潮湿界面隔离剂。

（2）冷粘法铺贴卷材应符合下列规定。

①胶粘剂涂刷应均匀，不露底，不堆积。

②铺贴卷材时应控制胶粘剂涂刷与卷材铺贴的间隔时间，排除卷材下面的空气，并辊压粘结牢固，不得有空鼓。

③铺贴卷材应平整、顺直，搭接尺寸正确，不得有扭曲、皱折。

④接缝口应用密封材料封严，其宽度不应小于 10mm。

（3）热熔法铺贴卷材应符合下列规定。

①火焰加热器加热卷材应均匀，不得过分加热或烧穿卷材；厚度小于 3mm 的高聚物改性沥青防水卷材，严禁采用热熔法施工。

②卷材表面热熔后应立即滚铺卷材，排除卷材下面的空气，并辊压粘结牢固，不得有空鼓；

③滚铺卷材时接缝部位必须溢出沥青热熔胶，并应随即刮封接口使接缝粘结严密。

④铺贴后的卷材应平整、顺直，搭接尺寸正确，不得有扭曲、皱折。

(4) 两幅卷材短边和长边的搭接宽度均不应小于100mm。采用多层卷材时，上下两层和相邻两幅卷材的接缝应错开1/3幅宽，且两层卷材不得相互垂直铺贴。

(5) 卷材防水层完工并经验收合格后应及时做保护层。保护层应符合下列规定。

①顶板的细石混凝土保护层与防水层之间宜设置隔离层。

②底板的细石混凝土保护层厚度应大于50mm。

③侧墙宜采用聚苯乙烯泡沫塑料保护层，或砌砖保护墙（边砌边填实）和铺抹30mm厚水泥砂浆。

(6) 卷材防水层的施工质量检验数量，应按铺贴面积每100m^{2}抽查1处，每处10m^2，且不得少于3处。

技能要点2：验收标准

(1) 主控项目验收标准应符合表8-5的规定。

表8-5　主控项目检验

序号	项目	合格质量标准	检验方法	检验数量
1	材料要求	卷材防水层所用卷材及主要配套材料必须符合设计要求	检查出厂合格证、质量检验报告和现场抽样试验报告	按铺贴面积每100m^{2}抽查1处，每处10m^2，且不得少于3处
2	细部做法	卷材防水层及其转角处、变形缝、穿墙管道等细部做法均需符合设计要求	观察检查和检查隐蔽工程验收记录	

(2) 一般项目检验标准应符合表8-6的规定。

表8-6　一般项目检验

序号	项目	合格质量标准	检验方法	检验数量
1	基层	卷材防水层的基层应牢固，基面应洁净、平整，不得有空鼓、松动、起砂和脱皮现象；基层阴阳角处应做成圆弧形	观察检查和检查隐蔽工程验收记录	按铺设面积，每100m^{2}抽查1处，每处10m^2，且不得少于3处
2	搭接缝	卷材防水层的搭接缝应粘（焊）结牢固，密封严密，不得有皱折、翘边和鼓泡等缺陷	观察检查	
3	保护层	侧墙卷材防水层的保护层与防水层应粘结牢固，结合紧密、厚度均匀一致	观察检查	
4	卷材搭接宽度的允许偏差	卷材搭接宽度的允许偏差为−10mm	观察和尺量检查	

技能要点3：验收资料

(1) 防水涂料及密封、胎体材料的合格证、产品的质量检验报告和现场抽样试验报告。

(2) 专业防水施工资质证明及防水工的上岗证明。

(3) 隐蔽工程验收记录。

(4) 施工记录、技术交底及“三检”记录。

技能图解54　地下建筑涂料防水层

技能结构框线图

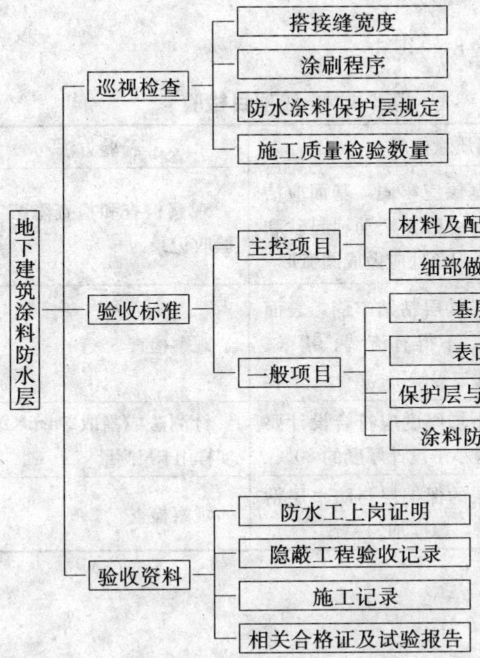

图8-4　地下建筑涂料防水层

技能要点1：巡视检查

（1）涂料涂刷前应先在基面上涂一层与涂料相容的基层处理剂。

（2）涂膜应多遍完成，涂刷应待前遍涂层干燥成膜后进行。

（3）每遍涂刷时应交替改变涂层的涂刷方向，同层涂膜的先后搭压宽度宜为30～50mm。

（4）涂料防水层的施工缝（甩槎）应注意保护，搭接缝宽度应大于100mm，接涂前应将其甩槎表面处理干净。

（5）涂刷程序应先做转角处、穿墙管道、变形缝等部位的涂料加强层，后进行大面积涂刷。

（6）涂料防水层中铺贴的胎体增强材料，同层相邻的搭接宽度应大于100mm，上下层接缝应错开1/3幅宽。

（7）防水涂料的保护层应符合下列规定。

①顶板的细石混凝土保护层与防水层之间宜设置隔离层。

②底板的细石混凝土保护层厚度应大于50mm。

③侧墙宜采用聚苯乙烯泡沫塑料保护层，或砌砖保护墙（边砌边填实）和铺抹30mm厚水泥砂浆。

（8）涂料防水层的施工质量检验数量，应按涂层面积每100m^{2}抽查1处，每处10m^2，且不得少于3处。

技能要点2：验收标准

（1）主控项目检验标准应符合表8-7的规定。

表 8-7　主控项目检验

序号	项目	合格质量标准	检验方法	检验数量
1	材料及配合比	涂料防水层所用材料及配合比必须符合设计要求	检查出厂合格证、质量检验报告、计量措施和现场抽样试验报告	按所刷涂料面积的 1/10 进行抽查，每处检查 $10m^2$，且不得少于 3 处
2	细部做法	涂料防水层及其转角处、变形缝、穿墙管道等细部做法均须符合设计要求	观察检查和检查隐蔽工程验收记录	

(2) 一般项目检验应符合表 8-8 的规定。

表 8-8　一般项目检验

序号	项目	合格质量标准	检验方法	检验数量
1	基层质量	涂料防水层的基层应牢固，基面应洁净、平整，不得有空鼓、松动、起砂和脱皮现象；基层阴阳角处应做成圆弧形	观察检查和检查隐蔽工程验收记录	按所刷涂料面积的 1/10 进行抽查，每处检查 $10m^2$，且不得少于 3 处
2	表面质量	涂料防水层应与基层粘结牢固，表面平整、涂刷均匀，不得有流淌、褶皱、鼓泡、露胎体和翘边等缺陷	观察检查	
3	涂料防水层厚度	涂料防水层的平均厚度应符合设计要求，最小厚度不得小于设计厚度的 80%	针测法或割取 20mm×20mm 实样用卡尺测量	
4	保护层与防水层粘结	侧墙涂料防水层的保护层与防水层粘结牢固，结合紧密，厚度均匀一致	观察检查	

技能要点 3：验收资料

(1) 防水涂料及密封、胎体材料的合格证、产品的质量检验报告和现场抽样试验报告。

(2) 专业防水施工资质证明及防水工的上岗证明。

(3) 隐蔽工程验收记录。

(4) 施工记录、技术交底及“三检”记录。

技能图解 55　地下建筑塑料板防水层

技能结构框线图

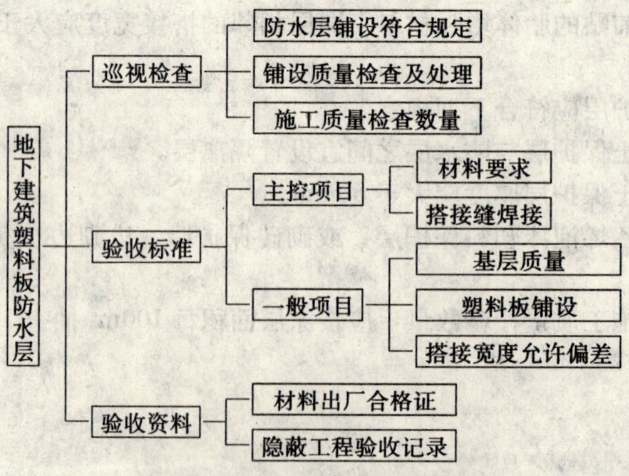

图 8-5　地下建筑塑料板防水层

技能要点 1：巡视检查

（1）塑料板防水层的铺设应符合下列规定。

①塑料板的缓冲衬垫应用暗钉圈固定在基层上，塑料板边铺边将其与暗钉圈焊接牢固。

②两幅塑料板的搭接宽度应为 100mm，下部塑料板应压住上部塑料板。

③搭接缝宜采用双条焊缝焊接，单条焊缝的有效焊接宽度不应小于 10mm。

④复合式衬砌的塑料板铺设与内衬混凝土的施工距离不应小于 5m。

（2）铺设质量检查及处理　铺设后应采用放大镜观察，当两层经焊接在一起的防水板呈透明状，无气泡，即熔为一体，表明焊接严密。要确保无纺布和防水板的搭接宽度，并着重检测焊缝质量。

（3）塑料板防水层的施工质量检验数量，应按铺设面积每 $100m^2$ 抽查 1 处，每处 $10m^2$，但不少于 3 处。焊缝的检验应按焊缝数量抽查 5%，每条焊缝为 1 处，但不少于 3 处。

技能要点 2：验收标准

（1）主控项目的检验标准应符合表 8-9 的规定。

表 8-9　主控项目检验

序号	项　目	合格质量标准	检验方法	检验数量
1	材料要求	防水层所用塑料板及配套材料必须符合设计要求	检查出厂合格证、质量检验报告和现场抽样试验报告	按铺设面积每 $100m^2$ 抽查 1 处，每处 $10m^2$，但不少于 3 处
2	搭接缝焊接	塑料板的搭接缝必须采用热风焊接，不得有渗漏	双焊缝间空腔内充气检查	按焊缝数量抽查 5%，每条焊缝为 1 处，但不少于 3 处

（2）一般项目检验应符合表 8-10 的规定。

表 8-10　一般项目检验

序号	项　目	合格质量标准	检验方法	检验数量
1	基层质量	塑料板防水层的基面应坚实、平整、圆顺，无漏水现象；阴阳角处应做成圆弧形	观察和尺量检查	按铺设面积每 $100m^2$ 抽查 1 处，每处 $10m^2$，但不少于 3 处
2	塑料板铺设	塑料板的铺设应平顺并与基层固定牢固，不得有下垂、绷紧和破损现象	观察检查	按铺设面积每 $100m^2$ 抽查 1 处，每处 $10m^2$，但不少于 3 处
3	搭接宽度允许偏差	塑料板搭接宽度的允许偏差为－10mm	尺量检查	

技能要点 3：验收资料

（1）材料出厂合格证、质量检验报告与现场抽样试验报告。

（2）隐蔽工程验收记录。

技能图解 56　地下建筑金属板防水层

技能结构框线图

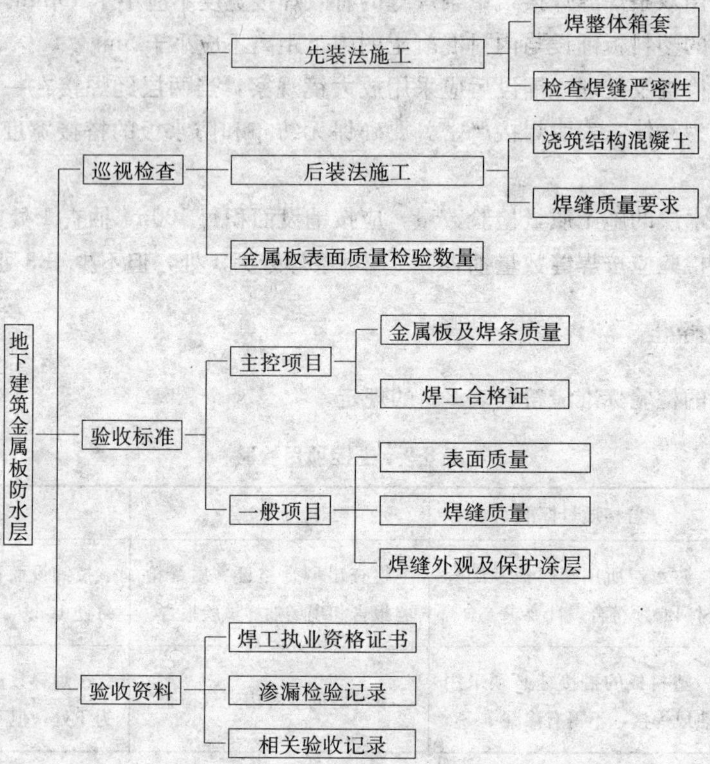

图 8-6　地下建筑金属板防水层

技能要点 1：巡视检查

(1) 先装法施工应符合下列规定。

①先焊成整体箱套，厚 4mm 以下钢板接缝可用拼接焊，4mm 及其以上钢板用对接焊，垂直接缝应互相错开。箱套内侧用临时支撑加固，以防吊装及浇筑混凝土时变形。

②在结构底板钢筋及四壁外模板安装完后，将箱套整体吊入基坑内预设的混凝土墩或型钢支架上准确就位，箱套作为内模板使用。

③箱套在安装前，应用超声波、X 射线或气泡法、煤油渗漏法、真空法等检查焊缝的严密性，如发现渗漏，应立即予以修整或补焊。

④为便于浇筑混凝土，在箱套底板上可开适当孔洞，待混凝土达到 70%强度后，用比孔稍大钢板将孔洞补焊严密。

(2) 后装法施工应符合下列规定。

①根据钢板尺寸及结构造型，在防水结构内壁和底板上预埋带锚爪的钢板或型钢埋件，与结构钢筋或安装的钢固定架焊牢，并保证位置正确。

②浇筑结构混凝土，并待混凝土强度达到设计强度要求，紧贴内壁在埋设件上焊钢板防水层

内套，要求焊缝饱满，无气孔、夹渣、咬肉、变形等疵病。

（3）金属板的拼接及金属板与建筑结构的锚固件连接应采用焊接。金属板的拼接焊缝应进行外观检查和无损检验。

（4）当金属板表面有锈蚀、麻点或划痕等缺陷时，其深度不得大于该板材厚度的负偏差值。

（5）金属板防水层的施工质量检验数量，应按铺设面积每 10m^2 抽查 1 处，每处 1m^2，且不得少于 3 处。焊缝检验应按不同长度的焊缝各抽查 5%，但均不得少于 1 条。长度小于 500mm 的焊缝，每条检查 1 处；长度 500～2000mm 的焊缝，每条检查 2 处；长度大于 2000mm 的焊缝，每条检查 3 处。

技能要点 2：验收标准

（1）主控项目检验标准应符合表 8-11 的规定。

表 8-11　主控项目检验

序号	项　目	合格质量标准	检验方法	检验数量
1	金属板及焊条质量	金属防水层所采用的金属板材和焊条（剂）必须符合设计要求	检查出厂合格证或质量检验报告和现场抽样试验报告	按铺设面积每 10m^2 抽查 1 处，每处 1m^2，且不得少于 3 处
2	焊工合格证	焊工必须经考试合格并取得相应的执业资格证书	检查焊工执业资格证书和考核日期	全数检查

（2）一般项目检验标准应符合表 8-12 规定。

表 8-12　一般项目检验

序号	项　目	合格质量标准	检验方法	检验数量
1	表面质量	金属板表面不得有明显凹面和损伤	观察检查	按铺设面积每 10m^2 抽查 1 处，每处 1m^2，且不得少于 3 处
2	焊缝质量	焊缝不得有裂纹、未熔合、夹渣、焊瘤、咬边、烧穿、弧坑、针状气孔等缺陷	观察检查和无损检验	按不同长度的焊缝各抽查 5%，但均不得少于 1 条。长度小于 500mm 的焊缝，每条检查 1 处；长度 500～2000mm 的焊缝，每条检查 2 处；长度大于 2000mm 的焊缝，每条检查 3 处
3	焊缝外观及保护涂层	焊缝的焊波应均匀，焊渣和飞溅物应清除干净；保护涂层不得有漏涂、脱皮和反锈现象	观察检查	

技能要点 3：验收资料

（1）材料出厂合格证，质量检验报告与现场抽样试验报告。

（2）焊工执业资格证书。

（3）隐蔽工程验收记录。

（4）金属板防水层施工完后的渗漏检验记录。

（5）金属板防雷节点的安装测试记录。

（6）金属板防水层验收记录。

技能图解 57　地下建筑细部构造工程

技能结构框线图

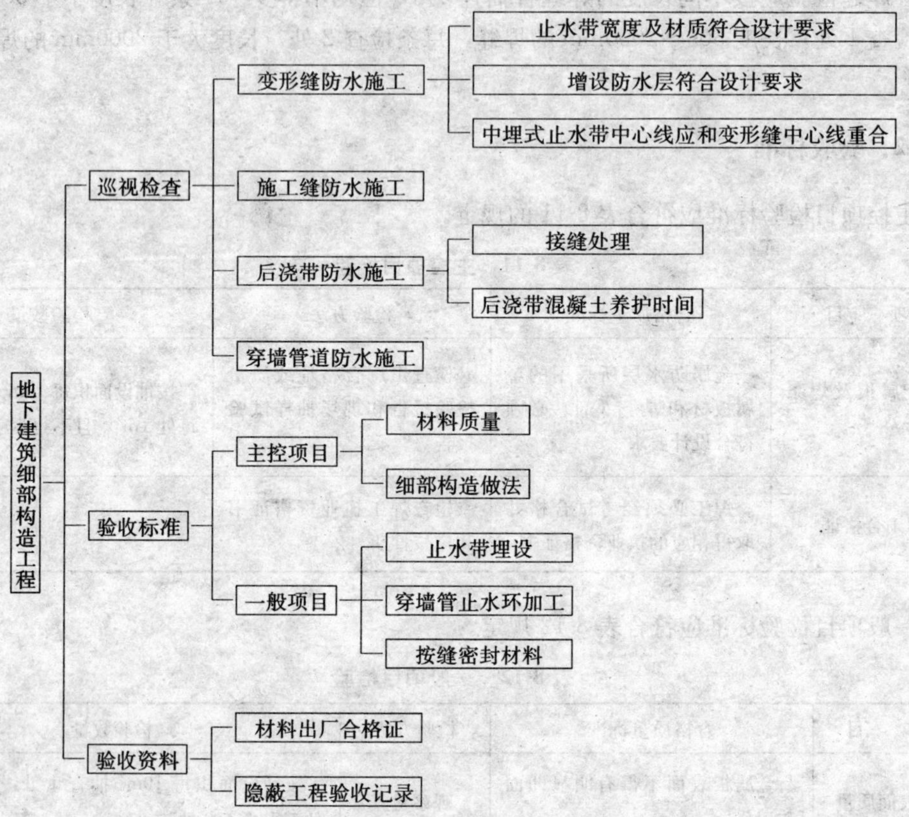

图 8-7　地下建筑细部构造工程

技能要点 1：巡视检查

(1) 变形缝　变形缝的防水施工应符合下列规定。

①止水带宽度和材质的物理性能均应符合设计要求，且无裂缝和气泡；接头应采用热接，不得叠接，接缝平整、牢固，不得有裂口和脱胶现象。

②中埋式止水带中心线应和变形缝中心线重合，止水带不得穿孔或用铁钉固定。

③变形缝设置中埋式止水带时，混凝土浇筑前应校正止水带位置，表面清理干净，止水带损坏处应修补；顶、底板止水带的下侧混凝土应振捣密实，边墙止水带内外侧混凝土应均匀，保持止水带位置正确、平直，无卷曲现象。

④变形缝处增设的卷材或涂料防水层，应按设计要求施工。

(2) 施工缝　施工缝的防水施工应符合下列规定。

①水平施工缝浇筑混凝土前，应将其表面浮浆和杂物清除，铺水泥砂浆或涂刷混凝土界面处理剂并及时浇筑混凝土。

②垂直施工缝浇筑混凝土前，应将其表面清理干净，涂刷混凝土界面处理剂并及时浇筑混

凝土。

③施工缝采用遇水膨胀橡胶腻子止水条时，应将止水条牢固地安装在缝表面预留槽内。

④施工缝采用中埋止水带时，应确保止水带位置准确、固定牢靠。

(3) 后浇带　后浇带的防水施工应符合下列规定。

①后浇带应在其两侧混凝土龄期达到 42 天后再施工。

②后浇带的接缝处理应符合规定。

③后浇带应采用补偿收缩混凝土，其强度等级不得低于两侧混凝土。

④后浇带混凝土养护时间不得少于 28 天。

(4) 穿墙管道　穿墙管道的防水施工应符合下列规定。

①穿墙管止水环与主管或翼环与套管应连续满焊，并做好防腐处理。

②穿墙管处防水层施工前，应将套管内表面清理干净。

③套管内的管道安装完毕后，应在两管间嵌入内衬填料，端部用密封材料填缝。柔性穿墙时，穿墙内侧应用法兰压紧。

④穿墙管外侧防水层应铺设严密，不留接槎；增铺附加层时，应按设计要求施工。

技能要点 2：验收标准

(1) 主控制项目检验标准应符合表 8-13 的规定。

表 8-13　主控项目检验

序号	项　目	合格质量标准	检验方法	检验数量
1	材料质量	细部构造所用止水带、遇水膨胀橡胶腻子止水条和接缝密封材料必须符合设计要求	检查出厂合格证、质量检验报告和进场抽样试验报告	全数检查
2	细部构造做法	变形缝、施工缝、后浇带、穿墙管道、埋设件等细部构造做法，均须符合设计要求，严禁有渗漏	观察检查和检查隐蔽工程验收记录	

(2) 一般项目检验标准应符合表 8-14 的规定。

表 8-14　一般项目检验

序号	项　目	合格质量标准	检验方法	检验数量
1	止水带埋设	中埋式止水带中心线应与变形缝中心线重合，止水带应固定牢靠、平直，不得有扭曲现象	观察检查和检查隐蔽工程验收记录	全数检查
2	穿墙管止水环加工	穿墙管止水环与主管或翼环与套管应连续满焊，并做防腐处理	观察检查和检查隐蔽工程验收记录	
3	接缝密封材料	接缝处混凝土表面应密实、洁净、干燥；密封材料应嵌填严密、粘结牢固，不得有开裂、鼓泡和下塌现象	观察检查	

技能要点 3：验收资料

(1) 材料出厂合格证、进场抽样复验报告。

(2) 隐蔽工程验收记录。

技能图解58 锚喷支护防水工程

技能结构框线图

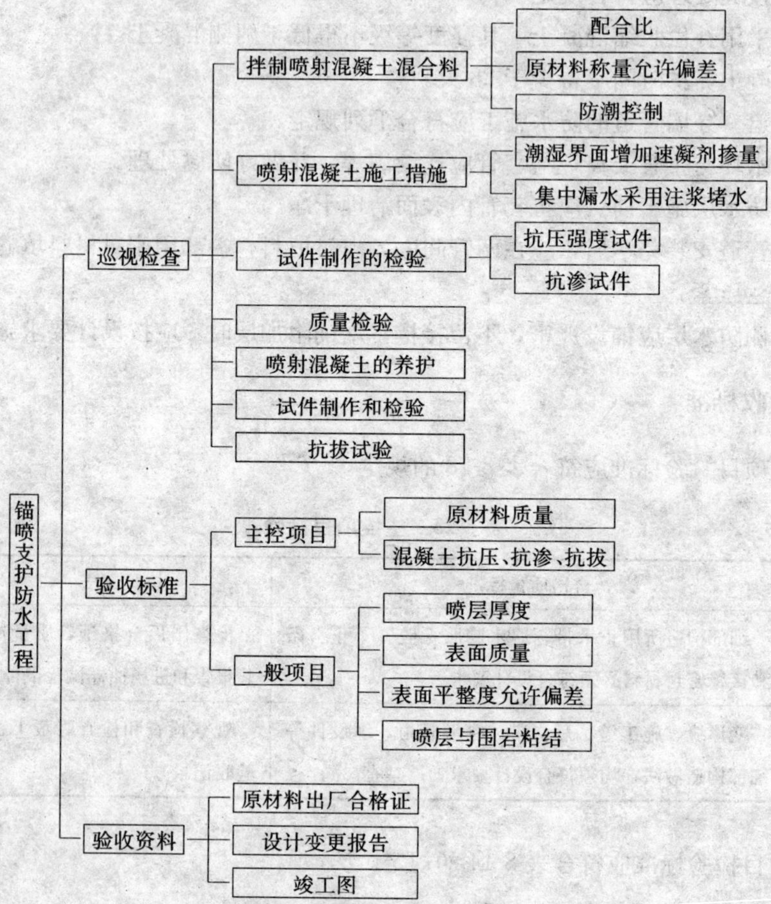

图 8-8 锚喷支护防水工程

技能要点1：巡视检查

(1) 喷射混凝土拌制喷射混凝土混合料应搅拌均匀并符合下列规定。

①配合比 水泥与砂石质量比宜为1∶4～4.5，砂率宜为45%～55%，水灰比不得大于0.45，速凝剂掺量应通过试验确定。

②原材料称量允许偏差 水泥和速凝剂±2%，砂石±3%。

③运输和存放中严防受潮，混合料应随拌随用，存放时间不应超过20min。

(2) 喷射混凝土施工。在有水的岩面上喷射混凝土时应采取下列措施。

①潮湿岩面增加速凝剂掺量。

②表面渗、滴水采用导水盲管或盲沟排水。

③集中漏水采用注浆堵水。

喷射表面有涌水时，不仅会使喷射混凝土的粘着性变坏，还会在混凝土的背后产生水压给混凝土带来不利影响。因此，表面有涌水时事先应尽可能作好排水处理或采取有效措施。

（3）喷射混凝土的养护。

①喷射混凝土应注意养护，养护时间不得少于 14 天。

②由于喷射混凝土的含砂率高，水泥用量也相对较多并掺有速凝剂，其收缩变形必然要比灌注混凝土大。为保证质量应在喷射混凝土终凝 2h 后即进行喷水养护，并保持较长时间的养护，一般不应少于 14 天。当气温低于＋5℃时，不得喷水养护。

（4）试件制作和检验　喷射混凝土试件制作组数应符合下列规定。

①抗压强度试件　区间或小于区间断面的结构，每 20 延米拱和墙各取一组；车站各取两组。

②抗渗试件　区间结构每 40 延米取一组；车站每 20 延米取一组。

（5）抗拔试验。

①锚杆应进行抗拔试验。同一批锚杆每 100 根应取一组试件，每组 3 根，不足 100 根也取 3 根。

②同一批试件抗拔力的平均值不得小于设计锚固力，且同一批试件抗拔力的最低值不应小于设计锚固力的 90%。

（6）质量检验　锚喷支护的施工质量检验数量，应按区间或小于区间断面的结构，每 20 延米检查 1 处，车站每 10 延米检查 1 处，每处 $10m^2$，且不得少于 3 处。

技能要点 2：验收标准

（1）主控项目检验标准应符合表 8-15 的规定。

表 8-15　主控项目检验

序号	项　　目	合格质量标准	检验方法	检验数量
1	原材料质量	喷射混凝土所用原材料及钢筋网、锚杆必须符合设计要求	检查出厂合格证、质量检验报告和现场抽样试验报告	按区间或小于区间断面的结构，每 20 延米检查 1 处，车站每 10 延米检查 1 处，每处 $10m^2$，且不得少于 3 处
2	混凝土抗压、抗渗、抗拔	喷射混凝土抗压强度、抗渗压力及锚杆抗拔力必须符合设计要求	检查混凝土抗压、抗渗试验报告和锚杆抗拔力试验报告	

（2）一般项目检验标准应符合表 8-16 的规定。

表 8-16　一般项目检验

序号	项　　目	合格质量标准	检验方法	检验数量
1	喷层与围岩粘结	喷层与围岩及喷层之间应粘结紧密，不得有空鼓现象	用锤击法检查	同主控项目
2	喷层厚度	喷层厚度有 60%不小于设计厚度，平均厚度不得小于设计厚度，最小厚度不得小于设计厚度的 50%	用针探或钻孔检查	每个独立工程的检查数量不得少于 1 个断面，每个断面的检查点应从拱部中线起，每 2～3m 设 1 个，但 1 个断面上拱部应不少于 3 个点，总计应不少于 5 个点
3	表面质量	喷射混凝土应密实、平整，无裂缝、脱落、漏喷、露筋、空鼓和渗漏水	观察检查	按区间或小于区间断面的结构，每 20 延米检查 1 处，车站每 10 延米检查 1 处，每处 $10m^2$，且不得少于 3 处
4	表面平整度允许偏差及矢弦比	喷射混凝土表面平整度的允许偏差为 30mm，且矢弦比不得大于 1/6	尺量检查	按区间或小于区间断面的结构，每 20 延米检查 1 处，车站每 10 延米检查 1 处，每处 $10m^2$，且不得少于 3 处

技能要点 3：验收资料

(1) 原材料出厂合格证、材料试验报告、代用材料试用报告。

(2) 按质量记录第一作业段施工记录。

(3) 喷射混凝土强度、厚度、外观尺寸及锚杆抗拔力等检查和试验报告。

(4) 设计变更报告。

(5) 工程重大问题处理文件。

(6) 竣工图。

技能图解 59　地下连续墙防水工程

技能结构框线图

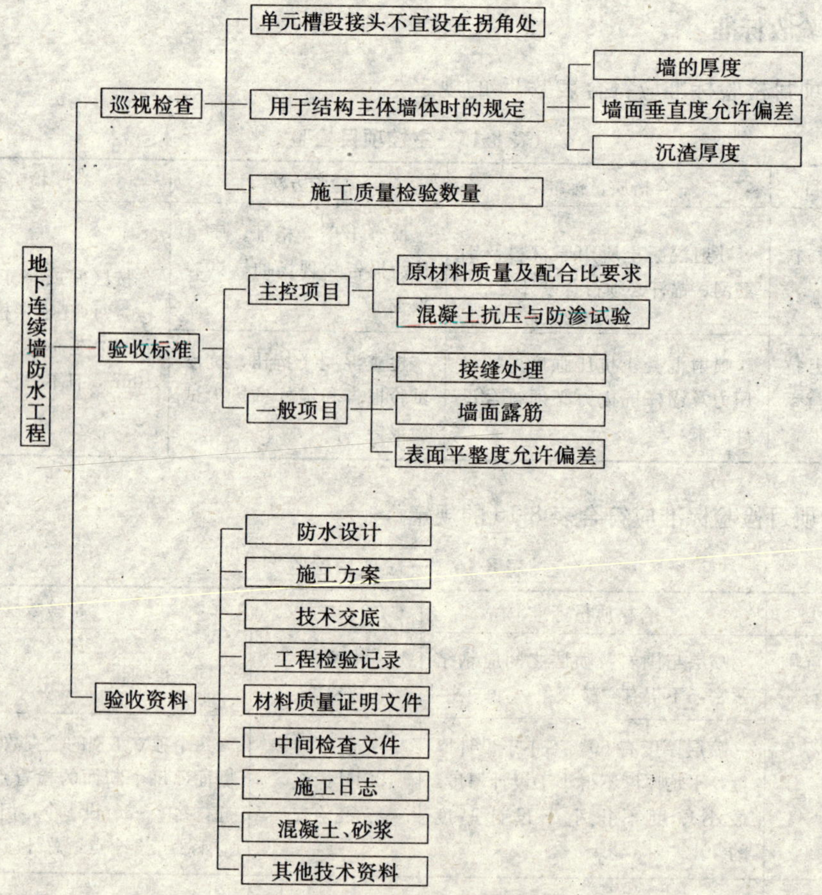

图 8-9　地下连续墙防水工程

技能要点 1：巡视检查

(1) 地下连续墙施工时，混凝土应按每一个单元槽段留置一组抗压强度试件，每五个单元槽段留置一组抗渗试件。

(2) 单元槽段接头不宜设在拐角处；采用复合式衬砌时，墙体与内衬接缝宜相互错开。

（3）地下连续墙与内衬结构连接处，应凿毛并清理干净，必要时应做特殊防水处理。

（4）地下连续墙用作结构主体墙体时，应符合下列规定。

①不宜用作防水等级为一级的地下工程墙体。

②墙的厚度宜大于 600mm。

③选择合适的泥浆配合比或降低地下水位等措施，以防止塌方。挖槽期间，泥浆面必须高于地下水位 500mm 以上，遇有地下水含盐或受化学污染时应采取措施不得影响泥浆性能指标。

④墙面垂直度的允许偏差应小于墙深的 1/250；墙面局部突出不应大于 100mm。

⑤浇筑混凝土前必须清槽、置换泥浆和清除沉渣，沉渣厚度不应大于 100mm。

⑥钢筋笼浸泡泥浆时间不应超过 10h。钢筋保护层厚度不应小于 70mm。

⑦混凝土浇筑导管埋入混凝土深度宜为 1.5～6m，在槽段端部的浇筑导管与端部的距离宜为 1～1.5m，混凝土浇筑必须连续进行。冬季施工时应采用保温措施，墙顶混凝土未达到设计强度 50%时，不得受冻。

⑧支撑的预埋件应设置止水片或遇水膨胀腻子条，支撑部位及墙体的裂缝、孔洞等缺陷应采用防水砂浆及时修补，墙体幅间接缝如有渗漏，应采用注浆、嵌填弹性密封材料等进行防水处理，并做引排措施。

⑨自基坑开挖直至底板混凝土达到设计强度后方可停止降水，并应将降水井封堵密实。

⑩墙体与工程顶板、底板、中楼板的连接处均应凿毛，清洗干净，并宜设置1～2道遇水膨胀止水条，其接驳器处宜喷涂水泥基渗透结晶型防水涂料或涂抹聚合物水泥防水砂浆。

（5）地下连续墙的施工质量检验数量，应按连续墙每 10 个槽段抽查 1 处，每处为 1 个槽段，且不得少于 3 处。

技能要点 2：验收标准

（1）主控项目检验标准，应符合表 8-17 的规定。

表 8-17　主控项目检验

序号	项　目	合格质量标准	检验方法	检验数量
1	原材料质量及配合比要求	防水混凝土所用原材料、配合比以及其他防水材料必须符合设计要求	检查出厂合格证、质量检验报告、计量措施和现场抽样试验报告	按连续墙每 10 个槽段抽查 1 处，每处为 1 个槽段，且不得少于 3 处
2	混凝土抗压、防渗试验	地下连续墙混凝土抗压强度和抗渗压力必须符合设计要求	检查混凝土抗压、抗渗试验报告	

（2）一般项目检验标准应符合表 8-18 的规定。

表 8-18　一般项目检验

序号	项　目	合格质量标准	检验方法	检验数量
1	接缝处理	地下连续墙的槽段接缝以及墙体与内衬结构接缝应符合设计要求	观察检查和检查隐蔽工程验收记录	同主控项目
2	墙面露筋	地下连续墙墙面的露筋部分应小于 1%墙面面积，且不得有露石和夹泥现象	观察检查	同主控项目
3	表面平整度允许偏差	地下连续墙墙体表面平整度的允许偏差：临时支护墙体为 50mm，单一或复合墙体为 30mm	尺量检查	

技能要点 3：验收资料

(1) 防水设计　设计图及会审记录、设计变更通知单和材料代用核定单。
(2) 施工方案　施工方法、技术措施、质量保证措施。
(3) 技术交底　施工操作要求及注意事项。
(4) 材料质量证明文件　出厂合格证、产品质量检验报告、试验报告。
(5) 中间检查文件　分项工程质量验收记录、隐蔽工程检查验收记录、施工检验记录。
(6) 施工日志　逐日施工情况。
(7) 混凝土、砂浆　试配及施工配合比，混凝土抗压、抗渗试验报告。
(8) 施工单位资质证明　资质复印证件。
(9) 工程检验记录　抽样质量检验及观察检查。
(10) 其他技术资料　事故处理报告、技术报告。

技能图解 60　复合式衬砌防水工程

技能结构框线图

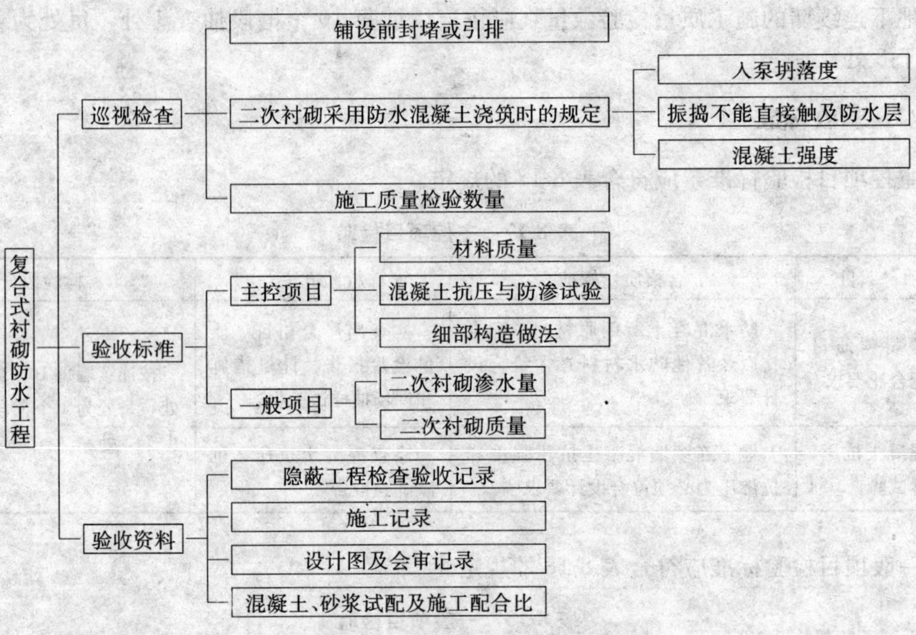

图 8-10　复合式衬砌防水工程

技能要点 1：巡视检查

(1) 初期支护的线流漏水或大面积渗水，应在防水层和缓冲排水层铺设之前进行封堵或引排。
(2) 防水层和缓冲排水层铺设与内衬混凝土的施工距离均不应小于 5m。
(3) 二次衬砌采用防水混凝土浇筑时，应符合下列规定。
①混凝土泵送时，入泵坍落度：墙体宜为 100～150mm，拱部宜为160～210mm。
②振捣不得直接接触及防水层。
③混凝土浇筑至墙拱交界处，应间隙 1～1.5h 后方可继续浇筑。

④混凝土强度达到2.5MPa后方可拆模。

(4) 当地下连续墙与内衬间夹有塑料防水板的复合式衬砌时，应根据排水情况选用相应的缓冲层和塑料防水板（图8-11），并按有关塑料防水板及地下工程排水的设计与施工技术要求执行。

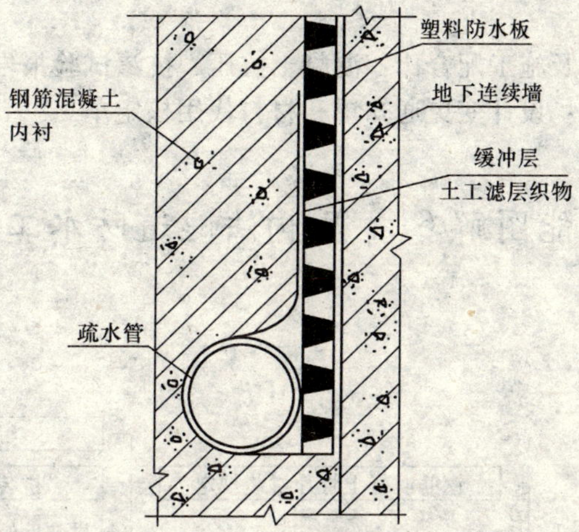

图8-11　地下墙与内衬间的防排水层

(5) 复合式衬砌的施工质量检验数量，应按区间或小于区间断面的结构，每20延米检查1处，车站每10延米检查1处，每处10m²，且不得少于3处。

技能要点2：验收标准

(1) 主控项目检验标准应符合表8-19的规定。

表8-19　主控项目检验

序号	项　目	合格质量标准	检验方法	检验数量
1	材料质量	塑料防水板、土工复合材料内衬混凝土原材料必须符合设计要求	检查出厂合格证、质量检验报告和现场抽样试验报告	按区间或小于区间断面的结构，每20延米检查1处，车站每10延米检查1处，每处10m²，且不得少于3处
2	混凝土抗压、抗渗试验	防水混凝土的抗压强度和抗渗压力必须符合设计要求	检查混凝土抗压、抗渗试验报告	
3	细部构造做法	施工缝、变形缝、穿墙管道、埋设件等设置和构造均须符合设计要求，严禁有渗漏	观察检查和检查隐蔽工程验收记录	

(2) 一般项目检验标准应符合8-20的规定。

表8-20　一般项目检验

序号	项　目	合格质量标准	检验方法	检验数量
1	二次衬砌渗水量	二次衬砌混凝土渗漏水量应控制在设计防水等级要求范围内	观察检查和渗漏水量测	同主控项目
2	二次衬砌质量	二次衬砌混凝土表面应坚实、平整，不得有露筋、蜂窝等缺陷	观察检查	

技能要点3：验收资料

(1) 材料出厂合格证、产品质量检验报告、试验报告。

(2) 隐蔽工程检查验收记录。

(3) 施工记录。

(4) 混凝土、砂浆试配及施工配合比，混凝土抗压、抗渗试验报告。

(5) 设计图及会审记录，设计变更通知单和材料代用核定单。

技能图解61 盾构法隧道防水工程

技能结构框线图

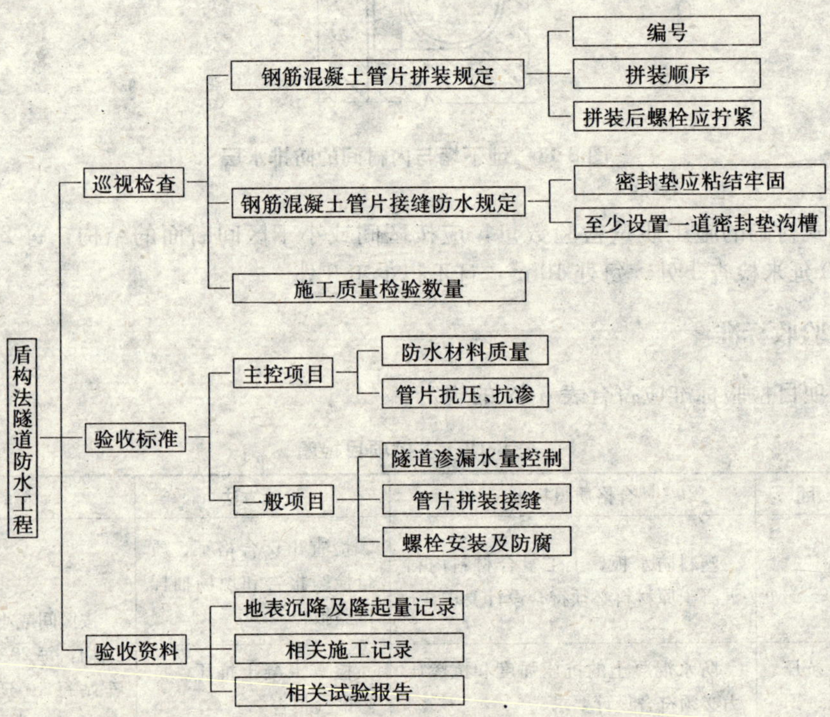

图8-12 盾构法隧道防水工程

技能要点1：巡视检查

(1) 钢筋混凝土管片拼装应符合下列规定。

①管片验收合格后方可运至工地，拼装前应编号并进行防水处理。

②管片拼装顺序应先就位底部管片，然后自下而上左右交叉安装，每环相邻管片应均布摆匀并控制环面平整度和封口尺寸，最后插入封顶管片成环。

③管片拼装后螺栓应拧紧，环向及纵向螺栓应全部穿进。

(2) 钢筋混凝土管片接缝防水应符合下列规定。

①管片至少应设置一道密封垫沟槽，粘贴密封垫前应将槽内清理干净。

②密封垫应粘贴牢固，平整、严密，位置正确，不得有起鼓、超长和缺口现象。

③管片拼装前应逐块对粘贴的密封垫进行检查，拼装时不得损坏密封垫。有嵌缝防水要求的，

应在隧道基本稳定后进行。

④管片拼装接缝连接螺栓孔之间应按设计加设螺孔密封圈。必要时，螺栓孔与螺栓间应采取封堵措施。

(3) 盾构法隧道的施工质量检验数量，应按每连续 20 环抽查 1 处，每处为一环，且不得少于 3 处。

技能要点 2：验收标准

(1) 主控项目检验标准应符合表 8-21 的规定。

表 8-21　主控项目检验

序号	项　目	合格质量标准	检验方法	检验数量
1	防水材料质量	盾构法隧道采用防水材料的品种、规格、性能必须符合设计要求	检查出厂合格证、质量检验报告和现场抽样试验报告	按每连续 20 环检查 1 处，每处 1 环，且不得少于 3 处
2	管片抗压、抗渗	钢筋混凝土管片的抗压强度和抗渗压力必须符合设计要求	检查混凝土抗压、抗渗试验报告和单块管片检漏测试报告	

(2) 一般项目检验标准应符合表 8-22 的规定。

表 8-22　一般项目检验

序号	项　目	合格质量标准	检验方法	检验数量
1	隧道渗漏水量控制	隧道的渗漏水量应控制在设计的防水等级要求范围内。衬砌接缝不得有线流和漏泥砂现象	观察检查和渗漏水量测	按每连续 20 环检查 1 处，每处 1 环，且不得少于 3 处
2	管片拼装接缝	管片拼装接缝防水应符合设计要求	检查隐蔽工程验收记录	
3	螺栓安装及防腐	环向及纵向螺栓应全部穿进并拧紧，衬砌内表面的外露铁件防腐处理应符合设计要求	观察检查	

技能要点 3：验收资料

(1) 地表沉降及隆起量记录。
(2) 隧道轴线平面高层偏差允许值记录。
(3) 隧道管片内径水平与垂直度直径差记录。
(4) 管片相邻环高差记录。
(5) 质量保证体系及管理制度。
(6) 原材料、半成品出厂报告和复试报告（包括钢筋、水泥、外加剂）。
(7) 混凝土配合比报告单。
(8) 钢筋混凝土管片单片抗渗试验报告。
(9) 施工每推进 100m 作一次质量认定表。

技能图解 62 渗排水、盲沟排水工程

技能结构框线图

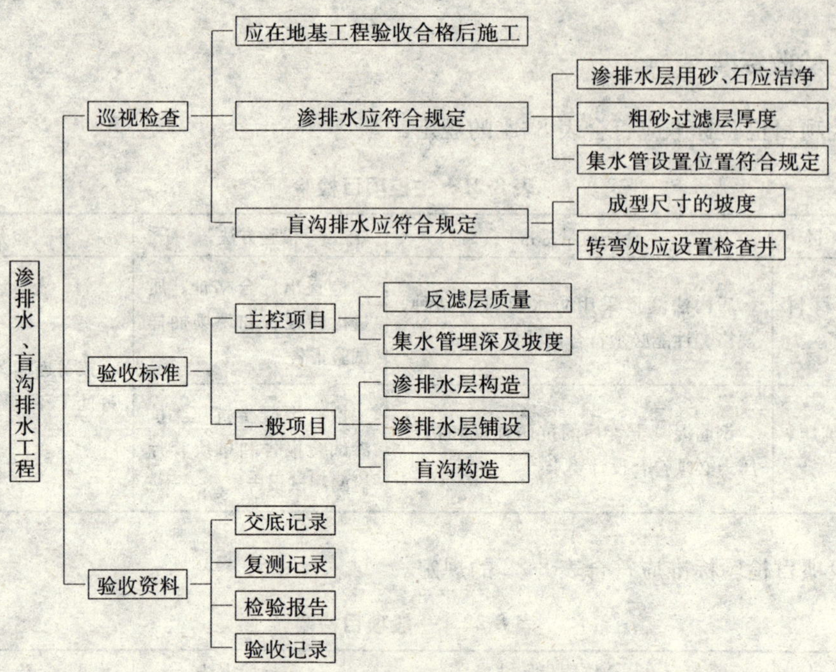

图 8-13 渗排水、盲沟排水工程

技能要点 1：巡视检查

(1) 渗排水、盲沟排水应在地基工程验收合格后进行施工。

(2) 集水管应采用无砂混凝土管、普通硬塑料管和加筋软管式透水盲管。

(3) 渗排水应符合下列规定。

①渗排水层用砂、石应洁净，不得有杂质。

②粗砂过滤层总厚度宜为 300mm，如较厚时应分层铺填。过滤层与基坑土层接触处应用厚度为 100～150mm、粒径为 5～10mm 的石子铺填。

③集水管应设置在粗砂过滤层下部，坡度不宜小于 1%，且不得有倒坡现象。集水管之间的距离宜为 5～10m，并与集水井相通。

④工程底板与渗排水层之间应做隔浆层，建筑周围的渗排水层顶面应做散水坡。

(4) 盲沟排水应符合下列规定。

①盲沟成型尺寸和坡度应符合设计要求。

②盲沟用砂、石应洁净，不得有杂质。

③反滤层的砂、石粒径组成和层次应符合设计要求。

④盲沟在转弯处和高低处应设置检查井，出水口处应设置滤水篦子。

(5) 渗排水、盲沟排水的施工质量检验数量应按 10%抽查，其中按两轴线间或 10 延米为 1 处，且不得少于 3 处。

技能要点 2：验收标准

(1) 主控项目检验标准应符合表 8-23 的规定。

表 8-23　主控项目检验

序号	项　目	合格质量标准	检验方法	检验数量
1	反滤层质量	反滤层的砂、石粒径和含泥量必须符合设计要求	检查砂、石试验报告	全数抽查
2	集水管埋深及坡度	集水管的埋设深度及坡度必须符合设计要求	观察和尺量检查	按 10% 检查，其中两轴线间或 10 延米为 1 处，且不得少于 3 处

（2）一般项目检验标准应符合表 8-24 的规定。

表 8-24　一般项目检验

序号	项　目	合格质量标准	检验方法	检验数量
1	渗排水层构造	渗排水层的构造应符合设计要求	检查隐蔽工程验收记录	按 10% 检查，其中每轴线间或 10 延米为 1 处，且不得少于 3 处
2	渗排水层铺设	渗排水层的铺设应分层、铺平、拍实	检查隐蔽工程验收记录	
3	盲沟构造	盲沟的构造应符合设计要求	检查隐蔽工程验收记录	

技能要点 3：验收资料

（1）技术交底记录及安全交底记录。

（2）测量放线及复测记录。

（3）各类原材料出厂合格证、检验报告，复验报告。

（4）验槽记录及隐蔽工程检查验收记录。

技能图解 63　隧道、坑道排水工程

技能结构框线图

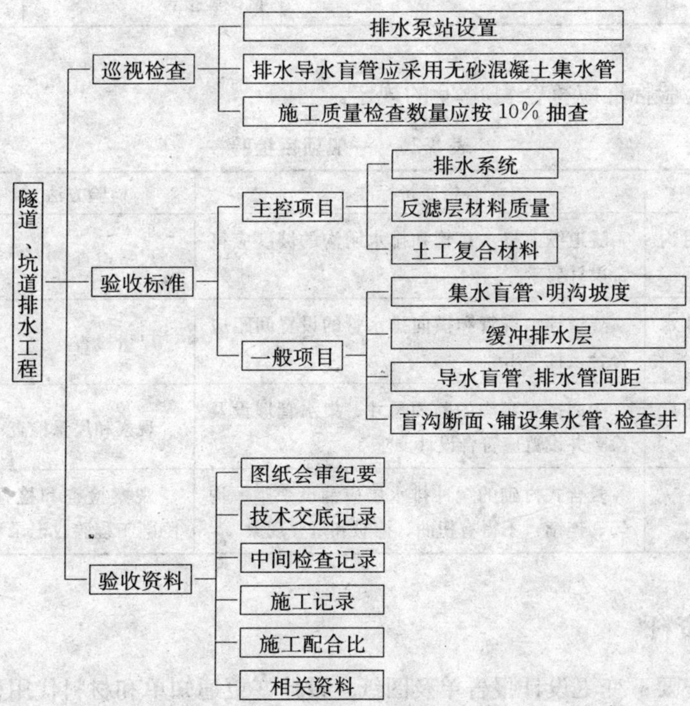

图 8-14　隧道、坑道排水工程

技能要点1：巡视检查

(1) 隧道或坑道内的排水泵站（房）设置，主排水泵站和辅助排水泵站、集水池的有效容积应符合设计规定。

(2) 主排水泵站、辅助排水泵站和污水泵房的废水及污水，应分别排入城市雨水和污水管道系统。污水的排放尚应符合国家现行有关标准的规定。

(3) 排水盲管应采用无砂混凝土集水管；导水盲管应采用外包土工布与螺旋钢丝构成的软式透水管。

(4) 复合式衬砌的缓冲排水层铺设应符合下列规定。

①土工织物的搭接应在水平铺设的场合采用缝合法或胶结法，搭接宽度不应小于300mm。

②初期支护基面清理后即用暗钉圈将土工织物固定在初期支护上。

③采用土工复合材料时，土工织物面应为迎水面，涂膜面应与后浇混凝土相接触。

(5) 隧道、坑道排水的施工质量检验数量应按10%抽查，其中按两轴线间或10延米为1处，且不得少于3处。

技能要点2：验收标准

(1) 主控项目检验标准应符合表8-25的规定。

表8-25　主控项目检验

序号	项目	合格质量标准	检验方法	检验数量
1	排水系统	隧道、坑道排水系统必须畅通	观察检查	按10%抽查，其中按两轴线间或10延米为1处，且不得少于3处
2	反滤层材料质量	反滤层的砂、石粒径和含泥量必须符合设计要求	检查砂、石试验报告	
3	土工复合材料	土工复合材料必须符合设计要求	检查出厂合格证和质量检验报告	

(2) 一般项目检验标准应符合表8-26的规定。

表8-26　一般项目检验

序号	项目	合格质量标准	检验方法	检验数量
1	集水盲管、明沟坡度	隧道纵向集水盲管和排水明沟的坡度应符合设计要求	尺量检查	按10%检查，其中按两轴线间或10延米为1处，且不得少于3处
2	导水盲管、排水管间距	隧道导水盲管和横向排水管的设置间距应符合设计要求	尺量检查	
3	盲沟断面、铺设集水管、检查井	中心排水盲沟的断面尺寸、集水管埋设及检查井设置应符合设计要求	观察和尺量检查	
4	缓冲排水层	复合式衬砌的缓冲排水层应铺设平整、均匀、连续，不得有扭曲、褶皱和重叠现象	观察检查和检查隐蔽工程验收记录	

技能要点3：验收资料

(1) 图纸会审纪要，变更设计报告单及图纸，设计变更通知单和材料代用核定单。

(2) 隧道、坑道排水施工组织设计（施工方法、技术措施、质量保证措施）。

（3）技术交底记录。

（4）材料出厂合格证、产品质量检验报告、试验报告。

（5）中间检查记录：分项工程开工申请单，分项工程质量验收记录、隐蔽工程验收记录。

（6）排水施工记录、工程抽样质量检验及观察检查记录。

（7）混凝土、砂浆试配及施工配合比，强度试验报告。

（8）复合衬砌监控量测记录、图表及分析报告。

（9）地质条件复杂地段的地质素描资料，排、渗水观察记录。

技能图解64　预注浆、后注浆工程

技能结构框线图

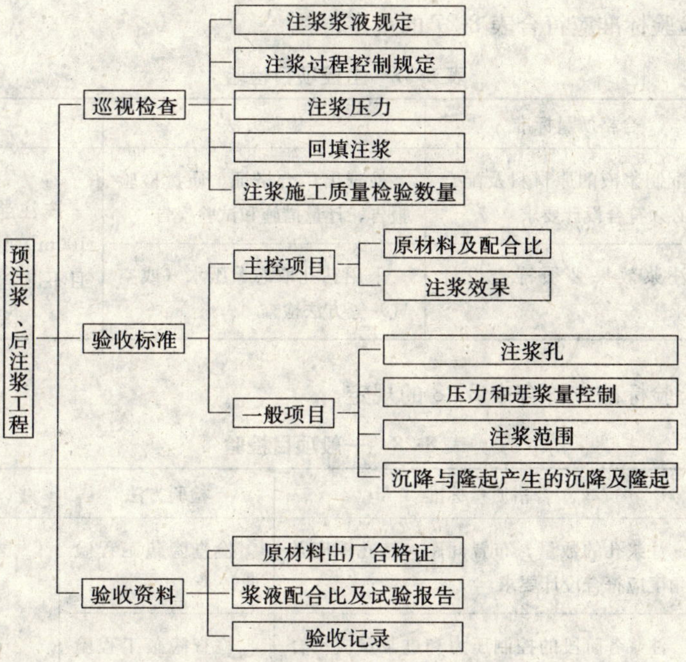

图8-15　预注浆、后注浆工程

技能要点1：巡视检查

（1）注浆浆液应符合下列规定。

①预注浆和高压喷射注浆宜采用水泥浆液、黏土水泥浆液或化学浆液。

②壁后回填注浆宜采用水泥浆液、水泥砂浆或掺有石灰、黏土、粉煤灰等水泥浆液。

③注浆浆液配合比应经现场试验确定。

（2）注浆过程控制应符合下列规定。

①根据工程地质、注浆目的等控制注浆压力。

②回填注浆应在衬砌混凝土达到设计强度的70%后进行，衬砌后围岩注浆应在充填注浆固结体达到设计强度的70%后进行。

③浆液不得溢出地面和超出有效注浆范围，地面注浆结束后注浆孔应封填密实。

④注浆范围和建筑物的水平距离很近时，应加强对临近建筑物和地下埋设物的现场监控。

⑤注浆点距离饮用水源或公共水域较近时，注浆施工如有污染应及时采取相应措施。

(3) 注浆压力。注浆压力能克服浆液在注浆管内的阻力，把浆液压入隧道周边地层中。如有地下水时，其注浆压力尚应高于地层中的水压，但压力不宜过高，由于注浆浆液溢出地表或其有效范围之外，会给周边结构带来不良影响，所以应严格控制注浆压力。

(4) 回填注浆。回填注浆时间的确定，是以衬砌能否承受回填注浆压力作用为依据，避免结构过早受力而产生裂缝。回填注浆压力一般都小于 0.8MPa，因此规定回填注浆应在衬砌混凝土达到设计强度 70%后进行。

为避免衬砌后围岩注浆影响回填注浆浆液固结体，因此规定衬砌后围岩注浆应在回填注浆浆液固结体达到设计强度 70%后进行。

(5) 注浆的施工质量检验数量，应按注浆加固或堵漏面积每 100m² 抽查 1 处，每处 10m²，且不得少于 3 处。

技能要点 2：验收标准

(1) 主控项目检验标准应符合表 8-27 的规定。

表 8-27 主控项目检验

序号	项 目	合格质量标准	检验方法	检验数量
1	原材料及配合比	配制浆液的原材料及配合比必须符合设计要求	检查出厂合格证、质量检验报告、计量措施和试验报告	按注浆加固或堵漏面积每 100m² 抽查 1 处，每处 10m²，且不得少于 3 处
2	注浆效果	注浆效果必须符合设计要求	采用钻孔取芯、压水（或空气）等方法检查	

(2) 一般项目检验标准应符合表 8-28 的规定。

表 8-28 一般项目检验

序号	项 目	合格质量标准	检验方法	检验数量
1	注浆孔	注浆孔的数量、布置间距、钻孔深度及角度应符合设计要求	检查隐蔽工程验收记录	按注浆加固或堵漏面积每 100m² 抽查 1 处，每处 10m²，且不得少于 3 处
2	压力和进浆量控制	注浆各阶段的控制压力和进浆量应符合设计要求	检查隐蔽工程验收记录	
3	注浆范围	注浆时浆液不得溢出地面和超出有效注浆范围	观察检查	
4	注浆对地面产生的沉降及隆起	注浆对地面产生的沉降量不得超过 30mm，地面的隆起不得超过 20mm	用水准仪测量	

技能要点 3：验收资料

(1) 配制浆液的原材料出厂合格证、质量检验报告。

(2) 浆液配合比及试验报告。

(3) 隐蔽工程检查验收记录。

技能图解 65　衬砌裂缝注浆工程

技能结构框线图

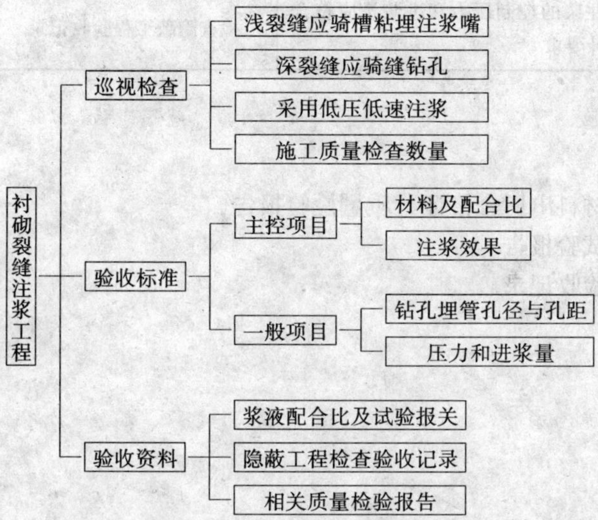

图 8-16　衬砌裂缝注浆工程

技能要点 1：巡视检查

（1）浅裂缝应骑槽粘埋注浆嘴，必要时沿缝开凿“V”槽并用水泥砂浆封缝。

（2）深裂缝应骑缝钻孔或斜向钻孔至裂缝深部，孔内埋设注浆管，间距应根据裂缝宽度而定，但每条裂缝至少有一个进浆孔和一个排气孔。

（3）注浆嘴及注浆管应设于裂缝的交叉处、较宽处及贯穿处等部位。对封缝的密封效果应进行检查。

（4）采用低压低速注浆，化学注浆压力宜为 0.2～0.4MPa，水泥浆注浆压力宜为0.4～0.8MPa。

（5）注浆后待缝内浆液初凝而不外流时，方可拆下注浆嘴并进行封口抹平。

（6）衬砌裂缝注浆的施工质量检验数量，应按裂缝条数的 10％抽查，每条裂缝为 1 处，且不得少于 3 处。

技能要点 2：验收标准

（1）主控项目检验标准符合表 8-29 的规定。

表 8-29　主控项目检验

序号	项　目	合格质量标准	检验方法	检验数量
1	材料及配合比	注浆材料及其配合比必须符合设计要求	检查出厂合格证、质量检验报告、计量措施和试验报告	按裂缝条数的 10％抽查，每条裂缝为 1 处，且不得少于 3 处
2	注浆效果	注浆效果必须符合设计要求	渗漏水量测，必要时采用钻孔取芯、压水（或空气）等方法检查	

(2) 一般项目检验标准应符合表 8-30 的规定。

表 8-30 一般项目检验

序号	项目	合格质量标准	检验方法	检验数量
1	钻孔埋管孔径和孔距	钻孔埋管的孔径和孔距应符合设计要求	检查隐蔽工程验收记录	全数检查
2	注浆压力和进浆量	注浆的控制压力和进浆量应符合设计要求	检查隐蔽工程验收记录	

技能要点 3：验收资料

(1) 配制浆液的原材料出厂合格证、质量检验报告。

(2) 浆液配合比及试验报告。

(3) 隐蔽工程检查验收记录。

第九章　混凝土结构工程现场监理

技能图解 66　模板安装分项工程

技能结构框线图

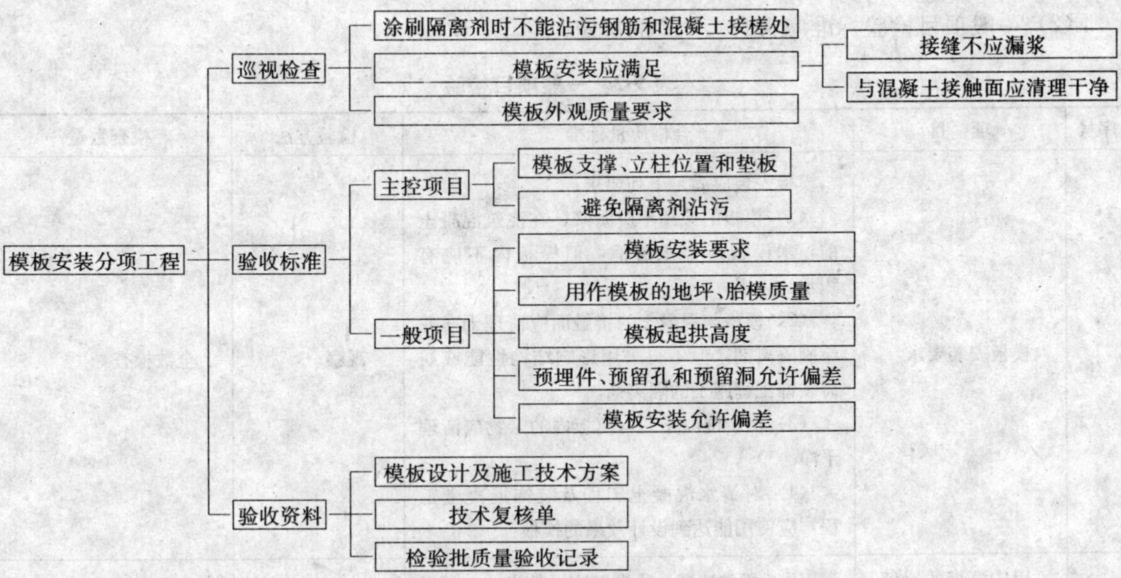

图 9-1　模板安装分项工程

技能要点 1：巡视检查

（1）安装现浇结构的上层模板及其支架时，下层楼板应具有承受上层荷载的承载能力，或加设支架；上、下层支架的立柱应对准，并铺设垫板。

（2）在涂刷模板隔离剂时，不得沾污钢筋和混凝土接槎处。

（3）模板安装应满足下列要求。

①模板的接缝不应漏浆；在浇筑混凝土前，木模板应浇水湿润，但模板内不应有积水。

②模板与混凝土的接触面应清理干净并涂刷隔离剂，但不得采用影响结构性能或妨碍装饰工程施工的隔离剂。

③浇筑混凝土前，模板内的杂物应清理干净。

④对清水混凝土工程及装饰混凝土工程，应使用能达到设计效果的模板。

（4）用作模板的地坪、胎模等应平整光洁，不得产生影响构件质量的下沉、裂缝、起砂或起鼓。

（5）对跨度不小于 4m 的现浇钢筋混凝土梁、板，其模板应按设计要求起拱；当设计无具体要求时，起拱高度宜为跨度的 1/1000～3/1000。

（6）固定在模板上的预埋件、预留孔和预留洞均不得遗漏，且应安装牢固。

技能要点 2：验收标准

（1）主控项目检验标准应符合表 9-1 的规定。

表 9-1　主控项目检验

序号	项　目	合格质量标准	检验方法	检查数量
1	模板支撑、立柱位置和垫板	安装现浇结构的上层模板及其支架时，下层楼板应具有承受上层荷载的承载能力，或加设支架；上、下层支架的立柱应对准，并铺设垫板	对照模板设计文件和施工技术方案观察	全数检查
2	避免隔离剂沾污	在涂刷模板隔离剂时，不得沾污钢筋和混凝土接槎处	观察	

(2) 一般项目检验标准应符合表 9-2 的规定。

表 9-2　一般项目检验

序号	项　目	合格质量标准	检验方法	检查数量
1	模板安装要求	模板安装应满足下列要求： (1) 模板的接缝不应漏浆；在浇筑混凝土前，木模板应浇水湿润，但模板内不应有积水。 (2) 模板与混凝土的接触面应清理干净并涂刷隔离剂，但不得采用影响结构性能或妨碍装饰工程施工的隔离剂。 (3) 浇筑混凝土前，模板内的杂物应清理干净。 (4) 对清水混凝土工程及装饰混凝土工程，应使用能达到设计效果的模板	观察	全数检查
2	用作模板的地坪、胎模质量	用作模板的地坪、胎模等应平整光洁，不得产生影响构件质量的下沉、裂缝、起砂或起鼓	观察	全数检查
3	模板起拱高度	对跨度不小于 4m 的现浇钢筋混凝土梁、板，其模板应按设计要求起拱；当设计无具体要求时，起拱高度宜为跨度的 1/1000～3/1000	水准仪或拉线、钢尺检查	在同一检验批内，对梁、柱和独立基础，应抽查构件数量的 10%，且不少于 3 件；对墙和板，应按有代表性的自然间抽查 10%，且不少于 3 间；对大空间结构，墙可按相邻轴线间高度 5m 左右划分检查面，板可按纵、横轴线划分检查面，抽查 10%，且均不少于 3 面
4	预埋件、预留孔和预留洞允许偏差	固定在模板上的预埋件、预留孔和预留洞均不得遗漏，且应安装牢固，其偏差应符合《混凝土结构工程质量验收规范》(GB 50204—2002) 表 4.2.6 的规定	钢尺检查	
5	模板安装允许偏差	现浇结构模板安装的偏差应符合《混凝土结构工程质量验收规范》(GB 50204—2002) 表 4.2.7 的规定		

技能要点 3：验收资料

(1) 模板设计及施工技术方案。
(2) 技术复核单。
(3) 检验批质量验收记录。
(4) 模板分项工程质量验收记录。

技能图解 67　模板拆除分项工程

技能结构框线图

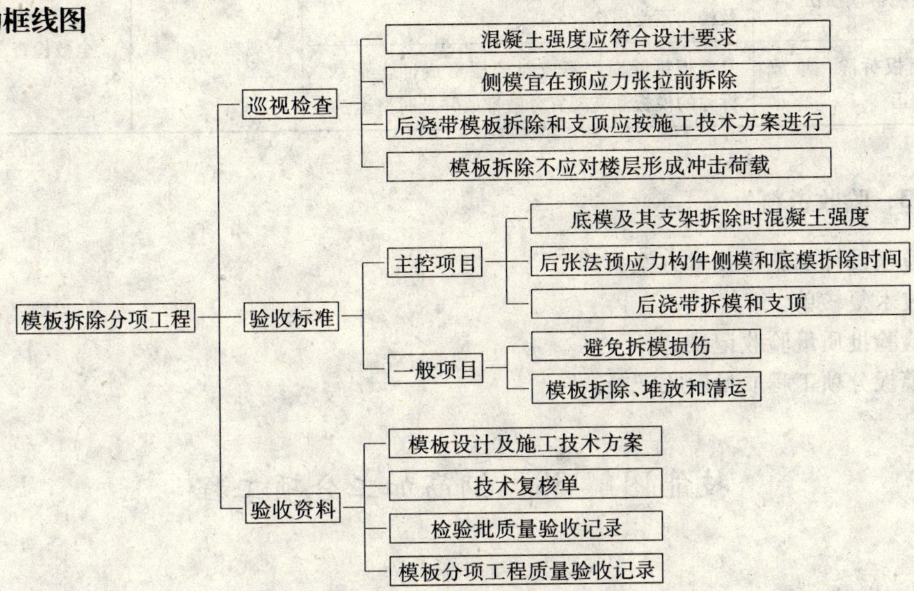

图 9-2　模板拆除分项工程

技能要点 1：巡视检查

（1）底模及其支架拆除时的混凝土强度应符合设计要求。

（2）对后张法预应力混凝土结构构件，侧模宜在预应力张拉前拆除；底模支架的拆除应按施工技术方案执行，当无具体要求时，不应在结构构件建立预应力前拆除。

（3）后浇带模板的拆除和支顶应按施工技术方案执行。

（4）侧模拆除时的混凝土强度应能保证其表面及棱角不受损伤。

（5）模板拆除时，不应对楼层形成冲击荷载。拆除的模板和支架宜分散堆放并及时清运。

技能要点 2：验收标准

（1）主控项目检验应符合表 9-3 的规定。

表 9-3　主控项目检验

序号	项　目	合格质量标准	检验方法	检查数量
1	底模及其支架拆除时的混凝土强度	底模及其支架拆除时的混凝土强度应符合设计要求；当设计无具体要求时，混凝土强度应符合《混凝土结构工程施工质量验收规范》（GB 50204—2002）表 4.3.1 的规定	检查同条件养护试件强度试验报告	全数检查
2	后张法预应力构件侧模和底模的拆除时间	对后张法预应力混凝土结构构件，侧模宜在预应力张拉前拆除；底模支架的拆除应按施工技术方案执行，当无具体要求时，不应在结构构件建立预应力前拆除	观察	
3	后浇带拆模和支顶	后浇带模板的拆除和支顶应按施工技术方案执行	观察	

(2) 一般项目检查标准应符合表 9-4 的规定。

表 9-4　一般项目检验

序号	项　目	合格质量标准	检验方法	检查数量
1	避免拆模损伤	侧模拆除时的混凝土强度应能保证其表面及棱角不受损伤	观察	全数检查
2	模板拆除、堆放和清运	模板拆除时，不应对楼层形成冲击荷载。拆除的模板和支架宜分散堆放并及时清运		

技能要点 3：验收资料

(1) 模板设计及施工技术方案。

(2) 技术复核单。

(3) 检验批质量验收记录。

(4) 模板分项工程质量验收记录。

技能图解 68　钢筋加工分项工程

技能结构框线图

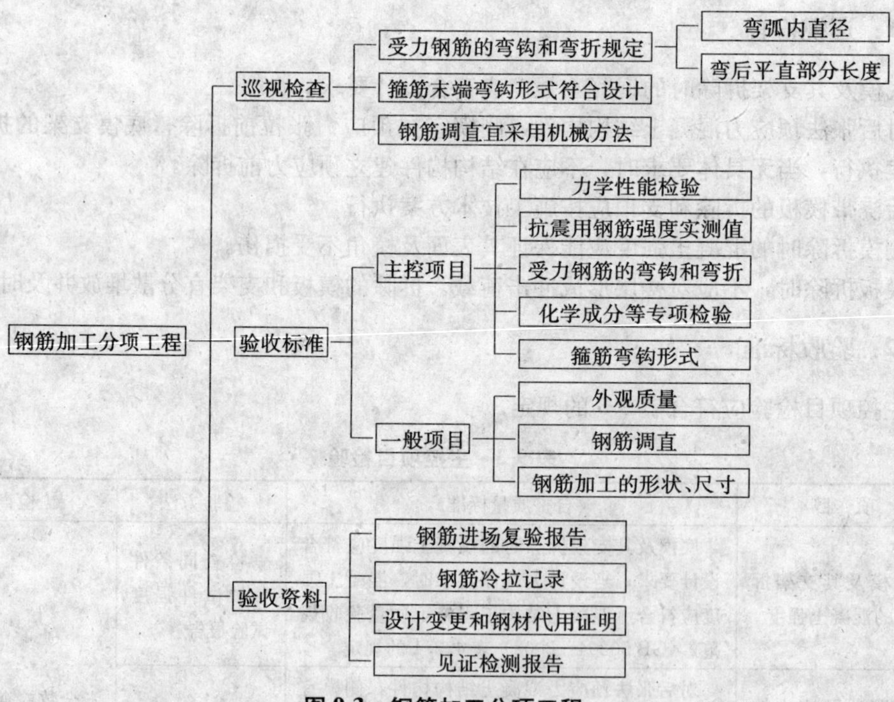

图 9-3　钢筋加工分项工程

技能要点 1：巡视检查

(1) 受力钢筋的弯钩和弯折应符合下列规定。

①HPB235 级钢筋末端应作 180°弯钩，其弯弧内直径不应小于钢筋直径的 2.5 倍，弯钩的弯

后平直部分长度不应小于钢筋直径的3倍。

②当设计要求钢筋末端需作135°弯钩时，HRB335级、HRB400级钢筋的弯弧内直径不应小于钢筋直径的4倍，弯钩的弯后平直部分长度应符合设计要求。

③钢筋作不大于90°的弯折时，弯折处的弯弧内直径不应小于钢筋直径的5倍。

(2) 除焊接封闭环式箍筋外，箍筋的末端应作弯钩，弯钩形式应符合设计要求；当设计无具体要求时，应符合下列规定。

①箍筋弯钩的弯弧内直径除应满足规范《混凝土结构工程施工质量验收规范》(GB 50204—2002) 第5.3.1条的规定外，尚应不小于受力钢筋直径。

②箍筋弯钩的弯折角度：对一般结构，不应小于90°；对有抗震等要求的结构，应为135°。

③箍筋弯后平直部分长度：对一般结构，不宜小于箍筋直径的5倍；对有抗震等要求的结构，不应小于箍筋直径的10倍。

(3) 钢筋调直宜采用机械方法，也可采用冷拉方法。当采用冷拉方法调直钢筋时，HPB235级钢筋的冷拉率不宜大于4%，HRB335级、HRB400级和RRB400级钢筋的冷拉率不宜大于1%。

(4) 钢筋加工的形状、尺寸应符合设计要求。

技能要点2：验收标准

(1) 主控项目检验标准应符合表9-5的规定。

表9-5　主控项目检验

序号	项　目	合格质量标准及说明	检验方法	检查数量
1	力学性能检验	钢筋进场时，应按现行国家标准《钢筋混凝土用热轧带肋钢筋》(GB 1499) 等的规定抽取试件作力学性能检验，其质量必须符合有关标准的规定	检查产品合格证、出厂检验报告和进场复验报告	按进场的批次和产品的抽样检验方案确定
2	抗震用钢筋强度实测值	对有抗震设防要求的框架结构，其纵向受力钢筋的强度应满足设计要求；当设计无具体要求时，对一、二级抗震等级，检验所得的强度实测值应符合下列规定： (1) 钢筋的抗拉强度实测值与屈服强度实测值的比值应不小于1.25。 (2) 钢筋的屈服强度实测值与强度标准值的比值应不大于1.3	检查进场复验报告	
3	化学成分等专项检验	当发现钢筋脆断、焊接性能不良或力学性能显著不正常等现象时，应对该批钢筋进行化学成分检验或其他专项检验	检查化学成分等专项检验报告	按产品的抽样检验方案确定
4	受力钢筋的弯钩和弯折	受力钢筋的弯钩和弯折应符合下列规定： (1) HPB235级钢筋末端应做180°弯钩，其弯弧内直径应不小于钢筋直径的2.5倍，弯钩的弯后平直部分长度应不小于钢筋直径的3倍。 (2) 当设计要求钢筋末端需做135°弯钩时，HRB335级、HRB400级钢筋的弯弧内直径应不小于钢筋直径的4倍，弯钩的弯后平直部分长度应符合设计要求。 (3) 钢筋作不大于90°的弯折时，弯折处的弯弧内直径应不小于钢筋直径的5倍	钢尺检查	按每工作班同一类型钢筋、同一加工设备抽查应不少于3件

表 9-5（续）

序号	项　目	合格质量标准及说明	检验方法	检查数量
5	箍筋弯钩形式	除焊接封闭环式箍筋外，箍筋的末端应作弯钩，弯钩形式应符合设计要求；当设计无具体要求时，应符合下列规定： （1）箍筋弯钩的弯弧内直径除应满足上述序号 4 的规定外，尚应不小于受力钢筋直径。 （2）箍筋弯钩的弯折角度：对一般结构，应不小于 90°；对有抗震等要求的结构，应为 135°。 （3）箍筋弯后平直部分长度：对一般结构，不宜小于箍筋直径的 5 倍；对有抗震等要求的结构，应不小于箍筋直径的 10 倍	钢尺检查	按每工作班同一类型钢筋、同一加工设备抽查应不少于 3 件

（2）一般项目检验标准应符合表 9-6 的规定。

表 9-6　一般项目检验

序号	项　目	合格质量标准及说明	检验方法	检查数量
1	外观质量	钢筋应平直、无损伤，表面不得有裂纹、油污、颗粒状或片状老锈	观察	进场时和使用前全数检查
2	钢筋调直	钢筋调直宜采用机械方法，也可采用冷拉方法。当采用冷拉方法调直钢筋时，HPB235 级钢筋的冷拉率不宜大于 4%，HRB335 级、HRB400 级和 RRB400 级钢筋的冷拉率不宜大于 1%	观察、钢尺检查	按每工作班同一类型钢筋、同一加工设备抽查应不少于 3 件
3	钢筋加工的形状、尺寸	钢筋加工的形状、尺寸应符合设计要求，其偏差应符合《混凝土结构工程施工质量验收规范》（GB 50204—2002）5.3.4 的规定	钢尺检查	

技能要点 3：验收资料

（1）钢筋产品合格证、出厂检验报告。
（2）钢筋进场复验报告。
（3）钢筋冷拉记录。
（4）钢筋焊接接头力学性能试验报告。
（5）钢筋机械连接接头力学性能试验报告。
（6）焊条（剂）试验报告。
（7）钢筋隐蔽工程验收记录。
（8）钢筋锥螺纹加工检验记录及连接套产品合格证。
（9）钢筋锥螺纹接头质量检查记录。
（10）施工现场挤压接头质量检查记录。
（11）设计变更和钢材代用证明。
（12）见证检测报告。
（13）检验批质量验收记录。
（14）钢筋分项工程质量验收记录。

技能图解 69 钢筋连接与安装分项工程

技能结构框线图

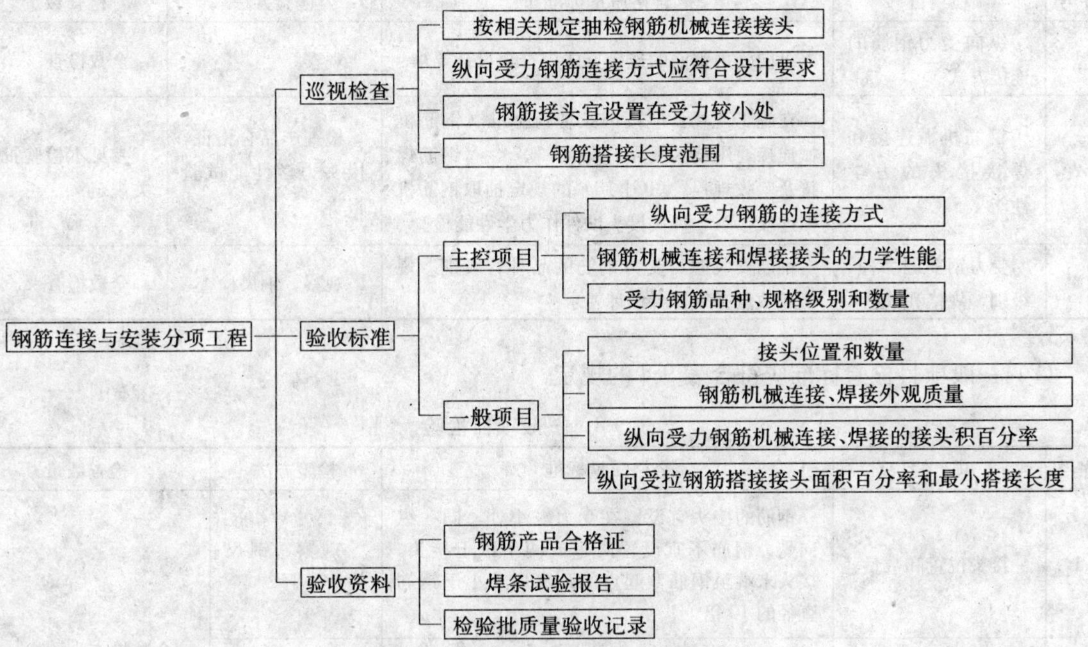

图 9-4 钢筋连接与安装分项工程

技能要点 1：巡视检查

（1）纵向受力钢筋的连接方式应符合设计要求。

（2）在施工现场，应按国家现行标准《钢筋机械连接通用技术规程》（JGJ 107）、《钢筋焊接及验收规程》（JGJ 18）的规定抽取钢筋机械连接接头、焊接接头试件作力学性能检验，其质量应符合有关规程的规定。

（3）钢筋的接头宜设置在受力较小处。同一纵向受力钢筋不宜设置两个或两个以上接头。接头末端至钢筋弯起点的距离不应小于钢筋直径的 10 倍。

（4）在施工现场，应按国家现行标准《钢筋机械连接通用技术规程》（JGJ 107）、《钢筋焊接及验收规程》（JGJ 18）的规定对钢筋机械连接接头、焊接接头的外观进行检查，其质量应符合有关规程的规定。

（5）当受力钢筋采用机械连接接头或焊接接头时，设置在同一构件内的接头宜相互错开。

（6）同一构件中相邻纵向受力钢筋的绑扎搭接接头宜相互错开。绑扎搭接接头中钢筋的横向净距不应小于钢筋直径，且不应小于 25mm。

（7）在梁、柱类构件的纵向受力钢筋搭接长度范围内，应按设计要求配置箍筋。当设计无具体要求时，应符合下列规定。

①箍筋直径不应小于搭接钢筋较大直径的 0.25 倍。

②受拉搭接区段的箍筋间距不应大于搭接钢筋较小直径的 5 倍，且不应大于 100mm。

③受压搭接区段的箍筋间距不应大于搭接钢筋较小直径的 10 倍，且不应大于 200mm。

④当柱中纵向受力钢筋直径大于 25mm 时，应在搭接接头两个端面外 100mm 范围内各设置两个箍筋，其间距宜为 50mm。

技能要点 2：验收标准

(1) 主控项目检验标准应符合表 9-7 的规定。

表 9-7 主控项目检验

序号	项 目	合格质量标准	检验方法	检查数量
1	纵向受力钢筋的连接方式	纵向受力钢筋的连接方式应符合设计要求	观察	全数检查
2	钢筋机械连接和焊接接头的力学性能	在施工现场，应按国家现行标准《钢筋机械连接通用技术规程》（JGJ 107）、《钢筋焊接及验收规程》（JGJ 18）的规定抽取钢筋机械连接接头、焊接接头试件作力学性能检验	检查产品合格证、接头力学性能试验报告	参见本检验批相关规定
3	受力钢筋的品种、级别、规格和数量	钢筋安装时，受力钢筋的品种、级别、规格和数量必须符合设计要求	观察、钢尺检查	全数检查

(2) 一般项目检验标准应符合表 9-8 的规定。

表 9-8 一般项目检验

序号	项 目	合格质量标准	检验方法	检查数量
1	接头位置和数量	钢筋的接头宜设置在受力较小处。同一纵向受力钢筋不宜设置两个或两个以上接头。接头末端至钢筋弯起点的距离应不小于钢筋直径的 10 倍	观察、钢尺检查	全数检查
2	钢筋机械连接焊接的外观质量	在施工现场，应按国家现行标准《钢筋机械连接通用技术规程》（JGJ 107）、《钢筋焊接及验收规程》（JGJ 18）的规定对钢筋机械连接接头、焊接接头的外观进行检查，其质量应符合有关规程的规定	观察	
3	纵向受力钢筋机械连接、焊接的接头面积百分率	当受力钢筋采用机械连接接头或焊接接头时，设置在同一构件内的接头宜相互错开。 纵向受力钢筋机械连接接头及焊接接头连接区段的长度为 $35d$（d 为纵向受力钢筋的较大直径）且不小于 500mm，凡接头中点位于该连接区段长度内的接头均属于同一连接区段。同一连接区段内，纵向受力钢筋机械连接及焊接的接头面积百分率为该区段内有接头的纵向受力钢筋截面面积与全部纵向受力钢筋截面面积的比值	观察、钢尺检查	在同一检验批内，对梁、柱和独立基础，应抽查构件数量的 10%，且不少于 3 件
		同一连接区段内，纵向受力钢筋的接头面积百分率应符合设计要求；当设计无具体要求时，应符合下列规定： (1) 在受拉区不宜大于 50%。 (2) 接头不宜设置在有抗震设防要求的框架梁端、柱端的箍筋加密区；当无法避开时，对等强度高质量机械连接接头，应不大于 50%。 (3) 直接承受动力荷载的结构构件中，不宜采用焊接接头；当采用机械连接接头时，应不大于 50%	观察、钢尺检查	对墙和板，应按有代表性的自然间抽查 10%，且不少于 3 间；对大空间结构，墙可按相邻轴线间高度 5m 左右划分检查面，板可按纵横轴线划分检查面，抽查 10%，且均不少于 3 面

表 9-8（续）

序号	项　目	合格质量标准	检验方法	检查数量
4	纵向受拉钢筋搭接接头面积百分率和最小搭接长度	同一构件中相邻纵向受力钢筋的绑扎搭接接头宜相互错开。绑扎搭接接头中钢筋的横向净距应不小于钢筋直径，且应不小于 25mm。 钢筋绑扎搭接接头连接区段的长度为 $1.3l_l$（l_l 为搭接长度），凡搭接接头中点位于该连接区段长度内的搭接接头均属于同一连接区段。同一连接区段内，纵向钢筋搭接接头面积百分率为该区段内有搭接接头的纵向受力钢筋截面面积与全部纵向受力钢筋截面面积的比值。 同一连接区段内，纵向受拉钢筋搭接接头面积百分率应符合设计要求；当设计无具体要求时，应符合下列规定。 （1）对梁类、板类及墙类构件，不宜大于 25%。 （2）对柱类构件，不宜大于 50%。 （3）当工程中确有必要增大接头面积百分率时，对梁类构件，应不大于 50%；对其他构件，可根据实际情况放宽。 纵向受力钢筋绑扎搭接接头的最小搭接长度应符合规定	观察、钢尺检查	对墙和板，应按有代表性的自然间抽查 10%，且不少于 3 间；对大空间结构，墙可按相邻轴线间高度 5m 左右划分检查面，板可按纵横轴线划分检查面，抽查 10%，且均不少于 3 面

技能要点 3：验收资料

（1）钢筋产品合格证、出厂检验报告。

（2）钢筋进场复验报告。

（3）钢筋冷拉记录。

（4）钢筋焊接接头力学性能试验报告。

（5）钢筋机械连接接头力学性能试验报告。

（6）焊条（剂）试验报告：

（7）钢筋隐蔽工程验收记录。

（8）钢筋锥螺纹加工检验记录及连接套产品合格证。

（9）钢筋锥螺纹接头质量检查记录。

（10）施工现场挤压接头质量检查记录。

（11）设计变更和钢材代用证明。

（12）见证检测报告。

（13）检验批质量验收记录。

（14）钢筋分项工程质量验收记录。

技能图解70 预应力分项工程原材料

技能结构框线图

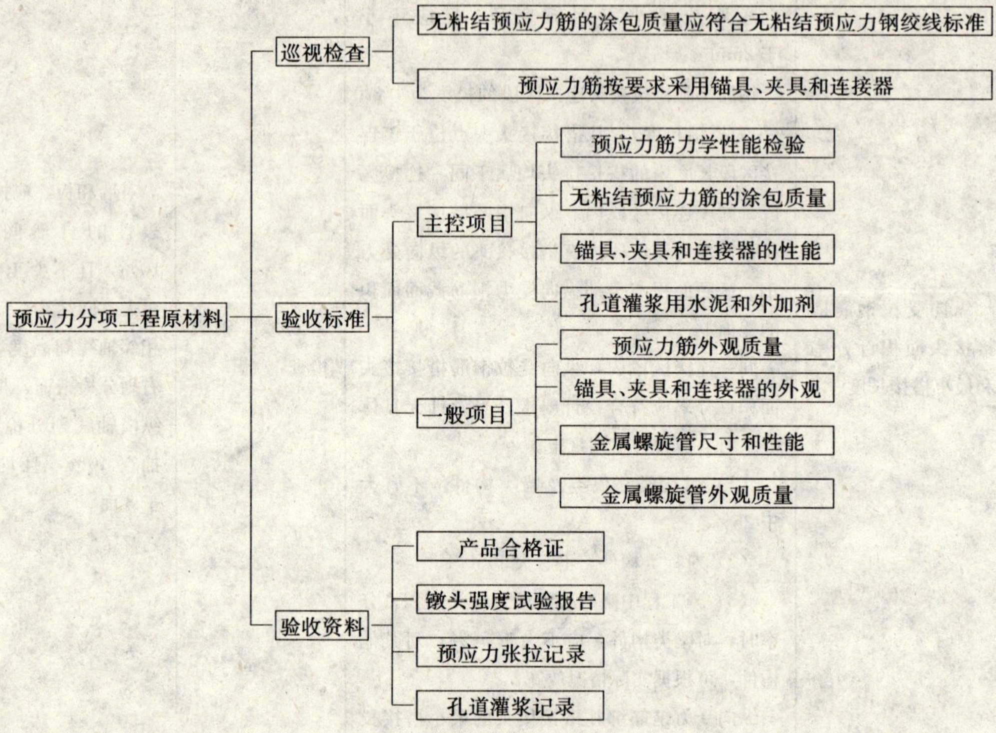

图9-5 预应力分项工程原材料

技能要点1：巡视检查

（1）无粘结预应力筋的涂包质量应符合无粘结预应力钢绞线标准的规定。

（2）预应力筋用锚具、夹具和连接器应按设计要求采用，其性能应符合现行国家标准《预应力筋用锚具、夹具和连接器》（GB/T 14370）等的规定。

技能要点2：验收标准

（1）主控项目检验标准应符合表9-9的规定。

表9-9 主控项目检验

序号	项目	合格质量标准	检验方法	检查数量
1	预应力筋力学性能检验	预应力筋进场时，应按现行国家标准《预应力混凝土用钢绞线》（GB/T 5224）等的规定抽取试件作力学性能检验，其质量必须符合有关标准的规定	检查产品合格证、出厂检验报告和进场复验报告	按进场的批次和产品的抽样检验方案确定
2	无粘结预应力筋的涂包质量	无粘结预应力筋的涂包质量应符合无粘结预应力钢绞线标准的规定 注：当有工程经验，并经观察认为质量有保证时，可不作油脂用量和护套厚度的进场复验	观察，检查产品合格证、出厂检验报告和进场复验报告	每60t为一批，每批抽取一组试件

表 9-9（续）

序号	项目	合格质量标准	检验方法	检查数量
3	锚具、夹具和连接器的性能	预应力筋用锚具、夹具和连接器应按设计要求采用，其性能应符合现行国家标准《预应力筋用锚具、夹具和连接器》（GB/T 14370）等的规定。 注：对锚具用量较少的一般工程，如供货方提供有效的试验报告，可不作静载锚固性能试验	检查产品合格证、出厂检验报告和进场复验报告	按进场批次和产品的抽样检验方案确定
4	孔道灌浆用水泥和外加剂	孔道灌浆用水泥应采用普通硅酸盐水泥，其质量应符合 GB 50204—2002 第 7.2.1 条的规定。孔道灌浆用外加剂的质量应符合 GB50204—2002 第 7.2.2 条的规定。 注：1. 对孔道灌浆用水泥和外加剂用量较少的一般工程，当有可靠依据时，可不作材料性能的进场复验。 2.《混凝土结构工程施工质量验收规范》（GB 50204—2002）中第 7.2.1 条和第 7.2.2 条原文如下： 7.2.1 水泥进场时应对其品种、级别、包装或散装仓号、出厂日期等进行检查，并应对其强度、安定性及其他必要的性能指标进行复验，其质量必须符合现行国家标准《硅酸盐水泥、普通硅酸盐水泥》GB 175 等的规定。 当在使用中对水泥质量有怀疑或水泥出厂超过三个月（快硬硅酸盐水泥超过一个月）时，应进行复验，并按复验结果使用。 钢筋混凝土结构、预应力混凝土结构中，严禁使用含氯化物的水泥。 检查数量：按同一生产厂家、同一等级、同一品种、同一批号且连续进场的水泥，袋装不超过 200t 为一批，散装不超过 500t 为一批，每批抽样不少于一次。 7.2.2 混凝土中掺用外加剂的质量及应用技术应符合现行国家标准《混凝土外加剂》（GB 8076）、《混凝土外加剂应用技术规范》（GB 50119）等和有关环境保护的规定。 预应力混凝土结构中，严禁使用含氯化物的外加剂。钢筋混凝土结构中，当使用含氯化物的外加剂时，混凝土中氯化物的总含量应符合现行国家标准《混凝土质量控制标准》（GB 50164）的规定。 检查数量：按进场的批次和产品的抽样检验方案确定。 检验方法：检查产品合格证、出厂检验报告和进场复验报告		

(2) 一般项目检验标准应符合表 9-10 的规定。

表 9-10 一般项目检验

序号	项目	合格质量标准	检验方法	检查数量
1	预应力筋外观质量	预应力筋使用前应进行外观检查，其质量应符合下列要求： (1) 有粘结预应力筋展开后应平顺，不得有弯折，表面不应有裂纹、小刺、机械损伤、氧化铁皮和油污等。 (2) 无粘结预应力筋护套应光滑、无裂缝，无明显褶皱。 注：无粘结预应力筋护套轻微破损者应外包防水塑料胶带修补，严重破损者不得使用	观察	全数检查
2	锚具、夹具和连接器的外观	预应力筋用锚具、夹具和连接器使用前应进行外观检查，其表面应无污物、锈蚀、机械损伤和裂纹		
3	金属螺旋管的尺寸和性能	预应力混凝土用金属螺旋管的尺寸和性能应符合国家现行标准《预应力混凝土用金属螺旋管》(JG/T 3013) 的规定。 注：对金属螺旋管用量较少的一般工程，当有可靠依据时，可不作径向刚度、抗渗漏性能的进场复验	检查产品合格证、出厂检验报告和进场复验报告	按进场批次的产品的抽样检验方案确定
4	金属螺旋管的外观质量	预应力混凝土用金属螺旋管在使用前应进行外观检查，其内外表面应清洁，无锈蚀，不应有油污、孔洞和不规则的褶皱，咬口不应有开裂或脱扣	观察	全数检查

技能要点 3：验收资料

(1) 预应力筋产品合格证、出厂检验报告、进场复验报告。

(2) 预应力筋用锚具、夹具和连接器产品合格证、出厂检验报告、进场复验报告。

(3) 孔道灌浆用水泥、外加剂产品合格证、出厂检验报告、进场复验报告。

(4) 预应力混凝土用金属螺旋管产品合格证、出厂检验报告、进场复验报告。

(5) 镦头强度试验报告。

(6) 同条件养护混凝土试件试验报告。

(7) 预应力张拉记录。

(8) 预应力筋应力检测记录；见证张拉记录。

(9) 孔道灌浆记录。

(10) 孔道灌浆用水泥浆性能试验报告。

(11) 孔道灌浆用水泥浆试件强度试验报告。

(12) 预应力隐蔽工程验收记录。

(13) 张拉机具设备及仪表的配套标定报告单。

(14) 检验批质量验收记录。

(15) 预应力分项工程质量验收记录。

技能图解 71　预应力筋制作与安装分项工程

技能结构框线图

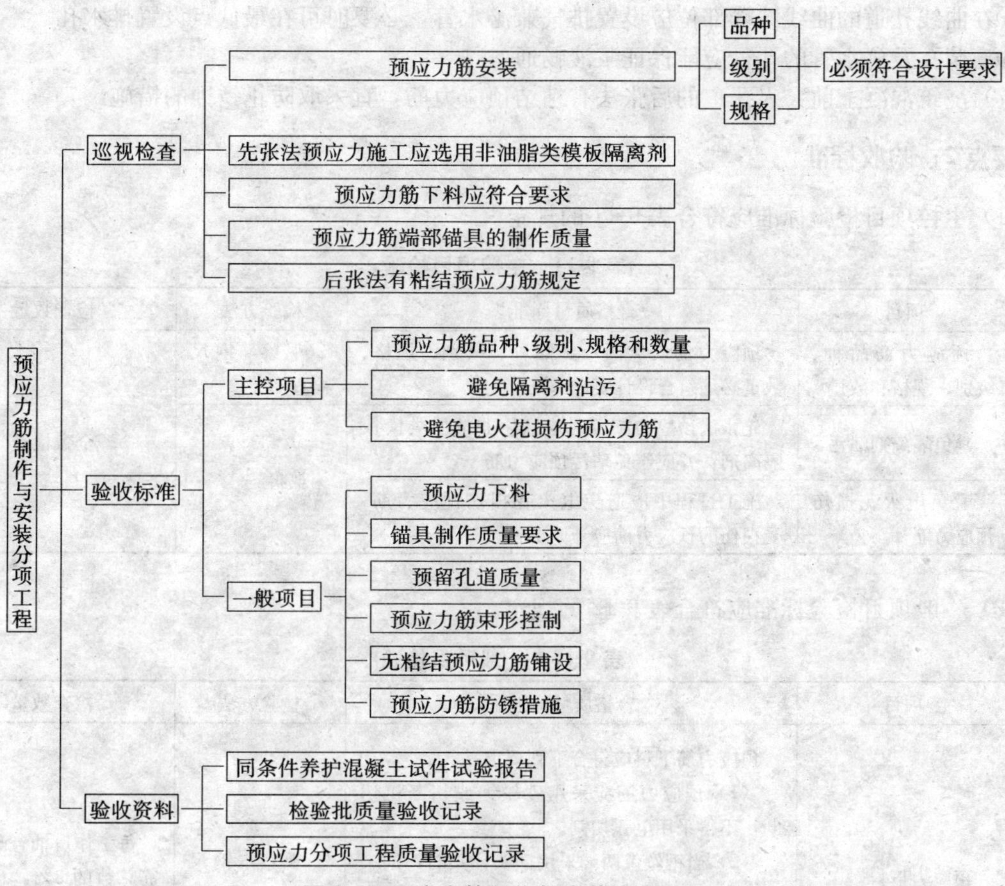

图 9-6　预应力筋制作与安装分项工程

技能要点 1：巡视检查

(1) 预应力筋安装时，其品种、级别、规格、数量必须符合设计要求。

(2) 先张法预应力施工时应选用非油质类模板隔离剂，并应避免沾污预应力筋。

(3) 施工过程中应避免电火花损伤预应力筋；受损伤的预应力筋应予以更换。

(4) 预应力筋下料应符合下列要求。

①预应力筋应采用砂轮锯或切断机切断，不得采用电弧切割。

②当钢丝束两端采用镦头锚具时，同一束中各根钢丝长度的极差不应大于钢丝长度的1/5000，且不应大于 5mm。当成组张拉长度不大于 10m 的钢丝时，同组钢丝长度的极差不得大于 2mm。

(5) 预应力筋端部锚具的制作质量应符合下列要求。

①挤压锚具制作时压力表油压应符合操作说明书的规定，挤压后预应力筋外端应露出挤压套筒 1～5mm。

②钢绞线压花锚成形时，表面应清洁、无油污，梨形头尺寸和直线段长度应符合设计要求。

③钢丝镦头的强度不得低于钢丝强度标准值的 98%。

(6) 后张法有粘结预应力筋预留孔道的规格、数量、位置和形状除应符合设计要求外，尚应符合下列规定。

①预留孔道的定位应牢固，浇筑混凝土时不应出现移位和变形。

②孔道应平顺，端部的预埋锚垫板应垂直于孔道中心线。

③成孔用管道应密封良好，接头应严密且不得漏浆。

④灌浆孔的间距：对预埋金属螺旋管不宜大于30m；对抽芯成形孔道不宜大于12m。

⑤在曲线孔道的曲线波峰部位应设置排气兼泌水管，必要时可在最低点设置排水孔。

⑥灌浆孔及泌水管的孔径应能保证浆液畅通。

(7) 浇筑混凝土前穿入孔道的后张法有粘结预应力筋，宜采取防止锈蚀的措施。

技能要点2：验收标准

(1) 主控项目检验标准应符合表9-11的规定。

表9-11 主控项目检验

序号	项目	合格质量标准	检验方法	检查数量
1	预应力筋品种、级别、规格和数量	预应力筋安装时，其品种、级别、规格、数量必须符合设计要求	观察，钢尺检查	全数检查
2	避免隔离剂沾污	先张法预应力施工时应选用非油质类模板隔离剂，并应避免玷污预应力筋	观察	
3	避免电火花损伤预应力筋	施工过程中应避免电火花损伤预应力筋；受损伤的预应力筋应予以更换		

(2) 一般项目检验标准应符合表9-12的规定。

表9-12 一般项目检验

序号	项目	合格质量标准	检验方法	检查数量
1	预应力下料	预应力筋下料应符合下列要求： (1) 预应力筋应采用砂轮锯或切断机切断，不得采用电弧切割。 (2) 当钢丝束两端采用镦头锚具时，同一束中各根钢丝长度的极差应不大于钢丝长度的1/5000，且应不大于5mm。当成组张拉长度不大于10m的钢丝时，同组钢丝长度的极差不得大于2mm	观察，钢尺检查	每工作班抽查预应力筋总数的3%，且不少于3束
2	锚具制作质量要求	预应力筋端部锚具的制作质量应符合下列要求： (1) 挤压锚具制作时压力表油压应符合操作说明书的规定，挤压后预应力筋外端应露出挤压套筒1～5mm。 (2) 钢绞线压花锚成形时，表面应清洁、无油污，梨形头尺寸和直线段长度应符合设计要求。 (3) 钢丝镦头的强度不得低于钢丝强度标准值的98%	观察，钢尺检查，检查镦头强度试验报告	对挤压锚，每工作班抽查5%，且应不少于5件；对压花锚，每工作班抽查3件；对钢丝镦头强度，每批钢丝检查6个镦头试件

表 9-12（续）

序号	项目	合格质量标准	检验方法	检查数量
3	预留孔道质量	后张法有粘结预应力筋预留孔道的规格、数量、位置和形状除应符合设计要求外，尚应符合下列规定： (1) 预留孔道的定位应牢固，浇筑混凝土时不应出现移位和变形。 (2) 孔道应平顺，端部的预埋锚垫板应垂直于孔道中心线。 (3) 成孔用管道应密封良好，接头应严密且不得漏浆。 (4) 灌浆孔的间距：对预埋金属螺旋管不宜大于 30m；对抽芯成形孔道不宜大于 12m。 (5) 在曲线孔道的曲线波峰部位应设置排气兼泌水管，必要时可在最低点设置排水孔。 (6) 灌浆孔及泌水管的孔径应能保证浆液畅通	观察，钢尺检查	全数检查
4	预应力筋束形控制	预应力筋束形控制点的竖向位置偏差应符合表的规定。 注：束形控制点的竖向位置偏差合格点率应达到 90%及以上，且不得有超过表中数值 1.5 倍的尺寸偏差	钢尺检查	在同一检验批内，抽查各类型构件中预应力筋总数的 5%，且对各类型构件均不少于 5 束，每束应不少于 5 处
5	无粘结预应力筋铺设	无粘结预应力筋的铺设除应符合上条的规定外，尚应符合下列要求： (1) 无粘结预应力筋的定位应牢固，浇筑混凝土时不应出现移位和变形。 (2) 端部的预埋锚垫板应垂直于预应力筋。 (3) 内埋式固定端垫板不应重叠，锚具与垫板应贴紧。 (4) 无粘结预应力筋成束布置时应能保证混凝土密实并能裹住预应力筋。 (5) 无粘结预应力筋的护套应完整，局部破损处应采用防水胶带缠绕紧密	观察	全数检查
6	预应力筋防锈措施	浇筑混凝土前穿入孔道的后张法有粘结预应力筋，宜采取防止锈蚀的措施		

技能要点 3：验收资料

(1) 预应力筋产品合格证、出厂检验报告、进场复验报告。

(2) 预应力筋用锚具、夹具和连接器产品合格证、出厂检验报告、进场复验报告。

(3) 孔道灌浆用水泥、外加剂产品合格证、出厂检验报告、进场复验报告。

(4) 预应力混凝土用金属螺旋管产品合格证、出厂检验报告、进场复验报告。

(5) 镦头强度试验报告。
(6) 同条件养护混凝土试件试验报告。
(7) 预应力张拉记录。
(8) 预应力筋应力检测记录；见证张拉记录。
(9) 孔道灌浆记录。
(10) 孔道灌浆用水泥浆性能试验报告。
(11) 孔道灌浆用水泥浆试件强度试验报告。
(12) 预应力隐蔽工程验收记录。
(13) 张拉机具设备及仪表的配套标定报告单。
(14) 检验批质量验收记录。
(15) 预应力分项工程质量验收记录。

技能图解72 预应力张拉、放张、灌浆及封锚

技能结构框线图

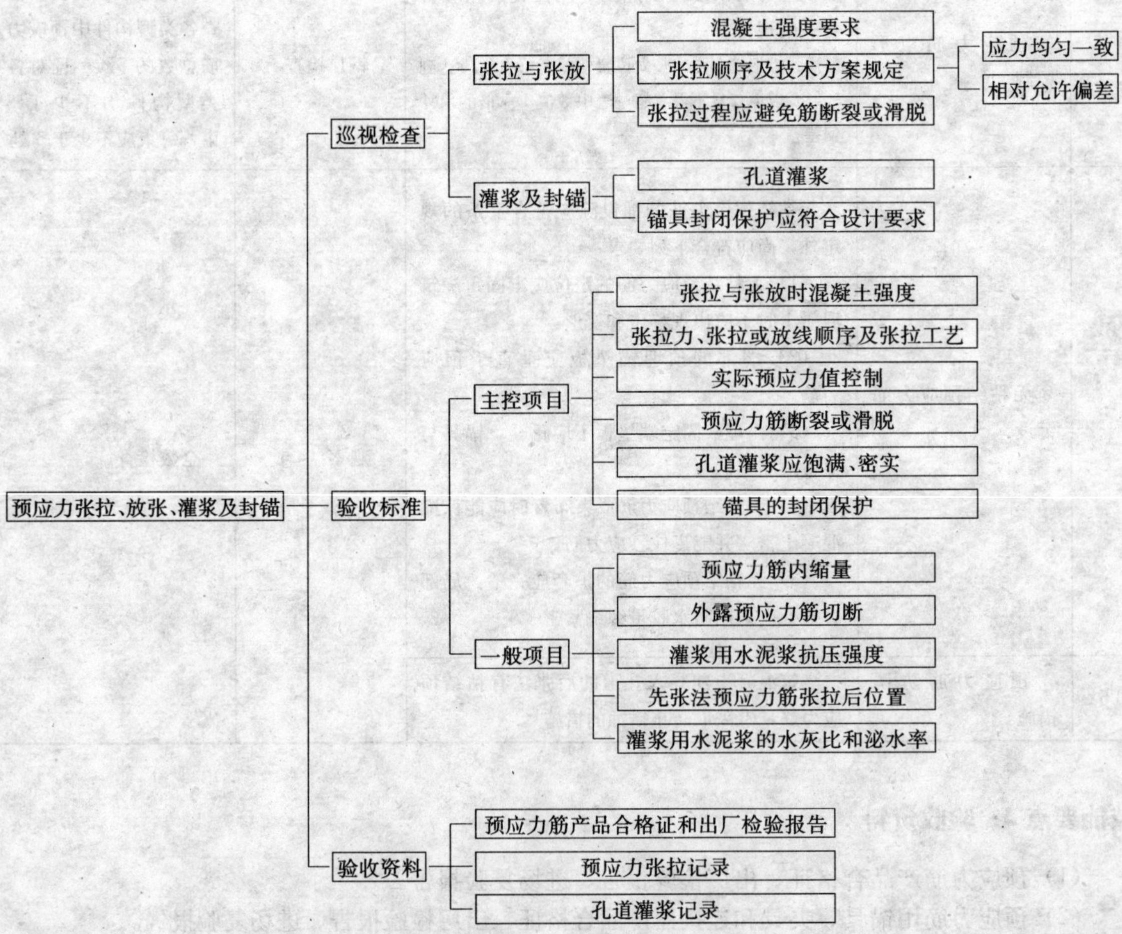

图9-7 预应力张拉、放张、灌浆及封锚

技能要点 1：巡视检查

（1）张拉与放张。

①预应力筋张拉或放张时，混凝土强度应符合设计要求；当设计无具体要求时，不应低于设计的混凝土立方体抗压强度标准值的 75%。

②预应力筋的张拉力、张拉或放张顺序及张拉工艺应符合设计及施工技术方案的要求，并应符合下列规定：

a. 当施工需要超张拉时，最大张拉应力不应大于国家现行标准《混凝土结构设计规范》（GB 50010）的规定。

b. 张拉工艺应能保证同一束中各根预应力筋的应力均匀一致。

c. 后张法施工中，当预应力筋是逐根或逐束张拉时，应保证各阶段不出现对结构不利的应力状态；同时宜考虑后批张拉预应力筋所产生的结构构件的弹性压缩对先批张拉预应力筋的影响，确定张拉力。

d. 先张法预应力筋放张时，宜缓慢放松锚固装置，使各根预应力筋同时缓慢放松。

e. 当采用应力控制方法张拉时，应校核预应力筋的伸长值。实际伸长值与设计计算理论伸长值的相对允许偏差为±6%。

③预应力筋张拉锚固后实际建立的预应力值与工程设计规定检验值的相对允许偏差为±5%。

④张拉过程中应避免预应力筋断裂或滑脱；当发生断裂或滑脱时，必须符合下列规定：

a. 对后张法预应力结构构件，断裂或滑脱的数量严禁超过同一截面预应力筋总根数的 3%，且每束钢丝不得超过一根；对多跨双向连续板，其同一截面应按每跨计算。

b. 对先张法预应力构件，在浇筑混凝土前发生断裂或滑脱的预应力筋必须予以更换。

⑤锚固阶段张拉端预应力筋的内缩量应符合设计要求。

⑥先张法预应力筋张拉后与设计位置的偏差不得大于 5mm，且不得大于构件截面短边边长的 4%。

（2）灌浆及封锚。

①后张法有粘结预应力筋张拉后应尽早进行孔道灌浆，孔道内水泥浆应饱满、密实。

②锚具的封闭保护应符合设计要求；当设计无具体要求时，应符合下列规定：

a. 应采取防止锚具腐蚀和遭受机械损伤的有效措施。

b. 凸出式锚固端锚具的保护层厚度不应小于 50mm。

c. 外露预应力筋的保护层厚度：处于正常环境时，不应小于 20mm；处于易受腐蚀的环境时，不应小于 50mm。

③后张法预应力筋锚固后的外露部分宜采用机械方法切割，其外露长度不宜小于预应力筋直径的 1.5 倍，且不宜小于 30mm。

④灌浆用水泥浆的水灰比不应大于 0.45，搅拌后 3h 泌水率不宜大于 2%，且不应大于 3%。泌水应能在 24h 内全部重新被水泥浆吸收。

⑤灌浆用水泥浆的抗压强度不应小于 30N/mm^2。

注：1. 一组试件由 6 个试件组成，试件应标准养护 28 天；

2. 抗压强度为一组试件的平均值，当一组试件中抗压强度最大值或最小值与平均值相差超过 20%时，应取中间 4 个试件强度的平均值。

技能要点 2：验收标准

（1）主控项目检验标准应符合表 9-13 的规定。

表 9-13 主控项目检验

序号	项目	合格质量标准	检验方法	检查数量
1	张拉和放张时混凝土强度	预应力筋张拉或放张时，混凝土强度应符合设计要求；当设计无具体要求时，不应低于设计的混凝土立方体抗压强度标准值的75%	检查同条件养护试件试验报告	全数检查
2	张拉力、张拉或放张顺序及张拉工艺	预应力筋的张拉力、张拉或放张顺序及张拉工艺应符合设计及施工技术方案的要求，并应符合下列规定： (1) 当施工需要超张拉时，最大张拉应力应不大于国家现行标准《混凝土结构设计规范》(GB 50010) 的规定。 (2) 张拉工艺应能保证同一束中各根预应力筋的应力均匀一致。 (3) 后张法施工中，当预应力筋是逐根或逐束张拉时，应保证各阶段不出现对结构不利的应力状态；同时宜考虑后批张拉预应力筋所产生的结构构件的弹性压缩对先批张拉预应力筋的影响，确定张拉力。 (4) 先张法预应力筋放张时，宜缓慢放松锚固装置，使各根预应力筋同时缓慢放松。 (5) 当采用应力控制方法张拉时，应校核预应力筋的伸长值。实际伸长值与设计计算理论伸长值的相对允许偏差为±6%	检查张拉记录	
3	实际预应力值控制	预应力筋张拉锚固后实际建立的预应力值与工程设计规定检验值的相对允许偏差为±5%	对先张法施工，检查预应力筋应力检测记录；对后张法施工，检查见证张拉记录	对先张法施工，每工作班抽查预应力筋总数的1%，且不少于3根；对后张法施工，在同一检验批内，抽查预应力筋总数的3%，且不少于5束
4	预应力筋断裂或滑脱	张拉过程中应避免预应力筋断裂或滑脱；当发生断裂或滑脱时，必须符合下列规定： (1) 对后张法预应力结构构件，断裂或滑脱的数量严禁超过同一截面预应力筋总根数的3%，且每束钢丝不得超过一根；对多跨双向连续板，其同一截面应按每跨计算。 (2) 对先张法预应力构件，在浇筑混凝土前发生断裂或滑脱的预应力筋必须予以更换	观察，检查张拉记录	全数检查
5	孔道灌浆	后张法有粘结预应力筋张拉后应尽早进行孔道灌浆，孔道内水泥浆应饱满、密实	观察，检查灌浆记录	
6	锚具的封闭保护	锚具的封闭保护应符合设计要求；当设计无具体要求时，应符合下列规定： (1) 应采取防止锚具腐蚀和遭受机械损伤的有效措施。 (2) 凸出式锚固端锚具的保护层厚度应不小于50mm。 (3) 外露预应力筋的保护层厚度：处于正常环境时，应不小于20mm；处于易受腐蚀的环境时，应不小于50mm	观察，钢尺检查	在同一检验批内，抽查预应力筋总数的5%，且不少于5处

（2）一般项目检验标准应符合表 9-14 的规定。

表 9-14　一般项目检验

序号	项　目	合格质量标准	检验方法	检查数量
1	预应力筋内缩量	锚固阶段张拉端预应力筋的内缩量应符合设计要求；当设计无具体要求时，应符合《混凝土结构工程施工质量验收规范》（GB 50205—2002）表 6.4.5 的规定	钢尺检查	每工作班抽查预应力筋总数的 3%，且不少于 3 束
2	先张法预应力筋张拉后位置	先张法预应力筋张拉后与设计位置的偏差不得大于 5mm，且不得大于构件截面短边边长的 4%		
3	外露预应力筋切断	后张法预应力筋锚固后的外露部分宜采用机械方法切割，其外露长度不宜小于预应力筋直径的 1.5 倍，且不宜小于 30mm	观察，钢尺检查	在同一检验批内，抽查预应力筋总数的 3%，且不少于 5 束
4	灌浆用水泥浆的水灰比和泌水率	灌浆用水泥浆的水灰比应不大于 0.45，搅拌后 3h 泌水率不宜大于 2%，且应不大于 3%。泌水应能在 24h 内全部重新被水泥浆吸收	检查水泥浆性能试验报告	同一配合比检查一次
5	灌浆用水泥浆的抗压强度	灌浆用水泥浆的抗压强度应不小于 30N/mm² 注：1. 一组试件由 6 个试件组成，试件应标准养护 28 天。 2. 抗压强度为一组试件的平均值，当一组试件中抗压强度最大值或最小值与平均值相差超过 20% 时，应取中间 4 个试件强度的平均值	检查水泥浆试件强度试验报告	每工作班留置一组边长为 70.7mm 的立方体试件

技能要点 3：验收资料

（1）预应力筋产品合格证、出厂检验报告、进场复验报告。

（2）预应力筋用锚具、夹具和连接器产品合格证、出厂检验报告、进场复验报告。

（3）孔道灌浆用水泥、外加剂产品合格证、出厂检验报告、进场复验报告。

（4）预应力混凝土用金属螺旋管产品合格证、出厂检验报告、进场复验报告。

（5）镦头强度试验报告。

（6）同条件养护混凝土试件试验报告。

（7）预应力张拉记录。

（8）预应力筋应力检测记录；见证张拉记录。

（9）孔道灌浆记录。

（10）孔道灌浆用水泥浆性能试验报告。

（11）孔道灌浆用水泥浆试件强度试验报告。

（12）预应力隐蔽工程验收记录。

（13）张拉机具设备及仪表的配套标定报告单。

（14）检验批质量验收记录。

（15）预应力分项工程质量验收记录。

技能图解73 混凝土配合比设计

技能结构框线图

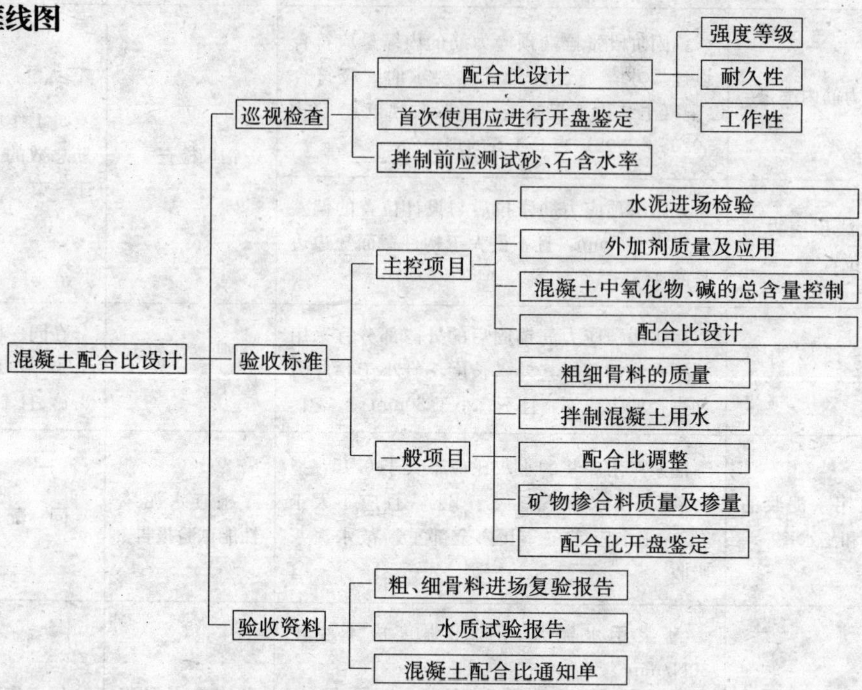

图9-8 混凝土配合比设计

技能要点1：巡视检查

（1）混凝土应按国家现行标准《普通混凝土配合比设计规程》（JGJ 55）的有关规定，根据混凝土强度等级、耐久性和工作性等要求进行配合比设计。

对有特殊要求的混凝土，其配合比设计尚应符合国家现行有关标准的专门规定。

（2）首次使用的混凝土配合比应进行开盘鉴定，其工作性应满足设计配合比的要求。开始生产时应至少留置一组标准养护试件，作为验证配合比的依据。

（3）混凝土拌制前，应测定砂、石含水率并根据测试结果调整材料用量，提出施工配合比。

技能要点2：验收标准

（1）主控项目检测标准应符合表9-15的规定。

表9-15 主控项目检验

序号	项 目	合格质量标准	检验方法	检查数量
1	水泥进场检验	水泥进场时应对其品种、级别、包装或散装仓号、出厂日期等进行检查，并应对其强度、安定性及其他必要的性能指标进行复验，其质量必须符合现行国家标准《硅酸盐水泥、普通硅酸盐水泥》（GB 175）等的规定。 当在使用中对水泥质量有怀疑或水泥出厂超过三个月（快硬硅酸盐水泥超过一个月）时，应进行复验，并按复验结果使用。 钢筋混凝土结构、预应力混凝土结构中，严禁使用含氯化物的水泥	检查产品合格证、出厂检验报告和进场复验报告	按同一生产厂家、同一等级、同一品种、同一批号且连续进场的水泥，袋装不超过200t为一批，散装不超过500t为一批，每批抽样不少于一次

表 9-15（续）

序号	项　目	合格质量标准	检验方法	检查数量
2	外加剂质量及应用	混凝土中掺用外加剂的质量及应用技术应符合现行国家标准《混凝土外加剂》（GB 8076）、《混凝土外加剂应用技术规范》（GB 50119）等和有关环境保护的规定。 预应力混凝土结构中，严禁使用含氯化物的外加剂。钢筋混凝土结构中，当使用含氯化物的外加剂时，混凝土中氯化物的总含量应符合现行国家标准《混凝土质量控制标准》（GB 50164）的规定		
3	混凝土中氯化物、碱的总含量控制	混凝土中氯化物和碱的总含量应符合现行国家标准《混凝土结构设计规范》（GB 50010）和设计的要求	检查原材料试验报告和氯化物、碱的总含量计算书	全数检查
4	配合比设计	混凝土应按国家现行标准《普通混凝土配合比设计规程》（JGJ 55）的有关规定，根据混凝土强度等级、耐久性和工作性等要求进行配合比设计。 对有特殊要求的混凝土，其配合比设计尚应符合国家现行有关标准的专门规定	检查配合比设计资料	全数检查

（2）一般项目检验标准应符合表 9-16 的规定。

表 9-16　一般项目检验

序号	项　目	合格质量标准	检验方法	检查数量
1	矿物掺合料质量及掺量	混凝土中掺用矿物掺合料的质量应符合现行国家标准《用于水泥和混凝土中的粉煤灰》（GB 1596）等的规定。矿物掺合料的掺量应通过试验确定	检查出厂合格证和进场复验报告	按进场的批次和产品的抽样检验方案确定
2	粗细骨料的质量	普通混凝土所用的粗、细骨料的质量应符合国家现行标准《普通混凝土用碎石或卵石质量标准及检验方法》（JCJ 53）、《普通混凝土用砂质量标准及检验方法》（JGJ 52）的规定。 注：1. 混凝土用的粗骨料，其最大颗粒粒径不得超过构件截面最小尺寸的 1/4，且不得超过钢筋最小净间距的 3/4。 2. 对混凝土实心板，骨料的最大粒径不宜超过板厚的1/3，且不得超过 40mm	检查进场复验报告	
3	拌制混凝土用水	拌制混凝土宜采用饮用水；当采用其他水源时，水质应符合国家现行标准《混凝土用水标准》（JGJ 63）的规定	检查水质试验报告	同一水源检查应不少于一次
4	配合比开盘鉴定	首次使用的混凝土配合比应进行开盘鉴定，其工作性应满足设计配合比的要求。开始生产时应至少留置一组标准养护试件，作为验证配合比的依据	检查开盘鉴定资料和试件强度试验报告	按配合比设计要求确定
5	配合比调整	混凝土拌制前，应测定砂、石含水率并根据测试结果调整材料用量，提出施工配合比	检查含水率测试结果和施工配合比通知单	每工作班检查一次

技能要点3：验收资料

（1）水泥产品合格证、出厂检验报告、进场复验报告。
（2）外加剂产品合格证、出厂检验报告、进场复验报告。
（3）混凝土中氯化物、碱的总含量计算书。
（4）掺合料出厂合格证、进场复试报告。
（5）粗、细骨料进场复验报告。
（6）水质试验报告。
（7）混凝土配合比设计资料。
（8）砂、石含水率测试结果记录。
（9）混凝土配合比通知单。
（10）混凝土试件强度试验报告。
（11）混凝土试件抗渗试验报告。
（12）施工记录。
（13）检验批质量验收记录。
（14）混凝土分项工程质量验收记录。

技能图解74　混凝土分项工程施工

技能结构框线图

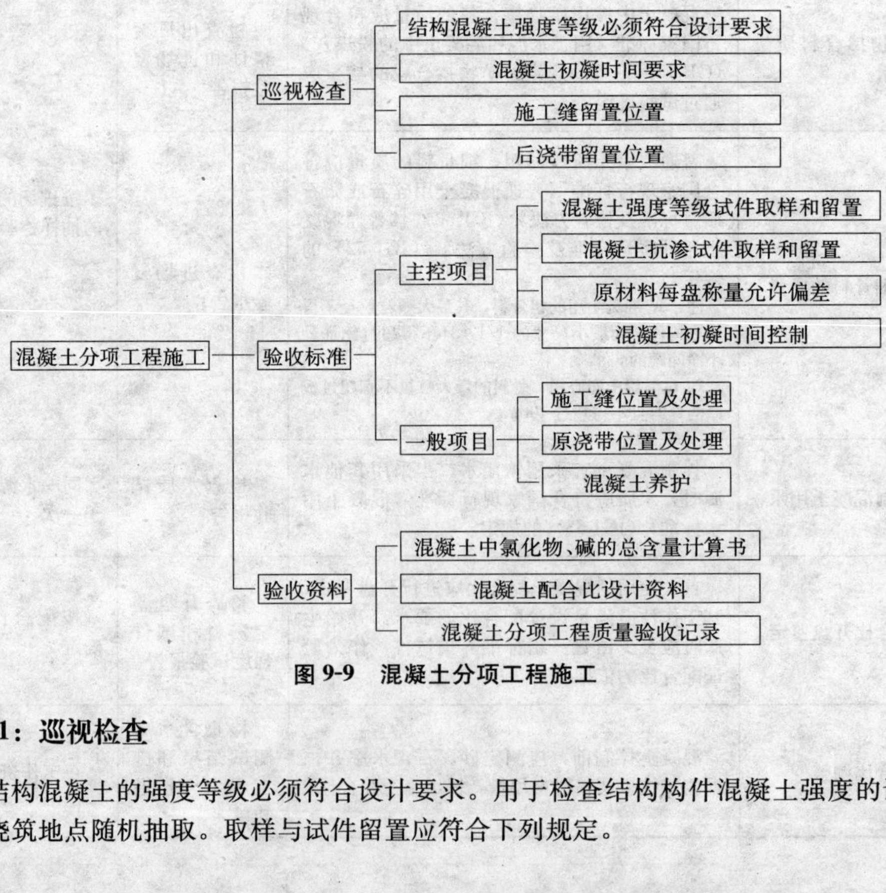

图9-9　混凝土分项工程施工

技能要点1：巡视检查

（1）结构混凝土的强度等级必须符合设计要求。用于检查结构构件混凝土强度的试件，应在混凝土的浇筑地点随机抽取。取样与试件留置应符合下列规定。

①每拌制 100 盘且不超过 100m³ 的同配合比的混凝土，取样不得少于一次。

②每工作班拌制的同一配合比的混凝土不足 100 盘时，取样不得少于一次。

③当一次连续浇筑超过 1000m³ 时，同一配合比的混凝土每 200m³ 取样不得少于一次。

④每一楼层、同一配合比的混凝土，取样不得少于一次。

⑤每次取样应至少留置一组标准养护试件，同条件养护试件的留置组数应根据实际需要确定。

(2) 对有抗渗要求的混凝土结构，其混凝土试件应在浇筑地点随机取样。同一工程、同一配合比的混凝土，取样不应少于一次，留置组数可根据实际需要确定。

(3) 混凝土运输、浇筑及间歇的全部时间不应超过混凝土的初凝时间。同一施工段的混凝土应连续浇筑，并应在底层混凝土初凝之前将上一层混凝土浇筑完毕。

当底层混凝土初凝后浇筑上一层混凝土时，应按施工技术方案中对施工缝的要求进行处理。

(4) 施工缝的位置应在混凝土浇筑前按设计要求和施工技术方案确定。施工缝的处理应按施工技术方案执行。

(5) 后浇带的留置位置应按设计要求和施工技术方案确定。后浇带混凝土浇筑应按施工技术方案进行。

(6) 混凝土浇筑完毕后，应按施工技术方案及时采取有效的养护措施，并应符合下列规定。

①应在浇筑完毕后的 12h 以内对混凝土加以覆盖并保湿养护。

②混凝土浇水养护的时间：对采用硅酸盐水泥、普通硅酸盐水泥或矿渣硅酸盐水泥拌制的混凝土，不得少于 7 天；对掺用缓凝型外加剂或有抗渗要求的混凝土，不得少于 14 天。

③浇水次数应能保持混凝土处于湿润状态；混凝土养护用水应与拌制用水相同。

④采用塑料布覆盖养护的混凝土，其敞露的全部表面应覆盖严密，并应保持塑料布内有凝结水。

⑤混凝土强度达到 1.2N/mm² 前，不得在其上踩踏或安装模板及支架。

注：1. 当日平均气温低于 5℃时，不得浇水。

2. 当采用其他品种水泥时，混凝土的养护时间应根据所采用水泥的技术性能确定。

3. 混凝土表面不便浇水或使用塑料布时，宜涂刷养护剂。

4. 对大体积混凝土的养护，应根据气候条件按施工技术方案采取控温措施。

技能要点 2：验收标准

(1) 主控项目检验标准应符合表 9-17 的规定。

表 9-17 主控项目检验

序号	项 目	合格质量标准	检验方法	检查数量
1	混凝土强度等级试件的取样和留置	结构混凝土的强度等级必须符合设计要求。用于检查结构构件混凝土强度的试件，应在混凝土的浇筑地点随机抽取。取样与试件留置应符合下列规定： (1) 每拌制 100 盘且不超过 100m³ 的同配合比的混凝土，取样不得少于一次。 (2) 每工作班拌制的同一配合比的混凝土不足 100 盘时，取样不得少于一次。 (3) 当一次连续浇筑超过 1000m³ 时，同一配合比的混凝土每 200m³ 取样不得少于一次。 (4) 每一楼层、同一配合比的混凝土，取样不得少于一次。 (5) 每次取样应至少留置一组标准养护试件，同条件养护试件的留置组数应根据实际需要确定	检查施工记录及试件强度试验报告	全数检查

表 9-17（续）

序号	项 目	合格质量标准	检验方法	检查数量
2	混凝土抗渗试件取样和留置	对有抗渗要求的混凝土结构，其混凝土试件应在浇筑地点随机取样。同一工程、同一配合比的混凝土，取样应不少于一次，留置组数可根据实际需要确定	检查试件抗渗试验报告	全数检查
3	原材料每盘称量的允许偏差	混凝土原材料每盘称量的偏差应符合相关的规定	复称	每工作班抽查应不少于一次
4	混凝土初凝时间控制	混凝土运输、浇筑及间歇的全部时间不应超过混凝土的初凝时间。同一施工段的混凝土应连续浇筑，并应在底层混凝土初凝之前将上一层混凝土浇筑完毕。 当底层混凝土初凝后浇筑上一层混凝土时，应按施工技术方案中对施工缝的要求进行处理	观察，检查施工记录	全数检查

（2）一般项目检验标准应符合表 9-18 的规定。

表 9-18　一般项目检验

序号	项 目	合格质量标准	检验方法	检查数量
1	施工缝的位置及处理	施工缝的位置应在混凝土浇筑前按设计要求和施工技术方案确定。施工缝的处理应按施工技术方案执行	观察，检查施工记录	全数检查
2	后浇带的位置及处理	后浇带的留置位置应按设计要求和施工技术方案确定。后浇带混凝土浇筑应按施工技术方案进行		
3	混凝土养护	混凝土浇筑完毕后，应按施工技术方案及时采取有效的养护措施，并应符合下列规定： （1）应在浇筑完毕后的 12h 以内对混凝土加以覆盖并保湿养护。 （2）混凝土浇水养护的时间：对采用硅酸盐水泥、普通硅酸盐水泥或矿渣硅酸盐水泥拌制的混凝土，不得少于 7 天；对掺用缓凝型外加剂或有抗渗要求的混凝土，不得少于 14 天。 （3）浇水次数应能保持混凝土处于湿润状态；混凝土养护用水应与拌制用水相同。 （4）采用塑料布覆盖养护的混凝土，其敞露的全部表面应覆盖严密，并应保持塑料布内有凝结水。 （5）混凝土强度达到 $1.2N/mm^2$ 前，不得在其上踩踏或安装模板及支架 注：1. 当日平均气温低于 5℃时，不得浇水。 2. 当采用其他品种水泥时，混凝土的养护时间应根据所采用水泥的技术性能确定。 3. 混凝土表面不便浇水或使用塑料布时，宜涂刷养护剂。 4. 对大体积混凝土的养护，应根据气候条件按施工技术方案采取控温措施		

技能要点 3：验收资料

（1）水泥产品合格证、出厂检验报告、进场复验报告。
（2）外加剂产品合格证、出厂检验报告、进场复验报告。
（3）混凝土中氯化物、碱的总含量计算书。
（4）掺合料出厂合格证、进场复试报告。
（5）粗、细骨料进场复验报告。
（6）水质试验报告。
（7）混凝土配合比设计资料。
（8）砂、石含水率测试结果记录。
（9）混凝土配合比通知单。
（10）混凝土试件强度试验报告。
（11）混凝土试件抗渗试验报告。
（12）施工记录。
（13）检验批质量验收记录。
（14）混凝土分项工程质量验收记录。

技能图解 75　现浇结构分项工程外观质量检查

技能结构框线图

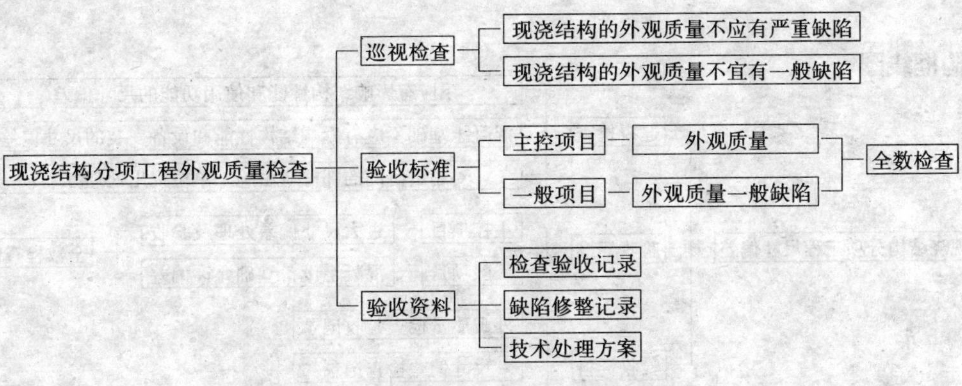

图 9-10　现浇结构分项工程外观质量检查

技能要点 1：巡视检查

（1）现浇结构的外观质量不应有严重缺陷。

对已经出现的严重缺陷，应由施工单位提出技术处理方案，并经监理（建设）单位认可后进行处理。对经处理的部位，应重新检查验收。

（2）现浇结构的外观质量不宜有一般缺陷。

对已经出现的一般缺陷，应由施工单位按技术处理方案进行处理，并重新检查验收。

技能要点 2：验收标准

（1）主控项目检验标准应符合表 9-19 的规定。

表 9-19 主控项目检验

序号	项 目	合格质量标准	检验方法	检查数量
1	外观质量	现浇结构的外观质量不应有严重缺陷。 对已经出现的严重缺陷，应由施工单位提出技术处理方案，并经监理（建设）单位认可后进行处理。对经处理的部位，应重新检查验收	观察，检查技术处理方案	全数检查

（2）一般项目检验标准应符合表 9-20 的规定。

表 9-20 一般项目检验

序号	项 目	合格质量标准	检验方法	检查数量
1	外观质量一般缺陷	现浇结构的外观质量不宜有一般缺陷。 对已经出现的一般缺陷，应由施工单位按技术处理方案进行处理，并重新检查验收	观察，检查技术处理方案	全数检查

技能要点 3：验收资料

（1）现浇结构外观质量检查验收记录。
（2）现浇结构质量缺陷修整记录。
（3）现浇结构及混凝土设备基础尺寸偏差检查记录。
（4）技术处理方案。
（5）检验批质量验收记录。
（6）现浇结构分项工程质量验收记录。

技能图解 76 现浇结构分项工程尺寸偏差

技能结构框线图

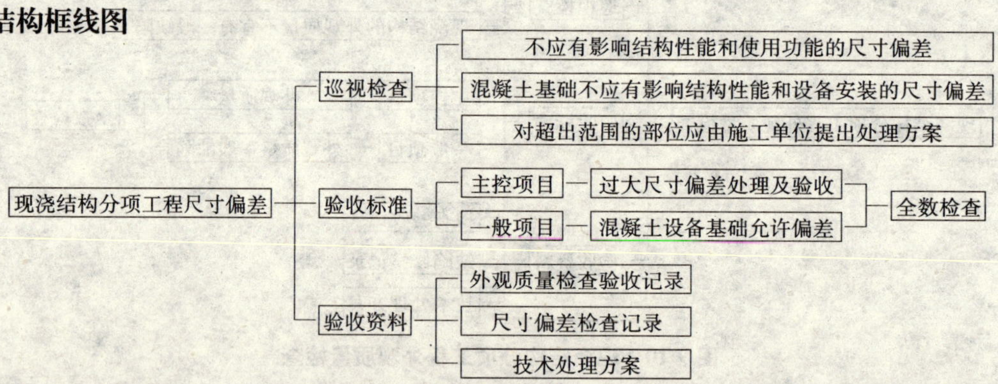

图 9-11 现浇结构分项工程尺寸偏差

技能要点 1：巡视检查

现浇结构不应有影响结构性能和使用功能的尺寸偏差。混凝土设备基础不应有影响结构性能和设备安装的尺寸偏差。

对超过尺寸允许偏差且影响结构性能和安装、使用功能的部位，应由施工单位提出技术处理方案，并经监理（建设）单位认可后进行处理。对经处理的部位，应重新检查验收。

技能要点 2：验收标准

（1）主控项目检验标准应符合表 9-21 的规定。

表 9-21　主控项目检验

项　目	合格质量标准	检验方法	检查数量
过大尺寸偏差处理及验收	现浇结构不应有影响结构性能和使用功能的尺寸偏差。混凝土设备基础不应有影响结构性能和设备安装的尺寸偏差。 对超过尺寸允许偏差且影响结构性能和安装、使用功能的部位，应由施工单位提出技术处理方案，并经监理（建设）单位认可后进行处理。对经处理的部位，应重新检查验收	量测，检查技术处理方案	全数检查

（2）一般项目检测标准应符合表 9-22 的规定。

表 9-22　一般项目检验

项　目	合格质量标准	检验方法	检查数量
混凝土设备基础尺寸的允许偏差及检验方法	混凝土设备基础拆模后的尺寸偏差应符合《混凝土结构工程施工质量验收规范》（GB 50204—2002）表 8.3.2 的规定	见《混凝土结构工程施工质量验收规范》（GB 50204—2002）表 8.3.2	全数检查

技能要点 3：验收资料

（1）现浇结构外观质量检查验收记录。
（2）现浇结构质量缺陷修整记录。
（3）现浇结构及混凝土设备基础尺寸偏差检查记录。
（4）技术处理方案。
（5）检验批质量验收记录。
（6）现浇结构分项工程质量验收记录。

技能图解 77　装配式结构分项工程预制构件

技能结构框线图

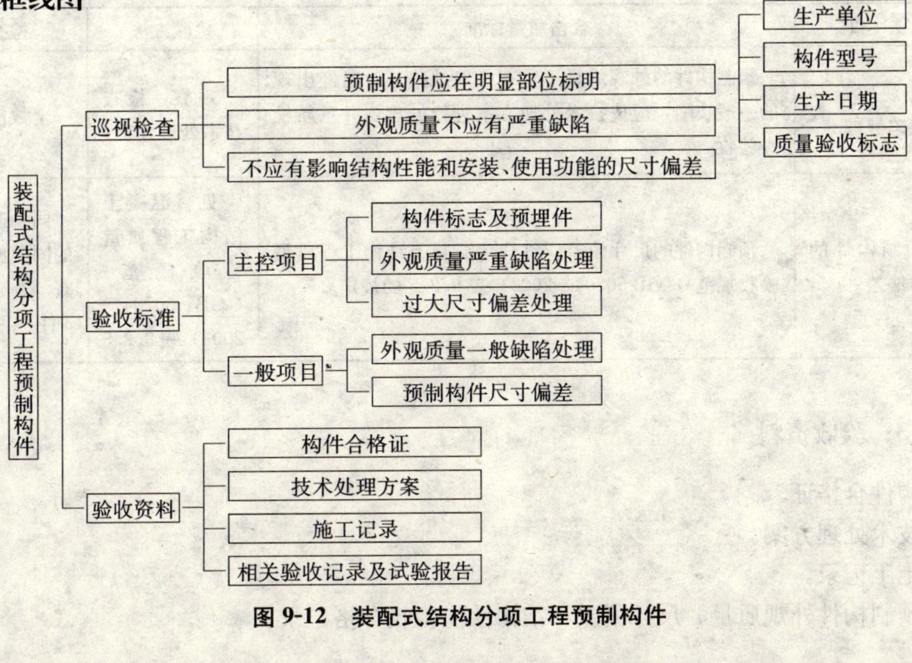

图 9-12　装配式结构分项工程预制构件

技能要点 1：巡视检查

(1) 预制构件应在明显部位标明生产单位、构件型号、生产日期和质量验收标志。构件上的预埋件、插筋和预留孔洞的规格、位置和数量应符合标准图或设计的要求。

(2) 预制构件的外观质量不应有严重缺陷。对已经出现的严重缺陷，应按技术处理方案进行处理，并重新检查验收。

(3) 预制构件不应有影响结构性能和安装、使用功能的尺寸偏差。对超过尺寸允许偏差且影响结构性能和安装、使用功能的部位，应按技术处理方案进行处理，并重新检查验收。

技能要点 2：验收标准

(1) 主控项目检验标准应符合表 9-23 的规定。

表 9-23　主控项目检验

序号	项　目	合格质量标准	检验方法	检查数量
1	构件标志及预埋件等	预制构件应在明显部位标明生产单位、构件型号、生产日期和质量验收标志。构件上的预埋件、插筋和预留孔洞的规格、位置和数量应符合标准图或设计的要求	观察	全数检查
2	外观质量严重缺陷处理	预制构件的外观质量不应有严重缺陷。对已经出现的严重缺陷，应按技术处理方案进行处理，并重新检查验收	观察，检查技术处理方案	
3	过大尺寸偏差处理	预制构件不应有影响结构性能和安装、使用功能的尺寸偏差。对超过尺寸允许偏差且影响结构性能和安装、使用功能的部位，应按技术处理方案进行处理，并重新检查验收	测量，检查技术处理方案	

(2) 一般项目检验标准应符合表 9-24 的规定。

表 9-24　一般项目检验

序号	项　目	合格质量标准	检验方法	检查数量
1	外观质量一般缺陷处理	预制构件的外观质量不宜有一般缺陷。对已经出现的一般缺陷，应按技术处理方案进行处理，并重新检查验收	观察，检查技术处理方案	全数检查
2	预制构件的尺寸偏差	预制构件的尺寸偏差应符合《混凝土结构工程质量验收规范》(GB 50204—2002) 表 9.2.5 的规定	见《混凝土结构工程质量验收规范》(GB 50204—2002) 表 9.2.5	同一工作班生产的同类型构件，抽查 5% 且不少于 3 件

技能要点 3：验收资料

(1) 构件合格证。

(2) 技术处理方案。

(3) 施工记录。

(4) 预制构件外观质量、尺寸偏差和结构性能验收合格记录。

（5）装配式结构的外观质量和尺寸偏差验收合格记录。

（6）接头和拼缝的混凝土或砂浆试件强度试验报告。

（7）检验批质量验收记录。

（8）装配式结构分项工程质量验收记录。

技能图解 78　装配式结构分项工程结构性实验

技能结构框线图

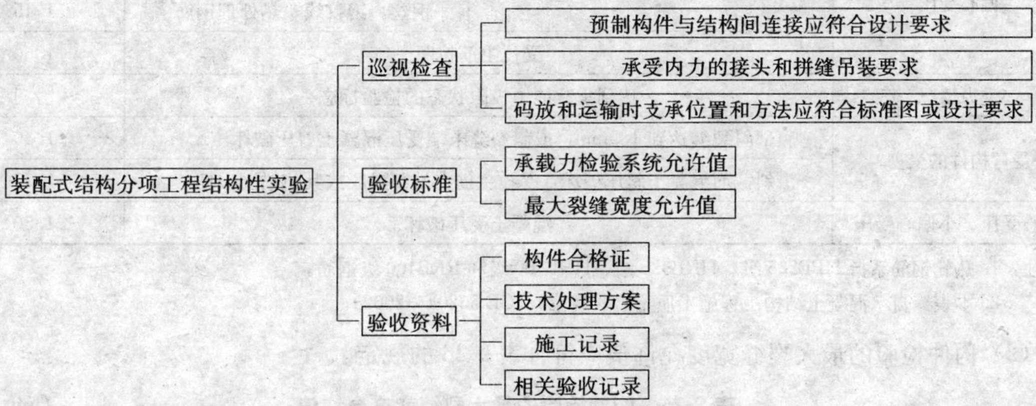

图 9-13　装配式结构分项工程结构性实验

技能要点 1：巡视检查

（1）进入现场的预制构件，其外观质量、尺寸偏差及结构性能应符合标准图或设计的要求。

（2）预制构件与结构之间的连接应符合设计要求。

连接处钢筋或埋件采用焊接或机械连接时，接头质量应符合国家现行标准《钢筋焊接及验收规程》（JGJ 18）、《钢筋机械连接通用技术规程》（JGJ 107）的要求。

（3）承受内力的接头和拼缝，当其混凝土强度未达到设计要求时，不得吊装上一层结构构件；当设计无具体要求时，应在混凝土强度不小于 $10N/mm^2$ 或具有足够的支承时方可吊装上一层结构构件。

已安装完毕的装配式结构，应在混凝土强度到达设计要求后，方可承受全部设计荷载。

（4）预制构件码放和运输时的支承位置和方法应符合标准图或设计的要求。

（5）预制构件吊装前，应按设计要求在构件和相应的支承结构上标志中心线、标高等控制尺寸，按标准图或设计文件校核预埋件及连接钢筋等，并作出标志。

（6）预制构件应按标准图或设计的要求吊装。起吊时绳索与构件水平面的夹角不宜小于 45°，否则应采用吊架或经验算确定。

（7）预制构件安装就位后，应采取保证构件稳定的临时固定措施，并应根据水准点和轴线校正位置。

（8）装配式结构中的接头和拼缝应符合设计要求；当设计无具体要求时，应符合下列规定。

①对承受内力的接头和拼缝应采用混凝土浇筑，其强度等级应比构件混凝土强度等级提高一级。

②对不承受内力的接头和拼缝应采用混凝土或砂浆浇筑，其强度等级不应低于 C15 或 M15。

③用于接头和拼缝的混凝土或砂浆，宜采取微膨胀措施和快硬措施，在浇筑过程中应振捣密

实，并应采取必要的养护措施。

技能要点 2：验收标准

（1）构件的承载力检验系数允许值应符合表 9-25 的规定。

表 9-25 构件的承载力检验系数允许值

<table>
<tr><td>受力情况</td><td colspan="2">达到承载能力极限状态的检验标志</td><td>[γ_u]</td></tr>
<tr><td rowspan="5">轴心受拉、偏心受拉、受弯、大偏心受压</td><td rowspan="2">受拉主筋处的最大裂缝宽度达到 1.5mm，或挠度达到跨度的 1/50</td><td>热轧钢筋</td><td>1.20</td></tr>
<tr><td>钢丝、钢绞线、热处理钢筋</td><td>1.35</td></tr>
<tr><td rowspan="2">受压区混凝土破坏</td><td>热轧钢筋</td><td>1.30</td></tr>
<tr><td>钢丝、钢绞线、热处理钢筋</td><td>1.45</td></tr>
<tr><td colspan="2">受拉主筋拉断</td><td>1.50</td></tr>
<tr><td>受力情况</td><td colspan="2">达到承载能力极限状态的检验标志</td><td>[γ_u]</td></tr>
<tr><td rowspan="2">受弯构件的受剪</td><td colspan="2">腹部斜裂缝达到 1.5mm，或斜裂缝末端受压混凝土剪压破坏</td><td>1.40</td></tr>
<tr><td colspan="2">沿斜截面混凝土斜压破坏，受拉主筋在端部滑脱或其他锚固破坏</td><td>1.55</td></tr>
<tr><td>轴心受压、小偏心受压</td><td colspan="2">混凝土受压破坏</td><td>1.50</td></tr>
</table>

注：1. 热轧钢筋系指 HPB235 级、HRB335 级、HRB400 级和 RRB400 级钢筋。
2. 本表摘自《混凝土结构工程施工质量验收规范》(GB 50204—2002)。

（2）构件检验的最大裂缝宽度允许值应符合表 9-26 的规定。

表 9-26 构件检验的最大裂缝宽度允许值 (mm)

设计要求的最大裂缝宽度限值	0.2	0.3	0.4
$[W_{max}]$	0.15	0.20	0.25

技能要点 3：验收资料

（1）构件合格证。
（2）技术处理方案。
（3）施工记录。
（4）预制构件外观质量、尺寸偏差和结构性能验收合格记录。
（5）装配式结构的外观质量和尺寸偏差验收合格记录。
（6）接头和拼缝的混凝土或砂浆试件强度试验报告。
（7）检验批质量验收记录。
（8）装配式结构分项工程质量验收记录。

第十章　砌体工程现场监理

技能图解 79　砌筑砂浆

技能结构框线图

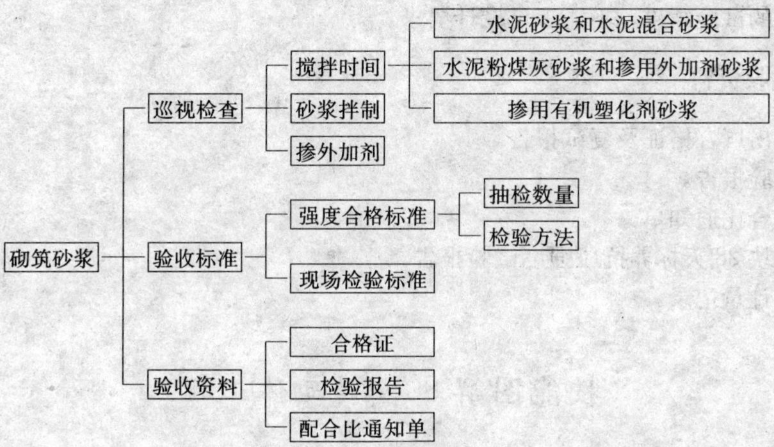

图 10-1　砌筑砂浆

技能要点 1：巡视检查

（1）砌筑砂浆应采用机械搅拌，自投料完算起，搅拌时间应符合下列规定。

①水泥砂浆和水泥混合砂浆不得少于 2min。

②水泥粉煤灰砂浆和掺用外加剂的砂浆不得少于 3min。

③掺用有机塑化剂的砂浆，应为 3～5min。

（2）砂浆现场拌制时，各组分材料应采用质量计量。

（3）拌制水泥砂浆，应先将砂与水泥干拌均匀，再加水拌合均匀。

（4）拌制水泥混合砂浆，应先将砂与水泥干拌均匀，再加掺加料（石灰膏、黏土膏）和水拌合均匀。

（5）拌制水泥粉煤灰砂浆，应先将水泥、粉煤灰、砂干拌均匀，再加水拌合均匀。

（6）掺用外加剂时，应先将外加剂按规定浓度溶于水中，在拌合水投入时投入外加剂溶液，外加剂不得直接投入拌制的砂浆中。

（7）砂浆拌成后和使用时，均应盛入贮灰器中。如砂浆出现泌水现象，应在砌筑前再次拌合。

（8）砂浆应随拌随用，水泥砂浆和水泥混合砂浆应分别在 3h 和 4h 内使用完毕；当施工期间最高气温超过 30℃时，应分别在拌成后 2h 和 3h 内使用完毕。对掺用缓凝剂的砂浆，其使用时间可根据具体情况延长。

技能要点 2：验收标准

（1）砌筑砂浆试块强度验收时其强度合格标准必须符合以下规定。

同一验收批砂浆试块抗压强度平均值必须大于或等于设计强度等级所对应的立方体抗压强度；同一验收批砂浆试块抗压强度的最小一组平均值必须大于或等于设计强度等级所对应的立方体抗

压强度的 0.75 倍。

抽检数量：每一检验批且不超过 $250m^3$ 砌体的各种类型及强度等级的砌筑砂浆，每台搅拌机应至少抽检一次。

检验方法：在砂浆搅拌机出料口随机取样制作砂浆试块（同盘砂浆只应制作一组试块），最后检查试块强度试验报告单。

（2）当施工中或验收时出现下列情况，可采用现场检验方法对砂浆和砌体强度进行原位检测或取样检测，并判定其强度。

①砂浆试块缺乏代表性或试块数量不足。

②对砂浆试块的试验结果有怀疑或有争议。

③砂浆试块的试验结果，不能满足设计要求。

技能要点 3：验收资料

（1）水泥的出厂合格证及复试报告。

（2）砂的检验报告。

（3）砂浆配合比通知单。

（4）砂浆试块 28 天标养抗压强度试验报告。

（5）原材料计量记录。

技能图解 80　砖砌体工程

技能结构框线图

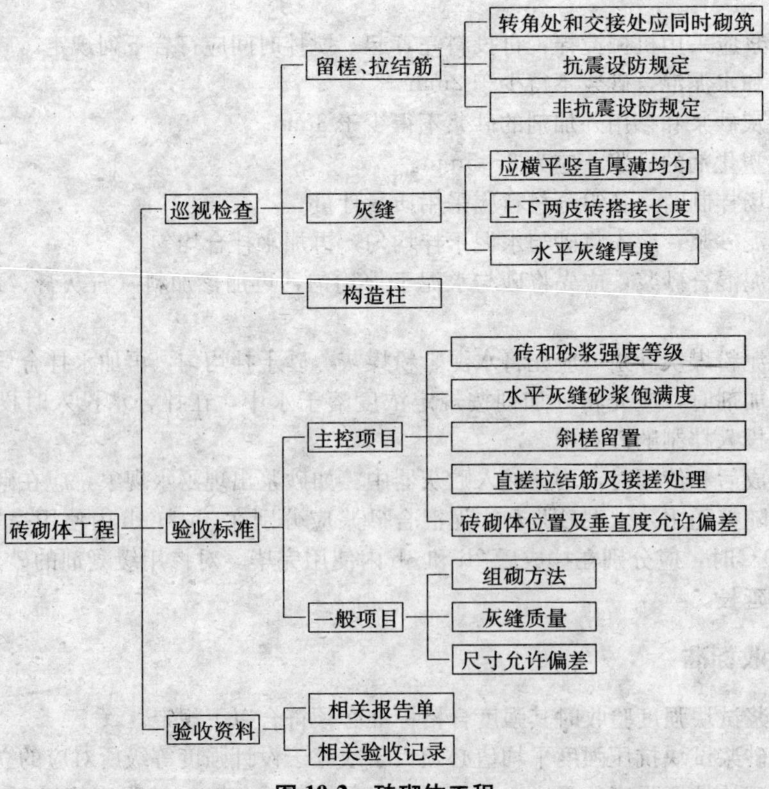

图 10-2　砖砌体工程

技能要点1：巡视检查

1. 留槎、拉结筋

（1）砖砌体的转角处和交接处应同时砌筑，严禁无可靠措施的内外墙分砌施工。对不能同时砌筑而又必须留置的临时间断处应砌成斜槎，斜槎水平投影长度不应小于高度的2/3。

接槎时必须将接槎处的表面清理干净，浇水湿润，填实砂浆并保持灰缝平直。

（2）非抗震设防及抗震设防烈度为6度、7度地区的临时间断处，当不能留斜槎时，除转角处外，可留直槎，但直槎必须做成凸槎。留直槎处应加设拉结钢筋，拉结钢筋的数量为每120mm墙厚放置1ϕ6拉结钢筋（120mm厚墙放置2ϕ6拉结钢筋），间距沿墙高不应超过500mm；埋入长度从留槎处算起每边均不应小于500mm，对抗震设防烈度6度、7度的地区，不应小于1000mm；末端应有90°弯钩。

（3）多层砌体结构中，后砌的非承重砌体隔墙，应沿墙高每隔500mm配置2根ϕ6的钢筋与承重墙或柱拉结，每边伸入墙内不应小于500mm。抗震设防烈度为8度和9度区，长度大于5m的后砌隔墙的墙顶，尚应与楼板或梁拉结。隔墙砌至梁板底时，应留一定空隙，间隔一周后再补砌挤紧。

2. 灰缝

（1）砖砌体的灰缝应横平竖直，厚薄均匀。水平灰缝厚度和竖向灰缝宽度宜为10mm，但不应小于8mm，也不应大于12mm。砌筑方法宜采用“三一”砌砖法，即“一铲灰、一块砖、一揉挤”的操作方法。竖向灰缝宜采用挤浆法或加浆法，使其砂浆饱满，严禁用水冲浆灌缝。如采用铺浆法砌筑，铺浆长度不得超过750mm。施工期间气温超过30℃时，铺浆长度不得超过500mm。

水平灰缝的砂浆饱满度不得低于80%；竖向灰缝不得出现透明缝、瞎缝和假缝。

（2）清水墙面不应有上下两皮砖搭接长度小于25mm的通缝，不得有三分头砖，不得在上部随意变活乱缝。

（3）空斗墙的水平灰缝厚度和竖向灰缝宽度一般为10mm，但不应小于7mm，也不应大于13mm。

（4）筒拱拱体灰缝应全部用砂浆填满，拱底灰缝宽度宜为5～8mm，筒拱的纵向缝应与拱的横断面垂直。筒拱的纵向两端不宜砌入墙内。

（5）为保持清水墙面立缝垂直一致，当砌至一步架子高时，水平间距每隔2m，在丁砖竖缝位置弹两道垂直立线，控制游丁走缝。

（6）清水墙勾缝应采用加浆勾缝，勾缝砂浆宜采用细砂拌制的1∶1.5水泥砂浆。勾凹缝时深度为4～5mm，多雨地区或多孔砖可采用稍浅的凹缝或平缝。

（7）砖砌平拱过梁的灰缝应砌成楔形缝。灰缝宽度，在过梁底面不应小于5mm；在过梁的顶面不应大于15mm。

拱脚下面应伸入墙内不小于20mm，拱底应有1%起拱。

（8）砌体的伸缩缝、沉降缝、防震缝中，不得夹有砂浆、碎砖和杂物等。

3. 构造柱

构造柱施工应按“配筋砌体工程”的有关要求进行控制。

技能要点2：验收标准

（1）主控项目检验标准应符合表10-1的规定。

表 10-1　主控项目检验

序号	项目	合格质量标准	检验方法	抽检数量
1	砖和砂浆强度等级	砖和砂浆的强度等级必须符合设计要求	查砖和砂浆试块试验报告	每一生产厂家的砖到现场后，按烧结砖 15 万块、多孔砖 5 万块、灰砂砖及粉煤灰砖 10 万块各为一验收批，抽检数量为 1 组 砂浆试块：每一检验批且不超过 $250m^3$ 砌体的各种类型及强度等级的砌筑砂浆，每台搅拌机应至少抽检一次
2	水平灰缝砂浆饱满度	砌体水平灰缝的砂浆饱满度不得小于 80%	用百格网检查砖底面与砂浆的粘结痕迹面积。每处检测 3 块砖，取其平均值	每检验批抽查应不少于 5 处
3	斜槎留置	砖砌体的转角处和交接处应同时砌筑，严禁无可靠措施的内外墙分砌施工。对不能同时砌筑而又必须留置的临时间断处应砌成斜槎，斜槎水平投影长度应不小于高度的 2/3	观察检查	每检验批抽 20% 接槎，且应不少于 5 处
4	直槎拉结筋及接槎处理	非抗震设防及抗震设防烈度为 6 度、7 度地区的临时间断处，当不能留斜槎时，除转角处外，可留直槎，但直槎必须做成凸槎。留直槎处应加设拉结钢筋，拉结钢筋的数量为每 120mm 墙厚放置 1ϕ6 拉结钢筋（120mm）厚墙放置 2ϕ6 拉结钢筋，间距沿墙高不应超过 500mm；埋入长度从留槎处算起每边均应不小于 500mm，对抗震设防烈度 6 度、7 度的地区，应不小于 1000mm；末端应有 90°弯钩。 合格标准：留槎正确，拉结钢筋设置数量、直径正确，竖向间距偏差不超过 100mm，留置长度基本符合规定	观察和尺量检查	
5	砖砌体位置及垂直度允许偏差	砖砌体的位置及垂直度允许偏差应符合《砌体工程施工质量验收规范》（GB 50203—2002）表 5.2.5 的规定	见《砌体工程施工质量验收规范》（GB 50203—2002）表 5.2.5	轴线查全部承重墙柱；外墙垂直度全高查阳角，应不少于 4 处，每层每 20m 查一处；内墙按有代表性的自然间抽 10%，但应不少于 3 间，每间应不少于 2 处，柱不少于 5 根

（2）一般项目检验标准应符合表 10-2 的规定。

表 10-2　一般项目检验

序　号	项　目	合格质量标准	检验方法	抽检数量
1	组砌方法	砖砌体组砌方法应正确，上、下错缝，内外搭砌，砖柱不得采用包心砌法 合格标准：除符合本条要求外，清水墙、窗间墙无通缝；混水墙中长度大于或等于300mm的通缝每间不超过3处，且不得位于同一面墙体上	观察检查	外墙每20m抽查一处，每处3～5m，且应不少于3处；内墙按有代表性的自然间抽10%，且应不少于3间
2	灰缝质量要求	砖砌体的灰缝应横平竖直，厚薄均匀。水平灰缝厚度宜为10mm，但应不小于8mm，也应不大于12mm	用尺量10皮砖砌体高度折算	每步脚手架施工的砌体，每20m抽查1处
3	砖砌体一般尺寸允许偏差	砖砌体的一般尺寸允许偏差应符合《砌体工程施工质量验收规范》（GB 50203—2002）表5.3.3的规定	见《砌体工程施工质量验收规范》(GB 50203—2002）表5.3.3	见《砌体工程施工质量验收规范》（GB 50203—2002）表5.3.3

技能要点3：验收资料

（1）砂浆配合比设计检验报告单。
（2）砂浆立方体试件抗压强度检验报告单。
（3）水泥检验报告单。
（4）各类型砖检验报告单。
（5）砂检验报告单。
（6）砖砌体工程检验批质量验收记录。

技能图解81　混凝土小型空心砌块砌体工程

技能结构框线图

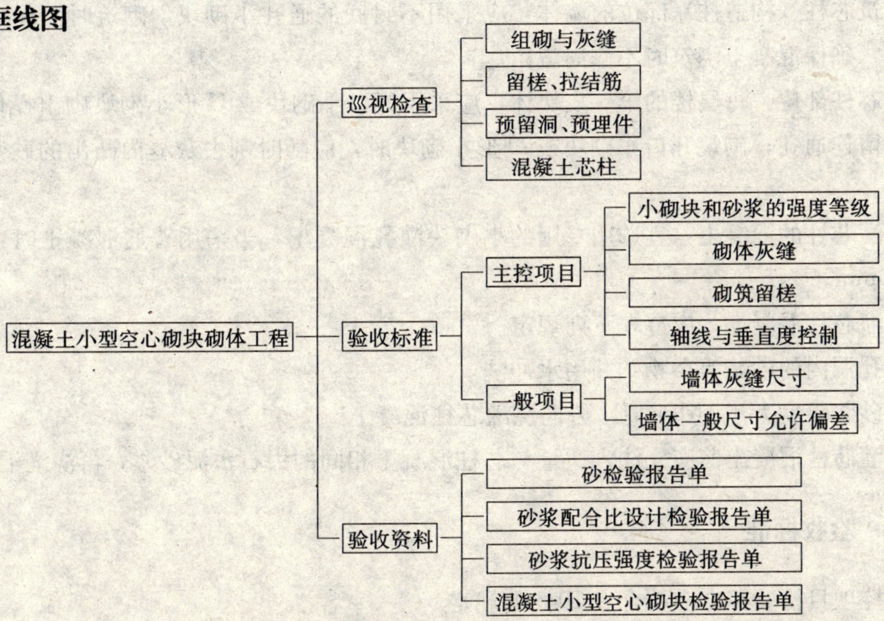

图10-3　混凝土小型空心砌块砌体工程

技能要点1：巡视检查

1. 组砌与灰缝

(1) 普通小砌块砌筑时，可为自然含水率；当天气干燥炎热时，可提前洒水湿润。轻骨料小砌块，因吸水率大，宜提前一天浇水湿润。当小砌块表面有浮水时，为避免游砖，不应进行砌筑。

(2) 小砌块砌筑前应预先绘制砌块排列图，并应确定皮数。不够主规格尺寸的部位，应采用辅助规格小砌块。

(3) 小砌块砌体的水平灰缝厚度和竖向灰缝宽度宜为10mm，但不应小于8mm，也不应大于12mm。铺灰长度不宜超过两块主规格块体的长度。

(4) 需要移动砌体中的小砌块或砌体被撞动后，应重新铺砌。

(5) 厕浴间和有防水要求的楼面，墙底部应浇筑高度不小于120mm的混凝土坎。

(6) 小砌块清水墙的勾缝应采用加浆勾缝，当设计无具体要求时宜采用平缝形式。

(7) 雨天砌筑应有防雨措施，砌筑完毕应对砌体进行遮盖。

2. 留槎、拉结筋

(1) 墙体转角处和纵横墙交接处应同时砌筑。临时间断处应砌成斜槎，斜槎水平投影长度不应小于高度的2/3。

(2) 砌块墙与后砌隔墙交接处，应沿墙高每400mm在水平灰缝内设置不少于2ϕ4、横筋间距不大于200mm的焊接钢筋网片。

3. 预留洞、预埋件

除按砖砌体工程控制外，当墙上设置脚手眼时，可用辅助规格砌块侧砌，利用其孔洞作脚手眼（注意脚手眼下部砌块的承载能力）；补眼时可用不低于小砌块强度的混凝土填实。

4. 混凝土芯柱

(1) 砌筑芯柱（构造柱）部位的墙体，应采用不封底的通孔小砌块，砌筑时要保证上下孔通畅且不错孔，确保混凝土浇筑时不侧向流窜。

(2) 在芯柱部位，每层楼的第一皮块体，应采用开口小砌块或U形小砌块砌出操作孔，操作孔侧面宜预留连通孔；砌筑开口小砌块或U形小砌块时，应随时刮去灰缝内凸出的砂浆，直至一个楼层高度。

(3) 浇灌芯柱的混凝土，宜选用专用的小砌块灌孔混凝土，当采用普通混凝土时，其坍落度不应小于90mm。

(4) 浇灌芯柱混凝土，应遵守下列规定。

①清除孔洞内的砂浆等杂物，并用水冲洗。

②砌筑砂浆强度大于1MPa时，方向浇灌芯柱混凝土。

③在浇灌芯柱混凝土前应先注入适量与芯柱混凝土相同的去石水泥砂浆，再浇灌混凝土。

技能要点2：验收标准

(1) 主控项目检验标准应符合表10-3的规定。

表 10-3　主控项目检验

序　号	项　目	合格质量标准	检验方法	抽检数量
1	小砌块和砂浆的强度等级	小砌块和砂浆的强度等级必须符合设计要求	查小砌块和砂浆试块试验报告	每一生产厂家，每1万块小砌块至少应抽检一组。用于多层以上建筑基础和底层的小砌块抽检数量应不少于2组。 砂浆试块：每一检验批且不超过250m³砌体的各种类型及强度等级的砌筑砂浆，每台搅拌机应至少抽检一次
2	砌体灰缝	砌体水平灰缝的砂浆饱满度，应按净面积计算不得低于90%；竖向灰缝饱满度不得小于80%，竖缝凹槽部位应用砌筑砂浆填实；不得出现瞎缝、透明缝	用专用百格网检测小砌块与砂浆粘结痕迹，每处检测3块小砌块，取其平均值	每检验批应不少于3处
3	砌筑留槎	墙体转角处和纵横墙交接处应同时砌筑。临时间断处应砌成斜槎，斜槎水平投影长度应不小于高度的2/3	观察检查	每检验批抽20%接槎，且应不少于5处
4	轴线与垂直度控制	砌体的轴线偏移和垂直度偏差应按《砌体工程施工质量验收规范》（GB 50203—2002）表5.2.5的规定执行	见《砌体工程施工质量验收规范》（GB 50203—2002）表5.2.5	轴线查全部承重墙柱；外墙垂直度全高查阳角，应不少于4处，每层每20m查一处；内墙按有代表性的自然间抽10%，但应不少于3间，每间应不少于2处，柱不少于5根

（2）一般项目检验标准应符合表10-4的规定。

表 10-4　一般项目检验

序　号	项　目	合格质量标准	检验方法	抽检数量
1	墙体灰缝尺寸	墙体的水平灰缝厚度和竖向灰缝宽度宜为10mm，但应不大于12mm，也应不小于8mm	用尺量5皮小砌块的高度和2m砌体长度折算	每层楼的检测点应不少于3处
2	墙体一般尺寸允许偏差	小砌块墙体的一般尺寸允许偏差应按《砌体工程施工质量验收规范》（GB50203—2002）表5.3.3中1～5项的规定执行	见《砌体工程施工质量验收规范》（GB50203—2002）表5.3.3	见《砌体工程施工质量验收规范》（GB50203—2002）表5.3.3

技能要点3：验收资料

（1）砂浆配合比设计检验报告单。

（2）砂浆抗压强度检验报告单。

（3）水泥检验报告单。

（4）混凝土小型空心砌块检验报告单。

（5）砂检验报告单。

（6）混凝土小型空心砌块砌体工程检验批质量验收记录。

技能图解 82　石砌体工程

技能结构框线图

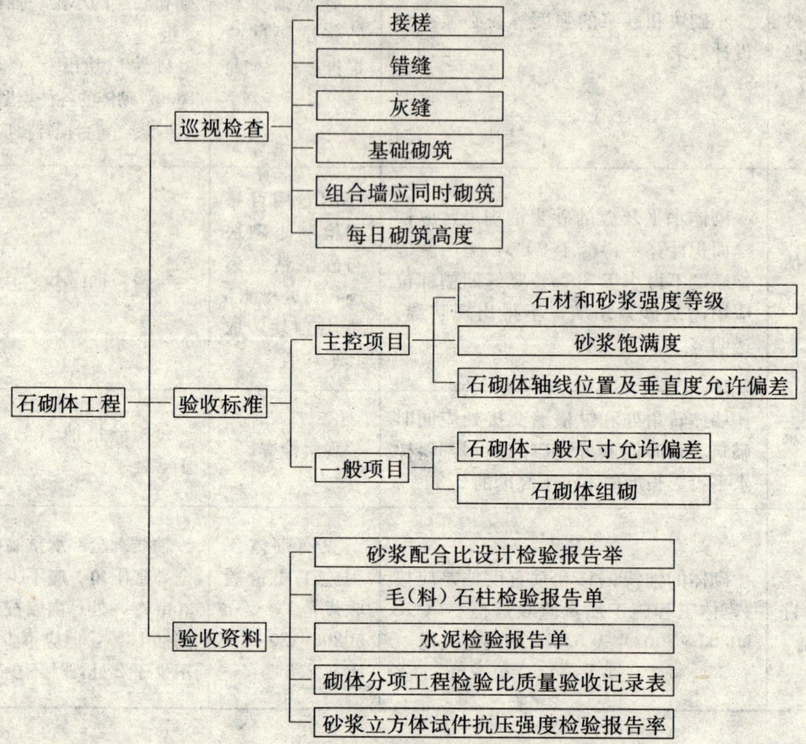

图 10-4　石砌体工程

技能要点 1：巡视检查

1. 接槎

(1) 石砌体的转角处和交接处应同时砌筑。对不能同时砌筑而必须留置的临时间断处，应砌成踏步槎。

(2) 在毛石和实心砖的组合墙中，毛石砌体与砖砌体应同时砌筑，并每隔 4～6 皮砖用 2～3 皮丁砖与毛石砌体拉结砌合。两种砌体间的空隙应用砂浆填满。

(3) 毛石墙和砖墙相接的转角处和交接处应同时砌筑。转角处应自纵墙（或横墙）每隔 4～6 皮砖高度引出不小于 120mm 与横墙（或纵墙）相接；交接处应自纵墙每隔 4～6 皮砖高度引出不小于 120mm 与横墙相接。

(4) 在料石和毛石或砖的组合墙中，料石砌体和毛石砌体或砖砌体应同时砌筑，并每隔 2～3 皮料石层用丁砌层与毛石砌体或砖砌体拉结砌合。丁砌料石的长度宜与组合墙厚度相同。

2. 错缝

(1) 毛石砌体宜分皮卧砌，各皮石块间应利用自然形状经敲打修整，使能与先砌石块基本吻合，搭砌紧密；并应上下错缝、内外搭砌，不得采用外面侧立石块中间填心的砌筑方法；中间不得有铲口石（尖石倾斜向外的石块）、斧刃石和过桥石（仅在两端搭砌的石块）。

(2) 料石砌体应上下错缝搭砌。砌体厚度等于或大于两块料石宽度时，如同皮内全部采用顺砌，每砌两皮后，应砌一皮丁砌层；如同皮内采用丁顺组砌，丁砌石应交错设置，其中心间距不应大于 2m。

3. 灰缝

(1) 毛石砌体的灰缝厚度宜为 20～30mm，砂浆应饱满，石块间不得有相互接触现象。石块间较大的空隙应先填砂浆后用碎石块嵌实，不得采用先摆碎石块后塞砂浆或干填碎石块的方法。

(2) 料石砌体的灰缝厚度：细料石不宜大于 5mm；粗、毛料石不宜大于 20mm。砌筑时，砂浆铺设厚度应略高于规定灰缝厚度。

(3) 当设计未作规定时，石墙勾缝应采用凸缝或平缝，毛石墙尚应保持砌合的自然缝。

4. 基础砌筑

(1) 砌筑毛石基础的第一皮石块应坐浆，并将大面向下。毛石基础如做成阶梯形，上级阶梯的石块应至少压砌下级阶梯的 1/2，相邻阶梯的毛石应相互错缝搭砌。

(2) 砌筑料石基础的第一皮应用丁砌层坐浆砌筑。阶梯形料石基础，上级阶梯的料石应至少压砌下级阶梯的 1/3。

5. 拉结石设置

毛石墙必须设置拉结石。拉结石应均匀分布，相互错开，毛石基础同皮内每隔 2m 左右设置一块；毛石墙一般每 0.7m^2 墙面至少应设置一块，且同皮内的中心间距不应大于 2m。

6. 每日砌筑高度

毛石砌体每日砌筑高度不应超过 1.2m。

技能要点 2：验收标准

(1) 主控项目检验标准应符合表 10-5 的规定。

表 10-5　主控项目检验

序　号	项　目	合格质量标准	检验方法	检查数量
1	石材和砂浆强度等级	石材及砂浆强度等级必须符合设计要求	料石检查产品质量证明书，石材、砂浆检查试块试验报告	同一产地的石材至少应抽检一组。 砂浆试块：每一检验批且不得超过 250m^3 砌体的各种类型及强度等级的砌筑砂浆，每台搅拌机应至少抽检一次
2	砂浆饱满度	砂浆饱满度应不小于 80％	观察检查	每步架抽查应不少于 1 处
3	石砌体轴线位置及垂直度允许偏差	石砌体的轴线位置及垂直度允许偏差应符合《砌体工程施工质量验收规范》（GB 50203—2002）表 5.2.5 的规定	见《砌体工程施工质量验收规范》（GB 50203—2002）表 5.2.5	外墙，按楼层（或 4m 高以内）每 20m 抽查 1 处，每处 3 延长米，但应不少于 3 处；内墙，按有代表性的自然间抽查 10％，但应不少于 3 间，每间应不少于 2 处，柱子应不少于 5 根

(2) 一般项目检验标准应符合表 10-6 的规定。

表 10-6　一般项目检验

序　号	项　目	合格质量标准	检验方法	检查数量
1	石砌体一般尺寸允许偏差	石砌体的一般尺寸允许偏差应符合《砌体工程施工质量验收规范》（GB 50203—2002）表 5.3.3 的规定	见《砌体工程施工质量验收规范》（GB 50203—2002）表 5.3.3	外墙，按楼层（或 4m 高以内）每 20m 抽查 1 处，每处 3 延长米，但应不少于 3 处；内墙，按有代表性的自然间抽查 10％，但应不少于 3 间，每间应不少于 2 处，柱子应不少于 5 根

表 10-6（续）

序 号	项 目	合格质量标准	检验方法	检查数量
2	石砌体组砌	石砌体的组砌形式应符合下列规定 （1）内外搭砌，上下错缝，拉结石、丁砌石交错设置 （2）毛石墙拉结石每 $0.7m^2$ 墙面应不少于 1 块	观察检查	外墙，按楼层（或 4m 高以内）每 20m 抽查 1 处，每处 3 延长米，但应不少于 3 处；内墙，按有代表性的自然间抽查 10%，但应不少于 3 间

技能要点 3：验收资料

（1）砂浆配合比设计检验报告单。

（2）砂浆立方体试件抗压强度检验报告单。

（3）毛（料）石检验报告单。

（4）水泥检验报告单。

（5）砂检验报告单。

（6）石砌体分项工程检验批质量验收记录表。

技能图解 83 配筋砌体工程

技能结构框线图

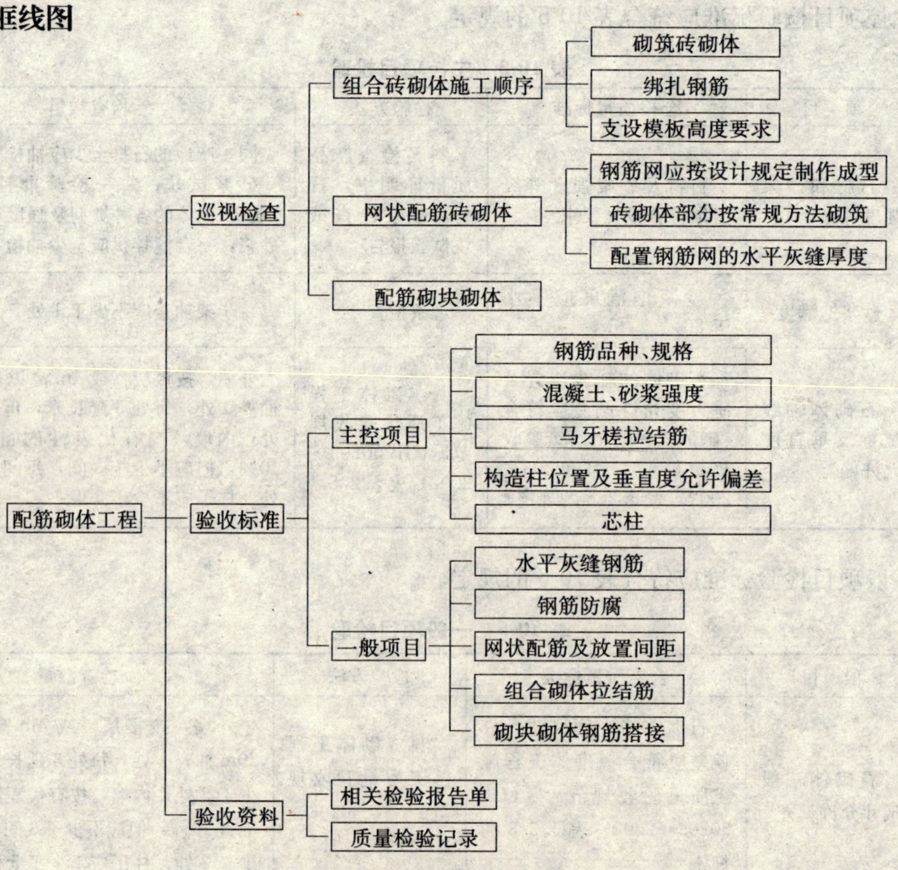

图 10-5 配筋砌体工程

技能要点 1：巡视检查

1. 组合砖砌体施工顺序

（1）砌筑砖砌体，同时按照箍筋或拉结钢筋的竖向间距，在水平灰缝中铺置箍筋或拉结钢筋。

（2）绑扎钢筋　将纵向受力钢筋与箍筋绑牢，在组合砖墙中，将纵向受力钢筋与拉结钢筋绑牢，将水平分布钢筋与纵向受力钢筋绑牢。

（3）在面层部分的外围分段支设模板，每段支模高度宜在 500mm 以内，浇水润湿模板及砖砌体面，分层浇灌混凝土或砂浆，并用捣棒捣实。

（4）待面层混凝土或砂浆的强度达到其设计强度的 30%以上，方可拆除模板。如有缺陷应及时修整。

2. 网状配筋砖砌体

（1）钢筋网应按设计规定制作成型。

（2）砖砌体部分按常规方法砌筑　在配置钢筋网的水平灰缝中，应先铺一半厚的砂浆层，放入钢筋网后再铺一半厚砂浆层，使钢筋网居于砂浆层厚度中间。钢筋网四周应有砂浆保护层。

（3）配置钢筋网的水平灰缝厚度　当用方格网时，水平灰缝厚度为 2 倍钢筋直径加 4mm；当用连弯网时，水平灰缝厚度为钢筋直径加 4mm。确保钢筋上下各有 2mm 厚的砂浆保护层。

（4）网状配筋砖砌体外表面宜用 1∶1 水泥砂浆勾缝或进行抹灰。

3. 配筋砌块砌体

配筋砌块砌体施工前，应按设计要求，将所配置钢筋加工成型，堆置于配筋部位的近旁。

砌块的砌筑应与钢筋设置互相配合。

砌块的砌筑应采用专用的小砌块砌筑砂浆和专用的小砌块灌孔混凝土。

技能要点 2：验收标准

（1）主控项目检验标准应符合表 10-7 的规定。

表 10-7　主控项目检验

序　号	项　　目	合格质量标准	检验方法	检查数量
1	钢筋品种、规格和数量	钢筋的品种、规格和数量应符合设计要求	检查钢筋的合格证书、钢筋性能试验报告、隐蔽工程记录	全数检查
2	混凝土、砂浆强度	构造柱、芯柱、组合砌体构件、配筋砌体剪力墙构件的混凝土或砂浆的强度等级应符合设计要求	检查混凝土或砂浆试块试验报告	各类构件每一检验批砌体至少应做一组试块
3	马牙槎拉结筋	构造柱与墙体的连接处应砌成马牙槎，马牙槎应先退后进，预留的拉结钢筋应位置正确，施工中不得任意弯折。 合格标准：钢筋竖向移位不应超过 100mm，每一马牙槎沿高度方向尺寸不应超过 300mm。钢筋竖向位移和马牙槎尺寸偏差每一构造柱不应超过 2 处	观察检查	每检验批抽 20% 构造柱，且不少于 3 处

表 10-7（续）

序号	项目	合格质量标准	检验方法	检查数量
4	构造柱位置及垂直度允许偏差	构造柱位置及垂直度的允许偏差应符合《砌体工程施工质量验收规范》（GB 50203—2002）表 8.2.4 的规定	见《砌体工程施工质量验收规范》（GB 50203—2002）表 8.2.4	每检验批抽 10%，且应不少于 5 处
5	芯柱	对配筋混凝土小型空心砌块砌体，芯柱混凝土应在装配式楼盖处贯通，不得削弱芯柱截面尺寸	观察检查	每检验批抽 10%，且应不少于 5 处

（2）一般项目检验标准应符合表 10-8 的规定。

表 10-8　一般项目检验

序号	项目	合格质量标准	检验方法	检查数量
1	水平灰缝钢筋	设置在砌体水平灰缝内的钢筋，应居中置于灰缝中。水平灰缝厚度应大于钢筋直径 4mm 以上。砌体外露面砂浆保护层的厚度应不小于 15mm	观察检查，辅以钢尺检测	每检验批抽检 3 个构件，每个构件检查 3 处
2	钢筋防腐	设置在潮湿环境或有化学侵蚀性介质的环境中的砌体灰缝内的钢筋应采取防腐措施。 合格标准：防腐涂料无漏刷（喷浸），无起皮脱落现象	观察检查	每检验批抽检 10% 的钢筋
3	网状配筋及放置间距	网状配筋砌体中，钢筋网及放置间距应符合设计规定。 合格标准：钢筋网沿砌体高度位置超过设计规定一皮砖厚不得多于 1 处	钢筋规格检查钢筋网成品，钢筋网放置间距局部剔缝观察，或用探针刺入灰缝内检查，或用钢筋位置测定仪测定	每检验批抽 10%，且应不少于 5 处
4	组合砌体拉结筋	组合砖砌体构件，竖向受力钢筋保护层应符合设计要求，距砖砌体表面距离应不小于 5mm；拉结筋两端应设弯钩，拉结筋及箍筋的位置应正确。 合格标准：钢筋保护层符合设计要求；拉结筋位置及弯钩设置 80%及以上符合要求，箍筋间距超过规定者，每件不得多于 2 处，且每处不得超过一皮砖	支模前观察与尺量检查	每检验批抽检 10%，且应不少于 5 处
5	砌块砌体钢筋搭接	配筋砌块砌体剪力墙中，采用搭接接头的受力钢筋搭接长度应不小于 $35d$，且应不少于 300mm	尺量检查	每检验批每类构件抽 20%（墙、柱、连梁），且应不少于 3 件

技能要点 3：验收资料

（1）砂浆配合比设计检验报告单。

（2）砂浆立方体试件抗压强度检验报告单。

（3）混凝土配合比设计检验报告单。

（4）混凝土抗压强度检验报告单。

（5）水泥检验报告单。

（6）烧结普通砖检验报告单。

（7）砂检验报告单。

（8）碎石或卵石检验报告单。

（9）钢筋力学性能检验报告单。

（10）配筋砌体工程检验批质量验收记录。

技能图解 84　填充墙砌体工程

技能结构框线图

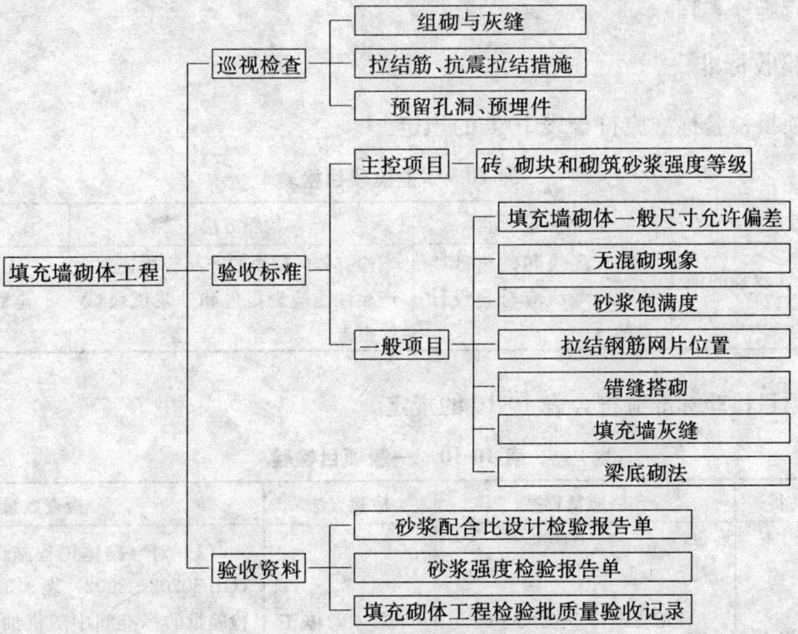

图 10-6　填充墙砌体工程

技能要点 1：巡视检查

1. 组砌与灰缝

（1）砌块、空心砖应提前 2 天浇水湿润；加气砌块砌筑时，应向砌筑面适量洒水；当采用粘结剂砌筑时不得浇水湿润。用砂浆砌筑时的含水率：轻骨料小砌块宜为 5%～8%，空心砖宜为 10%～15%，加气砌块宜小于 15%，对于粉煤灰加气混凝土制品宜小于 20%。

（2）轻骨料小砌块、加气砌块砌筑时应按砌块排列图进行。

（3）小砌块、空心砖砌体的水平、竖向灰缝厚度应为 8～12mm；加气砌块的水平灰缝厚度宜为 15mm，竖向灰缝宽度宜为 20mm。

（4）轻骨料小砌块和加气砌块砌体，由于干缩值大（是烧结黏土砖的数倍），不应与其他块材混砌。但对于因构造需要的墙底部、顶部、门窗固定部位等，可局部适量镶嵌其他块材。不同砌体交接处可采用构造柱连接。

(5) 填充墙的水平灰缝砂浆饱满度均应不小于80%；小砌块、加气砌块砌体的竖向灰缝也不应小于80%，其他砖砌体的竖向灰缝应填满砂浆，并不得有透明缝、瞎缝、假缝。

(6) 填充墙砌至梁、板底部时，应留一定空隙，至少间隔7天后再砌筑、挤紧；或用坍落度较小的混凝土或水泥砂浆填嵌密实。在封砌施工洞口及外墙井架洞口时，尤其应严格控制，千万不能一次到顶。

(7) 小砌块、加气砌块砌筑时应防止雨淋。

2. 拉结筋、抗震拉结措施

抗震设防地区还应采取如下抗震拉结措施：

(1) 墙长大于5m时，墙顶与梁宜有拉结。

(2) 墙长超过层高2倍时，宜设置钢筋混凝土构造柱。

(3) 墙高超过4m时，墙体半高处宜设置与柱连接且沿墙全长贯通的钢筋混凝土水平联系梁。单层钢筋混凝土柱厂房等其他砌体围护墙应按设计要求。

3. 预留孔洞、预埋件

同前述“砖砌体工程”。

技能要点2：验收标准

(1) 主控项目检验标准应符合表10-9的规定。

表10-9 主控项目检验

项目	合格质量标准	检验方法	检查数量
砖、砌块和砌筑砂浆的强度等级	砖、砌块和砌筑砂浆的强度等级应符合设计要求	检查砖或砌块的产品合格证书、产品性能检测报告和砂浆试块试验报告	全数检查

(2) 一般项目检验标准应符合表10-10的规定。

表10-10 一般项目检验

序号	项目	合格质量标准	检验方法	检查数量
1	填充墙砌体一般尺寸允许偏差	填充墙砌体一般尺寸的允许偏差应符合《砌体工程施工质量验收规范》(GB 50203—2002)表9.3.1的规定	见《砌体工程施工质量验收规范》(GB 50203—2002)表9.3.1	(1) 对《砌体工程施工质量验收规范》(GB 50203—2002)表9.3.1中1、2项，在检验批的标准间中随机抽查10%，但应不少于3间；大面积房间和楼道按两个轴线或每10延长米按一标准间计数。每间检验应不少于3处。 (2) 对《砌体工程施工质量验收规范》(GB 50203—2002)表9.3.1中3、4项，在检验批中抽检10%，且应不少于5处
2	无混砌现象	蒸压加气混凝土砌块砌体和轻骨料混凝土小型空心砌块砌体不应与其他块材混砌	外观检查	在检验批中抽检20%，且应不少于5处
3	砂浆饱满度	填充墙砌体的砂浆饱满度及检验方法应符合《砌体工程施工质量验收规范》(GB 50203—2002)表9.3.3的规定	见《砌体工程施工质量验收规范》(GB 50203—2002)表9.3.3	每步架子不少于3处，且每处应不少于3块

表 10-10（续）

序　号	项　目	合格质量标准	检验方法	检查数量
4	拉结钢筋网片位置	填充墙砌体留置的拉结钢筋或网片的位置应与块体皮数相符合。拉结钢筋或网片应置于灰缝中，埋置长度应符合设计要求，竖向位置偏差不应超过一皮高度	观察和用尺量检查	在检验批中抽检20%，且应不少于5处
5	错缝搭砌	填充墙砌筑时应错缝搭砌，蒸压加气混凝土砌块搭砌长度应不小于砌块长度的1/3；轻骨料混凝土小型空心砌块搭砌长度应不小于90mm；竖向通缝应不大于2皮	观察和用尺检查	在检验批的标准间中抽查10%，且应不少于3间
6	填充墙灰缝	填充墙砌体的灰缝厚度和宽度应正确。空心砖、轻骨料混凝土小型空心砌块的砌体灰缝应为8～12mm。蒸压加气混凝土砌块砌体的水平灰缝厚度及竖向灰缝宽度分别宜为15mm和20mm	用尺量5皮空心砖或小砌块的高度和2m砌体长度折算	
7	梁底砌法	填充墙砌至接近梁、板底时，应留一定空隙，待填充墙砌筑完并应至少间隔7天后，再将其补砌挤紧	观察检查	每验收批抽10%填充墙片（每两柱间的填充墙为一墙片），且应不少于3片墙

技能要点3：验收资料

（1）砂浆配合比设计检验报告单。

（2）砂浆强度检验报告单。

（3）水泥检验报告单。

（4）砖（砌块）检验报告单。

（5）砂检验报告单。

（6）填充砌体工程检验批质量验收记录。

第十一章　木结构工程现场监理

技能图解 85　方木和原木结构

技能结构框线图

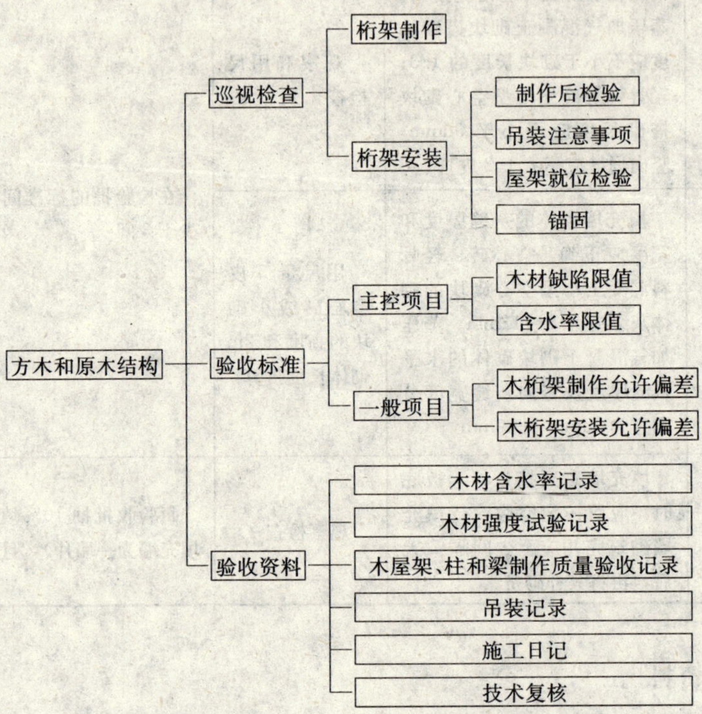

图 11-1　方木和原木结构

技能要点 1：巡视检查

1. 桁架制作

（1）桁架上弦或下弦需接头时，夹板所采用螺栓直径、数量及排列间距均应按图施工。螺栓排列要避开髓心。受拉构件在夹板区段的构件材质均应达到一等材的要求。

（2）受压接头端面应与构件轴线垂直，不应采用斜槎接头；齿连接或构件接头处不得采用凸凹榫。

（3）当采用木夹板螺栓连接的接头钻孔时，应各部固定，一次钻通以保证孔位完全一致。受剪螺栓孔径大于螺栓直径不超过 1mm；系紧螺栓孔直径大于螺栓直径不超过 2mm。

（4）木结构中所用钢材等级应符合设计要求。钢件的连接不应用气焊或锻接。受拉螺栓垫板应根据设计要求设置。受剪螺栓和系紧螺栓的垫板若无设计要求时，应符合下列规定：厚度不小于 0.25d（d 为螺栓直径），且不应小于 4mm；正方形垫板的边长或圆形垫板的直径不应小于 3.5d。

（5）下列受拉螺栓必须戴双螺帽　如钢木屋架圆钢下弦；桁架主要受拉腹杆；受振动荷载的拉杆；直径等于或大于 20mm 的拉杆。受拉螺栓装配后，螺栓伸出螺帽的长度不应小于螺栓直径的 0.8 倍。

2. 桁架安装

(1) 制作后的检验　木屋架、梁、柱在吊装前，应对其制作、装配、运输根据设计要求进行检验，主要检查原材料质量，结构及其构件的尺寸正确程度及构件制作质量，并记录在案，验收合格后方可安装。

(2) 吊装注意事项　首先要对吊装机械、缆风绳、地锚坑进行检查。对跨度较大的屋架要进行试吊，以检验理论计算是否可行。在试吊过程中，应停车对结构、吊装机具、缆风绳、地锚坑等进行检查。在试吊后检查结构各部位是否受到损伤、变形或节点错位，并根据检查情况最后确定吊装方案。

(3) 屋架就位检验　屋架就位后要控制稳定，检查位置与固定情况。第一榀屋架吊装后立即找中、找直、找平，并用临时拉杆（或支撑）固定。第二榀屋架吊装后，立即上脊檩，装上剪力撑。支撑与屋架用螺栓连接。

(4) 锚固　在正常情况下，屋架端头应加以锚固，故屋架安装校正完毕后，应将锚固螺栓上螺帽并拧紧。

技能要点 2：验收标准

(1) 主控项目检验标准应符合表 11-1 的规定。

表 11-1　主控项目检验

序　号	项　目	合格质量标准	检验方法	检查数量
1	木构件的木材缺陷限值	应根据木构件的受力情况，按《木结构工程施工质量验收规范》（GB 50206—2002）表 4.2.1-1～表 4.2.1-2 规定的等级检查。 方木、板材及原木构件的木材缺陷限值。 注：检查裂缝时，木构件的含 s 水率必须达到表项 2 的要求	用钢尺或量角器量测	每检验批分别按不同受力的构件全数检查
2	木构件的含水率限值	应按下列规定检查木构件的含水率： (1) 原木或方木结构应不大于 25%。 (2) 板材结构及受拉构件的连接板应不大于 18%。 (3) 通风条件较差的木构件应不大于 20%。 注：本条中规定的含水率为木构件全截面的平均值	按国家标准《木材物理力学试验方法》（GB 1927 ～ 1943—1991）的规定测定木构件全截面的平均含水率	每检验批检查全部构件

(2) 一般项目检验标准应符合表 11-2 的规定。

表 11-2　一般项目检验

序　号	项　目	合格质量标准	检验方法	检查数量
1	木桁架制作允许偏差	木桁架、木梁（含檩条）及木柱制作的允许偏差应符合表 11-3 的规定	见表 11-3	检验批全数
2	木桁架安装允许偏差	木桁架、梁、柱安装的允许偏差应符合表 11-4的规定	见表 11-4	全数检查
3	屋面木骨架安装允许偏差	屋面木骨架的安装允许偏差应符合《木结构工程施工质量验收规范》（GB 50206-2002）表 4.3.3 的规定	见《木结构工程施工质量验收规范》（GB 50206-2002）表 4.3.3	全数检查
4	木屋盖上弦平面支撑完整性	木屋盖上弦平面横向支撑设置的完整性应按设计文件检查	按施工图检查	整个横向支撑

（3）允许偏差应符合11-3及表11-4的规定。

①木桁架、梁、柱制作的允许偏差。

表11-3 木桁架、梁、柱制作的允许偏差

项次	项目			允许偏差（mm）	检验方法
1	构件截面尺寸	方木构件高度、宽度		−3	钢尺量
1	构件截面尺寸	板材厚度、宽度		−2	钢尺量
1	构件截面尺寸	原木构件梢径		−5	钢尺量
2	结构长度	长度不大于15m		±10	钢尺量桁架支座节点中心间距，梁、柱全长（高）
2	结构长度	长度大于15m		±15	钢尺量桁架支座节点中心间距，梁、柱全长（高）
3	桁架高度	跨度不大于15m		±10	钢尺量脊节点中心与下弦中心距离
3	桁架高度	跨度大于15m		±15	钢尺量脊节点中心与下弦中心距离
4	受压或压弯构件纵向弯曲	方木构件		$L/500$	拉线钢尺量
4	受压或压弯构件纵向弯曲	原木构件		$L/200$	拉线钢尺量
5	弦杆节点间距			±5	钢尺量
6	齿连接刻槽深度			±2	钢尺量
7	支座节点受剪面	长度		−10	钢尺量
7	支座节点受剪面	宽度	方木	−3	钢尺量
7	支座节点受剪面	宽度	原木	−4	钢尺量
8	螺栓中心间距	进孔处		$\pm 0.2d$	钢尺量
8	螺栓中心间距	出孔处	垂直木纹方向	$\pm 0.5d$ 且不大于 $4B/100$	钢尺量
8	螺栓中心间距	出孔处	顺木纹方向	$\pm 1d$	钢尺量
9	钉进孔处的中心间距			$\pm 1d$	钢尺量
10	桁架起拱			+20 −10	以两支座节点下弦中心线为准，拉一水平线，用钢尺量跨中下弦中心线与拉线之间距离

注：1. d 为螺栓或钉的直径；L 为构件长度；B 为板束总厚度。

2. 本表摘自《木结构工程施工质量验收规范》（GB 50206—2002）。

②木桁架、梁、柱安装的允许偏差。

表11-4 木桁架、梁、柱安装的允许偏差

项次	项目	允许偏差（mm）	检验方法
1	结构中心线的间距	±20	钢尺量
2	垂直度	$H/200$ 且不大于15	吊线钢尺量
3	受压或压弯构件纵向弯曲	$L/300$	吊（拉）线钢尺量
4	支座轴线对支承面中心位移	10	钢尺量
5	支座标高	±5	用水准仪

注：1. H 为桁架、柱的高度；L 为构件长度。

2. 本表摘自《木结构工程施工质量验收规范》（GB 50206—2002）。

技能要点 3：验收资料

（1）木材（承重木结构方材质量标准、承重木结构板材材质标准、承重木结构原木材质标准）按等级检验材质缺陷记录。

（2）木材含水率记录。

（3）木材强度试验记录。

①取样方法应从每批木材的总数中随机抽取三根为试材，在每根试材髓心以外部分切取三个试件为一组。根据各组平均值中最低的一个值确定该批材的强度等级。

②若检验结果高于同种树时，按同种树的强度等级使用。

③对于树名不详的树种应按检验结果确定等级，可采用该等级的 B 组设计指标，可与设计协商处理。

（4）木屋架、柱和梁制作质量验收记录。

①木材防护处理记录。

②木桁架、梁、柱制作的允许偏差记录。

（5）吊装记录。

①木桁架、梁、柱安装允许偏差记录。

②屋面木骨架的安装允许偏差记录。

③木屋盖上弦平面横向支撑设置的完整性记录（按规定逐个无遗漏检查）。

（6）施工日记。

（7）技术复核。

技能图解 86　胶合木结构

技能结构框线图

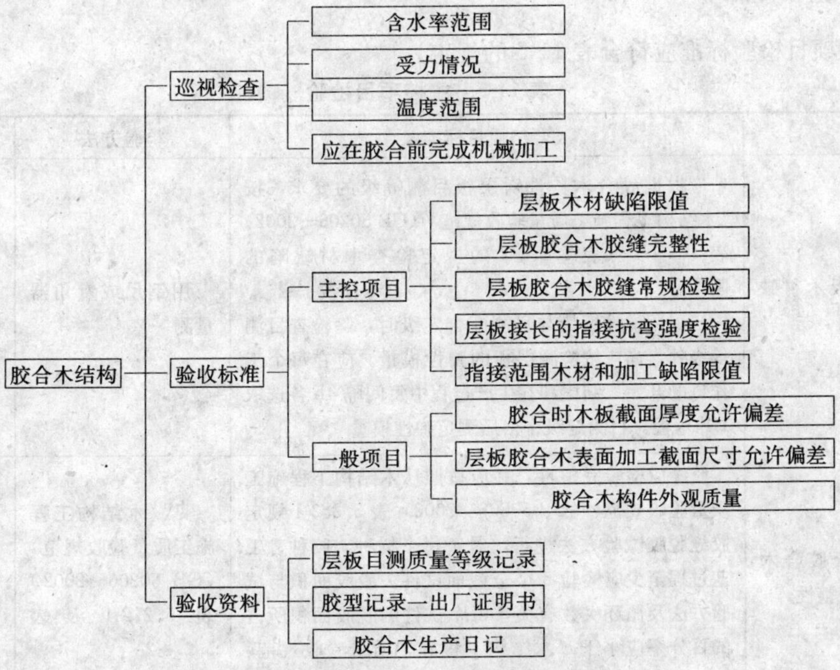

图 11-2　胶合木结构

技能要点 1：巡视检查

（1）层板坯料应在纵向接长和表面加工之前，窑干或气干至 8%～15%的含水率。

（2）指接的间距按层板的受力情况，分别规定如下。

①受拉构件：当构件应力达到或超过设计值的 75%时，相邻层板之间的距离应为 150mm。

②受弯构件的受拉区：在构件 1/8 高度的受拉外层再加一块层板的范围内，相邻层板之间的指接间距应为 150mm。

③受拉构件或受弯构件的受拉区 10%高度内，层板自身的指接间距不应小于 1800mm。

④需修补后出厂的构件的受拉区最外层和相邻的内层，距修补块端头的每一侧小于 150mm 的范围内，皆不允许有指接接头。

（3）木板应用指接胶合接长至设计的长度，经过养护后刨光。

落叶松、花旗松等不易胶合的木材及需化学药剂处理的木材，应在刨光后 6h 内胶合。

易于胶合的木材及不需化学药剂处理的木材，应在刨光后 24h 内胶合。

（4）木板胶合前应清除灰尘、污垢及渗出的胶液和化学处理药剂，但不得用砂纸打磨。两块木板的胶合面均应均匀涂胶，用胶量不得少于 $350g/m^2$，若采用高频电干燥，不得少于 $200g/m^2$。指接应双面涂胶。

（5）胶合时木板含水率，对于不需用化学药剂处理的木材应在 8%到 15%之间，对于需用化学药剂处理的木材应在 11%到 18%之间。各层木板之间及指接木板之间的含水率差别不应超过 4%。

胶合时木板温度不应低于 15℃。

（6）在制作工段内的温度应不低于 15℃，空气的相对湿度应在 40%至 75%的范围内。

胶合构件养护室内的温度当木材初始温度为 18℃时，应不低于 20℃；当木材初始温度为 15℃时，应不低于 25℃。养护时空气的相对湿度应不低于 30%。

在养护完全结束前，胶合构件不应受力或置于温度在 15℃以下的环境中。

（7）需在胶合前进行化学药剂处理的木材，应在胶合前完成机械加工。

技能要点 2：验收标准

（1）主控项目检验标准应符合表 11-5 的规定。

表 11-5　主控项目检验

序号	项目	合格质量标准	检验方法	检查数量
1	层板木材缺陷限值	应根据胶合木构件对层板目测等级的要求，按《木结构工程施工质量验收规范》（GB 50206—2002）表 5.2.1-1～表 5.2.1-2 的规定检查木材缺陷的限值。 当采用弹性模量与目测配合定级时，除检查目测等级外，尚应按检测层板的弹性模量。应在每个工作班的开始、结尾和在生产过程中每间隔 4h 各选取 1 片木板。目测定级合格后测定弹性模量	用钢尺或量角器量测	在层板接长前应根据每一树种，截面尺寸按等级随机取样 100 片木板
2	层板胶合木胶缝完整性	胶缝应检验完整性，并应按照《木结构工程施工质量验收规范》（GB 50206—2002）表 5.2.2-1 规定胶缝脱胶试验方法进行。对于每个树种、胶种、工艺过程至少应检验 5 个全截面试件。脱胶面积与试验方法及循环次数有关，每个试件的脱胶面积所占的百分率应小于《木结构工程施工质量验收规范》（GB 50206—2002）表 5.2.2-2 所列限值	见《木结构工程施工质量验收规范》（GB 50206—2002）表 5.2.2-1 及表 5.2.2-2	每个树种、胶种、工艺过程至少应检验 5 个全截面试件

表 11-5（续）

序　号	项　　目	合格质量标准	检验方法	检查数量
3	层板胶合木胶缝常规检验	对于每个工作班应从每个流程或每 $10m^3$ 的产品中随机抽取 1 个全截面试件，对胶缝完整性进行常规检验。结构胶的型号与使用条件应满足《木结构工程施工质量验收规范》（GB 50206—2002）表 5. 2. 2-2 的要求。脱胶面积与试验方法及循环次数有关，每个试件的脱胶面积所占的百分率应小于《木结构工程施工质量验收规范》（GB 50206—2002）表 5. 2. 2-2 所列限值。 每个全截面试件胶缝抗剪试验所求得的抗剪强度和木材破坏百分率应符合下列要求： （1）每条胶缝的抗剪强度平均值应不小于 6. 0N/mm²，对于针叶材和杨木当木材破坏达到 100%时，其抗剪强度达到 4. 0N/mm² 也被认可。 （2）与全截面试件平均抗剪强度相应的最小木材破坏百分率及与某些抗剪强度相应的木材破坏百分率列于《木结构工程施工质量验收规范》（GB 50206—2002）表 5. 2. 3-3	见《木结构工程施工质量验收规范》（GB 50206—2002）表 5. 2. 3-3	每个工作班从每个流程或每 $10m^3$ 的产品中随机抽取 1 个全截面试件。 每个树种、胶种、工艺过程至少检验 5 个全截面试件
4	指接范围木材和加工缺陷限值	应按下列规定检查指接范围内的木材缺陷和加工缺陷： （1）不允许存在裂缝、涡纹及树脂条纹。 （2）木节距指端的净距应不小于木节直径的 3 倍。 （3）I_c 和 I_{ct} 级木板不允许有缺指或坏指，II_c 和 III_c 级木板的缺指或坏指的宽度不得超过允许木节尺寸的 1/3。 （4）在指长范围内及离指根 75mm 的距离内，允许存在钝棱或边缘缺损，但不得超过两个角，且任一角的钝棱面积不得大于木板正常截面面积的 1%	用钢尺量和辨认	应在每个工作班的开始、结尾和在生产过程中每间隔 4h 各选取 1 块木板
5	层板接长的指接抗弯强度检验	层板接长的指接弯曲强度应符合规定： （1）见证试验：当新的指接生产线试运转或生产线发生显著的变化（包括指形接头更换剖面）时，应进行弯曲强度试验。 试件应取生产中指接的最大截面。 凡属因木材缺陷引起破坏的试验结果应剔除，并补充试件进行试验，以取得至少 30 个有效试验数据，据此进行统计分析求得指接弯曲强度标准值 f_{mk}。 （2）常规试验：从一个生产工作班至少取 3 个试件，尽可能在工作班内按时间和截面尺寸均匀分布。从每一生产批料中至少选一个试件，试件的含水率应与生产的构件一致，并应在试件制成后 24h 内进行试验。其他要求与见证试验相同。 常规试验合格的条件是 15 个有效指接试件的弯曲强度标准值大于等于 f_{mk}	见证试验和常规试验	根据所用树种、指接几何尺寸、胶种、防腐剂或阻燃剂处理等不同的情况，分别取至少 30 个试件。 一个生产工作班至少取 3 个试件；每一生产批料中至少选一个试件

(2) 一般项目检验标准应符合表 11-6 的规定。

表 11-6　一般项目检验

序　号	项　　目	合格质量标准	检验方法	检查数量
1	胶合时木板截面厚度允许偏差	胶合时木板宽度方向的厚度允许偏差应不超过±0.2mm，每块木板长度方向的厚度允许偏差应不超过±0.3mm	用钢尺量	每检验批100块
2	层板胶合木表面加工截面尺寸允许偏差	表面加工的截面允许偏差： (1) 宽度：±2.0mm。 (2) 高度：±6.0mm。 (3) 规方：以承载处的截面为准，最大的偏离为1/200	用钢尺量	每检验批10个
3	胶合木构件外观质量	胶合木构件的外观质量： (1) A级——构件的外观要求很重要而需油漆，所有表面空隙均需封填或用木料修补。表面需用砂纸打磨达到粒度为 60 的要求。下列空隙应用木料修补。 1) 直径超过 30mm 的孔洞。 2) 尺寸超过 40mm×20mm 的长方形孔洞。 3) 宽度超过 3mm 的侧边裂缝长度为 40～100mm。 注：填料应为不收缩的材料符合构件表面加工的要求。 (2) B级——构件的外观要求表面用机具刨光并加油漆。表面加工应达到本表表项 2 的要求。表面允许有偶尔的漏刨，允许有细小的缺陷、空隙及生产中的缺损。最外的层板不允许有松软节和空隙。 (3) C级——构件的外观要求不重要，允许有缺陷和空隙，构件胶合后无须表面加工。构件的允许偏差和层板左右错位限值示于图 11-3 及表 11-7 之中	用钢尺量	每检验批当要求为 A 级时，应全数检查，当要求为 B 或 C 级时，要求检查10个

(3) 允许偏差应符合表 11-7 及图 11-3 的规定。

表 11-7　胶合木构件外观 C 级的允许偏差和错位

截面的高度或宽度（mm）	截面高度或宽度的允许偏差（mm）	错位的最大值（mm）
(h 或 b) ＜100	±2	4
100≤ (h 或 b) ＜300	±3	5
300≤ (h 或 b)	±6	6

注：本表摘自《木结构工程施工质量验收规范》(GB 50206—2002)。

技能要点 3：验收资料

(1) 层板目测质量等级记录。

①定级应以每块木板的全长为依据，并以较差的面为准。应将密度异常小的木板剔除。

②已定级的木板锯解后应按新的尺寸重新定级。

③木节尺寸应按两根包括木节而平行于木板宽面边缘的直线测量，如果有两个或更多的木节

在两根线内，或部分在线内，则在 200mm 长度内所有木节在两条平行线之间的尺寸（包括部分木节）的总和为有效木节尺寸。

④在同一截面上出现更多的木节时，它们的尺寸之和不应超过最大允许的木节。

⑤当层板是由两块木板拼合时，应按拼合后的层板宽度确定木节的允许尺寸。

⑥边翘材横向翘曲的限值不能超过要求。

（2）如按弹性模量定级时，除有上述记录并满足要求的同时，还需满足弹性模量的相应要求记录。在测试的 100 个试件中，有 95 个试件的弹性模量高于规定值，即被认可。

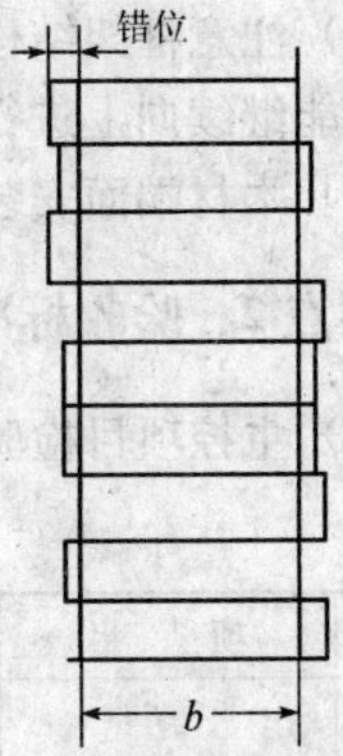

图 11-3　层板左右错位限值示意图

（3）胶型记录——出厂证明书。

（4）胶缝完整性试验，胶缝脱胶率记录。

（5）胶缝抗剪强度记录及与抗剪强度相对应的最小木材破坏率记录。

（6）胶合木生产日记。

（7）胶合木外观检查记录，并定 A、B、C 三个级别。

（8）胶合木上应打上标签，其上注明生产日期、批号、等级、检验人及生产厂名品牌等。

技能图解 87　轻型木结构

技能结构框线图

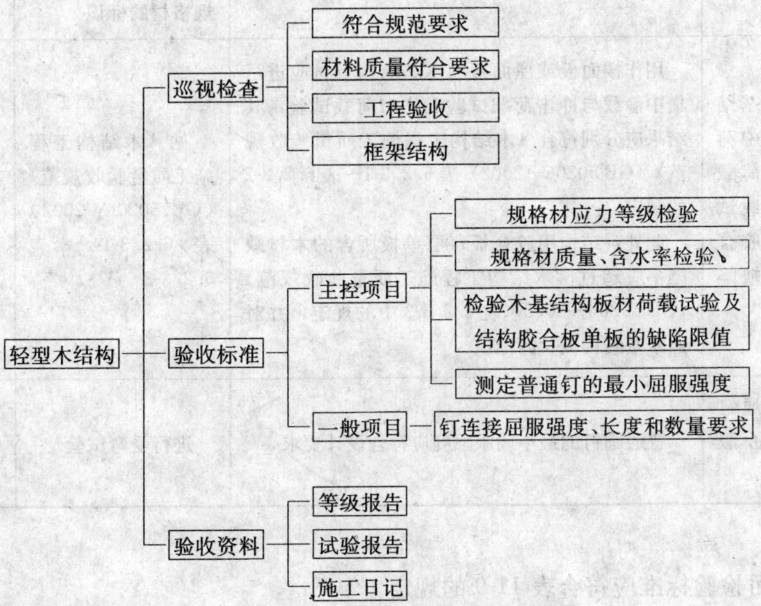

图 11-4　轻型木结构

技能要点 1：巡视检查

（1）轻型木框架结构应符合国家标准《木结构设计规范》（GB 50005）的要求设计的施工图进行施工。

（2）木框架所用的木材、普通圆钢钉、麻花钉及 U 形钉应符合质量要求。

（3）施工过程要严格控制轴线及标高尺寸，由专人放线后并经专人验收复核。

(4) 注意框架结构纵向横向的稳定系统 如剪刀撑、横向斜撑和水平杆件要及时安装并固定，否则不能继续向上进行。

(5) 木材端面安装前应进行隐蔽工程验收，如防腐涂料等检查。

技能要点2：验收标准

(1) 主控项目检验标准符合表11-8的规定。

表11-8 主控项目检验

序号	项目	合格质量标准	检验方法	检查数量
1	规格材应力等级检验	规格材的应力等级检验应满足下列要求： (1) 对于每个树种、应力等级、规格尺寸至少应随机抽取15个足尺试件进行侧立受弯试验，测定抗弯强度。 (2) 根据全部试验数据统计分析后求得的抗弯强度设计值应符合规定	进行侧立受弯试验	对于每个树种、应力等级、规格尺寸至少应随机抽取15个足尺试件
2	规格材质量、含水率检验	应根据设计要求的树种、等级按《木结构工程施工质量验收规范》(GB 50206—2002) 表6.2.2-1及表6.2.2-3的规定检查规格材的材质和木材含水率(≤18%)	用钢尺或量角器测，按国家标准《木材物理力学试验方法》(GB 1927～1943) 的规定测定规格材全截面的平均含水率，并对照规格材的标识	每检验批随机取样100块
3	检验木基结构板材集中荷载，冲击荷载和均布荷载试验及结构胶合板单板的缺陷限值	用作楼面板或屋面板的木基结构板材应进行集中静载与冲击荷载试验和均布荷载试验，其结果应分别符合《木结构工程施工质量验收规范》(GB 50206—2002) 表6.2.3-1～表6.2.3-2的规定。 此外，结构用胶合板每层单板所含的木材缺陷不应超过《木结构工程施工质量验收规范》(GB 50206—2002) 表6.2.3-3中的规定，并对照木基结构板材的标识	见《木结构工程施工质量验收规范》(GB 50206—2002) 表 6.2.3-1 ～ 表 6.2.3-3	按设计要求
4	测定普通钉的最小屈服强度	普通圆钉的最小屈服强度应符合设计要求	进行受弯试验	每种长度的圆钉至少随机抽取10枚

(2) 一般项目检验标准应符合表11-9的规定。

表11-9 一般项目检验

项目	合格质量标准	检验方法	检查数量
钉连接屈服强度、长度和数量(或最大间距)要求	本框架各种构件的钉连接、墙面板和屋面板与框架构件的钉连接及屋脊梁无支座时椽条与格栅的钉连接均应符合设计要求	钢尺或游标深度尺量	按检验批全数

技能要点3：验收资料

（1）板材冲击抗弯与静载抗弯强度试验报告。
（2）含水率试验报告。
（3）目测轻型木结构规格材质等级报告。
（4）普通圆钉抗弯试验记录。
（5）规格木材应力等级报告（抗弯强度）。
（6）技术复核及隐蔽检查报告。
（7）施工日记。

技能图解88　木结构防护

技能结构框线图

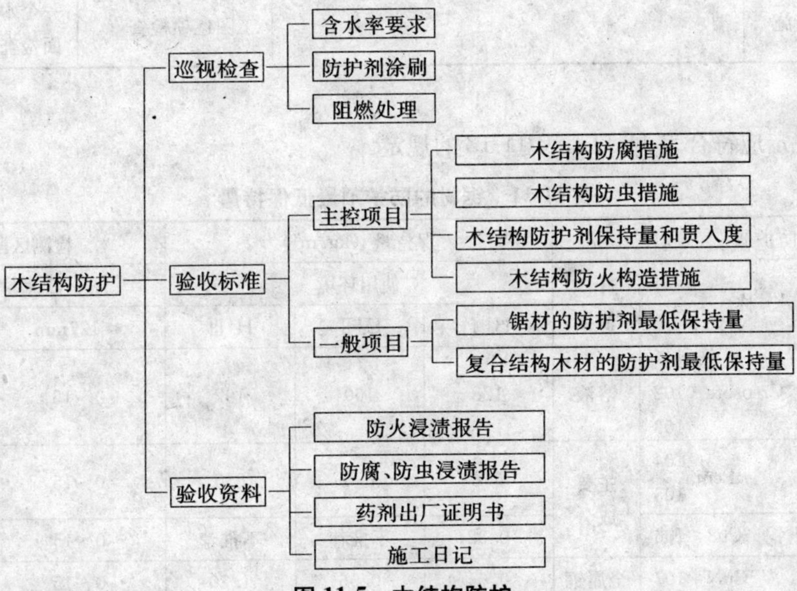

图11-5　木结构防护

技能要点1：巡视检查

（1）用水溶性防护剂处理后的木材，包括层板胶合木、胶合板及结构复合木材均应重新干燥到使用环境所要求的含水率。

（2）木构件在处理前应加工至最后的截面尺寸，以消除已处理木材再度切割、钻孔的必要性。若有切口和孔眼，应用原来处理用的防护剂涂刷。

（3）木构件需做阻燃处理时，应符合下列规定。

①阻燃剂的配方和处理方法应遵照国家标准《建筑设计防火规范》（GB 50016）和设计对不同用途和截面尺寸的木构件耐火极限要求选用，但不得采用表面涂刷法。

②对于长期暴露在潮湿环境中的木构件，经过防火处理后，尚应进行防水处理。

技能要点2：验收标准

（1）主控项目检验标准应符合表11-10的规定。

表 11-10　主控项目检验

序　号	项　　目	合格质量标准	检验方法	检查数量
1	木结构防腐、防虫构造措施	木结构防腐的构造措施应符合设计要求	根据规定和施工图逐项检查	以一幢木结构房屋或一个木屋盖为检验批全面检查
2	木构件防护剂的保持量和贯入度	木构件防护剂的保持量和透入度应符合下列规定： （1）根据设计文件的要求，需要防护剂加压处理的木构件，包括锯材、层板胶合木、结构复合木材及结构胶合板制作的构件。 （2）木麻黄、马尾松、云南松、桦木、湿地松、杨木等易腐或易虫蛀木材制作的构件。 （3）在设计文件中规定与地面接触或埋入混凝土、砌体中及处于通风不良而经常潮湿的木构件	采用化学试剂显色反应或 X 光衍射检测	以一幢木结构房屋或一个木屋盖为检验批。属于本条第 1 和第 2 款列出的木构件，每检验批油类防护剂处理的 20 个木心，其他防护剂处理的 48 个木心；属于本条第 3 款列出的木构件，检验批全数检查
3	木结构防火构造措施	木结构防火的构造措施，应符合设计文件的要求	根据规定和施工图逐项检查	以一幢木结构房屋或一个木屋盖为检验批全面检查

（2）一般规定应符合表 11-11、表 11-12 的规定。

表 11-11　锯材的防护剂最低保持量

防护剂			保持量（kg/m³）			检测区段（mm）	
类　型	名　　称	计量依据	使用环境			木材厚度	
			HJⅠ	HJⅡ	HJⅢ	<127mm	≥127mm
油类	混合防腐油　Creosote　101 102 103	溶液	128	160	192	0～15	0～25
油溶性	五氯酚　Penta　104 105	主要成分	6.4	8.0	8.0	0～15	0～25
油溶性	8—羟基喹啉铜　Cu8　106	主要成分	0.32	不推荐	不推荐	0～15	0～25
油溶性	环烷酸铜　CuN　107	金属铜	0.64	0.96	1.20	0～15	0～25
水溶性	铜铬砷合剂　CCA—A —B —C　201	主要成分	4.0	6.4	9.6	0～15	0～25
水溶性	酸性铬酸铜　ACC　202	主要成分	4.0	8.0	不推荐	0～15	0～25
水溶性	氨溶砷酸铜　ACA　203	主要成分	4.0	6.4	9.6	0～15	0～25
水溶性	氨溶砷酸铜锌　ACZA　302	主要成分	4.0	6.4	9.6	0～15	0～25
水溶性	氨溶季氨铜　ACQ—B　304	主要成分	4.0	6.4	9.6	0～15	0～25
水溶性	柠檬酸铜　CC　306	主要成分	4.0	6.4	不推荐	0～15	0～25
水溶性	氨溶季氨铜　ACQ—D　401	主要成分	4.0	6.4	不推荐	0～15	0～25
水溶性	铜唑　CBA—A　403	主要成分	3.2	不推荐	不推荐	0～15	0～25
水溶性	硼酸/硼砂*　SBX　501	主要成分	2.7	不推荐	不推荐	0～15	0～25

注：1. 硼酸/硼砂仅限用于无白蚁地区的室内木结构。

2. 本表摘自《木结构工程施工质量验收规范》(GB 50206—2002)。

表 11-12　复合结构木材的防护剂最低保持量

防护剂			保持量（kg/m^3）			检测区段（mm）	
类型	名　称	计量依据	使用环境			木材厚度	
			HJⅠ	HJⅡ	HJⅢ	＜127mm	≥127mm
油类	混合防腐油 Creosote 101 102 103	溶液	128	160	192	0～15	0～25
油溶性	五氯酚 Penta 104 105	主要成分	6.4	8.0	9.6	0～15	0～25
油溶性	环烷酸铜 CuN 107	金属铜	0.64	0.96	1.20	0～15	0～25
水溶性	铜铬砷合剂 CCA－A －B －C 201	主要成分	4.0	6.4	9.6	0～15	0～25
水溶性	氨溶砷酸铜 ACA 301	主要成分	4.0	6.4	9.6	0～15	0～25
水溶性	氨溶砷酸铜锌 ACZA 302	主要成分	4.0	6.4	9.6	0～15	0～25

注：本表摘自《木结构工程施工质量验收规范》(GB 50206—2002)。

技能要点 3：验收资料

（1）木材防火浸渍剂报告。

（2）木材防腐、防虫浸渍报告。

（3）局部涂刷（防腐、防潮）隐蔽验收报告。

（4）药剂出厂证明书并附有说明书。

（5）药剂处理前木材含水率及刻痕检验记录。

（6）施工日记。

第十二章　钢结构工程现场监理

技能图解 89　钢结构连接工程

技能结构框线图

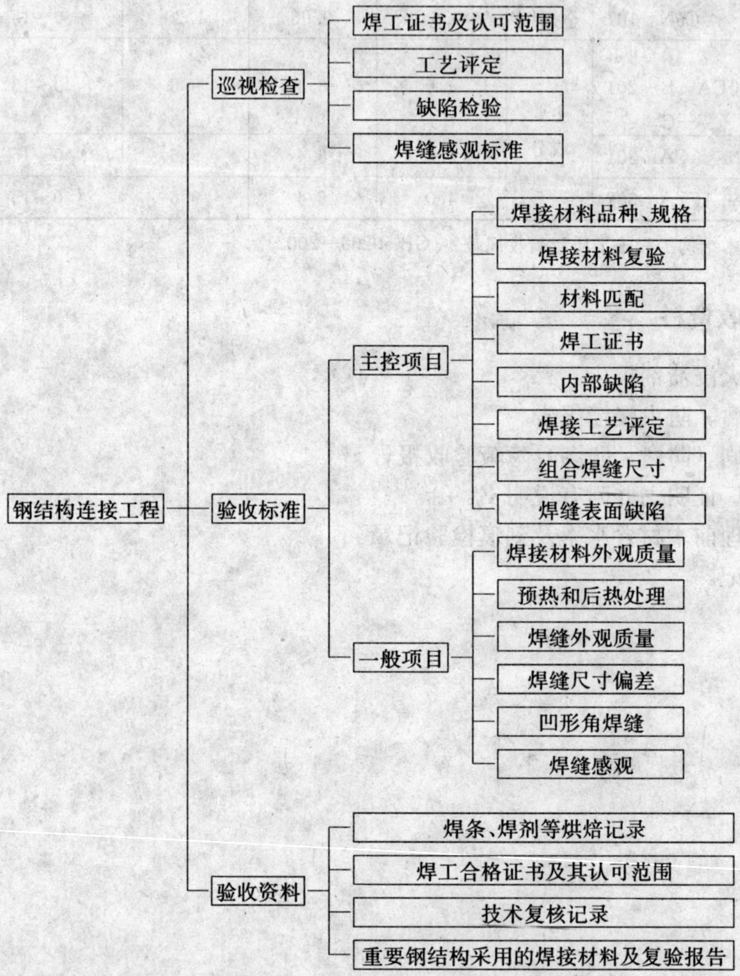

图 12-1　钢结构连接工程

技能要点 1：巡视检查

（1）焊条、焊丝、焊剂、电渣焊熔嘴等焊接材料与母材的匹配应符合设计要求及国家现行行业标准《建筑钢结构焊接技术规程》（JGJ 81）的规定。焊条、焊剂、药芯焊丝、熔嘴等在使用前，应按其产品说明书及焊接工艺文件的规定进行烘焙和存放。

（2）焊工必须经考试合格并取得合格证书。持证焊工必须在其考试合格项目及其认可范围内施焊。

（3）施工单位对其首次采用的钢材、焊接材料、焊接方法、焊后热处理等，应进行焊接工艺评定，并应根据评定报告确定焊接工艺。

(4) 设计要求全焊透的一、二级焊缝应采用超声波探伤进行内部缺陷的检验，超声波探伤不能对缺陷作出判断时，应采用射线探伤，其内部缺陷分级及探伤方法应符合现行国家标准《钢焊缝手工超声波探伤方法和探伤结果分级法》(GB 11345) 或《钢熔化焊对接接头射线照相和质量分级》(GB 3323) 的规定。

焊接球节点网架焊缝、螺栓球节点网架焊缝及圆管 T、K、Y 形节点相关线焊缝，其内部缺陷分级及探伤方法应分别符合国家现行标准《焊接球节点钢网架焊缝超声波探伤方法及质量分级法》(JBJ/T 3034.1)、《螺栓球节点钢网架焊缝超声波探伤方法及质量分级法》(JBJ/T 3034.2)、《建筑钢结构焊接技术规程》(JGJ 81) 的规定。

(5) 焊缝表面不得有裂纹、焊瘤等缺陷。一级、二级焊缝不得有表面气孔、夹渣、弧坑裂纹、电弧擦伤等缺陷。且一级焊缝不得有咬边、未焊满、根部收缩等缺陷。

(6) 对于需要进行焊前预热或焊后热处理的焊缝，其预热温度或后热温度应符合国家现行有关标准的规定或通过工艺试验确定。预热区在焊道两侧，每侧宽度均应大于焊件厚度的 1.5 倍以上，且不应小于 100mm；后热处理应在焊后立即进行，保温时间应根据板厚按每 25mm 板厚 1h 确定。

(7) 焊成凹形的角焊缝，焊缝金属与母材间应平缓过渡；加工成凹形的角焊缝，不得在其表面留下切痕。

(8) 焊缝感观应达到：外形均匀、成型较好，焊道与焊道、焊道与基本金属间过渡较平滑，焊渣和飞溅物基本清除干净。

技能要点 2：验收标准

(1) 主控项目检验标准应符合表 12-1 及表 12-2 的规定。

表 12-1 主控项目检验

序号	项目	合格质量标准	检验方法	检查数量
1	焊接材料品种、规格	焊接材料的品种、规格、性能等应符合现行国家产品标准和设计要求	检查焊接材料的质量合格证明文件、中文标志及检验报告等	全数检查
2	焊接材料复验	重要钢结构采用的焊接材料应进行抽样复验，复验结果应符合现行国家产品标准和设计要求	检查复验报告	全数检查
3	材料匹配	焊条、焊丝、焊剂、电渣焊熔嘴等焊接材料与母材的匹配应符合设计要求及国家现行行业标准《建筑钢结构焊接技术规程》(JGJ 81) 的规定。焊条、焊剂、药芯焊丝、熔嘴等在使用前，应按其产品说明书及焊接工艺文件的规定进行烘焙和存放	检查质量证明书和烘焙记录	全数检查
4	焊工证书	焊工必须经考试合格并取得合格证书。持证焊工必须在其考试合格项目及其认可范围内施焊	检查焊工合格证及其认可范围、有效期	全数检查
5	焊接工艺评定	施工单位对其首次采用的钢材、焊接材料、焊接方法、焊后热处理等，应进行焊接工艺评定，并应根据评定报告确定焊接工艺	检查焊接工艺评定报告	全数检查

表 12-1（续）

序号	项目	合格质量标准	检验方法	检查数量
6	内部缺陷	设计要求全焊透的一、二级焊缝应采用超声波探伤进行内部缺陷的检验，超声波探伤不能对缺陷作出判断时，应采用射线探伤，其内部缺陷分级及探伤方法应符合现行国家标准《钢焊缝手工超声波探伤方法和探伤结果分级法》(GB 11345) 或《钢熔化焊对接接头射线照相和质量分级》(GB 3323) 的规定。 焊接球节点网架焊缝、螺栓球节点网架焊缝及圆管 T、K、Y 形节点相关线焊缝，其内部缺陷分级及探伤方法应分别符合国家现行标准《焊接球节点钢网架焊缝超声波探伤方法及质量分级法》(JBJ/T 3034.1)、《螺栓球节点钢网架焊缝超声波探伤方法及质量分级法》(JBJ/T 3034.2)、《建筑钢结构焊接技术规程》(JGJ 81) 的规定。 一级、二级焊缝的质量等级及缺陷分级应符合表 12-2 的规定	检查超声波或射线探伤记录	全数检查
7	组合焊缝尺寸	T 形接头、十字接头、角接接头等要求熔透的对接和角对接组合焊缝，其焊脚尺寸应不小于 $t/4$ [图 12-2 (a、b、c)]；设计有疲劳验算要求的吊车梁或类似构件的腹板与上翼缘连接焊缝的焊脚尺寸为 $t/2$ [图 12-2 (d)]，且应不大于 10mm。焊脚尺寸的允许偏差为 0～4mm	观察检查，用焊缝量规抽查测量	资料全数检查；同类焊缝抽查 10%，且应不少于 3 条
8	焊缝表面缺陷	焊缝表面不得有裂纹、焊瘤等缺陷。一级、二级焊缝不得有表面气孔、夹渣、弧坑裂纹、电弧擦伤等缺陷。且一级焊缝不得有咬边、未焊满、根部收缩等缺陷	观察检查或使用放大镜焊缝量规和钢尺检查，当存在疑义时，采用渗透或磁粉探伤检查	每批同类构件抽查 10%，且应不少于 3 件；被抽查构件中，每一类型焊缝按条数抽查 5%，且应不少于 1 条；每条检查 1 处，总抽查数应不少于 10 处

表 12-2 一、二级焊缝质量等级及缺陷分级

焊缝质量等级		一级	二级
内部缺陷超声波探伤	评定等级	Ⅱ	Ⅲ
	检验等级	B 级	B 级
	探伤比例	100%	20%
内部缺陷射线探伤	评定等级	Ⅱ	Ⅲ
	检验等级	AB 级	AB 级
	探伤比例	100%	20%

注：1. 探伤比例的计数方法应按以下原则确定：

(1) 对工厂制作焊缝，应按每条焊缝计算百分比，且探伤长度应不小于 200mm，当焊缝长度不足 200mm 时，应对整条焊缝进行探伤。

(2) 对现场安装焊缝，应按同一类型、同一施焊条件的焊缝条数计算百分比，探伤长度应不小于 200mm，并应不少于 1 条焊缝。

2. 本表摘自《钢结构工程施工质量验收规范》(GB 50205—2002)。

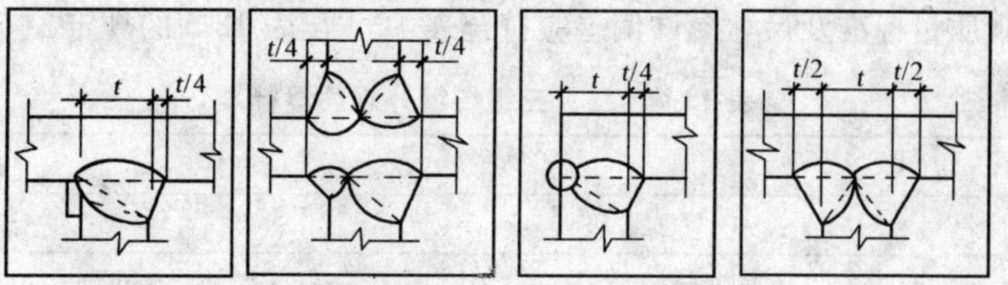

(a)　(b)　(c)　(d)

图 12-2　焊脚尺寸

（2）一般项目检验标准应符合表 12-3 的规定。

表 12-3　一般项目检验

序　号	项　　目	合格质量标准	检验方法	检查数量
1	焊接材料外观质量	焊条外观不应有药皮脱落、焊芯生锈等缺陷；焊剂不应受潮结块	观察检查	按量抽查 1%，且应不少于 10 包
2	预热和后热处理	对于需要进行焊前预热或焊后热处理的焊缝，其预热温度或后热温度应符合国家现行有关标准的规定或通过工艺试验确定。预热区在焊道两侧，每侧宽度均应大于焊件厚度的 1.5 倍以上，且应不小于 100mm；后热处理应在焊后立即进行，保温时间应根据板厚按每 25mm 板厚 1h 确定	检查预、后热施工记录和工艺试验报告	全数检查
3	焊缝外观质量	二级、三级焊缝外观质量标准应符合表 12-4 的规定。三级对接焊缝应按二级焊缝标准进行外观质量检验	观察检查或使用放大镜、焊缝量规和钢尺检查	每批同类构件抽查 10%，且应不少于 3 件；被抽查构件中，每种焊缝按条数各抽查 5%，但应不少于 1 条；每条检查 1 处，总抽查数应不少于 10 处
4	焊缝尺寸偏差	焊缝尺寸允许偏差应符合表 12-5 的规定	用焊缝量规检查	每批同类构件抽查 10%，且应不少于 3 件；被抽查构件中，每种焊缝按条数各抽查 5%，但应不少于 1 条；每条检查 1 处，总抽查数应不少于 10 处
5	凹形角焊缝	焊成凹形的角焊缝，焊缝金属与母材间应平缓过渡；加工成凹形的角焊缝，不得在其表面留下切痕	观察检查	每批同类构件抽查 10%，且应不少于 3 件
6	焊缝感观	焊缝感观应达到：外形均匀、成型较好，焊道与焊道、焊道与基本金属间过渡较平滑，焊渣和飞溅物基本清除干净	观察检查	每批同类构件抽查 10%，且应不少于 3 件；被抽查构件中，每种焊缝按数量各抽查 5%，总抽查处应不少于 5 处

(3) 焊缝外观质量标准及尺寸允许偏差应符合表 12-4 至表 12-6 的规定。

表 12-4 二、三级焊缝外观质量标准 (mm)

项 目	允许偏差	
缺陷类型	二 级	三 级
未焊满(指不足设计要求)	≤0.2+0.02t,且≤1.0	≤0.2+0.04t,且≤2.0
	每 100.0 焊缝内缺陷总长≤25.0	
根部收缩	≤0.2+0.02t,且≤1.0	≤0.2+0.04t,且≤2.0
	长度不限	
咬 边	≤0.05t,且≤0.5;连续长度≤100.0,且焊缝两侧咬边总长≤10%焊缝全长	≤0.1t,且≤1.0,长度不限
弧坑裂纹	—	允许存在个别长度≤5.0 的弧坑裂纹
电弧擦伤	—	允许存在个别电弧擦伤
接头不良	缺口深度 0.05t,且≤0.5	缺口深度 0.1t,且≤1.0
	每 1000.0 焊缝不应超过 1 处	
表面夹渣	—	深≤0.2t,长≤0.5t,且≤20.0
表面气孔	—	每 50.0 焊缝长度内允许直径≤0.4t,且≤3.0 的气孔 2 个,孔距≥6 倍孔径

注:表内 t 为连接处较薄的板厚。

表 12-5 对接焊缝及完全熔透组合焊缝尺寸允许偏差 (mm)

序 号	项 目	图 例	允许偏差	
			一、二级	三级
1	对接焊缝余高 C	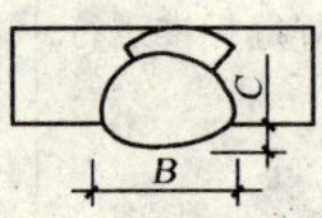	B<20:0~3.0 B≥20:0~4.0	B<20:0~4.0 B≥20:0~5.0
2	对接焊缝错边 d		d<0.15t, 且≤2.0	d<0.15t, 且≤3.0

表 12-6 部分焊透组合焊缝和角焊缝外形尺寸允许偏差 (mm)

序 号	项 目	图 例	允许偏差
1	焊脚尺寸 h_f	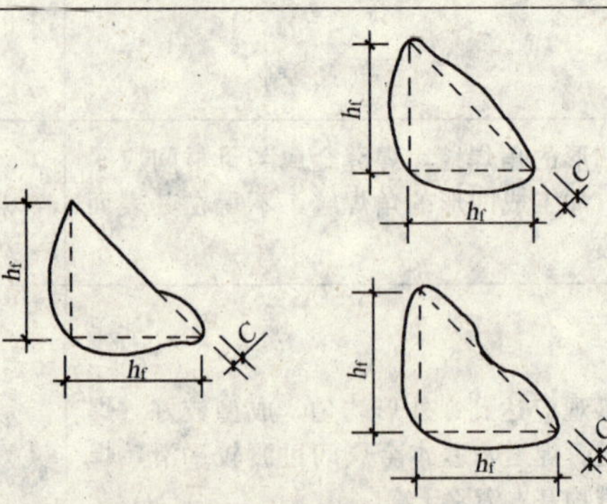	h_f≤6:0~1.5 h_f>6:0~3.0
2	角焊缝余高 C		h_f≤6:0~1.5 h_f>6:0~3.0

注:1. h_f>8.0mm 的角焊缝其局部焊脚尺寸允许低于设计要求值 1.0mm,但总长度不得超过焊缝长度 10%。

2. 焊接 H 形梁腹板与翼缘板的焊缝两端在其两倍翼缘板宽度范围内,焊缝的焊脚尺寸不得低于设计值。

技能要点3：验收资料

（1）焊条、焊丝、焊剂、电渣熔嘴等焊接材料出厂合格证明文件及检验报告。
（2）焊条、焊剂等烘焙记录。
（3）重要钢结构采用的焊接材料复验报告。
（4）焊工合格证书及其认可范围、有效期。
（5）施工单位首次采用的钢材和焊接材料的焊接工艺评定报告。
（6）无损检测报告和X射线底片。
（7）焊接工程有关竣工图及相关设计文件。
（8）技术复核记录。
（9）隐蔽验收记录。
（10）焊接分项工程检验批质量验收记录。
（11）不合格项的处理记录及验收记录。
（12）其他有关文件的记录。

技能图解90　焊钉（检钉）焊接工程

技能结构框线图

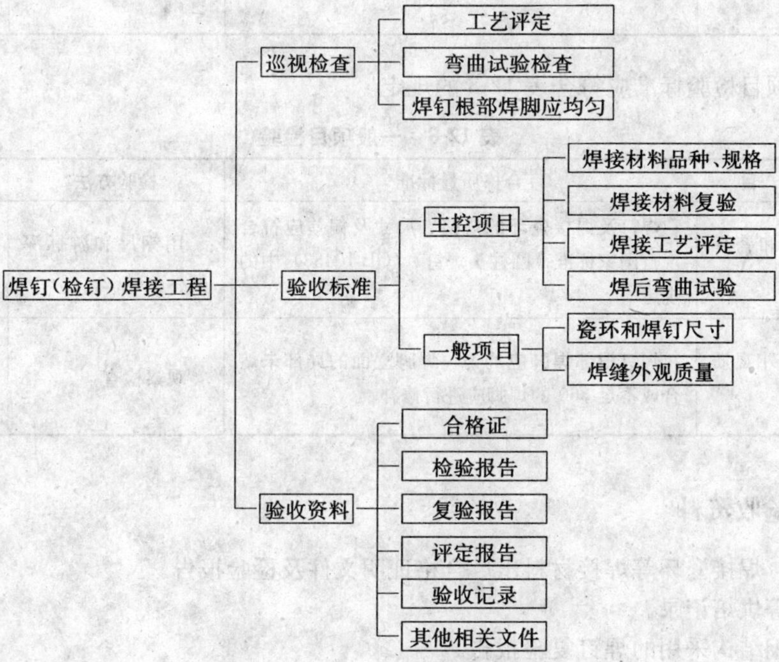

图12-3　焊钉（检钉）焊接工程

技能要点1：巡视检查

（1）施工单位对其采用的焊钉和钢材焊接应进行焊接工艺评定，其结果应符合设计要求和国家现行有关标准的规定。瓷环应按其产品说明书进行烘焙。

（2）焊钉焊接后应进行弯曲试验检查，其焊缝和热影响区不应有肉眼可见的裂纹。

(3) 焊钉根部焊脚应均匀，焊脚立面的局部未熔合或不足360°的焊脚应进行修补。

技能要点2：验收标准

(1) 主控项目检验标准应符合表12-7的规定

表12-7　主控项目检验

序　号	项　　目	合格质量标准	检验方法	检查数量
1	焊接材料品种、规格	焊接材料的品种、规格、性能等应符合现行国家产品标准和设计要求	检查焊接材料的质量合格证明文件、中文标志及检验报告等	全数检查
2	焊接材料复验	重要钢结构采用的焊接材料应进行抽样复验，复验结果应符合现行国家产品标准和设计要求	检查复验报告	全数检查
3	焊接工艺评定	施工单位对其采用的焊钉和钢材焊接应进行焊接工艺评定，其结果应符合设计要求和国家现行有关标准的规定。瓷环应按其产品说明书进行烘焙	检查焊接工艺评定报告和烘焙记录	全数检查
4	焊后弯曲试验	焊钉焊接后应进行弯曲试验检查，其焊缝和热影响区不应有肉眼可见的裂纹	焊钉弯曲30°后用角尺检查和观察检查	每批同类构件抽查10%，且应不少于10件；被抽查构件中，每件检查焊钉数量的1%，但应不少于1个

(2) 一般项目检验标准应符合表12-8的规定

表12-8　一般项目检验

序　号	项　　目	合格质量标准	检验方法	检查数量
1	焊钉和瓷环尺寸	焊钉及焊接瓷环的规格、尺寸及偏差应符合现行国家标准《圆柱头焊钉》(GB 10433)中的规定	用钢尺和游标深度尺量测	按量抽查1%，且应不少于10套
2	焊缝外观质量	焊钉根部焊脚应均匀，焊脚立面的局部未熔合或不足360°的焊脚应进行修补	观察检查	按总焊钉数量抽查1%，且应不少于10个

技能要点3：验收资料

(1) 焊钉、焊接瓷环等焊接材料出厂合格证明文件及检验报告。
(2) 瓷环等烘焙记录。
(3) 重要钢结构采用的焊钉复验报告。
(4) 焊钉焊工合格证及其认可范围、有效期。
(5) 施工单位首次采用的钢材和焊钉的焊接工艺评定报告。
(6) 技术复核记录。
(7) 隐蔽验收记录。
(8) 钢结构焊钉焊接分项工程检验批质量验收记录。
(9) 其他有关文件的记录。

技能图解 91　普通紧固件连接工程

技能结构框线图

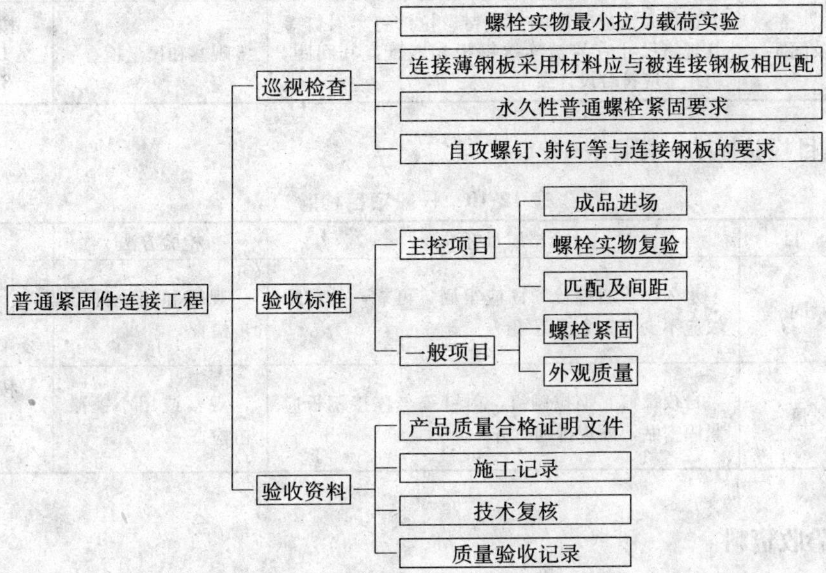

图 12-4　普通紧固连接工程

技能要点 1：巡视检查

（1）普通螺栓作为永久性连接螺栓时，当设计有要求或对其质量有疑义时，应进行螺栓实物最小拉力载荷复验，其结果应符合现行国家标准《紧固件机械性能螺栓、螺钉和螺柱》（GB 3098）的规定。

（2）连接薄钢板采用的自攻钉、拉铆钉、射钉等其规格尺寸应与被连接钢板相匹配，其间距、边距等应符合设计要求。

（3）永久性普通螺栓紧固应牢固、可靠，外露丝扣不应少于 2 扣。

（4）自攻螺钉、钢拉铆钉、射钉等与连接钢板应紧固密贴，外观排列整齐。

技能要点 2：验收标准。

（1）主控项目检验标准应符合表 12-9 的规定。

表 12-9　主控项目检验

序　号	项　　目	合格质量标准	检验方法	检查数量
1	成品进场	钢结构连接用高强度大六角头螺栓连接副、扭剪型高强度螺栓连接副、钢网架用高强度螺栓、普通螺栓、铆钉、自攻钉、拉铆钉、射钉、锚栓（机械型和化学试剂型）、地脚锚栓等紧固标准件及螺母、垫圈等标准配件，其品种、规格、性能等应符合现行国家产品标准和设计要求。高强度大六角头螺栓连接副和扭剪型高强度螺栓连接副出厂时应分别随箱带有扭矩系数和紧固轴力（预拉力）的检验报告	全数检查	检查产品的质量合格证明文件、中文标志及检验报告等

表 12-9（续）

序　号	项　　目	合格质量标准	检验方法	检查数量
2	螺栓实物复验	普通螺栓作为永久性连接螺栓时，当设计有要求或对其质量有疑义时，应进行螺栓实物最小拉力载荷复验，其结果应符合现行国家标准《紧固件机械性能螺栓、螺钉和螺柱》（GB 3098）的规定	检查螺栓实物复验报告	每一规格螺栓抽查8个
3	匹配及间距	连接薄钢板采用的自攻钉、拉铆钉、射钉等其规格尺寸应与被连接钢板相匹配，其间距、边距等应符合设计要求	观察和尺量检查	按连接节点数抽查1%，且应不少于3个

2）一般项目检验标准应符合表 12-10 的规定。

表 12-10　一般项目检验

序　号	项　　目	合格质量标准	检验方法	检查数量
1	螺栓紧固	永久性普通螺栓紧固应牢固、可靠，外露螺纹应不少于2个螺距	观察和用小锤敲击检查	按连接节点数抽查10%，且应不少于3个
2	外观质量	自攻螺钉、钢拉铆钉、射钉等与连接钢板应紧固密贴，外观排列整齐	观察或用小锤敲击检查	按连接节点数抽查10%，且应不少于3个

技能要点3：验收资料

（1）普通紧固件的产品质量合格证明文件、复验报告。
（2）施工记录。
（3）技术复核。
（4）钢结构普通紧固件连接分项工程检验批质量验收记录。

技能图解92　高强度螺栓连接工程

技能结构框线图

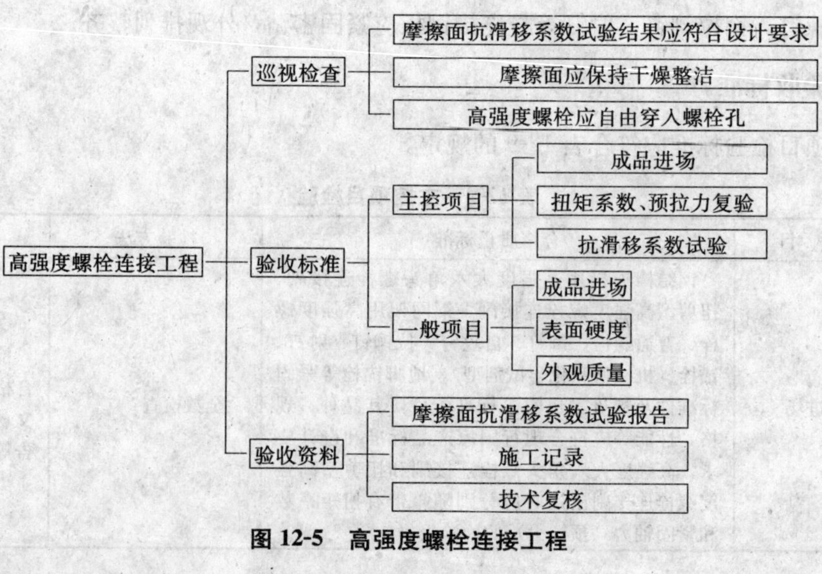

图 12-5　高强度螺栓连接工程

技能要点1：巡视检查

(1) 钢结构制作和安装单位应按《钢结构工程施工质量验收规范》(GB 50205—2001) 附录B的规定分别进行高强度螺栓连接摩擦面的抗滑移系数试验和复验，现场处理的构件摩擦面应单独进行摩擦面抗滑移系数试验，其结果应符合设计要求。

(2) 高强度大六角头螺栓连接副终拧完成1h后、48h内应进行终拧扭矩检查，检查结果应符合《钢结构工程施工质量验收规范》(GB 50205—2001) 附录B的规定。

(3) 扭剪型高强度螺栓连接副终拧后，除因构造原因无法使用专用扳手终拧掉梅花头者外，未在终拧中拧掉梅花头的螺栓数不应大于该节点螺栓数的5%。对所有梅花头未拧掉的扭剪型高强度螺栓连接副应采用扭矩法或转角法进行终拧并作标记，且按上述 (2) 的规定进行终拧扭矩检查。

(4) 高强度螺栓连接副的施拧顺序和初拧、复拧扭矩应符合设计要求和国家现行行业标准《钢结构高强度螺栓连接的设计施工及验收规程》(JGJ 82) 的规定。

(5) 高强度螺栓连接副终拧后，螺栓丝扣外露应为2～3扣，其中允许有10%的螺栓丝扣外露1扣或4扣。

(6) 高强度螺栓连接摩擦面应保持干燥、整洁，不应有飞边、毛刺、焊接飞溅物、焊疤、氧化铁皮、污垢等，除设计要求外摩擦面不应涂漆。

(7) 高强度螺栓应自由穿入螺栓孔。高强度螺栓孔不应采用气割扩孔，扩孔数量应征得设计同意，扩孔后的孔径不应超过1.2d (d为螺栓直径)。

(8) 螺栓球节点网架总拼完成后，高强度螺栓与球节点应紧固连接，高强度螺栓拧入螺栓球内的螺纹长度不应小于1.0d (d为螺栓直径)，连接处不应出现有间隙、松动等未拧紧情况。

技能要点2：验收标准

(1) 主控项目检验标准应符合表12-11的规定。

表12-11 主控项目检验

序号	项目	合格质量标准	检验方法	检查数量
1	成品进场	钢结构连接用高强度大六角头螺栓连接副、扭剪型高强度螺栓连接副、钢网架用高强度螺栓、普通螺栓、铆钉、自攻钉、拉铆钉、射钉、锚栓（机械型和化学试剂型）、地脚锚栓等紧固标准件及螺母、垫圈等标准配件，其品种、规格、性能等应符合现行国家产品标准和设计要求。高强度大六角头螺栓连接副和扭剪型高强度螺栓连接副出厂时应分别随箱带有扭矩系数和紧固轴力（预拉力）的检验报告。 高强度大六角头螺栓连接副的扭矩系数和扭剪型高强度螺栓连接副的紧固轴力（预拉力）是影响高强度螺栓连接质量最主要的因素，也是施工的重要依据，因此要求生产厂家在出厂前要进行检验，且出具检验报告，施工单位应在使用前及产品质量保证期内及时复验，该复验应为见证取样、送样检验项目。本条为强制性条文	检查产品的质量合格证明文件、中文标志及检验报告等	全数检查

表 12-11（续）

序号	项目	合格质量标准	检验方法	检查数量
2	扭矩系数	高强度大六角头螺栓连接副应按《钢结构工程施工质量验收规范》(GB 50205—2001）的规定检验其扭矩系数，其检验结果应符合《钢结构工程施工质量验收规范》(GB 50205—2001）的规定	检查复验报告	
	预拉力复验	扭剪型高强度螺栓连接副应按《钢结构工程施工质量验收规范》(GB 50205—2001）的规定检验预拉力，其检验结果应符合《钢结构工程施工质量验收规范》(GB 50205—2001）的规定		
3	抗滑移系数试验	钢结构制作和安装单位应按《钢结构工程施工质量验收规范》(GB 50205—2001）的规定分别进行高强度螺栓连接摩擦面的抗滑移系数试验和复验，现场处理的构件摩擦面应单独进行摩擦面抗滑移系数试验，其结果应符合设计要求	检查摩擦面抗滑移系数试验报告和复验报告	
4	高强度大六角头螺栓连接副终拧扭矩	高强度大六角头螺栓连接副终拧完成1h后、48h内应进行终拧扭矩检查，检查结果应符合《钢结构工程施工质量验收规范》(GB 50205—2001）中附录B的规定	观察检查	按节点数抽查10%，且应不少于10个；每个被抽查节点按螺栓数抽查10%，且应不少于2个
	扭剪型高强度螺栓连接副终拧扭矩	扭剪型高强度螺栓连接副终拧后，除因构造原因无法使用专用扳手终拧掉梅花头者外，未在终拧中拧掉梅花头的螺栓数应不大于该节点螺栓数的5%。对所有梅花头未拧掉的扭剪型高强度螺栓连接副应采用扭矩法或转角法进行终拧并作标记，且按上条标准的规定进行终拧扭矩检查		按节点数抽查10%，但应不少于10个节点，被抽查节点中梅花头未拧掉的扭剪型高强度螺栓连接副全数进行终拧扭矩检查

(2）一般项目检验12-12的规定。

表 12-12　一般项目检验

序号	项目	合格质量标准	检验方法	检查数量
1	成品进场检验	高强度螺栓连接副，应按包装箱配套供货，包装箱上应标明批号、规格、数量及生产日期。螺栓、螺母、垫圈外观表面应涂油保护，不应出现生锈和沾染赃物，螺纹不应损伤	观察检查	按包装箱数抽查5%，且应不少于3箱
2	表面硬度试验	对建筑结构安全等级为一级，跨度40m及以上的螺栓球节点钢网架结构，其连接高强度螺栓应进行表面硬度试验，对8.8级的高强度螺栓其硬度应为HRC21～29；10.9级高强度螺栓其硬度应为HRC32～36，且不得有裂纹或损伤	硬度计、10倍放大镜或磁粉探伤	按规格抽查8只
3	初拧、复拧扭矩	高强度螺栓连接副的施拧顺序和初拧、复拧扭矩应符合设计要求和国家现行行业标准《钢结构高强度螺栓连接的设计施工及验收规程》(JGJ 82）的规定	检查扭矩扳手标定记录和螺栓施工记录	全数检查资料
4	连接外观质量	高强度螺栓连接副终拧后，螺栓螺纹外露应为2～3个螺距，其中允许有10%的螺栓螺纹外露1个螺距或4个螺距	观察检查	按节点数抽查5%，且应不少于10个

表 12-12（续）

序　号	项　　目	合格质量标准	检验方法	检查数量
5	摩擦面外观	高强度螺栓连接摩擦面应保持干燥、整洁，不应有飞边、毛刺、焊接飞溅物、焊疤、氧化铁皮、污垢等，除设计要求外摩擦面不应涂漆	观察检查	全数检查
6	扩孔	高强度螺栓应自由穿入螺栓孔。高强度螺栓孔不应采用气割扩孔，扩孔数量应征得设计同意，扩孔后的孔径不应超过 1.2d（d 为螺栓直径）	观察检查及用卡尺检查	被扩螺栓孔全数检查

技能要点 3：验收资料

（1）高强度螺栓连接副的出厂合格证、检验报告和复验报告、检查记录。

（2）摩擦面抗滑移系数试验报告、复验报告和检查记录。

（3）施工记录。

（4）技术复核。

（5）钢结构（高强度螺栓连接）分项工程检验批质量验收记录。

技能图解 93　钢零件及钢部件加工工程

技能结构框线图

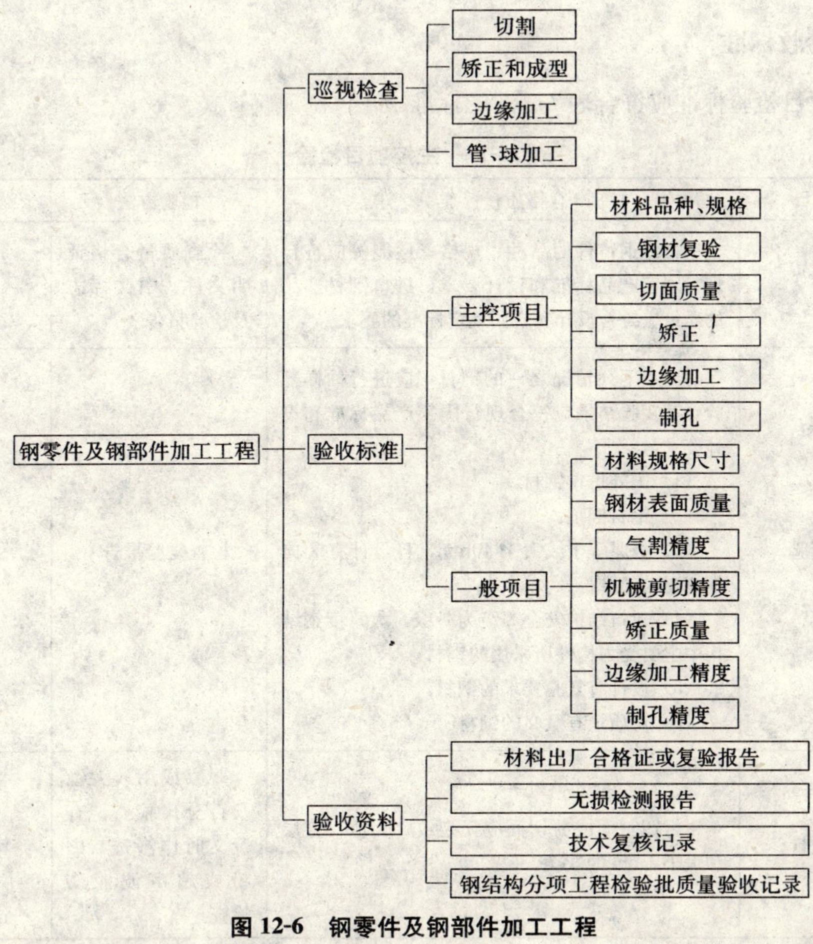

图 12-6　钢零件及钢部件加工工程

技能要点1：巡视检查

1. 切割

钢材切割面或剪切面应无裂纹、夹渣、分层和大于1mm的缺棱。

2. 矫正和成型

(1) 碳素结构钢在环境温度低于−16℃、低合金结构钢在环境温度低于−12℃时，不应进行冷矫正和冷弯曲。碳素结构钢和低合金结构钢在加热矫正时，加热温度不应超过900℃。低合金结构钢在加热矫正后应自然冷却。

(2) 当零件采用热加工成型时，加热温度应控制在900～1000℃；碳素结构钢和低合金结构钢在温度分别下降到700℃和800℃之前，应结束加工；低合金结构钢应自然冷却。

(3) 矫正后的钢材表面，不应有明显的凹面或损伤，划痕深度不得大于0.5mm，且不应大于该钢材厚度负允许偏差的1/2。

3. 边缘加工

气割或机械剪切的零件，需要进行边缘加工时，其刨削量不应小于2.0mm。

4. 管、球加工

(1) 螺栓球成型后，不应有裂纹、褶皱、过烧。

(2) 钢板压成半圆球后，表面不应有裂纹、褶皱；焊接球其对接坡口应采用机械加工，对接焊缝表面应打磨平整。

技能要点2：验收标准

(1) 主控项目检验标准应符合表12-13的标准。

表12-13　主控项目检验

序　号	项　目	合格质量标准	检验方法	检查数量
1	材料品种、规格	钢材、钢铸件的品种、规格、性能等应符合现行国家产品标准和设计要求。进口钢材产品的质量应符合设计和合同规定标准的要求	检查质量合格证明文件、中文标志及检验报告	全数检查
2	钢材复验	对属于下列情况之一的钢材，应进行抽样复验，其复验结果应符合现行国家产品标准和设计要求。 (1) 国外进口钢材。 (2) 钢材混批。 (3) 板厚等于或大于40mm，且设计有Z向性能要求的厚板。 (4) 建筑结构安全等级为一级，大跨度钢结构中主要受力构件所采用的钢材。 (5) 设计有复验要求的钢材。 (6) 对质量有疑义的钢材	检查复验报告	全数检查
3	切面质量	钢材切割面或剪切面应无裂纹、夹渣、分层和大于1mm的缺棱	观察或用放大镜及百分尺检查，有疑义时作渗透、磁粉或超声波探伤检查	全数检查

表 12-13（续）

序号	项目	合格质量标准	检验方法	检查数量
4	矫正	碳素结构钢在环境温度低于－16℃、低合金结构钢在环境温度低于－12℃时，不应进行冷矫正和冷弯曲。碳素结构钢和低合金结构钢在加热矫正时，加热温度不应超过900℃。低合金结构钢在加热矫正后应自然冷却	检查制作工艺报告和施工记录	全数检查
5	边缘加工	气割或机械剪切的零件，需要进行边缘加工时，其刨削量应不小于2.0mm	检查工艺报告和施工记录	全数检查
6	制孔	A、B级螺栓孔（Ⅰ类孔）应具有H12的精度，孔壁表面粗糙度 R_a 应不大于12.5μm。其孔径的允许偏差应符合表12-15规定。 C级螺栓孔（Ⅱ类孔），孔壁表面粗糙度 R_a 应不大于25μm，其允许偏差应符合表12-16规定	同上	同上

（2）一般项目检验标准应符合表12-14的规定。

表 12-14　一般项目检验

序号	项目	合格质量标准	检验方法	检查数量
1	材料规格尺寸	钢板厚度及允许偏差应符合其产品标准的要求。 型钢的规格尺寸及允许偏差符合其产品标准的要求	用游标卡尺量测 用钢尺和游标卡尺量测	每一品种、规格的钢板抽查5处
2	钢材表面质量	钢材的表面外观质量除应符合国家现行有关标准的规定外，尚应符合下列规定： （1）当钢材的表面有锈蚀、麻点或划痕等缺陷时，其深度不得大于该钢材厚度负允许偏差值的1/2。 （2）钢材表面的锈蚀等级应符合现行国家标准《涂装前钢材表面锈蚀等级和除锈等级》（GB 8923）规定的C级及C级以上。 （3）钢材端边或断口处不应有分层、夹渣等缺陷	观察检查	全数检查
3	气割精度	气割的允许偏差应符合表12-17的规定	观察检查或用钢尺、塞尺检查	按切割面数抽查10%，且应不少于3个
	机械剪切精度	机械剪切的允许偏差应符合表12-18的规定	观察检查或用钢尺、塞尺检查	按切割面数抽查10%，且应不少于3个
4	矫正质量	矫正后的钢材表面，不应有明显的凹面或损伤，划痕深度不得大于0.5mm，且应不大于该钢材厚度负允许偏差的1/2。 冷矫正和冷弯曲的最小曲率半径和最大弯曲矢高应符合表12-19的规定。 钢材矫正后的允许偏差，应符合表12-20的规定	观察检查和实测检查	按冷矫正和冷弯曲的件数抽查10%，且应不少于3个。 按矫正件数抽查10%，且应不少于3件
5	边缘加工精度	边缘加工允许偏差应符合表12-21的规定	观察检查和实测检查	按加工面数抽查10%，且应不少于3件
6	制孔精度	螺栓孔孔距的允许偏差应符合表12-22的规定	尺量检查	全数检查

(3) 允许偏差应符合表 12-15 至表 12-22 的规定。

表 12-15　A、B 级螺栓孔径的允许偏差　(mm)

序　号	螺栓公称直径、螺栓孔直径	螺栓公称直径允许偏差	螺栓孔直径允许偏差
1	10～18	0.00 −0.21	+0.18 0.00
2	18～30	0.00 −0.21	+0.21 0.00
3	30～50	0.00 −0.25	+0.25 0.00

注：本表摘自《钢结构工程施工质量验收规范》(GB 50205—2001)。

表 12-16　C 级螺栓孔的允许偏差　(mm)

项　目	允许偏差
直　径	+0.1 0.0
圆　度	2.0
垂直度	0.03t，且应不大于 2.0

注：本表摘自《钢结构工程施工质量验收规范》(GB 50205—2001)。

表 12-17　气割的允许偏差　(mm)

项　目	允　许　偏　差
零件宽度、长度	±3.0
切割面平面度	0.05t，且应不大于 2.0
割纹深度	0.3
局部缺口深度	1.0

注：1. t 为切割面厚度。

2. 本表摘自《钢结构工程施工质量验收规范》(GB 50205—2001)。

表 12-18　机械剪切的允许偏差　(mm)

项　目	允　许　偏　差
零件宽度、长度	±3.0
边缘缺棱	1.0
型钢端部垂直度	2.0

注：本表摘自《钢结构工程施工质量验收规范》(GB 50205—2001)。

表 12-19　冷矫正和冷弯曲的最小曲率半径和最大弯曲矢高　(mm)

钢材类别	图　例	对应轴	矫　正		弯　曲	
			r	f	r	f
钢板 扁钢	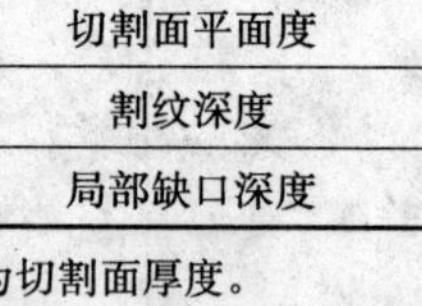	$x-x$	$50t$	$\frac{l^2}{400t}$	$25t$	$\frac{l^2}{200t}$
		$y-y$（仅对扁钢轴线）	$100b$	$\frac{l^2}{800b}$	$50b$	$\frac{l^2}{400b}$
角钢	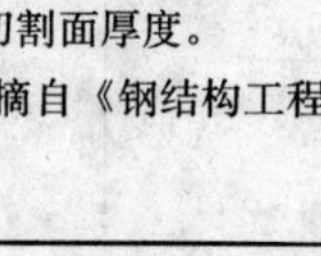	$x-x$	$90b$	$\frac{l^2}{720b}$	$45b$	$\frac{l^2}{360b}$

表 12-19（续）

钢材类别	图　例	对应轴	矫正		弯曲	
			r	f	r	f
槽　钢	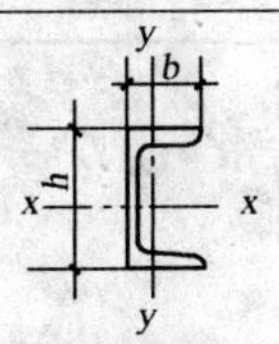	$x-x$	$50h$	$\frac{l^2}{400h}$	$25h$	$\frac{l^2}{200h}$
		y—y	$90b$	$\frac{l^2}{720b}$	45b	$\frac{l^2}{360b}$
工字钢	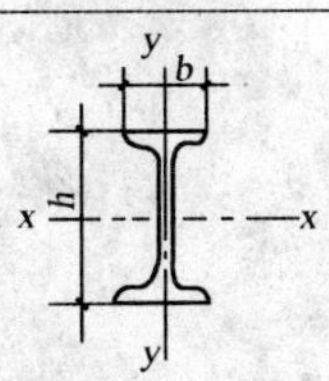	$x-x$	$50h$	$\frac{l^2}{400h}$	$25h$	$\frac{l^2}{200h}$
		y—y	$50b$	$\frac{l^2}{400b}$	$25b$	$\frac{l^2}{200b}$

注：1. r 为曲率半径；f 为弯曲矢高；l 为弯曲弦长；t 为钢板厚度。

2. 本表摘自《钢结构工程施工质量验收规范》(GB 50205—2001)。

表 12-20　钢材矫正后的允许偏差　(mm)

项　目		允许偏差	图　例
钢板的局部平面度	$t \leqslant 14$	1.5	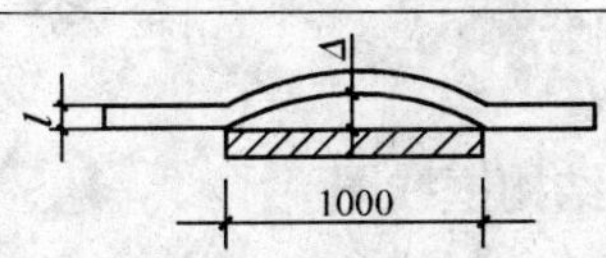
	$t > 14$	1.0	
型钢弯曲矢高		$l/1000$ 且应不大于 5.0	
角钢肢的垂直度		$b/100$ 双肢栓接角钢的角度不得大于 90°	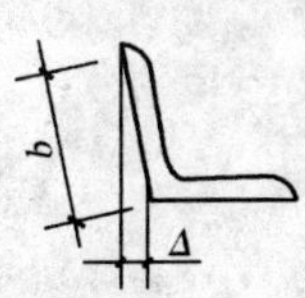 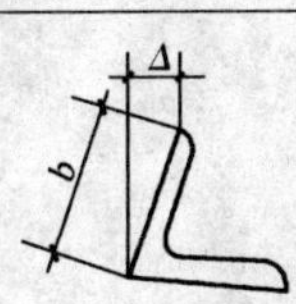
槽钢翼缘对腹板的垂直度		$b/80$	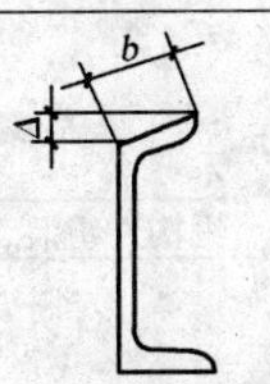 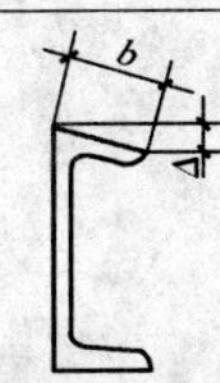
工字钢、H 形钢翼缘对腹板的垂直度		$b/100$ 且不大于 2.0	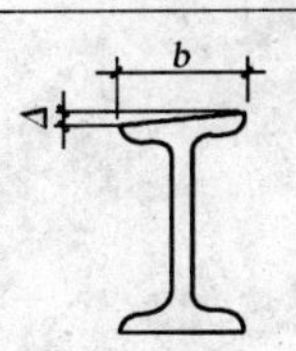 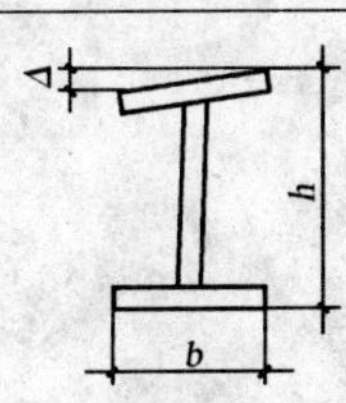

注：本表摘自《钢结构工程施工质量验收规范》(GB 50205—2001)。

表 12-21　边缘加工的允许偏差　(mm)

项　目	允许偏差	项　目	允许偏差
零件宽度、长度	±1.0	加工面垂直度	$0.025t$，且应不大于 0.5
加工边直线度	$l/3000$，且应不大于 2.0	加工面表面粗糙度	50 ▽
相邻两边夹角	±6′		

注：本表摘自《钢结构工程施工质量验收规范》(GB 50205—2001)。

表 12-22　螺栓孔孔距允许偏差　　(mm)

螺栓孔孔距范围	≤500	501～1200	1201～3000	>3000
同一组内任意两孔间距离	±1.0	±1.5	—	—
相邻两组的端孔间距离	±1.5	±2.0	±2.5	±3.0

注：1. 在节点中连接板与一根杆件相连的所有螺栓孔为一组。
2. 对接接头在拼接板一侧的螺栓孔为一组。
3. 在两相邻节点或接头间的螺栓孔为一组，但不包括上述两款所规定的螺栓孔。
4. 受弯构件翼缘上的连接螺栓孔，每米长度范围内的螺栓孔为一组。
5. 本表摘自《钢结构工程施工质量验收规范》(GB 50205—2001)。

技能要点 3：验收资料

(1) 材料出厂合格证或复验报告。
(2) 无损检测报告。
(3) 技术复核记录。
(4) 隐蔽工程验收记录。
(5) 钢结构（零件及部件加工）分项工程检验批质量验收记录。

技能图解 94　钢构件组装工程

技能结构框线图

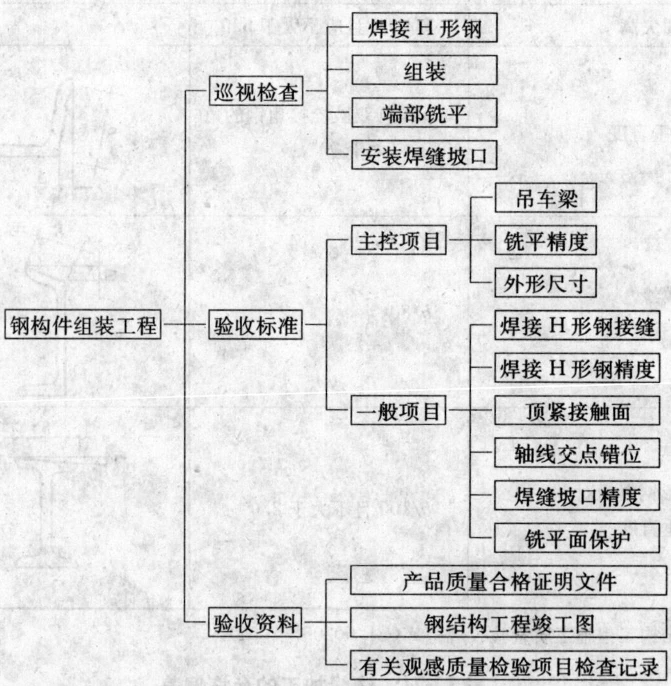

图 12-7　钢构件组装工程

技能要点 1：巡视检查

1. 焊接 H 形钢

焊接 H 形钢的翼缘板拼接缝和腹板拼接缝的间距不应小于 200mm。翼缘板拼接长度不应小于 2 倍板宽；腹板拼接宽度不应小于 300mm，长度不应小于 600mm。

2. 组装

(1) 吊车梁和吊车桁架不应下挠。

(2) 顶紧接触面应有75%以上的面积紧贴。

(3) 桁架结构杆件轴线交点错位的允许偏差不得大于3.0mm，允许偏差不得大于4.0mm。

3. 端部铣平及安装焊缝坡口

外露铣平面应防锈保护。

技能要点2：验收标准

(1) 主控项目检验标准应符合表12-23的规定。

表12-23　主控项目检验

序　号	项　目	合格质量标准	检验方法	检查数量
1	吊车梁（桁架）	吊车梁和吊车桁架不应下挠	构件直立，在两端支承后，用水准仪和钢尺检查	全数检查
2	端部铣平精度	端部铣平的允许偏差应符合表12-25的规定	按铣平面数量抽查10%，且应不少于3个	用钢尺、角尺、塞尺等检查
3	钢构件外形尺寸	钢构件外形尺寸主控项目的允许偏差应符合表12-26的规定	用钢尺检查	全数检查

(2) 一般项目检验标准应符合表12-24的规定。

表12-24　一般项目检验

序　号	项　目	合格质量标准	检验方法	检查数量
1	焊接H形钢接缝	焊接H形钢的翼缘板拼接缝和腹板拼接缝的间距应不小于200mm。翼缘板拼接长度应不小于2倍板宽；腹板拼接宽度应不小于300mm，长度应不小于600mm	观察和用钢尺检查	全数检查
2	焊接H形钢精度	焊接H形钢的允许偏差应符合表12-27的规定	用钢尺、角尺、塞尺等检查	按钢构件数抽查10%，宜应不少于3件
3	焊接	焊接连接组装的允许偏差应符合《钢结构工程施工质量验收规范》(GB 50205—2001)中表C.0.2的规定	用钢尺检验	按构件数抽查10%，且应不少于3个
4	顶紧接触面	顶紧接触面应有75%以上的面积紧贴	用0.3mm塞尺检查，其塞入面积应小于25%，边缘间隙应不大于0.8mm	按接触面的数量抽查10%，且应不少于10个
5	轴线交点错位	桁架结构杆件轴线交点错位的允许偏差不得大于3.0mm，允许偏差不得大于4.0mm	尺量检查	按构件数抽查10%，且应不少于3个，每个抽查构件按节点数抽查10%，且应不少于3个节点
6	焊缝坡口精度	安装焊缝坡口的允许偏差应符合表12-28的规定	用焊缝量规检查	按坡口数量抽查10%，且应不少于3条
7	铣平面保护	外露铣平面应防锈保护	观察检查	全数检查

(3) 允许偏差应符合表 12-25 至表 12-28 的规定。

表 12-25　端部铣平的允许偏差　(mm)

项　目	允许偏差	项　目	允许偏差
两端铣平时构件长度	±2.0	铣平面的平面度	0.3
两端铣平时零件长度	±0.5	铣平面对轴线的垂直度	l/1500

注：本表摘自《钢结构工程施工质量验收规范》(GB 50205—2001)。

表 12-26　钢构件外形尺寸主控项目的允许偏差　(mm)

项　目	允许偏差
单层柱、梁、桁架受力支托（支承面）表面至第一个安装孔距离	±1.0
多节柱铣平面至第一个安装孔距离	±1.0
实腹梁两端最外侧安装孔距离	±3.0
构件连接处的截面几何尺寸	±3.0
柱、梁连接处的腹板中心线偏移	2.0
受压构件（杆件）弯曲矢高	l/1000，且应不大于 10.0

注：本表摘自《钢结构工程施工质量验收规范》(GB 50205—2001)。

表 12-27　焊接 H 形钢的允许偏差　(mm)

项　目		允许偏差	图　例
截面高度 h	$h<500$	±2.0	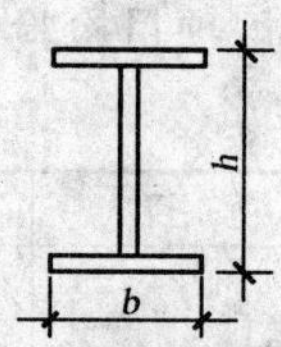
	$500<h<1000$	±3.0	
	$h>1000$	±4.0	
截面宽度 b		±3.0	
腹板中心偏移		2.0	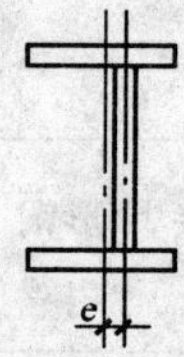
翼缘板垂直度 Δ		b/100，且应不大于 3.0	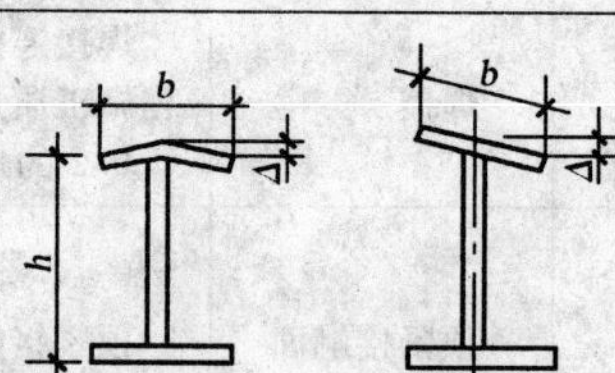
弯曲矢高（受压构件除外）		l/1000，且应不大于 10.0	
扭曲		h/250，且应不大于 5.0	
腹板局部平面度 f	$t<14$	3.0	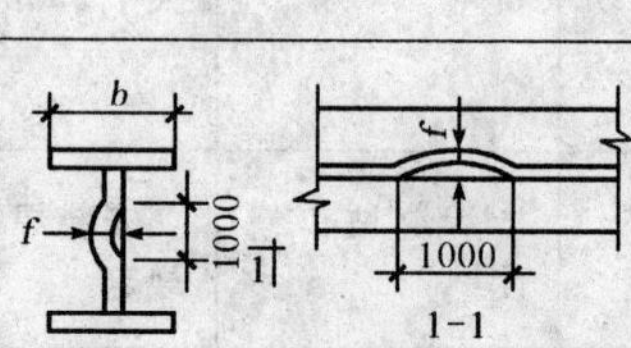
	$t\geqslant 14$	2.0	

注：本表摘自《钢结构工程施工质量验收规范》(GB 50205—2001)。

表 12-28　安装焊缝坡口的允许偏差

项　目	允许偏差	项　目	允许偏差
坡口角度	±5°	钝边	±1.0mm

注：本表摘自《钢结构工程施工质量验收规范》(GB 50205—2001)。

技能要点 3：验收资料

(1) 产品质量合格证明文件。
(2) 钢结构工程竣工图及相关设计文件。
(3) 原材料质量合格证明文件及复验、检测报告。
(4) 隐蔽工程检验项目验收记录。
(5) 有关安全功能的检验和见证检测项目检查记录。
(6) 有关观感质量检验项目检查记录。
(7) 不合格项的处理记录及验收记录。
(8) 钢结构（构件组装）分项工程检验批质量验收记录。
(9) 其他有关文件和记录。

技能图解 95　钢构件预拼装工程

技能结构框线图

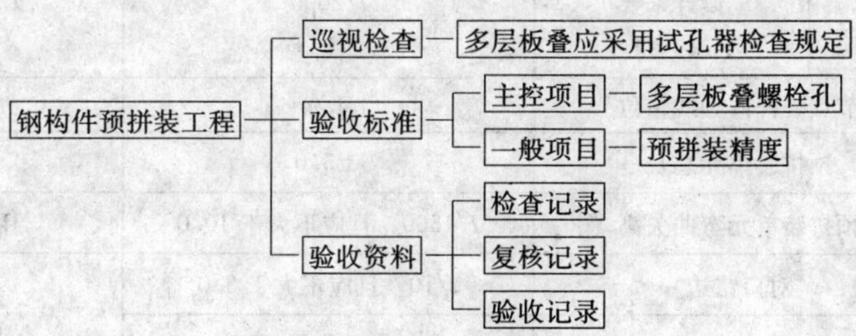

图 12-8　钢构件预拼装工程

技能要点 1：巡视检查

高强度螺栓和普通螺栓连接的多层板叠，应采用试孔器进行检查，并应符合下列规定：
(1) 当采用比孔公称直径小 1.0mm 的试孔器检查时，每组孔的通过率不应小于 85%。
(2) 当采用比螺栓公称直径大 0.3mm 的试孔器检查时，通过率应为 100%。

技能要点 2：验收标准

(1) 主控项目检验标准应符合表 12-29 的规定。

表 12-29　主控项目检验

项　目	合格质量标准	检验方法	检查数量
多层板叠螺栓孔	高强度螺栓和普通螺栓连接的多层板叠，应采用试孔器进行检查，并应符合下列规定： (1) 当采用比孔公称直径小 1.0mm 的试孔器检查时，每组孔的通过率应不小于 85%。 (2) 当采用比螺栓公称直径大 0.3mm 的试孔器检查时，通过率应为 100%	采用试孔器检查	按预拼装单元全数检查

(2) 一般项目检验标准应符合表 12-30 的规定。

表 12-30 一般项目检验

项　目	合格质量标准	检验方法	检查数量
预拼装精度	预拼装的允许偏差应符合表 12-31 的规定	见表 12-31	按预拼装单元全数检查

(3) 允许偏差应符合表 12-31 的规定。

表 12-31 钢构件预拼装的允许偏差

<table>
<tr><th>构件类型</th><th colspan="2">项　目</th><th>允许偏差</th><th>检验方法</th></tr>
<tr><td rowspan="5">多节柱</td><td colspan="2">预拼装单元总长</td><td>±5.0</td><td>用钢尺检查</td></tr>
<tr><td colspan="2">预拼装单元弯曲矢高</td><td>$l/1500$，且应不大于 10.0</td><td>用拉线和钢尺检查</td></tr>
<tr><td colspan="2">接口错边</td><td>2.0</td><td>用焊缝量规检查</td></tr>
<tr><td colspan="2">预拼装单元柱身扭曲</td><td>$h/200$，且应不大于 5.0</td><td>用拉线、吊线和钢尺检查</td></tr>
<tr><td colspan="2">顶紧面至任一牛腿距离</td><td>±2.0</td><td rowspan="2">用钢尺检查</td></tr>
<tr><td rowspan="5">梁、桁架</td><td colspan="2">跨度最外两端安装孔或
两端支承面最外侧距离</td><td>+5.0
−10.0</td></tr>
<tr><td colspan="2">接口截面错位</td><td>2.0</td><td>用焊缝量规检查</td></tr>
<tr><td rowspan="2">拱度</td><td>设计要求起拱</td><td>$\pm l/5000$</td><td rowspan="2">用拉线和钢尺检查</td></tr>
<tr><td>设计未要
求起拱</td><td>$l/2000$
0</td></tr>
<tr><td colspan="2">节点处杆件轴线错位</td><td>4.0</td><td>划线后用钢尺检查</td></tr>
<tr><td rowspan="4">管构件</td><td colspan="2">预拼装单元总长</td><td>±5.0</td><td>用钢尺检查</td></tr>
<tr><td colspan="2">预拼装单元弯曲矢高</td><td>$l/1500$，且应不大于 10.0</td><td>用拉线和钢尺检查</td></tr>
<tr><td colspan="2">对口错边</td><td>$t/10$，且应不大于 3.0</td><td rowspan="2">用焊缝量规检查</td></tr>
<tr><td colspan="2">坡口间隙</td><td>+2.0
−1.0</td></tr>
<tr><td rowspan="4">构件平面
总体预拼装</td><td colspan="2">各楼层柱距</td><td>±4.0</td><td rowspan="4">用钢尺检查</td></tr>
<tr><td colspan="2">相邻楼层梁与梁之间距离</td><td>±3.0</td></tr>
<tr><td colspan="2">各层间框架两对角线之差</td><td>$H/2000$，且
应不大于 5.0</td></tr>
<tr><td colspan="2">任意两对角线之差</td><td>$\sum H/2000$，且
应不大于 8.0</td></tr>
</table>

注：本表摘自《钢结构工程施工质量验收规范》(GB 50205—2001)。

技能要点 3：验收资料

(1) 构件尺寸检查记录。

(2) 技术复核记录。

(3) 隐蔽工程验收记录。

(4) 钢构件（预拼装）分项工程检验批质量验收记录。

技能图解96　单层钢结构安装工程

技能结构框线图

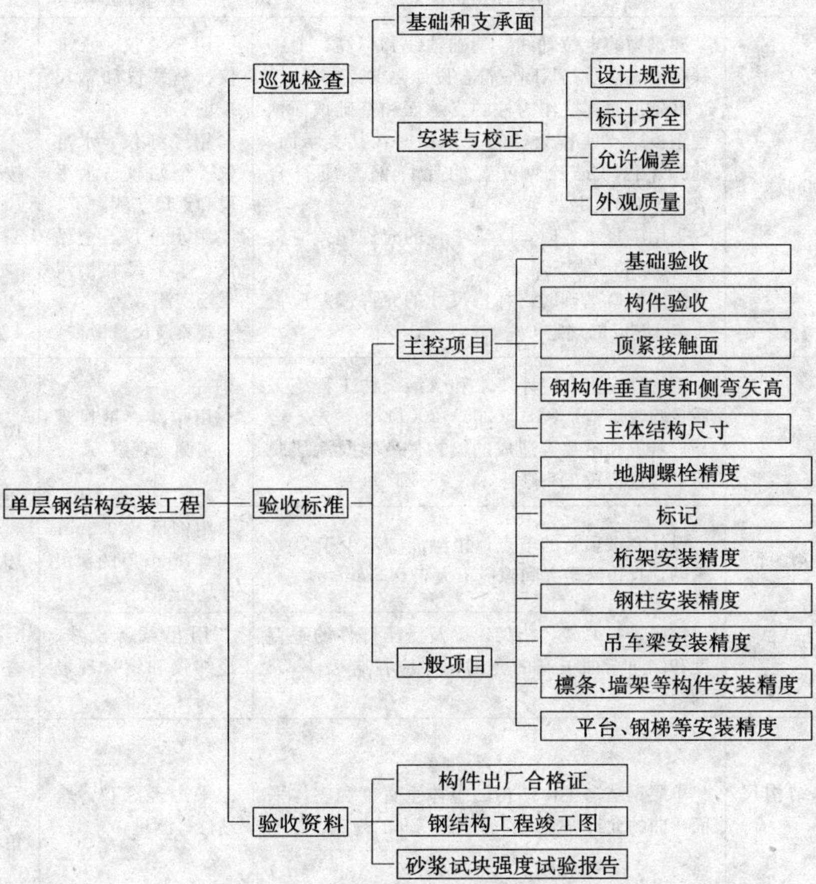

图12-9　单层钢结构安装工程

技能要点1：巡视检查

1. 基础和支承面

建筑物的定位轴线、基础轴线和标高、地脚螺栓的规格及其紧固应符合设计要求。

2. 安装和校正

（1）钢构件应符合设计要求和本规范的规定。运输、堆放和吊装等造成的钢构件变形及涂层脱落，应进行矫正和修补。

（2）设计要求顶紧的节点，接触面不应少于70%紧贴，且边缘最大间隙不应大于0.8mm。

（3）钢柱等主要构件的中心线及标高基准点等标记应齐全。

（4）当钢桁架（或梁）安装在混凝土柱上时，其支座中心对定位轴线的偏差不应大于10mm；当采用大型混凝土屋面板时，钢桁架（或梁）间距的偏差不应大于10mm。

（5）钢平台、钢梯、栏杆安装应符合现行国家标准《固定式钢直梯》（GB 4053.1）、《固定式钢斜梯》（GB 4053.2）、《固定式防护栏杆》（GB 4053.3）和《固定式钢平台》（GB 4053.4）的规定。

(6) 钢结构表面应干净，结构主要表面不应有疤痕、泥沙等污垢。

技能要点 2：验收标准

(1) 主控项目检验标准应符合表 12-32 的规定。

表 12-32 主控项目检验

序号	项目	合格质量标准	检验方法	检查数量
1	基础验收	建筑物的定位轴线、基础轴线和标高、地脚螺栓的规格及其紧固应符合设计要求。 基础顶面直接作为柱的支承面和基础顶面预埋钢板或支座作为柱的支承面时，其支承面、地脚螺栓（锚栓）位置的允许偏差应符合表 12-34的规定。 采用座浆垫板时，座浆垫板的允许偏差应符合表 12-35 的规定。 采用杯口基础时，杯口尺寸的允许偏差应符合表 12-36 的规定	用经纬仪、水准仪、全站仪和钢尺现场实测。 用经纬仪、水准仪、全站仪、水平尺和钢尺实测。 用水准仪、全站仪、水平尺和钢尺现场实测。 观察及尺量检查	按柱基数抽查 10%，且应不少于 3 个。 资料全数检查。按柱基数抽查 10%，且应不少于 3 个。 按基础数抽查 10%，且应不少于 4 处
2	构件验收	钢构件应符合设计要求和《钢结构工程施工质量验收规范》(GB 50205—2001) 的规定。运输、堆放和吊装等造成的钢构件变形及涂层脱落，应进行矫正和修补	用拉线、钢尺现场实测或观察	按构件数抽查 10%，且应不少于 3 个
3	顶紧接触面	设计要求顶紧的节点，接触面应不少于 70% 紧贴，且边缘最大间隙应不大于 0.8mm	用钢尺及 0.3mm 和 0.8mm 厚的塞尺现场实测	按节点数抽查 10%，且应不少于 3 个
4	钢构件垂直度和侧弯矢高	钢屋（托）架、桁架、梁及受压杆件的垂直度和侧向弯曲矢高的允许偏差应符合表 12-38 的规定	用吊线、拉线、经纬仪和钢尺现场实测	按同类构件数抽查 10%，且应不少于 3 个
5	主体结构尺寸	单层钢结构主体结构的整体垂直度和整体平面弯曲的允许偏差应符合表 12-39 的规定	采用经纬仪、全站仪等测量	对主要立面全部检查。对每个所检查的立面，除两列角柱外，尚应至少选取一列中间柱

(2) 一般项目检验标准应符合表 12-33 的规定。

表 12-33 一般项目检验

序号	项目	合格质量标准	检验方法	检验数量
1	地脚螺栓精度	地脚螺栓（锚栓）尺寸的偏差应符合表 12-37 的规定。地脚螺栓（锚栓）的螺纹应受到保护	用钢尺现场实测	按栓基数抽查 10%，且应不少于 3 个
2	标记	钢柱等主要构件的中心线及标高基准点等标记应齐全	观察检查	按同类构件数抽查 10%，且应不少于 3 件
3	桁架（梁）安装精度	当钢桁架（或梁）安装在混凝土柱上时，其支座中心对定位轴线的偏差应不大于 10mm；当采用大型混凝土屋面板时，钢桁架（或梁）间距的偏差应不大于 10mm	用拉线和钢尺现场实测	按同类构件数抽查 10%，且应不少于 3 榀

表 12-33（续）

序 号	项 目	合格质量标准	检验方法	检验数量
4	钢柱安装精度	钢柱安装的允许偏差应符合表 12-40 的规定	见表 12-40	按钢柱数抽查 10%，且应不少于 3 件
5	吊车梁安装精度	钢吊车梁或直接承受动力荷载的类似构件，其安装的允许偏差应符合表 12-41 的规定	见表 12-41	按钢吊车梁数抽查 10%，且应不少于 3 榀
6	檩条、墙架等构件安装精度	檩条、墙架等次要构件安装的允许偏差应符合表 12-42 的规定	见表 12-42	按同类构件数抽查 10%，且应不少于 3 件
7	平台、钢梯等安装精度	钢平台、钢梯、栏杆安装应符合现行国家标准《固定式钢直梯》(GB 4053.1)、《固定式钢斜梯》(GB 4053.2)、《固定式防护栏杆》(GB 4053.3) 和《固定式钢平台》(GB 4053.4) 的规定。钢平台、钢梯和防护栏杆安装的允许偏差应符合表 12-43 的规定	见表 12-43	按钢平台总数抽查 10%，栏杆、钢梯按总长度各抽查 10%，但钢平台应不少于 1 个，栏杆应不少于 5m，钢梯应不少于 1 跑
8	现场组对精度	现场焊缝组对间隙的允许偏差应符合表 12-44 的规定	尺量检查	按同类节点数抽查 10%，且应不少于 3 个
9	结构表面	钢结构表面应干净，结构主要表面不应有疤痕、泥沙等污垢	观察	按同类构件数抽查 10%，且应不少于 3 件

（3）允许偏差应符合表 12-34 至表 12-44 的规定。

表 12-34 支承面、地脚螺栓（锚栓）位置的允许偏差 (mm)

项 目		允许偏差
支承面	标 高	±3.0
	水平度	$l/1000$
地脚螺栓（锚栓）	螺栓中心偏移	5.0
预留孔中心偏移		10.0

注：本表摘自《钢结构工程施工质量验收规范》(GB 50205—2001)。

表 12-35 座浆垫板的允许偏差 (mm)

项 目	允许偏差
顶面标高	0.0 −3.0
水平度	$l/1000$
位 置	20.0

注：本表摘自《钢结构工程施工质量验收规范》(GB 50205—2001)。

表 12-36 杯口尺寸的允许偏差 (mm)

项 目	允许偏差	项 目	允许偏差
底面标高	0.0 −5.0	杯口垂直度	$H/100$，且应不大于 10.0
杯口深度 H	±5.0	位 置	10.0

注：本表摘自《钢结构工程施工质量验收规范》(GB 50205—2001)。

表 12-37　地脚螺栓（锚栓）尺寸的允许偏差　　(mm)

项　目	允许偏差
螺栓（锚栓）露出长度	+30.0 0.0
螺纹长度	+30.0 0.0

注：本表摘自《钢结构工程施工质量验收规范》(GB 50205—2001)。

表 12-38　钢屋（托）架、桁架、梁及受压杆件垂直度和侧向弯曲矢高的允许偏差　　(mm)

项　目	允许偏差		图　例
跨中的垂直度	$h/250$，且应不大于 15.0		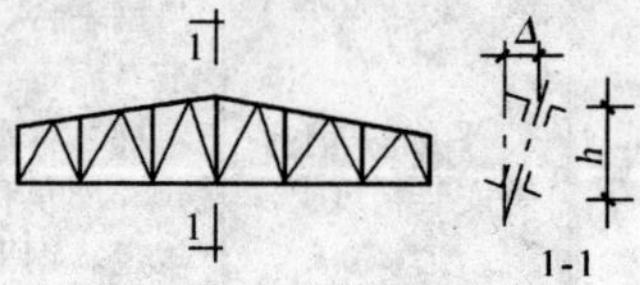
侧向弯曲矢高 f	$l \leqslant 30\text{m}$	$l/1000$，且应不大于 10.0	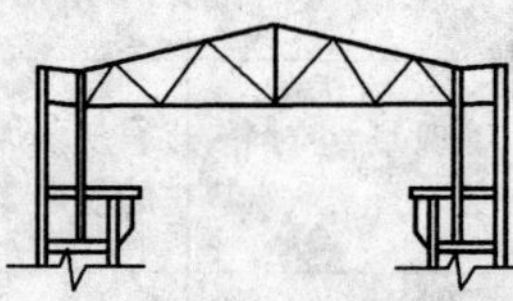
	$30\text{m} < l \leqslant 60\text{m}$	$l/1000$，且应不大于 30.0	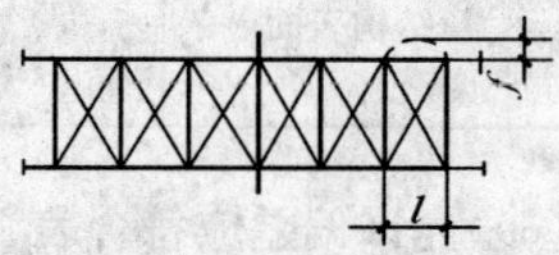
	$l > 60\text{m}$	$l/1000$，且应不大于 50.0	

注：本表摘自《钢结构工程施工质量验收规范》(GB 50205—2001)。

表 12-39　整体垂直度和整体平面弯曲的允许偏差　　(mm)

项　目	允许偏差	图　例
主体结构的整体垂直度	$H/1000$，且应不大于 25.0	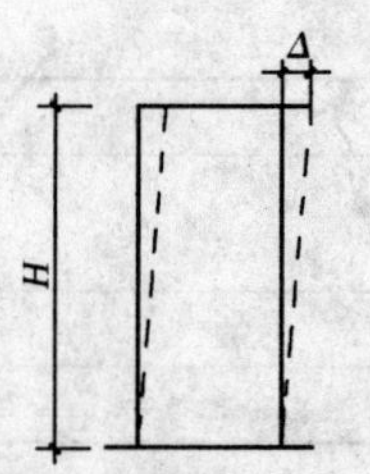
主体结构的整体平面弯曲	$L/1500$，且应不大于 25.0	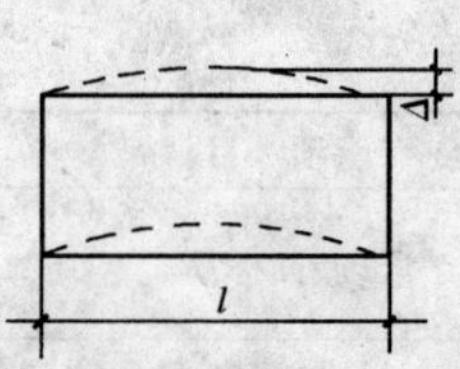

注：本表摘自《钢结构工程施工质量验收规范》(GB 50205—2001)。

表 12-40　单层钢结构中柱子安装的允许偏差　(mm)

项　目			允许偏差	图　例	检验方法
柱脚底座中心线对定位轴线的偏移			5.0	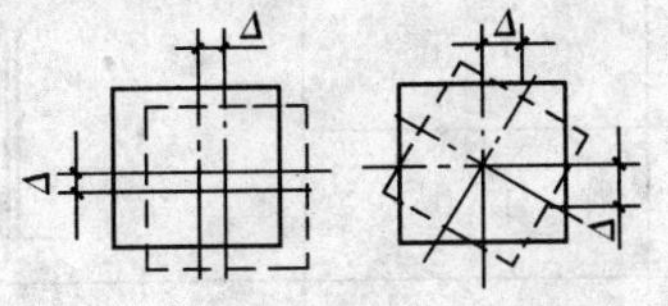	用吊线和钢尺检查
柱基准点标高	有吊车梁的柱		+3.0 −5.0	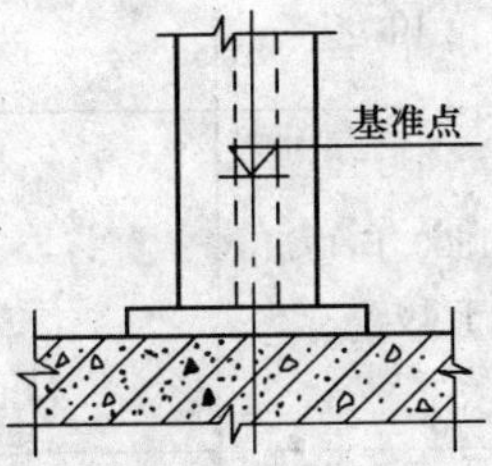	用水准仪检查
	无吊车梁的柱		+5.0 −8.0		
弯曲矢高			H/1200，且应不大于 15.0		用经纬仪或拉线和钢尺检查
柱轴线垂直度	单层柱	H≤10m	H/1000	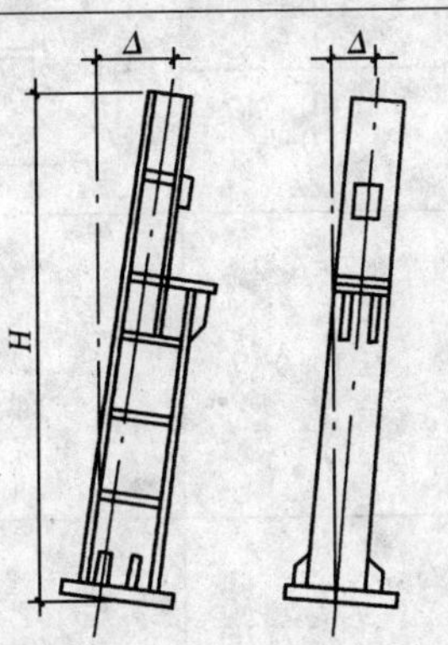	用经纬仪或吊线和钢尺检查
		H>10m	H/1000，且应不大于 25.0		
	多节柱	单节柱	H/1000，且应不大于 10.0		
		柱全高	35.0		

注：本表摘自《钢结构工程施工质量验收规范》(GB 50205—2001)。

表 12-41　钢吊车梁安装的允许偏差　(mm)

项　目		允许偏差	图　例	检验方法
梁的跨中垂直度 Δ		h/500	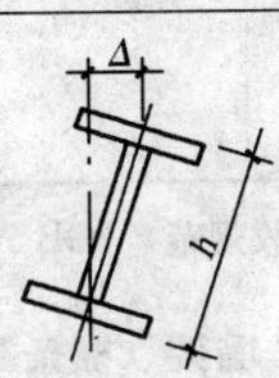	用吊线和钢尺检查
侧向弯曲矢高		l/1500，且应不大于 10.0		
垂直上拱矢高		10.0		
两端支座中心位移Δ	安装在钢柱上时，对牛腿中心的偏移	5.0	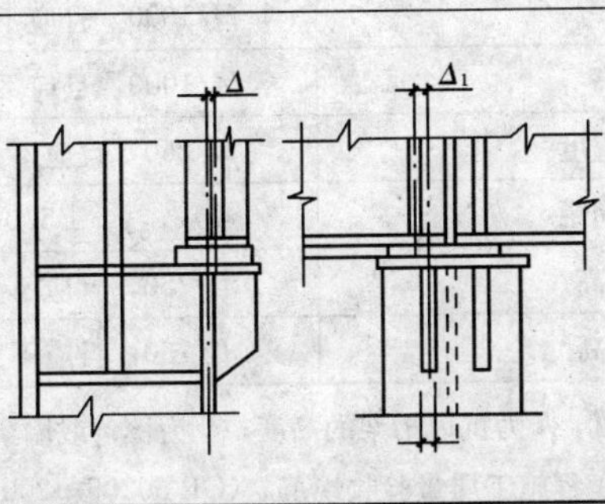	用拉线和钢尺检查
	安装在混凝土柱上时，对定位轴线的偏移	5.0		
吊车梁支座加劲板中心与柱子承压加劲板中心的偏移 $Δ_l$		t/2		用吊线和钢尺检查

表 12-41 (续)

项目		允许偏差	图例	检验方法
同跨间同一横截面吊车梁顶面高差 Δ	支座处	10.0	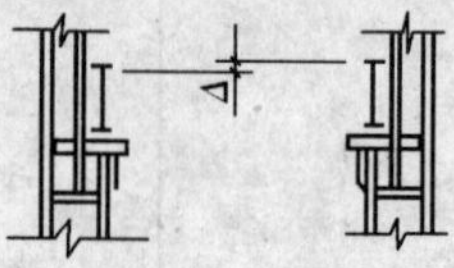	用经纬仪、水准仪和钢尺检查
	其他处	15.0		
同跨间同一横截面下挂式吊车梁底面高差 Δ		10.0		
同列相邻两柱间吊车梁顶面高差 Δ		l/1500 且应不大于 10.0	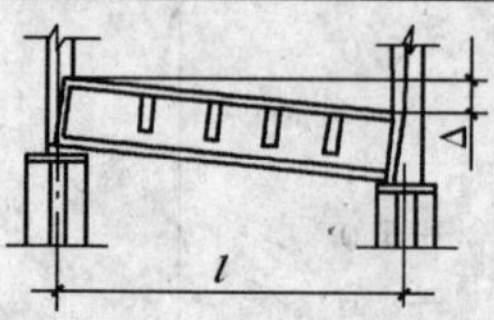	用水准仪和钢尺检查
相邻两吊车梁接头部位 Δ	中心错位	3.0	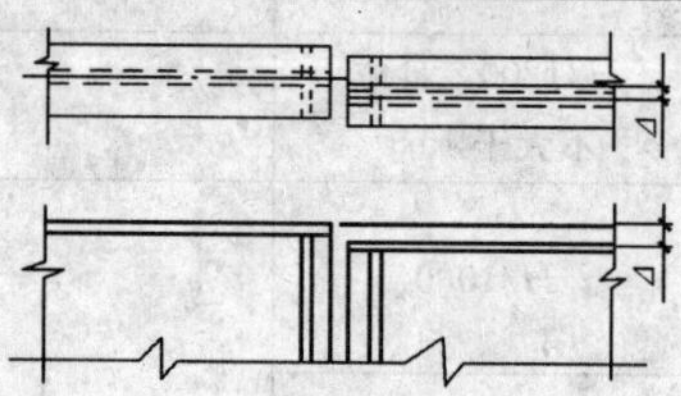	用钢尺检查
	上承式顶面高差	1.0		
	下承式底面高差	1.0		
同跨间任一截面的吊车梁中心跨距 Δ		±10.0	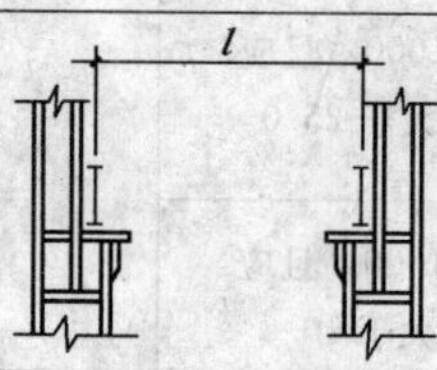	用经纬仪和光电测距仪检查；跨度小时，可用钢尺检查
轨道中心对吊车梁腹板轴线的偏移 Δ		t/2		用吊线和钢尺检查

注：本表摘自《钢结构工程施工质量验收规范》(GB 50205—2001)。

表 12-42 墙架、檩条等次要构件安装的允许偏差 (mm)

项目		允许偏差	检验方法
墙架立柱	中心线对定位轴线的偏移	10.0	用钢尺检查
	垂直度	H/1000，且应不大于 10.0	用经纬仪或吊线和钢尺检查
	弯曲矢高	H/1000，且应不大于 15.0	用经纬仪或吊线和钢尺检查
抗风桁架的垂直度		h/250，且应不大于 15.0	用吊线和钢尺检查
檩条、墙梁的间距		±5.0	用钢尺检查
檩条的弯曲矢高		L/750，且应不大于 12.0	用拉线和钢尺检查
墙梁的弯曲矢高		L/750，且应不大于 10.0	用拉线和钢尺检查

注：1. H 为墙架立柱的高度；h 为抗风桁架的高度；L 为檩条或墙梁的长度。

2. 本表摘自《钢结构工程施工质量验收规范》(GB 50205—2001)。

表 12-43　钢平台、钢梯和防护栏杆安装的允许偏差　(mm)

项　目	允许偏差	检验方法
平台高度	±15.0	用水准仪检查
平台梁水平度	l/1000，且应不大于 20.0	用水准仪检查
平台支柱垂直度	H/1000，且应不大于 15.0	用经纬仪或吊线和钢尺检查
承重平台梁侧向弯曲	l/1000，且应不大于 10.0	用拉线和钢尺检查
承重平台梁垂直度	h/250，且应不大于 15.0	用吊线和钢尺检查
直梯垂直度	l/1000，且应不大于 15.0	用吊线和钢尺检查
栏杆高度	±15.0	用钢尺检查
栏杆立柱间距	±15.0	用钢尺检查

注：本表摘自《钢结构工程施工质量验收规范》(GB 50205—2001)。

表 12-44　现场焊缝组对间隙的允许偏差　(mm)

项　目	允许偏差
无垫板间隙	+3.0 0.0
有垫板间隙	+3.0 −2.0

注：本表摘自《钢结构工程施工质量验收规范》(GB 50205—2001)。

技能要点 3：验收资料

(1) 构件出厂合格证。
(2) 钢结构工程竣工图及相关文件。
(3) 砂浆试块强度试验报告。
(4) 有关安全功能的检验和见证检测项目检查记录。
(5) 有关观感质量检验项目检查记录。
(6) 隐蔽验收记录。
(7) 钢结构单项结构安装分项工程检验批质量验收记录。
(8) 不合格项的处理记录及验收记录。
(9) 重大质量、技术问题实施方案及验收记录。
(10) 其他有关文件和记录。

技能图解 97　多层及高层钢结构安装工程

技能结构框线图

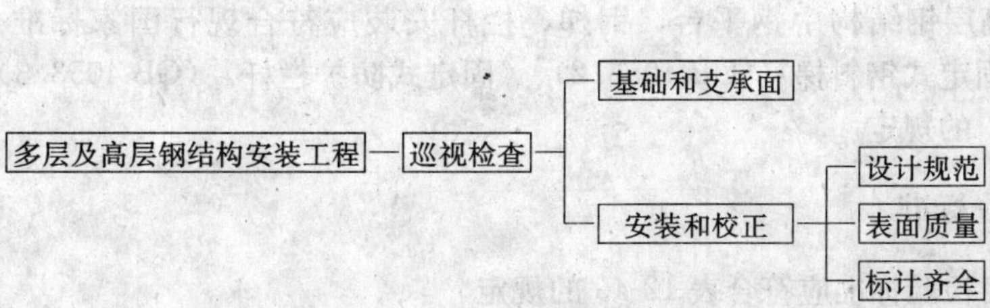

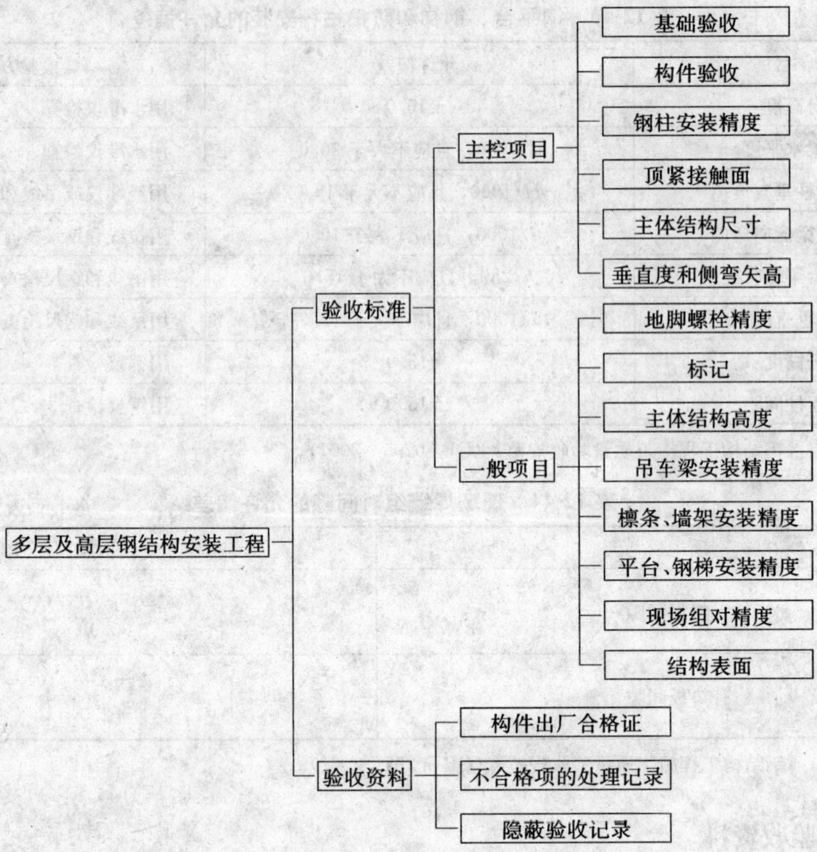

图 12-10　多层及高层钢结构安装工程

技能要点 1：巡视检查

1. 基础和支承面

(1) 建筑物的定位轴线、基础上柱的定位轴线和标高、地脚螺栓（锚栓）的规格和位置、地脚螺栓（锚栓）紧固应符合设计要求。

(2) 设计要求顶紧的节点，接触面不应少于 70%紧贴，且边缘最大间隙不应大于 0.8mm。

2. 安装和校正

(1) 钢构件应符合设计要求和本规范的规定。运输、堆放和吊装等造成的钢构件变形及涂层脱落，应进行矫正和修补。

(2) 钢结构表面应干净，结构主要表面不应有疤痕、泥沙等污垢。

(3) 钢柱等主要构件的中心线及标高基准点等标记应齐全。

(4) 当钢构件安装在混凝土柱上时，其支座中心对定位轴线的偏差不应大于 10mm；当采用大型混凝土屋面板时，钢梁（或桁架）间距的偏差不应大于 10mm。

(5) 多层及高层钢结构中檩条、墙架等次要构件安装的允许偏差应符合表 7-35 的规定。

(6) 多层及高层钢结构中钢平台、钢梯、栏杆安装应符合现行国家标准《固定式钢直梯》(GB 4053.1)、《固定式钢斜梯》(GB 4053.2)、《固定式防护栏杆》(GB 4053.3) 和《固定式钢平台》(GB 4053.4) 的规定。

技能要点 2：验收标准

(1) 主控项目检验标准应符合表 12-45 的规定。

表 12-45　主控项目检验

序　号	项　目	合格质量标准	检验方法	检查数量
1	基础验收	建筑物的定位轴线、基础上柱的定位轴线和标高、地脚螺栓（锚栓）的规格和位置、地脚螺栓（锚栓）紧固应符合设计要求。 多层建筑以基础顶面直接作为柱的支承面，或以基础顶面预埋钢板或支座作为柱的支承面时，其支承面、地脚螺栓（锚栓）位置的允许偏差应符合表 12-34 的规定。 多层建筑采用座浆垫板时，座浆垫板的允许偏差应符合表12-35的规定。 当采用杯口基础时，杯口尺寸的允许偏差应符合表 12-36 的规定	采用经纬仪、水准仪、全站仪和钢尺实测。 用经纬仪、水准仪、全站仪、水平尺和钢尺实测。 用水准仪、全站仪、水平尺和钢尺实测。 用水准仪、全站仪、水平尺和钢尺实测	按柱基数抽查 10%，且应不少于 3 个。 资料全数检查。按柱基数抽查 10%，且应不少于 3 个。 按基础数抽查 10%，且应不少于 4 处
2	构件验收	钢构件应符合设计要求和（GB 50205）的规定。运输、堆放和吊装等造成的钢构件变形及涂层脱落，应进行矫正和修补	用拉线、钢尺现场实测或观察	按构件数抽查 10%，且应不少于 3 个
3	钢柱安装精度	柱子安装的允许偏差应符合表 12-48 的规定	用全站仪或激光经纬仪和钢尺实测	标准柱全部检查；非标准柱抽查 10%，且应不少于 3 根
4	顶紧接触面	设计要求顶紧的节点，接触面应不小于 70% 紧贴，且边缘最大间隙应不大于 0.8mm	用钢尺及 0.3mm 和 0.8mm 厚的塞尺现场实测	按节点数抽查 10%，且应不少于 3 个
5	垂直度和侧弯矢高	钢主梁、次梁及受压杆件的垂直度和侧向弯曲矢高的允许偏差应符合表 12-38 中有关钢屋（托）架允许偏差的规定	用吊线、拉线、经纬仪和钢尺现场实测	按同类构件数抽查 10%，且应不少于 3 个
6	主体结构尺寸	多层及高层钢结构主体结构的整体垂直度和整体平面弯曲的允许偏差应符合表 12-49 的规定	对主要立面全部检查。对每个所检查的立面，除两列角柱外，尚应至少选取一列中间柱	对于整体垂直度，可采用激光经纬仪、全站仪测量，也可根据各节柱的垂直度允许偏差累计（代数和）计算。对于整体平面弯曲，可按产生的允许偏差累计（代数和）计算

（2）一般项目检验标准应符合表 12-46 的规定。

表 12-46 一般项目检验

序号	项目	合格质量标准	检验方法	检查数量
1	地脚螺栓精度	地脚螺栓（锚栓）尺寸的允许偏差应符合表 12-47 的规定。地脚螺栓（锚栓）的螺纹应受到保护	用钢尺现场实测	按柱基数抽查 10%，且应不少于 3 个
2	标记	钢柱等主要构件的中心线及标高基准点等标记应齐全	观察检查	按同类构件数抽查 10%，且应不少于 3 件
3	构件安装精度	当钢构件安装在混凝土柱上时，其支座中心对定位轴线的偏差应不大于 10mm；当采用大型混凝土屋面板时，钢梁（或桁架）间距的偏差应不大于 10mm	见表 12-50	按同类构件或节点数抽查 10%。其中柱和梁各应不少于 3 件，主梁与次梁连接节点应不少于 3 个，支承压型金属板的钢梁长度应不少于 5m。按同类构件数抽查 10%，且应不少于 3 榀
4	主体结构高度	主体结构总高度的允许偏差应符合表 12-51 的规定	采用全站仪、水准仪和钢尺实测	按标准柱列数抽查 10%，且应不少于 4 列
5	吊车梁安装精度	多层及高层钢结构中钢吊车梁或直接承受动力荷载的类似构件，其安装的允许偏差应符合表 12-41 的规定	见表 12-41	按钢吊车梁数抽查 10%，且应不少于 3 榀
6	檩条、墙架安装精度	多层及高层钢结构中檩条、墙架等次要构件安装的允许偏差应符合表 12-42 的规定	见表 12-42	按同类构件数抽查 10%，且应不少于 3 件
7	平台、钢梯安装精度	多层及高层钢结构中钢平台、钢梯、栏杆安装应符合现行国家标准《固定式钢直梯》（GB 4053.1）、《固定式钢斜梯》（GB 4053.2）、《固定式防护栏杆》（GB 4053.3）和《固定式钢平台》（GB 4053.4）的规定。钢平台、钢梯和防护栏杆安装的允许偏差应符合表 12-43 的规定	见表 12-43	按钢平台总数抽查 10%，栏杆、钢梯按总长度各抽查 10%，但钢平台应不少于 1 个，栏杆应不少于 5m，钢梯应不少于 1 跑
8	现场组对精度	多层及高层钢结构中现场焊缝组对间隙的允许偏差应符合表 12-44 的规定	尺量检查	按同类节点数抽查 10%，且应不少于 3 个
9	结构表面	钢结构表面应干净，结构主要表面不应有疤痕、泥沙等污垢	观察检查	按同类构件数抽查 10%，且应不少于 3 件

（3）允许偏差应符合表 12-47 至表 12-51 的规定。

表 12-47　建筑物定位轴线、基础上柱的定位轴线和标高、地脚螺栓（锚栓）的允许偏差　　(mm)

项　目	允许偏差	图　例
建筑物定位轴线	$L/20000$，且应不大于 3.0	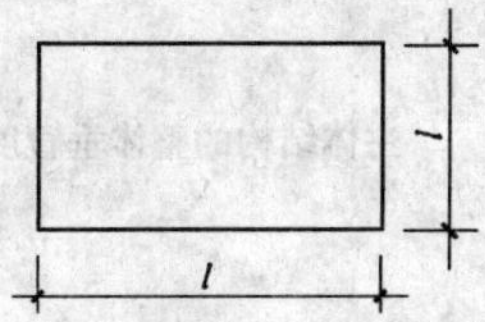
基础上柱的定位轴线	1.0	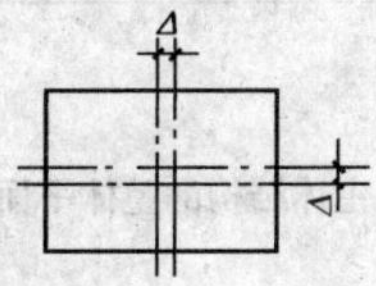
基础上柱底标高	±2.0	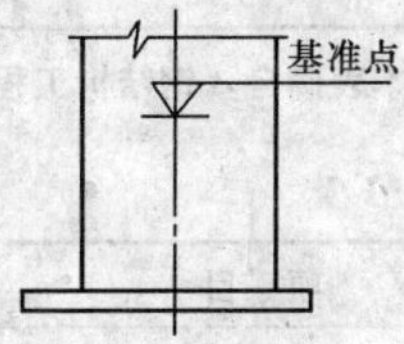
地脚螺栓（锚栓）位移	2.0	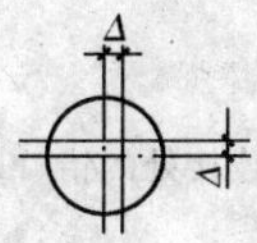

注：本表摘自《钢结构工程施工质量验收规范》(GB 50205—2001)。

表 12-48　柱子安装的允许偏差　　(mm)

项　目	允许偏差	图　例
底层柱柱底轴线对定位轴线偏移	3.0	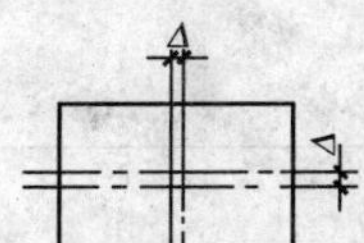
柱子定位轴线	1.0	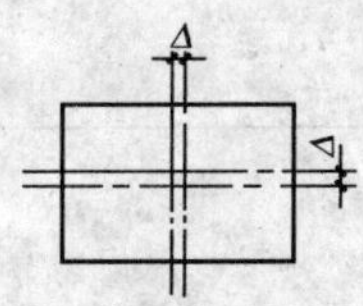
单节柱的垂直度	$h/1000$，且应不大于 10.0	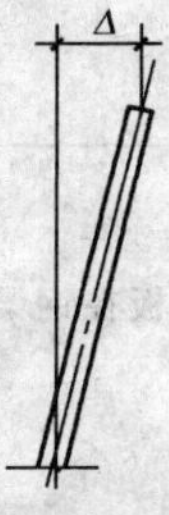

注：本表摘自《钢结构工程施工质量验收规范》(GB 50205—2001)。

表 12-49　整体垂直度和整体平面弯曲的允许偏差　　(mm)

项　目	允许偏差	图　例
主体结构的整体垂直度	(H/2500+10.0)，且应不大于 50.0	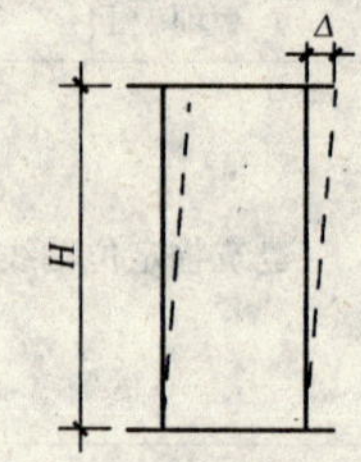
主体结构的整体平面弯曲	L/1500，且应不大于 25.0	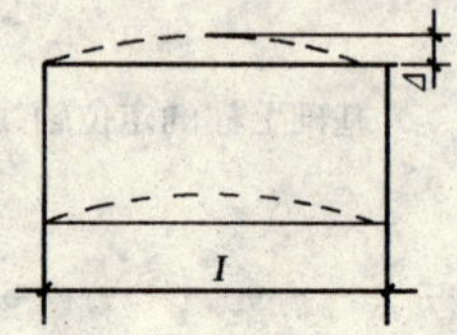

注：本表摘自《钢结构工程施工质量验收规范》(GB 50205—2001)。

表 12-50　多层及高层钢结构中构件安装的允许偏差　　(mm)

项　目	允许偏差	图　例	检验方法
上、下柱连接处的错口 Δ	3.0	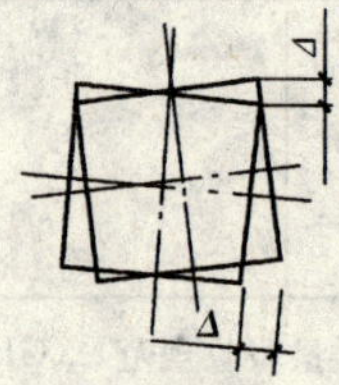	用钢尺检查
同一层柱的各柱顶高度差 Δ	5.0	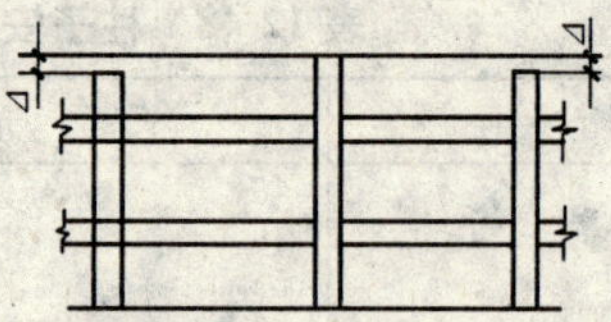	用水准仪检查
同一根梁两端顶面的高差 Δ	l/1000，且应不大于 10.0	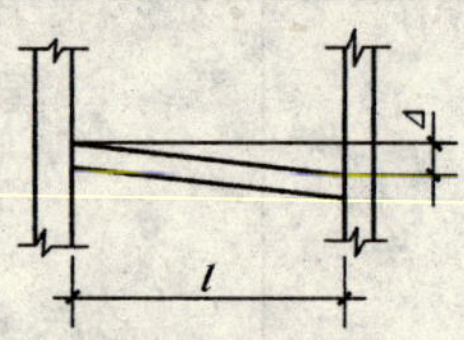	用水准仪检查
主梁与次梁表面的高差 Δ	±2.0	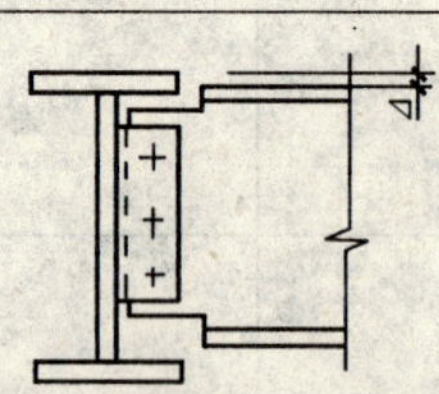	用直尺和钢尺检查
压型金属板在钢梁上相邻列的错位 Δ	15.0	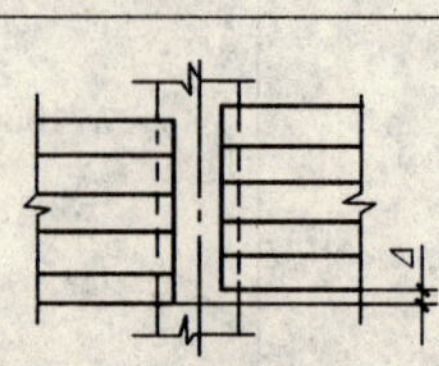	用直尺和钢尺检查

注：本表摘自《钢结构工程施工质量验收规范》(GB 50205—2001)。

表 12-51　多层及高层钢结构主体结构总高度的允许偏差　(mm)

项　目	允许偏差	图　例
用相对标高控制安装	$\pm\sum(\Delta_h+\Delta_z+\Delta_w)$	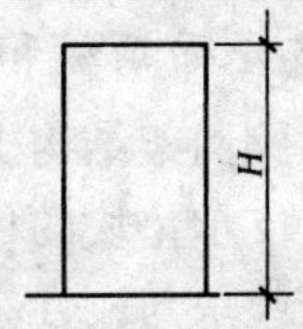
用设计标高控制安装	$H/1000$，且应不大于 30.0 $-H/1000$，且应不小于-30.0	

注：1. Δ_h 为每节柱子长度的制造允许偏差；Δ_z 为每节柱子长度受荷载后的压缩值；Δ_w 为每节柱子接头焊缝的收缩值。

2. 本表摘自《钢结构工程施工质量验收规范》(GB 50205—2001)。

技能要点 3：验收资料

(1) 构件出厂合格证。

(2) 钢结构工程竣工图及相关文件。

(3) 砂浆试块强度试验报告。

(4) 有关安全功能的检验和见证检测项目检查记录。

(5) 有关观感质量检验项目检查记录。

(6) 隐蔽验收记录。

(7) 钢结构多层及高层结构安装分项工程检验批质量验收记录。

(8) 不合格项的处理记录及验收记录。

(9) 重大质量、技术问题实施方案及验收记录。

(10) 其他有关文件和记录。

技能图解 98　钢网架结构安装工程

技能结构框线图

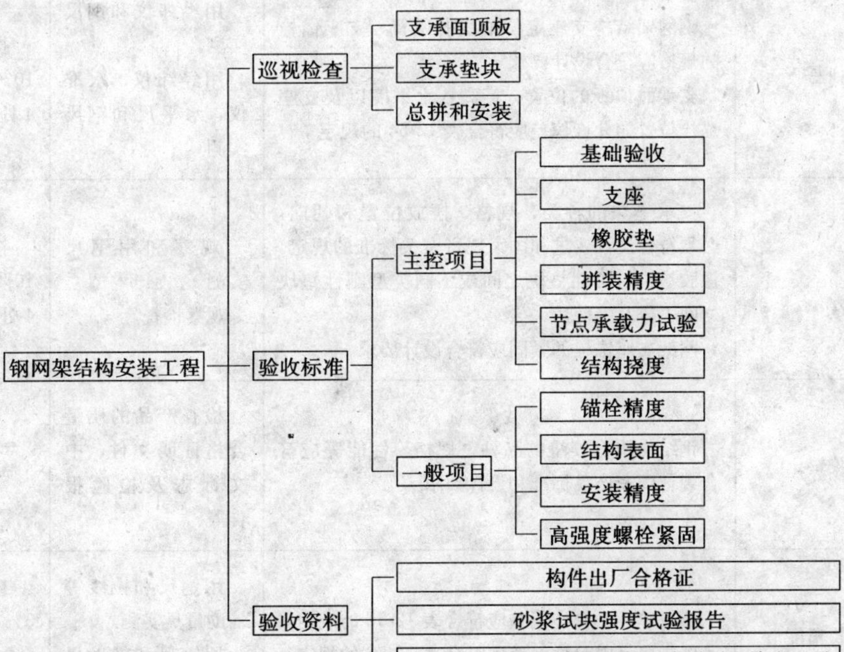

图 12-11　钢网架结构安装工程

技能要点 1：巡视检查

1. 支承面顶板和支承垫块

(1) 钢网架结构支座定位轴线的位置、支座锚栓的规格应符合设计要求。

(2) 支承垫块的种类、规格、摆放位置和朝向，必须符合设计要求和国家现行有关标准的规定。橡胶垫块与刚性垫块之间或不同类型刚性垫块之间不得互换使用。

(3) 网架支座锚栓的紧固应符合设计要求。

2. 总拼与安装

(1) 对建筑结构安全等级为一级，跨度 40m 及以上的公共建筑钢网架结构，且设计有要求时，应按下列项目进行节点承载力试验，其结果应符合以下规定。

①焊接球节点应按设计指定规格的球及其匹配的钢管焊接成试件，进行轴心拉、压承载力试验，其试验破坏荷载值大于或等于 1.6 倍设计承载力为合格。

②螺栓球节点应按设计指定规格的球最大螺栓孔螺纹进行抗拉强度保证荷载试验，当达到螺栓的设计承载力时，螺孔、螺纹及封板仍完好无损为合格。

(2) 钢网架结构总拼完成后及屋面工程完成后应分别测量其挠度值，且所测的挠度值不应超过相应设计值的 1.15 倍。

(3) 钢网架结构安装完成后，其节点及杆件表面应干净，不应有明显的疤痕、泥沙和污垢。螺栓球节点应将所有接缝用油腻子填嵌严密，并应将多余螺孔封口。

技能要点 2：验收标准

(1) 主控项目检验标准应符合表 12-52 的规定。

表 12-52 主控项目检验

序号	项目	质量检验标准	检验方法	检验数量
1	基础验收	钢网架结构支座定位轴线的位置、支座锚栓的规格应符合设计要求。 支承面顶板的位置、标高、水平度以及支座锚栓位置的允许偏差应符合表 12-54 的规定	用经纬仪和钢尺实测。 用经纬仪、水准仪、水平尺和钢尺实测	按支座数抽查 10%，且应不少于 4 处
2	支座	支承垫块的种类、规格、摆放位置和朝向，必须符合设计要求和国家现行有关标准的规定。橡胶垫块与刚性垫块之间或不同类型刚性垫块之间不得互换使用。 网架支座锚栓的紧固应符合设计要求	观察和用钢尺实测。 观察检查	按支座数抽查 10%，且应不少于 4 处
3	橡胶垫	钢结构用橡胶垫的品种、规格、性能等应符合现行国家产品标准和设计要求	检查产品的质量合格证明文件、中文标志及检验报告等	全数检查
4	拼装精度	小拼单元的允许偏差应符合表 12-55 的规定。 中拼单元的允许偏差应符合表 12-56 的规定	用钢尺和拉线等辅助量具实测。 用钢尺和辅助量具实测	按单元数抽查 5%，且应不少于 5 个。 全数检查

表 12-52（续）

序　号	项　目	质量检验标准	检验方法	检验数量
5	节点承载力试验	对建筑结构安全等级为一级、跨度 40m 及以上的公共建筑钢网架结构，且设计有要求时，应按下列项目进行节点承载力试验，其结果应符合以下规定： （1）焊接球节点应按设计指定规格的球及其匹配的钢管焊接成试件，进行轴心拉，压承载力试验，其试验破坏荷载值大于或等于 1.6 倍设计承载力为合格。 （2）螺栓球节点应按设计指定规格的球最大螺栓孔螺纹进行抗拉强度保证荷载试验，当达到螺栓的设计承载力时，螺孔、螺纹及封板仍完好无损为合格	在万能试验机上进行检验，检查试验报告	每项试验做 3 个试件
6	结构挠度	钢网架结构总拼完成后及屋面工程完成后应分别测量其挠度值，且所测的挠度值不应超过相应设计值的 1.15 倍	用钢尺和水准仪实测	跨度 24m 及以下钢网架结构测量下弦中央一点；跨度 24m 以上钢网架结构测量下弦中央一点及各向下弦跨度的四等分点

（2）一般项目检验标准应符合表 12-53 的规定。

表 12-53　一般项目检验

序　号	项　目	合格质量标准	检验方法	检查数量
1	锚栓精度	支座锚栓尺寸的允许偏差应符合表 12-54 的规定。支座锚栓的螺纹应受到保护	用钢尺实测	按支座数抽查 10%，且应不少于 4 处
2	结构表面	钢网架结构安装完成后，其节点及杆件表面应干净，不应有明显的疤痕、泥沙和污垢。螺栓球节点应将所有接缝用油腻子填嵌严密，并应将多余螺孔封口	观察检查	按节点及杆件数抽查 5%，且应不少于 10 个节点
3	安装精度	钢网架结构安装完成后，其安装的允许偏差应符合表 12-57 的规定	见表 12-57	除杆件弯曲矢高按杆件数抽查 5% 外，其余全数检查
4	高强度螺栓紧固	螺栓球节点网架总拼完成后，高强度螺栓与球节点应紧固连接，高强度螺栓拧入螺栓球内的螺纹长度应不小于 1.0d（d 为螺栓直径），连接处不应出现有间隙、松动等未拧紧情况	普通扳手及尺量检查	按节点数抽查 5%，且应不少于 10 个

（3）允许偏差标准应符合表 12-54 至表 12-57 的规定。

表 12-54　支承面顶板、支座锚栓位置的允许偏差　(mm)

项　目		允许偏差
支承面顶板	位置	15.0
	顶面标高	−3.0
	顶面水平度	l/1000
支座锚栓	中心偏移	±5.0

注：本表摘自《钢结构工程施工质量验收规范》(GB 50205—2001)。

表 12-55　小拼单元的允许偏差　(mm)

项　目			允许偏差
节点中心偏移			2.0
焊接球节点与钢管中心的偏移			1.0
杆件轴线的弯曲矢高			L_1/1000，且应不大于 5.0
锥体型小拼单元	弦杆长度		±2.0
	锥体高度		±2.0
	上弦杆对角线长度		±3.0
平面桁架型小拼单元	跨长	≤24m	+3.0 −7.0
		＞24m	+5.0 −10.0
	跨中高度		±3.0
	跨中拱度	设计要求起拱	±L/5000
		设计未要求起拱	+10.0

注：1. L_1 为杆件长度；L 为跨长。

2. 本表摘自《钢结构工程施工质量验收规范》(GB 50205—2001)。

表 12-56　中拼单元的允许偏差　(mm)

项　目		允许偏差
单元长度≤20m，拼接长度	单跨	±10.0
	多跨连续	±5.0
单元长度＞20m，拼接长度	单跨	±20.0
	多跨连续	±10.0

注：本表摘自《钢结构工程施工质量验收规范》(GB 50205—2001)。

表 12-57　钢网架结构安装的允许偏差　(mm)

项　目	允许偏差	检验方法
纵向、横向长度	L/2000，且应不大于 30.0 −L/2000，且应不小于−30.0	用钢尺实测
支座中心偏移	L/3000，且应不大于 30.0	用钢尺和经纬仪实测
周边支承网架相邻支座高差	L/400，且应不大于 15.0	用钢尺和水准仪实测
支座最大高差	30.0	
多点支承网架相邻支座高差	L_1/800，且应不大于 30.0	

注：1. L 为纵向、横向长度；L_1 为相邻支座间距。

2. 本表摘自《钢结构工程施工质量验收规范》(GB 50205—2001)。

技能要点3：验收资料

(1) 构件出厂合格证。
(2) 钢结构工程竣工图及相关文件。
(3) 砂浆试块强度试验报告。
(4) 有关安全功能的检验和见证检测项目检查记录。
(5) 有关观感质量检验项目检查记录。
(6) 隐蔽验收记录。
(7) 钢结构单项结构安装分项工程检验批质量验收记录。
(8) 不合格项的处理记录及验收记录。
(9) 重大质量、技术问题实施方案及验收记录。
(10) 其他有关文件和记录。

技能图解99　压型金属板工程

技能结构框线图

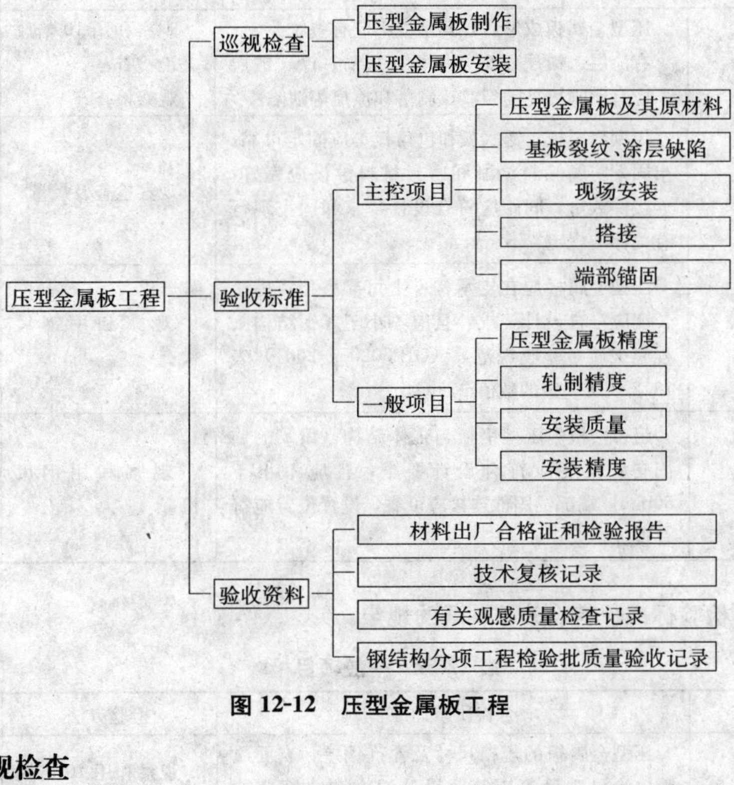

图12-12　压型金属板工程

技能要点1：巡视检查

1. 压型金属板制作

(1) 压型金属板成型后，其基板不应有裂纹。
(2) 有涂层、镀层压型金属板成型后，涂、镀层不应有肉眼可见的裂纹、剥落和擦痕等缺陷。
(3) 压型金属板成型后，表面应干净，不应有明显凹凸和皱褶。

2. 压型金属板安装

(1) 压型金属板、泛水板和包角板等应固定可靠、牢固，防腐涂料涂刷和密封材料敷设应完好，连接件数量、间距应符合设计要求和国家现行有关标准规定。

(2) 压型金属板应在支承构件上可靠搭接，搭接长度应符合设计要求。

(3) 组合楼板中压型钢板与主体结构（梁）的锚固支承长度应符合设计要求，且不应小于50mm，端部锚固件连接应可靠，设置位置应符合设计要求。

(4) 压型金属板安装应平整、顺直，板面不应有施工残留物和污物。檐口和墙面下端应呈直线，不应有未经处理的错钻孔洞。

技能要点2：验收标准

(1) 主控项目检验标准应符合表12-58的规定。

表12-58 主控项目检验

序号	项目	合格质量标准	检验方法	检查数量
1	压型金属板及其原材料	金属压型板及制造金属压型板所采用的原材料，其品种、规格、性能等应符合现行国家产品标准和设计要求。 压型金属泛水板、包角板和零配件的品种、规格以及防水密封材料的性能应符合现行国家产品标准和设计要求	检查产品的质量合格证明文件、中文标志及检验报告等	全数检查
2	基板裂纹、涂层缺陷	压型金属板成形后，其基板不应有裂纹。 有涂层、镀层压型金属板成形后，涂、镀层不应有肉眼可见的裂纹、剥落和擦痕等缺陷	观察和用10倍放大镜检查。 观察检查	按计件数抽查5%，且应不少于10件
3	现场安装	压型金属板、泛水板和包角板等应固定可靠、牢固，防腐涂料涂刷和密封材料敷设应完好，连接件数量、间距应符合设计要求和国家现行有关标准规定	观察检查及尺量	全数检查
4	搭接	压型金属板应在支承构件上可靠搭接，搭接长度应符合设计要求，且应不小于《钢结构工程施工质量验收规范》（GB 50205—2001）表13.2.3所规定的数值	观察和用钢尺检查	按搭接部位总长度抽查10%，且应不少于10m
5	端部锚固	组合楼板中压型钢板与主体结构（梁）的锚固支承长度应符合设计要求，且应不小于50mm，端部锚固件连接应可靠，设置位置应符合设计要求	观察和用钢尺检查	沿连接纵向长度抽查10%，且应不少于10m

(2) 一般项目检验标准应符合表12-59的规定。

表12-59 一般项目检验

序号	项目	合格质量标准	检验方法	检查数量
1	压型金属板精度	压型金属板的规格尺寸及允许偏差、表面质量、涂层质量等应符合设计要求和本规范的规定	观察和用10倍放大镜检查及尺量	每种规格抽查5%，且应不少于3件
2	轧制精度	压型金属板的尺寸允许偏差应符合表12-60的规定。 压型金属板施工现场制作的允许偏差应符合表12-61的规定	用拉线和钢尺检查。 用钢尺、角尺检查	按计件数抽查5%，且应不少于10件

表 12-59（续）

序号	项目	合格质量标准	检验方法	检查数量
4	安装质量	压型金属板安装应平整、顺直，板面不应有施工残留物和污物。檐口和墙面下端应呈直线，不应有未经处理的错钻孔洞	观察检查	按面积抽查 10%，且应不少于 $10m^2$
5	安装精度	压型金属板安装的允许偏差应符合表 12-62 的规定	用拉线、吊线和钢尺检查	檐口与屋脊的平行度：按长度抽查 10%，且应不少于 10m。其他项目：每 20m 长度应抽查 1 处，应不少于 2 处

（3）允许偏差应符合表 12-60 的规定。

表 12-60　压型金属板的尺寸允许偏差　(mm)

项目			允许偏差
波距			±2.0
波高	压型钢板	截面高度≤70	±1.5
		截面高度>70	±2.0
侧向弯曲	在测量长度 l_1 的范围内	20.0	

注：1. 为测量长度，指板长扣除两端各 0.5m 后的实际长度（小于 10m）或扣除后任选的 10m 长度。

2. 本表摘自《钢结构工程施工质量验收规范》(GB 50205—2001)。

（4）压型金属板施工现场制作的允许偏差应符合表 12-61 的规定。

表 12-61　压型金属板施工现场制作的允许偏差　(mm)

项目		允许偏差
压型金属板的覆盖宽度	截面高度≤70	+10.0，−2.0
	截面高度>70	+6.0，−2.0
板长		±9.0
横向剪切偏差		6.0
泛水板、包角板尺寸	板长	±6.0
	折弯面宽度	±3.0
	折弯面夹角	2°

注：本表摘自《钢结构工程施工质量验收规范》(GB 50205—2001)。

（5）压型金属板安装的允许偏差应符合表 12-62 的规定。

表 12-62　压型金属板安装的允许偏差　(mm)

项目		允许偏差
屋面	檐口与屋脊的平行度	12.0
	压型金属板波纹线对屋脊的垂直度	$L/800$，且应不大于 25.0
	檐口相邻两块压型金属板端部错位	6.0
	压型金属板卷边板件最大波浪高	4.0
墙面	墙板波纹线的垂直度	$H/800$，且应不大于 25.0
	墙板包角板的垂直度	$H/800$，且应不大于 25.0
	相邻两块压型金属板的下端错位	6.0

注：1. L 为屋面半坡或单坡长度；H 为墙面高度。

2. 本表摘自《钢结构工程施工质量验收规范》(GB 50205—2001)。

技能要点 3：验收资料

(1) 材料出厂合格证和检验报告。
(2) 技术复核记录。
(3) 有关观感质量检查记录。
(4) 钢结构（压型金属板）分项工程检验批质量验收记录。

技能图解 100　钢构件防腐涂料

技能结构框线图

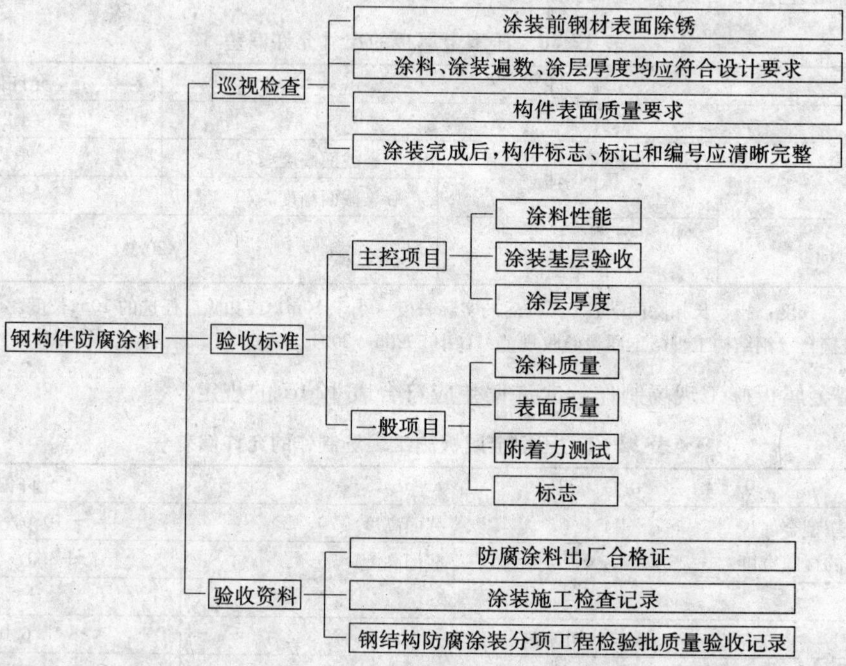

图 12-13　钢构件防腐涂料

技能要点 1：巡视检查

(1) 涂装前钢材表面除锈应符合设计要求和国家现行有关标准的规定。处理后的钢材表面不应有焊渣、焊疤、灰尘、油污、水和毛刺等。

(2) 涂料、涂装遍数、涂层厚度均应符合设计要求。当设计对涂层厚度无要求时，涂层干漆膜总厚度：室外应为 150μm，室内应为 125μm，其允许偏差为−25μm。每遍涂层干漆膜厚度的允许偏差为−5μm。

(3) 构件表面不应误涂、漏涂，涂层不应脱皮和返锈等。涂层应均匀、无明显皱皮、流坠、针眼和气泡等。

(4) 当钢结构处在有腐蚀介质环境或外露且设计有要求时，应进行涂层附着力测试，在检测处范围内，当涂层完整程度达到 70%以上时，涂层附着力达到合格质量标准的要求。

(5) 涂装完成后，构件的标志，标记和编号应清晰完整。

技能要点 2：验收标准

(1) 主控项目检验标准应符合表 12-63 至表 12-65 的规定。

表 12-63　主控项目检验

序　号	项　目	合格质量标准	检验方法	检查数量
1	涂料性能	钢结构防腐涂料、稀释剂和固化剂等材料的品种、规格、性能等应符合现行国家产品标准和设计要求	检查产品的质量合格证明文件、中文标志及检验报告等	全数检查
2	涂装基层验收	涂装前钢材表面除锈应符合设计要求和国家现行有关标准的规定。处理后的钢材表面不应有焊渣、焊疤、灰尘、油污、水和毛刺等。当设计无要求时，钢材表面除锈等级应符合表 12-64 的规定	用铲刀检查和用现行国家标准《涂装前钢材表面锈蚀等级和除锈等级》(GB 8923) 规定的图片对照观察检查	按构件数抽查 10%，且同类构件应不少于 3 件
3	涂层厚度	涂料、涂装遍数、涂层厚度均应符合设计要求。当设计对涂层厚度无要求时，涂层干漆膜总厚度：室外应为 150μm，室内应为 125μm，其允许偏差为－25μm。每遍涂层干漆膜厚度的允许偏差为－5μm	用干漆膜测厚仪检查。每个构件检测 5 处，每处的数值为 3 个相距 50mm 测点涂层干漆膜厚度的平均值	按构件数抽查 10%，且同类构件应不少于 3 件

表 12-64　各种底漆或防锈漆要求最低的除锈等级

涂料品种	除锈等级
油性酚醛、醇酸等底漆或防锈漆	Sa 2
高氯化聚乙烯、氯化橡胶、氯磺化聚乙烯、环氧树脂、聚氨酯等底漆或防锈漆	Sa 2
无机富锌、有机硅、过氯乙烯等底漆	Sa $2\frac{1}{2}$

注：本表摘自《钢结构工程施工质量验收规范》(GB 50205—2001)。

(2) 一般项目检验标准应符合表 12-65 的规定。

表 12-65　一般项目检验

序　号	项　目	合格质量标准	检验方法	检查数量
1	涂料质量	防腐涂料和防火涂料的型号、名称、颜色及有效期应与其质量证明文件相符。开启后，不应存在结皮、结块、凝胶等现象	观察检查	按桶数抽查 5%，且应不少于 3 桶
2	表面质量	构件表面不应误涂、漏涂，涂层不应脱皮和返锈等。涂层应均匀、无明显皱皮、流坠、针眼和气泡等	观察检查	全数检查
3	附着力测试	当钢结构处在有腐蚀介质环境或外露且设计有要求时，应进行涂层附着力测试，在检测处范围内，当涂层完整程度达到 70%以上时，涂层附着力达到合格质量标准的要求	按构件数抽查 1%，且应不少于 3 件，每件测 3 处	
4	标志	涂装完成后，构件的标志、标记和编号应清晰完整	观察检查	全数检查

技能要点 3：验收资料

(1) 防腐涂料出厂合格证或复验报告。

(2) 涂装施工检查记录。

(3) 有关观感质量检验项目检查记录。

(4) 钢结构防腐涂装分项工程检验批质量验收记录。

技能图解 101　钢结构防火涂料

技能结构框线图

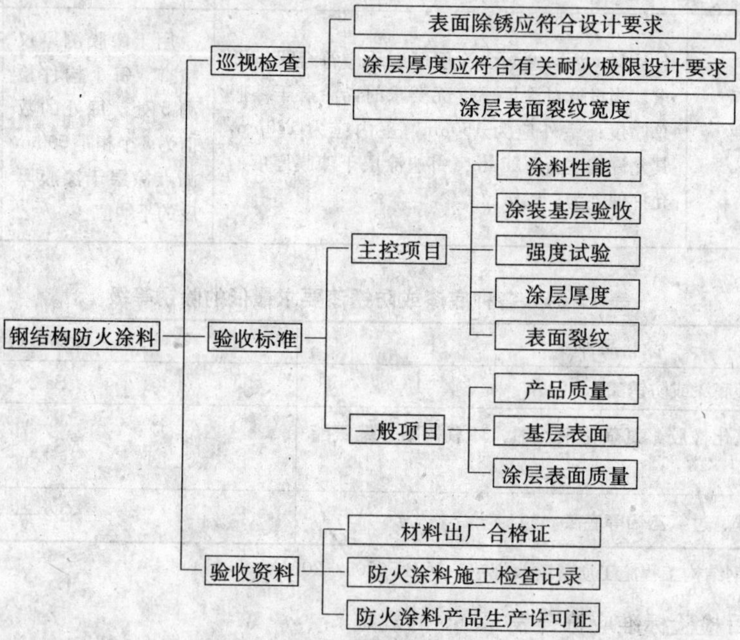

图 12-14　钢结构防火涂料

技能要点 1：巡视检查

(1) 防火涂料涂装前钢材表面除锈及防锈底漆涂装应符合设计要求和国家现行有关标准的规定。

(2) 钢结构防火涂料的粘结强度、抗压强度应符合国家现行标准《钢结构防火涂料应用技术规程》(CECS24：90) 的规定。检验方法应符合现行国家标准《建筑构件防火喷涂材料性能试验方法》(GB 9978) 的规定。

(3) 薄涂型防火涂料的涂层厚度应符合有关耐火极限的设计要求。厚涂型防火涂料涂层的厚度，80%及以上面积应符合有关耐火极限的设计要求，且最薄处厚度不应低于设计要求的 85%。

(4) 薄涂型防火涂料涂层表面裂纹宽度不应大于 0.5mm；厚涂型防火涂料涂层表面裂纹宽度不应大于 1mm。

(5) 防火涂料涂装基层不应有油污、灰尘和泥砂等污垢。

(6) 防火涂料不应有误涂、漏涂，涂层应闭合无脱层、空鼓、明显凹陷、粉化松散和浮浆等外观缺陷，乳突已剔除。

技能要点2：验收标准

(1) 主控项目检验标准应符合表12-66的规定。

表12-66 主控项目检验

序号	项目	合格质量标准	检验方法	检查数量
1	涂料性能	钢结构防火涂料的品种和技术性能应符合设计要求，并应经过具有资质的检测机构检测符合国家现行有关标准的规定	检查产品的质量合格证明文件、中文标志及检验报告等	全数检查
2	涂装基层验收	防火涂料涂装前钢材表面除锈及防锈底漆涂装应符合设计要求和国家现行有关标准的规定	表面除锈用铲刀检查和用现行国家标准《涂装前钢材表面锈蚀等级和除锈等级》（GB 8923）规定的图片对照观察检查。底漆涂装用干漆膜测厚仪检查，每个构件检测5处，每处的数值为3个相距50mm测点涂层干漆膜厚度的平均值	按构件数抽查10%，且同类构件应不少于3件
3	强度试验	钢结构防火涂料的粘结强度、抗压强度应符合国家现行标准《钢结构防火涂料应用技术规程》（CECS 24：90）的规定。检验方法应符合现行国家标准《建筑构件防火喷涂材料性能试验方法》（GB 9978）的规定	检查复检报告	每使用100t或不足100t薄涂型防火涂料应抽检一次粘结强度；每使用500t或不足500t厚涂型防火涂料应抽检一次粘结强度和抗压强度
4	涂层厚度	薄涂型防火涂料的涂层厚度应符合有关耐火极限的设计要求。厚涂型防火涂料涂层的厚度，80%及以上面积应符合有关耐火极限的设计要求，且最薄处厚度不应低于设计要求的85%	用涂层厚度测量仪、测针和钢尺检查。测量方法应符合国家现行标准《钢结构防火涂料应用技术规程》（CECS24：90）的规定及附录F中的要求	按同类构件数抽查10%，且均应不少于3件
5	表面裂纹	薄涂型防火涂料涂层表面裂纹宽度应不大于0.5mm；厚涂型防火涂料涂层表面裂纹宽度应不大于1mm	观察和用尺量检查	按同类构件数抽查10%，且均应不少于3件

(2) 一般项目检验标准应符合表12-67的规定。

表12-67 一般项目检验

序号	项目	合格质量标准	检验方法	检查数量
1	产品质量	防腐涂料和防火涂料的型号、名称、颜色及有效期应与其质量证明文件相符。开启后，不应存在结皮、结块、凝胶等现象	观察检查	按桶数抽查5%，且应不少于3桶
2	基层表面	防火涂料涂装基层不应有油污、灰尘和泥砂等污垢	观察检查	全数检查
3	涂层表面质量	防火涂料不应有误涂、漏涂，涂层应闭合无脱层、空鼓、明显凹陷、粉化松散和浮浆等外观缺陷，乳突已剔除	观察检查	全数检查

技能要点 3：验收资料

（1）材料出厂合格证或复验报告。

（2）防火涂料产品生产许可证。

（3）防火涂料施工检查记录。

（4）观感检验项目检查记录。

（5）钢结构防火涂料涂装分项工程检验批质量验收记录。

第十三章　屋面工程现场监理

技能图解 102　卷材防水屋面工程

技能结构框线图

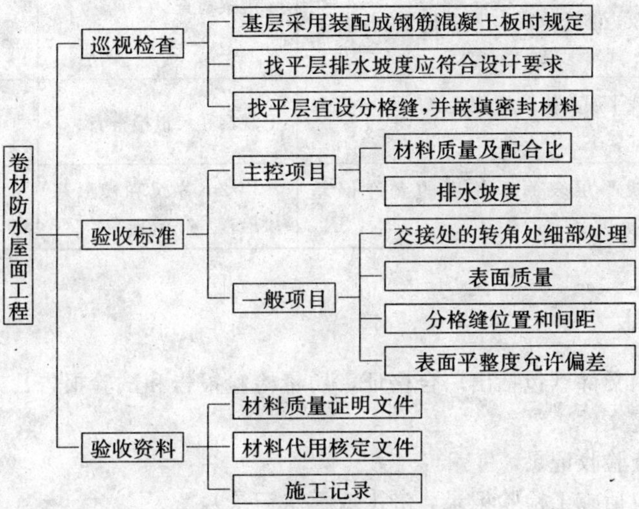

图 13-1　卷材防水屋面工程

技能要点 1：巡视检查

（1）找平层的基层采用装配式钢筋混凝土板时，应符合下列规定。

①板端、侧缝应用细石混凝土灌缝，其强度等级不应低于 C20。

②板缝宽度大于 40mm 或上窄下宽时，板缝内应设置构造钢筋。

③板端缝应进行密封处理。

（2）找平层的排水坡度应符合设计要求。平屋面采用结构找坡不应小于 3%，采用材料找坡宜为 2%；天沟、檐沟纵向找坡不应小于 1%，沟底水落差不得超过 200mm。

（3）基层与突出屋面结构（女儿墙、山墙、天窗壁、变形缝、烟囱等）的交接处和基层的转角处，找平层均应做成圆弧形。

（4）找平层宜设分格缝，并嵌填密封材料。分格缝应留设在板端缝处，其纵横缝的最大间距：水泥砂浆或细石混凝土找平层，不宜大于 6m；沥青砂浆找平层，不宜大于 4m。

技能要点 2：验收标准

（1）主控项目检验标准应符合表 13-1 的规定。

表 13-1　主控项目检验

序号	项　目	合格质量标准	检验方法	检查数量
1	材料质量及配合比	找平层的材料质量及配合比，必须符合设计要求	检查出厂合格证、质量检验报告和计量措施	按屋面面积每 100m^2 抽查 1 处，每处 10m^2，且不得少于 3 处
2	排水坡度	屋面（含天沟、檐沟）找平层的排水坡度，必须符合设计要求	用水平仪（水平尺）、拉线和尺量检查	

（2）一般项目检验标准应符合表 13-2 的规定。

表 13-2　一般项目检验

序号	项　目	合格质量标准	检验方法	检查数量
1	交接处的转角处细部处理	基层与突出屋面结构的交接处和基层的转角处，均应做成圆弧形，且整齐平顺	观察和尺量检查	按屋面面积每 $100m^2$ 抽查 1 处，每处 $10m^2$，且不得少于 3 处
2	表面质量	水泥砂浆、细石混凝土找平层应平整、压光，不得有酥松、起砂、起皮现象；沥青砂浆找平层不得有拌合不匀、蜂窝现象	观察检查	
3	分格缝位置和间距	找平层分格缝的位置和间距应符合设计要求	观察和尺量检查	按屋面面积每 $100m^2$ 抽查 1 处，每处 $10m^2$，且不得少于 3 处
4	表面平整度允许偏差	找平层表面平整度的允许偏差为 5mm	用 2m 靠尺和楔形塞尺检查	

技能要点 3：验收资料

（1）材料质量证明文件（包括出厂合格证、质量检验报告和试验报告）。

（2）材料代用核定文件。

（3）隐蔽工程检查验收记录。

（4）施工记录（包括施工检验记录、淋水或蓄水记录）。

（5）技术交底记录。

（6）工程质量验收记录。

技能图解 103　卷材防水屋面保温层

技能结构框线图

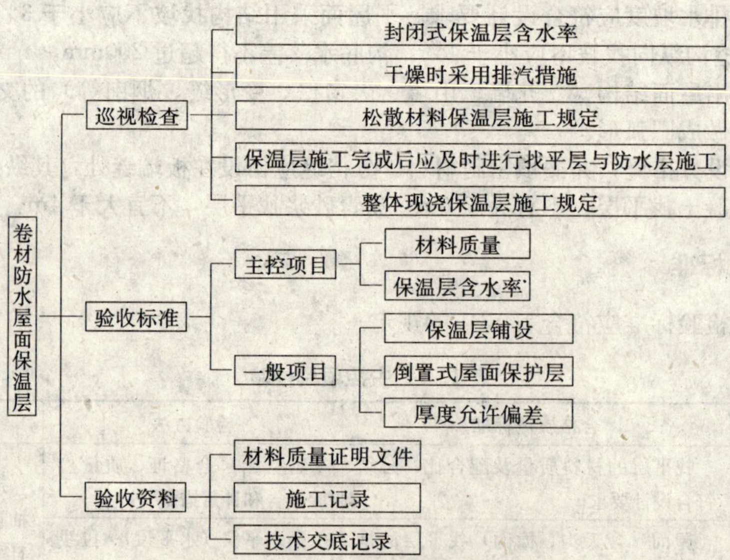

图 13-2　卷材防水屋面保温层

技能要点1：巡视检查

（1）保温层应干燥，封闭式保温层的含水率应相当于该材料在当地自然风干状态下的平衡含水率。当采用有机胶结材料时，保温层的含水率不得超过5%；当采用无机胶结材料时，保温层含水率不得超过20%。

（2）屋面保温层干燥有困难时，应采用排汽措施。

（3）倒置式屋面应采用吸水率小、长期浸水不腐烂的保温材料。保温层上应用混凝土等块材、水泥砂浆或卵石做保护层；卵石保护层与保温层之间，应干铺一层无纺聚酯纤维布做隔离层。

（4）松散材料保温层施工应符合下列规定。

①铺设松散材料保温层的基层应平整、干燥和干净。

②保温层含水率应符合设计要求。

③松散保温材料应分层铺设并压实，压实的程度与厚度应经试验确定。

④保温层施工完成后，应及时进行找平层和防水层的施工；雨季施工时，保温层应采取遮盖措施。

（5）板状材料保温层施工应符合下列规定。

①板状材料保温层的基层应平整、干燥和干净。

②板状保温材料应紧靠在需保温的基层表面上，并应铺平垫稳。

③分层铺设的板块上下层接缝应相互错开；板间缝隙应采用同类材料嵌填密实。

④粘贴的板状保温材料应贴严、粘牢。

（6）整体现浇（喷）保温层施工应符合下列规定。

①沥青膨胀蛭石、沥青膨胀珍珠岩宜用机械搅拌，并应色泽一致，无沥青团；压实程度根据试验确定，其厚度应符合设计要求，表面应平整。

②硬质聚氨酯泡沫塑料应按配比准确计量，发泡厚度均匀一致。

技能要点2：验收标准

（1）主控项目检验标准应符合表13-3的规定。

表13-3　主控项目检验

序号	项　目	合格质量标准	检验方法	检查数量
1	材料质量	保温材料的堆积密度或表观密度、导热系数以及板材的强度、吸水率，必须符合设计要求	检查出厂合格证、质量检验报告和现场抽样复验报告	按屋面面积每10m^{2}抽查1处，每处10m^2，且不得少于3处
2	保温层含水率	保温层的含水率必须符合设计要求	检查现场抽样检验报告	

（2）一般项目检验标准应符合表13-4的规定。

表13-4　一般项目检验

序号	项　目	合格质量标准	检验方法	检查数量
1	保温层铺设	保温层的铺设应符合下列要求 （1）松散保温材料：分层铺设，压实适当，表面平整，找坡正确。 （2）板状保温材料：紧贴（靠）基层，铺平垫稳，拼缝严密，找坡正确。 （3）整体现浇保温层：拌合均匀，分层铺设，压实适当，表面平整，找坡正确	观察检查	按屋面面积每100m^{2}抽查1处，每处100m^2，且不得少于3处

表 13-4（续）

序号	项　目	合格质量标准	检验方法	检查数量
2	倒置式屋面保护层	当倒置式屋面保护层采用卵石铺压时，卵石应分布均匀，卵石的质（重）量应符合设计要求	观察检查和按堆积密度计算其质（重）量	按屋面面积每 $100m^2$ 抽查 1 处，每处 $100m^2$，且不得少于 3 处
3	保温层厚度允许偏差	保温层厚度的允许偏差：松散保温材料和整体现浇保温层为＋10%，－5%；板状保温材料为±5%，且不得大于 4mm	用钢针插入和尺量检查	

技能要点 3：验收资料

（1）材料质量证明文件（包括出厂合格证、质量检验报告和试验报告）。
（2）材料代用核定文件。
（3）隐蔽工程检查验收记录。
（4）施工记录（包括施工检验记录、淋水或蓄水记录）。
（5）技术交底记录。
（6）工程质量验收记录。

技能图解 104　卷材防水层

技能结构框线图

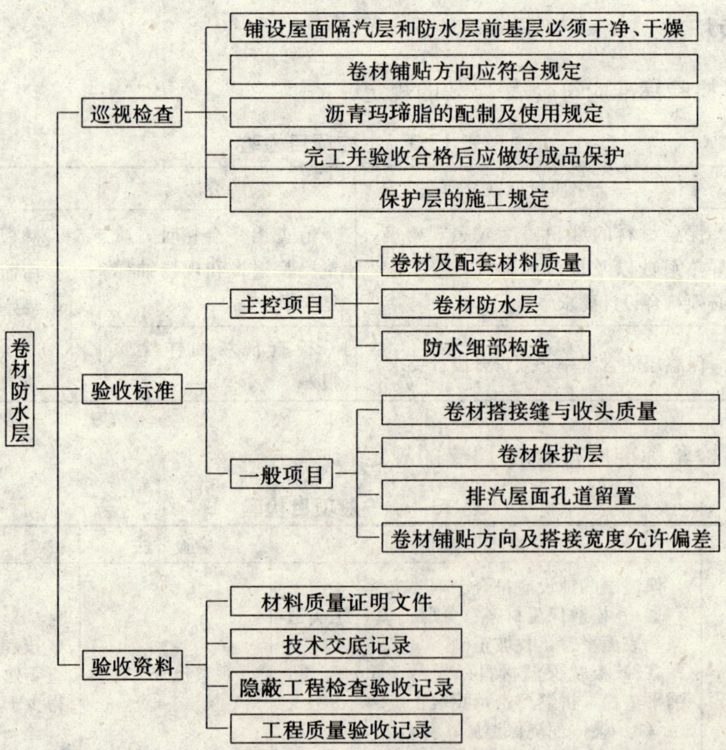

图 13-3　卷材防水层

技能要点1：巡视检查

(1) 卷材防水层应采用高聚物改性沥青防水卷材、合成高分子防水卷材或沥青防水卷材。所选用的基层处理剂、接缝胶粘剂、密封材料等配套材料应与铺贴的卷材材性相容。

(2) 在坡度大于25%的屋面上采用卷材作防水层时，应采取固定措施。固定点应密封严密。

(3) 铺设屋面隔汽层和防水层前，基层必须干净、干燥。

干燥程度的简易检验方法，是将$1m^2$卷材平坦地干铺在找平层上，静置3～4h后掀开检查，找平层覆盖部位与卷材上未见水印即可铺设。

(4) 卷材铺贴方向应符合下列规定。

①屋面坡度小于3%时，卷材宜平行屋脊铺贴。

②屋面坡度在3%～15%时，卷材可平行或垂直屋脊铺贴。

③屋面坡度大于15%或屋面受震动时，沥青防水卷材应垂直屋脊铺贴，高聚物改性沥青防水卷材和合成高分子防水卷材可平行或垂直屋脊铺贴。

④上下层卷材不得相互垂直铺贴。

(5) 沥青玛琋脂的配制和使用应符合下列规定。

①配制沥青玛琋脂的配合比应视使用条件、坡度和当地历年极端最高气温，并根据所用的材料经试验确定；施工中应按确定的配合比严格配料，每工作班应检查软化点和柔韧性。

②热沥青玛琋脂的加热温度不应高于240℃，使用温度不应低于190℃。

③冷沥青玛琋脂使用时应搅匀，稠度太大时可加少量溶剂稀释搅匀。

④沥青玛琋脂应涂刮均匀，不得过厚或堆积。

粘结层厚度：热沥青玛琋脂宜为1～1.5mm，冷沥青玛琋脂宜为0.5～1mm。

面层厚度：热沥青玛琋脂宜为2～3mm，冷沥青玛琋脂宜为1～1.5mm。

(6) 天沟、檐沟、檐口、泛水和立面卷材收头的端部应裁齐，塞入预留凹槽内，用金属压条钉压固定，最大钉距不应大于900mm，并用密封材料嵌填封严。

(7) 卷材防水层完工并经验收合格后，应做好成品保护。保护层的施工应符合下列规定。

①绿豆砂应清洁、预热、铺撒均匀，并使其与沥青玛琋脂粘结牢固，不得残留未粘结的绿豆砂。

②云母或蛭石保护层不得有粉料，撒铺应均匀，不得露底，多余的云母或蛭石应清除。

③水泥砂浆保护层的表面应抹平压光，并设表面分格缝，分格面积宜为$1m^2$。

④块体材料保护层应留设分格缝，分格面积不宜大于$100m^2$，分格缝宽度不宜小于20mm。

⑤细石混凝土保护层，混凝土应密实，表面抹平压光，并留设分格缝，分格面积不大于$36m^2$。

⑥浅色涂料保护层应与卷材粘结牢固，厚薄均匀，不得漏涂。

⑦水泥砂浆、块材或细石混凝土保护层与防水层之间应设置隔离层。

⑧刚性保护层与女儿墙、山墙之间应预留宽度为30mm的缝隙，并用密封材料嵌填严密。

技能要点2：验收标准

(1) 主控项目检验标准应符合表13-5的规定。

表 13-5 主控项目检验

序号	项 目	合格质量标准	检验方法	检查数量
1	卷材及配套材料质量	卷材防水层所用卷材及其配套材料，必须符合设计要求	检查出厂合格证、质量检验报告和现场抽样复验报告	按屋面面积每 $100m^2$ 抽查 1 处，每处 $10m^2$，且不得少于 3 处
2	卷材防水层	卷材防水层不得有渗漏或积水现象	雨后或淋水、蓄水检验	
3	防水细部构造	卷材防水层在天沟、檐沟、檐口、水落口、泛水、变形缝和伸出屋面管道的防水构造，必须符合设计要求	观察检查和检查隐蔽工程验收记录	

(2) 一般项目检验标准应符合表 13-6 的规定。

表 13-6 一般项目检验

序号	项 目	合格质量标准	检验方法	检查数量
1	卷材搭接缝与收头质量	卷材防水层的搭接缝应粘（焊）结牢固，密封严密，不得有褶皱、翘边和鼓泡等缺陷；防水层的收头应与基层粘结并固定牢固，缝口封严，不得翘边	观察检查	按屋面面积每 $100m^2$ 抽查 1 处，每处 $10m^2$，且不得少于 3 处
2	卷材保护层	卷材防水层上的撒布材料和浅色涂料保护层应铺撒或涂刷均匀，粘结牢固；水泥砂浆、块材或细石混凝土保护层与卷材防水层间应设置隔离层；刚性保护层的分格缝留置应符合设计要求	观察检查	
3	排汽屋面孔道留置	排汽屋面的排汽道应纵横贯通，不得堵塞。排气管应安装牢固，位置正确，封闭严密	观察检查	
4	卷材铺贴方向及搭接宽度允许偏差	卷材的铺贴方向应正确，卷材搭接宽度的允许偏差为−10mm	观察和尺量检查	

技能要点 3：验收资料

(1) 材料质量证明文件（包括出厂合格证、质量检验报告和试验报告）。

(2) 材料代用核定文件。

(3) 隐蔽工程检查验收记录。

(4) 施工记录（包括施工检验记录、淋水或蓄水记录）。

(5) 技术交底记录。

(6) 工程质量验收记录。

技能图解 105　涂膜防水层

技能结构框线图

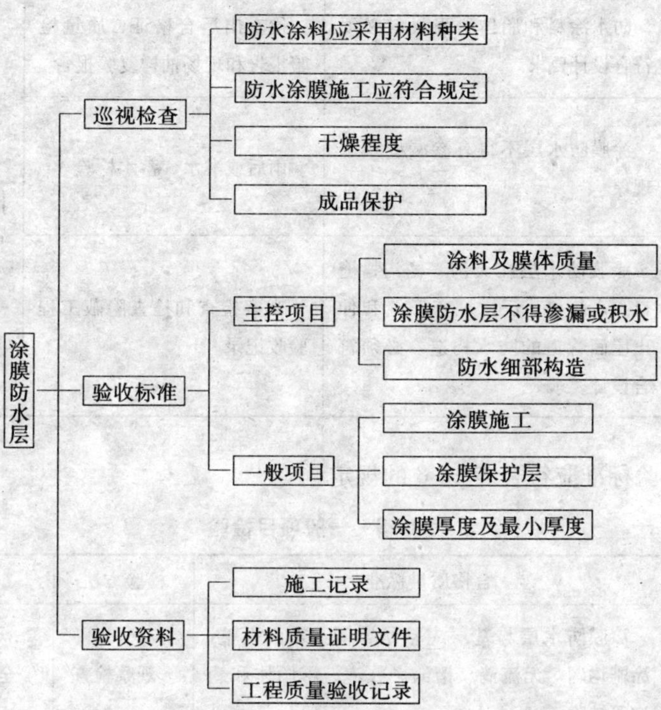

图 13-4　涂膜防水层

技能要点 1：巡视检查

(1) 防水涂料应采用高聚物改性沥青防水涂料、合成高分子防水涂料。

(2) 防水涂膜施工应符合下列规定。

①涂膜应根据防水涂料的品种分层分遍涂布，不得一次涂成。

②应待先涂的涂层干燥成膜后，方可涂后一遍涂料。

③需铺设胎体增强材料时，屋面坡度小于 15%时可平行屋脊铺设，屋面坡度大于 15%时应垂直于屋脊铺设。

④胎体长边搭接宽度不应小于 50mm，短边搭接宽度不应小于 70mm。

⑤采用二层胎体增强材料时，上下层不得相互垂直铺设，搭接缝应错开，其间距不应小于幅宽的 1/3。

(4) 屋面基层的干燥程度应视所用涂料特性确定。当采用溶剂型涂料时，屋面基层应干燥。

(5) 多组分涂料应按配合比准确计量，搅拌均匀，并应根据有效时间确定使用量。

(6) 天沟、檐沟、檐口、泛水和立面涂膜防水层的收头，应用防水涂料多遍涂刷或用密封材料封严。

(7) 涂膜防水层完工并经验收合格后，应做好成品保护。

技能要点 2：验收标准

(1) 主控项目检验标准应符合表 13-7 的规定。

表 13-7 主控项目检验

序号	项 目	合格质量标准	检验方法	检查数量
1	涂料及膜体质量	防水涂料和胎体增强材料必须符合设计要求	检查出厂合格证、质量检验报告和现场抽样复验报告	按屋面面积每 $100m^2$ 抽查 1 处，每处 $10m^2$，且不得少于 3 处
2	涂膜防水层不得渗漏或积水	涂膜防水层不得有渗漏或积水现象	雨后或淋水、蓄水检验	
3	防水细部构造	涂膜防水层在天沟、檐沟、檐口、水落口、泛水、变形缝和伸出屋面管道的防水构造，必须符合设计要求	观察检查和检查隐蔽工程验收记录	

(2) 一般项目检验标准应符合表 13-8 的规定。

表 13-8 一般项目检验

序号	项 目	合格质量标准	检验方法	检查数量
1	涂膜施工	涂膜防水层与基层应粘结牢固，表面平整，涂刷均匀，无流淌、褶皱、鼓泡、露胎体和翘边等缺陷	观察检查	全数检查
2	涂膜保护层	涂膜防水层上的撒布材料或浅色涂料保护层应铺撒或涂刷均匀，粘结牢固；水泥砂浆、块材或细石混凝土保护层与涂膜防水层间应设置隔离层；刚性保护层的分格缝留置应符合设计要求	观察检查	按屋面面积每 $100m^2$ 抽查 1 处，每处 $10m^2$，且不得少于 3 处
3	涂膜厚度及最小厚度	涂膜防水层的平均厚度应符合设计要求，最小厚度应不小于设计厚度的 80%	针测法或取样量测	

技能要点 3：验收资料

(1) 材料质量证明文件（包括出厂合格证、质量检验报告和试验报告）。
(2) 材料代用核定文件。
(3) 隐蔽工程检查验收记录。
(4) 施工记录（包括施工检验记录、淋水或蓄水记录）。
(5) 技术交底记录。
(6) 工程质量验收记录。

技能图解106　细石混凝土防水层

技能结构框线图

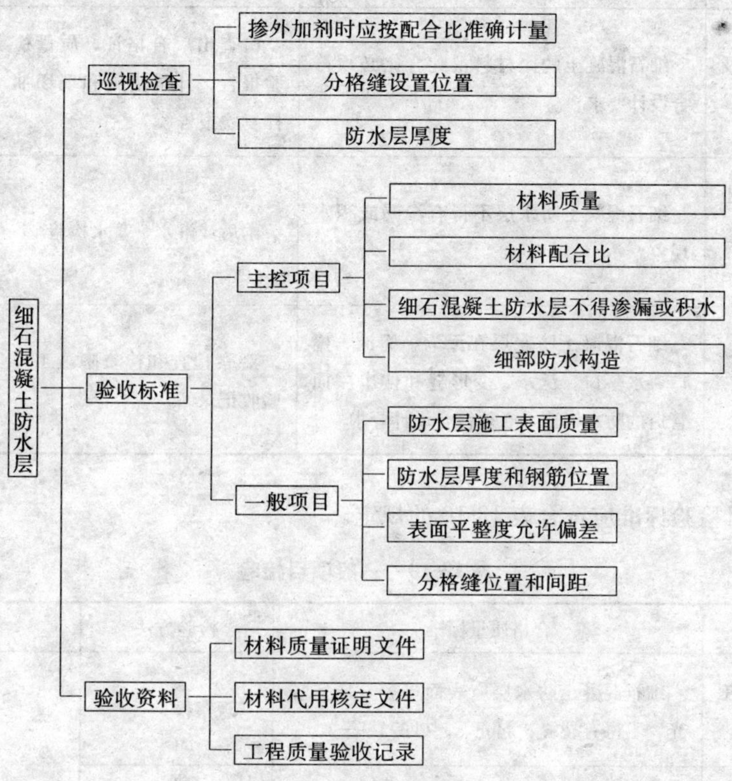

图13-5　细石混凝土防水层

技能要点1：巡视检查

（1）细石混凝土不得使用火山灰质水泥；当采用矿渣硅酸盐水泥时，应采用减少泌水性的措施。粗骨料含泥量不应大于1%，细骨料含泥量不应大于2%。

混凝土水灰比不应大于0.55；每立方米混凝土水泥用量不得少于330kg；含砂率宜为35%～40%；灰砂比宜为1∶2～1∶2.5，混凝土强度等级不应低于C20。

（2）混凝土中掺加膨胀剂、减水剂、防水剂等外加剂时，应按配合比准确计量，投料顺序得当，并应用机械搅拌，机械振捣。

（3）细石混凝土防水层的分格缝，应设在屋面板的支承端、屋面转折处、防水层与突出屋面结构的交接处，其纵横间距不宜大于6m。分格缝内应嵌填密封材料。

（4）细石混凝土防水层的厚度不应小于40mm，并应配置双向钢筋网片。钢筋网片在分格缝处应断开，其保护层厚度不应小于10mm。

（5）细石混凝土防水层与立墙及突出屋面结构等交接处，均应做柔性密封处理；细石混凝土防水层与基层间宜设置隔离层。

技能要点 2：验收标准

（1）主控项目检验标准应符合表 13-9 的规定。

表 13-9　主控项目检验

序号	项　目	合格质量标准	检验方法	检查数量
1	材料质量及配合比	细石混凝土的原材料及配合比必须符合设计要求	检查出厂合格证、质量检验报告、计量措施和现场抽样复验报告	按屋面面积每 $100m^2$ 抽查 1 处，每处不得少于 $10m^2$，且不得少于 3 处
2	细石混凝土防水层不得渗漏或积水	细石混凝土防水层不得有渗漏或积水现象	雨后或淋水、蓄水检验	
3	细部防水构造	细石混凝土防水层在天沟、檐沟、檐口、水落口、泛水、变形缝和伸出屋面管道的防水构造，必须符合设计要求	观察检查和检查隐蔽工程验收记录	

（2）一般项目检验标准应符合表 13-10 的规定。

表 13-10　一般项目检验

序号	项　目	合格质量标准	检验方法	检查数量
1	防水层施工表面质量	细石混凝土防水层应表面平整、压实抹光，不得有裂缝、起壳、起砂等缺陷	观察检查	同主控项目
2	防水层厚度和钢筋位置	细石混凝土防水层的厚度和钢筋位置应符合设计要求	观察和尺量检查	
3	分格缝位置和间距	细石混凝土分格缝的位置和间距应符合设计要求	观察和尺量检查	
4	表面平整度允许偏差	细石混凝土防水层表面平整度的允许偏差为 5mm	用 2m 靠尺和楔形塞尺检查	

技能要点 3：验收资料

（1）材料质量证明文件（包括出厂合格证、质量检验报告和试验报告）。

（2）材料代用核定文件。

（3）隐蔽工程检查验收记录。

（4）施工记录（包括施工检验记录、淋水或蓄水记录）。

（5）技术交底记录。

（6）工程质量验收记录。

技能图解107 刚性防水层屋面工程密封材料嵌缝

技能结构框线图

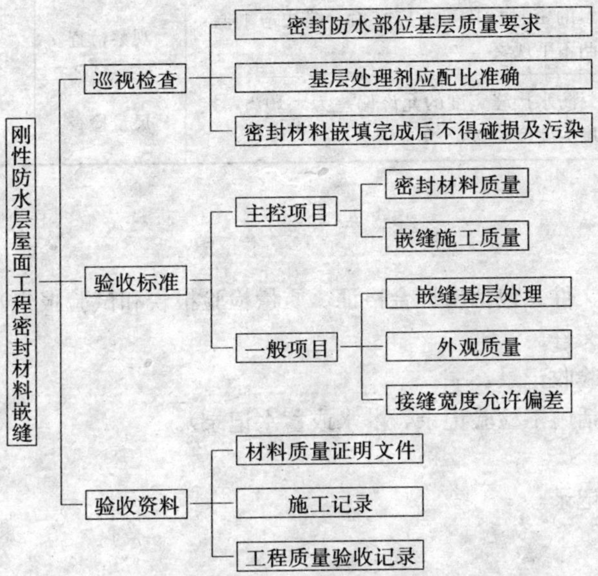

图13-6 刚性防水层屋面工程密封材料嵌缝

技能要点1：巡视检查

（1）密封防水部位的基层质量应符合下列要求。

①基层应牢固，表面应平整、密实，不得有蜂窝、麻面、起皮和起砂现象。

②嵌填密封材料的基层应干净、干燥。

（2）密封防水处理连接部位的基层，应涂刷与密封材料相配套的基层处理剂。基层处理剂应配比准确，搅拌均匀。采用多组分基层处理剂时，应根据有效时间确定使用量。

（3）接缝处的密封材料底部应填放背衬材料，外露的密封材料上应设置保护层，其宽度不应小于100mm。

（4）密封材料嵌填完成后不得碰损及污染，固化前不得踩踏。

技能要点2：验收标准

（1）主控项目检验标准应符合表13-11的规定。

表13-11 主控项目检验

序号	项目	合格质量标准	检验方法	检查数量
1	密封材料质量	密封材料的质量必须符合设计要求	检查产品出厂合格证、配合比和现场抽样复验报告	每50m应抽查1处，每处5m，且不得少于3处
2	嵌缝施工质量	密封材料嵌填必须密实、连续、饱满，粘结牢固，无气泡、开裂、脱落等缺陷	观察检查	

(2) 一般项目检验标准应符合表 13-12 的规定。

表 13-12 一般项目检验

序号	项 目	合格质量标准明	检验方法	检查数量
1	嵌缝基层处理	嵌填密封材料的基层应牢固、干净、干燥，表面应平整、密实	观察检查	每 50m 应抽查 1 处，每处 5m，且不得少于 3 处
2	外观质量	嵌填的密封材料表面应平滑，缝边应顺直，无凹凸不平现象	观察检查	
3	接缝宽度允许偏差	密封防水接缝宽度的允许偏差为±10%，接缝深度为宽度的 0.5～0.7 倍	尺量检查	

技能要点 3：验收资料

(1) 材料质量证明文件（包括出厂合格证、质量检验报告和试验报告）。
(2) 材料代用核定文件。
(3) 隐蔽工程检查验收记录。
(4) 施工记录（包括施工检验记录、淋水或蓄水记录）。
(5) 技术交底记录。
(6) 工程质量验收记录。

技能图解 108 平瓦屋面工程

技能结构框线图

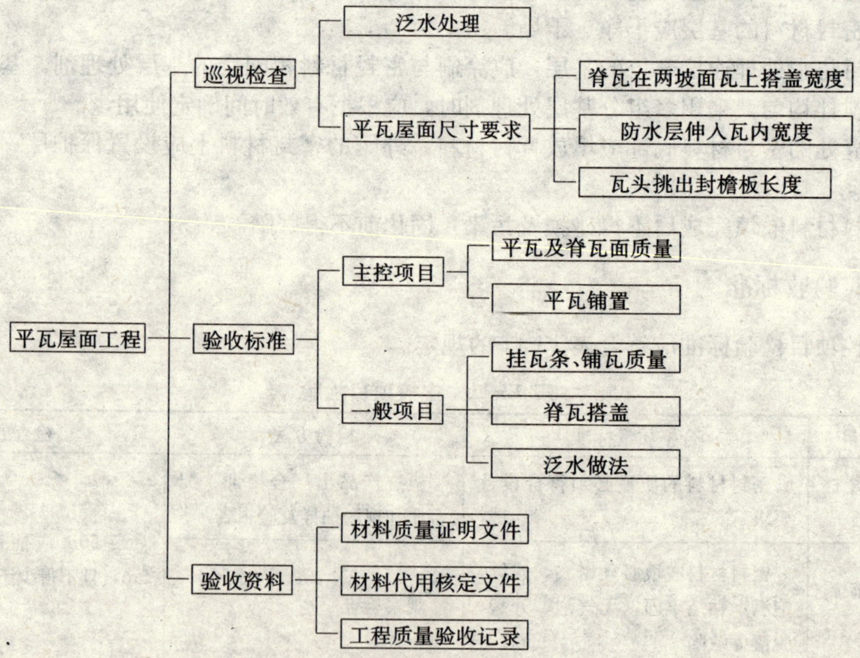

图 13-7 平瓦屋面工程

技能要点 1：巡视检查

（1）平瓦屋面与立墙及突出屋面结构等交接处，均应做泛水处理。天沟、檐沟的防水层，应采用合成高分子防水卷材、高聚物改性沥青防水卷材、沥青防水卷材、金属板材或塑料板材等材料铺设。

（2）平瓦屋面的有关尺寸应符合下列要求。

①脊瓦在两坡面瓦上的搭盖宽度，每边不小于 40mm。

②瓦伸入天沟、檐沟的长度为 50～70mm。

③天沟、檐沟的防水层伸入瓦内宽度不小于 150mm。

④瓦头挑出封檐板的长度为 50～70mm。

⑤突出屋面的墙或烟囱的侧面瓦伸入泛水宽度不小于 50mm。

技能要点 2：验收标准

（1）主控项目检验标准应符合表 13-13

表 13-13　主控项目检验

序号	项　目	合格质量标准	检验方法	检查数量
1	平瓦及脊瓦面质量	平瓦及其脊瓦的质量必须符合设计要求	观察检查和检查出厂合格证或质量检验报告	按屋面面积每 100m^2 抽查 1 处，每处 10m^2，且不得少于 3 处
2	平瓦铺置	平瓦必须铺置牢固。地震设防地区或坡度大于 50%的屋面，应采取固定加强措施	观察和手扳检查	

（2）一般项目检验标准应符合表 13-14 的规定。

表 13-14　一般项目检验

序号	项　目	合格质量标准	检验方法	检查数量
1	挂瓦条、铺瓦质量	挂瓦条应分档均匀，铺钉平整、牢固；瓦面平整，行列整齐，搭接紧密，檐口平直	观察检查	按屋面面积每 100m^2 抽查 1 处，每处 10m^2，且不得少于 3 处
2	脊瓦搭盖	脊瓦应搭盖正确，间距均匀，封固严密；屋脊和斜脊应顺直，无起伏现象	观察或手扳检查	
3	泛水做法	泛水做法应符合设计要求，顺直整齐，结合严密，无渗漏	观察检查和雨后或淋水检查	

技能要点 3：验收资料

（1）材料质量证明文件（包括出厂合格证、质量检验报告和试验报告）。

（2）材料代用核定文件。

（3）隐蔽工程检查验收记录。

（4）施工记录（包括施工检验记录、淋水或蓄水记录）。

（5）技术交底记录。

（6）工程质量验收记录。

技能图解 109　油毡瓦屋面工程

技能结构框线图

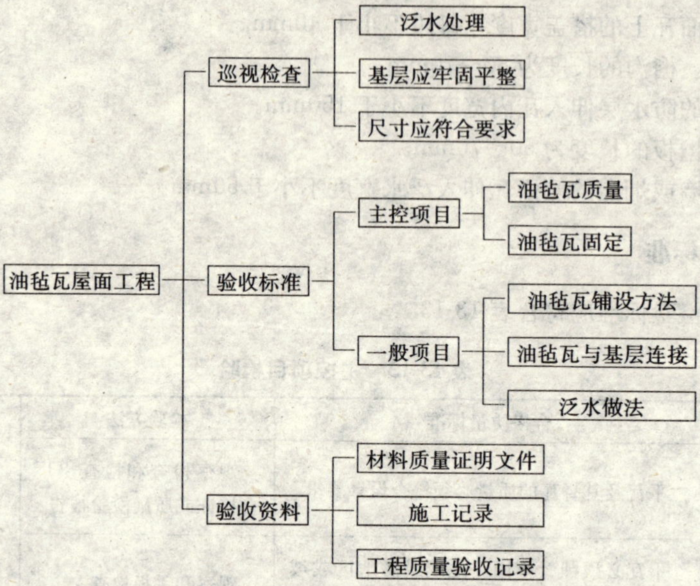

图 13-8　油毡瓦屋面工程

技能要点 1：巡视检查

（1）油毡瓦屋面与立墙及突出屋面结构等交接处，均应做泛水处理。

（2）油毡瓦的基层应牢固平整。如为混凝土基层，油毡瓦应用专用水泥钢钉与冷沥青玛琋脂粘结固定在混凝土基层上；如为木基层，铺瓦前应在木基层上铺设一层沥青防水卷材垫毡，用油毡钉铺钉，钉帽应盖在垫毡下面。

（3）油毡瓦屋面的有关尺寸应符合下列要求。

①脊瓦与两坡面油毡瓦搭盖宽度每边不小于 100mm。

②脊瓦与脊瓦的压盖面不小于脊瓦面积的 1/2。

③油毡瓦在屋面与突出屋面结构的交接处铺贴高度不小于 250mm。

技能要点 2：验收标准

（1）主控项目检验标准应符合表 13-15 的规定。

表 13-15　主控项目检验

序号	项　目	合格质量标准	检验方法	检查数量
1	油毡瓦质量	油毡瓦的质量必须符合设计要求	检查出厂合格证和质量检验报告	按屋面面积每 100m² 抽查 1 处，每处 10m²，且不得少于 3 处
2	油毡瓦固定	油毡瓦所用固定钉必须钉平、钉牢，严禁钉帽外露油毡瓦表面	观察检查	

（2）一般项目检验标准应符合表 13-16 的规定。

表 13-16　一般项目检验

序号	项　目	合格质量标准	检验方法	检查数量
1	油毡瓦铺设方法	油毡瓦的铺设方法应正确；油毡瓦之间的对缝，上下层不得重合	观察检查	按屋面面积每 100m² 抽查 1 处，每处 10m²，且不得少于 3 处
2	油毡瓦与基层连接	油毡瓦应与基层紧贴，瓦面平整，檐口顺直		
3	泛水做法	泛水做法应符合设计要求，顺直整齐，结合严密，无渗漏	观察检查和雨后或淋水检验	

技能要点 3：验收资料

（1）材料质量证明文件（包括出厂合格证、质量检验报告和试验报告）。

（2）材料代用核定文件。

（3）隐蔽工程检查验收记录。

（4）施工记录（包括施工检验记录、淋水或蓄水记录）。

（5）技术交底记录。

（6）工程质量验收记录。

技能图解 110　金属板材屋面工程

技能结构框线图

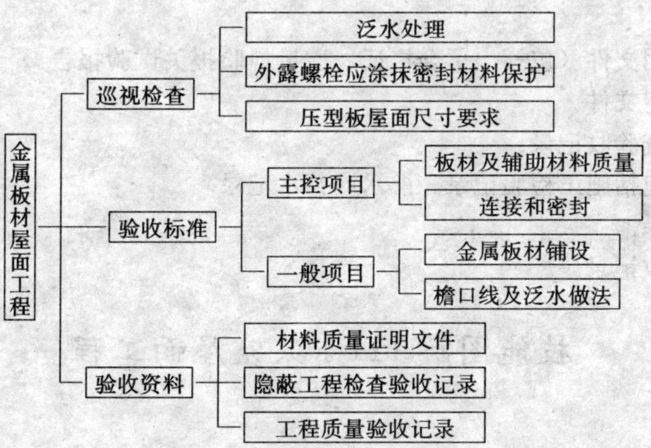

图 13-9　金属板材屋面工程

技能要点 1：巡视检查

（1）金属板材屋面与立墙及突出屋面结构等交接处，均应做泛水处理。两板间应放置通长密封条；螺栓拧紧后，两板的搭接口处应用密封材料封严。

（2）压型板应采用带防水垫圈的镀锌螺栓（螺钉）固定，固定点应设在波峰上。所有外露的螺栓（螺钉），均应涂抹密封材料保护。

（3）压型板屋面的有关尺寸应符合下列要求。

①压型板的横向搭接不小于一个波，纵向搭接不小于 200mm。

②压型板挑出墙面的长度不小于 200mm。

③压型板伸入檐沟内的长度不小于 150mm。

④压型板与泛水的搭接宽度不小于 200mm。

技能要点 2：验收标准

（1）主控项目检验标准应符合表 13-17 的规定。

表 13-17 主控项目检验

序号	项 目	合格质量标准	检验方法	检查数量
1	板材及辅助材料质量	金属板材及辅助材料的规格和质量，必须符合设计要求	检查出厂合格证和质量检验报告	按屋面面积每 $100m^2$ 抽查 1 处，每处 $10m^2$，且不得少于 3 处
2	连接和密封	金属板材的连接和密封处理必须符合设计要求，不得有渗漏现象	观察检查和雨后或淋水检验	

（2）一般项目检验标准应符合表 13-18 的规定。

表 13-18 一般项目检验

序号	项 目	合格质量标准	检验方法	检查数量
1	金属板材铺设	金属板材屋面应安装平整，固定方法正确，密封完整；排水坡度应符合设计要求	观察和尺量检查	按屋面面积每 $100m^2$ 抽查 1 处，每处 $10m^2$，且不得少于 3 处
2	檐口线及泛水做法	金属板材屋面的檐口线、泛水段应顺直，无起伏现象	观察检查	

技能要点 3：验收资料

（1）材料质量证明文件（包括出了合格证、质量检验报关试验报告。）

（2）材料代用核定文件。

（3）隐蔽工程检查验收记录。

（4）施工记录（包括施工检验记录、淋水或蓄水记录）。

（5）技术交底记录。

（6）工程质量验收记录。

技能图解 111 架空屋面工程

技能结构框线图

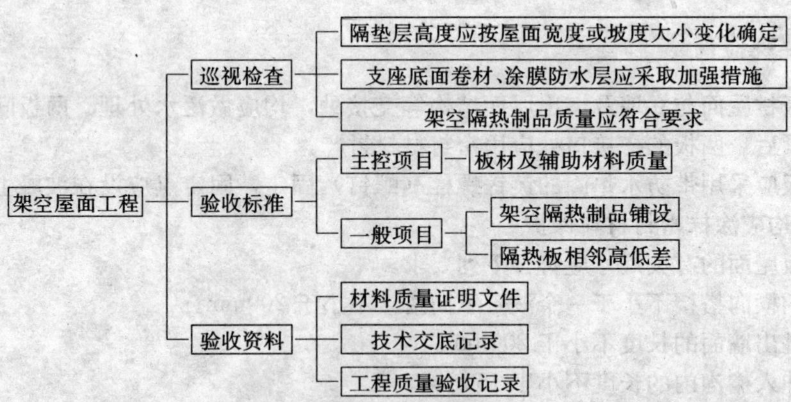

图 13-10 架空屋面工程

技能要点 1：巡视检查

（1）架空隔热层的高度应按照屋面宽度或坡度大小的变化确定。如设计无要求，一般以100～300mm 为宜。当屋面宽度大于 10m 时，应设置通风屋脊。

（2）架空隔热制品支座底面的卷材、涂膜防水层上应采取加强措施，操作时不得损坏已完工的防水层。

（3）架空隔热制品的质量应符合下列要求。

①非上人屋面的黏土砖强度等级不应低于 MU7.5；上人屋面的黏土砖强度等级不应低于 MU10。

②混凝土板的强度等级不应低于 C20，板内宜加放钢丝网片。

技能要点 2：验收标准

（1）主控项目检验标准应符合表 13-19 的规定。

表 13-19　主控项目检验

项　目	合格质量标准	检验方法	检查数量
板材及辅助材料质量	架空隔热制品的质量必须符合设计要求，严禁有断裂和露筋等缺陷	观察检查和检查构件合格证或试验报告	按屋面面积每 $100m^2$ 抽查 1 处，每处 $10m^2$，且不得少于 3 处

（2）一般项目检验标准应符合表 13-20 的规定。

表 13-20　一般项目检验

序号	项　目	合格质量标准	检验方法	检查数量
1	架空隔热制品铺设	架空隔热制品的铺设应平整、稳固，缝隙勾填应密实；架空隔热制品距山墙或女儿墙不得小于 250mm，架空层中不得堵塞，架空高度及变形缝做法应符合设计要求	观察和尺量检查	按屋面面积每 $100m^2$ 抽查 1 处，每处 $10m^2$，且不得少于 3 处
2	隔热板相邻高低差	相邻两块制品的高低差不得大于 3mm	用直尺和楔形塞尺检查	

技能要点 3：验收资料

（1）材料质量证明文件（包括出厂合格证、质量检验报告和试验报告）。

（2）材料代用核定文件。

（3）隐蔽工程检查验收记录。

（4）施工记录（包括施工检验记录、淋水或蓄水记录）。

（5）技术交底记录。

（6）工程质量验收记录。

技能图解 112　蓄水、种植屋面工程

技能结构框线图

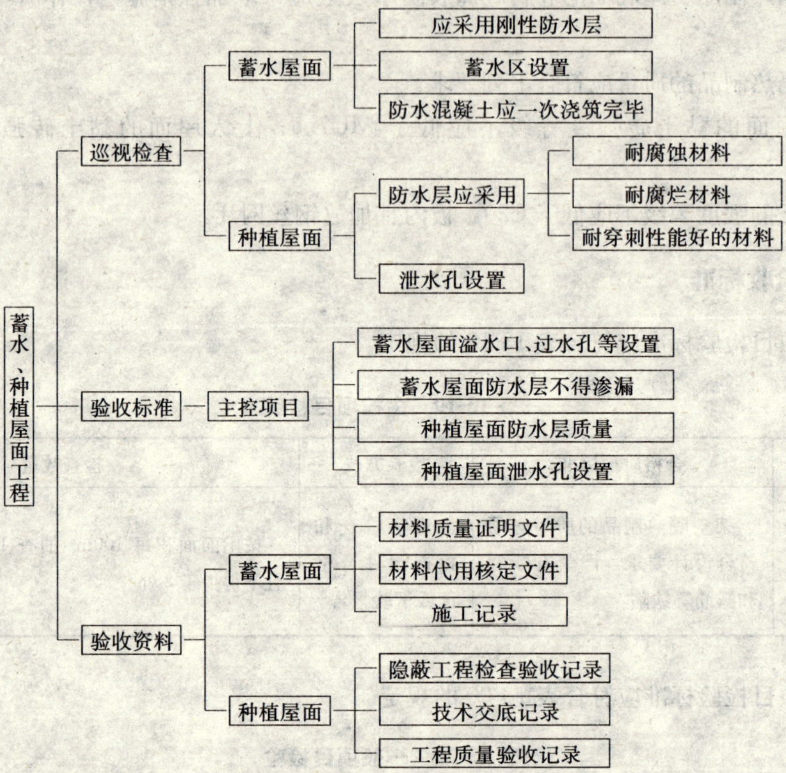

图 13-11　蓄水、种植屋面工程

技能要点 1：巡视检查

（1）蓄水屋面。

①蓄水屋面应采用刚性防水层或在卷材、涂膜防水层上面再做刚性防水层，防水层应采用耐腐蚀、耐霉烂、耐穿刺性能好的材料。

②蓄水屋面应划分为若干蓄水区，每区的边长不宜大于 10m，在变形缝的两侧应分成两个互不连通的蓄水区；长度超过 40m 的蓄水屋面应做横向伸缩缝一道。蓄水屋面应设置人行通道。

③蓄水屋面所设排水管、溢水口和给水管等，应在防水层施工前安装完毕。

④每个蓄水区的防水混凝土应一次浇筑完毕，不得留施工缝。

（2）种植屋面。

①种植屋面的防水层应采用耐腐蚀、耐霉烂、耐穿刺性能好的材料。

②种植屋面采用卷材防水层时，上部应设置细石混凝土保护层。

③种植屋面应有 1%～3%的坡度。种植屋面四周应设挡墙，挡墙下部应设泄水孔，孔内侧放置疏水粗细骨料。

④种植覆盖层的施工应避免损坏防水层；覆盖材料的厚度、质（重）量应符合设计要求。

技能要点 2：验收标准

主控项目检验标准应符合表 13-21 的规定。

表 13-21　主控项目检验

序号	项　目	合格质量标准	检验方法	检查数量
1	蓄水屋面溢水口、过水孔等设置	蓄水屋面上设置的溢水口、过水孔、排水管、溢水管，其大小、位置、标高的留设必须符合设计要求	观察和尺量检查	按屋面面积每 $100m^2$ 抽查 1 处，每处 $10m^2$，且不得少于 3 处
2	蓄水屋面防水层不得渗漏	蓄水屋面防水层施工必须符合设计要求，不得有渗漏现象	蓄水至规定高度观察检查	
3	种植屋面泄水孔设置	种植屋面挡墙泄水孔的留设必须符合设计要求，并不得堵塞	观察和尺量检验	
4	种植屋面防水层质量	种植屋面防水层施工必须符合设计要求，不得有渗漏现象	蓄水至规定高度观察检查	

技能要点 3：验收资料

（1）蓄水屋面。

①材料质量证明文件（包括出厂合格证、质量检验报告和试验报告）。

②材料代用核定文件。

③隐蔽工程检查验收记录。

④施工记录（包括施工检验记录、淋水或蓄水记录）。

（2）种植屋面。

①材料质量证明文件（包括出厂合格证、质量检验报告和试验报告）。

②材料代用核定文件。

③隐蔽工程检查验收记录。

④施工记录（包括施工检验记录、淋水或蓄水记录）。

⑤技术交底记录。

⑥工程质量验收记录。

技能图解 113　细部构造

技能结构框线图

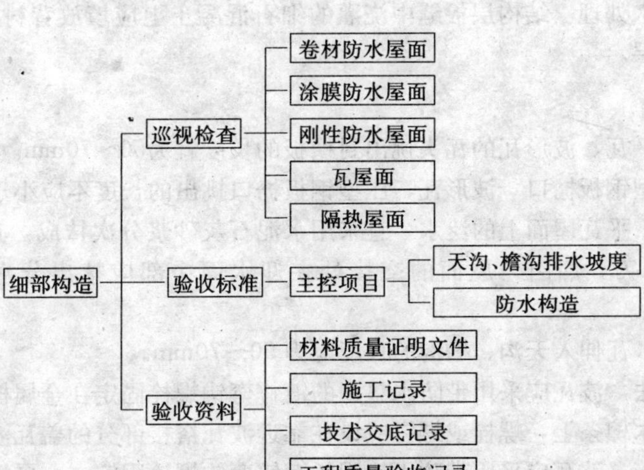

图 13-12　细部构造

技能要点1：巡视检查

1. 卷材防水屋面

(1) 檐沟　天沟、檐沟与屋面交接处的附加层宜空铺，空铺宽度应为200mm。

(2) 檐沟、卷材收头　天沟、檐沟卷材收头，应固定密封。

(3) 高低跨变形缝　高低跨内排水天沟与立墙交接处应采取能适应变形的密封处理。

(4) 无组织排水檐口　无组织排水檐口800mm范围内卷材应采取满粘法；卷材收头应固定密封。

(5) 伸出屋面管道　伸出屋面管道周围的找平层应做成圆锥台，管道与找平层间应留凹槽，并嵌填密封材料，防水层收头处应用金属箍箍紧，并用密封材料封严。

(6) 横式水落口　水落口周围直径500mm范围内坡度不应小于5%，并应用防水涂料或密封材料涂封，其厚度不应小于2mm。水落口杯与基层接触处应留宽20mm、深20mm凹槽，嵌填密封材料。

(7) 水平出入口　水平出入口防水层收头应压在踏步下，防水层的泛水应设刚性保护层。

2. 涂膜防水屋面

(1) 天沟、檐沟构造　天沟、檐沟与屋面交接处的附加层宜空铺，空铺宽度应为200～300mm。屋面设有保温层时，天沟、檐沟处宜铺设保温层。

(2) 檐沟构造　檐口处涂膜防水层的收头，应用防水涂料多遍涂刷或用密封材料封严。

(3) 泛水构造　泛水处的涂膜防水层宜直接涂刷至女儿墙的压顶下；收头处理应用防水涂料多遍涂刷封严。压顶应做防水处理。

(4) 变形构造　变形缝内应填充泡沫塑料或沥青麻丝，其上放衬垫材料，并用卷材封盖；顶部应加扣混凝土盖板或金属盖板。

3. 刚性防水屋面

(1) 分格缝构造　普通细石混凝土和补偿收缩混凝土防水层的分格缝宽度宜为20～40mm。分格缝中应嵌填密封材料，上部铺贴防水材料。

(2) 檐沟滴水　细石混凝土防水层与天沟、檐沟的交接处应留凹槽，并应用密封材料封严。

(3) 伸出屋面管道防水构造　伸出屋面管道与刚性防水层交接处应留设缝隙，用密封材料嵌填，并应加设柔性防水附加层；收头处应固定密封。

(4) 板缝密封防水处理　结构层板缝中浇灌的细石混凝土上应填放背衬材料，上部嵌填密封材料，并应设置保护层。

4. 瓦屋面

(1) 平瓦檐口　平瓦、波形瓦的瓦头挑出封檐板的长度宜为50～70mm。

(2) 波形瓦、压型钢板檐口　波形瓦、压型钢板檐口挑出的长度不应小于200mm。

(3) 烟囱根泛水　平瓦屋面上的泛水，宜采用水泥石灰砂浆分次抹成，其配合比宜为1∶1∶4，并应加1.5%的麻刀。烟囱与屋面的交接处在迎水面中部应抹出分水线，并应高出两侧各30mm。

(4) 天沟、檐沟　瓦伸入天沟、檐沟的长度应为50～70mm。

(5) 波瓦固定方法　波瓦应采用带防水垫圈的镀锌弯钩螺栓固定在金属檩条或混凝土檩条上，或用镀锌螺钉固定在木檩条上，螺栓或螺钉应设在靠近波瓦搭接部分的盖瓦波峰上。

(6) 相邻两瓦搭接　波瓦应采用带防水垫圈的镀锌弯钩螺栓固定在金属檩条或混凝土檩条上，或用镀锌螺钉固定在木檩条上，螺栓或螺钉应设在靠近波瓦搭接部分的盖瓦波峰上。

5. 隔热屋面

(1) 排汽出口构造　排汽出口应埋设排气管，排气管应设置在结构层上；穿过保温层的管壁应打排汽孔。

(2) 檐沟　天沟、檐沟与屋面交接处，屋面保温层的铺设应延伸到墙内，其伸入的长度不应小于墙厚的1/2。

(3) 倒置屋面板材、卵石保护层　倒置式屋面的保温层上面可采用混凝土等板材、水泥砂浆或卵石做保护层；卵石保护层与保温层之间应铺设纤维织物。

板状保护层可干铺，也可用水泥砂铺砌。

(4) 排水管过水孔构造　过水孔应设在分仓墙底部，排水管应与水落管连通。

技能要点2：验收标准

主控项目检验标准应符合表13-22的规定。

表13-22　主控项目检验

<table>
<tr><th>序号</th><th colspan="2">项　目</th><th>合格质量标准</th><th>检验方法</th><th>检查数量</th></tr>
<tr><td>1</td><td colspan="2">天沟、檐沟排水坡度</td><td>天沟、檐沟的排水坡度，必须符合设计要求</td><td>用水平仪（水平尺）、拉线和尺量检查</td><td rowspan="4">全数检查</td></tr>
<tr><td rowspan="3">2</td><td rowspan="3">防水构造</td><td>天沟、檐沟</td><td>天沟、檐沟的防水构造应符合下列要求：
(1) 沟内附加层在天沟、檐沟与屋面交接处宜空铺，空铺的宽度应不小于200mm。
(2) 卷材防水层应由沟底翻上至沟外檐顶部，卷材收头应用水泥钉固定，并用密封材料封严。
(3) 涂膜收头应用防水涂料多遍涂刷或用密封材料封严。
(4) 在天沟、檐沟与细石混凝土防水层的交接处，应留凹槽并用密封材料嵌填严密</td><td rowspan="3">观察检查和检查隐蔽工程验收记录</td></tr>
<tr><td>檐口</td><td>檐口的防水构造应符合下列要求：
(1) 铺贴檐口800mm范围内的卷材应采取满粘法。
(2) 卷材收头应压入凹槽，采用金属压条钉压，并用密封材料封口。
(3) 涂膜收头应用防水涂料多遍涂刷或用密封材料封严。
(4) 檐口下端应抹出鹰嘴和滴水槽</td></tr>
<tr><td>女儿墙</td><td>女儿墙泛水的防水构造应符合下列要求：
(1) 铺贴泛水处的卷材应采取满粘法。
(2) 砖墙上的卷材收头可直接铺压在女儿墙压顶下，压顶应做防水处理；也可压入砖墙凹槽内固定密封，凹槽距屋面找平层应不小于250mm，凹槽上部的墙体应做防水处理。
(3) 涂膜防水层应直接涂刷至女儿墙的压顶下，收头处理应用防水涂料多遍涂刷封严，压顶应做防水处理。
(4) 混凝土墙上的卷材收头应采用金属压条钉压，并用密封材料封严</td></tr>
</table>

表 13-22（续）

序号	项　目	合格质量标准		检验方法	检查数量
2	防水构造	水落口	水落口的防水构造应符合下列要求： （1）水落口杯上口的标高应设置在沟底的最低处。 （2）防水层贴入水落口杯内应不小于 50mm。 （3）水落口周围直径 500mm 范围内的坡度应不小于 5%，并采用防水涂料或密封材料涂封，其厚度应不小于 2mm。 （4）水落口杯与基层接触处应留宽 20mm、深 20mm 凹槽，并嵌填密封材料	观察检查和检查隐蔽工程验收记录	全数检查
		变形缝	变形缝的防水构造应符合下列要求： （1）变形缝的泛水高度应不小于 250mm。 （2）防水层应铺贴到变形缝两侧砌体的上部。 （3）变形缝内应填充聚苯乙烯泡沫塑料，上部填放衬垫材料，并用卷材封盖。 （4）变形缝顶部应加扣混凝土或金属盖板，混凝土盖板的接缝应用密封材料嵌填		
		模拟	伸出屋面管道的防水构造应符合下列要求： （1）管道根部直径 500mm 范围内，找平层应抹出高度不小于 30mm 的圆锥台。 （2）管道周围与找平层或细石混凝土防水层之间，应预留 20mm×20mm 的凹槽，并用密封材料嵌填严密。 （3）管道根部四周应增设附加层，宽度和高度均应不小于 300mm。 （4）管道上的防水层收头处应用金属箍紧固，并用密封材料封严		

技能要点 3：验收资料

（1）材料质量证明文件（包括出厂合格证、质量检验报告和试验报告）。
（2）材料代用核定文件。
（3）隐蔽工程检查验收记录。
（4）施工记录（包括施工检验记录、淋水或蓄水记录）。
（5）技术交底记录。
（6）工程质量验收记录。

第十四章　建筑装饰装修工程现场监理

技能图解 114　一般抹灰工程

技能结构框线图

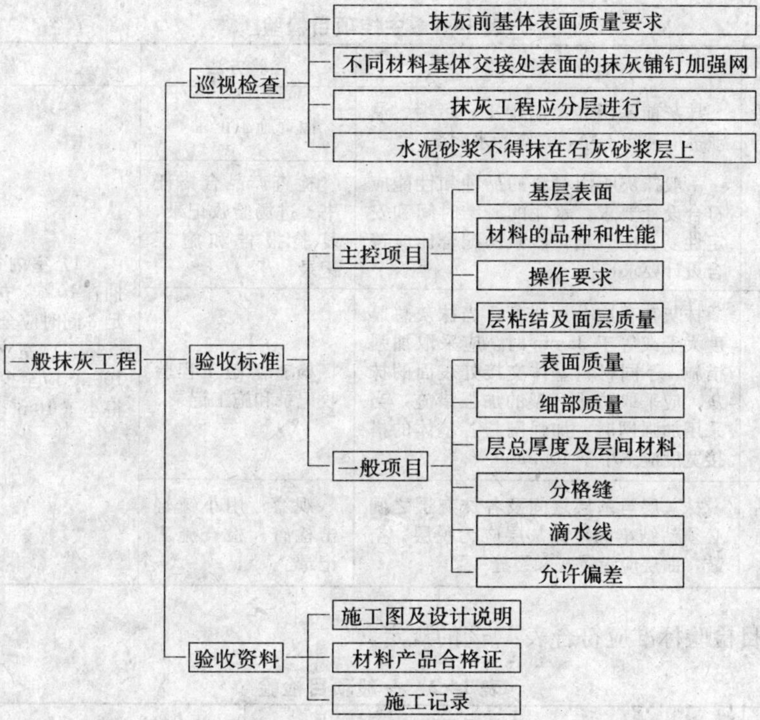

图 14-1　一般抹灰工程

技能要点 1：巡视检查

（1）抹灰前，砖石、混凝土等基体表面的灰尘、污垢和油渍等应清除干净，砌块的空壳层要凿掉，光滑的混凝土表面要进行斩毛处理，并洒水湿润。

（2）不同材料基体交接处表面的抹灰，应先铺钉加强网，加强网与各基体的搭接宽度不应小于 100mm。

（3）抹灰工程应分层进行，当抹灰总厚度≥35mm 时，应采取加强措施。

（4）各种砂浆抹灰层，在凝结前应防止快干、水冲、撞击振动和受冻，在凝结后应采取措施防止玷污和损坏。水泥砂浆抹灰层应在湿润条件下养护。

（5）当要求抹灰层具有防水、防潮功能时，应采用防水砂浆。当混凝土（包括预制和现浇）顶棚基体表面需要抹灰时，必须按设计要求对基体表面进行技术处理。

（6）水泥砂浆不得抹在石灰砂浆层上。

（7）抹灰的面层应在踢脚板、门窗贴脸板和挂镜线等木制品安装前进行涂抹。

（8）外墙和顶棚的抹灰层与基层之间及各抹灰层之间必须粘结牢固。

（9）板条、金属网顶棚和墙面的抹灰，应符合下列规定。

①底层和中层宜用麻刀石灰砂浆或纸筋石灰砂浆，各层应分遍成活，每遍厚度为3～6mm。

②底层砂浆应压入板条缝或网眼内，形成转脚结合牢固。

③顶棚的高级抹灰，应加钉长350～450mm的麻束，间距为400mm，交错布置，分遍按放射状梳理抹进中层砂浆内，待前一层七八成干后，方可涂抹后一层。

(10) 冬期施工中，抹灰砂浆应采取保温措施。抹灰时，砂浆的温度不宜低于5℃。各抹灰层硬化初期不得受冻。做油漆墙面的抹灰砂浆中，不得掺入食盐和氯化钙。

技能要点2：验收标准

(1) 主控项目检验标准应符合表14-1的规定。

表14-1 主控项目检验

序号	项目	合格质量标准	检验方法	检查数量
1	基层表面	抹灰前基层表面的尘土、污垢、油渍等应清除干净，并应洒水润湿	检查施工记录	(1) 室内每个检验批应至少抽查10%，并不得少于3间；不足3间时应全数检查。 (2) 室外每个检验批每100m² 应至少抽查一处，每处不得小于10m²
2	材料品种和性能	一般抹灰所用材料的品种和性能应符合设计要求。水泥的凝结时间和安定性复验应合格。砂浆的配合比应符合设计要求	检查产品合格证书、进场验收记录、复验报告和施工记录	
3	操作要求	抹灰工程应分层进行。当抹灰总厚度大于或等于35mm时，应采取加强措施。不同材料基体交接处表面的抹灰，应采取防止开裂的加强措施，当采用加强网时，加强网与各基体的搭接宽度应不小于100mm	检查隐蔽工程验收记录和施工记录	
4	层粘结及面层质量	抹灰层与基层之间及各抹灰层之间必须粘结牢固，抹灰层应无脱层、空鼓，面层应无爆灰和裂缝	观察；用小锤轻击检查；检查施工记录	

(2) 一般项目检验标准应符合表14-2的规定。

表14-2 一般项目检验

序号	项目	合格质量标准	检验方法	检查数量
1	表面质量	一般抹灰工程的表面质量应符合下列规定： (1) 普通抹灰表面应光滑、洁净、接槎平整，分格缝应清晰。 (2) 高级抹灰表面应光滑、洁净、颜色均匀、无抹纹，分格缝和灰线应清晰美观	观察；手摸检查	同主控项目
2	细部质量	护角、孔洞、槽、盒周围的抹灰表面应整齐、光滑；管道后面的抹灰表面应平整	观察	
3	层总厚度及层间材料	抹灰层的总厚度应符合设计要求；水泥砂浆不得抹在石灰砂浆层上；罩面石膏灰不得抹在水泥砂浆层上	检查施工记录	
4	分格缝	抹灰分格缝的设置应符合设计要求，宽度和深度应均匀，表面应光滑，棱角应整齐	观察；尺量检查	
5	滴水线(槽)	有排水要求的部位应做滴水线(槽)。滴水线(槽)应整齐顺直，滴水线应内高外低，滴水槽的宽度和深度均应不小于10mm	观察；尺量检查	
6	允许偏差	一般抹灰工程质量的允许偏差和检验方法应符合表14-3的规定	见表14-3	

（3）允许偏差应符合表 14-3 的规定。

表 14-3　一般抹灰的允许偏差和检验方法

项　次	项　目	允许偏差（mm）		检验方法
		普通抹灰	高级抹灰	
1	立面垂直度	4	3	用 2m 垂直检测尺检查
2	表面平整度	4	3	用 2m 靠尺和塞尺检查
3	阴阳角方正	4	3	用直角检测尺检查
4	分格条（缝）直线度	4	3	拉 5m 线，不足 5m 拉通线，用钢直尺检查
5	墙裙、勒脚上口直线度	4	3	拉 5m 线，不足 5m 拉通线，用钢直尺检查

注：1. 普通抹灰，本表序号 3 项阴阳角方正可不检查。

2. 顶棚抹灰，本表序号 2 项表面平整度可不检查，但应平顺。

3. 本表摘自《建筑装饰装修工程质量验收规范》（GB 50210—2001）。

技能要点 3：验收资料

（1）抹灰工程的施工图、设计说明及其他设计文件。

（2）材料的产品合格证书、性能检测报告、进场验收记录和复验报告。

（3）隐蔽工程验收记录。

（4）施工记录。

技能图解 115　装饰抹灰工程

技能结构框线图

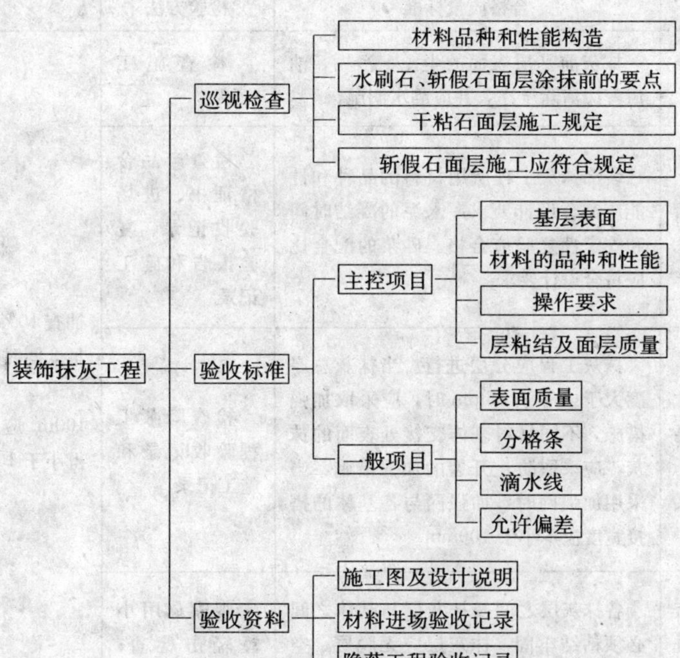

图 14-2　装饰抹灰工程

技能要点 1：巡视检查

(1) 当用普通水泥做水刷石、斩假石和干粘石时，在同一操作面上，应使用同厂家、同品种、同强度等级、同批量的水泥。所用的彩色石粒也应是同产地、同品种、同规格、同批量的，并应筛洗干净，要统一配料、干拌均匀。

(2) 水刷石、斩假石面层涂抹前，应在已浇水湿润的中层砂浆面上刮水泥浆（水灰比为0.37～0.40）一遍，以使面层与中层结合牢固。水刷石面层必须分遍拍平压实，石子应分布均匀、紧密。凝结前应用清水自上而下洗刷，并采取措施防止玷污墙面。

(3) 干粘石面层的施工，应符合下列规定。

①中层砂浆表面应先用水湿润，并刷水泥浆（水灰比为0.40～0.50）一遍，随即涂抹水泥砂浆（可掺入外加剂及少量石灰膏或少量纸筋石灰膏）粘结层。

②石粒粒径为4～6mm。

③水泥砂浆粘结层的厚度一般为4～6mm砂浆稠度不应大于8cm，将石粒粘在粘结层上，随即用滚子或抹子压平压实。石粒嵌入砂浆的深度不小于粒径的二分之一。

④水泥砂浆粘结层在硬化期间，应保持湿润。

⑤房屋底层不宜采用干粘石。

(4) 斩假石面层的施工，应符合下列规定。

①斩假石面层应赶平压实，斩剁前应经试剁，以石子不脱落为准。斩剁的方向要一致，剁纹要均匀。

②在墙角、柱子等边棱处，宜横剁出边条或留出窄小边条不剁。

技能要点 2：验收标准

(1) 主控项目检验标准应符合表14-4的规定。

表14-4 主控项目检验

序号	项目	合格质量标准	检验方法	检查数量
1	基层表面	抹灰前基层表面的尘土、污垢、油渍等应清除干净，并应洒水润湿	检查施工记录	(1) 室内每个检验批应至少抽查10%，并不得少于3间；不足3间时应全数检查。 (2) 室外每个检验批每100m² 应至少抽查1处，每处不得小于10m²
2	材料品种和性能	装饰抹灰工程所用材料的品种和性能应符合设计要求。水泥的凝结时间和安定性复验应合格。砂浆的配合比应符合设计要求	检查产品合格证书、进场验收记录、复验报告和施工记录	
3	操作要求	抹灰工程应分层进行。当抹灰总厚度大于或等于35mm时，应采取加强措施。不同材料基体交接处表面的抹灰，应采取防止开裂的加强措施，当采用加强网时，加强网与各基体的搭接宽度应不小于100mm	检查隐蔽工程验收记录和施工记录	
4	层粘结及面层质量	各抹灰层之间及抹灰层与基体之间必须粘结牢固，抹灰层应无脱层、空鼓和裂缝	观察；用小锤轻击检查；检查施工记录	

（2）一般项目检验标准应符合表 14-5 的规定。

表 14-5　一般项目检验

<table>
<tr><th>序　号</th><th>项　目</th><th>合格质量标准</th><th>检验方法</th><th>检查数量</th></tr>
<tr><td>1</td><td>表面质量</td><td>装饰抹灰工程的表面质量应符合下列规定：
（1）水刷石表面应石粒清晰、分布均匀、紧密平整、色泽一致，应无掉粒和接槎痕迹。
（2）斩假石表面剁纹应均匀顺直、深浅一致，应无漏剁处；阳角处应横剁并留出宽窄一致的不剁边条，棱角应无损坏。
（3）干粘石表面应色泽一致、不露浆、不漏粘，石粒应粘结牢固、分布均匀，阳角处应无明显黑边。
（4）假面砖表面应平整、沟纹清晰、留缝整齐、色泽一致，应无掉角、脱皮、起砂等缺陷</td><td>观察；手摸检查</td><td rowspan="4">（1）室内每个检验批应至少抽查 10%，并不得少于 3 间；不足 3 间时应全数检查。
（2）室外每个检验批每 100m² 应至少抽查 1 处，每处不得小于 10m²</td></tr>
<tr><td>2</td><td>分格条（缝）</td><td>装饰抹灰分格条（缝）的设置应符合设计要求，宽度和深度应均匀，表面应平整光滑，棱角应整齐</td><td>观察</td></tr>
<tr><td>3</td><td>滴水线</td><td>有排水要求的部位应做滴水线（槽）。滴水线（槽）应整齐顺直，滴水线应内高外低，滴水槽的宽度和深度均应不小于 10mm</td><td>观察尺量检查</td></tr>
<tr><td>4</td><td>允许偏差</td><td>装饰抹灰工程质量的允许偏差和检验方法应符合表 14-6 的规定</td><td>见表 14-6</td></tr>
</table>

（3）允许偏差应符合表 14-6 的规定。

表 14-6　装饰抹灰的允许偏差和检验方法

项　次	项　目	允许偏差（mm）				检验方法
		水刷石	斩假石	干粘石	假面砖	
1	立面垂直度	5	4	5	5	用 2m 垂直检测尺检查
2	表面平整度	3	3	5	4	用 2m 靠尺和塞尺检查
3	阳角方正	3	3	4	4	用直角检测尺检查
4	分格条（缝）直线度	3	3	3	3	拉 5m 线，不足 5m 拉通线，用钢直尺检查
5	墙裙、勒脚上口直线度	3	3	—	—	拉 5m 线，不足 5m 拉通线，用钢直尺检查

注：本表摘自《建筑装饰装修工程质量验收规范》（GB 50210—2001）。

技能要点 3：验收资料

（1）抹灰工程的施工图、设计说明及其他设计文件。

（2）材料的产品合格证书、性能检测报告、进场验收记录和复验报告。

（3）隐蔽工程验收记录。

（4）施工记录。

技能图解 116　木门窗制作与安装工程

技能结构框线图

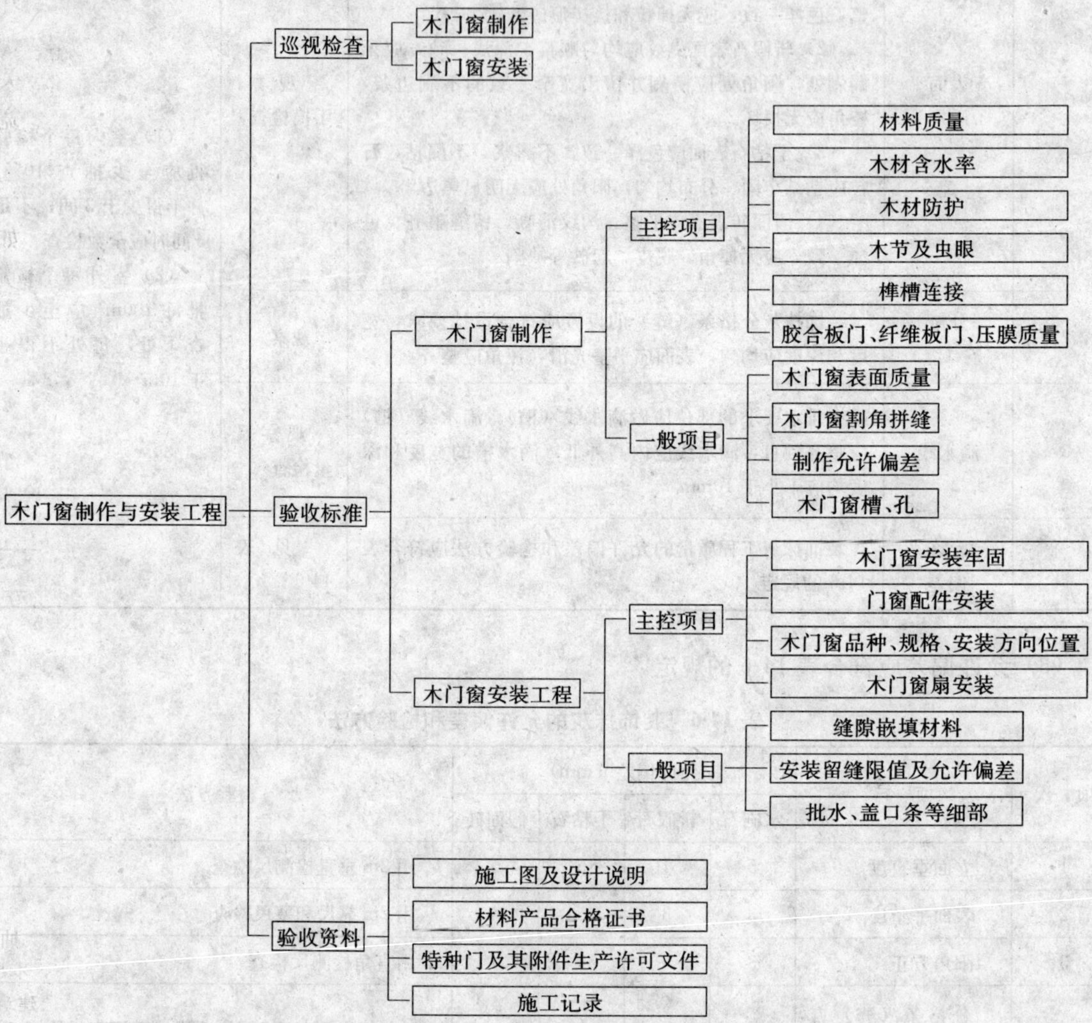

图 14-3　木门窗制作与安装工程

技能要点 1：巡视检查

(1) 木门窗制作。

①制作前必须选择符合设计要求的材料。

②严格控制木材的含水率。

③刨削木材应尽量控制一次刨削厚度，顺木纹方向刨削，避免戗茬，制作过程中应始终保持各构件（制品）表面及细部的平整、光洁，减少表面缺陷。

④门窗框和厚度大于 50mm 的门窗扇应用双榫连接。榫槽要紧密适宜，以利锤轻击顺利插入，才能达到榫槽嵌合严密；必须避免因过紧而产生榫槽处开裂的现象。榫槽用胶料胶结并用胶楔加紧。

⑤成型后的门窗框、扇表面应净光或磨光，其线角细部应整齐，对露出槽外的榫、楔应锯平。

（2）木门窗安装。

①将修刨好的门窗扇，用木楔临时立于门窗框中，排好缝隙后画出铰链位置。铰链位置距上、下边的距离宜是门扇宽度的1/10，这个位置对铰链受力比较有利，又可避开榫头。然后把扇取下来，用扇铲剔出铰链页槽。铰链页槽应外边浅，里边深，其深度应当是把铰链合上后与框、扇平正为准。剔好铰链槽后，将铰链放入，上下铰链各拧一颗螺丝钉把扇挂上，检查缝隙是否符合要求，扇与框是否齐平，扇能否关住。检查合格后，再把螺丝钉全部上齐。

②双扇门窗扇安装方法与单扇的安装基本相同，只是多一道工序——错口。双扇门应按开启方向看，右手门是盖口，左手门是等口。

③门窗扇安装好后要试开，其标准是：以开到那里就能停到那里为好，不能有自开或自关的现象。如果发现门窗扇在高、宽上有短缺的情况，高度上应将补钉的板条钉在下冒头下面，宽度上，在装铰链一边的梃上补钉板条。

④为了开关方便，平开扇上、下冒头最好刨成斜面。

门窗扇安装后要试验其启闭情况，以开启后能自然停止为好，不能有自开或自关现象。如果发现门窗在高、宽上有短缺，在高度上可将补钉板条钉于下冒头下面，在宽度上可在安装合页一边的梃上补钉板条。为使门窗开关方便，平开扇的上下冒头可刨成斜面。

技能要点2：验收标准

（1）木门窗制作。

①主控项目检验标准应符合表14-7的规定。

表14-7　主控项目检验

序　号	项　目	合格质量标准	检验方法	检查数量
1	材料质量	木门窗的木材品种、材质等级、规格、尺寸、框扇的线型及人造木板的甲醛含量应符合设计要求	观察；检查材料进场验收记录和复验报告	每个检验批应至少抽查5%，并不得少于3樘，不足3樘时应全数检查；高层建筑外窗，每个检验批应至少抽查10%，并不得少于6樘，不足6樘时应全数检查
2	木材含水率	木门窗应采用烘干的木材，含水率应符合《建筑木门、木窗》（JG/T 122）的规定	检查材料进场验收记录	
3	木材防护	木门窗的防火、防腐、防虫处理应符合设计要求	观察；检查材料进场验收记录	
4	木节及虫眼	木门窗的结合处和安装配件处不得有木节或已填补的木节。木门窗如有允许限值以内的死节及直径较大的虫眼时，应用同一材质的木塞加胶填补。对于清漆制品，木塞的木纹和色泽应与制品一致	观察	
5	榫槽连接	门窗框和厚度大于50mm的门窗扇应用双榫连接。榫槽应采用胶料严密嵌合，并应用胶楔加紧	观察；手扳检查	
6	胶合板门、纤维板门、压模质量	胶合板门、纤维板门和模压门不得脱胶。胶合板不得刨透表层单板，不得有戗槎。制作胶合板门、纤维板门时，边框和横楞应在同一平面上，面层、边框及横楞应加压胶结。横楞和上、下冒头应各钻两个以上的透气孔，透气孔应通畅	观察	

②一般项目检验标准应符合表 14-8 的规定。

表 14-8　一般项目检验

序　号	项　目	合格质量标准	检验方法	检查数量
1	木门窗表面质量	木门窗表面应洁净，不得有刨痕、锤印	观察	同主控项目
2	木门窗割角拼缝	木门窗的割角、拼缝应严密平整。门窗框、扇裁口应顺直，刨面应平整	观察	
3	木门窗槽、孔	木门窗上的槽、孔应边缘整齐，无毛刺	观察	
4	制作允许偏差	木门窗制作的允许偏差和检验方法应符合表 14-9 的规定		

③允许偏差应符合表 14-9 的规定。

表 14-9　木门窗制作的允许偏差和检验方法

项　次	项　目	构件名称	允许偏差（mm）		检验方法
			普通	高级	
1	翘曲	框	3	2	将框、扇平放在检查平台上，用塞尺检查
		扇	2	2	
2	对角线长度差	框、扇	3	2	用钢尺检查，框量裁口里角，扇量外角
3	表面平整度	扇	2	2	用 1m 靠尺和塞尺检查
4	高度、宽度	框	0；−2	0；−1	用钢尺检查，框量裁口里角，扇量外角
		扇	+2；0	+1；0	
5	裁门、线条结合处高低差	框、扇	1	0.5	用钢直尺和塞尺检查
6	相邻棂子两端间距	扇	2	1	用钢直尺检查

注：表中允许偏差栏中所列数值，凡注明正负号的，表示《建筑装饰装修工程施工质量验收规范》(GB 50210—2001) 对此偏差的不同方向有不同要求，应严格遵守。凡没有注明正负号的，即使其偏差可能具有方向性，但《建筑装饰装修工程施工质量验收规范》(GB 50210—2001) 并未对这类偏差的方向性作出规定，故检查时对这些偏差可以不考虑方向性要求。

(2) 木门窗安装工程。

①主控项目检验标准应符合表 14-10 的规定。

表 14-10　主控项目检验

序　号	项　目	合格质量标准	检验方法	检查数量
1	木门窗品种、规格、安装方向位置	木门窗的品种、类形、规格、开启方向、安装位置及连接方式应符合设计要求	观察；尺量检查；检查成品门的产品合格证书	每个检验批应至少抽查 5%，并不得少于 3 樘，不足 3 樘时应全数检查；高层建筑外窗，每个检验批应至少抽查 10%，并不得少于 6 樘，不足 6 樘时应全数检查
2	木门窗安装牢固	木门窗框的安装必须牢固。预埋木砖的防腐处理、木门窗框固定点的数量、位置及固定方法应符合设计要求	观察；手扳检查；检查隐蔽工程验收记录和施工记录	
3	木门窗扇安装	木门窗扇必须安装牢固，并应开关灵活，关闭严密，无倒翘	观察；开启和关闭检查；手扳检查	
4	门窗配件安装	木门窗配件的型号、规格、数量应符合设计要求，安装应牢固，位置应正确，功能应满足使用要求	观察；开启和关闭检查；手扳检查	

②一般项目检验（表 14-11）。

表 14-11　一般项目检验

序　号	项　目	合格质量标准	检验方法	检查数量
1	缝隙嵌填材料	木门窗与墙体间缝隙的填嵌材料应符合设计要求，填嵌应饱满。寒冷地区外门窗（或门窗框）与砌体间的空隙应填充保温材料	轻敲门窗框检查；检查隐蔽工程验收记录和施工记录	
2	批水、盖口条等细部	木门窗批水、盖口条、压缝条、密封条的安装应顺直、与门窗结合应牢固、严密	观察；手扳检查	同主控项目
3	安装留缝限值及允许偏差	木门窗安装的留缝限值、允许偏差和检验方法应符合表 14-12 的规定	见表 14-12	

（3）允许偏差应符合表 14-12 的规定。

表 14-12　木门窗安装的留缝限值、允许偏差和检验方法

项　次	项　目		留缝限值（mm）		允许偏差（mm）		检验方法
			普通	高级	普通	高级	
1	门窗槽口对角线长度差		—	—	3	2	用钢尺检查
2	门窗框的正、侧面垂直度		—	—	2	1	用 1m 垂直检测尺检查
3	框与扇、扇与扇接缝高低差		—	—	2	1	用钢直尺和塞尺检查
4	门窗扇对口缝		1～2.5	1.5～2	—	—	
5	工业厂房双扇大门对口缝		2～5	—	—	—	
6	门窗扇与上框间留缝		1～2	1～1.5	—	—	
7	门窗扇与侧框间留缝		1～2.5	1～1.5	—	—	用塞尺检查
8	窗扇与下框间留缝		2～3	2～2.5	—	—	
9	门扇与下框间留缝		3～5	3～4	—	—	
10	双层门窗内外框间距		—	—	4	3	用钢尺检查
11	无下框时门扇与地面间留缝	外门	4～7	5～6	—	—	
		内门	5～8	6～7	—	—	用塞尺检查
		卫生间门	8～12	8～10	—	—	
		厂房大门	10～20	—	—	—	

注：1. 表中除给出允许偏差外，对留缝尺寸等给出了尺寸限值。考虑到所给尺寸限值是一个范围，故不再给出允许偏差。

2. 表中允许偏差栏中所列数值，凡注明正负号的，表示《建筑装饰装修工程施工质量验收规范》（GB 50210—2001）对此偏差的不同方向有不同要求，应严格遵守。凡没有注明正负号的，即使其偏差可能具有方向性，但《建筑装饰装修工程施工质量验收规范》（GB 50210—2001）并未对这类偏差的方向性作出规定，故检查时对这些偏差可以不考虑方向性要求。

3. 本表摘自《建筑装饰装修工程质量验收规范》（GB 50210—2001）。

技能要点 3：验收资料

（1）门窗工程的施工图、设计说明及其他设计文件。

（2）材料的产品合格证书、性能检测报告、进场验收记录和复验报告。

（3）特种门及其附件的生产许可文件。

（4）隐蔽工程验收记录。

（5）施工记录。

技能图解 117　清水砌体勾缝工程

技能结构框线图

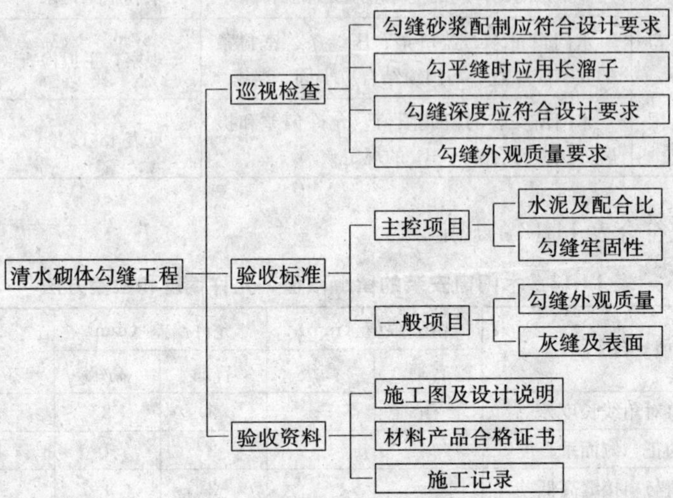

图 14-4　清水砌体勾缝工程

技能要点 1：巡视检查

(1) 勾缝前，将门窗台残缺的砖补砌好，然后用 1∶3 水泥砂浆将门窗框四周与墙之间的缝隙堵严塞实、抹平，应深浅一致。门窗框缝隙填塞材料应符合设计及规范要求。

(2) 堵脚手眼时需先将眼内残留砂浆及灰尘等清理干净，后洒水润湿，用同墙颜色一致的原砖补砌堵严。

(3) 勾缝砂浆配制应符合设计及相关要求，并且不宜拌制太稀。勾缝顺序应由上而下，先勾水平缝，然后勾立缝。

(4) 勾平缝时应使用长溜子，操作时左手拖灰板，右手执溜子，将拖灰板顶在要勾的缝的下口，用右手将灰浆推入缝内，自右向左喂灰，随勾随移动托灰板，勾完一段，用溜子在缝内左右推拉移动，勾缝溜子要保持立面垂直，将缝内砂浆赶平压实、压光，深浅一致。

(5) 勾立缝时用短溜子，左手将托灰板端平，右手拿小溜子将灰板上的砂浆用力压下（压在砂浆前沿），然后左手将托灰板扬起，右手将小溜子向前上方用力推起（动作要迅速），将砂浆叼起勾入主缝，这样可避免污染墙面。然后使溜子在缝中上下推动，将砂浆压实在缝中。

(6) 勾缝深度应符合设计要求，无设计要求时，一般可控制在 4～5mm 为宜。

(7) 每一操作段勾缝完成后，用笤帚顺缝清扫，先扫平缝，后扫立缝，并不断抖弹笤帚上的砂浆，减少墙面污染。

(8) 扫缝完成后，要认真检查一遍有无漏勾的墙缝，尤其检查易忽略，挡视线和不易操作的地方，发现漏勾的缝及时补勾。

(9) 勾缝工作全部完成后，应将墙面全面清扫，对施工中污染墙面的残留灰痕应用力扫净，如难以扫掉时用毛刷蘸水轻刷，然后仔细将灰痕擦洗掉，使墙面干净整洁。

技能要点 2：验收标准

(1) 主控项目检验标准应符合表 14-13 的规定。

表 14-13　主控项目检验

序　号	项　目	合格质量标准	检验方法	检查数量
1	水泥及配合比	清水砌体勾缝所用水泥的凝结时间和安定性复验应合格。砂浆的配合比应符合设计要求	检查复验报告和施工记录	（1）室内每个检验批应至少抽查10%，并不得少于3间；不足3间时应全数检查。 （2）室外每个检验批每 $100m^2$ 应至少抽查1处，每处不得小于 $10m^2$
2	勾缝牢固性	清水砌体勾缝应无漏勾。勾缝材料应粘结牢固、无开裂	观察	

（2）一般项目检验标准应符合表 14-14 的规定。

表 14-14　一般项目检验

序　号	项　目	合格质量标准	检验方法	检查数量
1	勾缝外观质量	清水砌体勾缝应横平竖直，交接处应平顺，宽度和深度应均匀，表面应压实抹平	观察；尺量检查	同主控项目
2	灰缝及表面	灰缝应颜色一致，砌体表面应洁净	观察	

技能要点 3：验收资料

（1）抹灰工程的施工图、设计说明及其他设计文件。

（2）材料的产品合格证书、性能检测报告、进场验收记录和复验报告。

（3）隐蔽工程验收记录。

（4）施工记录。

技能图解 118　金属门窗安装工程

技能结构框线图

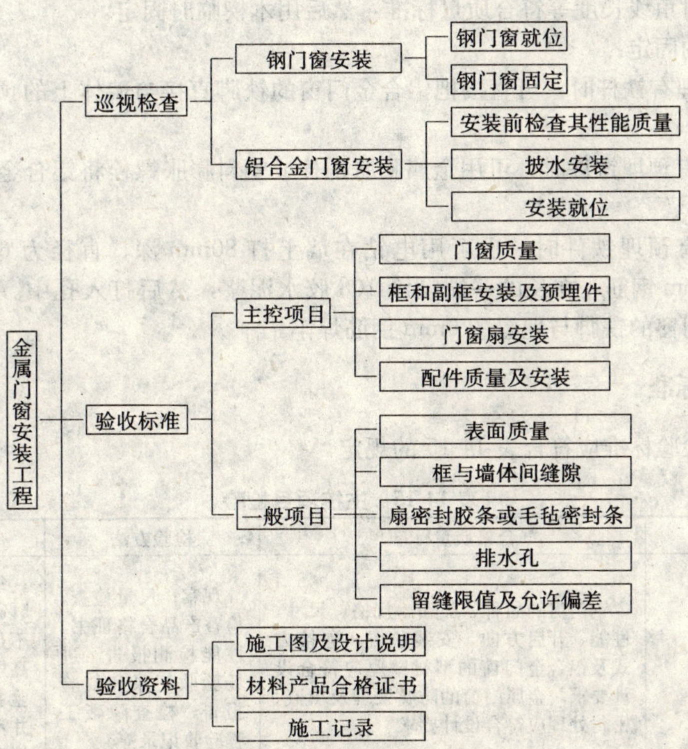

图 14-5　金属门窗安装工程

技能要点 1：巡视检查

（1）钢门窗安装。

①钢门窗就位：

a. 按图纸中要求的型号、规格及开启方向等，将所需要的钢门窗搬运到安装地点，并垫靠稳当。

b. 将钢门窗立于图纸要求的安装位置，用木楔临时固定，将其铁脚插入预留孔中，然后根据门窗边线、水平线及距外墙皮的尺寸进行支垫，并用托线板靠吊垂直。

c. 钢门窗就位时，应保证钢门窗上框距过梁要有 20mm 缝隙，框左右缝宽一致，距外墙皮尺寸符合图纸要求。

②钢门窗固定：

a. 钢门窗就位后，校正其水平和正、侧面垂直，然后将上框铁脚与过梁预埋件焊牢，将框两侧铁脚插入预留孔内，用水把预留孔内湿润，用 1∶2 较硬的水泥砂浆或 C20 细石混凝土将其填实后抹平。终凝前不得碰动框扇。

b. 三天后取出四周木楔，用 1∶2 水泥砂浆把框与墙之间的缝隙填实，与框同平面抹平。

c. 若为钢大门时，应将合页焊到墙中的预埋件上。要求每侧预埋件必须在同一垂直线上，两侧对应的预埋件必须在同一水平位置上。

（2）铝合金门窗安装。

①安装前应逐樘检查、核对其规格、型号、形式、表面颜色等，必须符合设计要求。铝合金门窗安装应采用预留洞口的方法施工，不得采用边安装边砌口或先安装后砌口的方法施工。

②对在搬运和堆放过程造成的质量问题，应经处理合格后，方可安装。

③铝合金窗披水安装　按施工图纸要求将披水固定在铝合金窗上，且要保证位置正确、安装牢固。

④铝合金门窗的安装就位　根据划好的门窗定位线，安装铝合金门窗框。并及时调整好门窗框的水平、垂直及对角线长度等符合质量标准，然后用木楔临时固定。

⑤铝合金门窗的固定：

a. 当墙体上预埋有铁杆时，可直接把铝合金门窗的铁脚直接与墙体上的预埋铁件焊牢，焊接处需做防锈处理。

b. 当墙体上没有预埋铁件时，可用金属膨胀螺栓或塑料膨胀螺栓将铝合金门窗的铁脚固定到墙上。

c. 当墙体上没有预埋铁件时，也可用电钻在墙上打 80mm 深、直径为 6mm 的孔，用 L 型 80mm×50mm 的 6mm 钢筋。在长的一端粘涂 108 胶水泥浆，然后打入孔中。待 108 胶水泥浆终凝后，再将铝合金门窗的铁脚与埋置的 6mm 钢筋焊牢。

技能要点 2：验收标准

（1）主控项目检验标准应符合表 14-15 的规定。

表 14-15　主控项目检验

序　号	项　目	合格质量标准	检验方法	检查数量
1	门窗质量	钢门窗的品种、类形、规格、尺寸、性能、开启方向、安装位置、连接方式及铝合金门窗的型材壁厚应符合设计要求。金属门窗的防腐处理及填嵌、密封处理应符合设计要求	观察；尺量检查；检查产品合格证书、性能检测报告、进场验收记录和复验报告；检查隐蔽工程验收记录	每个检验批应至少抽查 5%，并不得少于 3 樘，不足 3 樘时应全数检查；高层建筑的外窗，每个检验批应至少抽查 10%，并不得少于 6 樘，不足 6 樘时应全数检查

表 14-15（续）

序　号	项　目	合格质量标准	检验方法	检查数量
2	框和副框安装及预埋件	钢门窗框和副框的安装必须牢固。预埋件的数量、位置、埋设方式、与框的连接方式必须符合设计要求	手扳检查；检查隐蔽工程验收记录	每个检验批应至少抽查5%，并不得少于3樘，不足3樘时应全数检查；高层建筑的外窗，每个检验批应至少抽查10%，并不得少于6樘，不足6樘时应全数检查
3	门窗扇安装	钢门窗扇必须安装牢固，并应开关灵活、关闭严密，无倒翘。推拉门窗扇必须有防脱落措施	观察；开启和关闭检查；手扳检查	
4	配件质量及安装	钢门窗配件的型号、规格、数量应符合设计要求，安装应牢固，位置应正确，功能应满足使用要求	观察；开启和关闭检查；手扳检查	

（2）一般项目检验标准应符合表 14-16 的规定。

表 14-16　一般项目检验

序　号	项　目	合格质量标准	检验方法	检查数量
1	表面质量	钢门窗表面应洁净、平整、光滑、色泽一致，无锈蚀。大面应无划痕、碰伤。漆膜或保护层应连续	观察	同主控项目
2	框与墙体间缝隙	钢门窗框与墙体之间的缝隙应填嵌饱满，并采用密封胶密封。密封胶表面应光滑、顺直，无裂纹	观察；轻敲门窗框检查；检查隐蔽工程验收记录	
3	扇密封胶条或毛毡密封条	钢门窗扇的橡胶密封条或毛毡密封条应安装完好，不得脱槽	观察；开启和关闭检查	
4	排水孔	有排水孔的钢门窗，排水孔应畅通，位置和数量应符合设计要求	观察	
5	留缝限值和允许偏差	金属门窗安装的留缝限值、允许偏差和检验方法应符合表 14-17 至表 14-19 的规定	见表 14-17 至表 14-19	

（3）允许偏差应符合表 14-17 的规定。

表 14-17　钢门窗安装的留缝限值、允许偏差和检验方法

项　次	项　目		留缝限值（mm）	允许偏差（mm）	检验方法
1	门窗槽口宽度、高度	≤1500mm	—	2.5	用钢尺检查
		＞1500mm	—	3.5	
2	门窗槽口对角线长度差	≤2000mm	—	5	用钢尺检查
		＞2000mm	—	6	
3	门窗框的正、侧面垂直度		—	3	用 1m 垂直检测尺检查
4	门窗横框的水平度		—	3	用 1m 水平尺和塞尺检查
5	门窗横框标高		—	5	用钢尺检查

表 14-17（续）

项　次	项　目	留缝限值（mm）	允许偏差（mm）	检验方法
6	门窗竖向偏离中心	—	4	用钢尺检查
7	双层门窗内外框间距	—	5	用钢尺检查
8	门窗框、扇配合间隙	≤2	—	用塞尺检查
9	无下框时门扇与地面间留缝	4～8	—	用塞尺检查

注：1. 表中允许偏差栏中所列数值，凡注明正负号的，表示《建筑装饰装修工程施工质量验收规范》（GB 50210—2001）对此偏差的不同方向有不同要求，应严格遵守。凡没有注明正负号的，即使其偏差可能具有方向性，但《建筑装饰装修工程施工质量验收规范》（GB 50210—2001）并未对这类偏差的方向性作出规定，故检查时对这些偏差可以不考虑方向性要求。

2. 本表摘自《建筑装饰装修工程质量验收规范》（GB 50210—2001）。

表 14-18　铝合金门窗安装的允许偏差和检验方法

项　次	项　目		允许偏差（mm）	检验方法
1	门窗槽口宽度、高度	≤1500mm	1.5	用钢尺检查
		>1500mm	2	
2	门窗槽口对角线长度差	≤2000mm	3	用钢尺检查
		>2000mm	4	
3	门窗框的正、侧面垂直度		2.5	用垂直检测尺检查
4	门窗横框的水平度		2	用 1m 水平尺和塞尺检查
5	门窗横框标高		5	用钢尺检查
6	门窗竖向偏离中心		5	用钢尺检查
7	双层门窗内外框间距		4	用钢尺检查
8	推拉门窗扇与框搭接量		1.5	用钢直尺检查

注：1. 表中允许偏差栏中所列数值，凡注明正负号的，表示《建筑装饰装修工程施工质量验收规范》（GB 50210—2001）对此偏差的不同方向有不同要求，应严格遵守。凡没有注明正负号的，即使其偏差可能具有方向性，但《建筑装饰装修工程施工质量验收规范》（GB 50210—2001）并未对这类偏差的方向性作出规定，故检查时对这些偏差可以不考虑方向性要求。

2. 本表摘自《建筑装饰装修工程质量验收规范》（GB 50210—2001）。

表 14-19　涂色镀锌钢板门窗安装的允许偏差和检验方法

项　次	项　目		允许偏差（mm）	检验方法
1	门窗槽口宽度、高度	≤1500mm	2	用钢尺检查
		>1500mm	3	
2	门窗槽口对角线长度差	≤2000mm	4	用钢尺检查
		>2000mm	5	
3	门窗框的正、侧面垂直度		3	用垂直检测尺检查
4	门窗横框的水平度		3	用 1m 水平尺和塞尺检查
5	门窗横框标高		5	用钢尺检查
6	门窗竖向偏离中心		5	用钢尺检查
7	双层门窗内外框间距		4	用钢尺检查
8	推拉门窗扇与框搭接量		2	用钢直尺检查

注：表中允许偏差栏中所列数值，凡注明正负号的，表示《建筑装饰装修工程施工质量验收规范》（GB 50210—2001）对此偏差的不同方向有不同要求，应严格遵守。凡没有注明正负号的，即使其偏差可能具有方向性，但《建筑装饰装修工程施工质量验收规范》（GB 50210—2001）并未对这类偏差的方向性作出规定，故检查时对这些偏差可以不考虑方向性要求。

技能要点 3：验收资料

(1) 门窗工程的施工图、设计说明及其他设计文件。

(2) 材料的产品合格证书、性能检测报告、进场验收记录和复验报告。

(3) 特种门及其附件的生产许可文件。

(4) 隐蔽工程验收记录。

(5) 施工记录。

技能图解 119　塑料门窗安装工程

技能结构框线图

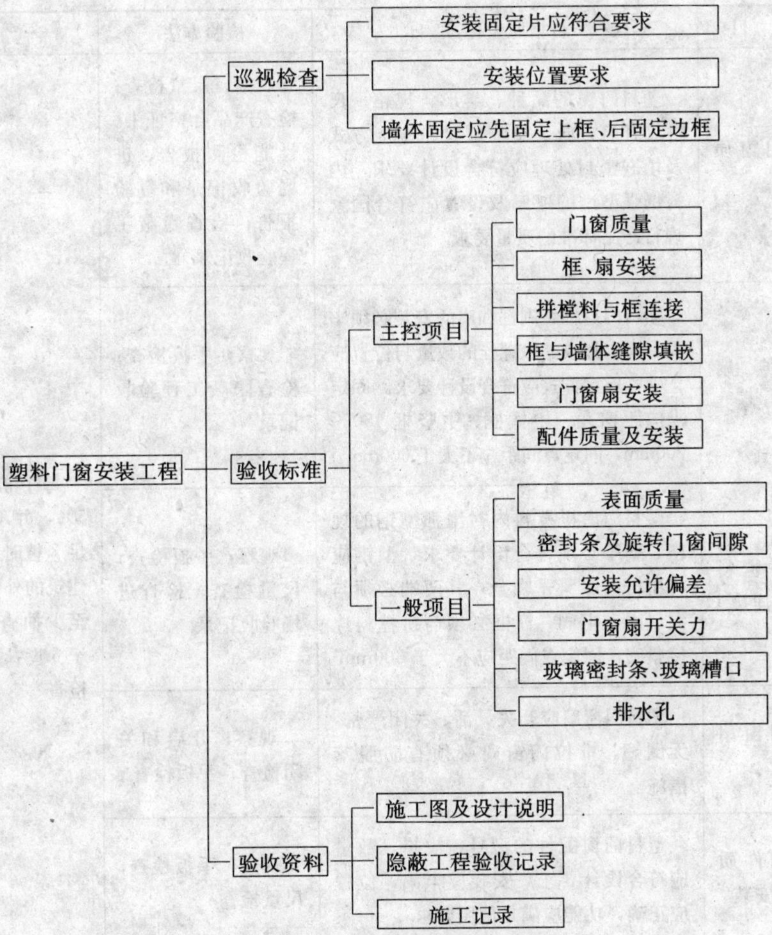

图 14-6　塑料门窗安装工程

技能要点 1：巡视检查

(1) 在门窗的上框及边框上安装固定片，其安装应符合下列要求。

①检查门窗框上下边的位置及其内外朝向，并确认无误后，再安固定片。安装时应先采用直径为 $\phi3.2$ 的钻头钻孔，然后将十字槽盘端头自攻 M4×20 拧入，严禁直接锤击钉入。

②固定片的位置应距门窗角、中竖框、中横框 150～200mm，固定片之间的间距应不大于600mm。不得将固定片直接装在中横框、中竖框的档头上。

(2) 根据设计图纸及门窗扇的开启方向，确定门窗框的安装位置，并把门窗框装入洞口，并使其上下框中线与洞口中线对齐。

安装时应采取防止门窗变形的措施。无下框平开门应使两边框的下脚低于地面标高线 30mm。带下框的平开门或推拉门应使下框低于地面标高线 10mm。然后将上框的一个固定片固定在墙体上，并应调整门框的水平度、垂直度和直角度，用木楔临时固定。当下框长度大于 0.9m 时，其中间也用木楔塞紧。然后调整垂直度、水平度及直角度。

(3) 当门窗与墙体固定时，应先固定上框，后固定边框。

技能要点 2：验收标准

(1) 主控项目检验标准应符合表 14-20 的规定。

表 14-20 主控项目检验

序 号	项 目	合格质量标准	检验方法	检查数量
1	门窗质量	塑料门窗的品种、类形、规格、尺寸、开启方向、安装位置、连接方式及填嵌密封处理应符合设计要求，内衬增强型钢的壁厚及设置应符合国家现行产品标准的质量要求	观察；尺量检查；检查产品合格证书、性能检测报告、进场验收记录和复验报告；检查隐蔽工程验收记录	每个检验批应至少抽查 5%，并不得少于 3 樘，不足 3 樘时应全数检查；高层建筑的外窗，每个检验批应至少抽查 10%，并不得少于 6 樘，不足 6 樘时应全数检查
2	框、扇安装	塑料门窗框、副框和扇的安装必须牢固。固定片或膨胀螺栓的数量与位置应正确，连接方式应符合设计要求。固定点应距窗角、中横框、中竖框 150～200mm，固定点间距应不大于 600mm	观察；手扳检查；检查隐蔽工程验收记录	
3	拼樘料与框连接	塑料门窗拼樘料内衬增强型钢的规格、壁厚必须符合设计要求，型钢应与型材内腔紧密吻合，其两端必须与洞口固定牢固。窗框必须与拼樘料连接紧密，固定点间距应不大于 600mm	观察；手扳检查；尺量检查；检查进场验收记录	
4	门窗扇安装	塑料门窗扇应开关灵活、关闭严密，无倒翘。推拉门窗扇必须有防脱落措施	观察；开启和关闭检查；手扳检查	
5	配件质量及安装	塑料门窗配件的型号、规格、数量应符合设计要求，安装应牢固，位置应正确，功能应满足使用要求	观察；手扳检查；尺量检查	
6	框与墙体缝隙填嵌	塑料门窗框与墙体间缝隙应采用闭孔弹性材料填嵌饱满，表面应采用密封胶密封。密封胶应粘结牢固，表面应光滑、顺直、无裂纹	观察；检查隐蔽工程验收记录	

(2) 一般项目检验标准应符合表 14-21 的规定。

表 14-21　一般项目检验

序　号	项　目	合格质量标准	检验方法	检查数量
1	表面质量	塑料门窗表面应洁净、平整、光滑，大面应无划痕、碰伤	观察	同主控项目
2	密封条及旋转门窗间隙	塑料门窗扇的密封条不得脱槽。旋转窗间隙应基本均匀		
3	门窗扇开关力	塑料门窗扇的开关力应符合下列规定： （1）平开门窗扇平铰链的开关力应不大于80N；滑撑铰链的开关力应不大于 80N，并不小于 30N。 （2）推拉门窗扇的开关力应不大于 100N	观察；用弹簧秤检查	
4	玻璃密封条、玻璃槽口	玻璃密封条与玻璃及玻璃槽口的接缝应平整，不得卷边、脱槽	观察	
5	排水孔	排水孔应畅通，位置和数量应符合设计要求		
6	安装允许偏差	塑料门窗安装的允许偏差和检验方法应符合表 14-22 的规定	见表 14-22	

（3）允许偏差应符合表 14-22 的规定。

表 14-22　塑料门窗安装的允许偏差和检验方法

项　次	项　目		允许偏差（mm）	检验方法
1	门窗槽口宽度、高度	≤1500mm	2	用钢尺检查
		>1500mm	3	
2	门窗槽口对角线长度差	≤2000mm	3	用钢尺检查
		>2000mm	5	
3	门窗框的正、侧面垂直度		3	用 1m 垂直检测尺检查
4	门窗横框的水平度		3	用 1m 水平尺和塞尺检查
5	门窗横框标高		5	用钢尺检查
6	门窗竖向偏离中心		5	用钢直尺检查
7	双层门窗内外框间距		4	用钢尺检查
8	同樘平开门窗相邻扇高度差		2	用钢直尺检查
9	平开门窗铰链部位配合间隙		+2；−1	用塞尺检查
10	推拉门窗扇与框搭接量		+1.5；−2.5	用钢直尺检查
11	推拉门窗扇与竖框平行度		2	用 1m 水平尺和塞尺检查

注：本表摘自《建筑装饰装修工程质量验收规范》（GB 50210—2001）。

技能要点 3：验收资料

（1）门窗工程的施工图、设计说明及其他设计文件。

（2）材料的产品合格证书、性能检测报告、进场验收记录和复验报告。

（3）特种门及其附件的生产许可文件。

（4）隐蔽工程验收记录。

（5）施工记录。

技能图解120 特种门窗安装工程

技能结构框线图

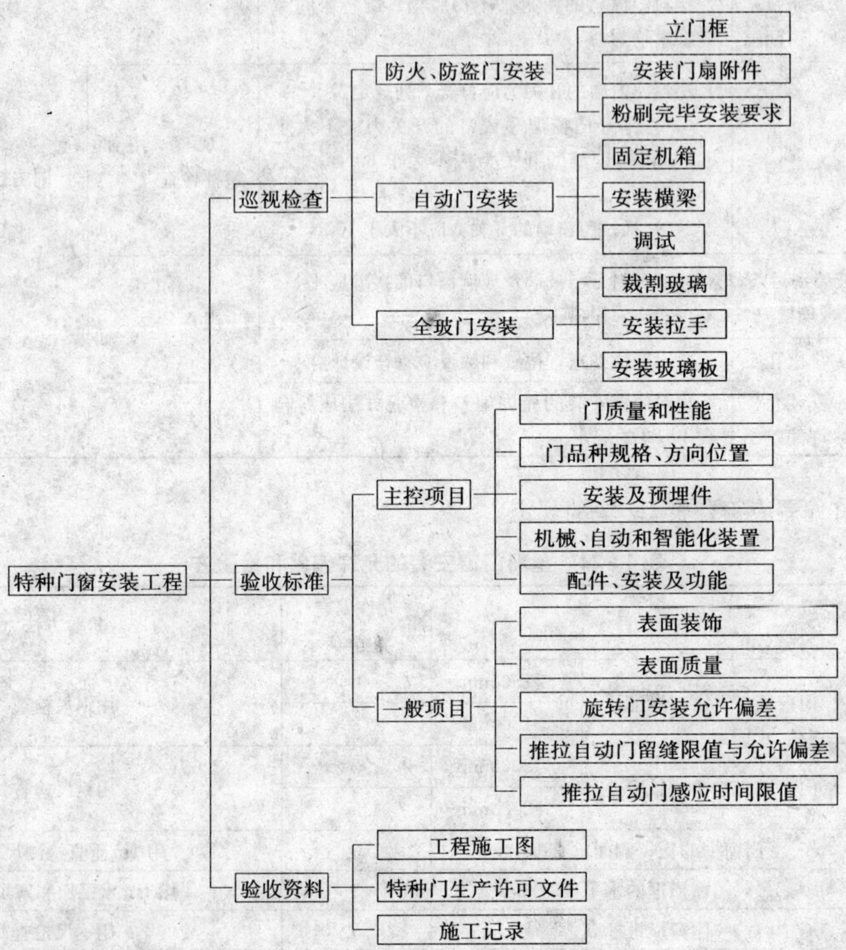

图14-7 特种门窗安装工程

技能要点1：巡视检查

(1) 防火、防盗门安装。

①立门框 先拆掉门框下部的固定板，凡框内高度比门扇的高度大于30mm者，洞口两侧地面须设留凹槽。门框一般埋入±0.00标高以下20mm，须保证框口上下尺寸相同，允许误差<1.5mm，对角线允许误差<2mm。

②安装门扇附件 门框周边缝隙，用1∶2的水泥砂浆或强度不低于10MPa的细石混凝土嵌缝牢固，应保证与墙体结成整体；经养护凝固后，再粉刷洞口及墙体。

③粉刷完毕后，安装门窗、五金配件及有关防火、防盗装置 门扇关闭后，门缝应均匀平整，开启自由轻便，不得有过紧、过松和反弹现象。

(2) 自动门安装。

①地面轨道安装 铝合金自动门和全玻璃自动门地面上装有导向性下轨道。异形钢管自动门无下轨道。自动门安装时，撬出预埋方木条便可埋设下轨道，下轨道长度为开启门宽的2倍。

②安装横梁　将18号槽钢放置在已预埋铁的门柱处，校平、吊直，注意与下面轨道的位置关系，然后电焊牢固。

③固定机箱　将厂方生产的机箱仔细固定在横梁上。

④安装门扇　安装门窗，使门扇滑动平稳、润滑。

⑤调试　接通电源，调整微波传感器和控制箱，使其达到最佳工作状态。一旦调整正常后，不得任意变动各种旋转位置，以免出现故障。

(3) 全玻门安装。

①裁割玻璃　厚玻璃的安装尺寸，应从安装位置的底部、中部和顶部进行测量，选择最小尺寸为玻璃板宽度的切割尺寸。如果在上、中、下测得的尺寸一致，其玻璃宽度的裁割应比实测尺寸小3～5mm。玻璃板的高度方向裁割，应小于实测尺寸的3～5mm。玻璃板裁割后，应将其四周作倒角处理，倒角宽度为2mm，如若在现场自行倒角，应手握细砂轮块作缓慢细磨操作，防止崩边崩角。

②安装玻璃板　用玻璃吸盘将玻璃板吸紧，然后进行玻璃就位。先把玻璃板上边插入门框地部的限位槽内，然后将其下边安放于木底托上的不锈钢包面对口缝内。

③门扇固定　进行门扇定位安装。先将门框横梁上的定位销本身的调节螺钉调出横梁平面1～2mm，再将玻璃门扇竖起来，把门扇下横档内的转动销连接件的孔位对准地弹簧的转动销轴，并转动门扇将孔位套入销轴上。然后把门扇转动90°使之与门框横梁成直角，把门扇上横档中的转动连接件的孔对准门框横梁上的定位销，将定位销插入孔内15mm左右（调动定位销上的调节螺钉）。

④安装拉手　全玻璃门扇上的拉手孔洞，一般是事先订购时就加工好的，拉手连接部分插入孔洞时不能很紧，应有松动。安装前在拉手插入玻璃的部分涂少许玻璃胶；如若插入过松，可在插入部分裹上软质胶带。拉手组装时，其根部与玻璃贴紧后再拧紧固定螺钉。

技能要点2：验收标准

(1) 主控项目检验标准应符合表14-23的规定。

表14-23　主控项目检验

序　号	项　目	合格质量标准	检验方法	检查数量
1	门质量和性能	特种门的质量和各项性能应符合设计要求	检查生产许可证、产品合格证书和性能检测报告	每个检验批应至少抽查5%，并不得少于10樘，不足10樘时应全数检查
2	门品种规格、方向位置	特种门的品种、类形、规格、尺寸、开启方向、安装位置及防腐处理应符合设计要求	观察；尺量检查；检查进场验收记录和隐蔽工程验收记录	
3	机械、自动和智能化装置	带有机械装置、自动装置或智能化装置的特种门，其机械装置、自动装置或智能化装置的功能应符合设计要求和有关标准的规定	启动机械装置、自动装置或智能化装置，观察	
4	安装及预埋件	特种门的安装必须牢固。预埋件的数量、位置、埋设方式、与框的连接方式必须符合设计要求	观察；手扳检查；检查隐蔽工程验收记录	
5	配件、安装及功能	特种门的配件应齐全，位置应正确，安装应牢固，功能应满足使用要求和特种门的各项性能要求	观察；手扳检查；检查产品合格证书、性能检测报告和进场验收记录	

(2) 一般项目检验标准应符合表14-24的规定。

表14-24 一般项目检验

序号	项目	合格质量标准	检验方法	检查数量
1	表面装饰	特种门的表面装饰应符合设计要求	观察	
2	表面质量	特种门的表面应洁净，无划痕、碰伤		
3	推拉自动门留缝限值及允许偏差	推拉自动门安装的留缝限值、允许偏差和检验方法应符合表14-25的规定	见表14-25	每个检验批应至少抽查5%，并不得少于10樘，不足10樘时应全数检查
4	推拉自动门感应时间限值	推拉自动门的感应时间限值和检验方法应符合表14-26的规定	见表14-26	
5	旋转门安装允许偏差	旋转门安装的允许偏差和检验方法应符合表14-27的规定	见表14-27	

(3) 允许偏差应符合表14-25的规定。

表14-25 推拉自动门安装的留缝限值、允许偏差和检验方法

项次	项目		留缝限值(mm)	允许偏差(mm)	检验方法
1	门槽口宽度、高度	≤1500mm	—	1.5	用钢尺检查
		>1500mm	—	2	
2	门槽口对角线长度差	≤2000mm	—	2	用钢尺检查
		>2000mm	—	2.5	
3	门框的正、侧面垂直度		—	1	用1m垂直检测尺检查
4	门构件装配间隙		—	0.3	用塞尺检查
5	门梁导轨水平度		—	1	用1m水平尺和塞尺检查
6	下导轨与门梁导轨平行度		—	1.5	用钢尺检查
7	门扇与侧框间留缝		1.2～1.8	—	用塞尺检查
8	门扇对口缝		1.2～1.8	—	用塞尺检查

注：1. 表中允许偏差栏中所列数值，凡注明正负号的，表示《建筑装饰装修工程施工质量验收规范》(GB 50210—2001) 对此偏差的不同方向有不同要求，应严格遵守。凡没有注明正负号的，即使其偏差可能具有方向性，但《建筑装饰装修工程施工质量验收规范》(GB 50210—2001) 并未对这类偏差的方向性作出规定，故检查时对这些偏差可以不考虑方向性要求。

2. 本表摘自《建筑装饰装修工程质量验收规范》(GB 50210—2001)。

表14-26 推拉自动门的感应时间限值和检验方法

项次	项目	感应时间限值(s)	检验方法
1	开门响应时间	≤0.5	用秒表检查
2	堵门保护延时	16～20	用秒表检查
3	门扇全开启后保持时间	13～17	用秒表检查

注：1. 表中允许偏差栏中所列数值，凡注明正负号的，表示《建筑装饰装修工程施工质量验收规范》(GB 50210—2001) 对此偏差的不同方向有不同要求，应严格遵守。凡没有注明正负号的，即使其偏差可能具有方向性，但《建筑装饰装修工程施工质量验收规范》(GB 50210—2001) 并未对这类偏差的方向性作出规定，故检查时对这些偏差可以不考虑方向性要求。

2. 本表摘自《建筑装饰装修工程质量验收规范》(GB 50210—2001)。

表 14-27　旋转门安装的允许偏差和检验方法

项次	项目	允许偏差（mm）		检验方法
		金属框架玻璃旋转门	木质旋转门	
1	门扇正、侧面垂直度	1.5	1.5	用 1m 垂直检测尺检查
2	门扇对角线长度差	1.5	1.5	用钢尺检查
3	相邻扇高度差	1	1	用钢尺检查
4	扇与圆弧边留缝	1.5	2	用塞尺检查
5	扇与上顶间留缝	2	2.5	用塞尺检查
6	扇与地面间留缝	2	2.5	用塞尺检查

注：1. 表中允许偏差栏中所列数值，凡注明正负号的，表示《建筑装饰装修工程施工质量验收规范》（GB 50210—2001）对此偏差的不同方向有不同要求，应严格遵守。凡没有注明正负号的，即使其偏差可能具有方向性，但《建筑装饰装修工程施工质量验收规范》（GB 50210—2001）并未对这类偏差的方向性作出规定，故检查时对这些偏差可以不考虑方向性要求。

2. 本表摘自《建筑装饰装修工程质量验收规范》（GB 50210—2001）。

技能要点 3：验收资料

（1）门窗工程的施工图、设计说明及其他设计文件。

（2）材料的产品合格证书、性能检测报告、进场验收记录和复验报告。

（3）特种门及其附件的生产许可文件。

（4）隐蔽工程验收记录。

（5）施工记录。

技能图解 121　门窗玻璃安装工程

技能结构框线图

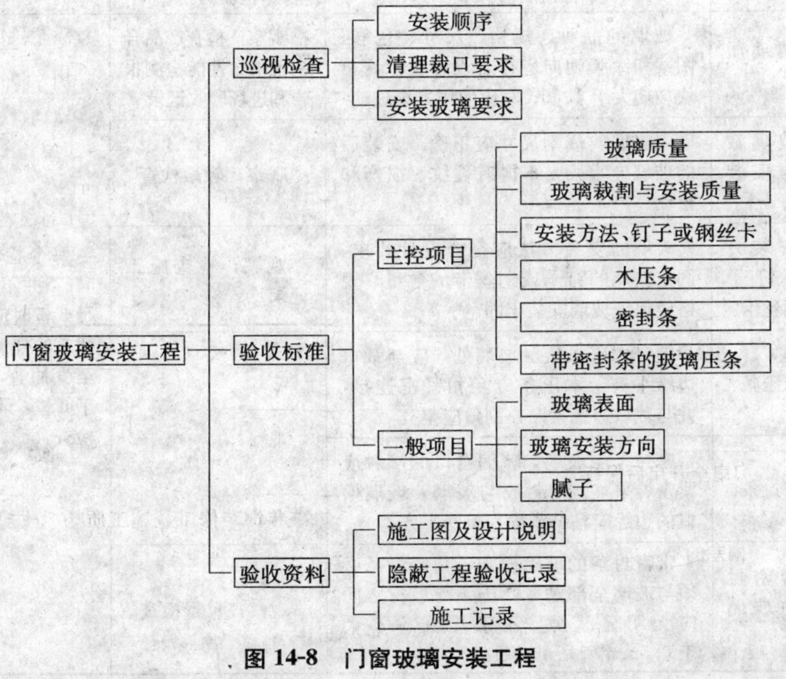

图 14-8　门窗玻璃安装工程

技能要点 1：巡视检查

（1）门窗玻璃安装顺序，一般先安外门窗，后安内门窗，先西北后东南的顺序安装；如果因工期要求或劳动力允许，也可同时进行安装。

（2）玻璃安装前应清理裁口。先在玻璃底面与裁口之间，沿裁口的全长均匀涂抹 1～3mm 厚的底油灰，接着把玻璃推铺平整、压实、然后收净底油灰。

（3）木门窗固定扇（死扇）玻璃安装，应先用扁铲将木压条撬出，同时退出压条上小钉，并将裁口处抹上底油灰，把玻璃推铺平整，然后嵌好四边木压条将钉子钉牢，底灰修好、刮净。

（4）钢门窗安装玻璃，将玻璃装进框口内轻压使玻璃与底油灰粘住，然后沿裁口玻璃边外侧装上钢丝卡，钢丝卡要卡住玻璃，其集纳局不得大于 300mm，且框口每边至少有两个。经检查玻璃无松动时，再沿裁口全长抹油灰，油灰应抹成斜坡，表面抹光平。如框口玻璃采用压条固定时，则不抹底油灰，先将橡胶垫嵌入裁口内，装上玻璃，随即装压条用螺丝钉固定。

（5）安装斜天窗的玻璃，如设计没有要求时，应采用夹丝玻璃，并应从顺留方向盖叠安装。盖叠安装搭接长度应视天窗的坡度而定，当坡度为 1/4 或大于 1/4 时，不小于 30m；坡度小于 1/4 时，不小于 50mm，盖叠处应用钢丝卡固定，并在缝隙中用密封膏嵌填密实；如果用平板或浮法玻璃时，要在玻璃下面加设一层镀锌铅丝网。

（6）安装窗中玻璃，按开启方向确定定位垫块宽度应大于玻璃的厚度，长度不宜小于 25mm，并应按设计要求。

（7）铝合金框扇安装玻璃，安装前，应清除铝合金框的槽口内所有灰渣、杂物等，畅通排水孔。在框口下边槽口放入橡胶垫块，以免玻璃直接与铝合金框接触。

（8）玻璃安装后，应进行清理，将油灰、钉子、钢丝卡及木压条等随即清理干净，关好门窗。

技能要点 2：验收标准

（1）主控项目检验标准应符合表 14-28 的规定。

表 14-28　主控项目检验

序号	项目	合格质量标准	检验方法	检查数量
1	玻璃质量	玻璃的品种、规格、尺寸、色彩、图案和涂膜朝向应符合设计要求。单块玻璃大于 1.5m^2 时应使用安全玻璃	观察；检查产品合格证书、性能检测报告和进场验收记录	每个检验批应至少抽查 5%，并不得少于 3 樘，不足 3 樘时应全数检查；高层建筑的外窗，每个检验批应至少抽查 10%，并不得少于 6 樘，不足 6 樘时应全数检查
2	玻璃裁割与安装质量	门窗玻璃裁割尺寸应正确。安装后的玻璃应牢固，不得有裂纹、损伤和松动	观察；轻敲检查	
3	安装方法、钉子或钢丝卡	玻璃的安装方法应符合设计要求。固定玻璃的钉子或钢丝卡的数量、规格应保证玻璃安装牢固	观察；检查施工记录	
4	木压条	镶钉木压条接触玻璃处，应与裁口边缘平齐。木压条应互相紧密连接，并与裁口边缘紧贴，割角应整齐	观察	
5	密封条	密封条与玻璃、玻璃槽口的接触应紧密、平整。密封胶与玻璃、玻璃槽口的边缘应粘结牢固、接缝平齐		
6	带密封条的玻璃压条	带密封条的玻璃压条，其密封条必须与玻璃全部贴紧，压条与型材之间应无明显缝隙，压条接缝应不大于 0.5mm	观察；尺量检查	

（2）一般项目检验标准应符合表 14-29 的规定。

表 14-29　一般项目检验

序　号	项　目	合格质量标准	检验方法	检查数量
1	玻璃表面	玻璃表面应洁净，不得有腻子、密封胶、涂料等污渍。中空玻璃内外表面均应洁净，玻璃中空层内不得有灰尘和水蒸气	观察	同主控项目
2	玻璃安装方向	门窗玻璃不应直接接触型材。单面镀膜玻璃的镀膜层及磨砂玻璃的磨砂面应朝向室内。中空玻璃的单面镀膜玻璃应在最外层，镀膜层应朝向室内	观察	
3	腻子	腻子应填抹饱满、粘结牢固；腻子边缘与裁口应平齐。固定玻璃的卡子不应在腻子表面显露	观察	

技能要点 3：验收资料

（1）门窗工程的施工图、设计说明及其他设计文件。

（2）材料的产品合格证书、性能检测报告、进场验收记录和复验报告。

（3）隐蔽工程验收记录。

（4）施工记录。

技能图解 122　吊顶工程暗龙骨

技能结构框线图

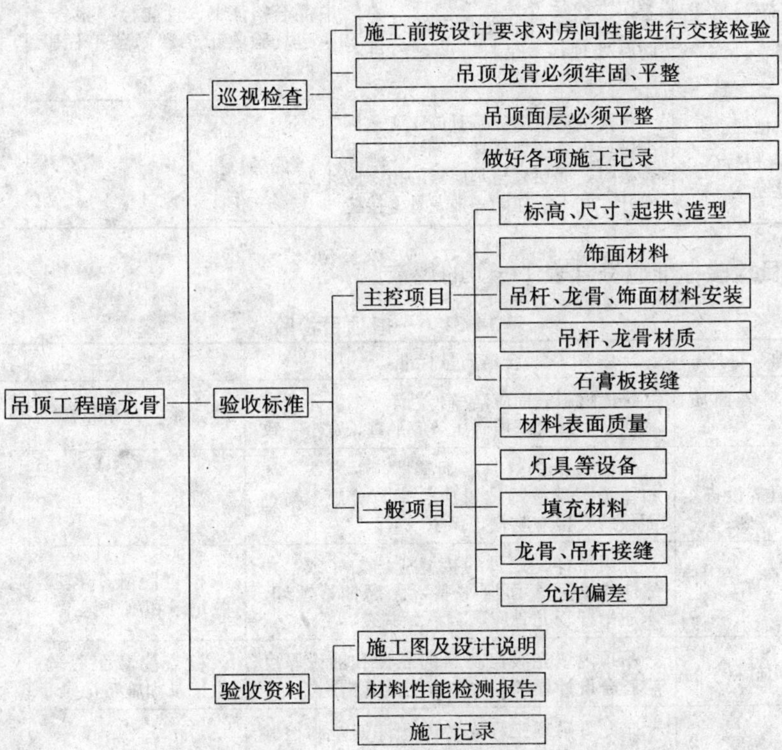

图 14-9　吊顶工程暗龙骨

技能要点1：巡视检查

(1) 施工前应按设计要求对房间的净高、洞口标高和吊顶内的管道、设备及其支架的标高进行交接检验。

(2) 吊顶龙骨必须牢固、平整。利用吊杆或吊筋螺栓调整拱度。安装龙骨时应严格按放线的水平标准线和规方线组装周边骨架。受力节点应装订严密、牢固、保证龙骨的整体刚度。龙骨的尺寸应符合设计要求，纵横拱度均匀，互相适应。吊顶龙骨严禁有硬弯，如有必须调直再进行固定。

(3) 吊顶面层必须平整。施工前应弹线，中间按平线起拱。长龙骨的接长应采用对接；相邻龙骨接头要错开，避免主龙骨向边倾斜。

(4) 吊顶工程在施工中应做好各项施工记录，收集好各种有关文件。

(5) 大于3kg重型灯具、电扇及其他重型设备严禁安装在吊顶工程的龙骨上。

技能要点2：验收标准

(1) 主控项目检验标准应符合表14-30的规定。

表14-30 主控项目检验

序号	项目	合格质量标准	检验方法	检查数量
1	标高、尺寸、起拱、造型	吊顶标高、尺寸、起拱和造型应符合设计要求	观察；尺量检查	每个检验批应至少抽查10%，并不得少于3间，不足3间时应全数检查
2	饰面材料	饰面材料的材质、品种、规格、图案和颜色应符合设计要求	观察；检查产品合格证书、性能检测报告、进场验收记录和复验报告	
3	吊杆、龙骨、饰面材料安装	暗龙骨吊顶工程的吊杆、龙骨和饰面材料的安装必须牢固	观察；手扳检查；检查隐蔽工程验收记录和施工记录	
4	吊杆、龙骨材质	吊杆、龙骨的材质、规格、安装间距及连接方式应符合设计要求。金属吊杆、龙骨应经过表面防腐处理；木吊杆、龙骨应进行防腐、防火处理	观察；尺量检查；检查产品合格证书、性能检测报告、进场验收记录和隐蔽工程验收记录	
5	石膏板接缝	石膏板的接缝应按其施工工艺标准进行板缝防裂处理。安装双层石膏板时，面层板与基层板的接缝应错开，并不得在同一根龙骨上接缝	观察	

(2) 一般项目检验标准应符合表14-31的规定。

表14-31 一般项目检验

序号	项目	合格质量标准	检验方法	检查数量
1	材料表面质量	饰面材料表面应洁净、色泽一致，不得有翘曲、裂缝及缺损。压条应平直、宽窄一致	观察；尺量检查	同主控项目
2	灯具等设备	饰面板上的灯具、烟感器、喷淋头、风口篦子等设备的位置应合理、美观，与饰面板的交接应吻合、严密	观察	
3	龙骨、吊杆接缝	金属吊杆、龙骨的接缝应均匀一致，角缝应吻合，表面应平整，无翘曲、锤印。木质吊杆、龙骨应顺直，无劈裂、变形	检查隐蔽工程验收记录和施工记录	
4	填充材料	吊顶内填充吸声材料的品种和铺设厚度应符合设计要求，并应有防散落措施	检查隐蔽工程验收记录和施工记录	
5	允许偏差	暗龙骨吊顶工程安装的允许偏差和检验方法应符合表14-32的规定	见表14-32	

（3）允许偏差应符合表 14-32 的规定。

表 14-32　暗龙骨吊顶工程安装的允许偏差和检验方法

项次	项目	允许偏差（mm）				检验方法
		纸面石膏板	金属板	矿棉板	木板、塑料板、格栅	
1	表面平整度	3	2	2	2	用 2m 靠尺和塞尺检查
2	接缝直线度	3	1.5	3	3	拉 5m 线，不足 5m 拉通线，用钢直尺检查
3	接缝高低差	1	1	1.5	1	用钢直尺和塞尺检查

注：本表摘自《建筑装饰装修工程质量验收规范》（GB 50210—2001）。

技能要点 3：验收资料

（1）吊顶工程的施工图、设计说明及其他设计文件。

（2）材料的产品合格证书、性能检测报告、进场验收记录和复验报告。

（3）隐蔽工程验收记录。

（4）施工记录。

技能图解 123　吊顶工程明龙骨

技能结构框线图

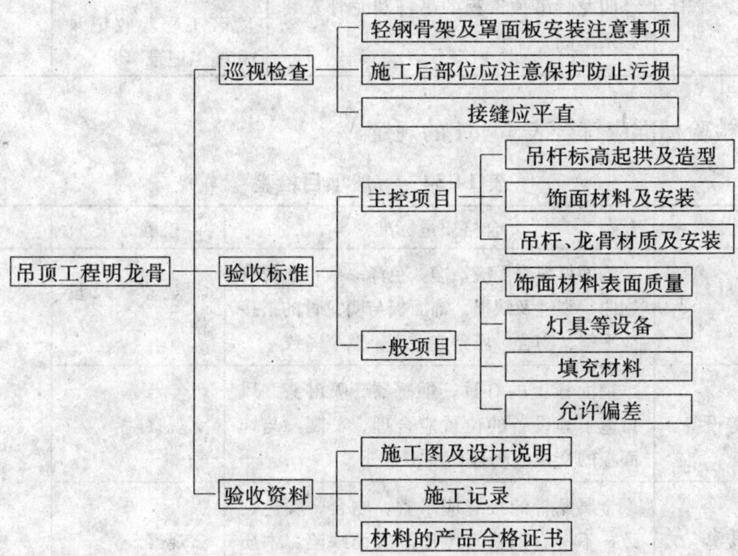

图 14-10　吊顶工程明龙骨

技能要点 1：巡视检查

（1）轻钢骨架及罩面板安装应注意保护顶棚内各种管线。轻钢骨架的吊杆、龙骨不准固定在通风管道及其他设备上。

（2）施工顶棚部位已安装的门窗，已施工完毕的地面、墙面、窗台等应注意保护，防止污损。

(3) 接缝应平直　板块装饰前应严格控制其角度和周边的规整性，尺寸要一致。安装时应拉通线找直，并按拼缝中心线，排放饰面板，排列必须保持整齐。安装时应沿中心线和边线进行，并保持接缝均匀一致。压条应沿装订线钉装，并应平顺光滑，线条整齐，接缝密合。

(4) 大于3kg的重型灯具、电扇及其他重型设备严禁安装在吊顶工程的龙骨上。

技能要点2：验收标准

(1) 主控项目检验标准应符合表14-33的规定。

表14-33　主控项目检验

序　号	项　目	合格质量标准	检验方法	检查数量
1	吊杆标高起拱及造型	吊顶标高、尺寸、起拱和造型应符合设计要求	观察；尺量检查	每个检验批应至少抽查10%，并不得少于3间；不足3间时应全数检查
2	饰面材料	饰面材料的材质、品种、规格、图案和颜色应符合设计要求。当饰面材料为玻璃板时，应使用安全玻璃或采取可靠的安全措施	观察；检查产品合格证书、性能检测报告和进场验收记录	
3	饰面材料安装	饰面材料的安装应稳固严密。饰面材料与龙骨的搭接宽度应大于龙骨受力面宽度的2/3	观察；手扳检查；尺量检查	
4	吊杆、龙骨材质	吊杆、龙骨的材质、规格、安装间距及连接方式应符合设计要求。金属吊杆、龙骨应进行表面防腐处理；木龙骨应进行防腐、防火处理	观察；尺量检查；检查产品合格证书、进场验收记录和隐蔽工程验收记录	
5	吊杆、龙骨安装	明龙骨吊顶工程的吊杆和龙骨安装必须牢固	手扳检查；检查隐蔽工程验收记录和施工记录	

(2) 一般项目检验标准应符合表14-34的规定。

表14-34　一般项目检验

序　号	项　目	合格质量标准	检验方法	检查数量
1	饰面材料表面质量	饰面材料表面应洁净、色泽一致，不得有翘曲、裂缝及缺损。饰面板与明龙骨的搭接应平整、吻合，压条应平直、宽窄一致	观察；尺量检查	同主控项目
2	灯具等设备	饰面板上的灯具、烟感器、喷淋头、风口篦子等设备的位置应合理、美观，与饰面板的交接应吻合、严密	观察	
3	龙骨接缝	金属龙骨的接缝应平整、吻合、颜色一致，不得有划伤、擦伤等表面缺陷。木质龙骨应平整、顺直，无劈裂	观察	
4	填充材料	吊顶内填充吸声材料的品种和铺设厚度应符合设计要求，并应有防散落措施	检查隐蔽工程验收记录和施工记录	
5	允许偏差	明龙骨吊顶工程安装的允许偏差和检验方法应符合表14-35的规定	见表14-35	

（3）允许偏差应符合表 14-35 的规定。

表 14-35　明龙骨吊顶工程安装的允许偏差和检验方法

项次	项　目	允许偏差（mm）				检验方法
		石膏板	金属板	矿棉板	塑料板、玻璃板	
1	表面平整度	3	2	3	2	用 2m 靠尺和塞尺检查
2	接缝直线度	3	2	3	3	拉 5m 线，不足 5m 拉通线，用钢直尺检查
3	接缝高低差	1	1	2	1	用钢直尺和塞尺检查

注：本表摘自《建筑装饰装修工程质量验收规范》（GB 50210—2001）。

技能要点 3：验收资料

（1）吊顶工程的施工图、设计说明及其他设计文件。

（2）材料的产品合格证书、性能检测报告、进场验收记录和复验报告。

（3）隐蔽工程验收记录。

（4）施工记录。

技能图解 124　轻质板材隔墙工程

技能结构框线图

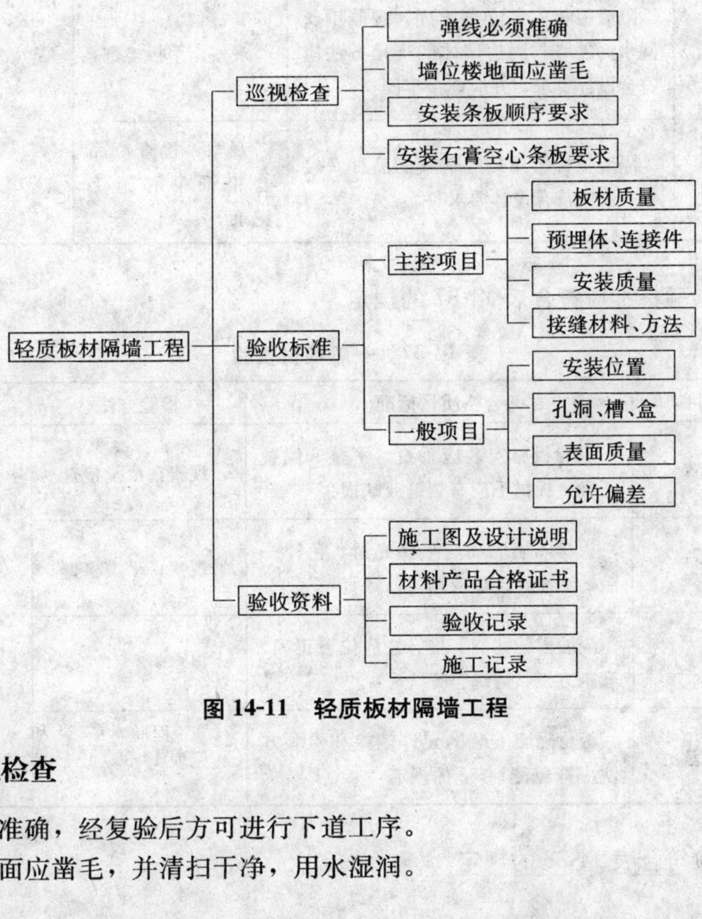

图 14-11　轻质板材隔墙工程

技能要点 1：巡视检查

（1）弹线必须准确，经复验后方可进行下道工序。

（2）墙位楼地面应凿毛，并清扫干净，用水湿润。

(3) 安装条板应从门旁用整块板开始，收口处可根据需要随意锯开再拼装粘结，但不应放在门边。

(4) 安装前在条板的顶面和侧面涂满108胶水泥砂浆，先推紧侧面，再顶牢顶面，在条板下两侧各1/3处垫两组木楔，并用靠尺检查，然后在下端浇筑硬性细石混凝土。

(5) 在安装石膏空心条板时，为防止其板底端吸水，可先涂刷甲基硅醇钠溶液防潮涂料。

(6) 用铝合金条板装饰墙面时，可用螺钉直接固定在结构层上，也可用锚固件悬挂或嵌卡的方法，将板固定在墙筋上。

技能要点2：监理验收

(1) 主控项目检验标准应符合表14-36的规定。

表14-36 主控项目检验

序号	项目	合格质量标准	检验方法	检查数量
1	板材质量	隔墙板材的品种、规格、性能、颜色应符合设计要求。有隔声、隔热、阻燃、防潮等特殊要求的工程，板材应有相应性能等级的检测报告	观察；检查产品合格证书、进场验收记录和性能检测报告	每个检验批应至少抽查10%，并不得少于3间；不足3间时应全数检查
2	预埋体、连接件	安装隔墙板材所需预埋件、连接件的位置、数量及连接方法应符合设计要求	观察；尺量检查；检查隐蔽工程验收记录	
3	安装质量	隔墙板材安装必须牢固。现制钢丝网水泥隔墙与周边墙体的连接方法应符合设计要求，并应连接牢固	观察；手扳检查	
4	接缝材料、方法	隔墙板材所用接缝材料的品种及接缝方法应符合设计要求	观察；检查产品合格证书和施工记录	

(2) 一般项目检验标准应符合表14-37的规定。

表14-37 一般项目检验

序号	项目	合格质量标准	检验方法	检查数量
1	安装位置	隔墙板材安装应垂直、平整、位置正确，板材不应有裂缝或缺损	观察；尺量检查	同主控项目
2	表面质量	板材隔墙表面应平整光滑、色泽一致、洁净，接缝应均匀、顺直	观察；手摸检查	
3	孔洞、槽、盒	隔墙上的孔洞、槽、盒应位置正确、套割方正、边缘整齐	观察	
4	允许偏差	板材隔墙安装的允许偏差和检验方法应符合表14-38的规定	见表14-38	

(3) 允许偏差应符合表14-38的规定。

表 14-38　板材隔墙安装的允许偏差和检验方法

项　次	项　目	允许偏差（mm）				检验方法
		复合轻质墙板		石膏空心板	钢丝网水泥板	
		金属夹芯板	其他复合板			
1	立面垂直度	2	3	3	3	用 2m 垂直检测尺检查
2	表面平整度	2	3	3	3	用 2m 靠尺和塞尺检查
3	阴阳角方正	3	3	3	4	用直角检测尺检查
4	接缝高低差	1	2	2	3	用钢直尺和塞尺检查

注：本表摘自《建筑装饰装修工程质量验收规范》(GB 50210—2001)。

技能要点 3：验收资料

(1) 轻质隔墙工程的施工图、设计说明及其他设计文件。

(2) 材料的产品合格证书、性能检测报告、进场验收记录和复验报告。

(3) 隐蔽工程验收记录。

(4) 施工记录。

技能图解 125　轻质骨架隔墙工程

技能结构框线图

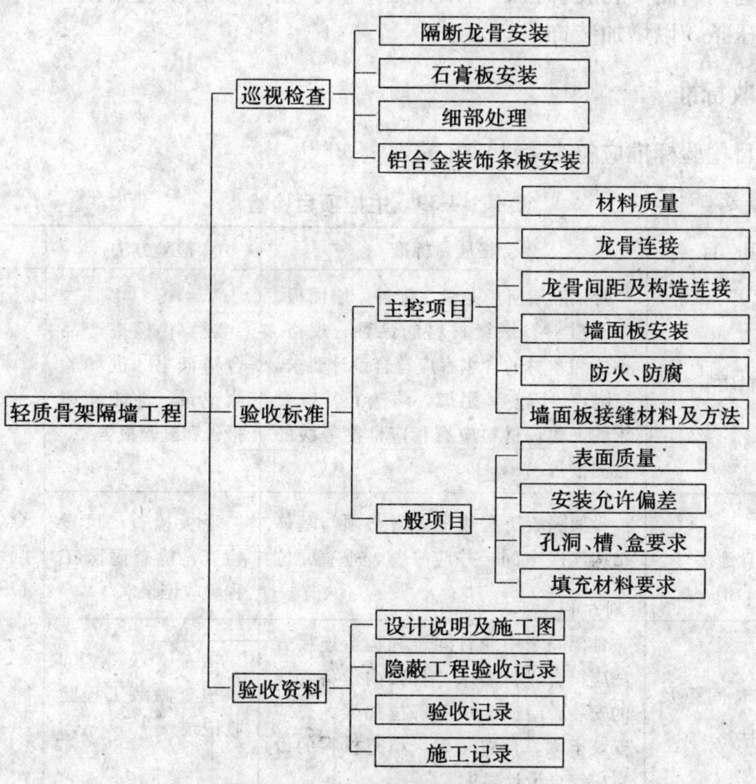

图 14-12　轻质骨架隔墙工程

技能要点 1：巡视检查

(1) 隔断龙骨安装。

①当选用支撑卡系列龙骨时，应先将支撑卡安装在竖向龙骨的开口上，卡距为 400～600mm，距龙骨两端的为 20～25mm。

②选用通贯系列龙骨时，高度低于 3m 的隔墙安装一道；3～5m 时安装两道；5m 以上时安装三道。

③门窗或特殊节点处，应使用附加龙骨，加强其安装应符合设计要求。

④隔断的下端如用木踢脚板覆盖，隔断的罩面板下端应离地面 20～30mm；如用大理石、水磨石踢脚时，罩面板下端应与踢脚板上口齐平，接缝要严密。

(2) 石膏板安装：

①石膏板应采用自攻螺钉固定。周边螺钉的间距不应大于 200mm，中间部分螺钉的间距不应大于 300mm，螺钉与板边缘的距离应为 10～16mm。

②安装石膏板时，应从板的中部开始向板的四边固定。钉头略埋入板内，但不得损坏纸面；钉眼应用石膏腻子抹平。

③石膏板应按框格尺寸裁割准确；就位时应与框格靠紧，但不得强压。

④隔墙端部的石膏板与周围的墙或柱应留有 3mm 的槽口。施铺罩面板时，应先在槽口处加注嵌缝膏，然后铺板并挤压嵌缝膏使面板与邻近表层接触紧密。

⑤在丁字型或十字型相接处，如为阴角应用腻子嵌满，贴上接缝带，如为阳角应做护角。

⑥石膏板的接缝，一般应 3～6mm 缝，必须坡口与坡口相接。

(3) 铝合金装饰条板安装。用铝合金条板装饰墙面时，可用螺钉直接固定在结构层上，也可用锚固件悬挂或嵌卡的方法，将板固定在轻钢龙骨上，或将板固定在墙筋上。

(4) 细部处理。墙面安装胶合板时，阳角处应做护角，以防板边角损坏，阳角的处理应采用刨光起线的木质压条，以增加装饰。

技能要点 2：验收标准

(1) 主控项目检验标准应符合表 14-39 的规定。

表 14-39 主控项目检验

序号	项目	合格质量标准	检验方法	检查数量
1	材料质量	骨架隔墙所用龙骨、配件、墙面板、填充材料及嵌缝材料的品种、规格、性能和木材的含水率应符合设计要求。有隔声、隔热、阻燃、防潮等特殊要求的工程，材料应有相应性能等级的检测报告	观察；检查产品合格证书、进场验收记录、性能检测报告和复验报告	每个检验批应至少抽查 10%，并不得少于 3 间；不足 3 间时应全数检查
2	龙骨连接	骨架隔墙工程边框龙骨必须与基体结构连接牢固，并应平整、垂直、位置正确	手扳检查；尺量检查；检查隐蔽工程验收记录	
3	龙骨间距及构造连接	骨架隔墙中龙骨间距和构造连接方法应符合设计要求。骨架内设备管线的安装、门窗洞口等部位加强龙骨应安装牢固、位置正确，填充材料的设置应符合设计要求	检查隐蔽工程验收记录	

表 14-39（续）

序　号	项　目	合格质量标准	检验方法	检查数量
4	防火、防腐	木龙骨及木墙面板的防火和防腐处理必须符合设计要求	检查隐蔽工程验收记录	每个检验批应至少抽查 10%，并不得少于 3 间；不足 3 间时应全数检查
5	墙面板安装	骨架隔墙的墙面板应安装牢固，无脱层、翘曲、折裂及缺损	观察；手扳检查	
6	墙面板接缝材料及方法	墙面板所用接缝材料的接缝方法应符合设计要求	观察	

（2）一般项目检验标准应符合表 14-40 的规定。

表 14-40　一般项目检验

序　号	项　目	合格质量标准	检验方法	检查数量
1	表面质量	骨架隔墙表面应平整光滑、色泽一致、洁净、无裂缝，接缝应均匀、顺直	观察；手摸检查	同主控项目
2	孔洞、槽、盒要求	骨架隔墙上的孔洞、槽、盒应位置正确、套割吻合、边缘整齐	观察	
3	填充材料要求	骨架隔墙内的填充材料应干燥，填充应密实、均匀、无下坠	轻敲检查；检查隐蔽工程验收记录	
4	安装允许偏差	骨架隔墙安装的允许偏差和检验方法应符合表 14-41 的规定	见表 14-41	

（3）允许偏差应符合表 14-41 的规定。

表 14-41　骨架隔墙安装的允许偏差和检验方法

项　次	项　目	允许偏差（mm）		检验方法
		纸面石膏板	人造木板、水泥纤维板	
1	立面垂直度	3	4	用 2m 垂直检测尺检查
2	表面平整度	3	3	用 2m 靠尺和塞尺检查
3	阴阳角方正	3	3	用直角检测尺检查
4	接缝直线度	—	3	拉 5m 线，不足 5m 拉通线，用钢直尺检查
5	压条直线度	—	3	拉 5m 线，不足 5m 拉通线，用钢直尺检查
6	接缝高低差	1	1	用钢直尺和塞尺检查

注：本表摘自《建筑装饰装修工程质量验收规范》（GB 50210—2001）。

技能要点 3：验收资料

（1）轻质隔墙工程的施工图、设计说明及其他设计文件。

（2）材料的产品合格证书、性能检测报告、进场验收记录和复验报告。

（3）隐蔽工程验收记录。

（4）施工记录。

技能图解 126　轻质活动隔墙工程

技能结构框线图

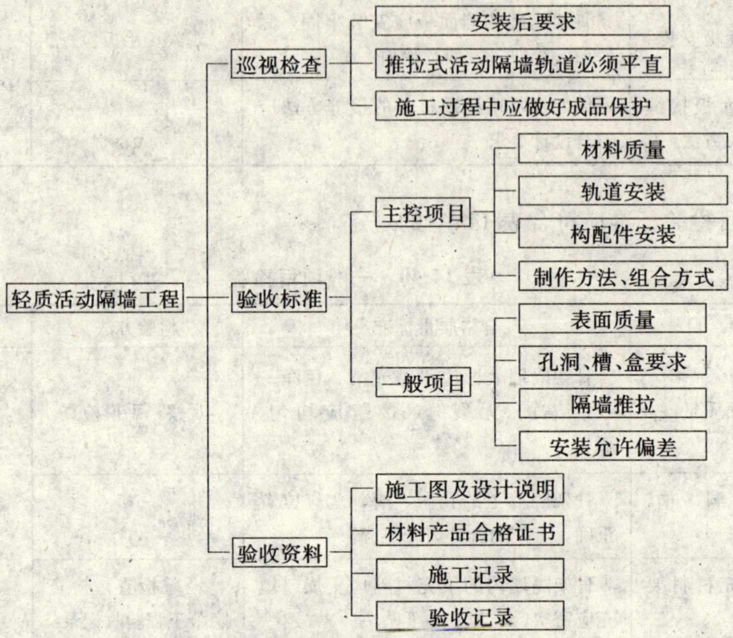

图 14-13　轻质活动隔墙工程

技能要点 1：巡视检查

（1）活动隔墙安装后必须能重复及动态使用，同时必须保证使用的安全性和灵活性。

（2）推拉式活动隔墙的轨道必须平直，安装后，应该推拉平稳、灵活、无噪声，不得有弹跳卡阻现象。

（3）施工过程中，应做好成品保护，防止已施工完的地面、隔墙受损。

技能要点 2：验收标准

（1）主控项目检验标准应符合表 14-42 的规定。

表 14-42　主控项目检验

序　号	项　目	合格质量标准	检验方法	检查数量
1	材料质量	活动隔墙所用墙板、配件等材料的品种、规格、性能和木材的含水率应符合设计要求。有阻燃、防潮等特性要求的工程，材料应有相应性能等级的检测报告	观察；检查产品合格证书、进场验收记录、性能检测报告和复验报告	每个检验批应至少抽查 20%，并不得少于 6 间；不足 6 间时应全数检查
2	轨道安装	活动隔墙轨道必须与基体结构连接牢固，并应位置正确	尺量检查；手扳检查	
3	构配件安装	活动隔墙用于组装、推拉和制动的构配件必须安装牢固、位置正确，推拉必须安全、平稳、灵活	尺量检查；手扳检查；推拉检查	
4	制作方法、组合方式	活动隔墙制作方法、组合方式应符合设计要求	观察	

（2）一般项目检验应符合表 14-43 的规定。

表 14-43　一般项目检验

序　号	项　目	合格质量标准	检验方法	检查数量
1	表面质量	活动隔墙表面应色泽一致、平整光滑、洁净，线条应顺直、清晰	观察；手摸检查	同主控项目
2	孔洞、槽、盒要求	活动隔墙上的孔洞、槽、盒应位置正确、套割吻合、边缘整齐	观察；尺量检查	
3	隔墙推拉	活动隔墙推拉应无噪声	推拉检查	
4	安装允许偏差	活动隔墙安装的允许偏差和检验方法应符合表 14-44 的规定	见表 14-44	

（3）允许偏差应符合表 14-44 的规定。

表 14-44　活动隔墙安装的允许偏差和检验方法

项　次	项　目	允许偏差（mm）	检验方法
1	立面垂直度	3	用 2m 垂直检测尺检查
2	表面平整度	2	用 2m 靠尺和塞尺检查
3	接缝直线度	3	拉 5m 线，不足 5m 拉通线，用钢直尺检查
4	接缝高低差	2	用钢直尺和塞尺检查
5	接缝宽度	2	用钢直尺检查

注：本表摘自《建筑装饰装修工程质量验收规范》（GB 50210—2001）。

技能要点 3：验收资料

（1）轻质隔墙工程的施工图、设计说明及其他设计文件。
（2）材料的产品合格证书、性能检测报告、进场验收记录和复验报告。
（3）隐蔽工程验收记录。
（4）施工记录。

技能图解 127　轻质玻璃隔墙工程

技能结构框线图

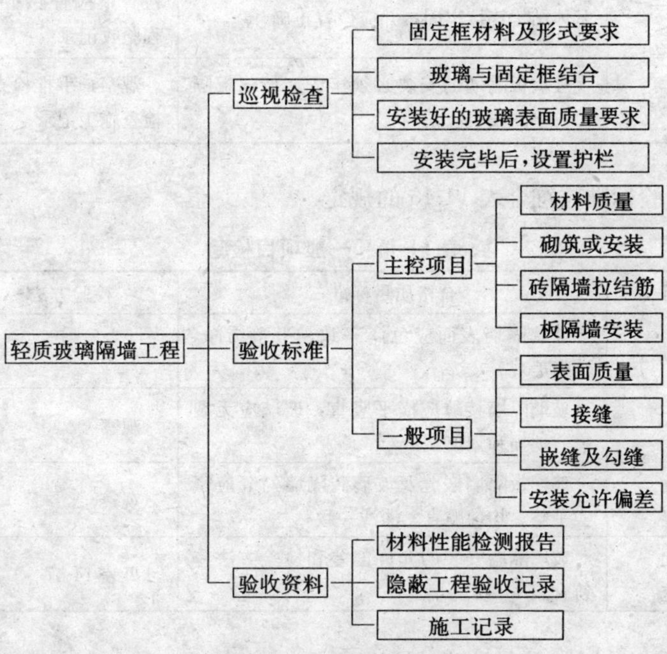

图 14-14　轻质玻璃隔墙工程

技能要点1：巡视检查

(1) 玻璃隔墙的固定框通常有木框、铝合金框、金属框（如角铁、槽钢等）或木框外包金属装饰板等。固定框的形式四周均有档子组成的封闭框，或只有上下档子的固定框（常用于无框玻璃门的玻璃隔墙中）。

(2) 玻璃与固定框的结合不能太紧密，玻璃放入固定框时，应设置橡胶支承垫块和定位块，支承块的长度不得小于50mm，宽度应等于玻璃厚度加上前部余隙和后部余隙，厚度应等于边缘余隙。

(3) 安装好的玻璃应平整、牢固，不得有松动现象；密封条与玻璃、玻璃槽口的接触应紧密、平整，并不得露在玻璃槽口外面。

(4) 用橡胶垫镶嵌的玻璃，橡胶垫应与裁口、玻璃及压条紧贴，并不得露在压条外面；密封胶与玻璃、玻璃槽口的边缘应粘结牢固，接缝齐平。

(5) 玻璃隔断安装完毕后，应在玻璃单侧或双侧设置护栏或摆放花盆等装饰物，或在玻璃表面，距地面1500～1700mm处设置醒目彩条或文字标志，以避免人体直接冲击玻璃。

技能要点2：验收标准

(1) 主控项目检验标准应符合表14-45的规定。

表14-45　主控项目检验

序　号	项　目	合格质量标准	检验方法	检查数量
1	材料质量	玻璃隔墙工程所用材料的品种、规格、性能、图案和颜色应符合设计要求。玻璃板隔墙应使用安全玻璃	观察；检查产品合格证书、进场验收记录和性能检测报告	每个检验批应至少抽查20%，并不得少于6间；不足6间时应全数检查
2	砌筑或安装	玻璃砖隔墙的砌筑或玻璃板隔墙的安装方法应符合设计要求	观察	
3	砖隔墙拉结筋	玻璃砖隔墙砌筑中埋设的拉结筋必须与基体结构连接牢固，并应位置正确	手扳检查；尺量检查；检查隐蔽工程验收记录	
4	板隔墙安装	玻璃板隔墙的安装必须牢固。玻璃板隔墙胶垫的安装应正确	观察；手推检查；检查施工记录	

(2) 一般项目检验标准应符合表14-46的规定。

表14-46　一般项目检验

序　号	项　目	合格质量标准	检验方法	检查数量
1	表面质量	玻璃隔墙表面应色泽一致、平整洁净、清晰美观	观察	同主控项目
2	接缝	玻璃隔墙接缝应横平竖直，玻璃应无裂痕、缺损和划痕	观察	
3	嵌缝及勾缝	玻璃板隔墙嵌缝及玻璃砖隔墙勾缝应密实平整、均匀顺直、深浅一致	观察	
4	安装允许偏差	玻璃隔墙安装的允许偏差和检验方法应符合表14-47的规定	见表14-47	

(3) 允许偏差应符合表14-47的规定。

表 14-47　玻璃隔墙安装的允许偏差和检验方法

项　次	项　目	允许偏差（mm）		检验方法
		玻璃砖	玻璃板	
1	立面垂直度	3	2	用 2m 垂直检测尺检查
2	表面平整度	3	—	用 2m 靠尺和塞尺检查
3	阴阳角方正	—	2	用直角检测尺检查
4	接缝直线度	—	2	拉 5m 线，不足 5m 拉通线，用钢直尺检查
5	接缝高低差	3	2	用钢直尺和塞尺检查
6	接缝宽度	—	1	用钢直尺检查

注：本表摘自《建筑装饰装修工程质量验收规范》（GB 50210—2001）。

技能要点 3：验收资料

（1）轻质隔墙工程的施工图、设计说明及其他设计文件。
（2）材料的产品合格证书、性能检测报告、进场验收记录和复验报告。
（3）隐蔽工程验收记录。
（4）施工记录。

技能图解 128　饰面板（砖）安装工程

技能结构框线图

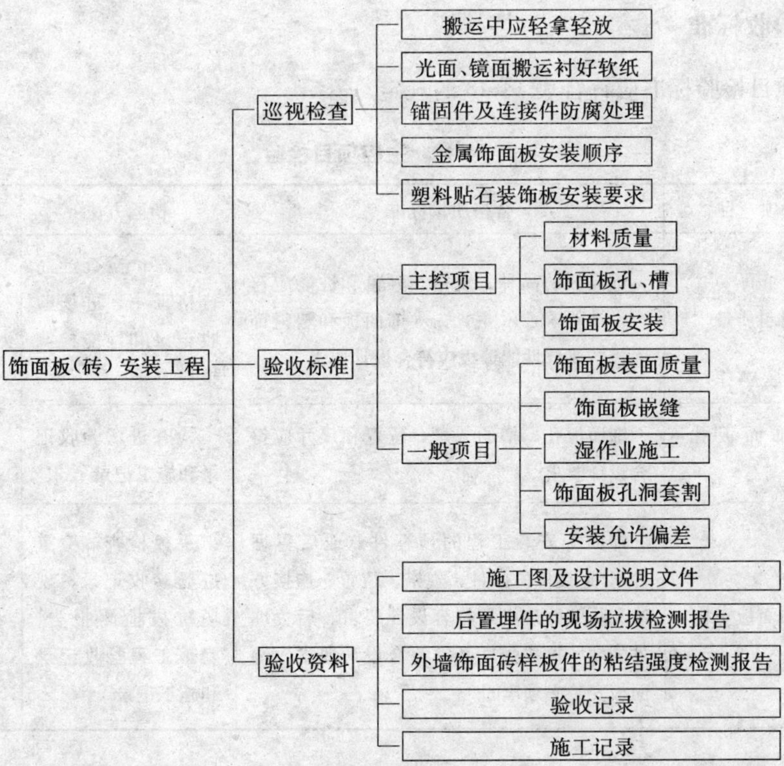

图 14-15　饰面板（砖）安装工程

技能要点 1：监理巡视要点

(1) 饰面板（砖）在搬运中应轻拿轻放，以防止棱角损坏、板（砖）断裂，堆放时要竖直堆放，避免碰撞。

(2) 光面、镜面饰面板在搬运时要光面（镜面）对光面（镜面），并衬好软纸，以避免损伤光面（镜面），大理石、花岗石不宜采用易褪色的材料包装。

(3) 饰面板所用锚固件及连接件一般用镀锌铁件或连接件作防腐处理。镜面和光面的大理石、花岗石饰面应用铜或不锈钢制品连接件。

(4) 在砖墙墙面上采用干挂法施工时，饰面板应安装在金属骨架上，金属骨架通常用镀锌角钢根据设计要求及饰面板尺寸加工制作，并与砖墙上的预埋铁焊牢。

(5) 金属饰面板应自下而上逐排安装。采用单面施工的钩形螺栓准确固定，螺栓的位置应横平竖直。在室外金属饰面板用螺钉拧到型钢或木龙骨上，在室内一般都将板条卡在特制的龙骨上。为了保证安装质量，在施工中应经常吊线检查。板间缝隙为 10～20mm，用橡胶条或密封胶弹性材料处理。

(6) 金属饰面板安装完毕，要十分注意成品保护，不仅要用塑料薄膜覆盖保护，对易被划、碰的部位，应设安全栏杆保护。

(7) 塑料贴面装饰板安装应符合下列要求。

①宜用细齿木工锯、用刨子加以修边，如需钉钉或螺钉时，应用钻从板正面钻孔。

②厚度小于 2mm 的塑料贴面装饰板，必须将其胶贴在胶合板、细木工板、纤维板等板材上，以增大幅面刚度、便于使用。

技能要点 2：验收标准

(1) 主控项目检验标准应符合表 14-48 的规定。

表 14-48　主控项目检验

<table>
<tr><th>序　号</th><th>项　目</th><th>合格质量标准</th><th>检验方法</th><th>检查数量</th></tr>
<tr><td>1</td><td>材料质量</td><td>饰面板的品种、规格、颜色和性能应符合设计要求，木龙骨、木饰面板和塑料饰面板的燃烧性能等级应符合设计要求</td><td>观察；检查产品合格证书、进场验收记录和性能检测报告</td><td rowspan="3">室内每个检验批应至少抽查 10%，并不得少于 3 间；不足 3 间时应全数检查。
室外每个检验批每 100m² 应至少抽查一处，每处不得小于 10m²</td></tr>
<tr><td>2</td><td>饰面板孔、槽</td><td>饰面板孔、槽的数量、位置和尺寸应符合设计要求</td><td>检查进场验收记录和施工记录</td></tr>
<tr><td>3</td><td>饰面板安装</td><td>饰面板安装工程的预埋件（或后置埋件）、连接件的数量、规格、位置、连接方法和防腐处理必须符合设计要求。后置埋件的现场拉拔强度必须符合设计要求。饰面板安装必须牢固</td><td>手扳检查；检查进场验收记录、现场拉拔检测报告、隐蔽工程验收记录和施工记录</td></tr>
</table>

(2) 一般项目检验标准应符合表 14-49 的规定。

表 14-49　一般项目检验

序　号	项　目	合格质量标准	检验方法	检查数量
1	饰面板表面质量	饰面板表面应平整、洁净、色泽一致，无裂痕和缺损。石材表面应无泛碱等污染	观察	同主控项目
2	饰面板嵌缝	饰面板嵌缝应密实、平直，宽度和深度应符合设计要求，嵌填材料色泽应一致	观察；尺量检查	
3	湿作业施工	采用湿作业法施工的饰面板工程，石材应进行防碱背涂处理。饰面板与基体之间的灌注材料应饱满、密实	用小锤轻击检查；检查施工记录	
4	饰面板孔洞套割	饰面板上的孔洞应套割吻合，边缘应整齐	观察	
5	安装允许偏差	饰面板安装的允许偏差和检验方法应符合表 14-50 的规定	见表 14-50	

(3) 允许偏差应符合表 14-50 的规定。

表 14-50　饰面板安装的允许偏差和检验方法

项　次	项　目	允许偏差（mm）							检验方法
		石材			瓷板	木材	塑料	金属	
		光面	剁斧石	蘑菇石					
1	立面垂直度	2	3	3	2	1.5	2	2	用 2m 垂直检测尺检查
2	表面平整度	2	3	—	1.5	1	3	3	用 2m 靠尺和塞尺检查
3	阴阳角方正	2	4	4	2	1.5	3	3	用直角检测尺检查
4	接缝直线度	2	4	4	2	1	1	1	拉 5m 线，不足 5m 拉通线，用钢直尺检查
5	墙裙、勒脚上口直线度	2	3	3	2	2	2	2	拉 5m 线，不足 5m 拉通线，用钢直尺检查
6	接缝高低差	0.5	3	—	0.5	0.5	1	1	用钢直尺和塞尺检查
7	接缝宽度	1	2	2	1	1	1	1	用钢直尺检查

注：本表摘自《建筑装饰装修工程质量验收规范》(GB 50210—2001)。

技能要点 3：验收资料

(1) 饰面板（砖）工程的施工图、设计说明及其他设计文件。

(2) 材料的产品合格证书、性能检测报告、进场验收记录和复验报告。

(3) 后置埋件的现场拉拔检测报告。

(4) 外墙饰面砖样板件的粘结强度检测报告。

(5) 隐蔽工程验收记录。

(6) 施工记录。

技能图解129 饰面砖粘贴工程

技能结构框线图

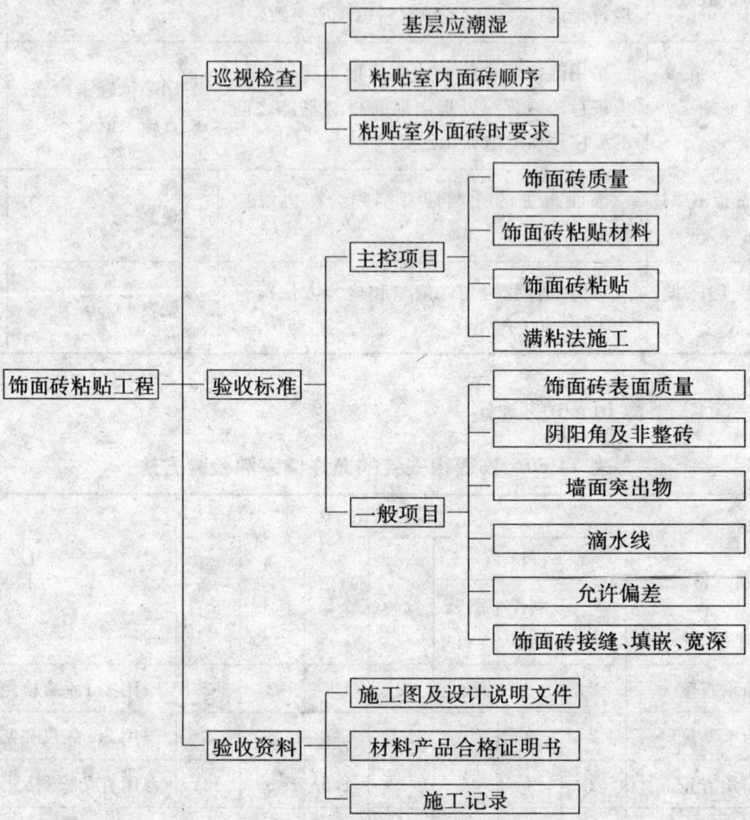

图 14-16 饰面砖粘贴工程

技能要点1：巡视检查

(1) 基层应潮湿，并涂抹1∶3水泥砂浆找平层。如在金属网上涂抹时，砂浆厚度为15～20mm。

(2) 基层表面如有管线、灯具、卫生设备等突出物，周围的砖应用整砖套割吻合，不得用非整砖拼凑镶贴。

(3) 粘贴室内面砖时一般由下往上逐层粘贴，从阳角起贴，先贴大面，后贴阴阳角，凹槽等难度较大的部位。每皮砖上口平齐成一线，竖缝应单边接墙上控制线齐直，砖缝应横平竖直。

(4) 粘贴室外面砖时，水平缝用嵌缝条控制（应根据设计要求排砖确定的缝宽做嵌缝木条）使用前木条应先捆扎后用水浸泡，以保证缝格均匀。施工中每次重复使用木条前都要及时消除余灰。

(5) 饰面板（砖）工程的抗震缝、伸缩缝、沉降缝等部位的处理应保证缝的使用功能和饰面的完整性。

技能要点2：验收标准

(1) 主控项目检验标准应符合表14-51的规定。

表 14-51　主控项目检验

序　号	项　目	合格质量标准	检验方法	检查数量
1	饰面砖质量	饰面砖的品种、规格、图案、颜色和性能应符合设计要求	观察；检查产品合格证书、进场验收记录、性能检测报告和复验报告	室内每个检验批应至少抽查 10%，并不得少于 3 间；不足 3 间时应全数检查 室外每个检验批每 $100m^2$ 应至少抽查一处，每处不得小于 $10m^2$
2	饰面砖粘贴材料	饰面砖粘贴工程的找平、防水、粘结和勾缝材料及施工方法应符合设计要求及国家现行产品标准和工程技术标准的规定	检查产品合格证书、复验报告和隐蔽工程验收记录	
3	饰面砖粘贴	饰面砖粘贴必须牢固	检查样板件粘结强度检测报告和施工记录	
4	满粘法施工	满粘法施工的饰面砖工程应无空鼓、裂缝	观察；用小锤轻击检查	

（2）一般项目检验标准应符合表 14-52 的规定。

表 14-52　一般项目检验

序　号	项　目	合格质量标准	检验方法	检查数量
1	饰面砖表面质量	饰面砖表面应平整、洁净、色泽一致，无裂痕和缺损	观察	同主控项目
2	阴阳角及非整砖	阴阳角处搭接方式、非整砖使用部位应符合设计要求	观察	
3	墙面突出物	墙面突出物周围的饰面砖应整砖套割吻合，边缘应整齐。墙裙、贴脸突出墙面的厚度应一致	观察；尺量检查	
4	饰面砖接缝、填嵌、宽深	饰面砖接缝应平直、光滑，填嵌应连续、密实；宽度和深度应符合设计要求	观察；尺量检查	
5	滴水线	有排水要求的部位应做滴水线（槽）。滴水线（槽）应顺直，流水坡向应正确，坡度应符合设计要求	观察；用水平尺检查	
6	允许偏差	饰面砖粘贴的允许偏差和检验方法应符合表 14-53 的规定	见表 14-53	

（3）允许偏差应符合表 14-53 的规定。

表 14-53　饰面砖粘贴的允许偏差和检验方法

项　次	项　目	允许偏差（mm）		检验方法
		外墙面砖	内墙面砖	
1	立面垂直度	3	2	用 2m 垂直检测尺检查
2	表面平整度	4	3	用 2m 靠尺和塞尺检查
3	阴阳角方正	3	3	用直角检测尺检查
4	接缝直线度	3	2	拉 5m 线，不足 5m 拉通线，用钢直尺检查
5	接缝高低差	1	0.5	用钢直尺和塞尺检查
6	接缝宽度	1	1	用钢直尺检查

注：本表摘自《建筑装饰装修工程质量验收规范》(GB 50210—2001)。

技能要点 3：验收资料

（1）饰面板（砖）工程的施工图、设计说明及其他设计文件。

（2）材料的产品合格证书、性能检测报告、进场验收记录和复验报告。

(3) 后置埋件的现场拉拔检测报告。

(4) 外墙饰面砖样板件的粘贴强度检测报告。

(5) 隐蔽工程验收记录。

(6) 施工记录。

技能图解 130　玻璃幕墙工程

技能结构框线图

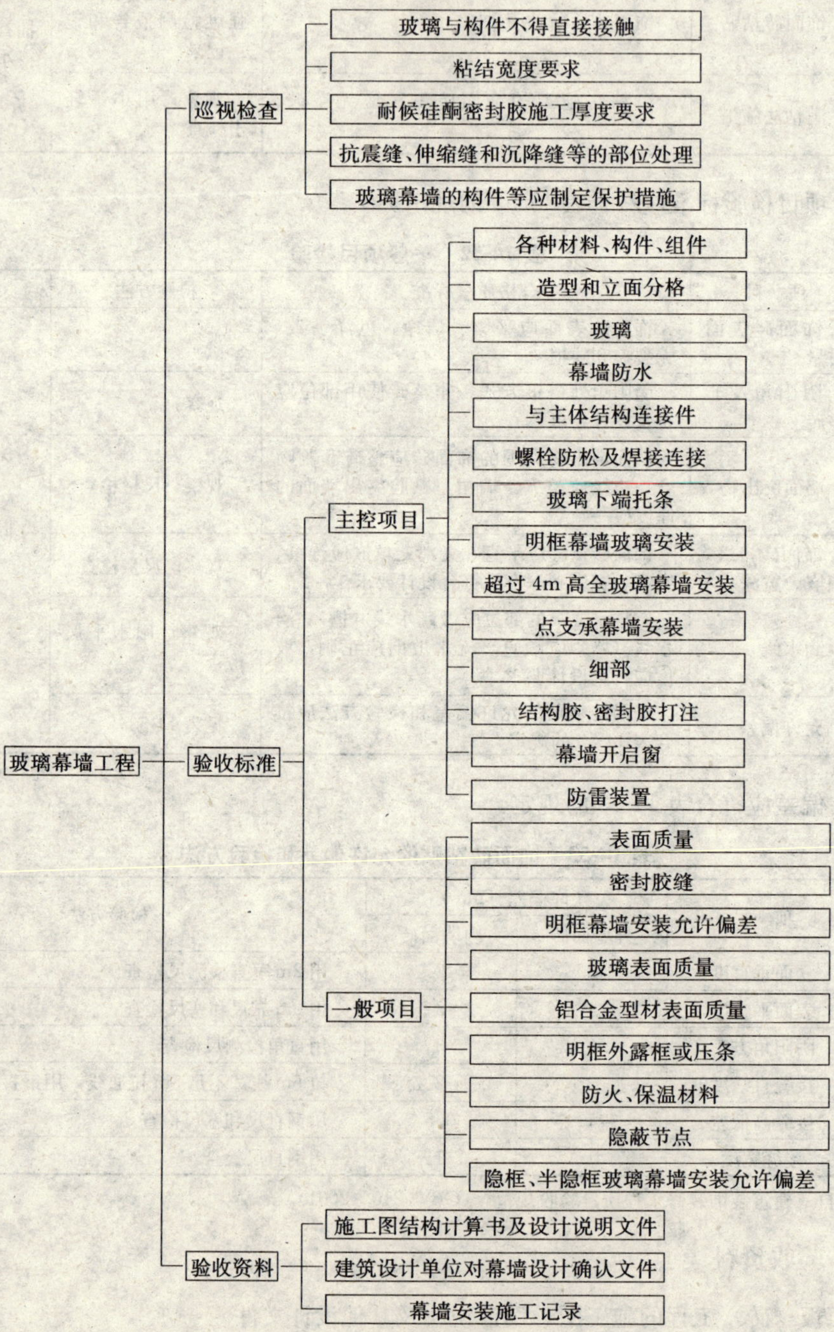

图 14-17　玻璃幕墙工程

技能要点 1：巡视检查

（1）玻璃与构件不得直接接触。每块玻璃下部应设不少于两块弹性定位垫块；垫块宽度同槽口，长度≮100mm；玻璃两边嵌入量及空隙应符合设计要求。

（2）隐框、半隐框幕墙构件中板材与金属框之间硅酮结构密封胶的粘结宽度，应分别计算风荷载标准值和板材自重标准值作用下硅酮结构密封胶的粘结宽度，并取其较大值，且不得小于 7.0mm。

（3）耐候硅酮密封胶的施工厚度应＞3.5mm，施工宽度不应小于施工厚度的 2 倍；较深的密封槽口底部应采用聚乙烯发泡材料填塞。

（4）硅酮结构密封胶应打注饱满，并应在温度 15～30℃、相对湿度 50%以上、洁净的室内进行；不得在现场墙上打注。

（5）玻璃幕墙的构件、玻璃和密封等应制定保护措施，不得发生碰撞变形、变色、污染和排水管堵塞等现象。粘附物应及时消除，清洁剂不得产生腐蚀和污染。

（6）幕墙的抗震缝、伸缩缝、沉降缝等部位的处理应保证缝的使用功能和饰面的完整性。

技能要点 2：验收标准

（1）主控项目检验标准应符合表 14-54 的规定。

表 14-54　主控项目检验

序　号	项　目	合格质量标准	检验方法	检查数量
1	各种材料、构件、组件	玻璃幕墙工程所使用的各种材料、构件和组件的质量，应符合设计要求及国家现行产品标准和工程技术规范的规定	检查材料、构件、组件的产品合格证书、进场验收记录、性能检测报告和材料的复验报告	（1）每个检验批每 100m² 应至少抽查一处，每处不得小于 10m²。 （2）对于异型或有特殊要求的幕墙工程，应根据幕墙的结构和工艺特点，由监理单位（或建设单位）和施工单位协商确定
2	造型和立面分格	玻璃幕墙的造型和立面分格应符合设计要求	观察；尺量检查	
3	玻璃	玻璃幕墙使用的玻璃应符合下列规定： （1）幕墙应使用安全玻璃，玻璃的品种、规格、颜色、光学性能及安装方向应符合设计要求。 （2）幕墙玻璃的厚度应不小于 6.0mm。全玻幕墙肋玻璃的厚度应不小于 12mm。 （3）幕墙的中空玻璃应采用双道密封。明框幕墙的中空玻璃应采用聚硫密封胶及丁基密封胶；隐框和半隐框幕墙的中空玻璃应采用硅酮结构密封胶及丁基密封胶；镀膜面应在中空玻璃的第 2 或第 3 面上。 （4）幕墙的夹层玻璃应采用聚乙烯醇缩丁醛（PVB）胶片干法加工合成的夹层玻璃。点支承玻璃幕墙夹层玻璃的夹层胶片（PVB）厚度应不小于 0.76mm。 （5）钢化玻璃表面不得有损伤；8.0mm 以下的钢化玻璃应进行引爆处理。 （6）所有幕墙玻璃均应进行边缘处理	同上	

表 14-54（续）

序号	项目	合格质量标准	检验方法	检查数量
4	与主体结构连接件	玻璃幕墙与主体结构连接的各种预埋件、连接件、紧固件必须安装牢固，其数量、规格、位置、连接方法和防腐处理应符合设计要求	观察；检查隐蔽工程验收记录和施工记录	（1）每个检验批每 100m² 应至少抽查一处，每处不得小于 10m²。 （2）对于异型或有特殊要求的幕墙工程，应根据幕墙的结构和工艺特点，由监理单位（或建设单位）和施工单位协商确定
5	螺栓防松及焊接连接	各种连接件、紧固件的螺栓应有防松动措施；焊接连接应符合设计要求和焊接规范的规定	观察；检查隐蔽工程验收记录和施工记录	
6	玻璃下端托条	隐框或半隐框玻璃幕墙，每块玻璃下端应设置两个铝合金或不锈钢托条，其长度应不小于 100mm，厚度应不小于 2mm，托条外端应低于玻璃外表面 2mm	观察；检查施工记录	
7	明框幕墙玻璃安装	明框玻璃幕墙的玻璃安装应符合下列规定： （1）玻璃槽口与玻璃的配合尺寸应符合设计要求和技术标准的规定。 （2）玻璃与构件不得直接接触，玻璃四周与构件凹槽底部应保持一定的空隙，每块玻璃下部应至少放置两块宽度与槽口宽度相同、长度不小于 100mm 的弹性定位垫块；玻璃两边嵌入量及空隙应符合设计要求。 （3）玻璃四周橡胶条的材质、型号应符合设计要求，镶嵌应平整，橡胶条长度应比边框内槽长 1.5%～2.0%，橡胶条在转角处应斜面断开，并应用粘结剂粘结牢固后嵌入槽内	观察；检查施工记录	
8	超过 4m 高全玻璃幕墙安装	高度超过 4m 的全玻幕墙应吊挂在主体结构上，吊夹具应符合设计要求，玻璃与玻璃、玻璃与玻璃肋之间的缝隙，应采用硅酮结构密封胶填嵌严密	观察；检查隐蔽工程验收记录和施工记录	
9	点支承幕墙安装	点支承玻璃幕墙应采用带万向头的活动不锈钢爪，其钢爪间的中心距离应大于 250mm	观察；尺量检查	
10	细部	玻璃幕墙四周、玻璃幕墙内表面与主体结构之间的连接节点、各种变形缝、墙角的连接节点应符合设计要求和技术标准的规定	观察；检查隐蔽工程验收记录和施工记录	
11	幕墙防水	玻璃幕墙应无渗漏	在易渗漏部位进行淋水检查	
12	结构胶、密封胶打注	玻璃幕墙结构胶和密封胶的打注应饱满、密实、连续、均匀、无气泡，宽度和厚度应符合设计要求和技术标准的规定	观察；尺量检查；检查施工记录	
13	幕墙开启窗	玻璃幕墙开启窗的配件应齐全，安装应牢固，安装位置和开启方向、角度应正确；开启应灵活，关闭应严密	观察；手扳检查；开启和关闭查	
14	防雷装置	玻璃幕墙的防雷装置必须与主体结构的防雷装置可靠连接	观察；检查隐蔽工程验收记录和施工记录	

（2）一般项目检验应符合表 14-55 至表 14-57 的规定。

表 14-55　一般项目检验

序　号	项　目	合格质量标准	检验方法	检查数量
1	表面质量	玻璃幕墙表面应平整、洁净；整幅玻璃的色泽应均匀一致；不得有污染和镀膜损坏	观察	同主控项目
2	玻璃表面质量	每平方米玻璃的表面质量和检验方法应符合表 14-56 的规定	见表 14-56	
3	铝合金型材表面质量	一个分格铝合金型材的表面质量和检验方法应符合表 14-57 的规定	见表 14-57	
4	明框外露框或压条	明框玻璃幕墙的外露框或压条应横平竖直，颜色、规格应符合设计要求，压条安装应牢固。单元玻璃幕墙的单元拼缝或隐框玻璃幕墙的分格玻璃拼缝应横平竖直、均匀一致	观察；手扳检查；检查进场验收记录	
5	密封胶缝	玻璃幕墙的密封胶缝应横平竖直、深浅一致、宽窄均匀、光滑顺直	观察；手摸检查	
6	防火、保温材料	防火、保温材料填充应饱满、均匀，表面应密实、平整	检查隐蔽工程验收记录	
7	隐蔽节点	玻璃幕墙隐蔽节点的遮封装修应牢固、整齐、美观	观察；手扳检查	
8	明框幕墙安装允许偏差	明框玻璃幕墙安装的允许偏差和检验方法应符合表 14-58 的规定	见表 14-58	
9	隐框、半隐框玻璃幕墙安装允许偏差	隐框、半隐框玻璃幕墙安装的允许偏差和检验方法应符合表 14-59 的规定	见表 14-59	

表 14-56　每平方米玻璃的表面质量和检验方法

项　次	项　目	质量要求	检验方法
1	明显划伤和长度＞100mm 的轻微划伤	不允许	观察
2	长度≤100mm 的轻微划伤	≤8 条	用钢尺检查
3	擦伤总面积	≤500mm²	用钢尺检查

注：本表摘自《建筑装饰装修工程质量验收规范》（GB 50210—2001）。

表 14-57　一个分格铝合金型材的表面质量和检验方法

项　次	项　目	质量要求	检验方法
1	明显划伤和长度＞100mm 的轻微划伤	不允许	观察
2	长度≤100mm 的轻微划伤	≤2 条	用钢尺检查
3	擦伤总面积	≤500mm²	用钢尺检查

注：本表摘自《建筑装饰装修工程质量验收规范》（GB 50210—2001）。

（3）允许偏差应符合表 14-58 及表 14-59 的规定。

表 14-58 明框玻璃幕墙安装的允许偏差和检验方法

项次	项目		允许偏差(mm)	检验方法
1	幕墙垂直度	幕墙高度≤30m	10	用经纬仪检查
		30m<幕墙高度≤60m	15	
		60m<幕墙高度≤90m	20	
		幕墙高度>90m	25	
2	幕墙水平度	幕墙幅宽≤35m	5	用水平仪检查
		幕墙幅宽>35m	7	
3	构件直线度		2	用2m靠尺和塞尺检查
4	构件水平度	构件长度≤2m	2	用水平仪检查
		构件长度>2m	3	
5	相邻构件错位		1	用钢直尺检查
6	分格框对角线长度差	对角线长度≤2m	3	用钢尺检查
		对角线长度>2m	4	

注:本表摘自《建筑装饰装修工程质量验收规范》(GB 50210—2001)。

表 14-59 隐框、半隐框玻璃幕墙安装的允许偏差和检验方法

项次	项目		允许偏差(mm)	检验方法
1	幕墙垂直度	幕墙高度≤30m	10	用经纬仪检查
		30m<幕墙高度≤60m	15	
		60m<幕墙高度≤90m	20	
		幕墙高度>90m	25	
2	幕墙水平度	层高≤3m	3	用水平仪检查
		层高>3m	5	
3	幕墙表面平整度		2	用2m靠尺和塞尺检查
4	板材立面垂直度		2	用垂直检测尺检查
5	板材上沿水平度		2	用1m水平尺和钢直尺检查
6	相邻板材板角错位		1	用钢直尺检查
7	阳角方正		2	用直角检测尺检查
8	接缝直线度		3	拉5m线,不足5m拉通线,用钢直尺检查
9	接缝高低差		1	用钢直尺和塞尺检查
10	接缝宽度		1	用钢直尺检查

注:本表摘自《建筑装饰装修工程质量验收规范》(GB 50210—2001)。

技能要点3:验收资料

(1)幕墙工程的施工图、结构计算书、设计说明及其他设计文件。

(2)建筑设计单位对幕墙工程设计的确认文件。

(3)幕墙工程所用各种材料、五金配件、构件及组件的产品合格证书、性能检测报告、进场验收记录和复验报告。

(4)幕墙工程所用硅酮结构胶的认定证书和抽查合格证明;进口硅酮结构胶的商检证;国家

指定检测机构出具的硅酮结构胶相容性和剥离粘结性试验报告；石材用密封胶的耐污染性试验报告。

(5) 后置埋件的现场拉拔强度检测报告。

(6) 幕墙的抗风压性能、空气渗透性能、雨水渗透性能及平面变形性能检测报告。

(7) 打胶、养护环境的温度、湿度记录；双组分硅酮结构胶的混匀性试验记录及拉断试验记录。

(8) 防雷装置测试记录。

(9) 隐蔽工程验收记录。

(10) 幕墙构件和组件的加工制作记录；幕墙安装施工记录。

技能图解 131　金属幕墙工程

技能结构框线图

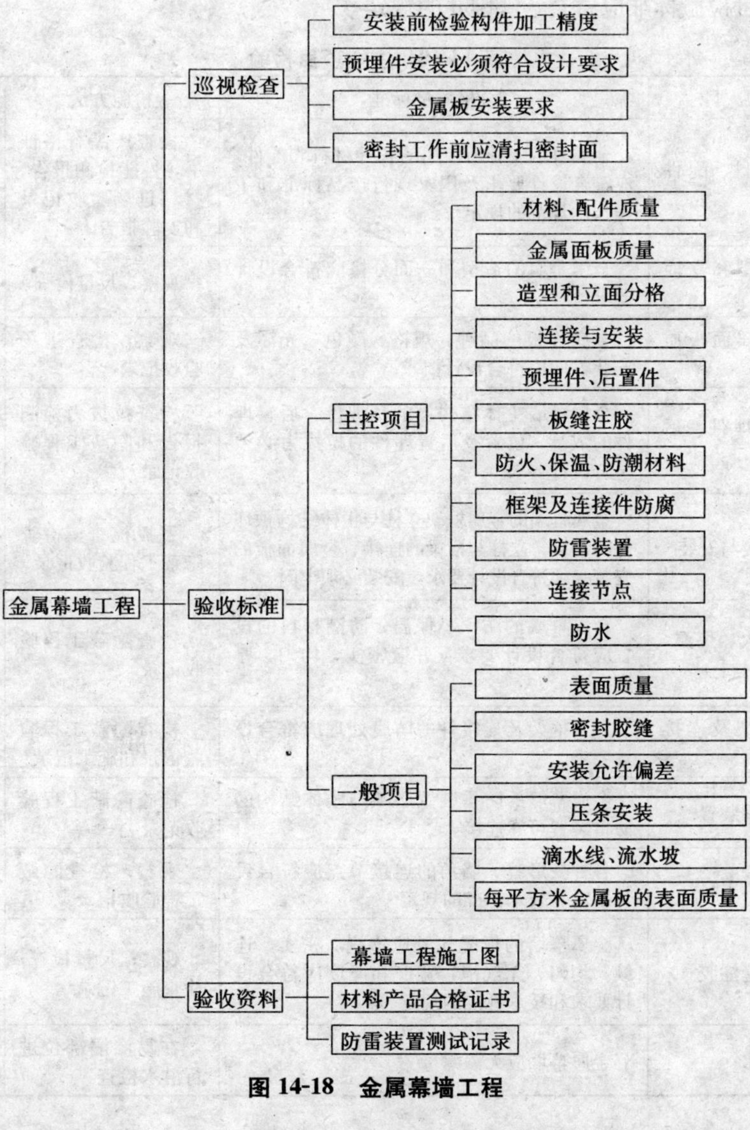

图 14-18　金属幕墙工程

技能要点 1：巡视检查

（1）安装前对构件加工精度进行检验，检验合格后方可进行安装。

（2）预埋件安装必须符合设计要求，安装牢固，严禁歪、斜、倾。安装位置偏差控制在允许范围以内。

（3）幕墙立柱与横梁安装应严格控制水平、垂直度以及对角线长度，在安装过程中应反复检查，达到要求后方可进行玻璃的安装。

（4）金属板安装时，应拉线控制相邻玻璃面的水平度、垂直度及大面平整度；用木模板控制缝隙宽度，如有误差应均分在每一条缝隙中，防止误差积累。

（5）进行密封工作前应对密封面进行清扫，并在胶缝两侧的金属板上粘贴保护胶带，防止注胶时污染周围的板面；注胶应均匀、密实、饱满，胶缝表面应光滑；同时应注意注胶方法，防止气泡产生并避免浪费。

（6）清扫时应选用合适的清洗溶剂，清扫工具禁止使用金属物品，以防止损坏金属板或构件表面。

技能要点 2：验收标准

（1）主控项目检验标准应符合表 14-60 的规定。

表 14-60　主控项目检验

序　号	项　目	合格质量标准	检验方法	检查数量
1	材料、配件质量	金属幕墙工程所使用的各种材料和配件，应符合设计要求及国家现行产品标准和工程技术规范的规定	检查产品合格证书、性能检测报告、材料进场验收记录和复验报告	每个检验批每 $100m^2$ 应至少抽查一处，每处不得小于 $10m^2$。 对于异型或有特殊要求的幕墙工程，应根据幕墙的结构和工艺特点，由监理单位（或建设单位）和施工单位协商确定
2	造型和立面分格	金属幕墙的造型和立面分格应符合设计要求	观察；尺量检查	
3	金属面板质量	金属面板的品种、规格、颜色、光泽及安装方向应符合设计要求	观察；检查进场验收记录	
4	预埋件、后置件	金属幕墙主体结构上的预埋件、后置埋件的数量、位置及后置埋件的拉拔力必须符合设计要求	检查拉拔力检测报告和隐蔽工程验收记录	
5	连接与安装	金属幕墙的金属框架立柱与主体结构预埋件的连接、立柱与横梁的连接、金属面板的安装必须符合设计要求，安装必须牢固	手扳检查；检查隐蔽工程验收记录	
6	防火、保温、防潮材料	金属幕墙的防火、保温、防潮材料的设置应符合设计要求，并应密实、均匀、厚度一致	检查隐蔽工程验收记录	
7	框架及连接件防腐	金属框架及连接件的防腐处理应符合设计要求	检查隐蔽工程验收记录和施工记录	
8	防雷装置	金属幕墙的防雷装置必须与主体结构的防雷装置可靠连接	检查隐蔽工程验收记录	
9	连接节点	各种变形缝、墙角的连接节点应符合设计要求和技术标准的规定	观察；检查隐蔽工程验收记录	
10	板缝注胶	金属幕墙的板缝注胶应饱满、密实、连续、均匀、无气泡，宽度和厚度应符合设计要求和技术标准的规定	观察；尺量检查；检查施工记录	
11	防水	金属幕墙应无渗漏	在易渗漏部位进行淋水检查	

（2）一般项目检验标准应符合表 14-61 及表 14-62 的规定。

表 14-61　一般项目检验

序　号	项　目	合格质量标准	检验方法	检查数量
1	表面质量	金属板表面应平整、洁净、色泽一致	观察	同主控项目
2	压条安装	金属幕墙的压条应平直、洁净、接口严密、安装牢固	观察；手扳检查	
3	密封胶缝	金属幕墙的密封胶缝应横平竖直、深浅一致、宽窄均匀、光滑顺直	观察	
4	滴水线、流水坡	金属幕墙上的滴水线、流水坡向应正确、顺直	观察；用水平尺检查	
5	每平方米金属板的表面质量	每平方米金属板的表面质量和检验方法应符合表 14-62 的规定	见表 14-62	
6	安装允许偏差	金属幕墙安装的允许偏差和检验方法应符合表 14-63 的规定	见表 14-63	

表 14-62　每平方米金属板的表面质量和检验方法

项　次	项　目	质量要求	检验方法
1	明显划伤和长度＞100mm 的轻微划伤	不允许	观察
2	长度≤100mm 的轻微划伤	≤8 条	用钢尺检查
3	擦伤总面积	≤500mm²	用钢尺检查

注：本表摘自《建筑装饰装修工程质量验收规范》(GB 50210—2001)。

（3）允许偏差应符合表 14-63 的规定。

金属幕墙安装的允许偏差和检验方法（表 14-63）。

表 14-63　金属幕墙安装的允许偏差和检验方法

项　次	项　目		允许偏差（mm）	检验方法
1	幕墙垂直度	幕墙高度≤30m	10	用经纬仪检查
		30m＜幕墙高度≤60m	15	
		60m＜幕墙高度≤90m	20	
		幕墙高度＞90m	25	
2	幕墙水平度	层高≤3m	3	用水平仪检查
		层高＞3m	5	
3	幕墙表面平整度		2	用 2m 靠尺和塞尺检查
4	板材立面垂直度		3	用垂直检测尺检查
5	板材上沿水平度		2	用 1m 水平尺和钢直尺检查
6	相邻板材板角错位		1	用钢直尺检查
7	阳角方正		2	用直角检测尺检查
8	接缝直线度		3	拉 5m 线，不足 5m 拉通线，用钢直尺检查
9	接缝高低差		1	用钢直尺和塞尺检查
10	接缝宽度		1	用钢直尺检查

注：本表摘自《建筑装饰装修工程质量验收规范》(GB 50210—2001)。

技能要点 3：验收资料

（1）幕墙工程的施工图、结构计算书、设计说明及其他设计文件。

（2）建筑设计单位对幕墙工程设计的确认文件。

(3) 幕墙工程所用各种材料、五金配件、构件及组件的产品合格证书、性能检测报告、进场验收记录和复验报告。

(4) 幕墙工程所用硅酮结构胶的认定证书和抽查合格证明；进口硅酮结构胶的商检证；国家指定检测机构出具的硅酮结构胶相容性和剥离粘结性试验报告；石材用密封胶的耐污染性试验报告。

(5) 后置埋件的现场拉拔强度检测报告。

(6) 幕墙的抗风压性能、空气渗漏性能、雨水渗透性能及平面变形性能检测报告。

(7) 打胶、养护环境的温度、湿度记录；双组分硅酮结构胶的混匀性试验记录及拉断试验记录。

(8) 防雷装置测试记录。

(9) 隐蔽工程验收记录。

(10) 幕墙构件和组件的加工制作记录；幕墙安装施工记录。

技能图解132　石材幕墙工程

技能结构框线图

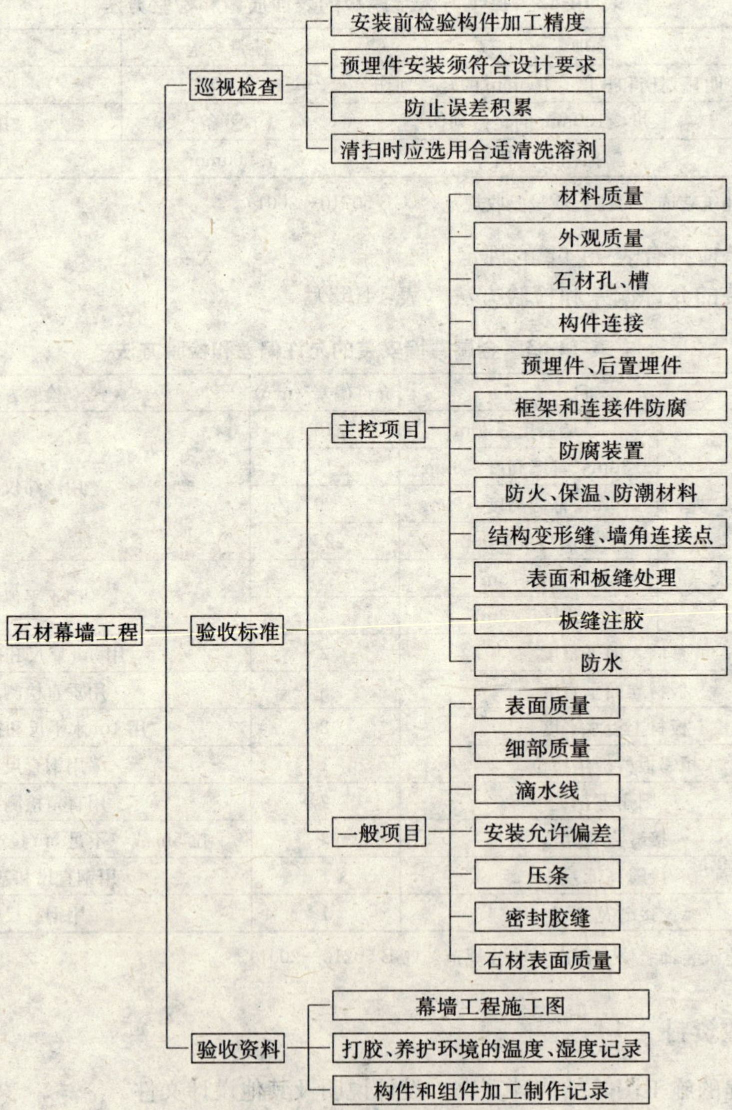

图 14-19　石材幕墙工程

技能要点 1：巡视检查

（1）安装前对构件加工精度进行检验，达到设计及规范要求后方可进行安装。

（2）预埋件安装必须符合设计要求，安装牢固，不应出现歪、斜、倾。安装位置偏差控制在允许范围以内。

（3）石材板安装时，应拉线控制相邻板材面的水平度、垂直度及大面平整度；用木模板控制缝隙宽度，如有误差应均分在每一条缝隙中，防止误差积累。

（4）进行密封工作前应对密封面进行清扫，并在胶缝两侧的石板上粘贴保护胶带，防止注胶时污染周围的板面；注胶应均匀、密实、饱满，胶缝表面应光滑；同时应注意注胶方法，避免浪费。

（5）清扫时应选用合适的清洗溶剂，清扫工具禁止使用金属物品，以防止磨损石板或构件表面。

技能要点 2：验收标准

（1）主控项目检验标准应符合表 14-64 的规定。

表 14-64　主控项目检验

序　号	项　目	合格质量标准	检验方法	检查数量
1	材料质量	石材幕墙工程所用材料的品种、规格、性能和等级，应符合设计要求及国家现行产品标准和工程技术规范的规定。石材的弯曲强度应不小于 8.0MPa；吸水率应小于 0.8%。石材幕墙的铝合金挂件厚度应不小于 4.0mm，不锈钢挂件厚度应不小于 3.0mm	观察；尺量检查；检查产品合格证书、性能检测报告、材料进场验收记录和复验报告	每个检验批每 100m² 应至少抽查一处，每处不得小于 10m²。对于异型或有特殊要求的幕墙工程，应根据幕墙的结构和工艺特点，由监理单位（或建设单位）和施工单位协商确定
2	外观质量	石材幕墙的造型、立面分格、颜色、光泽、花纹和图案应符合设计要求	观察	
3	石材孔、槽	石材孔、槽的数量、深度、位置、尺寸应符合设计要求	检查进场验收记录或施工记录	
4	预埋件和后置埋件	石材幕墙主体结构上的预埋件和后置埋件的位置、数量及后置埋件的拉拔力必须符合设计要求	检查拉拔力检测报告和隐蔽工程验收记录	
5	构件连接	石材幕墙的金属框架立柱与主体结构预埋件的连接、立柱与横梁的连接、连接件与金属框架的连接、连接件与石材面板的连接必须符合设计要求，安装必须牢固	手扳检查；检查隐蔽工程验收记录	
6	框架和连接件防腐	金属框架和连接件的防腐处理应符合设计要求	检查隐蔽工程验收记录	

表 14-64（续）

序　号	项　目	合格质量标准	检验方法	检查数量
7	防腐装置	石材幕墙的防雷装置必须与主体结构防雷装置可靠连接	观察；检查隐蔽工程验收记录和施工记录	每个检验批每 $100m^2$ 应至少抽查一处，每处不得小于 $10m^2$。 对于异型或有特殊要求的幕墙工程，应根据幕墙的结构和工艺特点，由监理单位（或建设单位）和施工单位协商确定
8	防火、保温、防潮材料	石材幕墙的防火、保温、防潮材料的设置应符合设计要求，填充应密实、均匀、厚度一致	检查隐蔽工程验收记录	
9	结构变形缝、墙角连接点	各种结构变形缝、墙角的连接节点应符合设计要求和技术标准的规定	检查隐蔽工程验收记录和施工记录	
10	表面和板缝处理	石材表面和板缝的处理应符合设计要求	观察	
11	板缝注胶	石材幕墙的板缝注胶应饱满、密实、连续、均匀、无气泡，板缝宽度和厚度应符合设计要求和技术标准的规定	观察；尺量检查；检查施工记录	
12	防水	石材幕墙应无渗漏	在易渗漏部位进行淋水检查	

（2）一般项目检验标准应符合表 14-65 及表 14-66 的规定。

表 14-65　一般项目检验

序　号	项　目	合格质量标准	检验方法	检查数量
1	表面质量	石材幕墙表面应平整、洁净，无污染、缺损和裂痕。颜色和花纹应协调一致，无明显色差，无明显修痕	观察	同主控项目
2	压条	石材幕墙的压条应平直、洁净、接口严密、安装牢固	观察；手扳检查	
3	细部质量	石材接缝应横平竖直、宽窄均匀；阴阳角石板压向应正确，板边合缝应顺直；凸凹线出墙厚度应一致，上下口应平直；石材面板上洞口、槽边应套割吻合，边缘应整齐	观察；尺量检查	
4	密封胶缝	石材幕墙的密封胶缝应横平竖直、深浅一致、宽窄均匀、光滑顺直	观察	
5	滴水线	石材幕墙上的滴水线、流水坡向应正确、顺直	观察；用水平尺检查	
6	石材表面质量	每平方米石材的表面质量和检验方法应符合表 14-66 的规定	见表 14-66	
7	安装允许偏差	石材幕墙安装的允许偏差和检验方法应符合表 14-67 的规定	见表 14-67	

表 14-66　每平方米石材的表面质量和检验方法

项　次	项　　目	质量要求	检验方法
1	裂痕、明显划伤和长度＞100mm 的轻微划伤	不允许	观察
2	长度≤100mm 的轻微划伤	≤8 条	用钢尺检查
3	擦伤总面积	≤500mm^2	用钢尺检查

注：本表摘自《建筑装饰装修工程质量验收规范》(GB 50210—2001)。

(3) 允许偏差应符合表 14-67 的规定。

表 14-67　石材幕墙安装的允许偏差和检验方法

项　次	项　目		允许偏差 (mm) 光面	允许偏差 (mm) 麻面	检验方法
1	幕墙垂直度	幕墙高度≤30m	10		用经纬仪检查
		30m＜幕墙高度≤60m	15		
		60m＜幕墙高度≤90m	20		
		幕墙高度＞90m	25		
2	幕墙水平度		3		用水平仪检查
3	板材立面垂直度		3		用水平仪检查
4	板材上沿水平度		2		用 1m 水平尺和钢直尺检查
5	相邻板材板角错位		1		用钢直尺检查
6	幕墙表面平整度		2	3	用垂直检测尺检查
7	阳角方正		2	4	用直角检测尺检查
8	接缝直线度		3	4	拉 5m 线，不足 5m 拉通线，用钢直尺检查
9	接缝高低差		1	—	用钢直尺和塞尺检查
10	接缝宽度		1	2	用钢直尺检查

注：本表摘自《建筑装饰装修工程质量验收规范》(GB 50210—2001)。

技能要点 3：验收资料

(1) 幕墙工程的施工图、结构计算书、设计说明及其他设计文件。

(2) 建筑设计单位对幕墙工程设计的确认文件。

(3) 幕墙工程所用各种材料、五金配件、构件及组件的产品合格证书、性能检测报告、进场验收记录和复验报告。

(4) 幕墙工程所用硅酮结构胶的认定证书和抽查合格证明；进口硅酮结构胶的商检证；国家指定检测机构出具的硅酮结构胶相容性和剥离粘结性试验报告；石材用密封胶的耐污染性试验报告。

(5) 后置埋件的现场拉拔强度检测报告。

(6) 幕墙的抗风压性能、空气渗透性能、雨水渗漏性能及平面变形性能检测报告。

(7) 打胶、养护环境的温度、湿度记录；双组分硅酮结构胶的混匀性试验记录及拉断试验记录。

(8) 防雷装置测试记录。

(9) 隐蔽工程验收记录。

(10) 幕墙构件和组件的加工制作记录；幕墙安装施工记录。

技能图解133 水性涂料涂饰工程

技能结构框线图

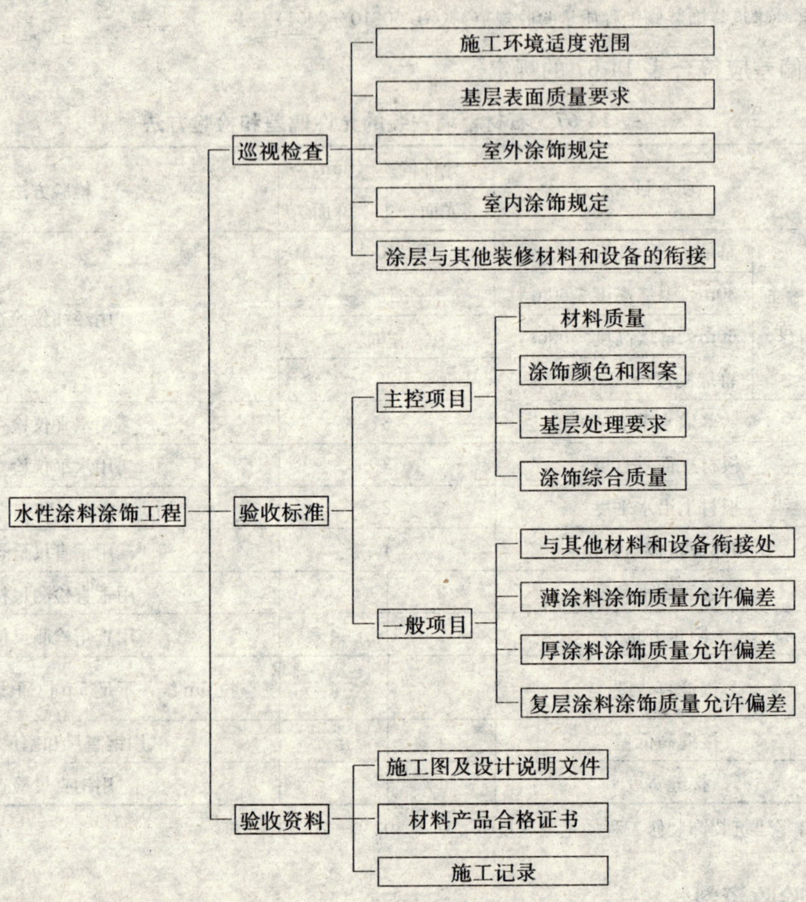

图14-20 水性涂料涂饰工程

技能要点1：巡视检查

（1）水性涂料涂饰工程的施工环境温度应在5～35℃之间。

（2）基层表面必须干净、平整。表面麻面等缺陷应用腻子填平并用砂纸磨平磨光。

（3）室外涂饰，同一墙面应用相同的材料和配合比。涂料在施工时，应经常搅拌，每遍涂层不应过厚，涂刷均匀。若分段施工时，其施工缝应留在分格缝、墙的阴阳角处或水落管后。

（4）室内涂饰，一面墙每遍必须一次完成，涂饰上部时，溅到下部的浆点，要用铲刀及时铲除掉，以免妨碍平整美观。

（5）涂层与其他装修材料和设备衔接处应吻合，界面应清晰。

技能要点2：验收标准

（1）主控项目检验标准应符合表14-68的规定。

表 14-68 主控项目检验

序 号	项 目	合格质量标准	检验方法	检查数量
1	材料质量	水性涂料涂饰工程所用涂料的品种、型号和性能应符合设计要求	检查产品合格证书、性能检测报告和进场验收记录	室外涂饰工程每 $100m^2$ 应至少抽查一处，每处不得小于 $10m^2$。 室内涂饰工程每个检验批应至少抽查 10%，并不得少于 3 间；不足 3 间时应全数检查
2	涂饰颜色和图案	水性涂料涂饰工程的颜色、图案应符合设计要求	观察	
3	涂饰综合质量	水性涂料涂饰工程应涂饰均匀、粘结牢固，不得漏涂、透底、起皮和掉粉	观察；手摸检查	
4	基层处理的要求	水性涂料涂饰工程的基层处理应符合基层处理	观察；手摸检查；检查施工记录	

（2）一般项目检验标准应符合表 14-69 至表 14-72 的规定。

表 14-69 一般项目检验

序 号	项 目	合格质量标准	检验方法	检查数量
1	与其他材料和设备衔接处	涂层与其他装修材料和设备衔接处应吻合，界面应清晰	观察	同主控项目
2	薄涂料涂饰质量允许偏差	薄涂料的涂饰质量和检验方法应符合表 14-70 的规定	见表 14-70	
3	厚涂料涂饰质量允许偏差	厚涂料的涂饰质量和检验方法应符合表 14-71 的规定	见表 14-71	
4	复层涂料涂饰质量允许偏差	复层涂料的涂饰质量和检验方法应符合表 14-72 的规定	见表 14-72	

表 14-70 薄涂料的涂饰质量和检验方法

项 次	项 目	普通涂饰	高级涂饰	检验方法
1	颜色	均匀一致	均匀一致	观察
2	泛碱、咬色	允许少量轻微	不允许	
3	流坠、疙瘩	允许少量轻微	不允许	
4	砂眼、刷纹	允许少量轻微砂眼，刷纹通顺	无砂眼，无刷纹	
5	装饰线、分色线直线度允许偏差（mm）	2	1	拉 5m 线，不足 5m 拉通线，用钢直尺检查

注：本表摘自《建筑装饰装修工程质量验收规范》(GB 50210—2001)。

表 14-71 厚涂料的涂饰质量和检验方法

项 次	项 目	普通涂饰	高级涂饰	检验方法
1	颜色	均匀一致	均匀一致	观察
2	泛碱、咬色	允许少量轻微	不允许	
3	点状分布	—	疏密均匀	

注：本表摘自《建筑装饰装修工程质量验收规范》(GB 50210—2001)。

表 14-72　复层涂料的涂饰质量和检验方法

项　次	项　目	质量要求	检验方法
1	颜色	均匀一致	观察
2	泛碱、咬色	不允许	
3	喷点疏密程度	均匀，不允许连片	

注：本表摘自《建筑装饰装修工程质量验收规范》(GB 50210—2001)。

技能要点 3：验收资料

(1) 涂饰工程的施工图、设计说明及其他设计文件。

(2) 材料的产品合格证书、性能检测报告和进场验收记录。

(3) 施工记录。

技能图解 134　溶剂型涂料涂饰工程

技能结构框线图

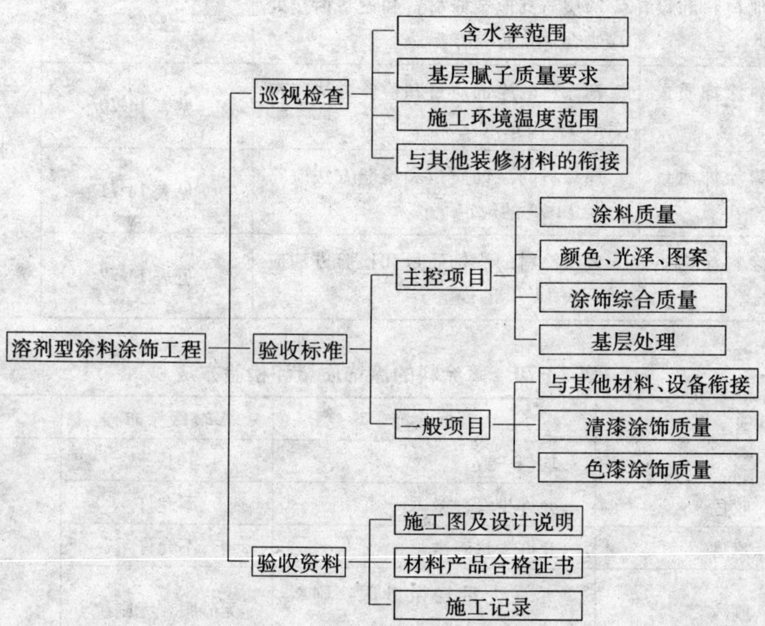

图 14-21　溶剂型涂料涂饰工程

技能要点 1：巡视检查

(1) 混凝土或抹灰基层涂刷溶剂型涂料时，含水率不得大于 8%；木材基层的含水率不得大于 12%。

(2) 基层腻子应平整、坚实、牢固、无粉化、起皮和裂缝；内墙腻子的粘结强度应符合《建筑室内用腻子》(JG/T 3049) 的规定。

(3) 一般溶剂型涂料涂饰工程施工时的环境温度不宜低于 10℃，相对湿度不宜大于 60%。遇有大风、雨、雾等情况时，不宜施工（特别是面层涂饰，更不宜施工）。

(4) 采用机械喷涂油漆时，应将不涂漆部位遮盖，以防污染。

(5) 涂层与其他装修材料和设备衔接处应吻合，界面应清晰。

技能要点 2：验收标准

（1）主控项目检验标准应符合表 14-73 的规定。

表 14-73　主控项目检验

序　号	项　目	合格质量标准	检验方法	检查数量
1	涂料质量	溶剂型涂料涂饰工程所选用涂料的品种、型号和性能应符合设计要求	检查产品合格证书、性能检测报告和进场验收记录	室外涂饰工程每 100m² 应至少检查一处，每处不得小于 10m²。 室内涂饰工程每个检验批应至少抽查 10%，并不得少于 3 间；不足 3 间时应全数检查
2	颜色、光泽、图案	溶剂型涂料涂饰工程的颜色、光泽、图案应符合设计要求	观察	
3	涂饰综合质量	溶剂型涂料涂饰工程应涂饰均匀、粘结牢固，不得漏涂、透底、起皮和反锈	观察；手摸检查	
4	基层处理	溶剂型涂料涂饰工程的基层处理应符合以下要求： （1）新建筑物的混凝土或抹灰基层在涂饰涂料前应涂刷抗碱封闭底漆。 （2）旧墙面在涂饰涂料前应清除疏松的旧装修层，并涂刷界面剂。 （3）混凝土或抹灰基层涂刷溶剂型涂料时，含水率不得大于 8%；涂刷乳液型涂料时，含水率不得大于 10%。木材基层的含水率不得大于 12%。 （4）基层腻子应平整、坚实、牢固，无粉化、起皮和裂缝；内墙腻子的粘结强度应符合《建筑室内用腻子》（JG/T 3049）的规定。 （5）厨房、卫生间墙面必须使用耐水腻子	观察；手摸检查；检查施工记录	

（2）一般项目检验标准应符合表 14-74 至表 14-76 的规定。

表 14-74　一般项目检验

序　号	项　目	合格质量标准	检验方法	检查数量
1	与其他材料、设备衔接	涂层与其他装修材料和设备衔接处应吻合，界面应清晰	观察	同主控项目
2	色漆涂饰质量	色漆的涂饰质量和检验方法应符合表 14-75 的规定	见表 14-75	
3	清漆涂饰质量	清漆的涂饰质量和检验方法应符合表 14-76 的规定	见表 14-76	

表 14-75　色漆的涂饰质量和检验方法

项　次	项　目	普通涂饰	高级涂饰	检验方法
1	颜色	均匀一致	均匀一致	观察
2	光泽、光滑	光泽基本均匀光滑无挡手感	光泽均匀一致光滑	观察、手摸检查
3	刷纹	刷纹通顺	无刷纹	观察
4	裹棱、流坠、皱皮	明显处不允许	不允许	观察
5	装饰线、分色线直线度允许偏差（mm）	2	1	拉 5m 线，不足 5m 拉通线，用钢直尺检查

注：1. 无光色漆不检查光泽。

2. 本表摘自《建筑装饰装修工程质量验收规范》（GB 50210—2001）。

表 14-76 清漆的涂饰质量和检验方法

项 次	项 目	普通涂饰	高级涂饰	检验方法
1	颜色	基本一致	均匀一致	观察
2	木纹	棕眼刮平、木纹清楚	棕眼刮平、木纹清楚	观察
3	光泽、光滑	光泽基本均匀 光滑无挡手感	光泽均匀一致光滑	观察、手摸检查
4	刷纹	无刷纹	无刷纹	观察
5	裹棱、流坠、皱皮	明显处不允许	不允许	观察

注：本表摘自《建筑装饰装修工程质量验收规范》(GB 50210—2001)。

技能要点 3：验收资料

(1) 涂饰工程的施工图、设计说明及其他设计文件。
(2) 材料的产品合格证书、性能检测报告和进场验收记录。
(3) 施工记录。

技能图解 135 美术涂饰工程

技能结构框线图

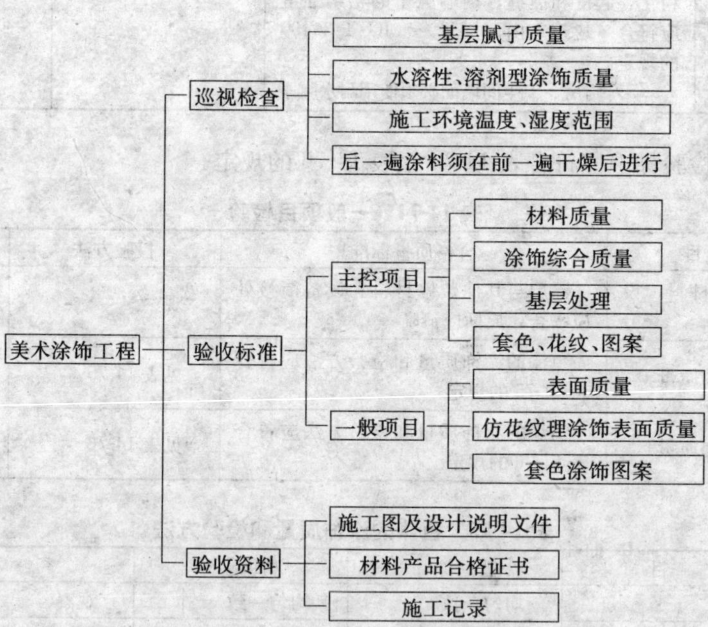

图 14-22 美术涂饰工程

技能要点 1：巡视检查

(1) 基层腻子应平整、坚实、牢固、无粉化、无起皮和裂缝。
(2) 水溶性、溶剂型涂饰应涂刷均匀、粘结牢固，不得漏涂、透底、起皮和反锈。
(3) 一般涂料、油漆施工的环境温度不宜低于 10℃，相对湿度不宜大于 60%。
(4) 有水房间应采用具有耐水性腻子。

（5）后一遍涂料必须在前一遍涂料干燥后进行。

技能要点 2：验收标准

（1）主控项目检验标准应符合表 14-77 的规定。

表 14-77　主控项目检验

序　号	项　目	合格质量标准	检验方法	检查数量
1	材料质量	美术涂饰所用材料的品种、型号和性能应符合设计要求	观察；检查产品合格证书、性能检测报告和进场验收记录	室外涂饰工程每 100m² 应至少检查一处，每处不得小于 10m²。 室内涂饰工程每个检验批应至少抽查 10%，并不得少于 3 间；不足 3 间时应全数检查
2	涂饰综合质量	美术涂饰工程应涂饰均匀、粘结牢固，不得漏涂、透底、起皮、掉粉和反锈	观察；手摸检查	
3	基层处理	美术涂饰工程的基层处理应符合以下要求： （1）新建筑物的混凝土或抹灰基层在涂饰涂料前应涂刷抗碱封闭底漆。 （2）旧墙面在涂饰涂料前应清除疏松的旧装修层，并涂刷界面剂。 （3）混凝土或抹灰基层涂刷溶剂型涂料时，含水率不得大于 8%；涂刷乳液型涂料时，含水率不得大于 10%。木材基层的含水率不得大于 12%。 （4）基层腻子应平整、坚实、牢固，无粉化、起皮和裂缝；内墙腻子的粘结强度应符合《建筑室内用腻子》（JG/T 3049）的规定。 （5）厨房、卫生间墙面必须使用耐水腻子	观察；手摸检查；检查施工记录	
4	套色、花纹、图案	美术涂饰的套色、花纹和图案应符合设计要求	观察	

（2）一般项目检验标准应符合表 14-78 的规定。

表 14-78　一般项目检验

序　号	项　目	合格质量标准	检验方法	检查数量
1	表面质量	美术涂饰表面应洁净，不得有流坠现象	观察	同主控项目
2	仿花纹理涂饰表面质量	仿花纹涂饰的饰面应具有被模仿材料的纹理		
3	套色涂饰图案	套色涂饰的图案不得移位，纹理和轮廓应清晰		

技能要点 3：验收资料

（1）涂饰工程的施工图、设计说明及其他设计文件。

（2）材料的产品合格证书、性能检测报告和进场验收记录。

（3）施工记录。

技能图解136　裱糊工程

技能结构框线图

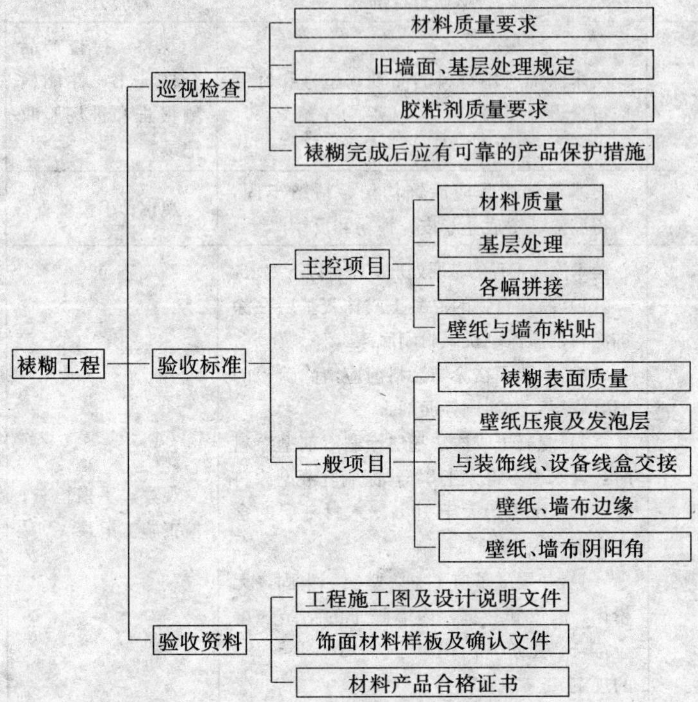

图14-23　裱糊工程

技能要点1：巡视检查

（1）壁纸、墙布的种类、规格、图案、颜色和燃烧性能等级必须符合设计要求及国家现行标准的有关规定。同一房间的壁纸、墙布应用同一批料，即使同一批料，当有色差时，也不应贴在同一墙面上。

（2）新建筑物的混凝土或抹灰基层墙面在刮腻子前应涂刷抗碱封闭底漆。

（3）旧墙面在裱糊前应清除疏松的旧装修层，并刷涂界面剂。

（4）基层按设计要求木砖或木筋已埋设，水泥砂浆找平层已抹完，经干燥后含水率不大于8%，木材基层含水率不大于12%。

（5）裁纸（布）时，长度应有一定余量，剪口应考虑对花并与边线垂直、裁成后卷拢，横向存放。不足幅宽的窄幅，应贴在较暗的阴角处。窄条下料时，应考虑对缝的搭缝关系，手裁的一边只能搭接不能对缝。

（6）壁纸贴平后，3～5h内，在其微干状态时，用小滚轮（中间微起拱）均匀用力滚压接缝处，这样做比传统的有机玻璃片抹刮能有效的减少对壁纸的损坏。

（7）胶粘剂、嵌缝腻子等应根据设计和基层的实际需要提前备齐。其质量要满足设计和质量标准的规定，并满足建筑物的防火要求，避免在高温下因胶粘剂失去粘接力使壁纸脱落而引起火灾。

（8）胶粘剂应集中调制，并通过400孔/cm^2筛子过滤，调制好的胶粘剂应当天用完。

（9）裱糊工程完成后，应有可靠的产品保护措施。

技能要点 2：验收标准

（1）主控项目检验标准应符合表 14-79 的规定。

表 14-79 主控项目检验

序 号	项 目	合格质量标准	检验方法	检查数量
1	材料质量	壁纸、墙布的种类、规格、图案、颜色和燃烧性能等级必须符合设计要求及国家现行标准的有关规定	观察；检查产品合格证书、进场验收记录和性能检测报告	每个检验批应至少抽查 10%，并不得少于 3 间，不足 3 间时应全数检查
2	基层处理	裱糊工程基层处理质量应符合以下要求： （1）新建筑物的混凝土或抹灰基层墙面在刮腻子前应涂刷抗碱封闭底漆。 （2）旧墙面在裱糊前应清除疏松的旧装修层，并涂刷界面剂。 （3）混凝土或抹灰基层含水率不得大于 8%；木材基层的含水率不得大于 12%。 （4）基层腻子应平整、坚实、牢固，无粉化、起皮和裂缝；腻子的粘结强度应符合《建筑室内用腻子》（JG/T 3049）N 型的规定。 （5）基层表面平整度、立面垂直度及阴阳角方正应达到允许偏差不大于 3mm 的高级抹灰的要求。 （6）基层表面颜色应一致。 （7）裱糊前应用封闭底胶涂刷基层	观察；手摸检查；检查施工记录	
3	各幅拼接	裱糊后各幅拼接应横平竖直，拼接处花纹、图案应吻合，不离缝，不搭接，不显拼缝	观察；拼缝检查距离墙面 1.5m 处正视	
4	壁纸、墙布粘贴	壁纸、墙布应粘贴牢固，不得有漏贴、补贴、脱层、空鼓和翘边	观察；手摸检查	

（2）一般项目检验标准应符合表 14-80 的规定。

表 14-80 一般项目检验

序 号	项 目	合格质量标准	检验方法	检查数量
1	裱糊表面质量	裱糊后的壁纸、墙布表面应平整，色泽应一致，不得有波纹起伏、气泡、裂缝、皱折及斑污，斜视时应无胶痕	观察；手摸检查	同主控项目
2	壁纸压痕及发泡层	复合压花壁纸的压痕及发泡壁纸的发泡层应无损坏	观察	
3	与装饰线、设备线盒交接	壁纸、墙布与各种装饰线、设备线盒应交接严密		
4	壁纸、墙布边缘	壁纸、墙布边缘应平直整齐，不得有纸毛、飞刺		
5	壁纸、墙布阴阳角	壁纸、墙布阴角处搭接应顺光，阳角处应无接缝		

技能要点 3：验收资料

（1）裱糊与软包工程的施工图、设计说明及其他设计文件。

（2）饰面材料的样板及确认文件。

（3）材料的产品合格证书、性能检测报告、进场验收记录和复验报告。

技能图解 137　软包工程

技能结构框线图

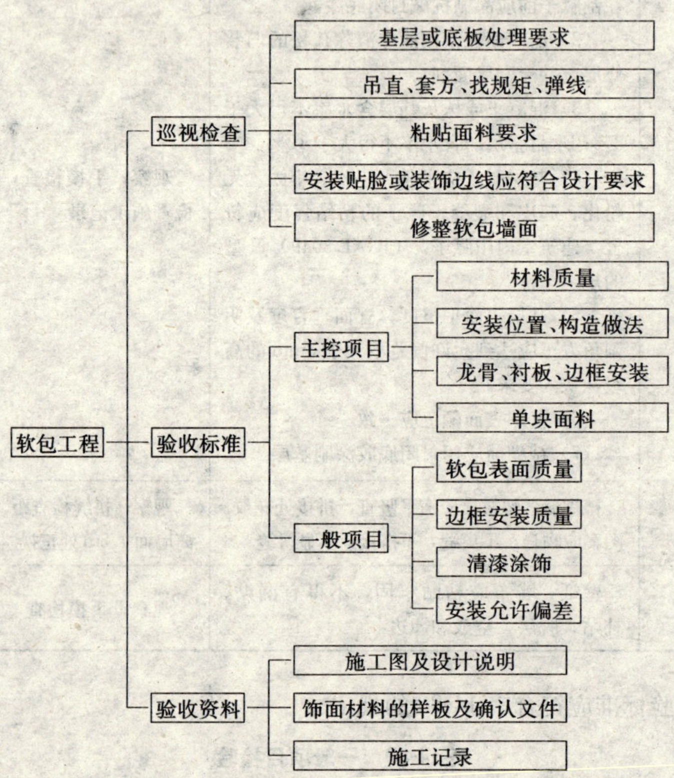

图 14-24　软包工程

技能要点 1：巡视检查

（1）基层或底板处理　在结构墙上预埋木砖抹水泥砂浆找平层。如果是直接铺贴，则应先将底板拼缝用油腻子嵌平密实，满刮腻子 1～2 遍，待腻子干燥后，用砂纸磨平，粘贴前基层表面满刷清油一道。

（2）吊直、套方、找规矩、弹线　根据设计图纸要求，把该房间需要软包墙面的装饰尺寸、造型等通过吊直、套方、找规矩、弹线等工序，把实际尺寸与造型落实到墙面上。

（3）粘贴面料　如采取直接铺贴法施工时，应待墙面细木装修基本完成时，边框油漆达到交活条件，方可粘贴面料。

（4）安装贴脸或装饰边线　根据设计选定和加工好的贴脸或装饰边线，按设计要求把油漆刷好（达到交活条件），便可进行装饰板安装工作。首先经过试拼，达到设计要求的效果后，便可与基层固定和安装贴脸或装饰边线，最后涂刷镶边油漆成活。

（5）修整软包墙面　除尘清理，钉粘保护膜和处理胶痕。

技能要点2：验收标准

（1）主控项目检验标准应符合表14-81的规定。

表14-81　主控项目检验

序　号	项　目	合格质量标准	检验方法	检查数量
1	材料质量	软包面料、内衬材料及边框的材质、颜色、图案、燃烧性能等级和木材的含水率应符合设计要求及国家现行标准的有关规定	观察；检查产品合格证书、进场验收记录和性能检测报告	每个检验批应至少抽查20%，并不得少于6间，不足6间时应全数检查
2	安装位置、构造做法	软包工程的安装位置及构造做法应符合设计要求	观察；尺量检查；检查施工记录	
3	龙骨、衬板、边框安装	软包工程的龙骨、衬板、边框应安装牢固，无翘曲，拼缝应平直	观察；手扳检查	
4	单块面料	单块软包面料不应有接缝，四周应绷压严密	观察；手摸检查	

（2）一般项目检验标准应符合表14-82的规定。

表14-82　一般项目检验

序　号	项　目	合格质量标准	检验方法	检查数量
1	软包表面质量	软包工程表面应平整、洁净，无凹凸不平及皱折；图案应清晰、无色差，整体应协调美观	观察	同主控项目
2	边框安装质量	软包边框应平整、顺直、接缝吻合。其表面涂饰质量应符合有关规定	观察；手摸检查	
3	清漆涂饰	清漆涂饰木制边框的颜色、木纹应协调一致	观察	
4	安装允许偏差	软包工程安装的允许偏差和检验方法应符合表14-83的规定	见表14-83	

（3）允许偏差应符合表14-83的规定。

表14-83　软包工程安装的允许偏差和检验方法

项　次	项　目	允许偏差（mm）	检验方法
1	垂直度	3	用1m垂直检测尺检查
2	边框宽度、高度	0；－2	用钢尺检查
3	对角线长度差	3	用钢尺检查
4	裁口、线条接缝高低差	1	用钢直尺和塞尺检查

注：本表摘自《建筑装饰装修工程质量验收规范》（GB 50210—2001）。

技能要点3：验收资料

（1）裱糊与软包工程的施工图、设计说明及其他设计文件。

（2）饰面材料的样板及确认文件。

（3）材料的产品合格证书、性能检测报告、进场验收记录和复验报告。

（4）施工记录。

第十五章　建筑地面工程现场监理

技能图解 138　基土

技能结构框线图

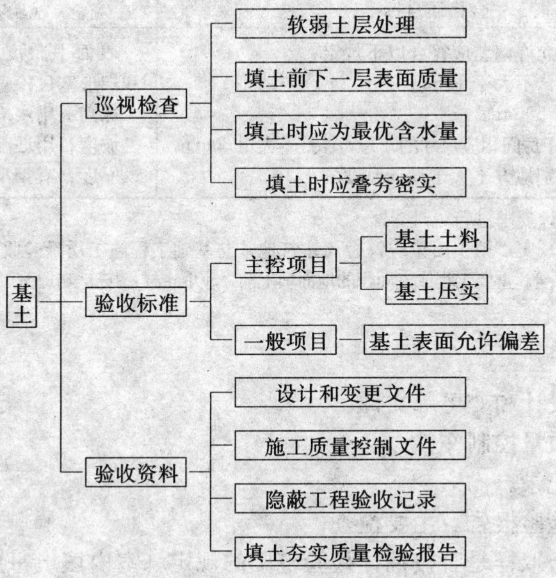

图 15-1　基土

技能要点 1：巡视检查

（1）对软弱土层应按设计要求进行处理。

（2）填土前，其下一层表面应干净、无积水。填土用土料，可采用砂土或黏性土，除去草皮等杂质。土的粒径不大于 50mm。

（3）填土时应为最优含水量。重要工程或大面积的地面填土前，应取土样，按击实试验确定最优含水量与相应的最大干密度。

（4）土方回填前应清除基底的垃圾、树根等杂物，抽除坑穴积水、淤泥，验收基底标高。如在耕植土或松土上填方，应在基底压实后再进行。

（5）填土应分层压（夯）实，填土质量应符合现行国家标准《地基与基础工程施工质量验收规范》（GB 50202）的有关规定。

（6）对填方土料应按设计要求验收后方可填入。

（7）当墙柱基础处的填土时，应重叠夯填密实。在填土与墙柱相连处，亦可采取设缝进行技术处理。

技能要点 2：验收标准

（1）主控项目检验标准应符合表 15-1 的规定。

表 15-1　主控项目检验

序号	项　目	合格质量标准	检验方法	检查数量
1	基土土料	基土严禁用淤泥、腐殖土、冻土、耕植土、膨胀土和含有有机物质大于8%的土作为填土	观察检查和检查土质记录	随机检验应不少于3间，不足3间应全数检验；其中走廊（过道）应以10延长米为1间，工业厂房（按单跨计）、礼堂、门厅应以每个轴线为1间计算 有防水要求的房间随机检验应不少于4间，不足4间，应全数检查
2	基土压实	基土应均匀密实，压实系数应符合设计要求，设计无要求时，应不小于0.90	观察检查和检查试验记录	

（2）一般项目检验标准应符合表15-2的规定。

表 15-2　主控项目检验

项　目	合格质量标准	检验方法	检查数量
基土表面允许偏差	基土表面的允许偏差应符合以下规定： 表面平整度：不大于15mm。 标高：0，－50mm。 坡度：不大于房间相应尺寸的2/1000，且不大于30mm。 厚度：在个别地方不大于设计厚度的1/10	表面平整度：用2m靠尺和楔形塞尺检查。 标高：用水准仪检查。 坡度：用坡度尺检查。 厚度：有钢尺检查	同主控项目

注：1. 对软弱土层应按设计要求进行处理。
2. 填土应分层压（夯）实，填土质量应符合《建筑地基与基础工程施工质量验收规范》（GB 50202）的有关规定。
3. 填土时应为最优含水量。重要工程或大面积的地面填土前，应取土样，按击实试验确定最优含水量与相应的最大干密度。

技能要点3：验收资料

（1）建筑基土工程设计和变更等文件。

（2）基土工程施工质量控制文件。

（3）隐蔽工程验收记录。

（4）填土夯实质量检验报告。主要检查：

①该单位工程的填土取样是否按抽样检验范围的规定（室内填土每层100～500m² 一组）。

②填土取样编号是否在平面示意图上表示其位置。

③重点鉴定填土的干密度测试结果是否符合质量标准的规定。

技能图解139　灰土垫层

技能结构框线图

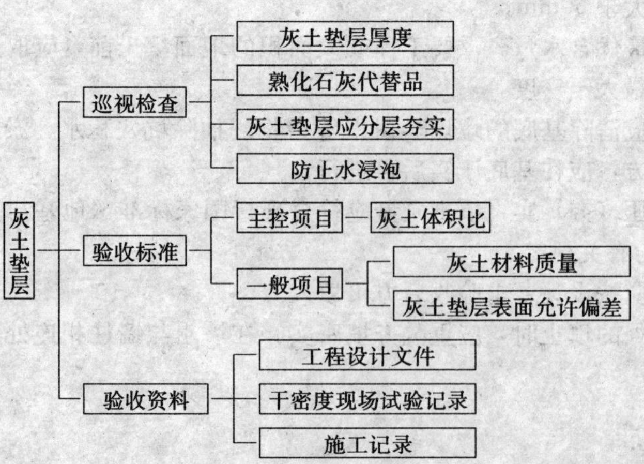

图15-2　灰土垫层

技能要点1：巡视检查

（1）灰土垫层应采用熟化石灰与黏土（或粉质黏土、粉土）的拌合料铺设，其厚度不应小于100mm。

（2）熟化石灰可采用磨细生石灰，亦可用粉煤灰或电石渣代替。

（3）灰土垫层应铺设在不受地下水浸泡的基土上。施工后应有防止水浸泡的措施。

（4）灰土垫层应分层夯实，经湿润养护、晾干后方可进行下一道工序施工。

（5）建筑地面工程基层（各构造层）和面层的铺设，均应待其下一层检验合格后方可施工上一层。建筑地面工程各层铺设前与相关专业的分部（子分部）工程、分项工程以及设备管道安装工程之间，应进行交接检验。

技能要点2：验收标准

（1）主控项目检验标准应符合表15-3的规定。

表15-3 主控项目检验

项 目	合格质量标准	检验方法	检查数量
灰土体积比	灰土体积比应符合设计要求	观察检查和检查配合比通知单记录	按设计要求

（2）一般项目检验标准应符合表15-4的规定。

表15-4 一般项目检验

序号	项 目	合格质量标准	检验方法	检查数量
1	灰土材料质量	熟化石灰颗粒粒径不得大于5mm；黏土（或粉质黏土、粉土）内不得含有有机物质，颗粒粒径不得大于15mm	观察检查和检查材质合格记录	按设计要求
2	灰土垫层表面允许偏差	灰土垫层表面的允许偏差应符合以下的规定： 表面平整度：10mm。 标高：±10mm。 坡度：不大于房间相应尺寸的2/1000，且不大于30mm。 厚度：在个别地方不大于设计厚度的1/10	表面平整度：用2m靠尺和楔形塞尺检查。 标高：用水准仪检查。 坡度：用坡度尺检查。 厚度：用钢尺检查	随机检验应不少于3间，不足3间，应全数检查；走廊（过道）应以10延长米为1间，工业厂房（按单跨计）、礼堂、门厅应以两轴线为1间。 有防水要求的房间随机检验应不少于4间，不足4间，应全数检查

注：1. 灰土垫层应采用熟化石灰与黏土（或粉质黏土、粉土）的拌合料铺设，其厚度应不小于100mm。
2. 熟化石灰可采用磨细生石灰，亦可用粉煤灰或电石碴代替。
3. 灰土垫层应铺设在不受地下水浸泡的基土上。施工后应有防止水浸泡的措施。
4. 灰土垫层应分层夯实，经湿润养护、晾干后方可进行下一道工序施工。

技能要点3：验收资料

（1）建筑灰土垫层工程设计和变更等文件。

（2）所用材料的出厂检验报告和质量保证书，材料进场验收记录（含现场抽样检验报告）。

（3）干密度的现场试验记录。

（4）灰土垫层施工质量控制文件。

（5）隐蔽验收及其他有关验收文件。

(6) 灰土垫层分项工程施工质量检验批验收记录。

(7) 施工配合比单及施工记录。

技能图解 140　砂垫层和砂石垫层

技能结构框线图

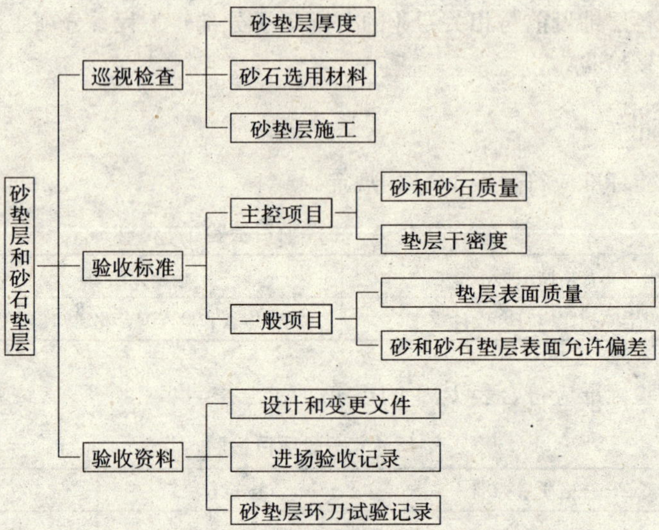

图 15-3　砂垫层和砂石垫层

技能要点 1：巡视检查

(1) 砂垫层厚度不应小于 60mm；砂石垫层厚度不应小于 100mm。

(2) 砂石应选用天然级配材料，铺设时不应有粗细颗粒分离现象，压（夯）至不松动为止。

(3) 砂垫层施工，在现场用环刀取样，测定其干密度，砂垫层干密度以不小于该砂料在中密度状态时的干密度数值为合格。中砂在中密度状态的干密度，一般为 1.55～1.60g/cm^3。

技能要点 2：验收标准

(1) 主控项目检验标准应符合表 15-5 的规定。

表 15-5　主控项目检验

序号	项　目	合格质量标准	检验方法	检查数量
1	砂和砂石质量	砂和砂石不得含有草根等有机杂质；砂应采用中砂；石子最大粒径不得大于垫层厚度的 2/3	观察检查和检查材质合格证明文件及检测报告	(1) 每检验批应以各子分部工程的基层（各构造层）所划分的分项工程按自然间（或标准间）检验，抽查数量应随机检验应不少于 3 间；不足 3 间，应全数检查；其中走廊（过道）应以 10 延长米为 1 间，工业厂房（按单跨计）、礼堂、门厅应以两个轴线为 1 间计算。 (2) 有防水要求的建筑地面子分部工程的分项工程施工质量每检验批抽查数量应按其房间总数随机检验应不少于 4 间，不足 4 间，应全数检查
2	垫层干密度	砂垫层和砂石垫层的干密度（或贯入度）应符合设计要求	观察检查和检查试验记录	

（2）一般项目检验应符合表 15-6 的规定。

表 15-6　一般项目检验

序号	项　目	合格质量标准	检验方法	检查数量
1	垫层表面质量	表面不应有砂窝、石堆等质量缺陷	观察检查	（1）每检验批应以各子分部工程的基层（各构造层）所划分的分项工程按自然间（或标准间）检验，抽查数量应随机检验应不少于 3 间；不足 3 间，应全数检查；其中走廊（过道）应以 10 延长米为 1 间，工业厂房（按单跨计）、礼堂、门厅应以两个轴线为 1 间计算。 （2）有防水要求的建筑地面子分部工程的分项工程施工质量每检验批抽查数量应按其房间总数随机检验应不少于 4 间，不足 4 间，应全数检查
2	砂和砂石垫层表面允许偏差	砂垫层和砂石垫层表面的允许偏差应符合以下规定： 表面平整度：15mm。 标高：±20mm。 坡度：不大于房间相应尺寸的 2/1000；且不大于 30mm。 厚度：在个别地方不大于设计厚度的 1/10	表面平整度：用 2m 靠天和楔形塞尺检查。 标高：用水准仪检查。 坡度：用坡度尺检查。 厚度：用钢尺检查	

注：1. 砂垫层厚度应不小于 60mm；砂石垫层厚度应不小于 100mm。
2. 砂石应选用天然级配材料。铺设时不应有粗细颗粒分离现象，压（夯）至不松动为止。

技能要点 3：验收资料

（1）砂垫层和砂石垫层工程设计和变更等文件。

（2）所用材料的出厂检验报告和质量保证书，材料进场验收记录（含现场抽样检验报告）。

（3）砂垫层环刀试验记录。

（4）砂垫层和砂石垫层施工质量控制文件。

（5）隐蔽验收及其他有关验收文件。

技能图解 141　碎石垫层和碎砖垫层

技能结构框线图

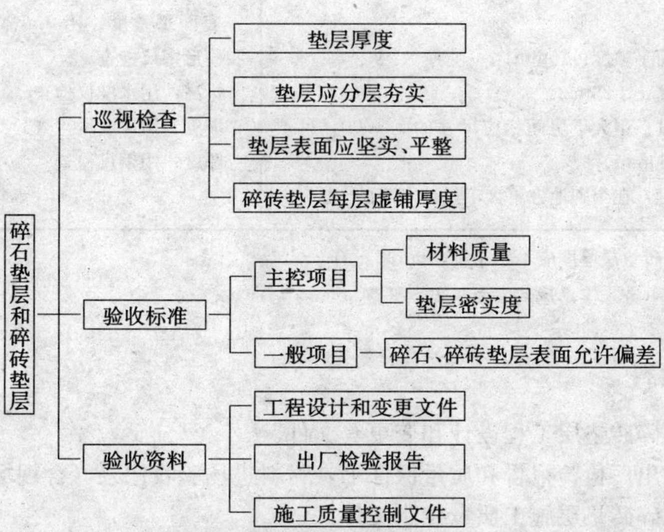

图 15-4　碎石垫层和碎砖垫层

技能要点 1：巡视检查

（1）碎石垫层和碎砖垫层厚度不应小于 100mm。

（2）垫层应分层压（夯）实，达到表面坚实、平整。

（3）碎（卵）石垫层必须摊铺均匀，表面空隙用粒径为 5～25mm 的细石子填缝。

（4）用碾压机碾压时，应适当洒水使其表面保持湿润，一般碾压不少于 3 遍，并压到不松动为止，达到表面坚实、平整。

（5）碎砖垫层每层虚铺厚度应控制不大于 200mm，适当洒水后进行夯实，夯实均匀，表面平整密实；夯实后的厚度一般为虚铺厚度的3/4。不得在已铺好的垫层上用锤击方法进行碎砖加工。

技能要点 2：验收标准

（1）主控项目检验标准应符合表 15-7 的规定。

表 15-7　主控项目检验

序号	项　目	合格质量标准	检验方法	检查数量
1	材料质量	碎石的强度应均匀，最大粒径应不大于垫层厚度的 2/3；碎砖不应采用风化、酥松、夹有有机杂质的砖料，颗粒粒径应不大于 60mm	观察检查和检查材质合格证明文件及检测报告	（1）抽查数量应随机检验应不少于 3 间；不足 3 间，应全数检查；其中走廊（过道）应以 10 延长米为 1 间，工业厂房（按单跨计）、礼堂、门厅应以两个轴线为 1 间计算。 （2）有防水要求的建筑地面子分部工程的分项工程施工质量每检验批抽查数量应按其房间总数随机检验应不少于 4 间，不足 4 间，应全数检查
2	垫层密实度	碎石、碎砖垫层的密实度应符合设计要求	观察检查和检查试验记录	

（2）一般项目检验标准应符合表 15-8 的规定。

表 15-8　一般项目检验

项　目	合格质量标准	检验方法	检查数量
碎石、碎砖垫层表面允许偏差	碎石、碎砖垫层的表面允许偏差应符合以下规定： 表面平整度：15mm。 标高：±20mm。 坡度：不大于房间相应尺寸的 2/1000，且不大于 30mm。 厚度：在个别地方不大于设计厚度的 1/10	表面平整度：用 2m 靠尺和楔形塞尺检查。 标高：用水准仪检查。 坡度：用坡度尺检查。 厚度：用钢尺检查	同主控项目

注：1. 碎石垫层和碎砖垫层厚度应不小于 100mm。
2. 垫层应分层压（夯）实，达到表面坚实、平整。

技能要点 3：验收资料

（1）碎石垫层和碎砖垫层工程设计和变更等文件。

（2）所用材料的出厂检验报告和质量保证书，材料进场验收记录（含现场抽样检验报告）。

（3）碎石垫层和碎砖垫层施工质量控制文件。

（4）隐蔽验收及其他有关验收文件。

技能图解 142　三合土垫层

技能结构框线图

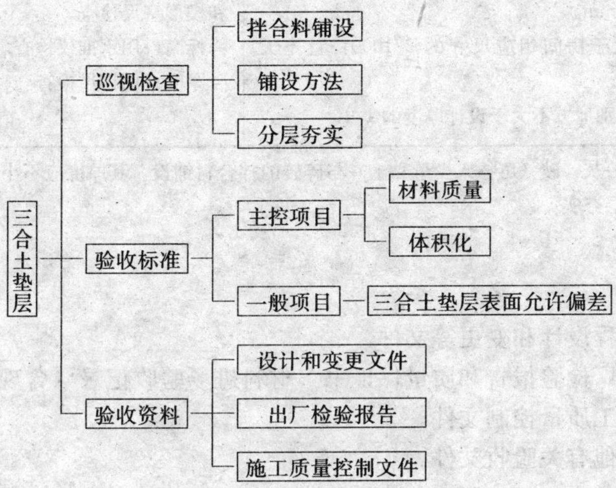

图 15-5　三合土垫层

技能要点 1：巡视检查

（1）三合土垫层采用石灰、砂（可掺入少量黏土）与碎砖的拌合料铺设，其厚度不应小于 100mm。

（2）三合土垫层其铺设方法可采用先拌合后铺设或先铺设碎料后灌砂浆的方法，但均应铺平夯实。

（3）三合土垫层应分层夯打并密实，表面平整，在最后一遍夯打时，宜浇浓石灰浆，待表面灰浆晾干后，才可进行下道工序施工。

（4）三合土垫层应分层夯实。

技能要点 2：验收标准

（1）主控项目检验标准应符合表 15-9 的规定。

表 15-9　主控项目检验

序号	项　目	合格质量标准	检验方法	检查数量
1	材料质量	熟化石灰颗粒粒径不得大于 5mm；砂应用中砂，并不得含有草根等有机物质；碎砖不应采用风化、酥松和有机杂质的砖料；颗粒粒径应不大于 60mm	观察检查和检查材质合格证明文件及检测报告	（1）抽查数量应随机检验应不少于 3 间；不足 3 间，应全数检查；其中走廊（过道）应以 10 延长米为 1 间，工业厂房（按单跨计）、礼堂、门厅应以两个轴线为 1 间计算。 （2）有防水要求的建筑地面子分部工程的分项工程施工质量每检验批抽查数量应按其房间总数随机检验应不少于 4 间，不足 4 间，应全数检查
2	体积化	三合土的体积比应符合设计要求	观察检查和检查配合比通知单记录	

（2）一般项目检验标准应符合表 15-10 的规定。

表 15-10　一般项目检验

项　目	合格质量标准	检验方法	检查数量
三合土垫层表面允许偏差	三合土垫层表面的允许偏差应符合以下规定： 表面平整度：10mm。 标高：±10mm。 坡度：不大于房间相应尺寸的 2/1000，且不大于 30mm。 厚度：在个别地方不大于设计厚度的 1/10	表面平整度：用 2m 靠尺和楔形塞尺检查。 标高：用水准仪检查。 厚度：用钢尺检查	同主控项目

注：1. 三合土垫层采用石灰、砂（可掺入少量黏土）与碎砖的拌合料铺设，其厚度应不小于 100mm。
2. 三合土垫层应分层夯实。

技能要点 3：验收资料

（1）三合土垫层工程设计和变更等文件。
（2）所用材料的出厂检验报告和质量保证书，材料进场验收记录（含现场抽样检验报告）。
（3）三合土垫层施工质量控制文件。
（4）隐蔽验收及其他有关验收文件。

技能图解 143　炉渣垫层

技能结构框线图

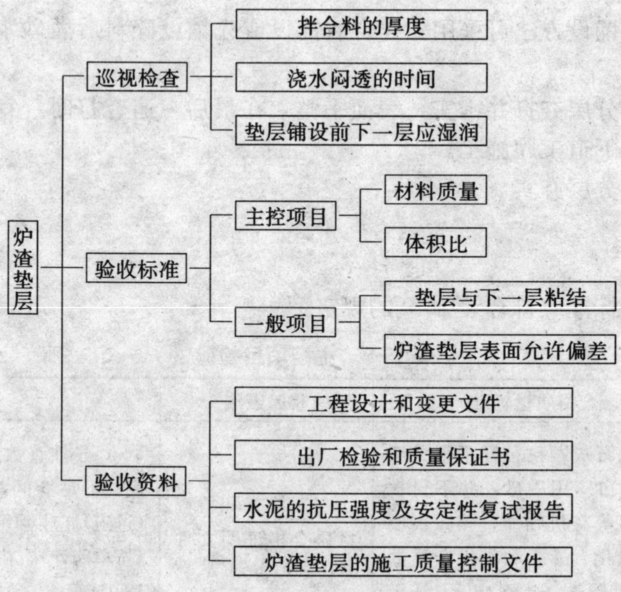

图 15-6　炉渣垫层

技能要点 1：巡视检查

（1）炉渣垫层采用炉渣或水泥与炉渣或水泥、石灰与炉渣的拌合料铺设，其厚度不应小于 80mm。

（2）炉渣或水泥炉渣垫层的炉渣，使用前应浇水闷透；水泥石灰炉渣垫层的炉渣，使用前应用石灰浆或用熟化石灰浇水拌和闷透；闷透时间均不得少于5天。

（3）在垫层铺设前，其下一层应湿润；铺设时应分层压实，铺设后应养护，待其凝结后方可进行下一道工序施工。

技能要点2：验收标准

（1）主控项目检验标准应符合表15-11的规定。

表15-11　主控项目检验

序号	项　目	合格质量标准	检验方法	检查数量
1	材料质量	炉渣内不应含有有机杂质和未燃尽的煤块，颗粒粒径应不大于40mm，且颗粒粒径在5mm及其以下的颗粒，不得超过总体积的40%；熟化石灰颗粒粒径不得大于5mm	观察检查和检查材质合格证明文件及检测报告	（1）抽查数量应随机检验应不少于3间；不足3间，应全数检查；其中走廊（过道）应以10延长米为1间，工业厂房（按单跨计）、礼堂、门厅应以两个轴线为1间计算。 （2）有防水要求的建筑地面子分部工程的分项工程施工质量每检验批抽查数量应按其房间总数随机检验应不少于4间，不足4间，应全数检查
2	体积比	炉渣垫层的体积比应符合设计要求	观察检查和检查配合比通知单	

（2）一般项目检验标准应符合表15-12的规定。

表15-12　一般项目检验

序号	项　目	合格质量标准	检验方法	检查数量
1	垫层与下一层粘结	炉渣垫层与其下一层结合牢固，不得有空鼓和松散炉渣颗粒	观察检查和用小锤轻击检查	同主控项目
2	炉渣垫层表面允许偏差	炉渣垫层表面的允许偏差应符合以下规定： 表面平整度：10mm。 标高：±10mm。 坡度：不大于房间相应尺寸的2/1000，且不大于30mm。 厚度：在个别地方不大于设计厚度的1/10	表面平整度：用2m靠尺和楔形塞尺检查。 标高：用水准仪检查。 坡度：用坡度尺检查。 厚度：用钢尺检查	

注：1. 炉渣垫层采用炉渣或水泥与炉渣或水泥、石灰与炉渣的拌合料铺设，其厚度应不小于80mm。

2. 炉渣或水泥炉渣垫层的炉渣，使用前应浇水闷透；水泥石灰炉渣垫层的炉渣，使用前应用石灰浆或用熟化石灰浇水拌合闷透；闷透时间均不得少于5天。

3. 在垫层铺设前，其下一层应湿润；铺设时应分层压实，铺设后应养护，待其凝结后方可进行下一道工序施工。

技能要点3：验收资料

（1）炉渣垫层工程设计和变更等文件。

（2）所用材料的出厂检验报告和质量保证书，材料进场验收记录（含现场抽样检验报告）。

（3）水泥的抗压强度及安定性的复试报告。

（4）炉渣垫层的施工质量控制文件。

（5）隐蔽验收及其他有关验收文件。

技能图解 144 水泥混凝土垫层

技能结构框线图

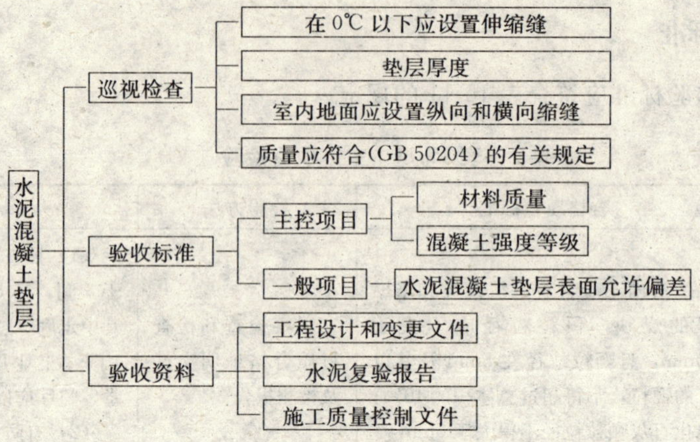

图 15-7 水泥混凝土垫层

技能要点 1：巡视检查

(1) 水泥混凝土垫层铺设在基土上，当气温长期处于 0℃以下，设计无要求时，垫层应设置伸缩缝。

(2) 水泥混凝土垫层的厚度不应小于 60mm。

(3) 垫层铺设前，其下一层表面应湿润。

(4) 室内地面的水泥混凝土垫层，应设置纵向缩缝和横向缩缝；纵向缩缝间距不得大于 6m，横向缩缝不得大于 12m。

(5) 垫层的纵向缩缝应做平头缝或加肋板平头缝。当垫层厚度大于 150mm 时，可做企口缝。横向缩缝应做假缝。

平头缝和企口缝的缝间不得放置隔离材料，浇筑时应互相紧贴。企口缝的尺寸应符合设计要求，假缝宽度为 5～20mm，深度为垫层厚度的 1/3，缝内填水泥砂浆。

(6) 工业厂房、礼堂、门厅等大面积水泥混凝土垫层应分区段浇筑。分区段应结合变形缝位置、不同类型的建筑地面连接处和设备基础的位置进行划分，并应与设置的纵向、横向缩缝的间距相一致。

(7) 水泥混凝土施工质量检验尚应符合现行国家标准《混凝土结构工程施工质量验收规范》(GB 50204) 的有关规定。

技能要点 2：验收标准

(1) 主控项目检验标准应符合 15-13 的规定。

表 15-13 主控项目检验

序号	项　目	合格质量标准	检验方法	检查数量
1	材料质量	水泥混凝土垫层采用的粗骨料，其最大粒径应不大于垫层厚度的 2/3；含泥量应不大于 2%；砂为中粗砂，其含泥量应不大于 3%	观察检查和检查材质合格证明文件及检测报告	(1) 抽查数量应随机检验应不少于 3 间；不足 3 间，应全数检查；其中走廊（过道）应以 10 延长米为 1 间，工业厂房（按单跨计）、礼堂、门厅应以两个轴线为 1 间计算。(2) 有防水要求的建筑地面子分部工程的分项工程施工质量每检验批抽查数量应按其房间总数随机检验应不少于 4 间，不足 4 间，应全数检查
2	混凝土强度等级	混凝土的强度等级应符合设计要求，且应不小于 C10	观察检查和检查配合比通知单及检测报告	

（2）一般项目检验标准应符合表 15-14 的规定。

表 15-14　一般项目检验

项　目	合格质量标准	检验方法	检查数量
水泥混凝土垫层表面允许偏差	水泥混凝土垫层表面的允许偏差应符合以下规定： 表面平整度：10mm。 标高：±10mm。 坡度：不大于房间相应尺寸的 2/1000，且不大于 30mm。 厚度：在个别地方不大于设计厚度的 1/10	表面平整度：用 2m 靠尺和楔形塞尺检查。 标高：用水准仪检查。 坡度：用坡度尺检查。 厚度：用钢尺检查	同主控项目

注：1. 水泥混凝土垫层铺设在基土上，当气温长期处于 0℃以下，设计无要求时，垫层应设置伸缩缝。
2. 水泥混凝土垫层的厚度应不小于 60mm。
3. 垫层铺设前，其下一层表面应湿润。
4. 室内地面的水泥混凝土垫层，应设置纵向缩缝和横向缩缝；纵向缩缝间距不得大于 6m，横向缩缝不得大于 12m。
5. 垫层的纵向缩缝应做平头缝或加肋板平头缝。当垫层厚度大于 150mm 时，可做企口缝。横向缩缝应做假缝。平头缝和企口缝的缝间不得放置隔离材料，浇筑时应互相紧贴。企口缝的尺寸应符合设计要求，假缝宽度为 5～20mm，深度为垫层厚度的 1/3，缝内填水泥砂浆。
6. 工业厂房、礼堂、门厅等大面积水泥混凝土垫层应分区段浇筑。分区段应结合变形缝位置、不同类型的建筑地面连接处和设备基础的位置进行划分，并应与设置的纵向、横向缩缝的间距相一致。
7. 水泥混凝土施工质量检验尚应符合现行国家标准《混凝土结构工程施工质量验收规范》（GB 50204）的有关规定。

技能要点 3：验收资料

（1）水泥混凝土垫层工程设计和变更等文件。
（2）水泥复验报告。
（3）所用材料的出厂检验报告和质量保证书，材料进场验收记录（含现场抽样检验报告）。
（4）水泥混凝土垫层施工质量控制文件。
（5）隐蔽验收及其他有关验收文件。

技能图解 145　找平层

技能结构框线图

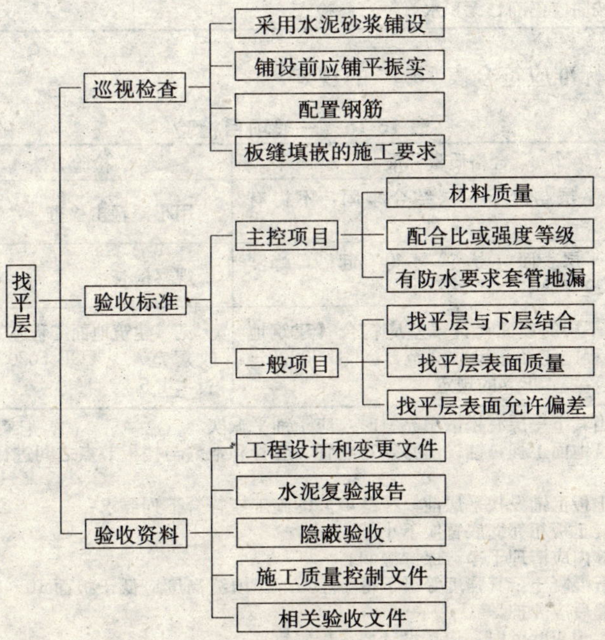

图 15-8　找平层

技能要点 1：巡视检查

(1) 找平层应采用水泥砂浆或水泥混凝土铺设，并应符合《建筑地面工程施工质量验收规范》(GB 50209—2002) 第 5 章有关面层的规定。

(2) 铺设找平层前，当其下一层有松散填充料时，应予铺平振实。

(3) 有防水要求的建筑地面工程，铺设前必须对立管、套管和地漏与楼板节点之间进行密封处理；排水坡度应符合设计要求。

(4) 在预制钢筋混凝土板上铺设找平层前，板缝填嵌的施工应符合下列要求。

①预制钢筋混凝土板相邻缝底宽不应小于 20mm。

②填嵌时，板缝内应清理干净，保持湿润。

③填缝采用细石混凝土，其强度等级不得小于 C20。填缝高度应低于板面 10～20mm，且振捣密实，表面不应压光；填缝后应养护。

④当板缝底宽大于 40mm 时，应按设计要求配置钢筋。

(5) 在预制钢筋混凝土板上铺设找平层时，其板端应按设计要求做防裂的构造措施。

技能要点 2：验收标准

(1) 主控项目检验标准应符合表 15-15 的规定。

表 15-15　主控项目检验

序号	项　目	合格质量标准	检验方法	检查数量
1	材料质量	找平层采用碎石或卵石的粒径应不大于其厚度的 2/3，含泥量应不大于 2%；砂为中粗砂，其含泥量应不大于 3%	观察检查和检查材质合格证明文件及检测报告	(1) 抽查数量应随机检验应不少于 3 间；不足 3 间，应全数检查；其中走廊（过道）应以 10 延长米为 1 间，工业厂房（按单跨计）、礼堂、门厅应以两个轴线为 1 间计算。 (2) 有防水要求的建筑地面子分部工程的分项工程施工质量每检验批抽查数量应按其房间总数随机检验应不少于 4 间，不足 4 间，应全数检查
2	配合比或强度等级	水泥砂浆体积比或水泥混凝土强度等级应符合设计要求，且水泥砂浆体积比应不小于 1∶3（或相应的强度等级）；水泥混凝土强度等级应不小于 C15	观察检查和检查配合比通知单及检测报告	
3	有防水要求套管地漏	有防水要求的建筑地面工程的立管、套管、地漏处严禁渗漏，坡向应正确、无积水	观察检查和蓄水、泼水检验及坡度尺检查	

(2) 一般项目检验标准应符合表 15-16 的规定。

表 15-16　一般项目检验

序号	项　目	合格质量标准	检验方法	检查数量
1	找平层与下层结合	找平层与其下一层结合牢固，不得有空鼓	用小锤轻击检查	同主控项目
2	找平层表面质量	找平层表面应密实，不得有起砂，蜂窝和裂缝等缺陷	观察检查	
3	找平层表面允许偏差	找平层的表面允许偏差应符合《建筑地面工程施工质量验收规范》(GB 50209—2002) 表 4.1.5 的规定	见《建筑地面工程施工质量验收规范》(GB 50209—2002) 表 4.1.5	

注：1. 铺设找平层前，当其下一层有松散填充料时，应予铺平振实。
2. 有防水要求的建筑地面工程，铺设前必须对立管、套管和地漏与楼板节点之间进行密封处理；排水坡度应符合设计要求。
3. 在预制钢筋混凝土板上铺设找平层前，板缝填嵌的施工应符合下列要求：
(1) 预制钢筋混凝土板相邻缝底宽应不小于 20mm。
(2) 填嵌时，板缝内应清理干净，保持湿润。
(3) 填缝采用细石混凝土，其强度等级不得小于 C20。填缝高度应低于板面 10～20mm，且振捣密实，表面不应压光；填缝后应养护。
(4) 当板缝底宽大于 40mm 时，应按设计要求配置钢筋。
4. 在预制钢筋混凝土板上铺设找平层时，其板端应按设计要求做防裂的构造措施。

技能要点3：验收资料

（1）找平层工程设计和变更等文件。

（2）水泥复验报告。

（3）所用材料的出厂检验报告和质量保证书、材料进场验收记录（含现场抽样检验报告）。

（4）找平层施工质量控制文件。

（5）隐蔽验收及其他有关验收文件。

技能图解146　隔离层

技能结构框线图

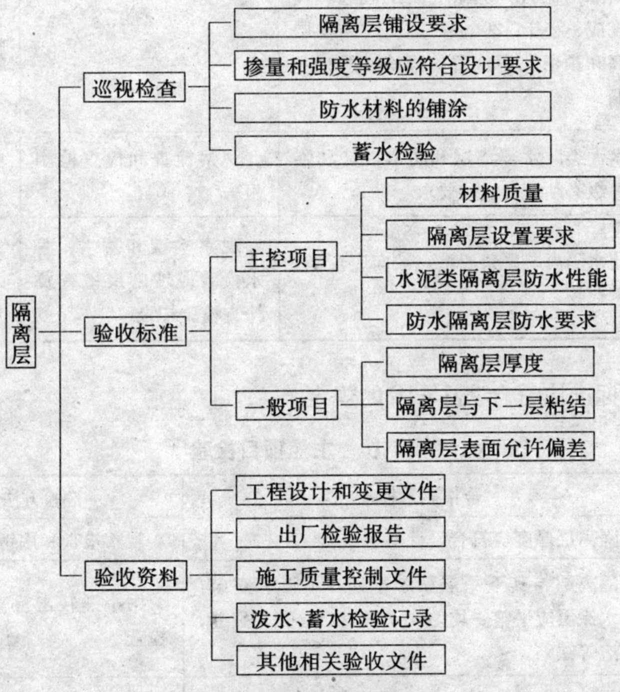

图15-9　隔离层

技能要点1：巡视检查

（1）在水泥类找平层上铺设沥青类防水卷材、防水涂料或以水泥类材料作为防水隔离层时，其表面应坚固、洁净、干燥。铺设前，应涂刷基层处理剂。基层处理剂应采用与卷材性能配套的材料或采用同类涂料的底子油。

（2）当采用掺有防水剂的水泥类找平层作为防水隔离层时，其掺量和强度等级（或配合比）应符合设计要求。

（3）铺设防水隔离层时，在管道穿过楼板面四周，防水材料应向上铺涂，并超过套管的上口；在靠近墙面处，应高出面层200～300mm或按设计要求的高度铺涂。阴阳角和管道穿过楼板面的根部应增加铺涂附加防水隔离层。

（4）防水材料铺设后，必须蓄水检验。蓄水深度应为20～30mm，24h内无渗漏为合格，并做记录。

（5）隔离层施工质量检验应符合现行国家标准《屋面工程质量验收规范》（GB 50207）的有关规定。

技能要点 2：验收标准

（1）主控项目检验标准应符合表 15-17 的规定。

表 15-17　主控项目检验

<table>
<tr><th>序号</th><th>项　目</th><th>合格质量标准</th><th>检验方法</th><th>检查数量</th></tr>
<tr><td>1</td><td>材料质量</td><td>隔离层材质必须符合设计要求和国家产品标准的规定</td><td>观察检查和检查材质合格证明文件、检测报告</td><td rowspan="4">抽查数量应随机检验应不少于 3 间；不足 3 间，应全数检查；其中走廊（过道）应以 10 延长米为 1 间，工业厂房（按单跨计）、礼堂、门厅应以两个轴线为 1 间计算。
有防水要求的应按房间总数随机检验应不少于 4 间，不足 4 间，应全数检查</td></tr>
<tr><td>2</td><td>隔离层设置要求</td><td>厕浴间和有防水要求的建筑地面必须设置防水隔离层。楼层结构必须采用现浇混凝土或整块预制混凝土板，混凝土强度等级应不小于 C20；楼板四周除门洞外，应做混凝土翻边，其高度应不小于 120mm。施工时结构层标高和预留孔洞位置应准确，严禁乱凿洞</td><td>观察和钢尺检查</td></tr>
<tr><td>3</td><td>水泥类隔离层防水性能</td><td>水泥类防水隔离层和防水性能和强度等级必须符合设计要求</td><td>观察检查和检查检测报告</td></tr>
<tr><td>4</td><td>防水隔离层防水要求</td><td>防水隔离层严禁渗漏，坡向应正确、排水通畅</td><td>观察检查和蓄水、泼水检验或坡度尺检查及检查检验记录</td></tr>
</table>

（2）一般项目检验标准应符合表 15-18 的规定。

表 15-18　主控项目检验

<table>
<tr><th>序号</th><th>项　目</th><th>合格质量标准</th><th>检验方法</th><th>检查数量</th></tr>
<tr><td>1</td><td>隔离层厚度</td><td>隔离层厚度应符合设计要求</td><td>观察检查和用钢尺检查</td><td rowspan="3">同主控项目</td></tr>
<tr><td>2</td><td>隔离层与下一层粘结</td><td>隔离层与其下一层粘结牢固，不得有空鼓；防水涂层应平整、均匀，无脱皮、起壳、裂缝、鼓泡等缺陷</td><td>用小锤轻击检查和观察检查</td></tr>
<tr><td>3</td><td>隔离层表面允许偏差</td><td>隔离层表面的允许偏差应符合以下规定：
表面平整度：3mm。
标高：±4mm。
坡度：不大于房间相应尺寸的 2/1000，且不大于 30mm。
厚度：在个别地方不大于设计厚度的 1/10</td><td>表面平整度：用 2m 靠尺和楔形塞尺检查。
标高：用水准仪检查。
坡度：用坡度尺检查。
厚度：用钢尺检查</td></tr>
</table>

注：1. 隔离层的材料，其材质应经有资质的检测单位认定。
2. 在水泥类找平层上铺设沥青类防水卷材、防水涂料或以水泥类材料作为防水隔离层时，其表面应坚固、洁净、干燥。铺设前，应涂刷基层处理剂。基层处理剂应采用与卷材性能配套的材料或采用同类涂料的底子油。
3. 当采用掺有防水剂的水泥类找平层作为防水隔离层时，其掺量和强度等级（或配合比）应符合设计要求。
4. 铺设防水隔离层时，在管道穿过楼板面四周，防水材料应向上铺涂，并超过套管的上口；在靠近墙面处，应高出面层 200～300mm 或按设计要求的高度铺涂。阴阳角和管道穿过楼板面的根部应增加铺涂附加防水隔离层。
5. 防水材料铺设后，必须蓄水检验。蓄水深度应为 20～30mm，24h 内无渗漏为合格，并做记录。
6. 隔离层施工质量检验应符合现行国家标准《屋面工程质量验收规范》（GB 50207）的有关规定。

技能要点 3：验收资料

（1）隔离层工程设计和变更等文件。

（2）所用材料的出厂检验报告和质量保证书、材料进场验收记录。

（3）隔离层施工质量控制文件。

（4）防油渗隔离层材料的现场取样复试报告。

（5）泼水、蓄水检验记录。

（6）隐蔽验收及其他有关验收文件。

技能图解 147　填充层

技能结构框线图

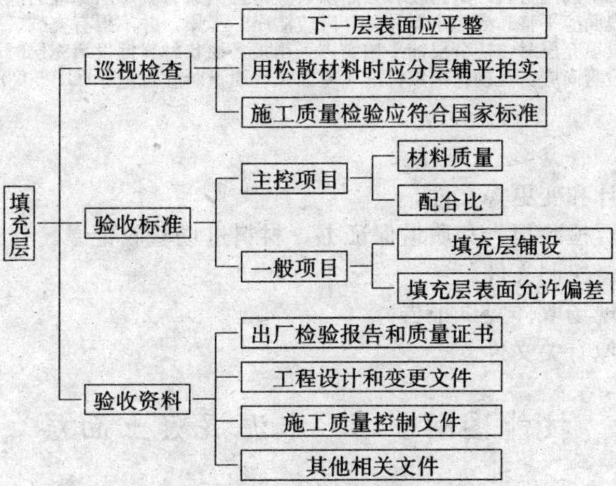

图 15-10　填充层

技能要点 1：巡视检查

（1）填充层的下一层表面应平整。当为水泥类时，尚应洁净、干燥，并不得有空鼓、裂缝和起砂等缺陷。

（2）采用松散材料铺设填充层时，应分层铺平拍实；采用板、块状材料铺设填充层时，应分层错缝铺贴。

（3）填充层施工质量检验尚应符合现行国家标准《屋面工程质量验收规范》（GB 50207）的有关规定。

技能要点 2：验收标准

（1）主控项目检验与检查标准应符合表 15-19 的规定。

表 15-19　主控项目检验

序号	项　目	合格质量标准	检验方法	检查数量
1	材料质量	填充层的材料质量必须符合设计要求和国家产品标准的规定	观察检查和检查材质合格证明文件、检测报告	（1）抽查数量应随机检验应不少于 3 间；不足 3 间，应全数检查；其中走廊（过道）应以 10 延长米为 1 间，工业厂房（按单跨计）、礼堂、门厅应以两个轴线为 1 间计算。（2）有防水要求的建筑地面子分部工程的分项工程施工质量每检验批抽查数量应按其房间总数随机检验应不少于 4 间，不足 4 间，应全数检查
2	配合比	填充层的配合比必须符合设计要求	观察检查和配合比通知单	

(2) 一般项目检验应符合表 15-20 的规定。

表 15-20 一般项目检验

序号	项 目	合格质量标准	检验方法	检查数量
1	填充层铺设	松散材料填充层铺设应密实；板块状材料填充层应压实、无翘曲	观察检查	抽查数量应随机检验应不少于 3 间；不足 3 间，应全数检查；其中走廊（过道）应以 10 延长米为 1 间，工厂房（按单跨计）、礼堂、门厅应以多个轴线为 1 间计算。 有防水要求的应按房间总数随机检验应不少于 4 间，不足 4 间，应全数检查
2	填充层表面允许偏差	填充层表面的允许偏差应符合以下规定： 表面平整度： 松散材料 7mm。 板、块材料 5mm。 标高：±4mm。 坡度：不大于房间相应尺寸的 2/1000，且不大于 30mm。 厚度：在个别地方不大于设计厚度的 1/10	表面平整度：用 2m 靠尺和楔形塞尺检查。 标高：用水准仪检查。 坡度：用坡度尺检查。 厚度：用钢尺检查	

注：1. 填充层应按设计要求选用材料，其密度和导热系数应符合国家有关产品标准的规定。
2. 填充层的下一层表面应平整。当为水泥类时，尚应洁净、干燥，并不得有空鼓、裂缝和起砂等缺陷。
3. 采用松散材料铺设填充层时，应分层铺平拍实；采用板、块状材料铺设填充层时，应分层错缝铺贴。
4. 填充层施工质量检验尚应符合现行国家标准《屋面工程质量验收规范》(GB 50207) 的有关规定。

技能要点 3：验收资料

(1) 填充层工程设计和变更等文件。
(2) 所用材料的出厂检验报告和质量保证书、材料进场验收记录。
(3) 填充层施工质量控制文件。
(4) 填充层材料的现场取样复试报告。
(5) 隐蔽验收及其他有关文件。

技能图解 148 水泥混凝土面层

技能结构框线图

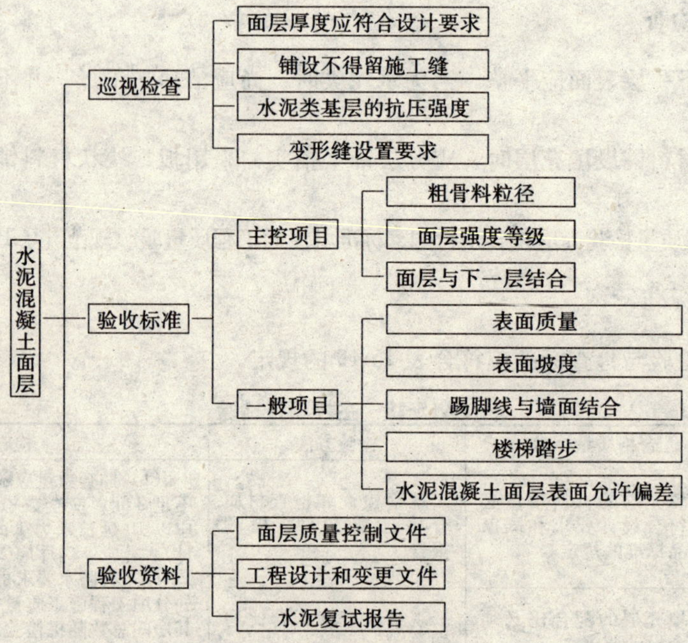

图 15-11 水泥混凝土面层

技能要点 1：巡视检查

（1）水泥混凝土面层厚度应符合设计要求。

（2）水泥混凝土面层铺设不得留施工缝。当施工间隙超过允许时间规定时，应对接槎处进行处理。

（3）厕浴间、厨房和有排水（或其他液体）要求的建筑地面面层与相连接各类面层的标高差应符合设计要求。

（4）铺设整体面层时，其水泥类基层的抗压强度不得小于 1.2MPa；表面应粗糙、洁净、湿润并不得有积水。铺设前宜涂刷界面处理剂。

（5）建筑地面的变形缝应按设计要求设置，并应符合下列规定。

①建筑地面的沉降缝、伸缩缝和防震缝，应与结构相应缝的位置一致，且应贯通建筑地面的各构造层。

②沉降缝和防震缝的宽度应符合设计要求，缝内清理干净，以柔性密封材料填嵌后用板封盖，并应与面层齐平。

（6）铺设混凝土时，先刷水灰比为 0.4～0.5 的水泥浆，随刷随铺混凝土，用表面式振动器振捣密实。施工间歇后继续浇捣前，应对已硬化的混凝土接槎处的松散石子、灰浆等清除干净，并涂刷水泥浆，再继续浇捣混凝土，保证施工缝处混凝土密实。

技能要点 2：验收标准

（1）主控项目检验标准应符合表 15-21 的规定。

表 15-21　主控项目检验

序号	项　目	合格质量标准	检验方法	检查数量
1	粗骨料粒径	水泥混凝土采用的粗骨料，其最大粒径应不大于面层厚度的 2/3，细石混凝土面层采用的石子粒径应不大于 15mm	观察检查和检查材质合格证明文件及检测报告	（1）抽查数量应随机检验应不少于 3 间；不足 3 间，应全数检查；其中走廊（过道）应以 10 延长米为 1 间，工业厂房（按单跨计）、礼堂、门厅应以两个轴线为 1 间计算。 （2）有防水要求的检验批抽查数量应按其房间总数随机检验应不少于 4 间，不足 4 间，应全数检查
2	面层强度等级	面层的强度等级应符合设计要求，且水泥混凝土面层强度等级应不小于 C20；水泥混凝土垫层兼面层强度等级应不小于 C15	检查配合比通知单及检测报告	
3	面层与下一层结合	面层与下一层应结合牢固，无空鼓、裂纹。 注：空鼓面积应不大于 $400cm^2$，且每自然间（标准间）不多于 2 处可不计	用小锤轻击检查	

（2）一般项目检验标准应符合表 15-22 的规定。

表 15-22　一般项目检验

序号	项　目	合格质量标准	检验方法	检查数量
1	表面质量	面层表面不应有裂纹、脱皮、麻面、起砂等缺陷	观察检查	（1）抽查数量应随机检验应不少于 3 间；不足 3 间，应全数检查；其中走廊（过道）应以 10 延长米为 1 间，工业厂房（按单跨计）、礼堂、门厅应以两个轴线为 1 间计算。 （2）有防水要求的检验批抽查数量应按其房间总数随机检验应不少于 4 间，不足 4 间，应全数检查
2	表面坡度	面层表面的坡度应符合设计要求，不得有倒泛水和积水现象	观察和采用泼水或用坡度尺检查	
3	踢脚线与墙面结合	水泥砂浆踢脚线与墙面应紧密结合，高度一致，出墙厚度均匀。 注：局部空鼓长度应不大于 300mm，且每自然间（标准间）不多于 2 处可不计	用小锤轻击、钢尺和观察检查	

表 15-22（续）

序号	项　目	合格质量标准	检验方法	检查数量
4	楼梯踏步	楼梯踏步的宽度、高度应符合设计要求。楼层梯段相邻踏步高度差应不大于 10mm，每踏步两端宽度差应不大于 10mm；旋转楼梯梯段的每踏步两端宽度的允许偏差为 5mm。楼梯踏步的齿角应整齐，防滑条应顺直	观察和钢尺检查	（1）抽查数量应随机检验应不少于 3 间；不足 3 间，应全数检查；其中走廊（过道）应以 10 延长米为 1 间，工业厂房（按单跨计）、礼堂、门厅应以两个轴线为 1 间计算。 （2）有防水要求的检验批抽查数量应按其房间总数随机检验应不少于 4 间，不足 4 间，应全数检查
5	水泥混凝土面层表面允许偏差	水泥混凝土面层的允许偏差应符合以下规定： 表面平整度：5mm。 踢脚线上口平直：4mm。 缝格平直：3mm	表面平整度：用 2m 靠尺和楔形塞尺检查。 踢脚线上口平直和缝格平直：拉 5m 线和用钢尺检查	同主控项目

注：1. 水泥混凝土面层厚度应符合设计要求。
2. 水泥混凝土面层铺设不得留施工缝。当施工间隙超过允许时间规定时，应对接槎处进行处理。

技能要点 3：验收资料

（1）水泥混凝土面层工程设计和变更等文件。
（2）所用材料的出厂检验报告和质量保证书、材料进场验收记录（含现场抽样检验报告）。
（3）水泥混凝土面层质量控制文件。
（4）水泥复试报告。
（5）隐蔽验收及其他有关文件。

技能图解 149　水泥砂浆面层

技能结构框线图

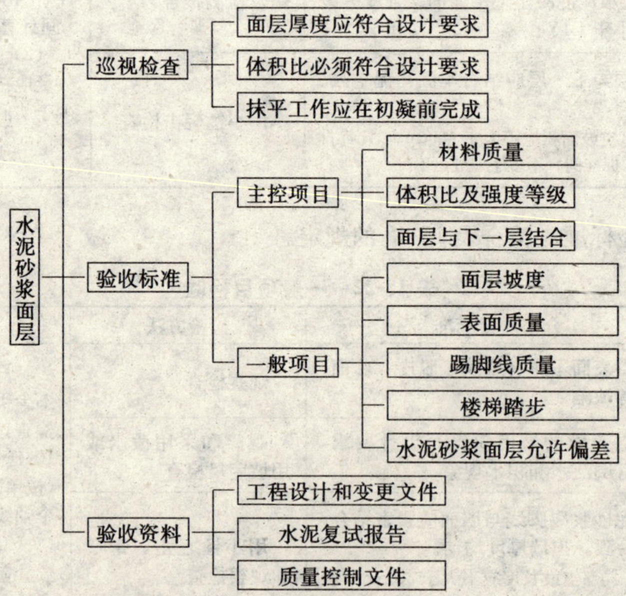

图 15-12　水泥砂浆面层

技能要点 1：巡视检查

（1）水泥砂浆面层的厚度应符合设计要求，且不应小于 20mm。

（2）水泥砂浆面层的体积比（强度等级）必须符合设计要求；且体积比应为1∶2（水泥∶砂），其稠度不应大于 35mm，强度等级不应小于 M15。

（3）地面和楼面的标高与找平、控制线应统一弹到房间的墙上，高度一般比设计地面高 500mm。有地漏等带有坡度的面层，表面坡度应符合设计要求，且不得有倒泛水和积水现象。

（4）水泥砂浆面层的抹平工作应在初凝前完成，压光工作应在终凝前完成。且养护不得少于 7 天；抗压强度达到 5MPa 后，方准上人行走；抗压强度应达到设计要求后，方可正常使用。

技能要点 2：验收标准

（1）主控项目检验标准应符合表 15-23 的规定。

表 15-23　主控项目检验

序号	项　目	合格质量标准	检验方法	检查数量
1	材料质量	水泥采用硅酸盐水泥、普通硅酸盐水泥，其强度等级应不小于 32.5 级，不同品种、不同强度等级的水泥严禁混用；砂应为中粗砂，当采用石屑时，其粒径应为 1～5mm，且含泥量应不大于 3%	观察检查和检查材质合格证明文件及检测报告	（1）抽查数量应随机检验应不少于 3 间；不足 3 间，应全数检查；其中走廊（过道）应以 10 延长米为 1 间，工业厂房（按单跨计）、礼堂、门厅应以两个轴线为 1 间计算。 （2）有防水要求的检验批抽查数量应按其房间总数随机检验应不少于 4 间，不足 4 间，应全数检查
2	体积比及强度等级	水泥砂浆面层的体积比（强度等级）必须符合设计要求；且体积比应为 1∶2，强度等级应不小于 M15	检查配合比通知单和检测报告	
3	面层与下一层结合	面层与下一层应结合牢固，无空鼓、裂纹。 注：空鼓面积应不大于 $400cm^2$，且每自然间（标准间）不多于 2 处可不计	用小锤轻击检查	

（2）一般项目检验标准应符合表 15-24 的规定。

表 15-24　一般项目检验

序号	项　目	合格质量标准	检验方法	检查数量
1	面层坡度	面层表面的坡度应符合设计要求，不得有倒泛水和积水现象	观察和采用泼水或坡度尺检查	同主控项目
2	表面质量	面层表面应洁净，无裂纹、脱皮、麻面、起砂等缺陷	观察检查	
3	踢脚线质量	踢脚线与墙面应紧密结合，高度一致，出墙厚度均匀。 注：局部空鼓长度应不大于 300mm，且每自然间（标准间）不多于 2 处可不计	用小锤轻击、钢尺和观察检查	
4	楼梯踏步	楼梯踏步的宽步、高度应符合设计要求。楼层楼段相邻踏步高度差应不大于 10mm，每踏步两端宽度差应不大于 10mm；旋转楼梯梯段的每踏步两端宽度的允许偏差为 5mm。楼梯踏步的齿角应整齐，防滑条应顺直	观察和钢尺检查	
5	水泥砂浆面层允许偏差	水泥砂浆面层的允许偏差应符合以下规定： 表面平整度：4mm。 踢脚线上口平直：4mm。 缝格平直：3mm	表面平整度：用2m靠尺和楔形塞尺检查。 踢脚线上口平直和缝格平直：拉 5m 线和用钢尺检查	

技能要点3：验收资料

(1) 水泥砂浆面层工程设计和变更文件。

(2) 所用材料出厂检验报告和质量保证书、材料进场验收记录（含现场抽样检验报告）。

(3) 水泥复试报告。

(4) 水泥砂浆面层质量控制文件。

(5) 隐蔽验收及其他有关文件。

技能图解150 水磨石面层

技能结构框线图

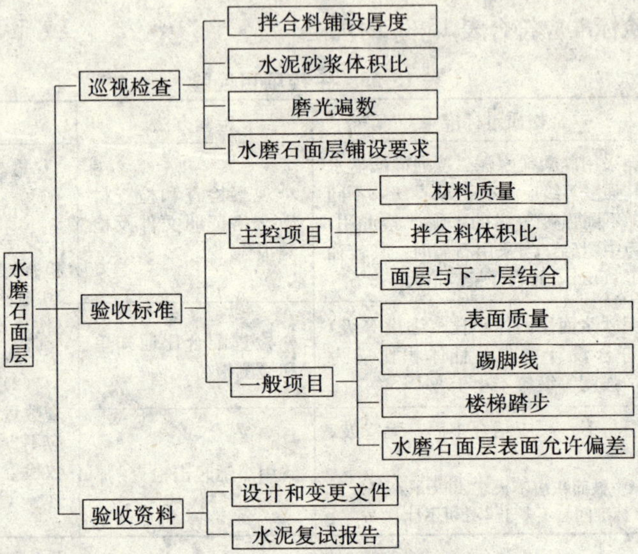

图15-13 水磨石面层

技能要点1：巡视检查

(1) 水磨石面层应采用水泥与石粒的拌合料铺设。面层厚度除有特殊要求外，宜为12～18mm，且按石粒粒径确定。水磨石面层的颜色和图案应符合设计要求。

(2) 白色或浅色的水磨石面层，应采用白水泥；深色的水磨石面层，宜采用硅酸盐水泥、普通硅酸盐水泥或矿渣硅酸盐水泥；同颜色的面层应使用同一批水泥。同一彩色面层应使用同厂、同批的颜料；其掺入量宜为水泥重量的3%～6%或由试验确定。

(3) 水磨石面层的结合层的水泥砂浆体积比宜为1∶3，相应的强度等级不应小于M10，水泥砂浆稠度（以标准圆锥体沉入度计）宜为30～35mm。

(4) 普通水磨石面层磨光遍数不应少于3遍。高级水磨石面层的厚度和磨光遍数由设计确定。

(5) 在水磨石面层磨光后，涂草酸和上蜡前，其表面不得污染。

(6) 水磨石面层施工过程，应对标高、找平；基层处理；配合比；颜色与图案分格；铺设、磨光；成品保护进行控制。

(7) 面层标高按房间四周墙上的50cm水平线控制。有坡度的地面与楼面应在垫层或找平层上找坡，有地漏等带有坡度的面层，坡度应能满足排除液体的要求。

(8) 水磨石面层铺设前，应在找平层表面刷一道与面层颜色相同的水灰比为0.4～0.5的水泥浆做结合层，随刷随铺水磨石拌合料，用滚筒压实，待表面出浆后，用抹子抹光压光。

铺设前，应在找平层上按设计要求的图案将分格铜条或玻璃条用水泥稠浆固定牢；水泥稠浆高度一般应比分格条降低5mm，分格条应顺直，十字交叉处拼缝严密，上表面水平一致。

(9) 水磨石面层应使用磨石机分次磨光，开磨前应先试磨，以表面石粒不松动方可开磨。

(10) 踢脚线的用料如设计未规定，一般采用1∶3水泥砂浆打底，用1∶1.25～1.5水泥石粒砂浆罩面，凸出墙面约8mm。踢脚线可采用机械磨或人工磨，特别注意阴角交接处不要漏磨，镶边用料及尺寸应符合设计要求。

技能要点2：验收标准

(1) 主控项目检验标准应符合表15-25的规定。

表15-25　主控项目检验

序号	项　目	合格质量标准	检验方法	检查数量
1	材料质量	水磨石面层的石粒，应采用坚硬可磨白云石、大理石等岩石加工而成，石粒应洁净无杂物，其粒径除特殊要求外应为6～15mm；水泥强度等级应不小于32.5级；颜料应采用耐光、耐碱的矿物原料，不得使用酸性颜料	观察检查和检查材质合格证明文件	(1) 抽查数量应随机检验应不少于3间；不足3间，应全数检查；其中走廊（过道）应以10延长米为1间；工业厂房（按单跨计）、礼堂、门厅应以两个轴线为1间计算。 (2) 有防水要求的检验批抽查数量应按其房间总数随机检验应不少于4间，不足4间，应全数检查
2	拌合料体积比（水泥∶石粒）	水磨石面层拌合料的体积比应符合设计要求，且为1∶1.5～1∶2.5（水泥∶石粒）	检查配合比通知单和检测报告	
3	面层与下一层结合	面层与下一层结合应牢固，无空鼓、裂纹。 注：空鼓面积应不大于400cm²，且每自然间（标准间）不多于2处可不计	用小锤轻击检查	

(2) 一般项目检验标准应符合表15-26的规定。

表15-26　一般项目检验

序号	项　目	合格质量标准	检验方法	检查数量
1	面层表面质量	面层表面应光滑；无明显裂纹、砂眼和磨纹；石粒密实，显露均匀；颜色图案一致，不混色；分格条牢固、顺直和清晰	观察检查	同主控项目
2	踢脚线	踢脚线与墙面应紧密结合，高度一致，出墙厚度均匀。 注：局部空鼓长度不大于300mm，且每自然间（标准间）不多于2处可不计	用小锤轻击、钢尺和观察检查	
3	楼梯踏步	楼梯踏步的宽度、高度应符合设计要求。楼层梯段相邻踏步高度差应不大于10mm，每踏步两端宽度差应不大于10mm，旋转楼梯梯段的每踏步两端宽度的允许偏差为5mm。楼梯踏步的齿角应整齐，防滑条应顺直	观察和钢尺检查	
4	水磨石面层表面允许偏差	水磨石面层的允许偏差应符合以下规定： 表面平整度： 高级水磨石：2mm。 普通水磨石：3mm。 踢脚线上口平直：7mm。 缝格平直： 高级水磨石：2mm。 普通水磨石：3mm	表面平整度：用2m靠尺和楔形塞尺检查。 踢脚线和缝格：拉5m线和用钢尺检查	

注：1. 水磨石面层应采用水泥与石粒的拌合料铺设。面层厚度除有特殊要求外，宜为12～18mm，且按石粒粒径确定。水磨石面层的颜色和图案应符合设计要求。

2. 白色或浅色的水磨石的面层，应采用白水泥；深色的水磨石面层，宜采用硅酸盐水泥、普通硅酸盐水泥或矿渣硅酸盐水泥；同颜色的面层应使用同一批水泥。同一彩色面层应使用同厂、同批的颜料；其掺入量宜为水泥重量的3%～6%或由试验确定。

3. 水磨石面层的结合层的水泥砂浆体积比宜为1∶3，相应的强度等级应不小于M10，水泥砂浆稠度（以标准圆锥体沉入度计）宜为30～35mm。

4. 普通水磨石面层磨光遍数应不少于3遍。高级水磨石面层的厚度和磨光遍数由设计确定。

5. 在水磨石面层磨光后，涂草酸和上蜡前，其表面不得污染。

技能要点3：验收资料

（1）水磨石面层工程设计和变更等文件。

（2）所用材料出厂检验报告和质量保证书、材料进场验收记录（含现场抽样检验报告）。

（3）水泥复试报告。

（4）水磨石面层施工质量控制文件。

技能图解151　水泥钢（铁）屑面层

技能结构框线图

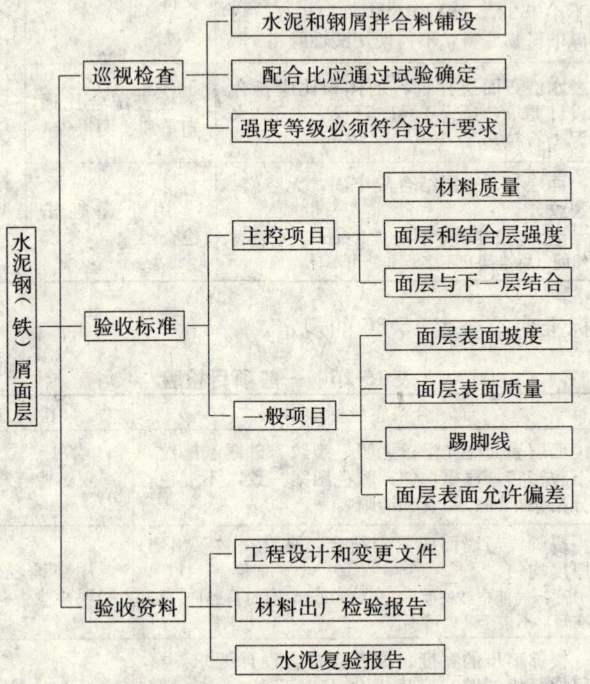

图15-14　水泥钢（铁）屑面层

技能要点1：巡视检查

（1）水泥钢（铁）屑面层应采用水泥与钢（铁）屑的拌合料铺设。

（2）水泥钢（铁）屑面层配合比应通过试验确定。当采用振动法使水泥钢（铁）屑拌合料密实时，其密度不应小于2000kg/m^3，其稠度不应大于10mm。

（3）面层和结合层的强度等级必须符合设计要求，且面层抗压强度不应小于40MPa；结合层体积比为1∶2（相应的砂浆强度等级不应小于M15）。

（4）铺设水泥钢（铁）屑面层时，应先在洁净的基层上刷一度水泥浆，做法同水泥砂浆面层。

（5）水泥钢（铁）屑面层铺设时应先铺一层厚20mm的水泥砂浆结合层，面层的铺设应在结合层的水泥初凝前完成。

技能要点2：验收标准

（1）主控项目检验标准应符合表15-27的规定。

表 15-27　主控项目检验

序号	项　目	合格质量标准	检验方法	检查数量
1	材料质量	水泥强度等级应不小于 32.5；钢（铁）屑的粒径应为 1～5mm；钢（铁）屑中不应有其他杂质，使用前应去油除锈，冲洗干净并干燥	观察检查和检查材质合格证明文件及检测报告	（1）抽查数量应随机检验应不少于 3 间；不足 3 间，应全数检查；其中走廊（过道）应以 10 延长米为 1 间；工业厂房（按单跨计）、礼堂、门厅应以两个轴线为 1 间计算。 （2）有防水要求的检验批抽查数量应按其房间总数随机检验应不少于 4 间，不足 4 间，应全数检查
2	面层和结合层强度	面层和结合层的强度等级必须符合设计要求，且面层抗压强度应不小于 40MPa；结合层体积比为 1∶2（相应的强度等级应不小于 M15）	检查配合比通知单和检测报告	
3	面层与下一层结合	面层与下一层结合必须牢固，无空鼓	用小锤轻击检查	

（2）一般项目检验标准应符合表 15-28 的规定。

表 15-28　一般项目检验

序号	项　目	合格质量标准	检验方法	检查数量
1	面层表面坡度	面层表面坡度应符合设计要求	用坡度尺检查	同主控项目
2	面层表面质量	面层表面不应有裂纹、脱皮、麻面等缺陷	观察检查	
3	踢脚线	踢脚线与墙面应结合牢固，高度一致，出墙厚度均匀	用小锤轻击、钢尺和观察检查	
4	面层表面允许偏差	水泥钢（铁）屑面层的允许偏差应符合以下规定： 表面平整度：4mm。 踢脚线上口平直：4mm。 缝格平直：3mm	表面平整度：用 2m 靠尺和楔形塞尺检查。 踢脚线和缝格：拉 5m 线和用钢尺检查	

注：1. 水泥钢（铁）屑面层应采用水泥与钢（铁）屑的拌合料铺设。

2. 水泥钢（铁）屑面层配合比应通过试验确定。当采用振动法使水泥钢（铁）屑拌合料密实时，其密度应不小于 2000kg/m^3，其稠度应不大于 10mm。

3. 水泥钢（铁）屑面层铺设时应先铺一层厚 20mm 的水泥砂浆结合层，面层的铺设应在结合层的水泥初凝前完成。

技能要点 3：验收资料

（1）水泥钢（铁）屑面层工程设计和变更等文件。

（2）所用材料的出厂检验报告和质量保证书、材料进场验收记录（含现场抽样检验报告）。

（3）水泥复试报告。

（4）水泥钢（铁）屑面层施工质量控制文件。

技能图解 152　防油渗面层

技能结构框线图

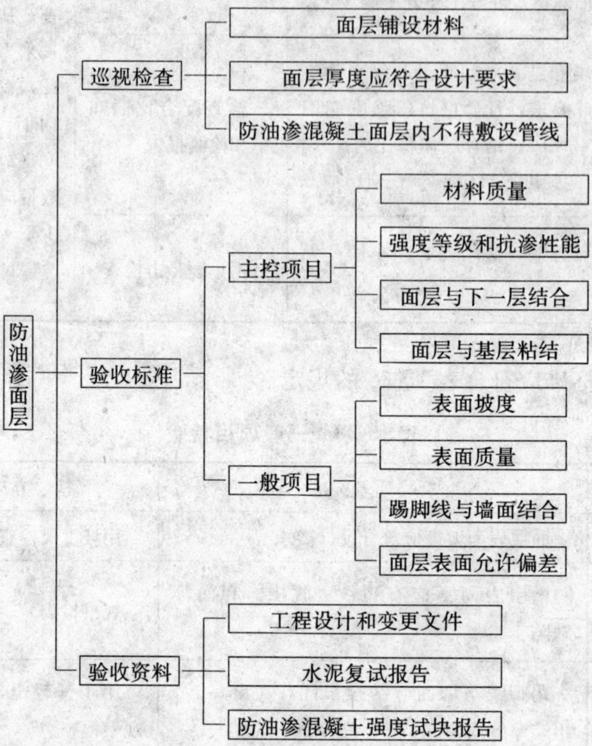

图 15-15　防油渗面层

技能要点 1：巡视检查

(1) 防油渗面层应采用防油渗混凝土铺设或采用防油渗涂料涂刷。

(2) 防油渗面层设置防油渗隔离层（包括与墙、柱连接处的构造）时，应符合设计要求。

(3) 防油渗混凝土面层厚度应符合设计要求，防油渗混凝土的配合比应按设计要求的强度等级和抗渗性能通过试验确定。

(4) 防油渗混凝土面层应按厂房柱网分区段浇筑，区段划分及分区段缝应符合设计要求。

(5) 防油渗混凝土面层内不得敷设管线。凡露出面层的电线管、接线盒、预埋套管和地脚螺栓等的处理，以及与墙、柱、变形缝、孔洞等连接处泛水均应符合设计要求。

(6) 防油渗面层采用防油渗涂料时，材料应按设计要求选用，涂层厚度宜为 5～7mm。

技能要点 2：验收标准

(1) 主控项目检验标准应符合表 15-29 的规定。

表 15-29　主控项目检验

序号	项　目	合格质量标准	检验方法	检查数量
1	材料质量	防油渗混凝土所用的水泥应采用普通硅酸盐水泥，其强度等级应不小于 32.5；碎石应采用花岗石或石英石，严禁使用松散多孔和吸水率大的石子，粒径为 5～15mm，其最大粒径应不大于 20mm，含泥量应不大于 1%；砂应为中砂，洁净无杂物，其细度模数应为 2.3～2.6；掺入的外加剂和防油渗剂应符合产品质量标准。防油渗涂料应具有耐油、耐磨、耐火和粘结性能	观察检查和检查材质合格证明文件及检测报告	抽查数量应随机检验应不少于 4 间，不足 4 间，应全数检查，其中走廊（过道）应以 10 延长米为 1 间，工业厂房（按单跨计）、礼堂、门厅应以两个轴线为 1 间计
2	强度等级和抗渗性能	防油渗混凝土的强度等级和抗渗性能必须符合设计要求，且强度等级应不小于 C30；防油渗涂料抗拉粘结强度应不小于 0.3MPa	检查配合比通知单和检测报告	
3	面层与下一层结合	防油渗混凝土面层与下一层应结合牢固、无空鼓	用小锤轻击检查	
4	面层与基层粘结	防油渗涂料面层与基层应粘结牢固，严禁有起皮、开裂、漏涂等缺陷	观察检查	

（2）一般项目检验标准应符合表 15-30 的规定。

表 15-30　一般项目检验

序号	项　目	合格质量标准	检验方法	检查数量
1	表面坡度	防油渗面层表面坡度应符合设计要求，不得有倒泛水和积水现象	观察和泼水或用坡度尺检查	同主控项目
2	表面质量	防油渗混凝土面层表面不应有裂纹、脱皮、麻面和起砂现象	观察检查	
3	踢脚线与墙面结合	踢脚线与墙面应紧密结合、高度一致，出墙厚度均匀	用小锤轻击、钢尺和观察检查	
4	面层表面允许偏差	防油渗面层的允许偏差应符合以下规定： 表面平整度：5mm。 踢脚线上口平直：4mm。 缝格平直：3mm	表面平整度：用 2m 靠尺和楔形塞尺检查。 踢脚线和缝格：拉 5m 线和用钢尺检查	

注：1. 防油渗面层应采用防油渗混凝土铺设或采用防油渗涂料涂刷。

2. 防油渗面层设置防油渗隔离层（包括与墙、柱连接处的构造）时，应符合设计要求。

3. 防油渗混凝土面层厚度应符合设计要求，防油渗混凝土的配合比应按设计要求的强度等级和抗渗性能通过试验确定。

4. 防油渗混凝土面层应按厂房柱网分区段浇筑，区段划分及分区段缝应符合设计要求。

5. 防油渗混凝土面层内不得敷设管线。凡露出面层的电线管、接线盒、预埋套管和地脚螺栓等的处理，以及与墙、柱、变形缝、孔洞等连接处泛水均应符合设计要求。

6. 防油渗面层采用防油渗涂料时，材料应按设计要求选用，涂层厚度宜为 5～7mm。

技能要点3：验收资料

（1）防油渗面层工程设计和变更文件。

（2）所用材料的出厂检验报告和质量保证书、材料进场验收记录（含现场抽样检验报告）。

（3）水泥复试报告。

（4）防油渗面层施工质量控制文件。

（5）防油渗混凝土强度试块报告。

（6）面层内配置钢筋的隐蔽验收记录。

技能图解153 不发火（防爆的）面层

技能结构框线图

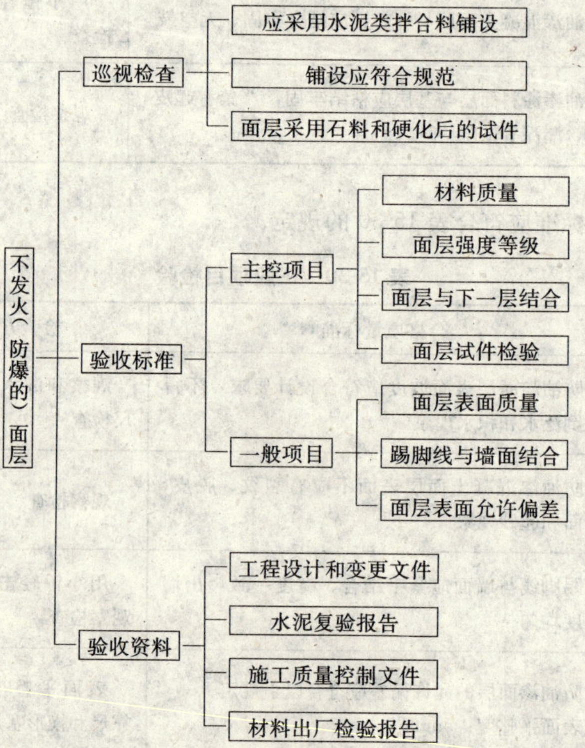

图15-16 不发火（防爆的）面层

技能要点1：巡视检查

（1）不发火（防爆的）面层应采用水泥类的拌合料铺设，其厚度并应符合设计要求。

（2）不发火（防爆的）各类面层的铺设，应符合《建筑地面工程施工质量验收规范》（GB 50209—2002）第5章相应面层的规定。

（3）不发火（防爆的）面层采用石料和硬化后的试件，应在金刚砂轮上做摩擦试验。

技能要点2：验收标准

（1）主控项目检验标准应符合表15-31的规定。

表 15-31　主控项目检验

序号	项　目	合格质量标准	检验方法	检查数量
1	材料质量	不发火（防爆的）面层采用的碎石应选用大理石、白云石或其他石料加工而成，并以金属或石料撞击时不发生火花为合格；砂应质地坚硬、表面粗糙，其粒径宜为 0.15～5mm，含泥量应不大于 3%，有机物含量应不大于 0.5%；水泥应采用普通硅酸盐水泥，其强度等级应不小于 32.5 级；面层分格的嵌条应采用不发生火花的材料配制。配制时应随时检查，不得混入金属或其他易发生火花的杂质	观察检查和检查材质合格证明文件及检测报告	抽查数量应随机检验应不少于 4 间，不足 4 间，应全数检查，其中走廊（过道）应以 10 延长米为 1 间，工业厂房（按单跨计）、礼堂、门厅应以两个轴线为 1 间计
2	面层强度等级	不发火（防爆的）面层的强度等级应符合设计要求	检查配合比通知单和检测报告	
3	面层与下一层结合	面层与下一层应结合牢固，无空鼓、无裂纹。 注：空鼓面积应不大于 400cm^2，且每自然间（标准间）不多于 2 处可不计	用小锤轻击检查	
4	面层试件检验	不发火（防爆的）面层的试件，必须检验合格	检查检测报告	

（2）一般项目检验标准应符合表 15-32 的规定。

表 15-32　一般项目检验

序号	项　目	合格质量标准	检验方法	检查数量
1	面层表面质量	面层表面应密实，无裂缝、蜂窝、麻面等缺陷	观察检查	同主控项目
2	踢脚线与墙面结合	踢脚线与墙面应紧密结合、高度一致、出墙厚度均匀	用小锤轻击、钢尺和观察检查	
3	面层表面允许偏差	不发火（防爆的）面层的允许偏差应符合以下规定： 表面平整度：5mm。 踢脚线上口平直：4mm。 缝格平直：3mm	表面平整度：用 2m 靠尺和楔形塞尺检查。 踢脚线和缝格：拉 5m 线和用钢尺检查	

注：1. 不发火（防爆的）面层应采用水泥类的拌合料铺设，其厚度并应符合设计要求。

2. 不发火（防爆的）各类面层的铺设，应符合本章相应面层的规定。

3. 不发火（防爆的）面层采用石料和硬化后的试件，应在金刚砂轮上做摩擦试验。试验时应符合《建筑地面工程施工质量验收规范》（GB 50209—2002）附录 A 的规定。

技能要点 3：验收资料

（1）不发火（防爆的）面层工程设计和变更等文件。

（2）所用材料的出厂检验报告和质量保证书、材料进场验收记录（含现场抽样检验报告）。

（3）水泥复试报告。

（4）不发火（防爆的）面层施工质量控制文件。

（5）不发火（防爆的）面层采用的石料和硬化后的试件摩擦试验资料。

技能图解 154 砖面层

技能结构框线图

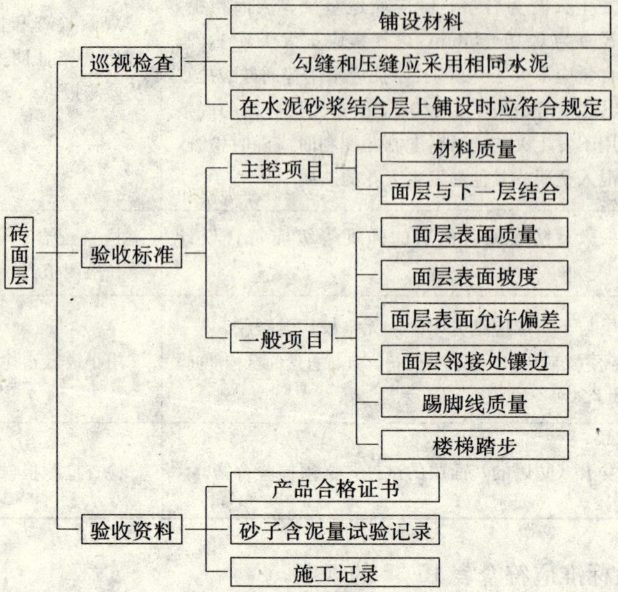

图 15-17 砖面层

技能要点 1：巡视检查

(1) 砖面层采用陶瓷锦砖、缸砖、陶瓷地砖和水泥花砖应在结合层上铺设。

(2) 有防腐蚀要求的砖面层采用的耐酸瓷砖、浸渍沥青砖、缸砖的材质、铺设以及施工质量验收应符合现行国家标准《建筑防腐蚀工程施工及验收规范》(GB 50212) 的规定。

(3) 在水泥砂浆结合层上铺贴缸砖、陶瓷地砖和水泥花砖面层时，应符合下列规定。

①在铺贴前，应对砖的规格尺寸、外观质量、色泽等进行预选，浸水湿润晾干待用。

②勾缝和压缝应采用同品种、同强度等级、同颜色的水泥，并做养护和保护。

(4) 在水泥砂浆结合层上铺贴陶瓷锦砖面层时，砖底面应洁净，每联陶瓷锦砖之间、与结合层之间以及在墙角、镶边和靠墙处，应紧密贴合。在靠墙处不得采用砂浆填补。

(5) 在沥青胶结料结合层上铺贴缸砖面层时，缸砖应干净，铺贴时应在摊铺热沥青胶结料上进行，并应在胶结料凝结前完成。

技能要点 2：验收标准

(1) 主控项目检验标准应符合表 15-33 的规定。

表 15-33 主控项目检验

序号	项 目	合格质量标准	检验方法	检查数量
1	板材质量	面层所用的板块的品种、质量必须符合设计要求	观察查和检查材质合格证明文件及检测报告	(1) 抽查数量应随机检验应不少于3间；不足3间，应全数检查；其中走廊（过道）应以10延长米为1间，工业厂房（按单跨计）、礼堂、门厅应以两个轴线为1间计算。 (2) 有防水要求的检验批抽查数量应按其房间总数随机检验应不少于4间，不足4间，应全数检查
2	面层与下一层结合	面层与下一层的结合（粘结）应牢固，无空鼓。 注：凡单块砖边角有局部空鼓，且每自然间（标准间）不超过总数的5%可不计	用小锤轻击检查	

（2）一般项目检验标准应符合表 15-34 的规定。

表 15-34　一般项目检测

序号	项　目	合格质量标准	检验方法	检查数量
1	面层表面质量	砖面层的表面应洁净、图案清晰，色泽一致，接缝平整，深浅一致，周边顺直。板块无裂纹、掉角和缺楞等缺陷	观察检查	同主控项目
2	面层邻接处镶边	面层邻接处的镶边用料及尺寸应符合设计要求，边角整齐、光滑	观察和用钢尺检查	
3	踢脚线质量	踢脚线表面应洁净、高度一致、结合牢固、出墙厚度一致	观察和用小锤轻击及钢尺检查	
4	楼梯踏步	楼梯踏步和台阶板块的缝隙宽度应一致、齿角整齐；楼层梯段相邻踏步高度差应不大于 10mm；防滑条顺直	观察和用钢尺检查	
5	面层表面坡度	面层表面的坡度应符合设计要求，不倒泛水、无积水；与地漏、管道结合处应严密牢固，无渗漏	观察、泼水或坡度尺及蓄水检查	
6	面层表面允许偏差	砖面层的允许偏差见表 15-35	表面平整度：用 2m 靠尺和楔形塞尺检查。 缝格平直：拉 5m 线和用钢尺检查。 接缝高低差：用钢尺和楔形塞尺检查。 踢脚线上口平直：拉 5m 线和用钢尺检查。 板块间隙宽度：用钢尺检查	

注：1. 砖面层采用陶瓷锦砖、缸砖、陶瓷地砖和水泥花砖应在结合层上铺设。

2. 有防腐蚀要求的砖面层采用的耐酸瓷砖、浸渍沥青砖、缸砖的材质、铺设以及施工质量验收应符合现行国家标准《建设防腐蚀工程施工及验收规范》（GB 50212）的规定。

3. 在水泥砂浆结合层上铺贴缸砖、陶瓷地砖和水泥花砖面层时，应符合下列规定：

（1）在铺贴前，应对砖的规格尺寸、外观质量、色泽等进行预选，浸水湿润晾干待用。

（2）勾缝和压缝应采用同品种、同强度等级、同颜色的水泥，并做养护和保护。

4. 在水泥砂浆结合层上铺贴陶瓷锦砖面层时，砖底面应洁净，每联陶瓷锦砖之间、与结合层之间以及在墙角、镶边和靠墙处，应紧密贴合。在靠墙处不得采用砂浆填补。

5. 在沥青胶结料结合层上铺贴缸砖面层时，缸砖应干净，铺贴时应在摊铺热沥青胶结料上进行，并应在胶结料凝结前完成。

6. 采用胶粘剂在结合层上粘贴砖面层时，胶粘剂选用应符合现行国家标准《民用建筑工程室内环境污染控制规范》（GB 50325）的规定。

（3）允许偏差应符合表 15-35 的规定。

表 15-35　砖面层的允许偏差

项　　目	允许偏差（mm）	
表面平整度	缸砖	4.0
	水泥花砖	3.0
	陶瓷锦砖、陶瓷地砖	2.0
缝格平直	3.0	
接缝高低差	陶瓷锦砖、陶瓷地砖、水泥花砖	0.5
	缸砖	1.5
踢脚线上口平直	陶瓷锦砖、陶瓷地砖、水泥花砖	3.0
	缸砖	4.0
板块间隙宽度	2.0	

技能要点 3：验收资料

（1）砖面层工程设计和变更等文件。
（2）水泥、地砖、胶粘剂等材料的产品合格证书、性能检测报告、进场验收记录和复验报告。
（3）砂子含泥量试验记录。
（4）隐蔽工程验收记录。
（5）施工记录。
（6）寒冷地区陶瓷面砖的抗冻性和吸水性试验。
（7）砖面层施工质量控制文件。

技能图解 155　大理石和花岗石面层

技能结构框线图

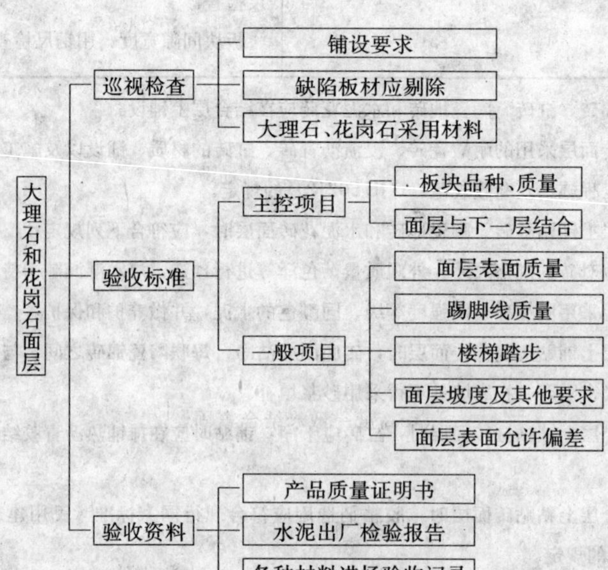

图 15-18　大理石和花岗石面层

技能要点1：巡视检查

（1）大理石、花岗石面层采用天然大理石、花岗石（或碎拼大理石、碎拼花岗石）板材应在结合层上铺设。

（2）板材有裂缝、掉角、翘曲和表面有缺陷时应予剔除，品种不同的板材不得混杂使用；在铺设前，应根据石材的颜色、花纹、图案、纹理等按设计要求，试拼编号。

（3）铺设大理石、花岗石面层前，板材应浸湿、晾干；结合层与板材应分段同时铺设。

（4）在板块试铺时，放在铺贴位置上的板块对好纵横缝后用皮锤（或木锤）轻轻敲击板块中间，使砂浆振密实，锤到铺贴高度。板块试铺合板后，搬起板块，检查砂浆结合层是否平整、密实。增补砂浆，浇一层水灰比为0.5左右的素水泥浆后，再铺放原板，应四角同时落下，用小皮锤轻敲，用水平尺找平。

（5）楼梯踏步和台阶板块的缝隙宽度应一致、齿角整齐，楼层梯段相邻踏步高度差不应大于10mm，防滑条应顺直、牢固。

技能要点2：验收标准

（1）主控项目检验标准应符合表15-36的规定。

表15-36　主控项目检验

序号	项　目	合格质量标准	检验方法	检查数量
1	板块品种、质量	大理石、花岗石面层所用板块的品种、质量应符合设计要求	观察检查和检查材质合格记录	（1）抽查数量应随机检验应不少于3间；不足3间，应全数检查；其中走廊（过道）应以10延长米为1间，工业厂房（按单跨计）、礼堂、门厅应以两个轴线为1间计算。 （2）有防水要求的检验批抽查数量应按其房间总数随机检验应不少于4间，不足4间，应全数检查
2	面层与下一层结合	面层与下一层应结合牢固，无空鼓。 注：凡单块板块边角有局部空鼓，且每自然间（标准间）不超过总数的5%可不计	用小锤轻击检查	

（2）一般项目检验标准应符合表15-37及表15-38的规定。

表15-37　一般项目检验

序号	项　目	合格质量标准	检验方法	检查数量
1	面层表面质量	大理石、花岗石面层的表面应洁净、平整、无磨痕，且应图案清晰、色泽一致、接缝均匀、周边顺直、镶嵌正确、板块无裂纹、掉角、缺楞等缺陷	观察检查	同主控项目
2	踢脚线质量	踢脚线表面应洁净，高度一致、结合牢固、出墙厚度一致	观察和用小锤轻击及钢尺检查	
3	楼梯踏步	楼梯踏步和台阶板块的缝隙宽度应一致、齿角整齐，楼层梯段相邻踏步高度差应不大于10mm，防滑条应顺直、牢固	观察和用钢尺检查	

表 15-37（续）

序号	项 目	合格质量标准	检验方法	检查数量
4	面层坡度及其他要求	面层表面的坡度应符合设计要求，不倒泛水、无积水；与地漏、管道结合处应严密牢固，无渗漏	观察、泼水或坡度尺及蓄水检查	同主控项目
5	面层表面允许偏差	大理石和花岗石面层（或碎拼大理石、碎拼花岗石）的允许偏差应符合表 15-39 的规定	表面平整度：用 2m 靠尺和楔形塞尺检查。 缝格平直：拉 5m 线和用钢尺检查。 接缝高低差：用钢尺和楔形塞尺检查。 踢脚线上口平直：拉 5m 线和用钢尺检查。 板块间隙宽度：用钢尺检查	

注：1. 大理石、花岗石面层采用天然大理石、花岗石（或碎拼大理石、碎拼花岗石）板材应在结合层上铺设。

2. 天然大理石、花岗石的技术等级、光泽度、外观等质量要求应符合国家现行行业标准《天然大理石建筑板材》（JC 79）、《天然花岗石建筑板材》（JC 205）的规定。

3. 板材有裂缝、掉角、翘曲和表面有缺陷时应予剔除，品种不同的板材不得混杂使用；在铺设前，应根据石材的颜色、花纹、图案、纹理等按设计要求，试拼编号。

4. 铺设大理石、花岗石面层前，板材应浸湿、晾干；结合层与板材应分段同时铺设。

表 15-38　大理石和花岗石面层（或碎拼大理石、碎拼花岗石）的允许偏差

项　　目	允许偏差（mm）
表面平整度	1.0
缝格平直	2.0
接缝高低差	0.5
踢脚线上口平直	1.0
板块间隙宽度	1.0

技能要点 3：验收资料

（1）大理石面层和花岗石面层工程设计和变更等文件。

（2）大理石、花岗石板材产品质量证明书（包括放射性指标检测报告）。

（3）胶粘剂产品质量证明书（包括挥化性有机物等含量检测报告）。

（4）水泥出厂检测报告和现场抽样检测报告。

（5）砂、石现场抽样检测报告。

（6）各种材料进场验收记录。

（7）大理石面层和花岗石面层施工质量控制文件。

技能图解 156　预制板块面层

技能结构框线图

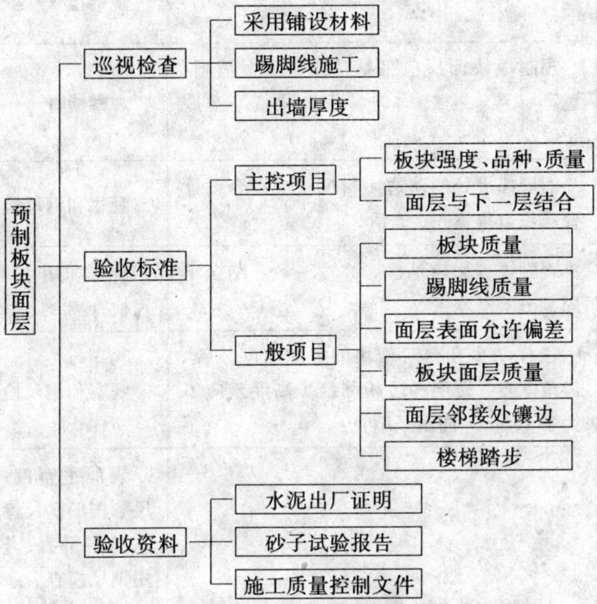

图 15-19　预制板块面层

技能要点 1：巡视检查

（1）预制板块面层采用水泥混凝土板块、水磨石板块应在结合层上铺设。

（2）预制板块面层踢脚线施工时，严禁采用石灰砂浆打底。出墙厚度应一致，当设计无规定时，出墙厚度不宜大于板厚且小于 20mm。

（3）楼梯踏步和台阶板块的缝隙宽度一致、齿角整齐、楼层梯段相邻踏步高度差不应大于 10mm，防滑条顺直。

（4）在现场加工的预制板块应按《建筑地面工程施工质量验收规范》（GB 50209—2002）第 5 章的有关规定执行。

（5）水泥混凝土板块面层的缝隙，应采用水泥浆（或砂浆）填缝；彩色混凝土板块和水磨石板块应用同色水泥浆（或砂浆）擦缝。

技能要点 2：验收标准

（1）主控项目检验标准应符合表 15-39 的规定。

表 15-39　主控项目检验

序号	项　目	合格质量标准	检验方法	检查数量
1	板块强度、品种、质量	预制板块的强度等级、规格、质量应符合设计要求；水磨石板块尚应符合国家现行行业标准《建筑水磨石制品》（JC 507）的规定	观察检查和检查材质合格证明文件及检测报告	（1）抽查数量应随机检验应不少于 3 间；不足 3 间，应全数检查；其中走廊（过道）应以 10 延长米为 1 间，工业厂房（按单跨计）、礼堂、门厅应以两个轴线为 1 间计算。 （2）有防水要求的检验批抽查数量应按其房间总数随机检验应不少于 4 间，不足 4 间，应全数检查
2	面层与下一层结合	面层与下一层应结合牢固、无空鼓。 注：凡单块板块料边角有局部空鼓，且每自然间（标准间）不超过总数的 5%可不计	用小锤轻击检查	

(2) 一般项目检验标准应符合表 15-40 及表 15-41 的规定。

表 15-40　一般项目检验

序号	项　目	合格质量标准	检验方法	检查数量
1	板块质量	预制板块表面应无裂缝、掉角、翘曲等明显缺陷	观察检查	同主控项目
2	板块面层质量	预制板块面层应平整洁净，图案清晰，色泽一致，接缝均匀，周边顺直，镶嵌正确	观察检查	
3	面层邻接处镶边	面层邻接处的镶边用料尺寸应符合设计要求，边角整齐、光滑	观察和钢尺检查	
4	踢脚线质量	踢脚线表面应洁净、高度一致、结合牢固、出墙厚度一致	观察和用小锤轻击及钢尺检查	
5	楼梯踏步	楼梯踏步和台阶板块的缝隙宽度一致、齿角整齐，楼层梯段相邻踏步高度差应不大于 10mm，防滑条顺直	观察和钢尺检查	
6	面层表面允许偏差	水泥混凝土板块和水磨石板块面层的允许偏差应符合规表 15-41 的规定	表面平整度：用 2m 靠尺和楔形塞尺检查。 缝格平直：拉 5m 线和用钢尺检查。 接缝高低差：用钢尺和楔形塞尺检查。 踢脚线上口平直：拉 5m 线和用钢尺检查。 板块间隙宽度：用钢尺检查	

注：1. 预制板块面层采用水泥混凝土板块、水磨石板块应在结合层上铺设。

2. 在现场加工的预制板块应按《建筑地面工程施工质量验收规范》(GB 50209—2002) 第 5 章第二节的有关规定执行。

3. 水泥混凝土板块面层的缝隙，应采用水泥浆（或砂浆）填缝；彩色混凝土板块和水磨石板块应用同色水泥浆（或砂浆）擦缝。

表 15-41　水泥混凝土板块和水磨石油层允许偏差

项　目	允许偏差（mm）	
表面平整度	高级水磨石	2
	普通水磨石	3
	混凝土	4
缝格平直	3	
接缝高低差	高级水磨石	0.5
	普通水磨石	1.0
	混凝土	1.5
踢脚线上口平直	高级水磨石	3.0
	普通水磨石及混凝土	4.0
板块间隙宽度	高级水磨石	2
	混凝土	6

技能要点 3：验收资料

（1）预制板块面层工程设计和变更等文件。
（2）水泥出厂证明及复试报告。
（3）砂子试验报告。
（4）预制板块面层施工质量控制文件。
（5）采用无机非金属材料时的放射性指标检测报告。

技能图解 157　料石面层

技能结构框线图

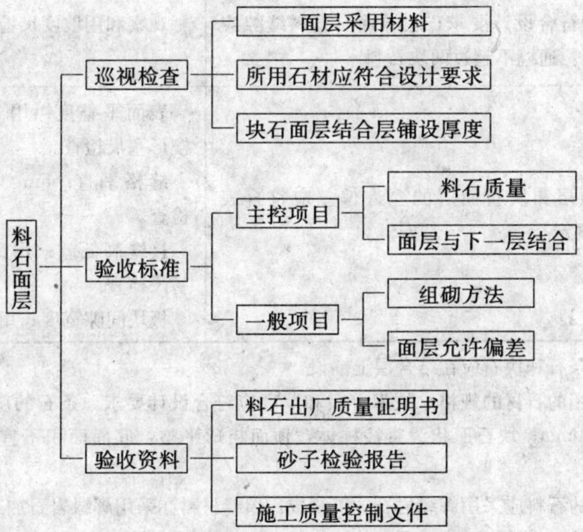

图 15-20　料石面层

技能要点 1：巡视检查

（1）料石面层采用天然条石和块石应在结合层上铺设。

（2）条石和块石面层所用的石材的规格、技术等级和厚度应符合设计要求。条石的质量应均匀，形状为矩形六面体，厚度为 80～120mm；块石形状为直棱柱体，顶面粗琢平整，底面面积不宜小于顶面面积的 60%，厚度为 100～150mm。

（3）不导电的料石面层的石料应采用辉绿岩石加工制成。填缝材料亦采用辉绿岩石加工的砂嵌实。耐高温的料石面层的石料，应按设计要求选用。

（4）块石面层结合层铺设厚度：砂垫层不应小于 60mm；基土层应为均匀密实的基土或夯实的基土。

技能要点 2：验收标准

（1）主控项目标准应符合表 15-42 的规定。

表 15-42　主控项目检验

序号	项　目	合格质量标准	检验方法	检查数量
1	料石质量	面层材质应符合设计要求；条石的强度等级应大于 MU60，块石的强度等级应大于 MU30	观察检查和检查材质合格证明文件及检测报告	（1）抽查数量应随机检验应不少于 3 间；不足 3 间，应全数检查；其中走廊（过道）应以 10 延长米为 1 间，工业厂房（按单跨计）、礼堂、门厅应以两个轴线为 1 间计算。 （2）有防水要求的检验批抽查数量应按其房间总数随机检验应不少于 4 间，不足 4 间，应全数检查
2	面层与下一层结合	面层与下一层应结合牢固、无松动	观察检查和用锤击检查	

（2）一般项目检验标准应符合表 15-43 及表 15-44 的规定。

表 15-43　一般项目检验

序号	项　目	合格质量标准	检验方法	检查数量
1	组砌方法	条石面层应组砌合理，无十字缝，铺砌方向和坡度应符合设计要求；块石面层石料缝隙应相互错开，通缝不超过两块石料	观察和用坡度尺检查	同主控项目
2	面层允许偏差	条石面层和块石面层的允许偏差应符合表 15-44的规定	表面平整度：用 2m 靠尺和楔形塞尺检查。 缝格平直：5m 线和用钢尺检查。 接缝高低差：用钢尺和楔形塞尺检查。 板块间隙宽度：用钢尺检查	

注：1. 料石面层采用天然条石和块石应在结合层上铺设。

2. 条石和块石面层所用的石材的规格、技术等级和厚度应符合设计要求。条石的质量应均匀，形状为矩形六面体，厚度为 80～120mm；块石形状为直棱柱体，顶面粗琢平整，底面面积不宜小于顶面面积的 60%，厚度为100～150mm。

3. 不导电的料石面层的石料应采用辉绿岩石加工制成。填缝材料亦采用辉绿岩石加工的砂嵌实。耐高温的料石面层的石料，应按设计要求选用。

4. 块石面层结合层铺设厚度：砂垫层应不小于 60mm；基土层应为均匀密实的基土或夯实的基土。

（3）允许偏差应符合表 15-44 的规定。

表 15-44　条石面层和块石层面允许偏差

项　目	允许偏差（mm）	
表面平整度	条石、块石	10
缝格平直	条石、块石	8
接缝高低差	条石	2.0
	块石	—
板块间隙宽度	条石、块石	5

技能要点 3：验收资料

（1）料石面层工程设计和变更等文件。

（2）料石出厂质量证明书（包括放射性指标）。

（3）水泥出厂质量证明书，复试报告。

（4）砂子检验报告。

（5）水泥砂浆配合比通知单和强度试验报告。

（6）沥青胶结料配合比，出厂合格证和复试报告。

（7）料石面层施工质量控制文件。

技能图解 158　塑料板面层

技能结构框线图

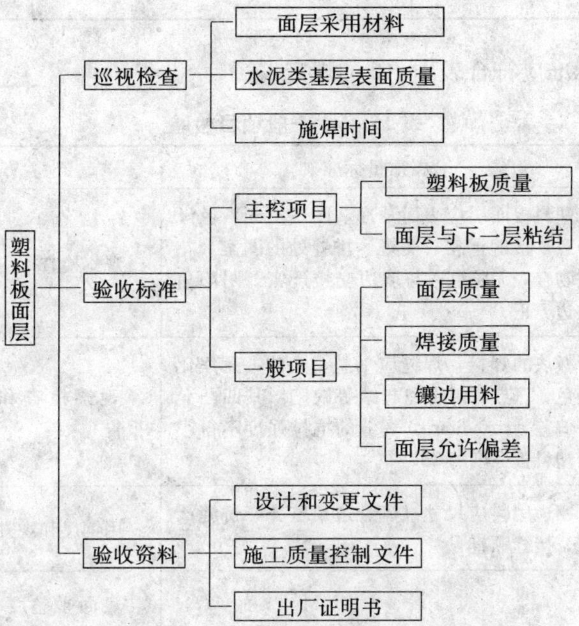

图 15-21　塑料板面层

技能要点 1：巡视检查

（1）塑料板面层应采用塑料板块材、塑料板焊接、塑料卷材以胶粘剂在水泥类基层上铺设。

（2）水泥类基层表面应平整、坚硬、干燥、密实、洁净、无油脂及其他杂质，不得有麻面、起砂、裂缝等缺陷。

（3）塑料板铺贴时，先将基层表面清扫干净，涂刷一层薄而匀的底子胶，待干燥后即按弹线位置由中央向四面铺贴。基层表面涂刷的胶粘剂必须均匀，涂刷厚度为 0.8mm 以内，塑料板背面亦应均匀涂刷胶粘剂，待胶层干燥至不粘手（约 10～20min），即可铺贴。铺贴中应一次粘贴密实。

（4）当铺贴软质塑料板的板块缝隙需要焊接时，宜在铺贴 48h 以后施焊；亦可采用先焊后铺。焊条成分与性能应与被焊的板材性能相同。

（5）胶粘剂选用应符合现行国家标准《民用建筑工程室内环境污染控制规范》（GB 50325）的规定。其产品应按基层材料和面层材料使用的相容性要求，通过试验确定。

技能要点 2：验收标准

（1）主控项目检验标准应符合表 15-45 的规定。

表 15-45 主控项目检验

序号	项 目	合格质量标准	检验方法	检查数量
1	塑料板质量	塑料板面层所用的塑料板块和卷材的品种、规格、颜色、等级应符合设计要求和现行国家标准的规定	观察检查和检查材质合格证明文件及检测报告	（1）抽查数量应随机检验应不少于3间；不足3间，应全数检查；其中走廊（过道）应以10延长米为1间，工业厂房（按单跨计）、礼堂、门厅应以两个轴线为1间计算。 （2）有防水要求的检验批抽查数量应按其房间总数随机检验应不少于4间，不足4间，应全数检查
2	面层与下一层粘结	面层与下一层的粘结应牢固，不翘边、不脱胶、无溢胶 注：卷材局部脱胶处面积应不大于20cm²，且相隔间距不小于50cm可不计；凡单块板块料边角局部脱胶处且每自然间（标准间）不超过总数的5%者可不计	观察检查和用敲击及钢尺检查	

（2）一般项目检验标准应符合表15-46的规定。

表 15-46 一般项目检验

序号	项 目	合格质量标准	检验方法	检查数量
1	面层质量	塑料板面层应表面洁净，图案清晰，色泽一致，接缝严密、美观。拼缝处的图案、花纹吻合，无胶痕；与墙边交接严密，阴阳角收边方正	观察检查	同主控项目
2	焊接质量	板块的焊接，焊缝应平整、光洁，无焦化变色、斑点、焊瘤和起鳞等缺陷，其凹凸允许偏差为±0.6mm。焊缝的抗拉强度不得小于塑料板强度的75%	观察检查和检查检测报告	
3	镶边用料	镶边用料应尺寸准确、边角整齐、拼缝严密、接缝顺直	用钢尺和观察检查	
4	面层允许偏差	塑料板面层的允许偏差应符合表15-47的规定	表面平整度：用2m靠尺和楔形塞尺检查。 缝格平直：拉5m线和用钢尺检查。 接缝高低差：用钢尺和楔形塞尺检查。 踢脚线上的平直：拉5m线和用钢尺检查	

注：1. 塑料板面层应采用塑料板块材、塑料板焊接、塑料卷材以胶粘剂在水泥类基层上铺设。
2. 水泥类基层表面应平整、坚硬、干燥、密实、洁净、无油脂及其他杂质，不得有麻面、起砂、裂缝等缺陷。
3. 胶粘剂选用应符合现行国家标准《民用建筑工程室内环境污染控制规范》（GB 50325）的规定。其产品应按基层材料和面层材料使用的相容性要求，通过试验确定。

（3）允许偏差应符合表15-47的规定。

表 15-47 塑料板面层允许偏差

项 目	允许偏差（mm）
表面平整度	2
缝格平直	3
接缝高低差	0.5
踢脚线上口平直	2.0

技能要点 3：验收资料

（1）塑料板面层工程设计和变更等文件。
（2）塑料板块或卷材的出厂质量证明书和检测报告。
（3）胶粘剂出厂质量证明文件和试验记录。
（4）焊条出厂证明书，焊缝强度检测报告。
（5）塑料板面层施工质量控制文件。

技能图解 159　活动地板面层

技能结构框线图

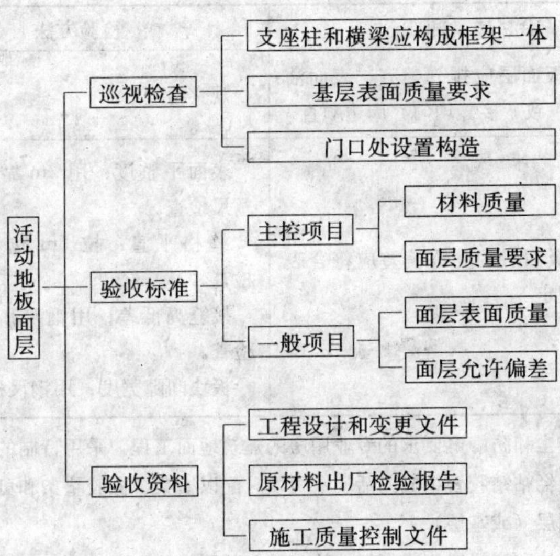

图 15-22　活动地板面层

技能要点 1：巡视检查

（1）活动地板所有的支座柱和横梁应构成框架一体，并与基层连接牢固；支架抄平后高度应符合设计要求。

（2）活动地板面层的金属支架应支承在现浇水泥混凝土基层（或面层）上，基层表面应平整、光洁、不起灰。

（3）活动板块与横梁接触搁置处应达到四角平整、严密。

（4）当活动地板不符合模数时，其不足部分在现场根据实际尺寸将板块切割后镶补，并配装相应的可调支撑和横梁。切割边不经处理不得镶补安装，并不得有局部膨胀变形情况。

（5）活动地板在门口处或预留洞口处应符合设置构造要求，四周侧边应用耐磨硬质板材封闭或用镀锌钢板包裹，胶条封边应符合耐磨要求。

技能要点 2：验收标准

（1）主控项目检验标准应符合表 15-48 的规定。

表 15-48　主控项目检验

序号	项　目	合格质量标准	检验方法	检查数量
1	材料质量	面层材质必须符合设计要求，且应具有耐磨、防潮、阻燃、耐污染、耐老化和导静电等特点	观察检查和检查材质合格证明文件及检测报告	(1) 抽查数量应随机检查应不少于 3 间；不足 3 间，应全数检查；其中走廊（过道）应以 10 延长米为 1 间，工业厂房（按单跨计）、礼堂、门厅应以两个轴线为 1 间计算。 (2) 有防水要求的检验批抽查数量应按其房间总数随机检验应不少于 4 间，不足 4 间，应全数检查
2	面层质量要求	活动地板面层应无裂纹、掉角和缺楞等缺陷。行走无声响、无摆动	观察和脚踩检查	

(2) 一般项目检验标准应符合表 15-49 的规定。

表 15-49　一般项目检验

序号	项　目	合格质量标准	检验方法	检查数量
1	面层表面质量	活动地板面层应排列整齐、表面洁净、色泽一致、接缝均匀、周边顺直	观察检查	同主控项目
2	面层允许偏差	活动地板面层的允许偏差应符合表 15-50 的规定	表面平整度：用 2m 靠尺和楔形塞尺检查。 缝格平直：拉 5m 线和用钢尺检查。 接缝高低差：用钢尺和楔形塞尺检查。 板块间隙宽度：用钢尺检查	

注：1. 活动地板面层用于防尘和防静电要求的专业用房的建筑地面工程。采用特制的平压刨花板为基材，表面饰以装饰板和底层用镀锌板经粘结胶合组成的活动地板块，配以横梁、橡胶垫条和可供调节高度的金属支架组装成架空板铺设在水泥类面层（或基层）上。

2. 活动地板所有的支座柱和横梁应构成框架一体，并与基层连接牢固；支架抄平后高度应符合设计要求。

3. 活动地板面层包括标准地板、异形地板和地板附件（即支架和横梁组件）。采用的活动地板块应平整、坚实，面层承载力不得小于 7.5MPa，其系统电阻：A 级板为 $1.0\times10^{5}\sim1.0\times10^{8}\Omega$；B 级板为 $1.0\times10^{5}\sim1.0\times10^{10}\Omega$。

4. 活动地板面层的金属支架应支承在现浇水泥混凝土基层（或面层）上，基层表面应平整、光洁、不起灰。

5. 活动板块与横梁接触搁置处应达到四角平整、严密。

6. 当活动地板不符合模数时，其不足部分在现场根据实际尺寸将板块切割后镶补，并配装相应的可调支撑和横梁。切割边不经处理不得镶补安装，并不得有局部膨胀变形情况。

7. 活动地板在门口处或预留洞口处应符合设置构造要求，四周侧边应用耐磨硬质板材封闭或用镀锌钢板包裹，胶条封边应符合耐磨要求。

(3) 允许偏差应符合表 15-50 的规定。

表 15-50　活动地板面层的允许偏差

项　目	允许偏差 (mm)
表面平整度	2.0
缝格平直	2.5
接缝高低差	0.4
板块间隙宽度	0.3

技能要点3：验收资料

（1）塑料板面层工程设计和变更等文件。

（2）原材料的出厂检验报告和质量合格保证文件、材料进场检（试）验报告（含抽样报告）。

（3）塑料板面层施工质量控制文件。

（4）构造层的隐蔽验收及其他有关验收文件。

技能图解160　地毯面层

技能结构框线图

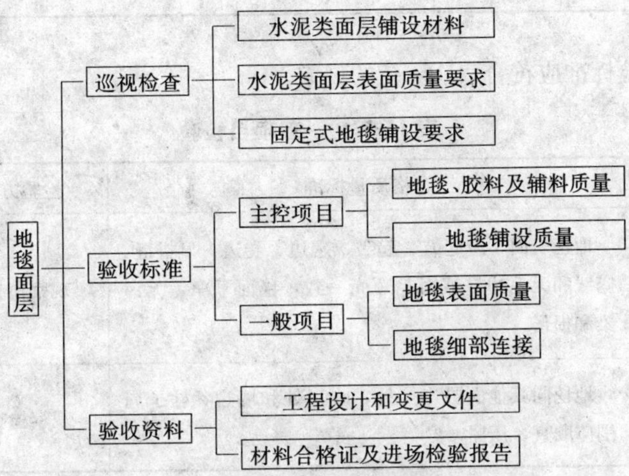

图15-23　地毯面层

技能要点1：巡视检查

（1）地毯面层采用方块、卷材地毯在水泥类面层（或基层）上铺设。

（2）水泥类面层（或基层）表面应坚硬、平整、光洁、干燥，无凹坑、麻面、裂缝，并应清除油污、钉头和其他突出物。

（3）海绵衬垫应满铺平整，地毯拼缝处不露底衬。

（4）固定式地毯铺设应符合下列规定。

①固定地毯用的金属卡条（倒刺板）、金属压条、专用双面胶带等必须符合设计要求。

②铺设的地毯张拉应适宜，四周卡条固定牢；门口处应用金属压条等固定。

③地毯周边应塞入卡条和踢脚线之间的缝中。

④粘贴地毯应用胶粘剂与基层粘贴牢固。

（5）活动式地毯铺设应符合下列规定。

①地毯拼成整块后直接铺在洁净的地上，地毯周边应塞入踢脚线下。

②与不同类型的建筑地面连接处，应按设计要求收口。

③小方块地毯铺设，块与块之间应挤紧服贴。

（6）楼梯地毯铺设，每梯段顶级地毯应用压条固定于平台上，每级阴角处应用卡条固定牢。

技能要点2：验收标准

（1）主控项目检验标准应符合表15-51的规定。

表 15-51 主控项目检验

序号	项 目	合格质量标准	检验方法	检查数量
1	地毯、胶料及辅料质量	地毯的品种、规格、颜色、花色、胶料和辅料及其材质必须符合设计要求和国家现行地毯产品标准的规定	观察检查和检查材质合格记录	（1）抽查数量应随机检验应不少于3间；不足3间，应全数检查；其中走廊（过道）应以10延长米为1间，工业厂房（按单跨计）、礼堂、门厅应以两个轴线为1间计算。 （2）有防水要求的检验批抽查数量应按其房间总数随机检验应不少于4间，不足4间，应全数检查
2	地毯铺设质量	地毯表面应平服、拼缝处粘贴牢固、严密平整、图案吻合	观察检查	

（2）一般项目检验标准应符合表 15-52 的规定。

表 15-52 一般项目检验

序号	项 目	合格质量标准	检验方法	检查数量
1	地毯表面质量	地毯表面不应起鼓、起皱、翘边、卷边、显拼缝、露线和无毛边，绒面毛顺光一致，毯面干净，无污染和损伤	观察检查	同主控项目
2	地毯细部连接	地毯同其他面层连接处、收口处和墙边、柱子周围应顺直、压紧	观察检查	

注：1. 地毯面层采用方块、卷材地毯在水泥类面层（或基层）上铺设。

2. 水泥类面层（或基层）表面应坚硬、平整、光洁、干燥，无凹坑、麻面、裂缝，并应清除油污、钉头和其他突出物。

3. 海绵衬垫应满铺平整，地毯拼缝处不露底衬。

4. 固定式地毯铺设应符合下列规定：

（1）固定地毯用的金属卡条（倒刺板）、金属压条、专用双面胶带等必须符合设计要求。

（2）铺设的地毯张拉应适宜，四周卡条固定牢；门口处应用金属压条等固定。

（3）地毯周边应塞入卡条和踢脚线之间的缝中。

（4）粘贴地毯应用胶粘剂与基层粘贴牢固。

5. 活动式地毯铺设应符合下列规定：

（1）地毯拼成整块后直接铺在洁净的地上，地毯周边应塞入踢脚线下。

（2）与不同类型的建筑地面连接处，应按设计要求收口。

（3）小方块地毯铺设，块与块之间应挤紧服贴。

6. 楼梯地毯铺设，每梯段顶级地毯应用压条固定于平台上。每级阴角处应用卡条固定牢。

技能要点 3：验收资料

（1）地毯面层工程设计和变更等文件。

（2）地毯、胶料和辅料合格证及进场检查报告。

技能图解161　实木地板面层

技能结构框线图

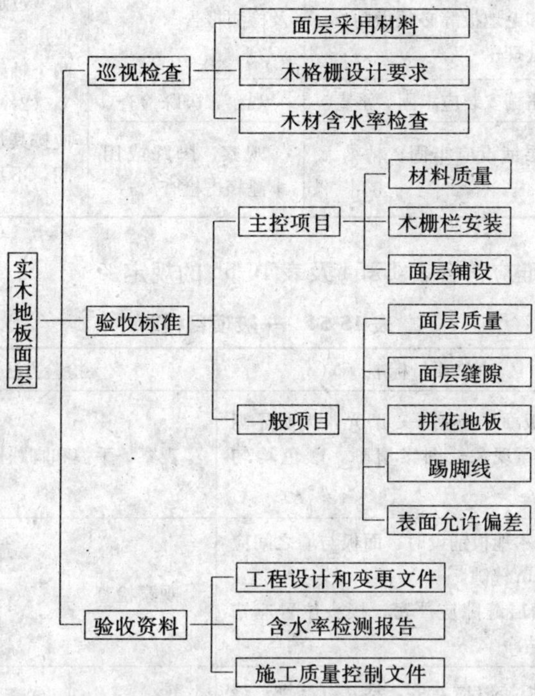

图 15-24　实木地板面层

技能要点1：巡视检查

（1）实木地板面层采用条材和块材实木地板或采用拼花实木地板，以空铺或实铺方式在基层上铺设。

（2）铺设实木地板面层时，其木格栅的截面尺寸、间距和稳固方法等均应符合设计要求。木格栅固定时，不得损坏基层和预埋管线。木格栅应垫实钉牢，与墙之间应留出30mm的缝隙，表面应平直。

（3）毛地板铺设时，木材髓心应向上，其板间缝隙不应大于3mm，与墙之间应留8～12mm空隙，表面应刨平。

（4）板面层施工，应在有潮湿过程的室内工程（如抹灰）和可能引起地面和楼面潮湿的室内工作（如暖气试压）完工后进行。在铺设面层前，应保持房间干燥，并尽量避免在气候潮湿的情况下施工。

（5）木材含水率检查，可采用木材含水率测定仪直接测定，也可检查测定记录，特别对面层木板的木材含水率要求，必须严格控制在规定的范围内，以避免湿胀干缩，产生翘曲变形，影响质量。

（6）实木地板面层铺设时，面板与墙之间应留8～12mm缝隙。

（7）采用实木制作的踢脚线，背面应抽槽并做防腐处理。

技能要点2：验收标准

（1）主控项目检验标准应符合表15-53的规定。

表 15-53 主控项目检验

序号	项 目	合格质量标准	检验方法	检查数量
1	材料质量	实木地板面层所采用的材质和铺设时的木材含水率必须符合设计要求。木格栅、垫木和毛地板等必须做防腐、防蛀处理	观察检查和检查材质合格证明文件及检测报告	(1) 抽查数量应随机检验应不少于3间；不足3间，应全数检查；其中走廊（过道）应以10延长米为1间，工业厂房（按单跨计）、礼堂、门厅应以两个轴线为1间计算。 (2) 有防水要求的检验批抽查数量应按其房间总数随机检验应不少于4间，不足4间，应全数检查
2	木栅栏安装	木格栅安装应牢固、平直	观察、脚踩检查	
3	面层铺设	面层铺设应牢固；粘结无空鼓	观察、脚踩或用小锤轻击检查	

(2) 一般项目检验标准应符合表15-54及表15-55的规定。

表 15-54 一般项目检验

序号	项 目	合格质量标准	检验方法	检查数量
1	面层质量	实木地板面层应刨平、磨光，无明显刨痕和毛刺等现象；图案清晰、颜色均匀一致	观察、手摸和脚踩检查	同主控项目
2	面层缝隙	(1) 实木地板铺设时，面板与墙之间应留8～12mm缝隙。 (2) 面层缝隙应严密；接头位置应错开、表面洁净	观察检查	
3	拼花地板	拼花地板接缝应对齐，粘、钉严密；缝隙宽度均匀一致；表面洁净，胶粘无溢胶	观察检查	
4	踢脚线	踢脚线表面应光滑，接缝严密，高度一致	观察和钢尺检查	
5	表面允许偏差	实木地板面层的允许偏差应符合有15-55的规定	板面缝隙宽度：用钢尺检查。 表面平整度：用2m靠尺和楔形塞尺检查。 踢脚线上的平齐和板面拼缝平直：拉5m通线，不足5m拉通线和用钢尺检查。 相邻板材高差：用钢尺和楔形塞尺检查。 踢脚线与面层接缝：楔形塞尺检查	

注：1. 实木地板面层采用条材和块材实木地板或采用拼花实木地板，以空铺或实铺方式在基层上铺设。

2. 实木地板面层可采用双层面层和单层面层铺设，其厚度应符合设计要求。实木地板面层的条材和块材应采用具有商品检验合格证的产品，其产品类别、型号、适用树种、检验规则以及技术条件等均应符合现行国家标准《实木地板块》(GB/T 15036.1～6) 的规定。

3. 铺设实木地板面层时，其木格栅的截面尺寸、间距和稳固方法等均应符合设计要求。木格栅固定时，不得损坏基层和预埋管线。木格栅应垫实钉牢，与墙之间应留出30mm的缝隙，表面应平直。

4. 毛地板铺设时，木材髓心应向上，其板间缝隙应不大于3mm，与墙之间应留8～12mm空隙，表面应刨平。

5. 实木地板面层铺设时，面板与墙之间应留8～12mm缝隙。

6. 采用实木制作的踢脚线，背面应抽槽并做防腐处理。

表 15-55　实木地板面层的允许偏差

项　　目	允许偏差（mm）	
板面缝隙宽度	拼花地板	0.2
	硬木地板	0.5
	松木地板	1.0
表面平整度	拼花、硬木地板	2.0
	松木地板	3.0
踢脚线上口平齐	3.0	
板面拼缝平直	3.0	
相邻板材高差	0.5	
踢脚线与面层接缝	1.0	

技能要点 3：验收资料

（1）实木地板面层工程设计和变更等文件。

（2）木格栅、毛地板含水率检测报告。

（3）木格栅、毛地板铺设隐蔽验收记录。

（4）胶粘剂、人造板等有害物质含量检测记录和复试报告。

（5）实木地板面层工程施工质量控制文件。

技能图解 162　实木复合地板面层

技能结构框线图

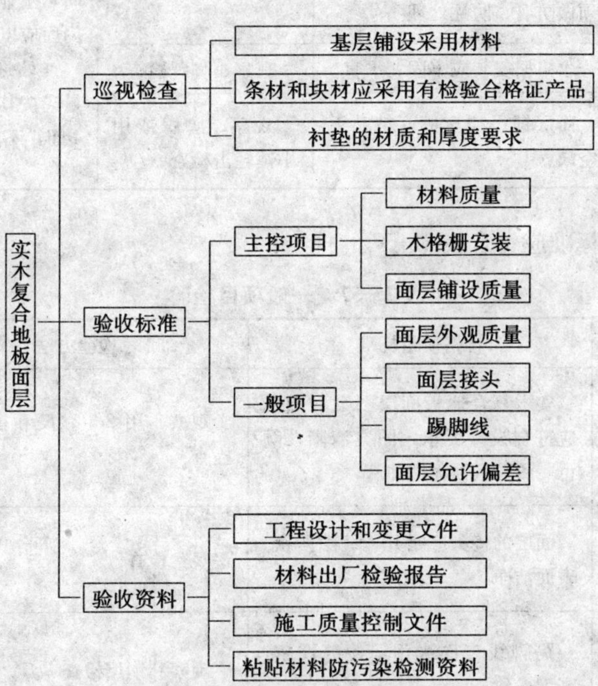

图 15-25　实木复合地板面层

技能要点1：巡视检查

(1) 实木复合地板面层采用条材和块材实木复合地板或采用拼花实木复合地板，以空铺或实铺方式在基层上铺设。

(2) 实木复合地板面层的条材和块材应采用具有商品检验合格证的产品，其技术等级及质量要求均应符合国家现行标准的规定。

(3) 铺设实木复合地板面层时，其木格栅的截面尺寸、间距和稳固方法等均应符合设计要求。木格栅固定时，不得损坏基层和预埋管线。木格栅应垫实钉牢，与墙之间应留出30mm缝隙，表面应平直。

(4) 实木复合地板面层可采用整贴和点贴法施工。粘贴材料应采用具有耐老化、防水和防菌、无毒等性能的材料，或按设计要求选用。

(5) 实木复合地板面层下衬垫的材质和厚度应符合设计要求。

(6) 实木复合地板面层铺设时，相邻板材接头位置应错开不小于300mm距离；与墙之间应留不小于10mm空隙。

(7) 大面积铺设实木复合地板面层时，应分段铺设，分段缝的处理应符合设计要求。

技能要点2：验收标准

(1) 主控项目检验标准应符合表15-56的规定。

表15-56　主控项目检验

序号	项　目	合格质量标准	检验方法	检查数量
1	材料质量	实木复合地板面层所采用的条材和块材，其技术等级及质量要求应符合设计要求。木格栅、垫木和毛地板等必须做防腐、防蛀处理	观察检查和检查材质合格证明文件及检测报告	(1) 抽查数量应随机检验应不少于3间；不足3间，应全数检查；其中走廊（过道）应以10延长米为1间，工业厂房（按单跨计）、礼堂、门厅应以两个轴线为1间计算。 (2) 有防水要求的检验批抽查数量应按其房间总数随机检验应不少于4间，不足4间，应全数检查
2	木格栅安装	木格栅安装应牢固、平直	观察、脚踩检查	
3	面层铺设质量	面层铺设应牢固；粘贴无空鼓	观察、脚踩或用小锤轻击检查	

(2) 一般项目检验标准应符合表15-57的规定。

表15-57　一般项目检验

序号	项　目	合格质量标准	检验方法	检查数量
1	面层外观质量	实木复合地板面层图案和颜色应符合设计要求，图案清晰，颜色一致，板面无翘曲	观察、用2m靠尺和楔形塞尺检查	同主控项目
2	面层接头	面层的接头应错开、缝隙严密、表面洁净	观察检查	
3	踢脚线	踢脚线表面光滑，接缝严密，高度一致	观察和钢尺检查	

表 15-57（续）

序号	项　目	合格质量标准	检验方法	检查数量
4	面层允许偏差	实木复合地板面层的允许偏差应符合表 15-58 的规定	板面缝隙宽度：用钢尺检查。 表面平整度：用 2m 靠尺和楔形塞尺检查。 踢脚线上口平齐和板面拼缝平直：拉 5m 通线，不足 5m 拉通线和用钢尺检查。 踢脚线与面层接缝：用楔形塞尺检查	同主控项目

注：1. 实木复合地板面层采用条材和块材实木复合地板或采用拼花实木复合地板，以空铺或实铺方式在基层上铺设。

2. 实木复合地板面层的条材和块材应采用具有商品检验合格证的产品，其技术等级及质量要求均应符合国家现行标准的规定。

3. 铺设实木复合地板面层时，其木格栅的截面尺寸、间距和稳固方法等均应符合设计要求。木格栅固定时，不得损坏基层和预埋管线。木格栅应垫实钉牢，与墙之间应留出 30mm 缝隙，表面应平直。

4. 毛地板铺设时，木材髓心应向上，其板间缝隙应不大于 3mm，与墙之间应留 8～12mm 空隙，表面应刨平。

5. 实木复合地板面层可采用整贴和点贴法施工。粘贴材料应采用具有耐老化、防水和防菌、无毒等性能的材料，或按设计要求选用。

6. 实木复合地板面层下衬垫的材质和厚度应符合设计要求。

7. 实木复合地板面层铺设时，相邻板材接头位置应错开不小于 300mm 距离；与墙之间应留不小于 10mm 空隙。

8. 大面积铺设实木复合地板面层时，应分段铺设，分段缝的处理应符合设计要求。

（3）允许偏差应符合表 15-58 的规定。

表 15-58　实木复合地板面层允许偏差

项　目	允许偏差（mm）
板面缝隙宽度	0.5
表面平整度	2.0
踢脚线上口平齐	3.0
板面拼缝平直	3.0
相邻板材高差	0.5
踢脚线与面层接缝	1.0

技能要点 3：验收资料

（1）实木复合地板面层工程设计和变更等文件。

（2）所用材料的出厂检验报告和质量保证书，材料进场验收记录（含现场抽样检验报告）。

（3）粘贴材料的防污染检测资料。

（4）实木复合地板面层工程施工质量控制文件。

（5）隐蔽验收及其他有关验收文件。

技能图解163 中密度（强化）复合地板面层

技能结构框线图

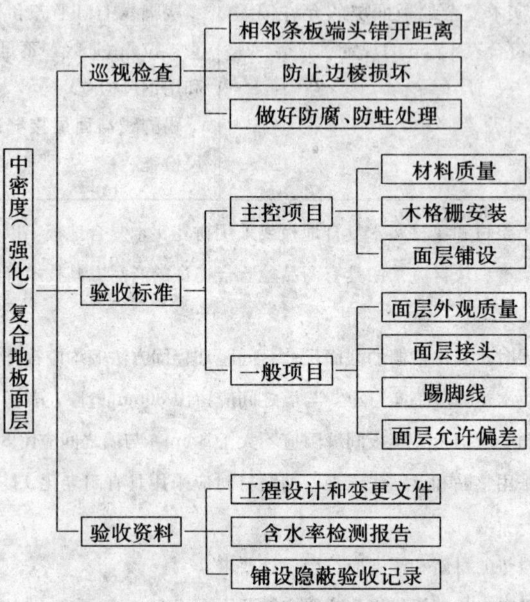

图15-26 中密度（强化）复合地板面层

技能要点1：巡视检查

（1）中密度（强化）复合地板面层铺设时，相邻条板端头应错开不小于300mm距离；衬垫层及面层与墙之间应留不小于10mm空隙。

（2）中密度（强化）复合地板面层施工过程中应防止边棱损坏。

（3）中密度（强化）复合地板面层下的木格栅、垫木和毛地板等应做防腐、防蛀处理。

技能要点2：验收标准

（1）主控项目检验标准应符合表15-59的规定。

表15-59 主控项目检验

序号	项 目	合格质量标准	检验方法	检查数量
1	材料质量	中密度（强化）复合地板面层所采用的材料，其技术等级及质量要求应符合设计要求。木格栅、垫木和毛地板等应做防腐、防蛀处理	观察检查和检查材质合格证明文件及检测报告	（1）抽查数量应随机检验应不少于3间；不足3间，应全数检查；其中走廊（过道）应以10延长米为1间，工业厂房（按单跨计）、礼堂、门厅应以两个轴线为1间计算。 （2）有防水要求的检验批抽查数量应按其房间总数随机检验应不少于4间，不足4间，应全数检查
2	木格栅安装	木格栅安装应牢固、平直	观察、脚踩检查	
3	面层铺设	面层铺设应牢固	观察、脚踩检查	

（2）一般项目检验标准应符合表15-60的规定。

表 15-60　一般项目检验

序号	项　目	合格质量标准	检验方法	检查数量
1	面层外观质量	中密度（强化）复合地板面层图案和颜色应符合设计要求，图案清晰，颜色一致，板面无翘曲	观察、用 2m 靠尺和楔形塞尺检查	
2	面层接头	面层的接头应错开、缝隙严密、表面洁净	观察检查	同主控项目
3	踢脚线	踢脚线表面应光滑，接缝严密，高度一致	观察和钢尺检查	
4	面层允许偏差	中密度（强化）复合木地板面层的允许偏差应符合表 15-61 的规定	板面缝隙宽度：用钢尺检查。 表面平整度：用 2m 靠尺和楔形塞尺检查。 踢脚线上口平齐和板面拼缝平直：拉 5m 通线，不足 5m 拉通线和用钢尺检查。 相邻板材高差：用钢尺和楔形塞尺检验	

注：1. 中密度（强化）复合地板面层的材料以及面层下的板或衬垫等材质应符合设计要求，并采用具有商品检验合格证的产品，其技术等级及质量要求均应符合国家现行标准的规定。

2. 中密度（强化）复合地板面层铺设时，相邻条板端头应错开不小于 300mm 距离；衬垫层及面层与墙之间应留不小于 10mm 空隙。

（3）允许偏差应符合表 15-61 的规定。

表 15-61　中密度（强化）复合木地板面层允许偏差

项　目	允许偏差（mm）
板面缝隙宽度	0.5
表面平整度	2.0
踢脚线上口平齐	3.0
板面拼缝平直	3.0
相邻板材高差	0.5
踢脚线与面层接缝	1.0

技能要点 3：验收资料

（1）中密度（强化）复合地板面层工程设计和变更等文件。

（2）木格栅、毛地板含水率检测报告。

（3）木格栅、毛地板铺设隐蔽验收记录。

（4）胶粘剂、人造板等有害物质含量检测记录和复试报告。

（5）中密度（强化）复合地板面层工程施工质量控制文件。

参考文献

[1] 陈立道，龚解华主编．安全监理手册［M］．上海：上海科学技术出版社，1995.

[2] 杜训主编．建设监理工程师实用手册［M］．江苏：东南大学出版社，1994.

[3] 国家标准．GB 50205—2001 钢结构工程施工质量验收规范［S］．北京：中国计划出版社，2001.

[4] 国家标准．GB 50319—2000 建设工程监理规范［S］．北京：中国建筑工业出版社，2001.

[5]《建筑施工手册》编写组编．建筑施工手册［M］．4 版．北京：中国建筑工业出版社，2003.

[6] 刘伊生主编．建设监理工程师手册［M］．北京：中国建材工业出版社，1994.

[7] 欧震修主编．建筑工程施工监理手册［M］．北京：中国建筑工业出版社，1995.

[8] 钱昆润等编．简明监理师手册［M］．北京：中国建筑工业出版社，1997.

[9] 上海市建筑业联合会、工程建设监督委员会编．建筑工程质量控制与验收［M］．北京：中国建筑工业出版社，2002.

[10] 苏振民编著．工程建设监理百问［M］．北京：中国建筑工业出版社，2001.

[11] 王华生，赵慧如，王江南编著．怎样当好现场监理工程师［M］．北京：中国建筑工业出版社，2002.

[12] 熊广忠主编．工程建设监理实用手册［M］．北京：中国建筑工业出版社，1994.

[13] 俞宗卫编著．监理工程师实用指南［M］．北京：中国建材工业出版社，2004.

[14] 张继庆主编．建筑与安装工程施工监理工程师手册［M］．沈阳：东北大学出版社，2003.

[15] 张国琮．白素洁主编．建筑安装工程质量控制与检验评定手册［M］．北京：中国建筑工业出版社，1993.

[16] 中国建筑工业出版社编．新版建筑工程施工质量验收规范汇编［M］．修订版．北京：中国建筑工业出版社，中国计划出版社，2003.